14.4 服饰广告

14.6 商业插画

5.2.5 实例：制作标准图形

7.3.4 实例：用顶层对象建立封套扭曲

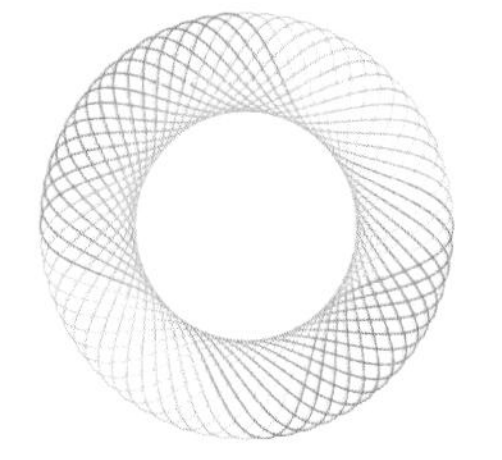
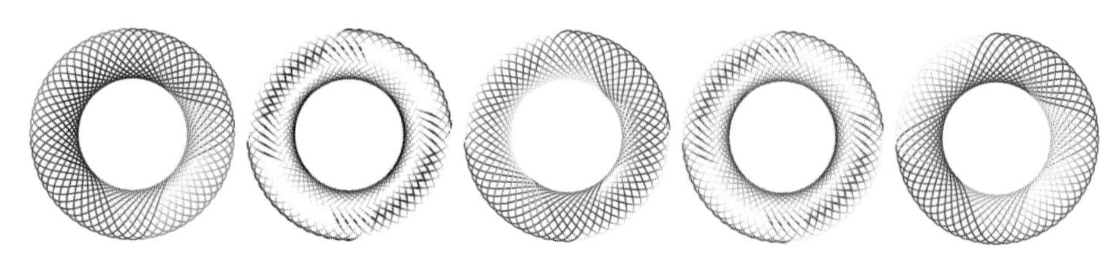

9.8 课后作业：艺术彩圈

2.6 进阶实例：三味真火

3.3.2 实例：在隔离模式下编辑组

8.2.4 实例：金属版画

3.3.1 实例：创建和编辑组

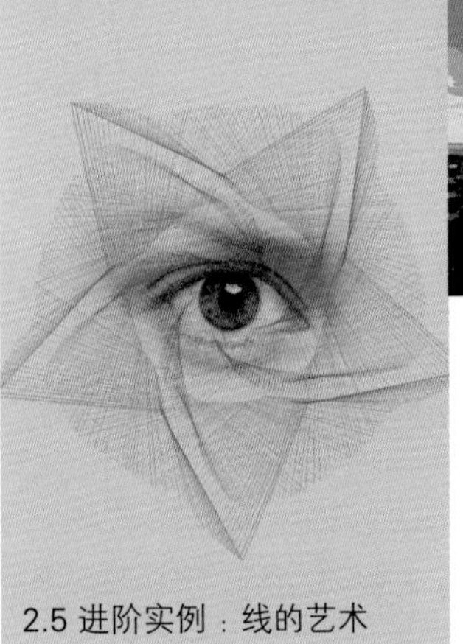
2.5 进阶实例：线的艺术

5.9 课后作业：描摹图像并用色板库上色

4.10 课后作业：表现金属和玻璃质感

4.7 进阶实例：金属铬LOGO

4.1.4 实例：为卡通人填色

6.8 课后作业：绘制贵宾犬

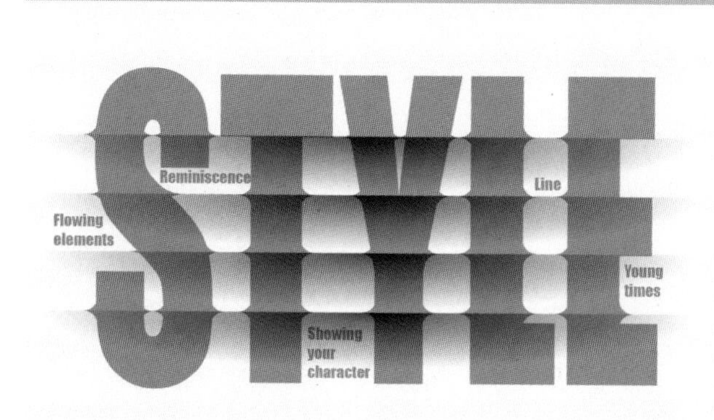

4.8 进阶实例：纸张折痕字

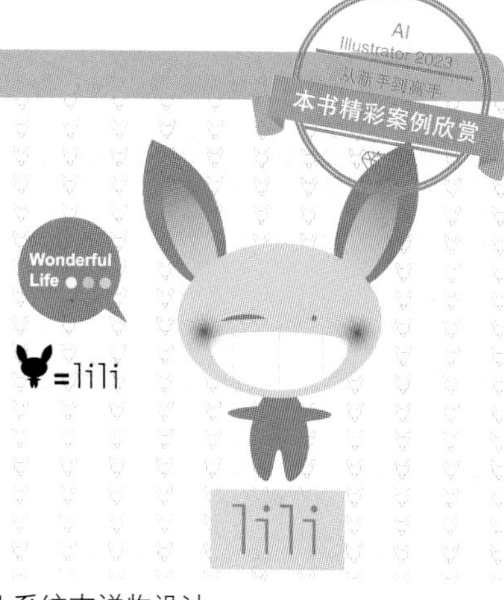

5.7 进阶实例：VI 系统吉祥物设计

4.2.4 实例：邮票齿孔效果

6.7 进阶实例：消散特效

14.3 毛绒爱心抱枕

12.6.7 实例：替换符号实例

5.8 课后作业：绘制时装画女郎

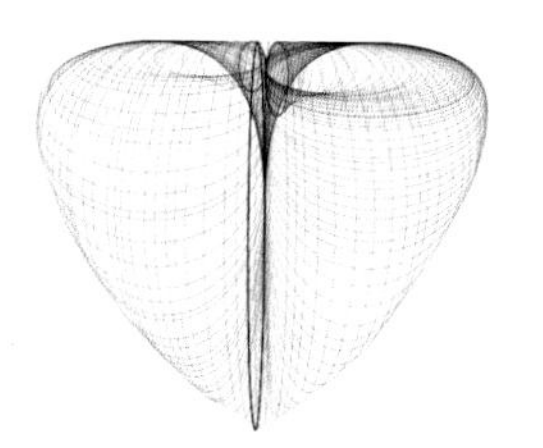

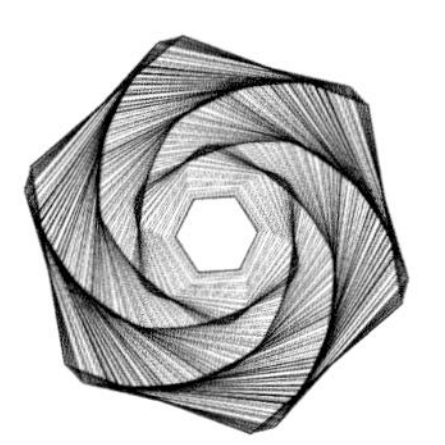

2.7 课后作业：快速生成线状图形

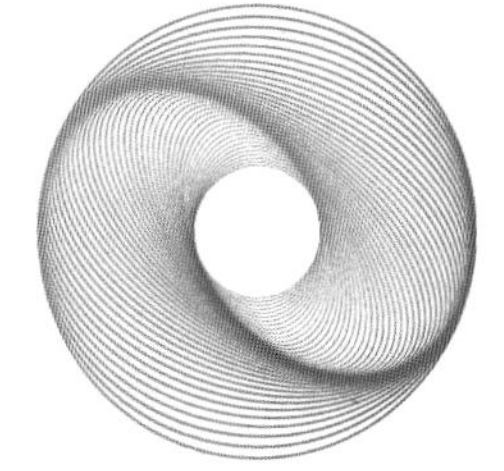

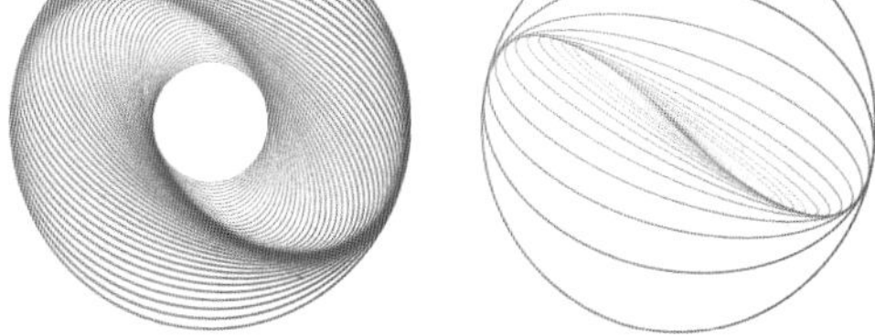

1.2.4 添加效果

4.6 进阶实例：马赛克字

9.2.9 实例：高反射3D字

7.7 进阶实例：多彩弹簧字

6.4 进阶实例：用形状生成器工具制作LOGO

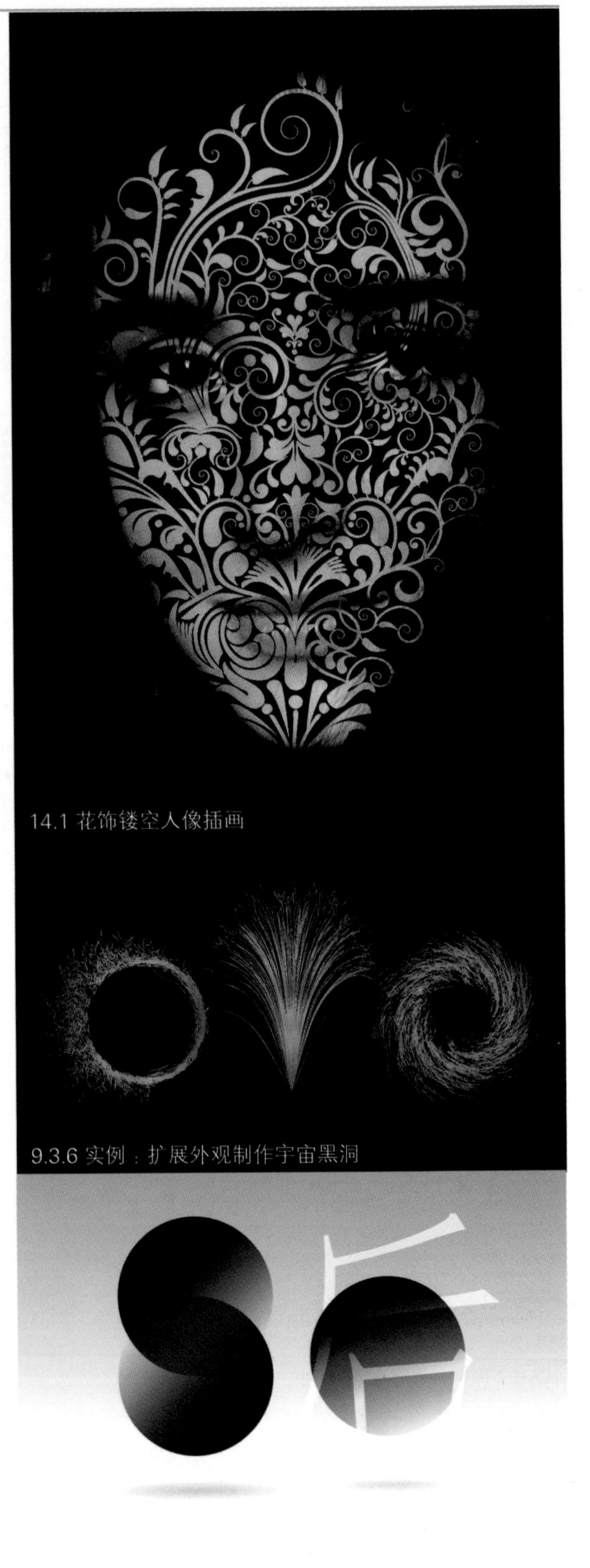

14.1 花饰镂空人像插画

9.3.6 实例：扩展外观制作宇宙黑洞

8.3.4 实例：80后创意海报

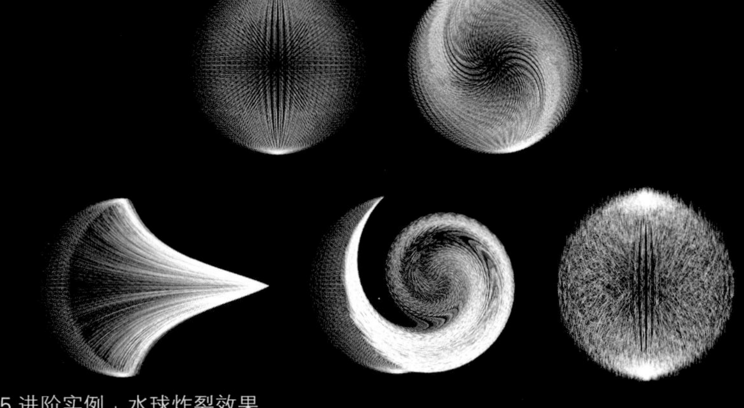

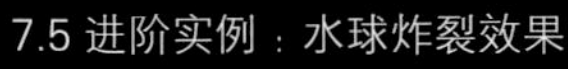

7.5 进阶实例：水球炸裂效果

5.6 进阶实例：扁平化单车图标

10.1.7 实例：黑板报风格海报设计

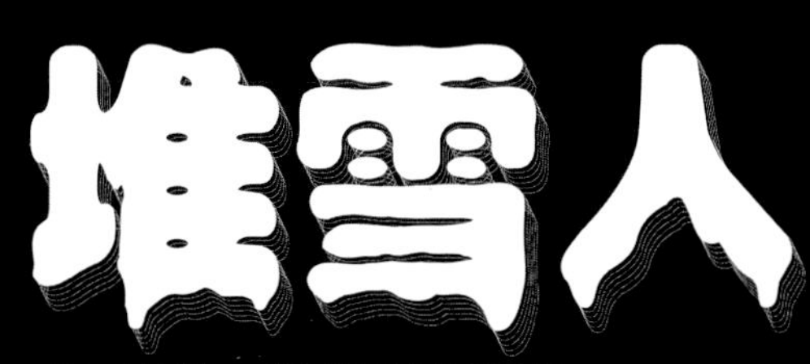

7.2.4 实例：制作积雪融化特效字

7.4.2 实例：修改混合对象

14.2 丝网印刷字

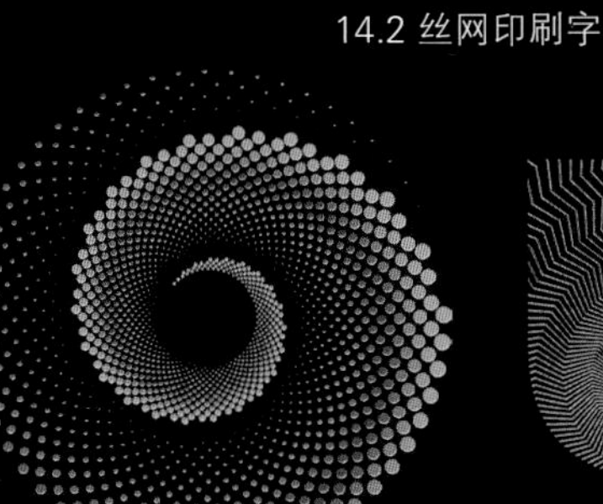

4.5.9 实例：彩色曼陀罗

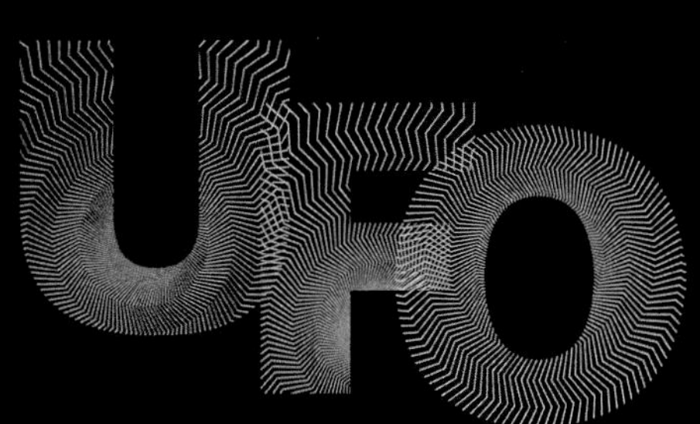

8.5.7 实例：让射线弯曲

12.11 课后作业：萌宠商业插画

12.6.8 实例：重新定义符号

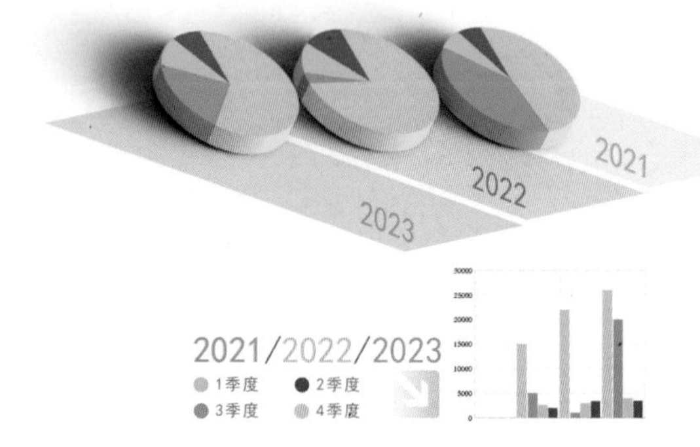

13.5 课后作业：3D 效果图表

7.4.1 实例：用混合方法制作特效字

6.3.3 实例：月夜金字塔

8.5.5 实例：为布鞋贴花纹

8.5.6 实例：放射线特效字

7.8 课后作业：彩蝶飞

7.6 进阶实例：立体减价标签

2.4.2 实例：制作闪光灯效果

6.6 进阶实例：中国结

5.2.8 实例：绘制奔跑的小狗

3.6 课后作业：浮雕维特鲁威人

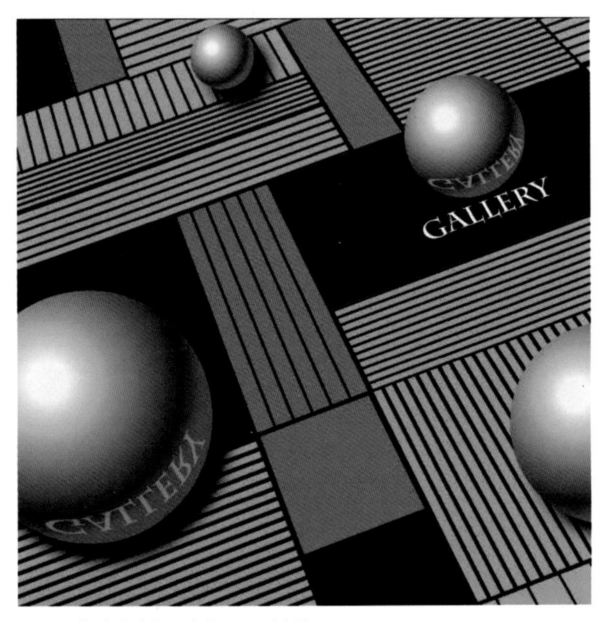

4.9 进阶实例：球体及反射效果

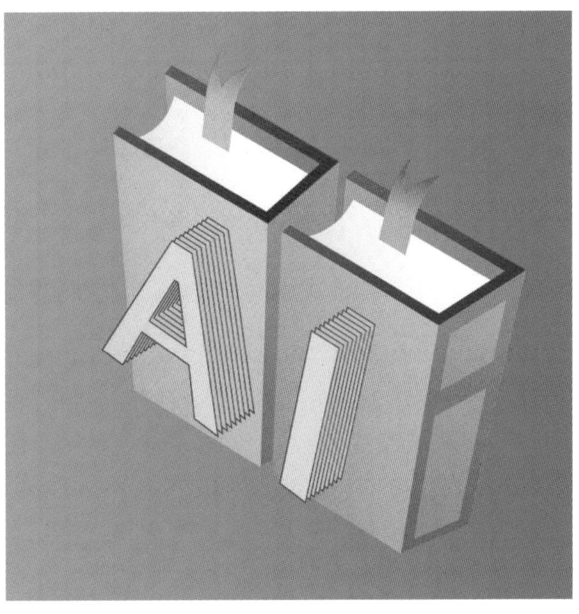

3.5 进阶实例：堆积效果文字

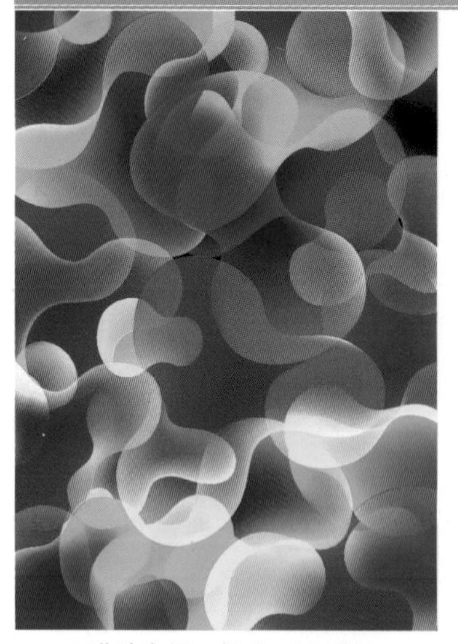

11.7 进阶实例：超炫APP壁纸

8.5.4 实例：民族风服装插画

11.2.3 实例：花仙子插画

9.7 进阶实例：回线LOGO

12.5.8 实例：使用图案库制作服装图案

11.3.2 实例：协调APP界面颜色

11.4.3 实例：滑板图案调色

8.6 进阶实例：多重曝光效果

9.3.7 实例：积木馆LOGO

6.5 进阶实例：凹陷字

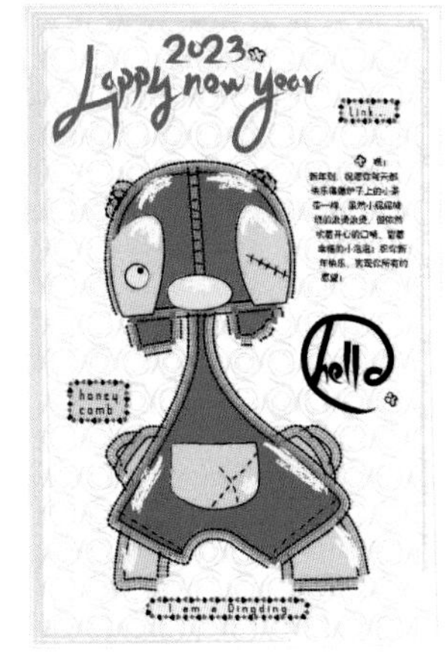

12.2.4 实例：转变贺卡风格　12.2.3 实例：小怪物新年贺卡

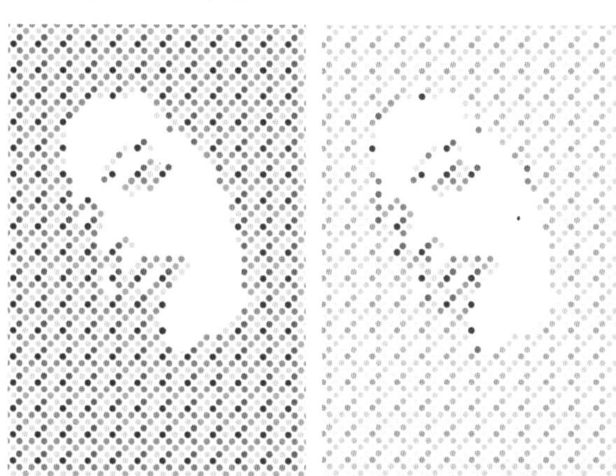

8.4.5 实例：点状抽象人物　8.4.6 实例：让色块颜色变浅

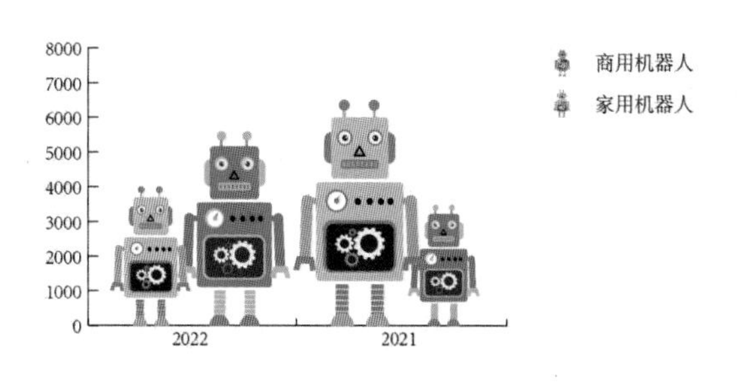

13.3.1 实例：替换图例

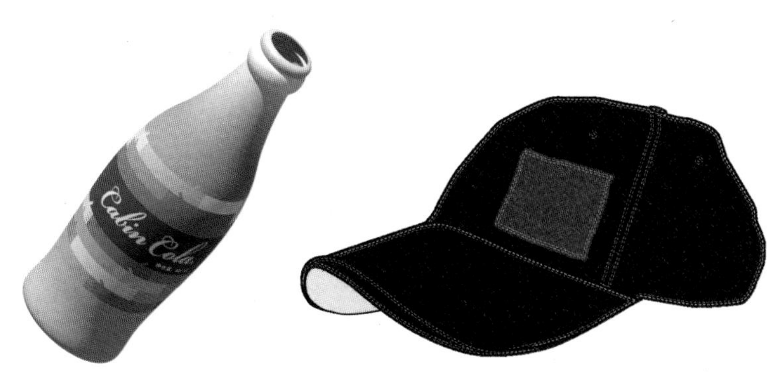

9.2.10 实例：制作饮料瓶并贴图　9.4.3 实例：加载样式库制作棒球帽

14.5 边洛斯三角形

7.1.6 实例：用分别变换方法制作花朵

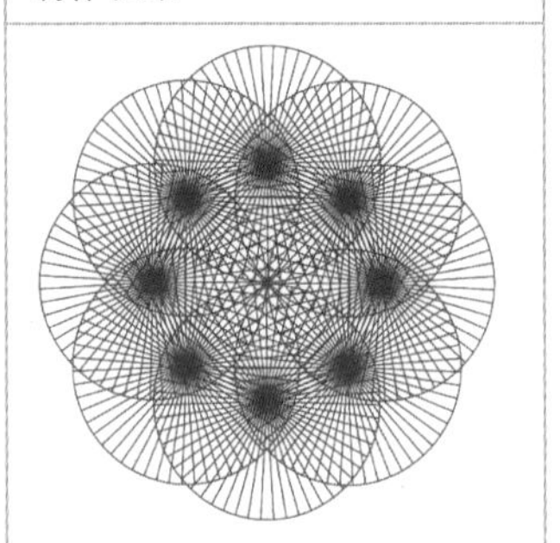

7.1.5 实例：线状花纹

6.2.6 实例：心形灯珠

6.2.5 实例：心形LOGO

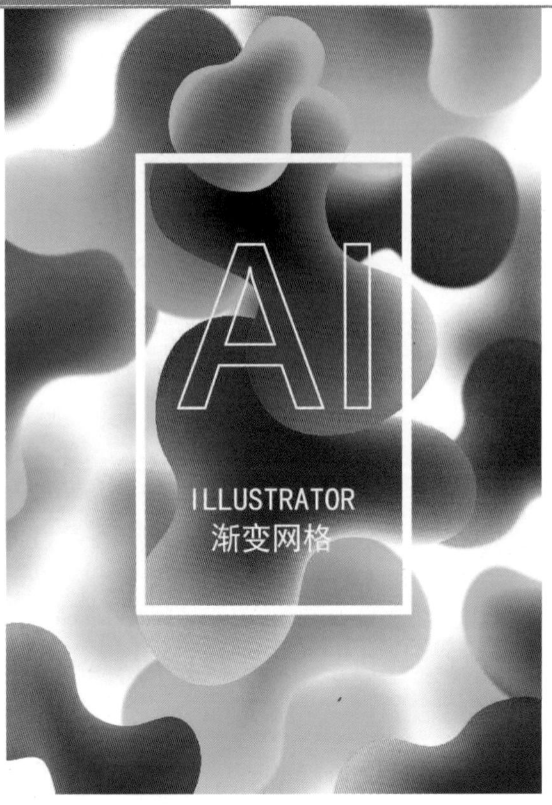
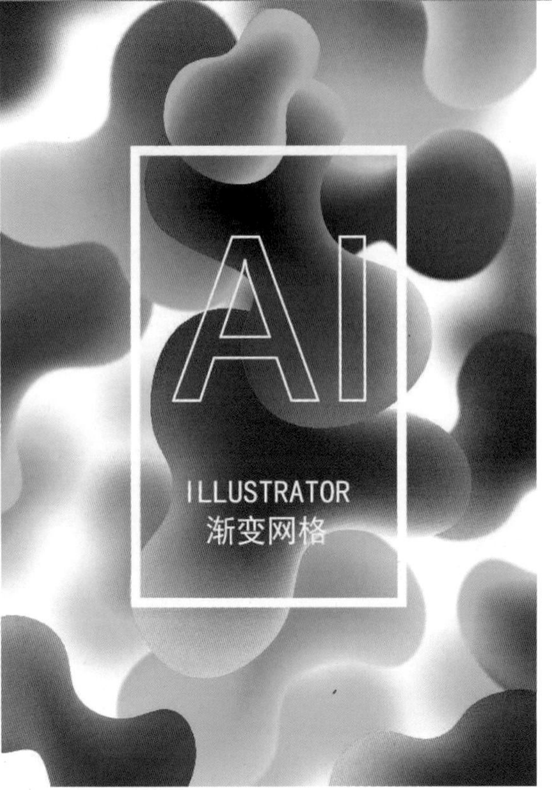

11.6 进阶实例：抽象背景

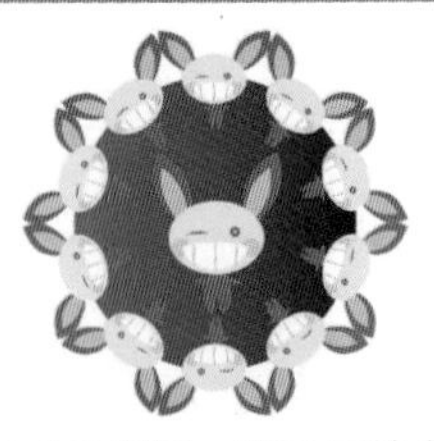

12.4.6 实例：修改画笔参数

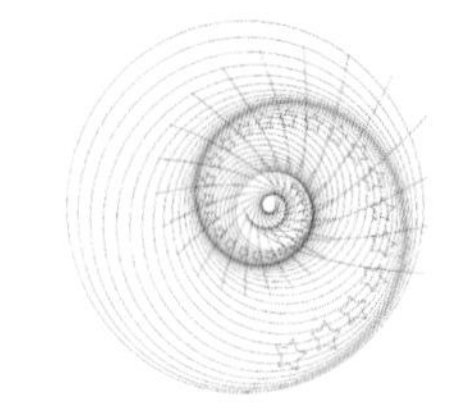

2.7 课后作业：快速生成线状图形

7.3.3 实例：彩线字

8.9 课后作业：花布网店设计页面

12.5.12 实例：单独纹样

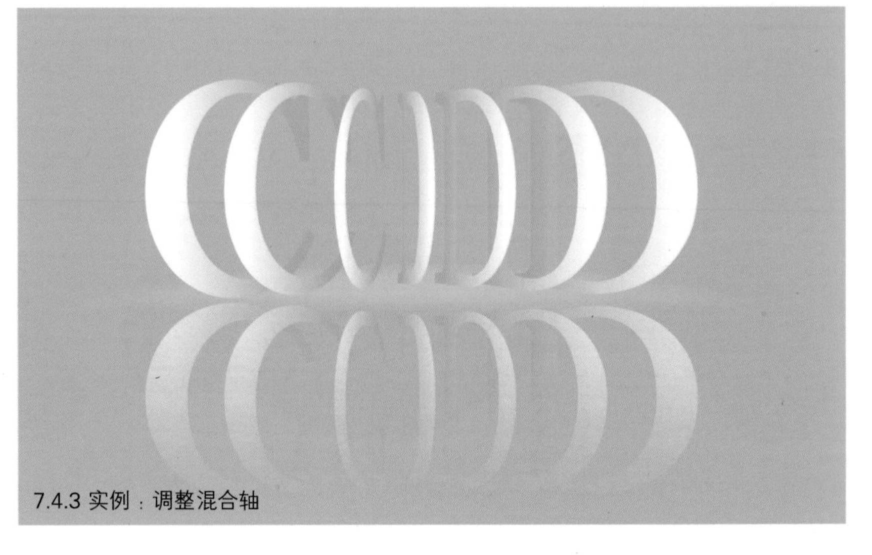

7.4.3 实例：调整混合轴

7.4.4 实例：替换混合轴

5.2.6 实例：用曲率工具制作卡通人名片

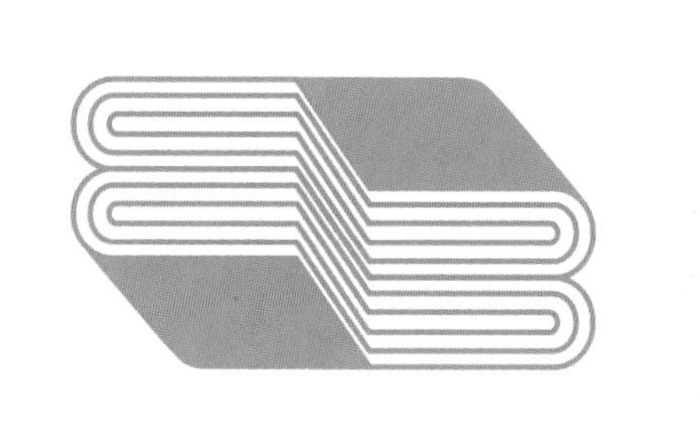

5.3.9 实例：交错式幻象图

12.8 进阶实例：高反射彩条字

7.3.2 实例：用网格建立封套扭曲

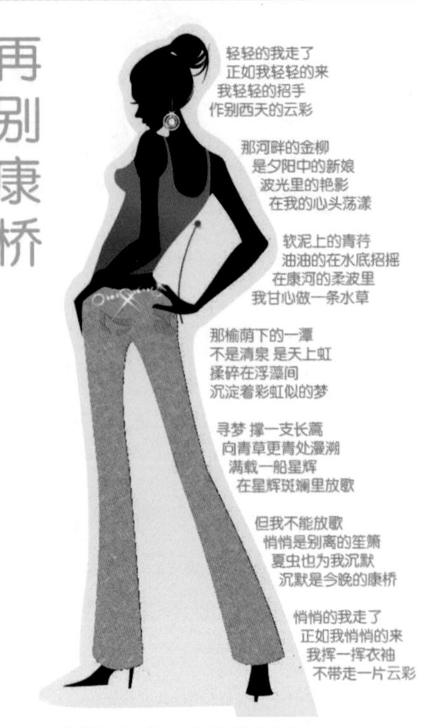

9.6 进阶实例：APP 立体展台和文字

10.8 课后作业：咖啡广告

10.1.6 实例：制作文本绕排版面

8.8 课后作业：可爱笑脸

10.7 进阶实例：三维空间字

8.4.7 实例：印章效果

12.6.6 实例：点亮音符

10.6 进阶实例：751LOGO 设计

11.2.4 实例：电话标签

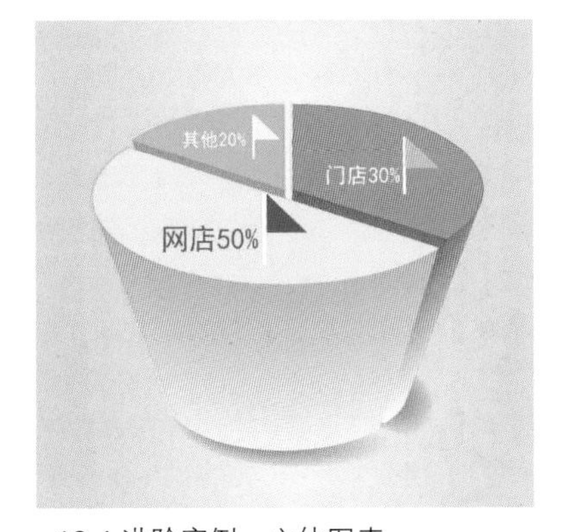

13.4 进阶实例：立体图表

11.3.4 实例：定义和使用全局色

12.7 进阶实例：绘制水粉画

12.2.2 实例：涂鸦效果文字

12.5.11 实例：用重复命令制作海水图案

8.7 进阶实例：出画效果

12.10 课后作业：雪花状四方连续

6.2.4 实例：鱼形LOGO

12.5.9 实例：古典海水图案

11.8 课后作业：时尚花瓶

12.9 课后作业：花枝缠绕图案

11.5.2 实例：统一更新LOGO

12.5.10 实例：带阴影和彩色的水纹

附赠
91 个视频

- 课后作业视频 17 个
- 多媒体课堂——视频教学 74 讲

附赠

- AI格式素材
- EPS格式素材
- 7本电子书

附赠《UI设计配色方案》《网店装修设计配色方案》《色彩设计》《图形设计》《创意法则》《CMYK色谱手册》《色谱表》7本电子书。

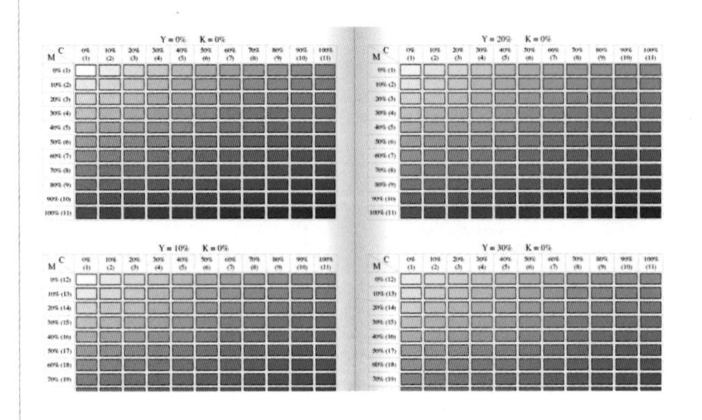

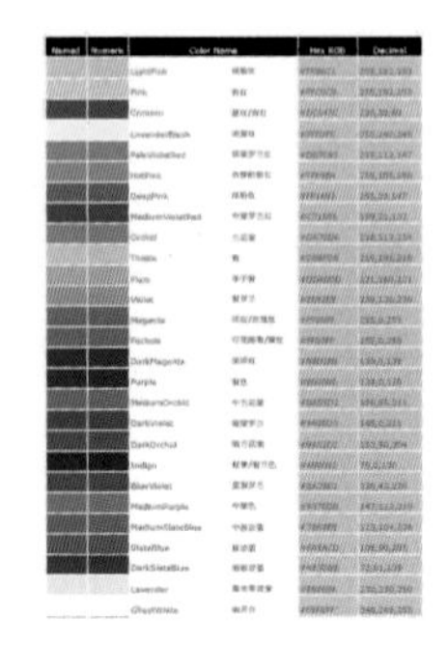

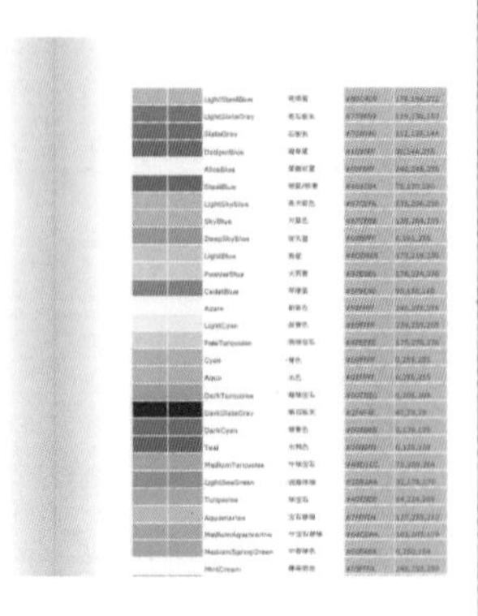

以上电子书为PDF格式，需要使用Adobe Reader观看。登录Adobe官方网站可以下载免费的Adobe Reader。

Illustrator 2023 从新手到高手

清华大学出版社
北京

内容简介

本书采用功能 + 实战练习 + 课后作业 + 问答题的形式，全面、深入地讲解 Illustrator 2023 软件。书中通过 144 个实例将软件使用与设计实战完美结合，涵盖基本操作、绘图、上色、组合、变形、合成、特效、文字编辑、高级上色技巧、绘画、图表等重要应用；实例涉及插画、包装、海报、LOGO 设计、APP 界面、UI 设计、VI 设计、服装设计等不同领域。用户在动手实践的过程中，可以轻松掌握软件的使用技巧，了解设计项目的制作流程，真正做到学以致用。

本书适合 Illustrator 初学者，以及从事平面设计、包装设计、UI 设计、插画和动画创作的人员学习使用，还可作为相关院校和培训机构的教材。

图书在版编目（CIP）数据

Illustrator 2023从新手到高手 / 李金蓉编著. -- 北京 : 清华大学出版社, 2023.6
（从新手到高手）

ISBN 978-7-302-63704-2

Ⅰ. ①I… Ⅱ. ①李… Ⅲ. ①图形软件 Ⅳ. ①TP391.412

中国国家版本馆CIP数据核字(2023)第109849号

责任编辑： 陈绿春
封面设计： 潘国文
责任校对： 徐俊伟
责任印制： 刘海龙

出版发行： 清华大学出版社
网　　址： http://www.tup.com.cn，http://www.wqbook.com
地　　址： 北京清华大学学研大厦A座　　**邮　　编：** 100084
社 总 机： 010-83470000　　**邮　　购：** 010-62786544
投稿与读者服务： 010-62776969，c-service@tup.tsinghua.edu.cn
质 量 反 馈： 010-62772015，zhiliang@tup.tsinghua.edu.cn
印 装 者： 三河市人民印务有限公司
经　　销： 全国新华书店
开　　本： 188mm×260mm　**印　张：** 18　**插　页：** 8　**字　数：** 574千字
版　　次： 2022年8月第1版　**印　次：** 2023年8月第1次印刷
定　　价： 99.00元

产品编号：092619-01

PREFACE 前言

Illustrator是Adobe公司开发的一款功能强大的矢量软件，它拥有丰富的绘图工具，可创建高质量的矢量图形，其文字处理功能可以帮助用户排版和设计字体。另外，Illustrator还可用于制作动画和交互设计。强大的绘图能力，以及良好的文件兼容性，让Illustrator在图形设计、插图、包装设计、平面设计、UI设计、字体设计、动漫制作等领域都有广泛的应用。

为了满足零基础用户的需求，帮助读者更快、更有效地掌握Illustrator，本书采用渐进式的教学方法，从最基础的Illustrator界面和操作开始，逐步向高级功能过渡。读者可通过大量的实例练习，逐步掌握Illustrator的操作方法，并快速树立信心。

内容特色

实例教学：本书实例多达144个，读者在学习阶段就能接触实践内容，并在这一过程中更深入地了解Illustrator的应用知识。这些实例涉及不同的设计场景，以帮助读者更好地理解Illustrator，快速掌握设计技巧。

简明易懂：本书没有过于专业的术语和概念，而是通过详细的图示来进行讲解。所有实例都会提供具体的步骤和截图，让读者轻松学习，快速上手。

实用技能讲解：本书注重讲解Illustrator的实用技能，读者可立足实践，快速掌握Illustrator在设计工作中的应用。书中还有大量技巧和提示，用于拓展学习深度。

课后作业：在学习完实例之后，读者还可以继续做课后作业，通过不断地实战和反复练习，逐步将所学知识转化为实际应用技能。

问答题：每章结束部分的问答题能帮助读者更好地理解所学知识，也可用于检验自己的掌握程度。

配套资源

本书的配套资源包含实例的素材文件、最终效果文件、课后作业的视频教学文件，并附赠精美的矢量素材、电子书、“多媒体课堂－视频教学74讲”，配套资源请扫描右侧的二维码进行下载，如果在下载过程中碰到问题，请联系陈老师，联系邮箱：chenlch@tup.tsinghua.edu.cn。如果在学习过程中遇到问题，请扫描右侧的二维码，联系相关技术人员解决。

配套资源

作者

2023年6月

技术支持

目录

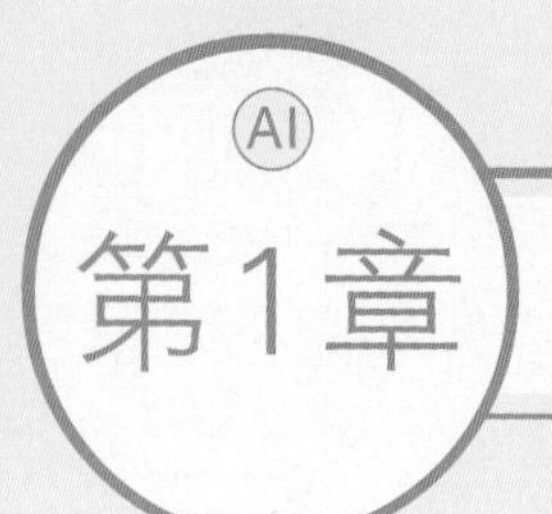

第1章 入门：工作区与文件编辑

本章简介

Illustrator是矢量图形软件，可绘制和编辑路径，以及由路径构成的矢量图形。矢量图形的特点是风格鲜明、便于修改，而且可以无损缩放，在设计领域占有重要的地位。本章介绍Illustrator的入门知识和基本操作方法，主要包括以下几个方面。

界面：熟悉Illustrator的界面布局、窗口、面板和工作区等元素，以便更好地理解软件的基本操作和功能。

工具：了解各种工具的选取方法等，以便能够有效地创建和编辑图形。

命令：熟悉各种菜单命令和快捷键，以便能够更快速地完成各种操作。

查看图稿：学会如何在Illustrator中查看和导航图稿，例如缩放、移动、旋转视图等操作，以便能够更好地编辑图形。

学习重点

1.1 Illustrator能做什么

Illustrator是矢量绘图行业的标准软件，在平面、包装、出版、UI、网页、书籍、插画等设计领域都有着广泛的应用。下面介绍Illustrator中的常用功能能完成哪些工作。

1.1.1 绘图

Illustrator中有钢笔、铅笔、画笔、矩形、椭圆、多边形网格等数量众多的绘图工具，可以满足任何绘图需要。图1-1所示为绘制的动漫形象，其标尺、参考线、网格和测量等辅助对齐和排布对象的工具，可以为VI、UI等标准化制图提供便利，如图1-2所示。

用钢笔工具绘制轮廓

上色

将动漫形象合成到新背景中并添加光效

图1-1

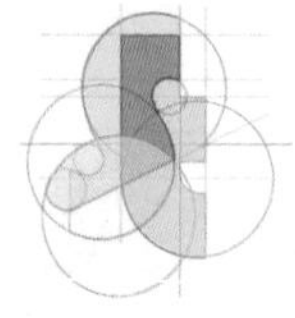

图1-2

1.1.2 描摹图像

由于矢量图可以无限放大，并且在任何媒介中使用都是清晰的，所以设计师会经常接到将位图转换为矢量图的任务。例如，用矢量软件依照图像（位图）描摹LOGO、图案等。这些工作非常耗费时间。使用Illustrator的图像描摹功能可轻松完成此类工作，只需几秒钟，便能从照片、图片素材中自动生成矢量图，如图1-3所示。

照片（位图）

通过图像描摹得到矢量图并制作成名片

图1-3

1.1.3　组合图形

在Illustrator中，将简单的图形组合起来可以构建成复杂图形，如图1-4所示。相关功能有"路径查找器"面板、形状生成器工具、Shaper工具、复合形状、复合路径等。

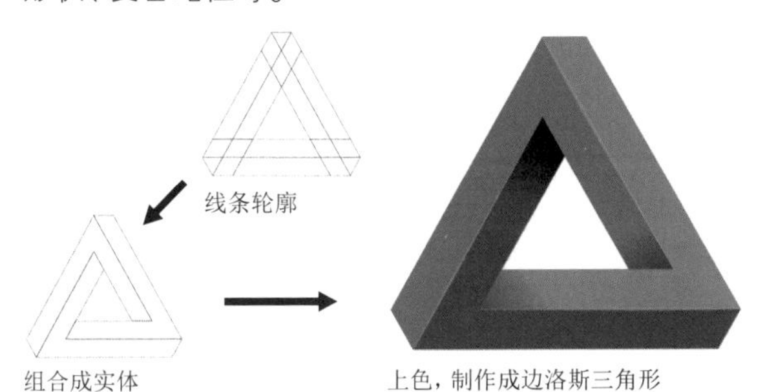

图1-4

1.1.4　混合图形

混合是Illustrator中最美妙的功能，它能大量地复制线（路径）、图形和文字等，并渐进地、柔和地展现其变化。图1-5所示为几个简单的渐变图形及一条路径通过混合创建的炫酷特效字。

图1-5

混合有很多种表现方式，它既能让色彩斑斓绚丽，也能使对象变幻莫测；既能刻画平面的图形之美，也能让对象以立体的方式"绽放"在人眼前，如图1-6和图1-7所示。

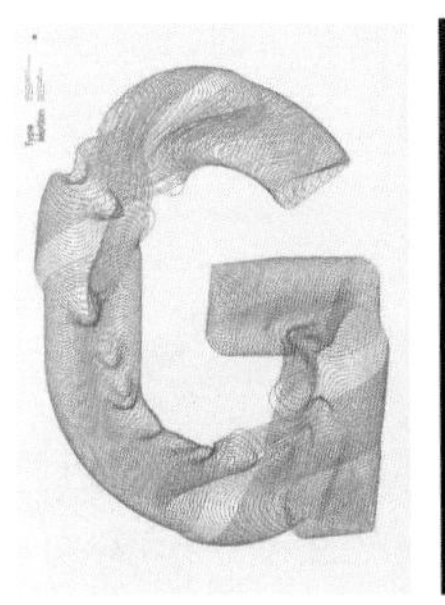

图1-6

图1-7

1.1.5　变换与变形

在Illustrator中，改变对象位置和角度的操作属于变换操作，例如移动、缩放、旋转和镜像等。利用变换方法还可制作图形、生成特效。图1-8所示为使用"分别变换"命令制作的蒲公英。

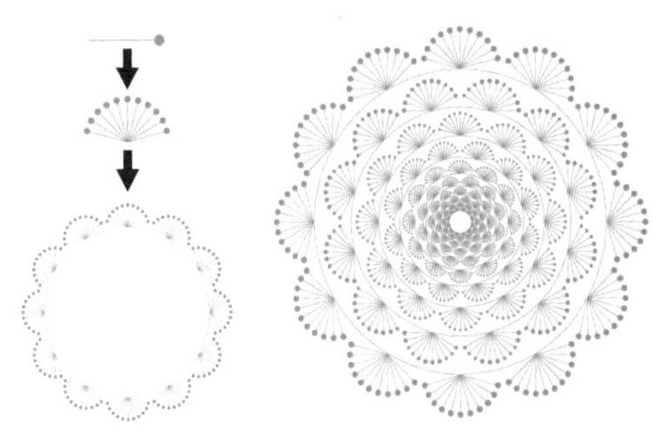

图1-8

扭曲对象的功能属于变形功能，包括自由扭曲、液化类工具、操控变形工具、封套扭曲功能，以及"扭曲和变换"效果。其中，封套扭曲非常神奇，在它"手里"，图形、图像等会像橡皮泥一样柔软，可以被"捏成"任何形状。图1-9所示是让文字依照杯子的形体扭曲制作成的特效字。

图1-9

1.1.6 上色

在 Illustrator 中绘制矢量图形（路径）时，需要上色或用色彩描绘路径的轮廓，否则无法观看和打印，如图 1–10 和图 1–11 所示。

路径　　在路径围合的区域上色

图 1-10

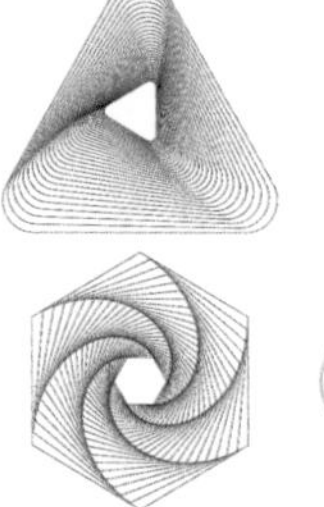
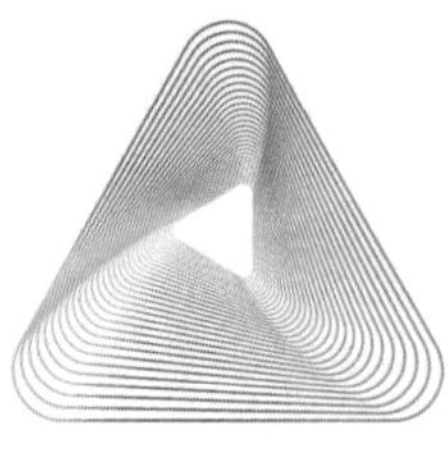
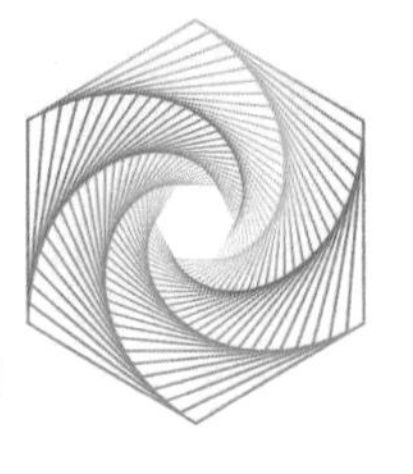

路径　　用渐变描边路径

图 1-11

Illustrator 不仅绘图能力卓绝，其实时上色、专色、为图稿重新着色等上色功能亦是出类拔萃。此外还有大量现成的色板库，其中包含各种颜色组、图案库，以及专业的 PANTONE 色等。

1.1.7 渐变和渐变网格

Illustrator 中的渐变和渐变网格是较为常用的上色功能。渐变是连接色彩的桥梁，它具有规则的特点，能使人感觉到秩序和统一。图 1–12 和图 1–13 所示为渐变在插画上的应用。

图 1-12

图 1-13

制作效果时，尤其是需要出现颜色和光影变化时，也离不开渐变。图 1–14 所示的手表即是一例，表带、表盘、指针、旋钮的立体感都是用渐变表现出来的。渐变还常用于填充不透明度蒙版，因此，做合成效果时也会用到它。

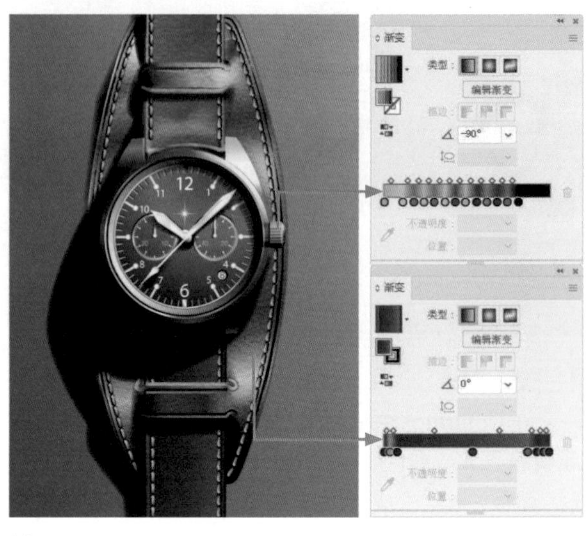

图 1-14

在 Illustrator 中要想生成最丰富的颜色变化，或者想让渐变颜色更加可控，需要使用渐变网格。用这一功能可制作出媲美照片的写实效果，如图 1–15 所示，可以看到，机器人的网格结构非常复杂，这种效果必须熟练使用路径编辑工具才能做出来。

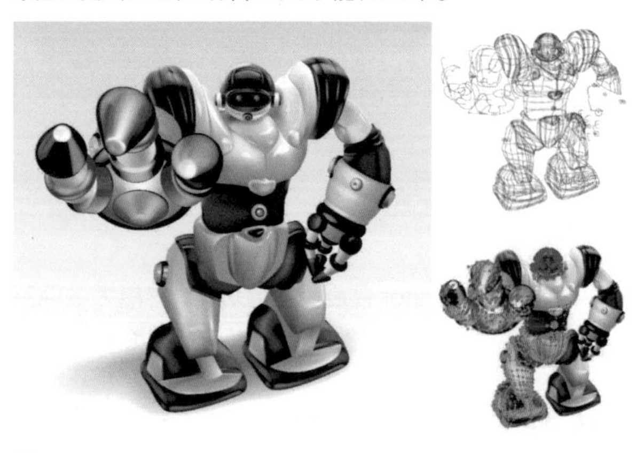

图 1-15

1.1.8 蒙版与混合模式

Illustrator 中的图层用于承载图稿，以及管理对象。此外，从图层中还可创建剪切蒙版，控制对象的显示范围（此功能与 Photoshop 中的剪贴蒙版类似），如图 1–16 所示。

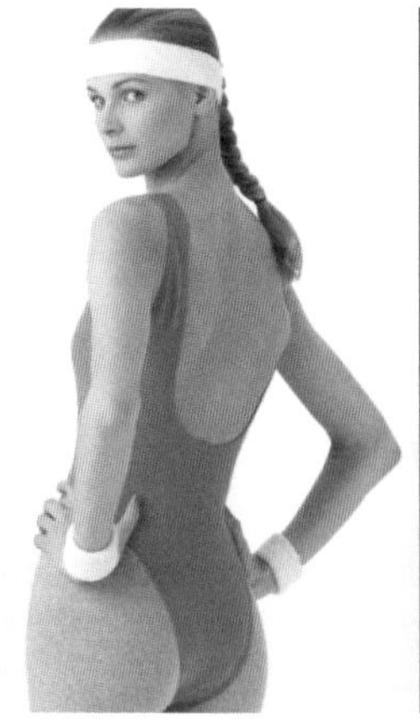

在人物身上绘制花纹图形，通过剪切面板对其进行遮盖

图1-16

Illustrator还提供了可以控制对象透明度的功能——不透明度蒙版，它与Photoshop的另一种蒙版——图层蒙版异曲同工，即都能让对象呈现透明效果，如图1-17所示。以上两种蒙版是Illustrator中制作合成效果的常用功能。

图1-17

合成效果之所以能够产生，源于不同的对象能够相互融合。在Illustrator中，当多个对象上下堆叠、互相遮挡时，可通过调整其不透明度和混合模式，使对象融合、叠透，如图1-18所示。

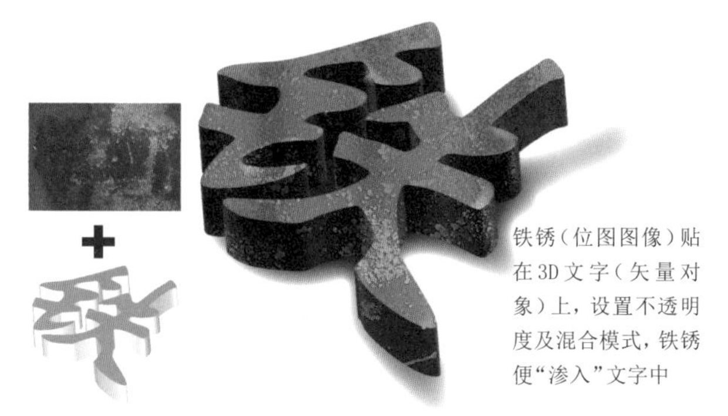

铁锈（位图图像）贴在3D文字（矢量对象）上，设置不透明度及混合模式，铁锈便"渗入"文字中

图1-18

1.1.9　效果

效果是Illustrator中用于制作特效的功能，可为对象添加投影、使其扭曲、令其发光等，如图1-19所示。为对象添加效果后，还可将其存储为图形样式，应用于其他对象。

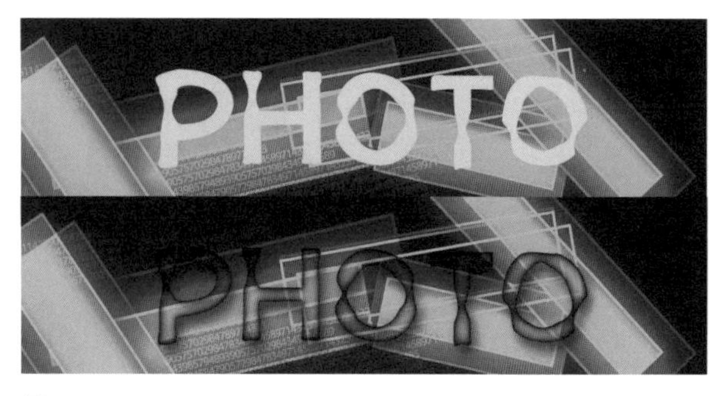

图1-19

1.1.10　3D

现在越来越多的APP、网店详情页等，为追求真实的视觉效果而使用3D场景和模型。Illustrator中也包含3D功能，能让矢量图形呈现3D效果，并可通过为3D对象贴图、打光，以及使用光线追踪渲染来增强真实感，如图1-20和图1-21所示。

图1-20

图1-21

1.1.11　编辑文字

Illustrator中的文字功能丰富，在排版及文字处理上（如制作菜单、宣传单、宣传册等）比Photoshop更专业，也更好用。如可通过"字形"面板获得特殊形式的字符；可以用"制表符"面板设置段落或文字对象

的制表位等。

由于绘图方便，并且矢量图形不存在由于放大而模糊的问题，Illustrator也成为设计标准字、制作文字LOGO最常用的软件之一，如图1–22和图1–23所示。

图1-22

图1-23

1.1.12 制作图表

图表能直观地反映统计数据的比较结果，是将数据可视化的主要手段。Illustrator的图表功能非常实用，常用的柱形图、条形图、折线图、面积图、散点图和雷达图等都能制作出来，如图1–24所示。此外，借助其强大的图形编辑功能，还可将不同类型的图表组合在一起，或者用效果更好的图形替换简单的图例，甚至还能制作出3D图表。

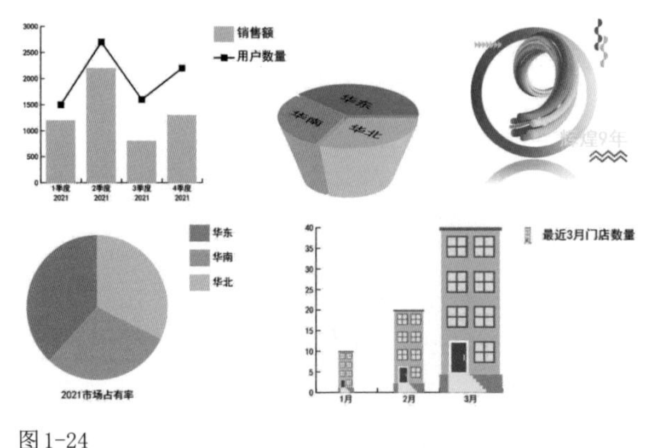

图1-24

1.1.13 符号

重复性工作，例如，绘制大量相似的图形，如花草、地图上的标记、技术图纸等，即使很简单的操作，当工作量较大时，也会让人不堪重负。

在减轻用户工作量方面，Illustrator提供了很多实用功能。例如，可以用动作和批处理，对一批文件执行一系列任务；可以运用脚本，让计算机执行一系列操作；可以使用“变量”面板，通过将数据源文件（CSV或XML文件）与Illustrator文档合并，轻松地创建图稿的变化效果，而无须手动修改模板中的对象，等等。此外，用户还可以将一个基本图形定义为符号，之后使用符号快速、大批量地生成类似的对象，如图1–25和图1–26所示。

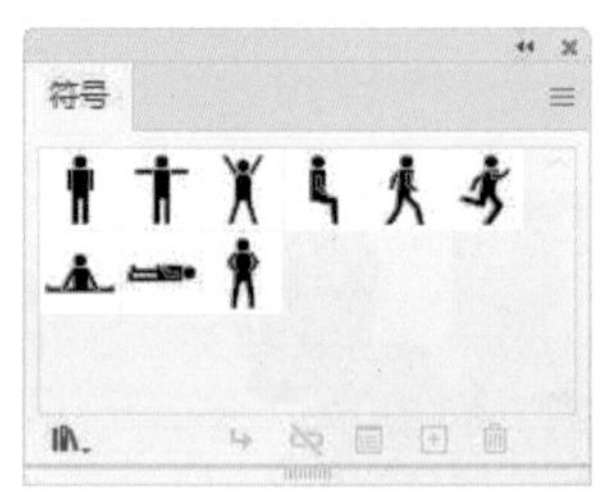

图1-25　　图1-26

以上功能中，符号最常用，其他功能选择性地学习即可。但技多不压身，设计师不一定挣计件工资，但工作效率高，出图速度快，起码自己不会太累。

1.1.14 Web和动画

Illustrator中有网页编辑功能，可制作切片、优化图像、输出图像等。此外，使用Illustrator也能制作出很多精彩的动画效果，如运动、渐隐、变色、变形等。

1.2 初试牛刀：制作圆环艺术图形

本实例制作由圆环组成的艺术图形，从中可以初步了解Illustrator的操作流程。

1.2.1 创建文件

01 单击计算机桌面的Ai图标运行Illustrator。首先打开的是主屏幕，包含一些快捷功能，如可创建空白文档、打开计算机中的文件、查看Illustrator 2023新增功能、显示常用的文档预设、显示并可打开近期使用过的文档等。

02 单击“新建”按钮，如图1-27所示，打开“新建文档”对话框，按图1-28所示的参数进行设置，单击“创建”按钮，创建一个100mm×90mm大小的文档，同时进入Illustrator工作界面。默认的界面是黑色的，执行

“编辑”|“首选项”|“用户界面”命令，打开“首选项”对话框，将其亮度调浅。整个工作界面由文档窗口、工具栏和面板组成，如图1-29所示。

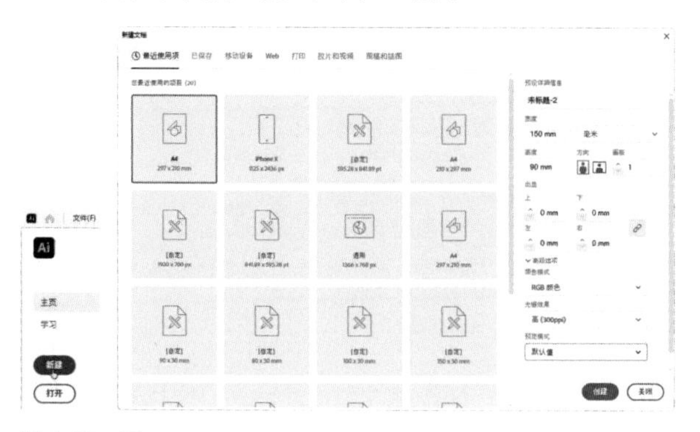

图1-27 图1-28

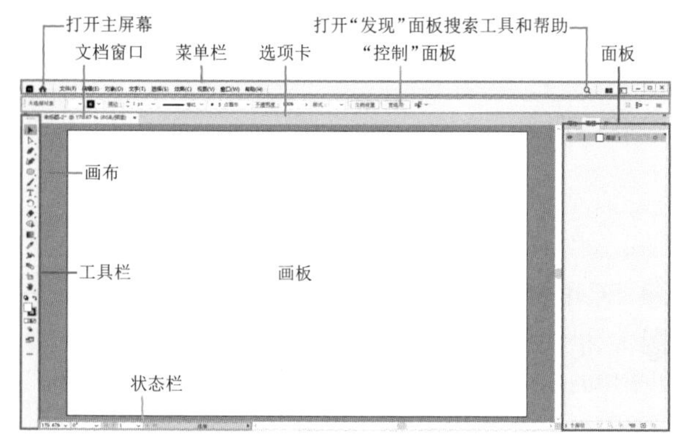

图1-29

1.2.2 绘制图形并保存文件

01 选择椭圆工具（切换到英文输入法时，按L键也可选择该工具），按住Shift键并拖曳光标，在画板上（白色背景）创建一个圆形。在Illustrator中创建的对象是矢量图形，由路径和锚点构成，默认会使用黑色描边路径，在其围合区域填充白色，如图1-30所示。

02 执行“文件”|“存储”命令，打开“存储为”对话框，输入文件名，“保存类型”选项中默认选取的是AI格式，如图1-31所示，使用该格式保存文件。

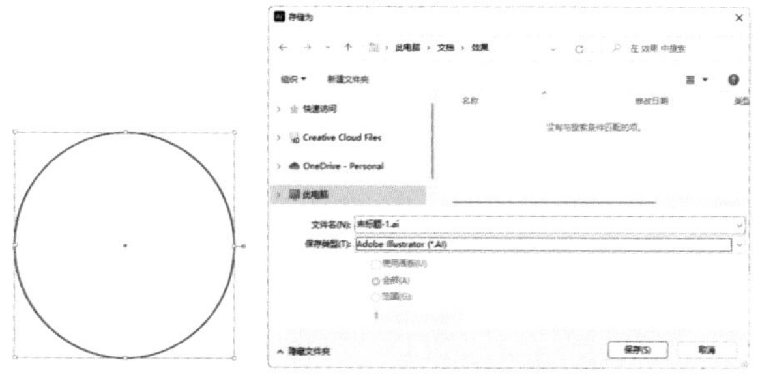

图1-30 图1-31

实用技巧 何时保存文件最为妥当

在Illustrator中创建文档或打开文件后，编辑初期就应该执行“文件”|“存储”命令（快捷键为Ctrl+S），保存文件。之后每完成重要操作，或进行多步操作后，应按Ctrl+S快捷键存储当前效果，以防止因Illustrator闪退、断电或其他意外情况导致丢失工作成果，以及损坏文件。

1.2.3 用渐变描边

01 打开“窗口”菜单，在“色板库”|“渐变”子菜单中选择“色彩调和”选项，打开“色彩调和”面板。

02 在Illustrator中编辑对象时，首先要将其选取，之后才可进行其他操作。由于创建图形后，其自动处于被选取状态，因此，继续操作。单击工具栏中的填色图标□，如图1-32所示，再单击◪图标，取消圆形的填色，如图1-33所示。单击描边图标，如图1-34所示，之后单击图1-35所示的渐变，用渐变为圆形描边，如图1-36所示。

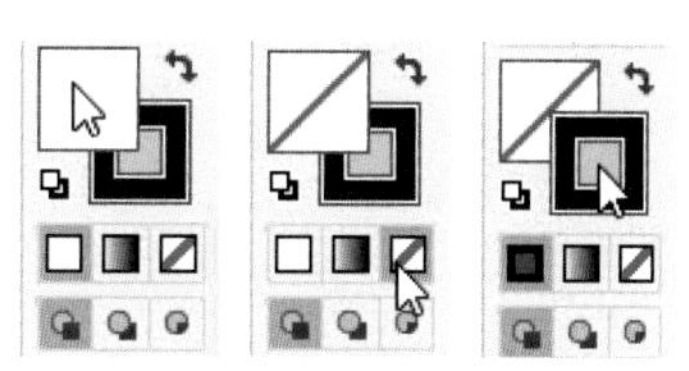

图1-32 图1-33 图1-34

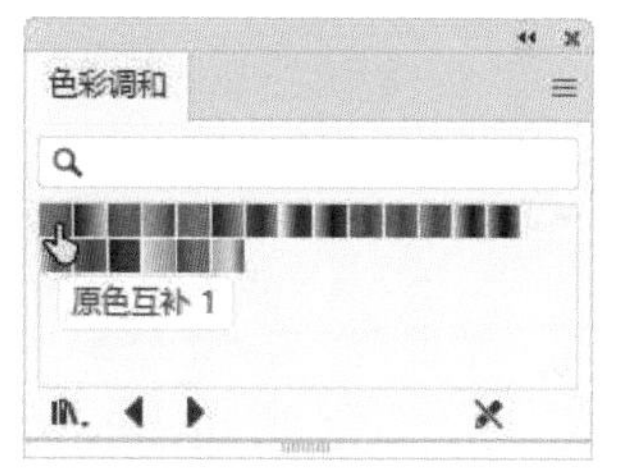

图1-35 图1-36

1.2.4 添加效果

01 执行“效果”|“扭曲和变换”|“变换”命令，打开“变换效果”对话框，设置“垂直”参数为95%，“角度”为356°，将圆形压扁并旋转。

02 在“副本”选项内双击，将数字选取，向前滚动鼠标滚轮，将数值调整到48（也可直接输入48），如图1-37所示。随着数值的增加，会复制出图形，如图1-38所示。单击“确定”按钮关闭对话框。如果设置“垂直”参数为70%，“角度”为350°，则可得到图1-39所示的图形。

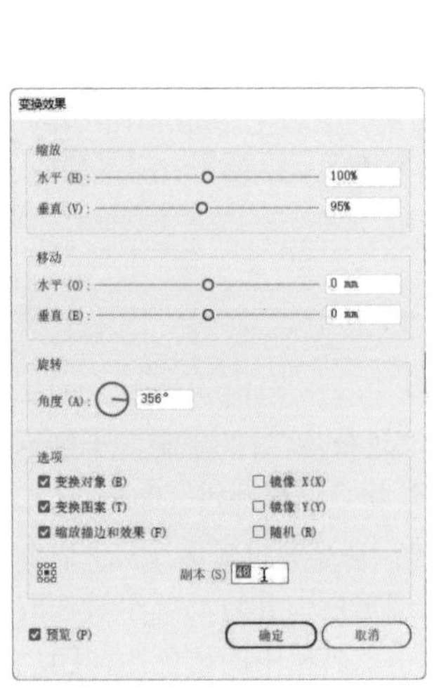

图1-37

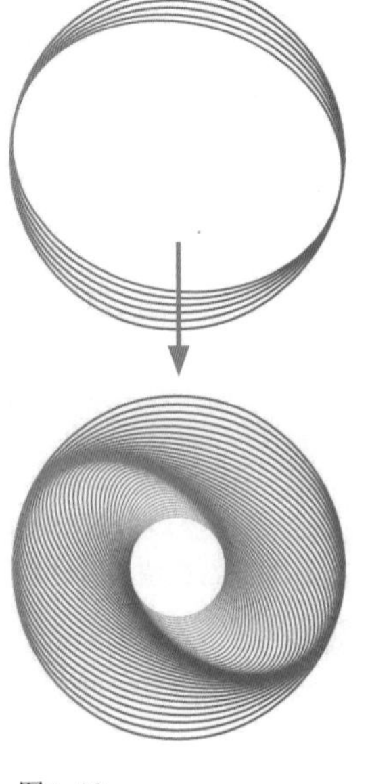

图1-38

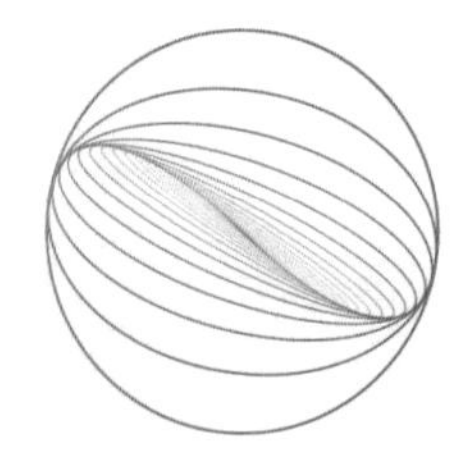

图1-39

实用技巧 操作失误怎么办

操作失误或对当前效果不满意，可以执行“编辑”|“还原”命令（快捷键为Ctrl+Z）进行撤销。连续按Ctrl+Z快捷键，可依次向前撤销操作。如果想恢复被撤销的操作，可以按Shift+Ctrl+Z快捷键。如果想将文件直接恢复到最后一次保存时的状态，执行“文件”|“恢复”命令即可。此外，也可以在“窗口”菜单中打开“历史记录”面板，单击其中所记录的操作步骤来撤销操作。

如果计算机的硬件配置落后，尤其是内存较小，处理复杂的图稿时极容易造成Illustrator崩溃。但这也不要紧，Illustrator的后台存储功能会自动备份一份文件，当重启Illustrator时，会打开一个对话框，单击“确定”按钮，可以将崩溃前编辑的文件恢复，但还需要及时保存文件，以防止再出现其他意外情况。

1.2.5 关闭文件

01 按Ctrl+S快捷键保存编辑结果。

02 单击文档窗口右上角的 × 按钮，关闭文件。如果要退出Illustrator程序，可以执行“文件”|“退出”命令，或单击程序窗口右上角的 × 按钮。

1.3 Illustrator 2023 工作界面

Illustrator 2023 工作界面非常规范，工具的选取、面板的访问等都十分方便。Adobe 公司的大部分软件都采用与此相同的工作界面，因此，学会使用 Illustrator，也能轻松上手其他的 Adobe 软件。

1.3.1 文档窗口及状态栏

在 Illustrator 中，每新建或打开一个文档，便会创建一个文档窗口。文档窗口的顶部是标题栏，显示了文件名（其右侧有“*”符号的，表示文档已被编辑但尚未保存）、视图比例、颜色模式和视图模式等信息，如图 1-40 所示。

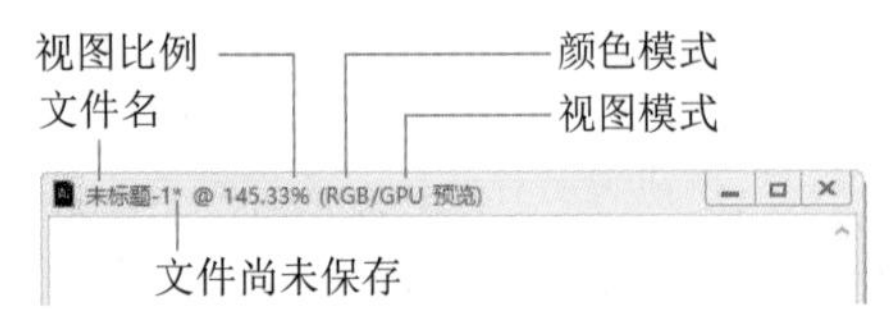

图1-40

Illustrator 的文档窗口与 IE 浏览器的窗口操作基本相同，可按 Ctrl+Tab 快捷键切换各个窗口，或者将一个窗口从选项卡中拖曳出来，使之成为浮动窗口。

文档窗口底部是状态栏。单击其右侧的 ▶ 按钮，打开下拉菜单，在“显示”子菜单中可以选择状态栏中显示的信息。在其左侧的文本框中输入数值并按 Enter 键，可以调整视图比例。如果文档中包含多个画板，可以单击 |◀ ◀ 2 ▶ ▶| 中的按钮，选择并切换画板。

1.3.2 工具栏

Illustrator 工作界面左侧是工具栏。默认状态下只显示常用工具。执行“窗口”|“工具栏”|“高级”命令，

可以显示所有工具。Illustrator 的工具分为选择、绘制、文字、上色、修改和导航6大类，如图1–41所示。

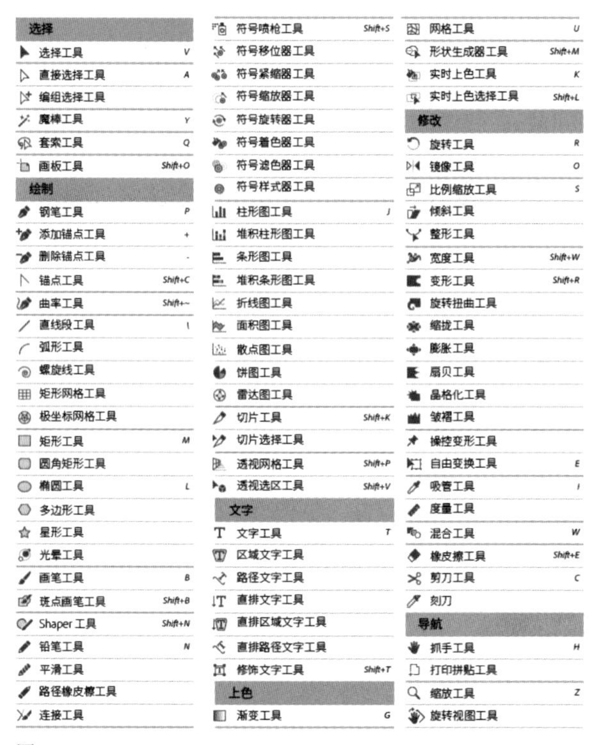

图1-41

将光标停放在工具上方，会显示工具名称、快捷键，以及使用方法的小视频，如图1–42所示。单击一个工具，即可选择该工具。右下角有三角形图标的是工具组，在其上方单击并按住鼠标左键不放，会显示其中隐藏的工具，如图1–43所示；将光标移动到其中的工具上，释放鼠标左键，可选取该工具，如图1–44所示。按住Alt键单击工具组，则可循环切换其中的各个工具。

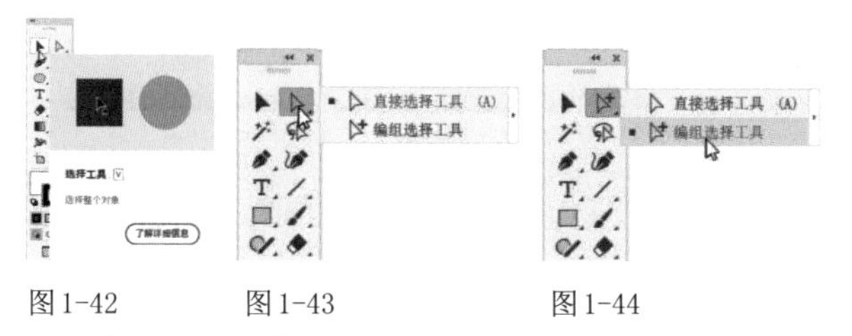

图1-42　图1-43　图1-44

在工具组右侧单击，如图1–45所示，可打开一个包含该工具组的面板，如图1–46所示。在面板顶部拖曳可移动其位置。拖曳到工具栏边界，可将此面板与工具栏停放在一起，如图1–47和图1–48所示。

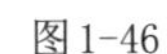

图1-45　图1-46

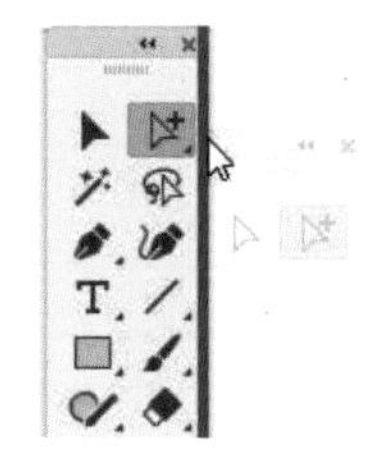

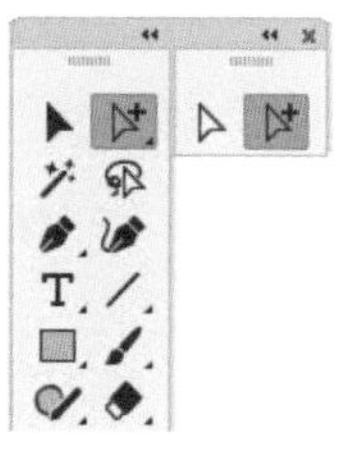

图1-47　图1-48

如果觉得工具栏占用的空间有点大，可单击其顶部的◀◀按钮，让其变为单排。单击▶▶按钮，可恢复为双排。拖曳其标题栏，可将其摆放到其他位置。

1.3.3 控制面板

执行"窗口"|"控制"命令，打开"控制"面板。该面板用处较大。例如，选择一个工具后，可以在该面板中设置工具的选项和参数。单击"控制"面板中的⌄按钮，或在下方带有虚线的文字上单击，可显示内嵌的面板，如图1–49所示。选取对象后，可用内嵌面板设置填色、描边，以及进行对齐等，而不必到"窗口"菜单中打开相应的面板。在内嵌面板外单击，可将其关闭。

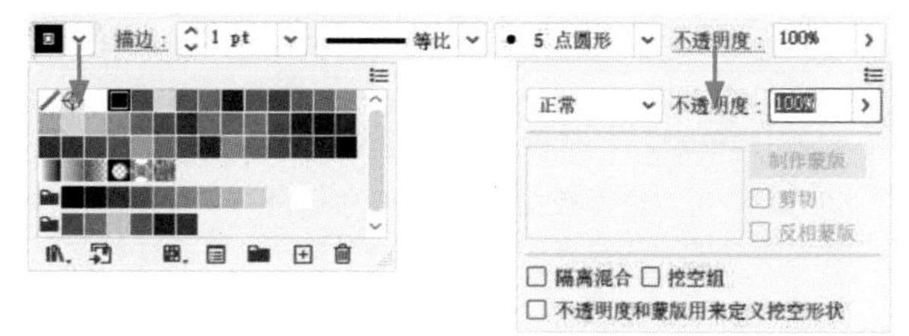

图1-49

"控制"面板中还内嵌了菜单，单击⌄按钮，可展开下拉菜单，如图1–50所示。

图1-50

包含数值的选项可通过3种方法调整。第1种方法是在数值上双击，将其选中，如图1–51所示，之后输入新数值并按Enter键即可，如图1–52所示；第2种方法是在文本框内单击，出现闪烁的"|"形光标时，如图1–53所示，向前或向后滚动鼠标滚轮，可对数值进行动态调整；第3种方法是单击›按钮，显示滑块后，拖曳滑块来进行调整，如图1–54所示。

图1-51　图1-52

图 1-53　　图 1-54

1.3.4　面板

在 Illustrator 中，很多操作需要借助相应的面板才能完成。需要使用一个面板时，可以到“窗口”菜单中将其打开。面板可进行如下操作。

- 展开面板：默认状态下，面板被分成若干个组，停靠在工作界面右侧，如图 1-55 所示。每个面板组中只显示一个面板。如果要使用其他面板，在其名称上单击即可，如图 1-56 所示。

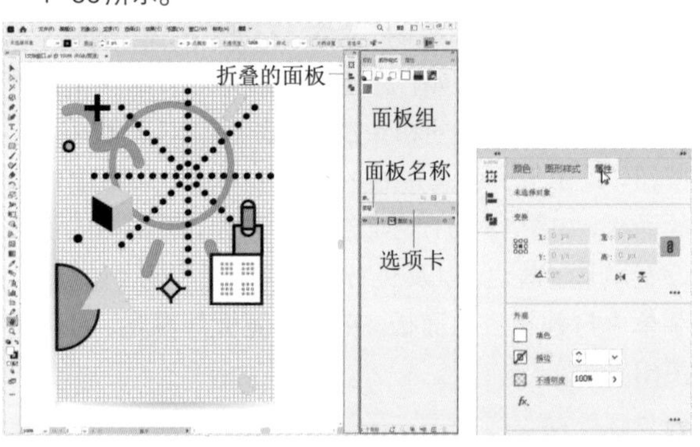

图 1-55　　图 1-56

- 折叠/拉宽面板：最上方的面板组中有一个 ▸▸ 按钮，单击该按钮，可以将面板组折叠起来，如图 1-57 所示，这样会有更多的空间显示图稿。在折叠状态下，可通过单击面板或图标的方法展开面板，如图 1-58 所示；再次单击，可将其折叠。如果觉得面板只显示图标，没有名称不太好辨认，可拖曳其左边界，将面板组拉宽，这样就能让面板名称显示出来，如图 1-59 所示。

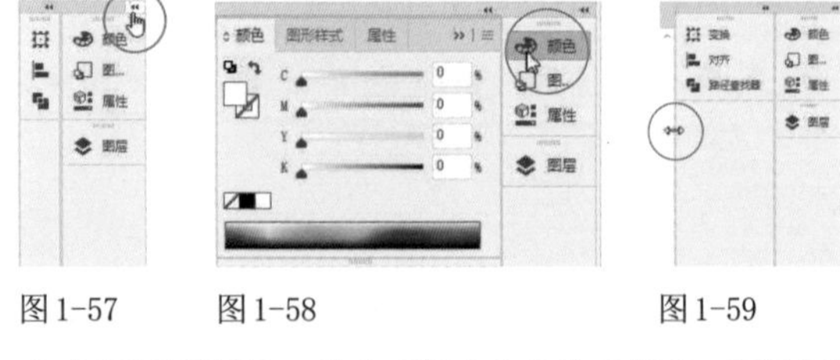

图 1-57　　图 1-58　　图 1-59

- 打开面板菜单：单击面板右上角的 ≡ 按钮，可以打开面板菜单，如图 1-60 所示。
- 关闭面板/面板组：在面板的名称或选项卡上右击，可以打开快捷菜单，如图 1-61 所示。执行其中的“关闭”命令，可以关闭当前面板；执行“关闭选项卡组”命令，则可关闭当前面板组。
- 浮动面板：将光标放在面板的名称上，向外拖曳，如图 1-62 所示，可将其从组中拖出，成为浮动面板，如图 1-63 所示。单击其右上角的 ✖ 按钮可关闭浮动面板。

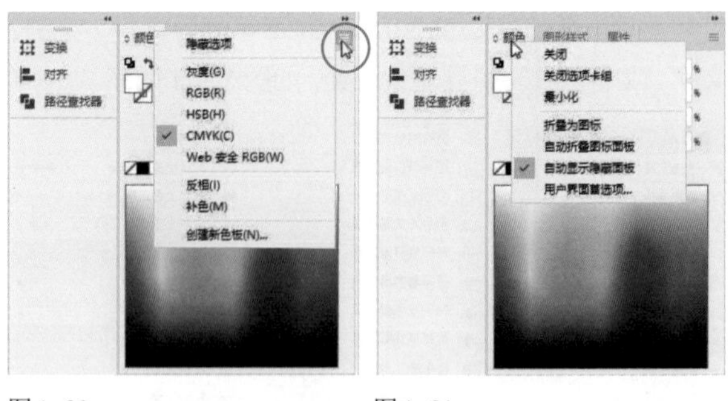

图 1-60　　图 1-61

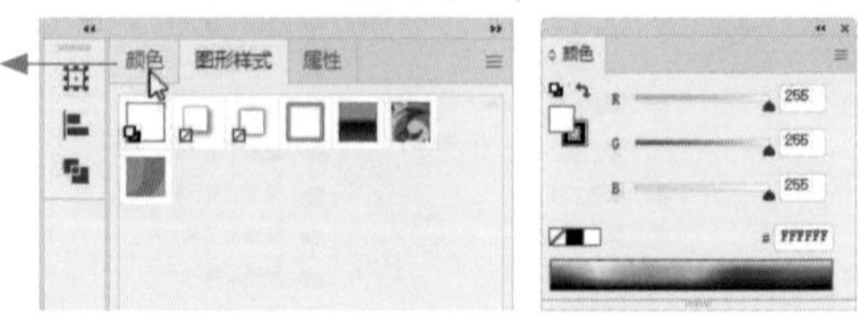

图 1-62　　图 1-63

- 组合浮动面板：将其他面板拖曳到浮动面板的选项卡上，可以组成一个面板组，如图 1-64 所示。

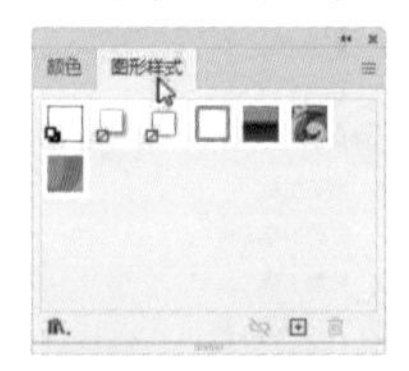

图 1-64

- 连接面板：将一个面板拖曳到另一个面板下方，出现蓝色提示线时，如图 1-65 所示，释放鼠标左键，可将其连接在一起，如图 1-66 所示。连接完成后，拖曳面板的标题栏，可以移动所有连接的面板，如图 1-67 所示。单击面板顶部的 ⇕ 按钮，可逐级隐藏或显示面板选项，如图 1-68 和图 1-69 所示。双击面板的名称，可将其最小化，如图 1-70 所示；再次双击，可重新展开面板。

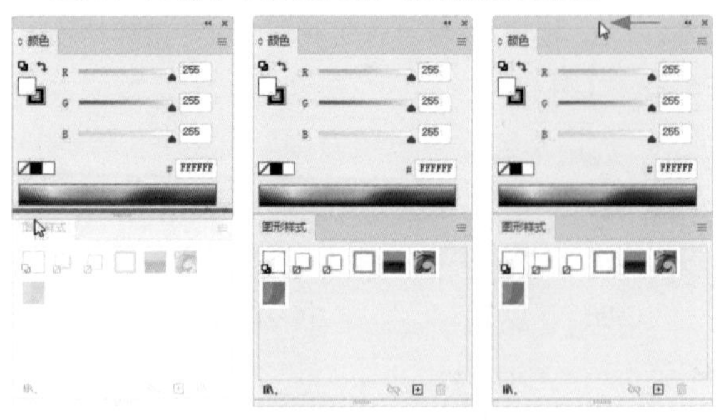

图 1-65　　图 1-66　　图 1-67

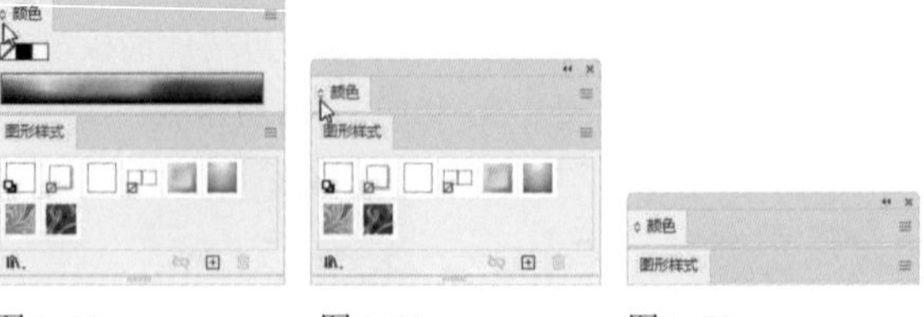

图 1-68　　图 1-69　　图 1-70

> 提示
>
> 如果工作界面右侧的面板碍事，可以按Shift+Tab快捷键将其隐藏；或者按Tab键，将工具栏、“控制”面板和工作界面右侧的所有面板隐藏。再次按相应的快捷键，可让面板重新显示。

1.3.5　菜单

Illustrator有9个主菜单，如图1-71所示。单击一个主菜单，将其打开，如图1-72所示，可以看到，不同用途的命令被分隔线隔开。将光标放在黑色的箭头标记的命令上方，可以打开子菜单，如图1-73所示。单击一个命令，即可执行该命令（如果命令是灰色的，表示在当前状态下不能使用）。

Ai　文件(F)　编辑(E)　对象(O)　文字(T)　选择(S)　效果(C)　视图(V)　窗口(W)　帮助(H)

图1-71

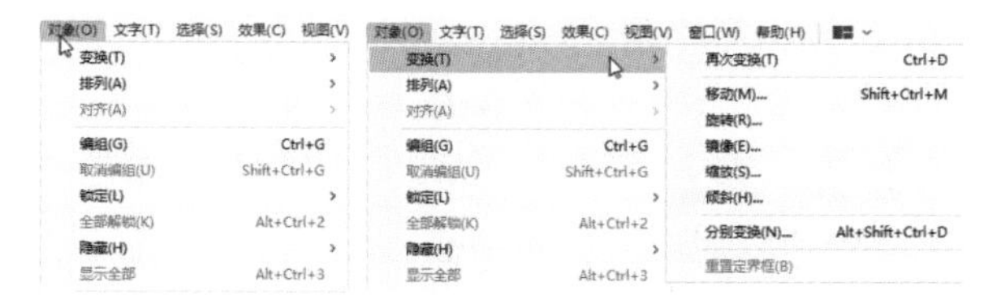

图1-72　　图1-73

除主菜单外，在文档窗口、选取的对象或面板上方右击，可以打开快捷菜单，如图1-74和图1-75所示，其中包含与当前操作有关的其他命令，比在主菜单中执行命令方便。

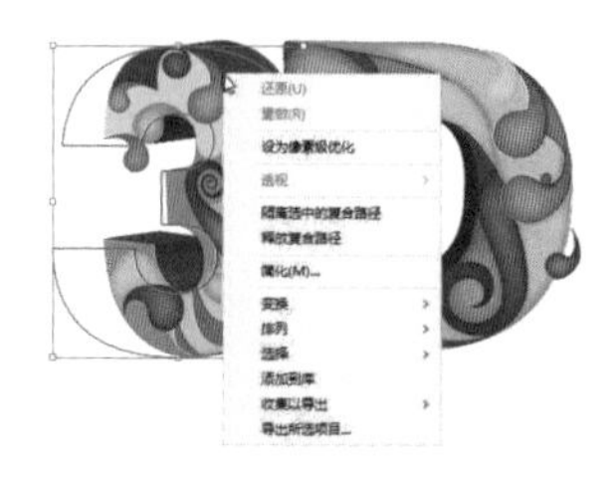

图1-74

图1-75

1.3.6　工作区

“窗口”|“工作区”子菜单中有预设的工作区，如图1-76所示，以方便用户使用。例如，选择“上色”工作区，工作界面中只显示用于编辑颜色的各个面板，其他面板则自动关闭。

重新布置面板后，如果操作顺手，也可执行“窗口”|“工作区”|“新建工作区”命令，将当前工作区保存起来，这样以后即使移动或关闭了面板，也可在“窗口”|“工作区”子菜单中找到该工作区，将面板复原。

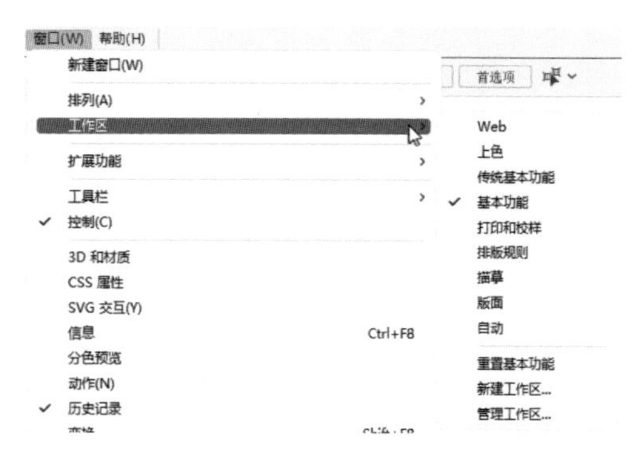

图1-76

> **实用技巧**　使用快捷键，操作更高效
>
> 通过按快捷键的方法，可选取工具、打开面板，或执行命令（操作前需要先切换到英文输入法）。例如，按P键可以选择钢笔工具。按住Shift键不放，之后按C键，可以选择锚点工具。按住Ctrl键不放，再按F8键，可以打开“信息”面板。
>
> 
>
>
> 工具的快捷键　　面板的快捷键
>
> 在菜单中，如果命令右侧有英文字母、数字和符号组合，这便是其快捷键。例如，“选择”|“全部”命令的快捷键是Ctrl+A。在使用时，先按住Ctrl键不放，之后按A键即可。有些快捷键由3个按键组成，例如，“选择”|“取消选择”命令的快捷键是Shift+Ctrl+A，操作时先要按住前面的两个键，之后按最后的那个键，即同时按住Shift键和Ctrl键不放，再按A键。
>
> 有些命令名称右侧只有一个字母，例如，“选择”|“存储所选对象”命令的S，操作时首先按住Alt键不放，之后按主菜单名称右侧的字母对应的按键，这样可以打开主菜单；再按命令名称右侧的字母对应的按键，便可执行该命令，即按住Alt键不放，之后按S键，再按S键。
>
> 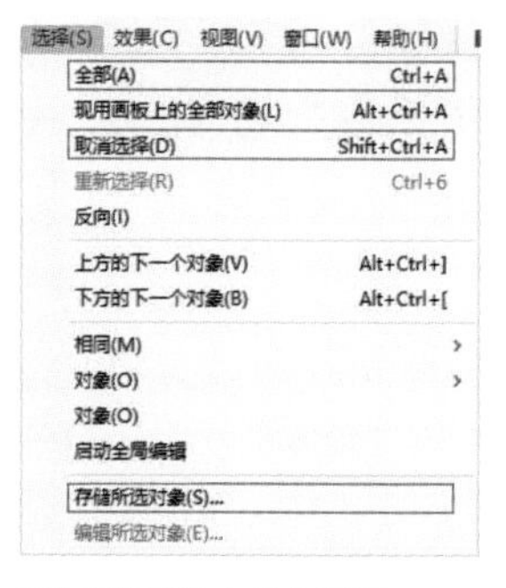
>
>
> “选择”菜单中的快捷键
>
> 需要注意，本书给出的是Windows快捷键，macOS用户应进行转换——将Alt键转换为Opt键，将Ctrl键转换为Cmd键。例如，如果书中给出的快捷键是Alt+Ctrl+O，则macOS用户应使用Opt+Cmd+O快捷键来操作。

1.4 查看图稿

观察和处理图稿细节时，需要将文档窗口的视图比例调大，并将所需区域移动到画面中心。需要查看整体效果时，可将视图比例调小。

1.4.1 实例：缩放视图，移动画面

01 按Ctrl+O快捷键打开“打开”对话框，选取素材，按Enter键将其打开，如图1-77所示。

02 选择缩放工具，在图稿上向左拖曳光标，可缩小窗口的视图比例，如图1-78所示；向右拖曳光标，可放大视图比例，并将光标下方的图稿定位在画面中心，如图1-79所示。采用连续单击（或按住Alt键）的方法操作可逐级缩放。使用抓手工具可以移动画面，如图1-80所示。

图1-77

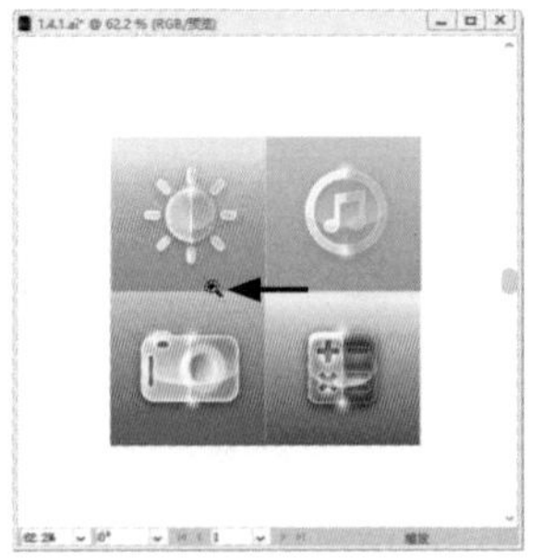

图1-78

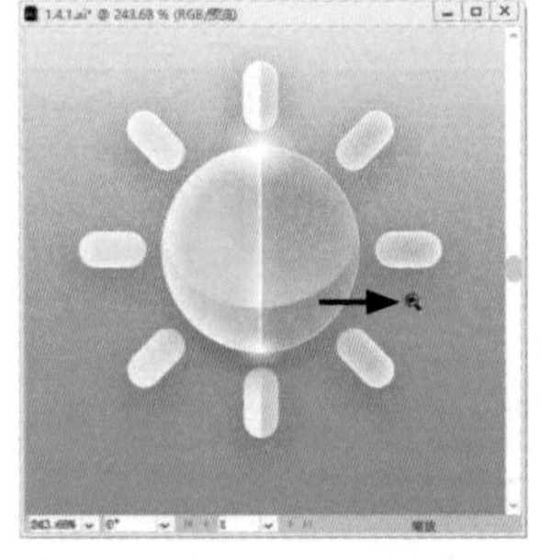

图1-79

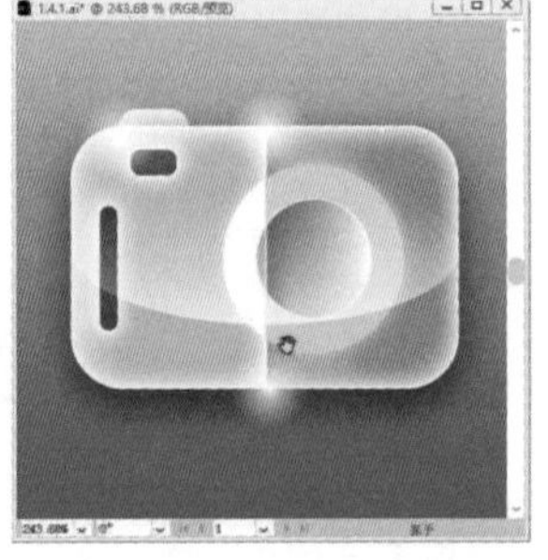

图1-80

提示

使用绝大多数工具时，都可按住空格键（能临时切换为抓手工具）并拖曳光标移动画面。放开空格键则恢复为原工具。

03 当文档窗口的视图比例较高时，用抓手工具每次只能移动一小块区域，操作起来非常麻烦。遇到这种情况，可以执行“窗口”|“导航器”命令，打开“导航器”面板，拖曳红色矩形，或在红色矩形框外单击，快速移动画面，如图1-81和图1-82所示。该面板底部有和两个按钮，单击，可逐级放大或缩小视图。

图1-81

图1-82

04 “视图”菜单中有专门用于调整视图比例的命令，并配备了快捷键，如图1-83所示。如果不想频繁切换工具，可以通过快捷键执行命令。

放大(Z)	Ctrl++
缩小(M)	Ctrl+-
画板适合窗口大小(W)	Ctrl+0
全部适合窗口大小(L)	Alt+Ctrl+0

图1-83

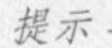

提示

如果想查看图稿的实际大小，可按Ctrl+1快捷键。例如，A4大小的文件在按此快捷键后，画板大小会变为实际的A4纸张大小。如果想让画板在文档窗口中居中显示，可以按Ctrl+0快捷键。

1.4.2 切换屏幕模式

单击工具栏中的按钮，打开菜单，如图1-84所示，其中包含可切换屏幕模式的命令。

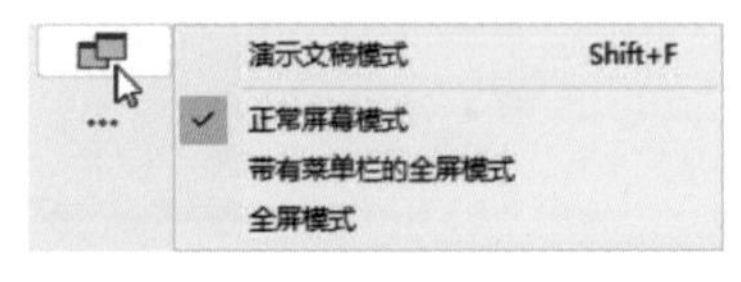

图1-84

“正常屏幕模式”是默认模式。“带有菜单栏的全屏模式”是显示菜单栏和带滚动条的全屏模式，如图1-85所示。“全屏模式”只显示图稿，如图1-86所示。“演示文稿模式”适合展示未完成的作品。例如，必须在Illustrator中将图稿展示给别人看时，如果不希望作品看起来像是未完成的，可以切换到这种模式，这时只显示画板上的图稿。如果文档中有多个画板，可以按→键和←键来进行切换。要退出演示文稿模式，可

按Esc键。

图1-85

图1-86

1.4.3 多窗口编辑

如果想在编辑细节时也能观察图稿的整体效果，可以执行“窗口”|“新建窗口”命令，再创建一个文档窗口，之后执行“窗口”|“排列”|“平铺”命令，让二者并排显示，再调整好视图比例及画面位置即可，如图1-87所示。

图1-87

1.4.4 裁切视图

编辑图稿，尤其是进行图形的对齐操作时，会大量使用参考线和网格等辅助工具，如图1-88所示。如果它们干扰了视线，可以执行“视图”|“裁切视图”命令，将参考线、网格，以及延伸到画板外的图稿和其他元素隐藏，如图1-89所示，之后在这种模式下继续编辑。

图1-88

图1-89

1.4.5 旋转视图

如果想要从不同的角度观察和处理图稿，可以使用旋转视图工具在文档窗口中拖曳光标，对画布进行旋转，就像在纸上画画时旋转纸张一样，如图1-90所示。需要恢复为正常视图，可双击该工具。

图1-90

1.4.6 保存视图

编辑图稿时，如果某个区域的细节需要多次修改，可以用保存视图的方法来减少缩放视图、定位图稿等重复性操作。

首先放大视图并定位画面中心，如图1-91所示。执行“视图”|“新建视图”命令，在打开的对话框中输入视图名称，以便于查找，如图1-92所示，单击“确定”按钮关闭对话框。此后不论视图怎样调整，如图

1–93 所示，只要在“视图”菜单底部找到新创建的视图并单击，便可切换到这一视图状态，如图 1–94 所示，并且创建的视图还会随文件一同保存。

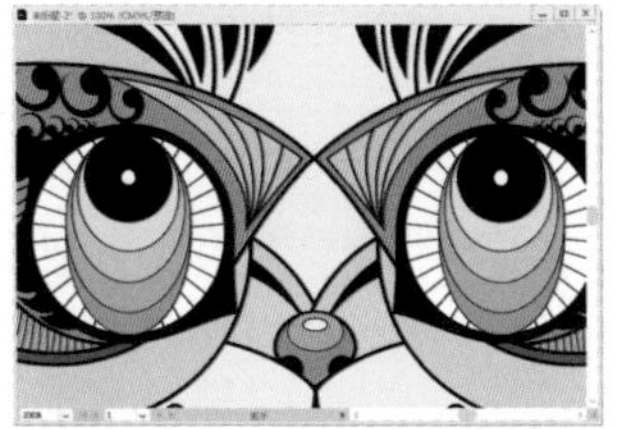

图 1–91

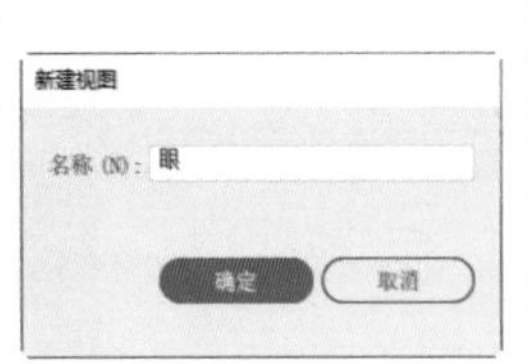

图 1–92

图 1–93

图 1–94

1.5 文件操作

使用 Illustrator 时，可以从空白文档开始，一步一步地绘图和创作；也可以打开计算机中的文件进行编辑，或使用其中的素材。编辑文件时，还应及时保存，以避免出现意外情况。

1.5.1 新建文档

不同的设计项目对文档尺寸、分辨率、颜色模式都有特定要求。设计新手一般不知道这些规范，创建文档时很容易出错。对于常用的设计项目，Illustrator 都提供了文件预设，直接使用便可创建符合设计要求的文档。

单击主页上的“新建”按钮，或执行“文件”|“新建”命令（快捷键为 Ctrl+N），打开“新建文档”对话框。在对话框顶部的选项卡中，包含了符合移动设备、Web、打印、视频和平面设计等不同工作需要的预设文件，如图 1–95 所示，选好后，单击“创建”按钮，即可按照预设参数创建文档。

符合 iPad 屏幕大小要求的文件预设

图 1–95

新建文档时，有些选项需要留意。首先是画板方向（横向、纵向）要设置好，如果设置错误，可在创建文档后，选择画板工具，之后单击“控制”面板中的按钮来进行修改，如图 1–96 所示。

图 1–96

印刷用图稿可在“出血”选项中指定画板每一侧的出血位置（出血是指超出打印边缘的区域，设置出血以后，可以确保在最终裁剪时页面上不会出现白边）。

如果用到效果，可在“光栅效果”选项中选择分辨率。所选高分辨率越高，使用“投影”“羽化”“外发光”等效果时，层次和变化越细腻，但也会占用更多的内存。

如果要自定义文档尺寸和其他选项，可以在对话框右侧选项中进行设置。

1.5.2 颜色模式

创建文档时，使用哪种颜色模式，要看文件的用途。非印刷类图稿，如用于手机、计算机屏幕显示的网页、UI、APP 等，使用 RGB 模式；用于打印和印刷的宣传单、画册、海报、书籍和杂志等，以及进行 VI 设计（如 LOGO、标准字、名片等），则使用 CMYK 模式。之所以这样设置，是由这两种模式的原理决定的。

RGB 模式用红（Red）、绿（Green）、蓝（Blue）三色光混合生成各种颜色，如图 1–97 所示。幻灯片、霓虹灯等可发光对象，便是基于此原理呈现颜色的。在应用上，用于手机、电视机、计算机显示器等电子设备。在计算机屏幕上看到的图稿，应用到这些终端上，颜色基本不会出现偏差。而同样的图稿在CMYK模式下颜色会变得暗淡。这是因为CMYK模式的色域比RGB模式小，超出了CMYK模式色域范围的鲜亮颜色，在印刷时会被“降级”处理——将颜色的饱和度降低，使其“进入”CMYK色域。

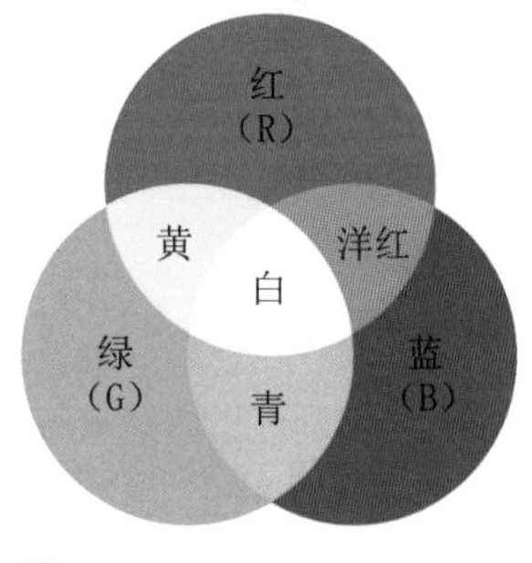

青：由绿、蓝混合而成
洋红：由红、蓝混合而成
黄：由红、绿混合而成

R、G、B 3种色光的取值范围为0~255。R、G、B均为0时生成黑色。R、G、B都达到最大值（255）时生成白色

图1-97

在这个世界上，那些不能发光的对象能被看见，是因为反射了光——当光照射到这些物体上时，一部分光被其吸收，余下的光反射到人的眼中，进而使其可见。CMYK模式就是基于这种原理生成颜色的。

CMYK是一种四色印刷模式，即通过青色（Cyan）、洋红色（Magenta）和黄色（Yellow）油墨混合生成各种颜色，黑色（Black）油墨可用于调整颜色的亮度，如图1-98所示。

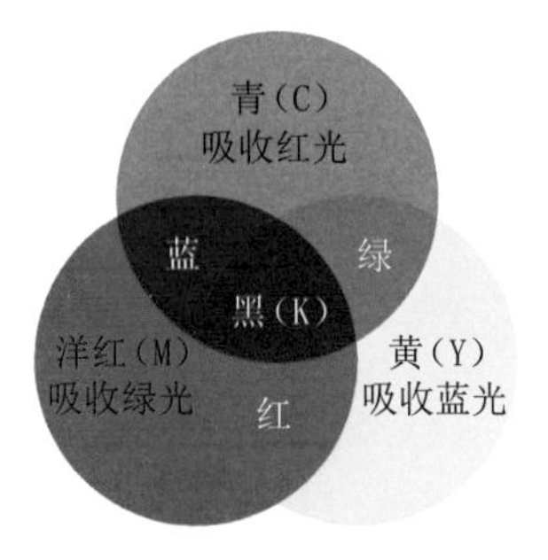

红：由洋红、黄混合而成
绿：由青、黄混合而成
蓝：由青、洋红混合而成
黑：由黑色油墨生成

图1-98

如果创建文档时选错颜色模式，也可使用“文件”|“文档颜色模式”子菜单中的命令进行转换。

提前获知印刷效果

由于网页和UI设计等在RGB模式下制作的图稿有时也会被印到书籍、杂志、海报等纸制品上，如果想提前预知印刷效果，以便采取应对措施，可以这样操作：先执行“视图”|“校样设置”|“工作中的CMYK”命令，再执行“视图”|“校样颜色”命令，启动电子校样，这样便可在计算机屏幕上看到图稿印刷后的大致效果。该操作不会真正将图稿转换为CMYK模式。再次执行“校样颜色”命令，可关闭电子校样。

1.5.3 打开文件

一个软件支持的文件格式越多，说明功能越强大，与其他软件联合操作时，也能少一些障碍。在这方面Illustrator非常出色，它可以打开和编辑AI、CDR、EPS、DWG等矢量格式文件，以及JPEG、TIFF、PSD、PNG、SVG等位图格式文件。

如果要打开一个文件，可以执行“文件”|“打开”命令（快捷键为Ctrl+O），打开“打开”对话框，选择文件（按住Ctrl键单击可多选），如图1-99所示，之后单击“打开”按钮或按Enter键即可。

图1-99

提示

“文件”|“最近打开的文件”子菜单中包含了最近在Illustrator中使用过的20个文件，单击其中的一个，可直接将其打开。

提示

通过置入的方法可将外部矢量图形、图像等置入Illustrator中使用（参见89页）。

1.5.4 浏览矢量文件

矢量文件没有位图（如照片）用途广，很多系统和软件不支持预览其缩略图，如图1-100所示。这会给查找和管理矢量文件带来不便。

在Windows资源管理器中，矢量文件无缩览图，照片有缩览图

图1-100

Illustrator中自带一个很好用的文件浏览和管理工具——Bridge，可浏览AI和EPS格式的矢量文件、图像、RAW格式照片、PSD格式分层文件、PDF格式文件和动态媒体文件等。

执行“文件”|“在Bridge中浏览”命令，可以运行Bridge。窗口左侧是“文件夹”面板，可选择文件所在的文件夹，窗口右侧会显示其中包含的文件名称及缩览图，如图1-101所示。

图1-101

“必要项”“元数据”和“关键字”等按钮可用于切换文件的预览方式。拖曳窗口底部的○滑块，可调整缩览图大小，如图1-102所示。

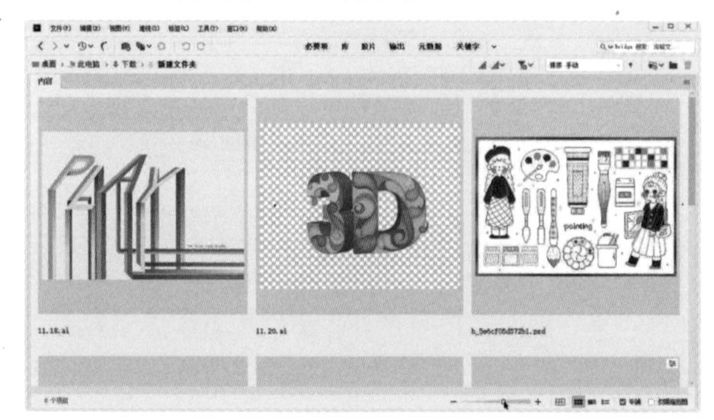

图1-102

找到需要的文件后，双击便可在其原始程序中将其打开。例如，双击AI格式的文件，可在Illustrator中将其打开；双击JPEG、PSD和TIFF等格式的文件，可运行Photoshop并打开文件。如果想用其他软件打开文件，可以在“文件”|“打开方式”子菜单中选择相应的软件。

1.5.5 保存文件

执行“文件”|“存储”命令(快捷键为Ctrl+S)，可以保存当前文件。如果想将文档保存为另外的名称、文件格式，或存储到其他位置，可以执行“文件”|“存储为”命令，打开“存储为”对话框进行设置，如图1-103所示。

图1-103

1.5.6 选择文件格式

首次存储文件时，可以在“存储为”对话框的“保存类型”下拉列表中选择文件格式，如图1-104所示。

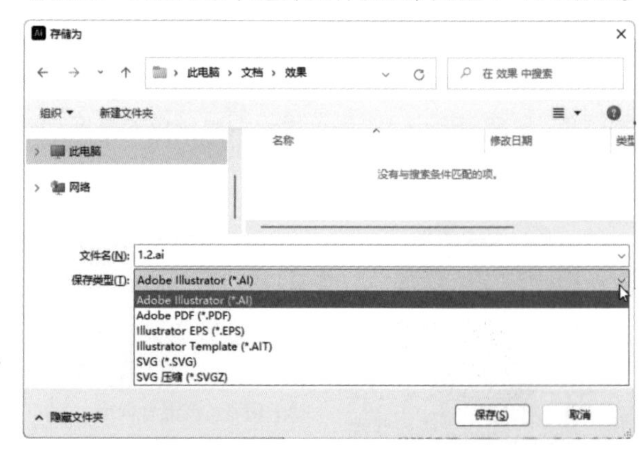

图1-104

Illustrator中的图稿可存储为AI、PDF、EPS、FXG和SVG格式。这几种格式能保留所有Illustrator数据，被称为“Illustrator本机格式”。其中AI格式的意义与重要程度和Photoshop中的PSD格式差不多，将文件存储为AI格式后，任何时候打开文件，都可对文件中的图形、色板、图案、渐变、文字等内容进行编辑和修改。EPS格式也是常用的矢量文件格式，几乎所有页面版式、文字处理和图形软件都支持该格式。

PDF是电子文档格式，可以保留在各种应用程序和平台上创建的字体、图像和版面，而且文件很小。本书附赠的电子书、学习资料等皆为该格式。

相比前几种格式，FXG和SVG不是特别常用。创建可以在Adobe Flex中使用的结构化图形时，可将文件存储为FXG格式。SVG是一种可以产生高质量、交互式Web图形的矢量格式。

1.5.7　另存一份副本

如果图稿尚未完成处理，但想将当前结果存储为一份文件，可以执行“文件”|“存储副本”命令，保存一个副本文件。该文件名称的后面有“复制”二字。

1.5.8　存储为模板

图稿编辑完成后，执行“文件”|“存储为模板”命令，可以将其存储为模板文件（AIT格式）。以后有类似工作时，可以使用“文件”|“从模板新建”命令打开模板，利用模板中现有的图形、参考线和文字等开启新的创作，这样不仅节省时间，还能让制作的图稿更加专业化。

1.6　课后作业：重设及新建工具栏

工具取用方便，操作时才能得心应手。默认状态下，工具栏只提供最常用的工具，单击其底部的 ••• 按钮展开面板，其包含了所有工具，如图1-105所示，并可拖曳到工具栏中（也可从工具栏中拖出工具），如图1-106和图1-107所示。请按此操作，配置适合自己的工具栏。

除可重设工具栏外，执行“窗口”|“工具栏”|“新建工具栏”命令，还可以创建新的工具栏，如图1-108所示。此时单击其底部的 ••• 按钮，展开面板后，可将需要的工具拖曳到该工具栏中，如图1-109和图1-110所示。拖曳到一个工具的上方，则可将它们创建为工具组，如图1-111和图1-112所示。本作业具体操作方法可参见视频教学。

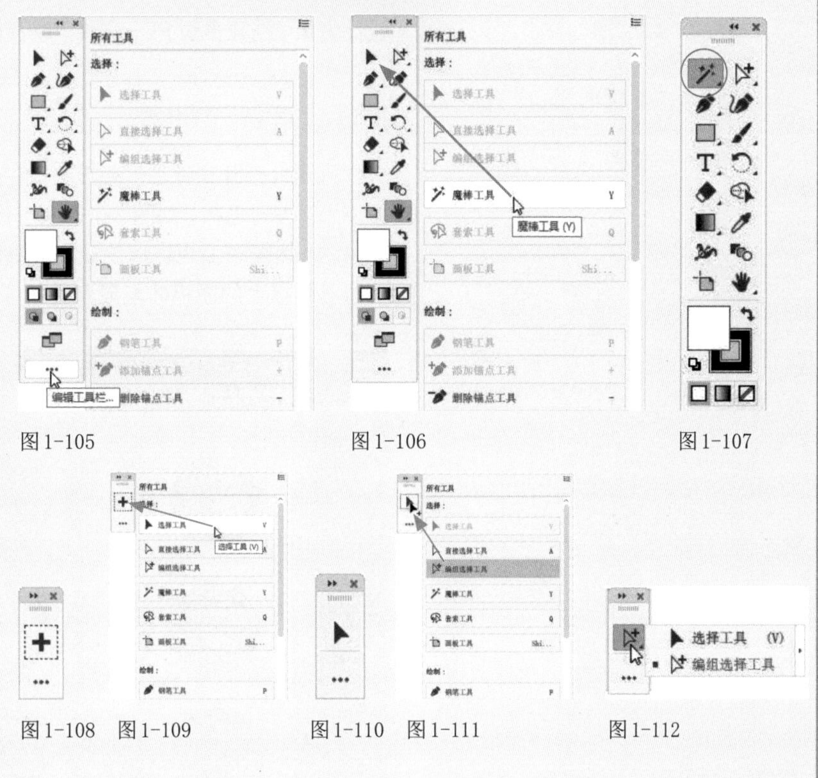

图1-105　图1-106　图1-107

图1-108　图1-109　图1-110　图1-111　图1-112

1.7　问答题

1. 创建文档时，怎样根据文档的用途选择配置文件？

2. 矢量文件（AI、CDR、EPS等格式）无法通过缩略图进行预览，这会给使用和管理文件带来不便。用什么办法能解决此问题？

3. 什么是Illustrator本机格式？

4. 图稿保存为哪种文件格式方便以后修改？与Photoshop交换文件时，使用哪几种格式最为方便？

AI

绘图基础：

第2章 基本图形、线和网格

本章简介

本章介绍Illustrator中的基本绘图工具。这些工具看似简单，制作复杂图形时却必不可少。

在图形设计中，基本形状和线条是构建更复杂的设计元素的基础。例如，如果想创建一个LOGO，可能需要一个圆形、一个矩形和一些简单的线条。使用基本绘图工具，可轻松地创建这些对象，之后进行组合和修改，便能制作出独特的LOGO，以及各种复杂的形状和图案。除此之外，基本绘图工具还可用于创建各种视觉效果，制作数字艺术、插图和动画。

学习重点

2.1 画板

画板是图稿中的可打印区域。通过创建多个画板，可以轻松地改变设计方案，创建多页PDF文件，以及多个打印页面。

2.1.1 画板的用途

新建或打开文件后，文档窗口中会显示画布，画布中间是一块（也可以是多块）画板，如图2-1所示。画板是用户创作的舞台，画布则是幕后。虽然画布上也可以创建和编辑图稿，但文件在导出和打印时，只有位于画板上的图稿才能显示和打印。

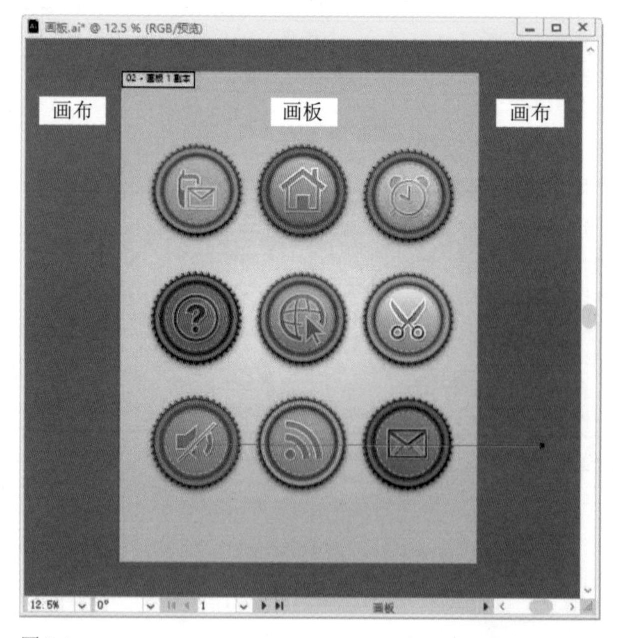

图2-1

一个文档可以包含多个画板（最多为1000个），这为设计师带来了极大的便利。例如，做UI设计时，设计师需要为显示器、手机、平板电脑等不同屏幕大小的设备制作图稿，也就是同一个方案，要制作不同尺寸的图稿。如果文档只能容纳一个画板，则每个设计图稿都需要一个文档。而有了多画板功能就简单多了，可以将所有方案放在一个文档中，如图2-2所示，图稿内容的复制和修改非常方便。

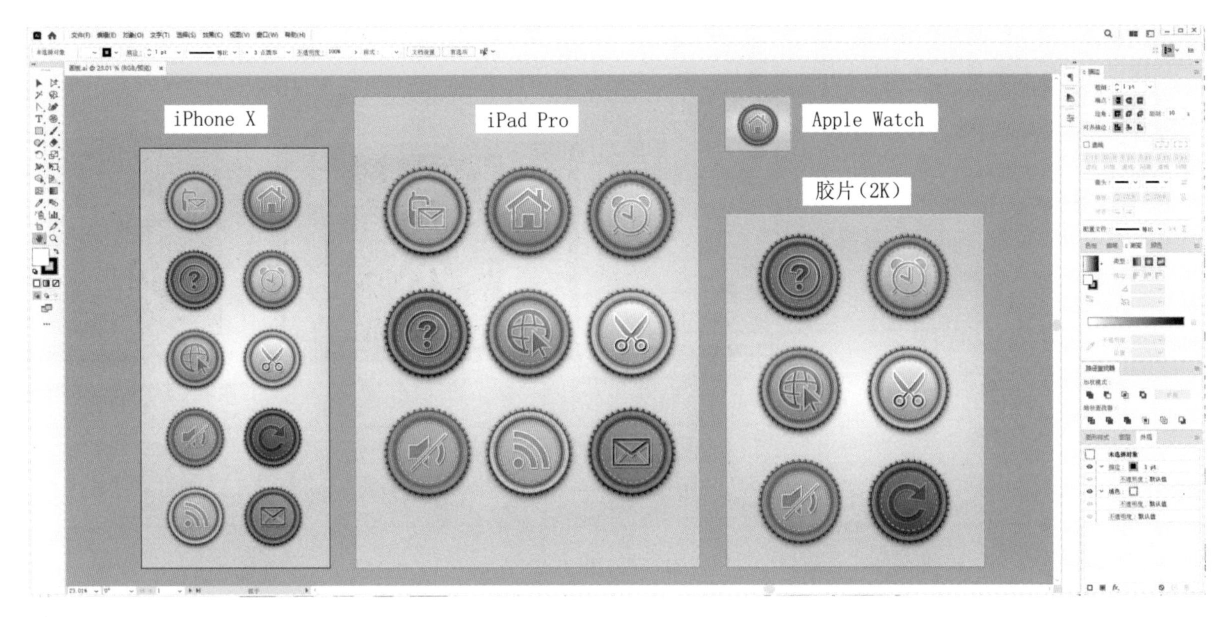

图2-2

2.1.2 创建和编辑画板

执行“文件”|“新建”命令创建文档时，可设置画板数量。编辑图稿时，如有需要，可以使用画板工具在画布上拖曳光标，创建新的画板。选择该工具后，会自动进入画板编辑状态，此时可调整画板大小、移动和复制画板，也可以使用“画板”面板、“属性”面板和“控制”面板设置画板的方向，对其进行重新排序。

- 复制画板：使用画板工具单击画板，如图2-3所示，单击“控制”面板中的⊞按钮，可以复制出不包含图稿的画板，如图2-4所示。单击“控制”面板中的按钮，之后按住Alt键拖曳画板，可复制出包含图稿的画板，如图2-5所示。

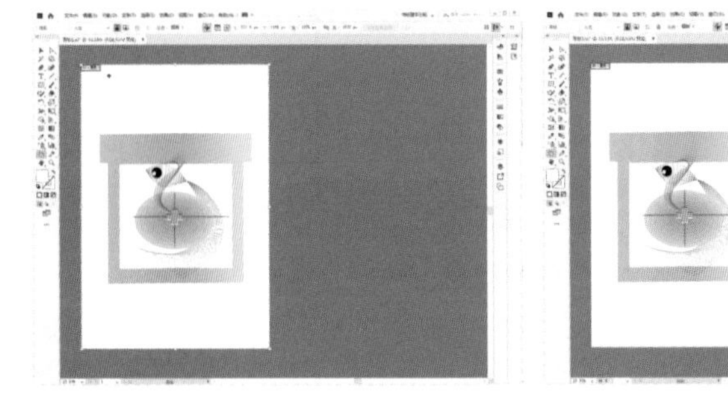

图2-3

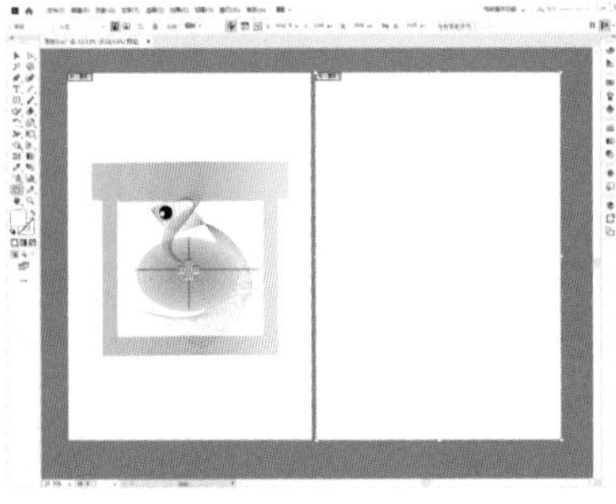

图2-4

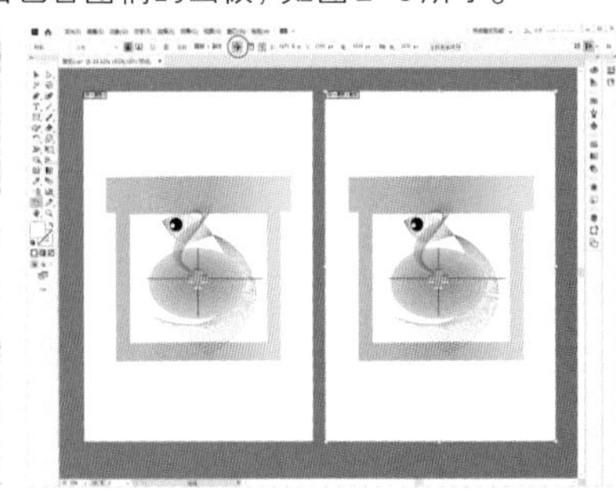

图2-5

- 移动画板：使用画板工具拖曳画板，可将其移动。需要注意的是，当画板中有锁定或隐藏的对象时，它们不会随画板移动。如果想让它们也一同移动，可以执行“编辑”|“首选项”|“选择和锚点显示”命令，打开“首选项”对话框，勾选“移动锁定和隐藏的带画板的图稿”复选框。
- 调整画板大小：使用画板工具单击一个画板，其周围会显示定界框及控制点，拖曳控制点可调整画板大小，如图2-6所示。如果要准确定义画板尺寸，可在“控制”面板或“属性”面板的“宽”和“高”选项中输入数值并按Enter键。
- 将矩形转换为画板：创建一个矩形，执行“对象”|“画板”|“转换为画板”命令，可将其转换为画板。
- 切换画板：当文档中包含多个画板时，只有一个画板处于编辑状态。单击状态栏中的 2 按钮可切换画板。
- 修改画板方向：使用画板工具单击画板后，单击“属性”面板或“控制”面板中的纵向按钮或横向按钮，可以修改画板方向。

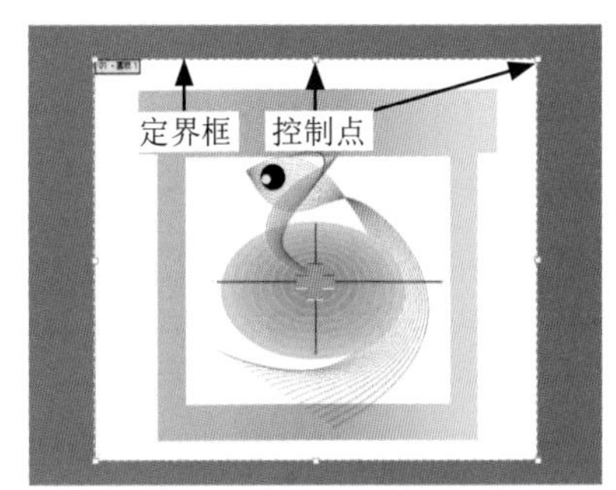

图2-6

- 调整画板布局：创建多个画板后，可以使用“对象”|“画板”|“重新排列所有画板”命令，或在“画板”面板中调整各个画板的布局方式。
- 删除画板：使用画板工具单击一个画板，单击“控制”面板或“画板”面板中的按钮，或按Delete键，可将其删除。

2.2 绘制几何图形

有一个流传很久的故事，说达·芬奇学画的时候，画了3年鸡蛋。虽然其真实性有待考证，但素描、写生等确实是从简单对象，如鸡蛋、苹果、石膏像几何体开始的。学习Illustrator绘图也要先从绘制简单图形入手。不要小看这些图形，要知道世界上任何复杂的东西都能简化成最基本的几何形状，同样道理，看似简单的几何图形，组合起来也可以构成复杂的对象。

2.2.1 几何图形绘制方法

图2-7所示为Illustrator中的基本图形绘制工具，可用于绘制几何图形、线和网格等。

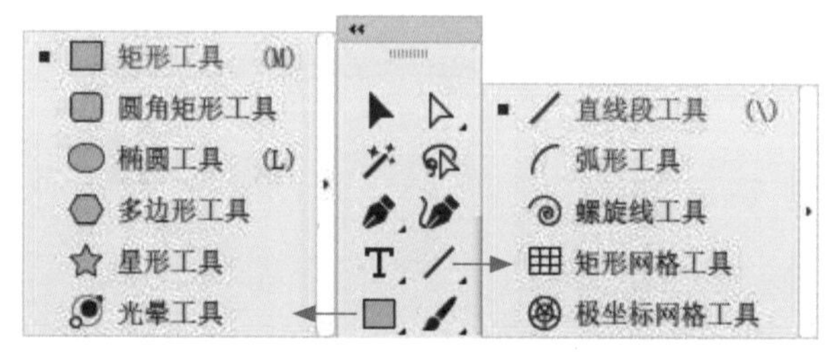

图2-7

选择其中一个工具后，可以通过两种方法操作。第1种方法是在画板上拖曳光标创建图形；第2种方法是在画板上单击，此时会打开相应的对话框，输入参数，可准确定义图形的大小。此外，绘图时，还可通过按相应的快捷键修改图形（具体操作方法在后面章节中会一一介绍）。

2.2.2 矩形和正方形

选择矩形工具，在画板上向对角线方向拖曳光标，光标旁边会显示提示信息（这是智能参考线的一部分，可用于对齐对象，以及判断图形的宽度、高度和位置），如图2-8所示；释放鼠标左键，即可创建矩形。

按住Alt键（光标变为状）拖曳光标，会以起点为中心开始绘制矩形；按住Shift键操作，可创建正方形，如图2-9所示；同时按住Shift键和Alt键操作，可以起点为中心开始绘制正方形。

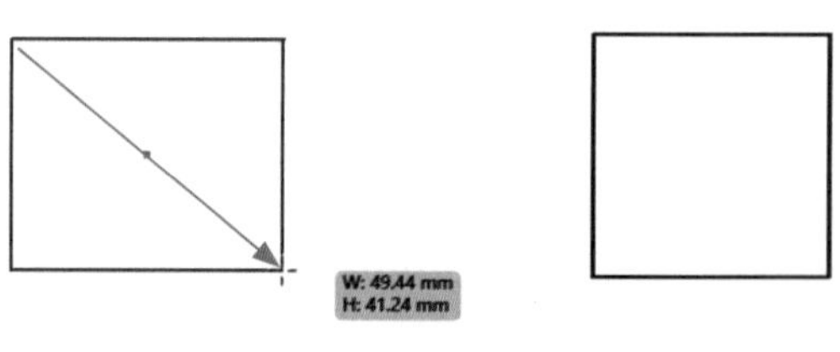

图2-8　　图2-9

如果想准确定义矩形或正方形的大小，可在画板中单击，在打开的“矩形”对话框中进行设置，如图2-10所示。

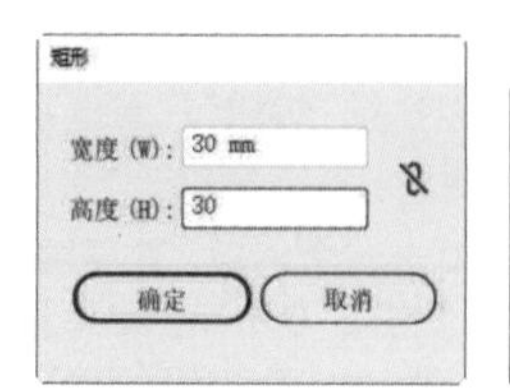

图2-10

提示

默认状态下，Illustrator会在绘制的图形内部填充白色，边缘以黑色描边。

2.2.3 圆角矩形

圆角矩形工具可以创建圆角矩形，如图2-11所示，其使用方法及快捷键与矩形工具相同。此外，拖曳光标时，可通过按↑键增大圆角半径直至成为圆形；按↓键则减小圆角半径直至成为方形；按←键和→键，可以在方形与圆形之间切换。图2-12所示为“圆角矩形”对话框。

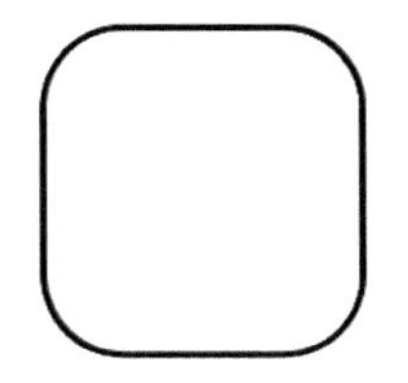
图2-11

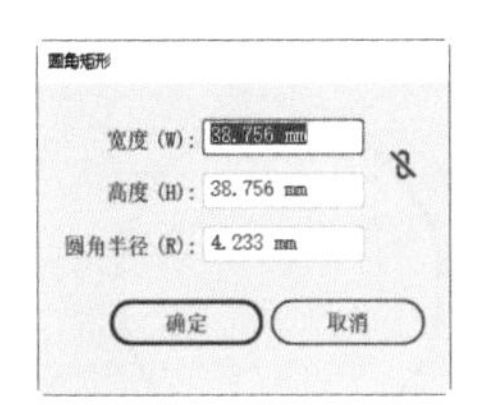

图2-12

2.2.4　圆形和椭圆

椭圆工具可以创建圆形和椭圆形，如图2-13和图2-14所示。其用法及快捷键与矩形工具相同。

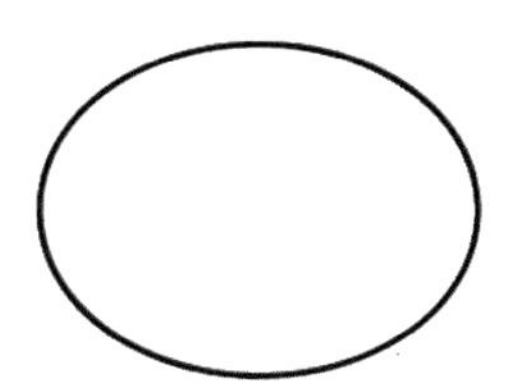
拖曳光标创建椭圆
图2-13

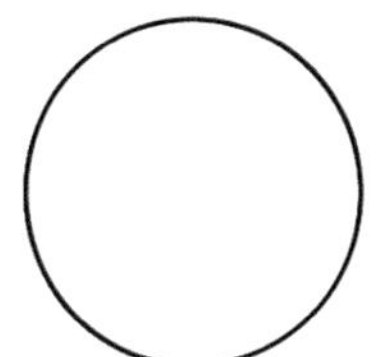
按住Shift键拖曳光标创建圆形
图2-14

2.2.5　多边形

多边形工具可以创建三角形及具有更多直边的图形，如图2-15和图2-16所示。拖曳光标时，按↑键和↓键，可增加和减少边数；移动光标，可以旋转图形（如果想固定图形的角度，可以按住Shift键操作）。图2-17所示为“多边形”对话框。

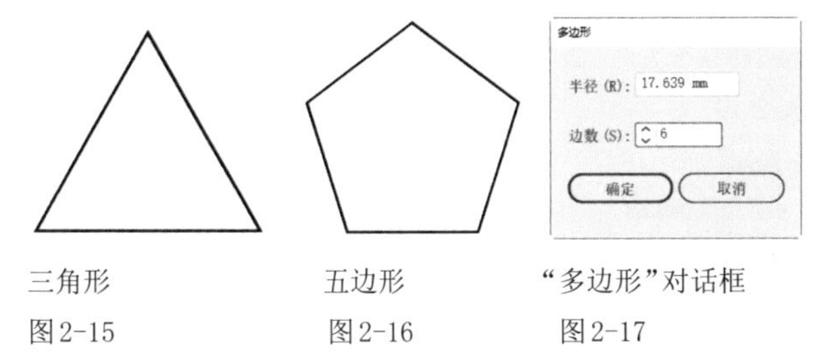

三角形　　五边形　　“多边形”对话框
图2-15　　图2-16　　图2-17

2.2.6　星形

星形工具可以创建星状图形，如图2-18所示。拖曳光标时，按↑键和↓键可增加和减少星形的角点数；移动光标，可以旋转星形（如果想固定角度，可以按住Shift键）；按住Alt键，则可以调整星形拐角的角度。

拖曳光标创建五角星形

按住Alt键拖曳光标

拖曳光标创建八角星形

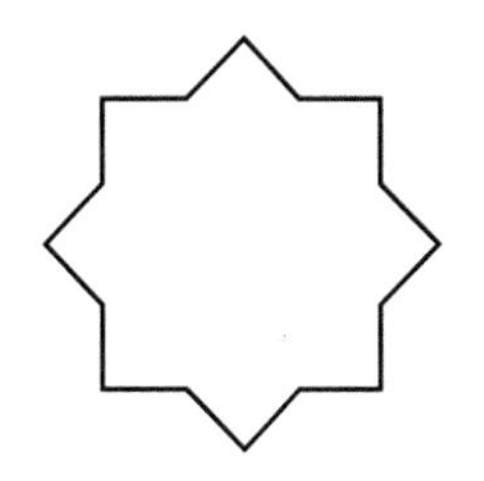
按住Alt键拖曳光标

图2-18

图2-19所示为“星形”对话框。

- 半径1：用来指定从星形中心到星形最内点的距离。
- 半径2：用来指定从星形中心到星形最外点的距离。
- 角点数：用来设置星形的角点数。

图2-19

2.2.7　实时形状

使用矩形工具、圆角矩形工具、椭圆工具、多边形工具、直线段工具、Shaper工具创建的图形均为实时形状，即任何时间拖曳边角构件，都可以调整图形的宽度、高度、旋转角度和圆角半径等，而且无须切换工具，如图2-20和图2-21所示。

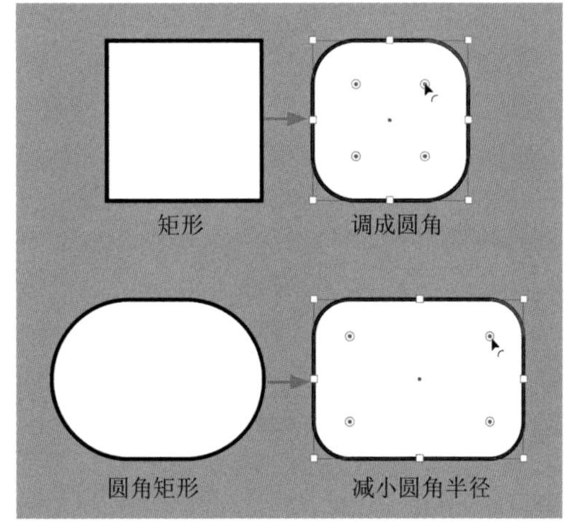

图2-20

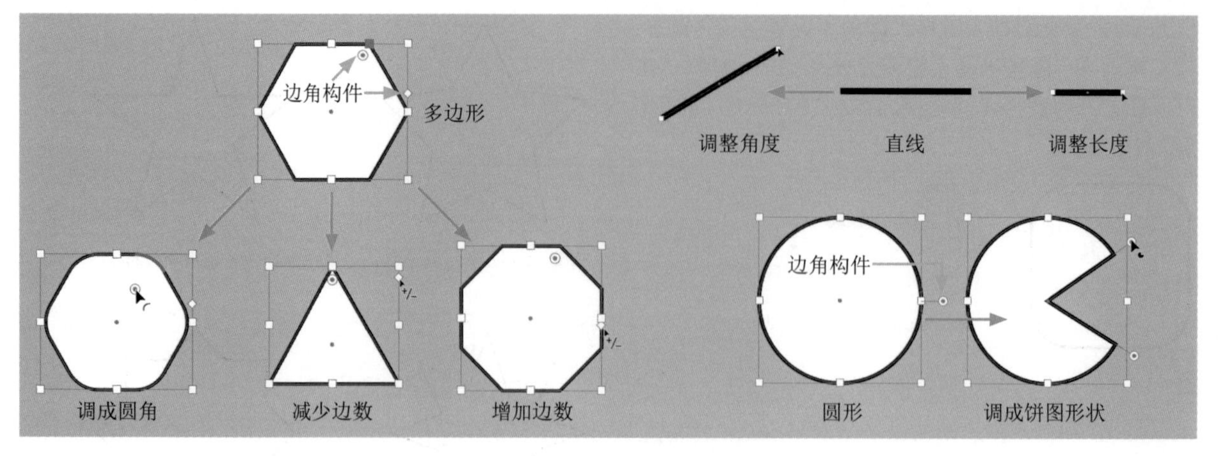

图2-21

实时形状是Illustrator CC 2014版中出现的功能，因此，2014版之前创建的图稿无实时形状。如果想将图形转换为实时形状，可将其选择，执行“对象”|“形状”|“转换为形状”命令。

> *提示*
>
> 编辑对象（尤其是锚点）时，如果边角构件对视线造成干扰，可以执行“视图”|“隐藏边角构件”命令，将边角构件隐藏。

2.3 绘制线和网格

Illustrator中的线状图形包括直线、弧线、螺旋线、矩形网格和极坐标网格。它们都通过拖曳光标的方法使用。绘制时，可以用快捷键配合操作。

2.3.1 直线

直线段工具⁄用来创建直线。拖曳光标时按住Shift键，可创建水平、垂直或45°的整数倍方向的直线；按住Alt键，则直线会以起点为中心向两侧延伸。

2.3.2 弧线

弧形工具◜用来创建弧线。拖曳光标时，按X键，可以切换弧线的凹凸方向，如图2-22所示；按C键，可在开放式图形与闭合图形之间切换，图2-23所示为创建的闭合图形；按住Shift键，可以保持固定的角度；按↑键和↓键，可以调整弧线的斜率。如果要创建更为精确的弧线，可在画板中单击，打开“弧线段工具选项”对话框进行设置，如图2-24所示。

- 参考点定位器：单击参考点定位器上的空心方块，可以定义从哪一点开始绘制弧线。
- X轴长度/Y轴长度：用来设置弧线的宽度和高度。
- 类型：可以选择创建开放式弧线或闭合式弧线。
- 基线轴：可以指定弧线的方向，即沿水平方向（“X轴”）绘制，或沿垂直方向（“Y轴”）绘制。
- 斜率：用来指定弧线的斜率和方向，其为负值则弧线向内凹入，为正值则弧线向外凸起。
- 弧线填色：用当前的填充颜色为弧线围住的区域填色，如图2-25所示。

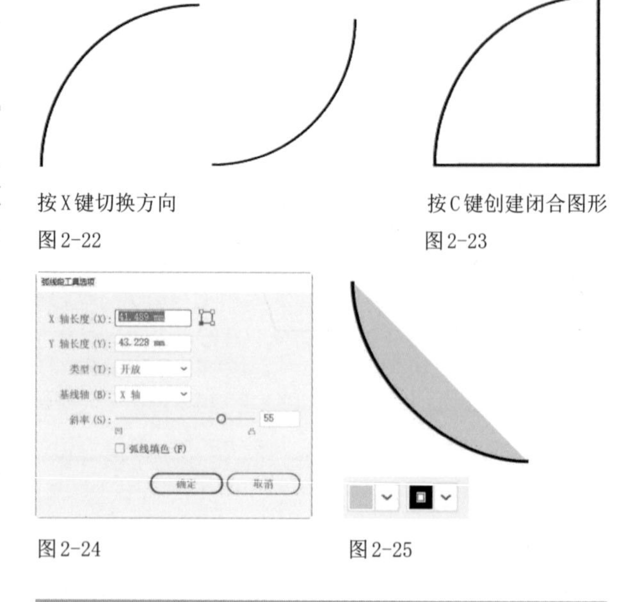

图2-22 图2-23 图2-24 图2-25

2.3.3 螺旋线

螺旋线工具◎用来创建螺旋线，如图2-26所示。

拖曳光标时，移动光标可以旋转图形；按R键可以调整螺旋线的方向，如图2-27所示；按住Ctrl键拖曳，可以调整螺旋线的紧密程度，如图2-28所示；按↑键螺旋线会增加；按↓键则减少螺旋线。图2-29所示为“螺旋线”对话框。

创建螺旋线

图2-26

按R键调整螺旋线的方向

图2-27

图2-28

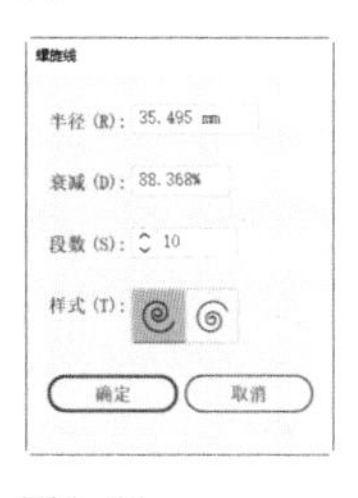

图2-29

- 半径：用来设置从中心到螺旋线最外点的距离。该值越大，螺旋的范围越大。
- 衰减：用来设置每一螺旋相对于上一螺旋应减少的量，如图2-30和图2-31所示。
- 段数：螺旋线的每一个完整螺旋由4条线段组成。该值决定了线段的数量，如图2-32所示。

衰减为70%

图2-30

衰减为80%

图2-31

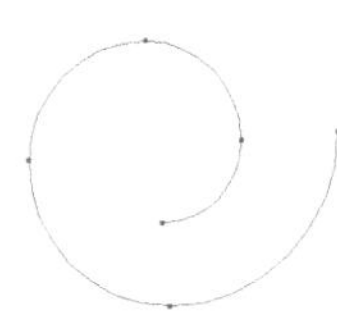

段数为5

图2-32

- 样式：可以设置螺旋线的方向。

2.3.4 矩形网格

矩形网格工具▦用来创建矩形网格。图2-33所示为“矩形网格工具选项”对话框。

- 宽度/高度：用来设置矩形网格的宽度和高度。
- 参考点定位器▫：单击参考点定位器▫上的空心方块，可以确定绘制网格时的起始点位置。
- “水平分隔线”选项组：“数量”选项用来设置网格顶部和底部之间的水平分隔线的数量。“倾斜”值决定了水平分隔线从网格顶部或底部倾向于左侧或右侧的方式。当“倾斜”值为0%时，水平分隔线的间距相同；该值大于0%时，网格的间距由上到下逐渐变小；该值小于0%时，则网格的间距由下到上逐渐变小。
- “垂直分隔线”选项组：“数量”选项用来设置网格左侧和右侧之间的分隔线的数量。“倾斜”值决定了垂直分隔线倾向于左侧或右侧的方式。当“倾斜”值为0%时，垂直分隔线的间距相同；该值大于0%时，网格的间距由左到右逐渐变小；该值小于0%时，则网格的间距由右到左逐渐变小。

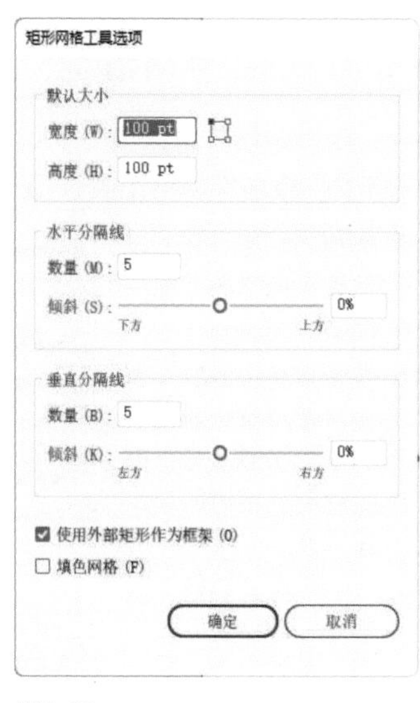

图2-33

- 使用外部矩形作为框架：勾选该复选框后，将以单独的矩形对象替换顶部、底部、左侧和右侧线段。使用编组选择工具▷可以将该矩形与网格分离。
- 填色网格：勾选该复选框后，会以当前填充颜色为网格填色。

实用技巧　矩形网格工具使用技巧

使用矩形网格工具▦在画板上拖曳光标，可自定义网格大小。拖曳光标时按住Shift键，可以创建正方形网格；按住Alt键，会以起点为中心向外绘制网格；按F键/V键可调整网格中的水平分隔线间距；按X键/C键，可调整垂直分隔线的间距；按↑键/↓键，可以增加/减少水平分隔线；按→键/←键，可以增加/减少垂直分隔线。

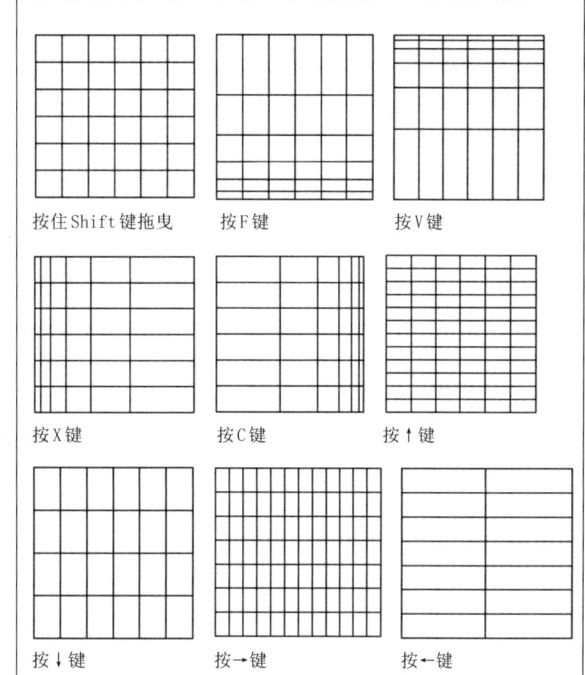

按住Shift键拖曳　按F键　按V键

按X键　按C键　按↑键

按↓键　按→键　按←键

2.3.5 极坐标网格

极坐标网格工具⊛可以创建极坐标网格。图2-34所示为“极坐标网格工具选项”对话框。

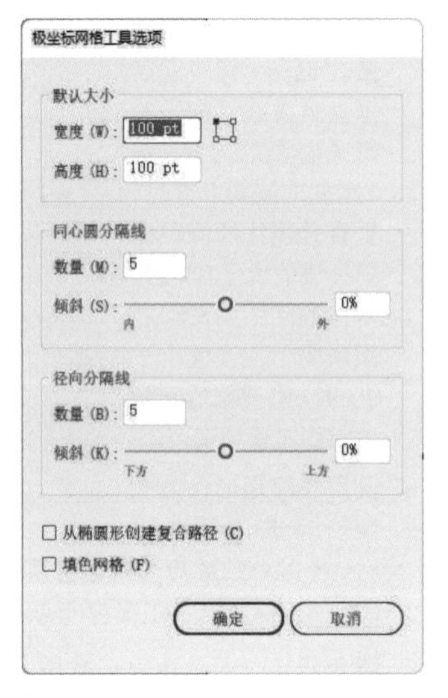

图2-34

- 宽度/高度：用来设置整个网格的宽度和高度。
- 参考点定位器：单击参考点定位器上的空心方块，可以确定绘制网格时的起始点位置。
- “同心圆分隔线”选项组：“数量”选项用来设置出现在网格中的同心圆分隔线的数量。“倾斜”值决定了同心圆分隔线倾向于网格内侧或外侧的方式。当“倾斜”值为0%时，同心圆之间的距离相同；该值大于0%时，同心圆向边缘聚拢；该值小于0%时，同心圆向中心聚拢。
- “径向分隔线”选项组：“数量”用来设置网格中心和外围之间出现的径向分隔线的数量。“倾斜”值决定了径向分隔线倾向于网格逆时针或顺时针方向的方式。当“倾斜”值为0%时，径向分隔线的间距相同；该值大于0%时，径向分隔线向逆时针方向聚拢；该值小于0%时，径向分隔线向顺时针方向聚拢。
- 从椭圆形创建复合路径：将同心圆转换为独立的复合路径，并每隔一个圆填色，如图2-35所示。
- 填色网格：可以用当前的填充颜色为网格填色，如图2-36所示。

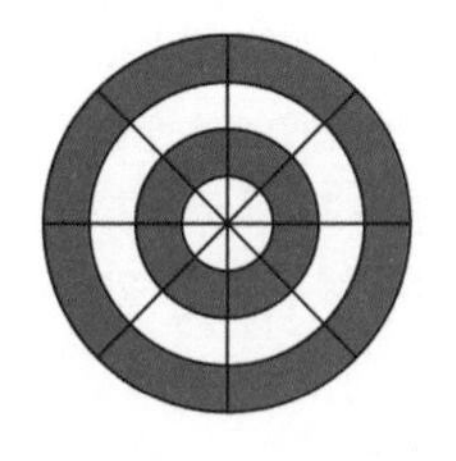
图2-35

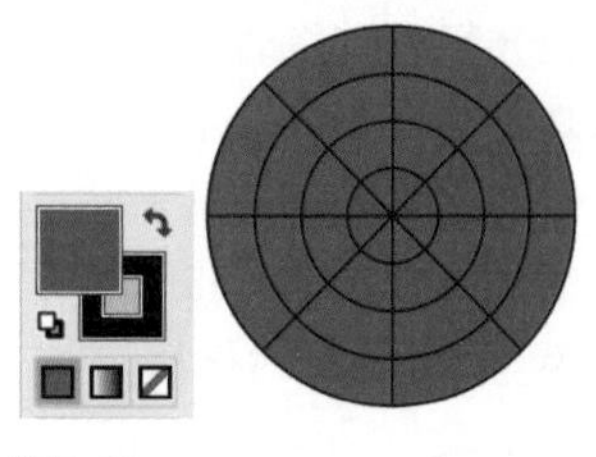
图2-36

实用技巧 极坐标网格工具使用技巧

使用极坐标网格工具⊛拖曳光标时，按住Shift键，可绘制圆形网格；按住Alt键，将以起点为中心向外绘制极坐标网格；按↑键/↓键，可增加/减少同心圆；按→键/←键，可增加/减少径向分隔线；按X键，同心圆向网格中心聚拢；按C键，同心圆向边缘扩散；按V键/F键，径向分隔线向顺时针/逆时针方向聚拢。

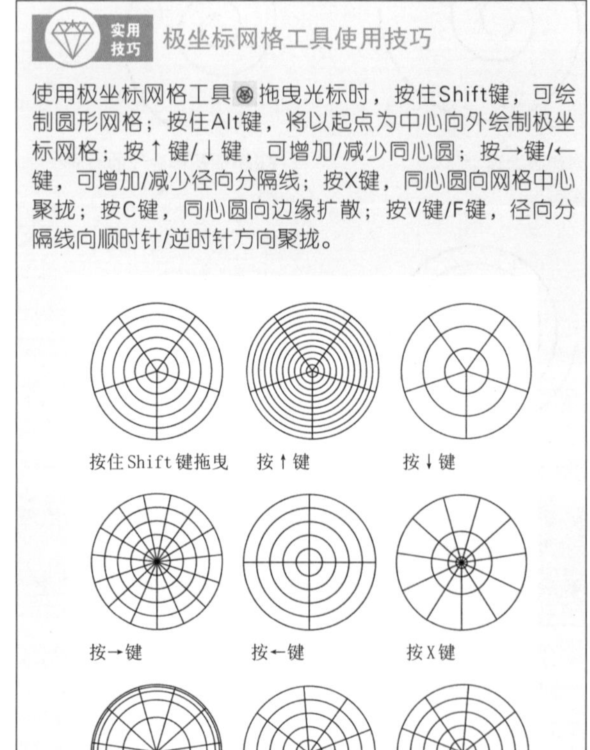

2.4 绘制光晕图形

光晕图形是一种特殊的矢量对象，它的光环属于几何图形，射线则属于线状对象。

2.4.1 光晕图形构成及创建方法

光晕图形是矢量对象，包含特殊的图形和控件，如图2-37所示。

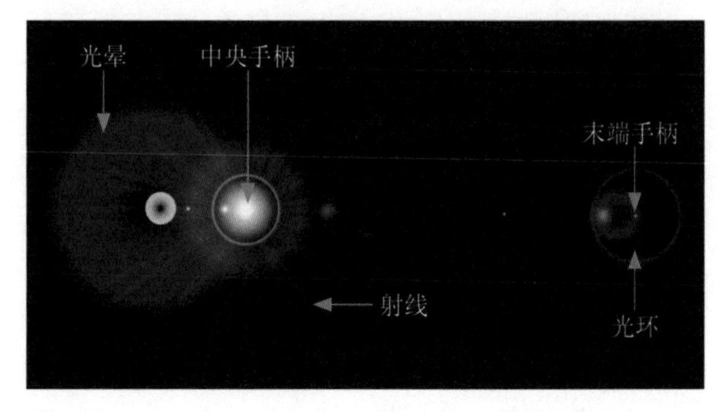

图2-37

使用光晕工具时，首先在画板上拖曳光标，放置中央手柄并定义光晕范围（此时射线会随着光标的移动而发生旋转，如果想固定射线角度，可以按住Shift键，如果想增加/减少射线，可以按↑键/↓键）；之后在另一处单击，放置末端手柄并添加光环（拖曳光标可移动光环；按↑键/↓键可增加/减少光环；按~键可随机放置光环）。

创建光源图形后，还可使用光晕工具拖曳中央手柄和末端手柄，对其进行移动，如图2-38所示。

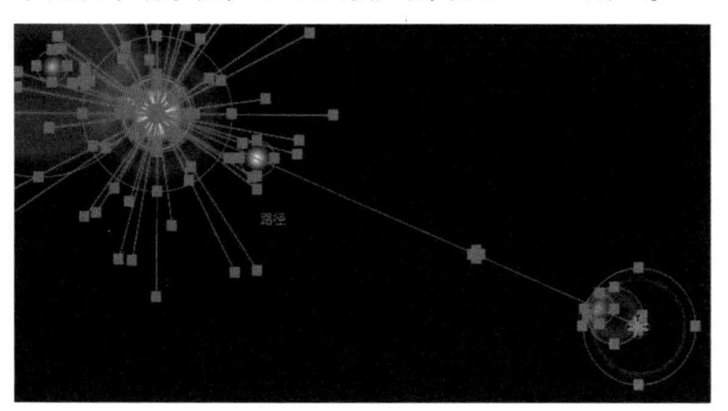

图2-38

此外，使用选择工具单击光晕图形，将其选取，双击光晕工具，可以打开“光晕工具选项”对话框修改其参数，如图2-39所示。

图2-39

- “居中”选项组：用来设置闪光中心的整体直径、不透明度和亮度。
- “光晕”选项组：“增大”选项用来设置光晕图形整体的百分比，即图形大小。“模糊度”选项用来设置光晕的模糊程度（0%为锐利，100%为模糊）。
- “射线”选项组：用来设置射线数量、最长的射线和射线的模糊度（0%为锐利，100%为模糊）。
- “环形”选项组：如果想让光晕中包含光环，可以勾选“环形”复选框并指定光晕中心点（中央手柄）与最远的光环中心点（末端手柄）之间的路径距离、光环数量、最大的光环和光环的方向或角度。

提示

如果要将光晕参数恢复为默认值，可以按住Alt键，此时“光晕工具选项”对话框中的“取消”按钮会变为“重置”按钮，单击该按钮即可。

2.4.2 实例：制作闪光灯效果

使用相机拍摄时，当光线在镜头中反射和散射时，会产生镜头光晕。镜头光晕可在照片中生成斑点或阳光的光环，增添梦幻般的气氛，也可用于表现高光效果，如闪光灯。

01 按Ctrl+O快捷键打开素材，如图2-40所示。

02 选择光晕工具，将光标放在闪光灯处，如图2-41所示，拖曳光标，放置光晕图形的中央手柄并调整光晕范围，如图2-42所示；释放鼠标左键，在画板右下角单击，放置末端手柄并添加光环，如图2-43所示；释放鼠标左键，完成光晕图形的创建。

图2-40

图2-41

图2-42

图2-43

03 按Ctrl+C快捷键复制图形，按Ctrl+F快捷键将图形粘贴到前面，增强光晕的亮度。按住Ctrl键在远离图形的区域单击，取消选择。效果如图2-44所示。

图2-44

2.5 进阶实例：线的艺术

01 按Ctrl+O快捷键打开素材，如图2-45所示。选择星形工具，在“控制”面板中设置填色为无，设置描边颜色为橙色，粗细为0.5 pt，如图2-46所示。

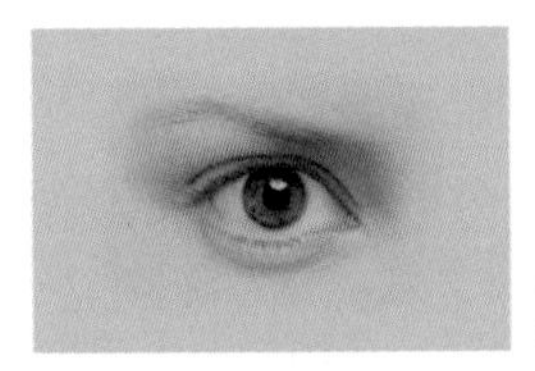

图2-45

图2-46

02 下面的操作要一气呵成，其间不能释放鼠标左键。先拖曳光标创建一个星形（可按↑键和↓键增、减边数），如图2-47所示；按住~键之后迅速向外、向右上方拖曳光标（光标轨迹为一条弧线），此时随着光标的移动，会生成更多的星形，如图2-48所示；沿逆时针方向拖曳光标，使光标的移动轨迹呈螺旋状向外延伸，如图2-49所示，即可得到图2-50所示的图形。按Ctrl+G快捷键，将这些对象编为一组。

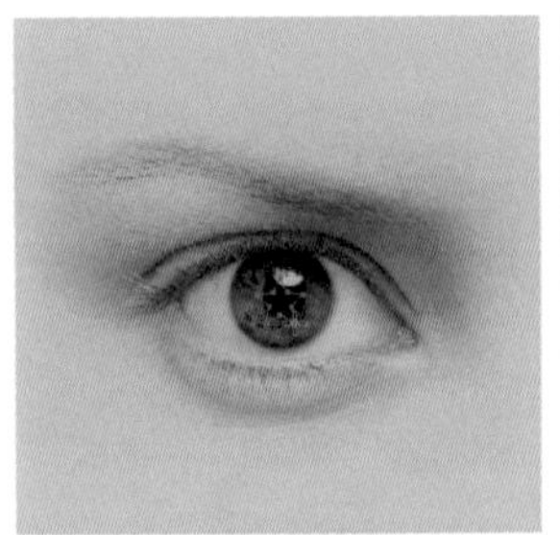

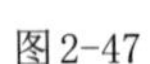

图2-47

图2-48

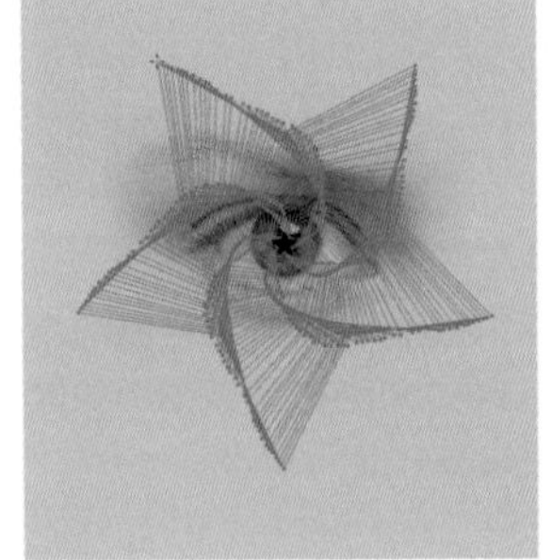

图2-49

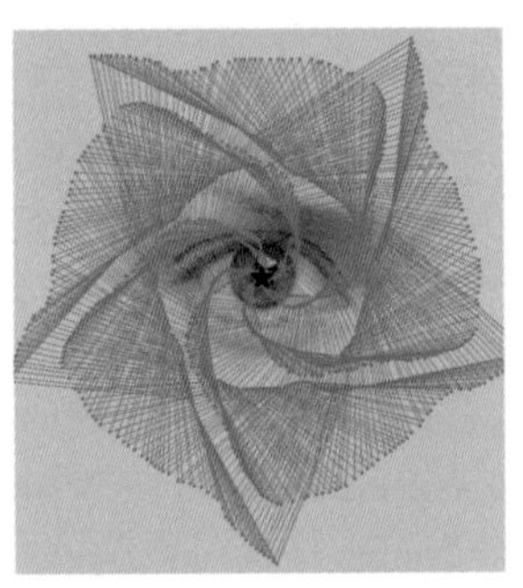

图2-50

03 打开“透明度”面板，设置混合模式为“正片叠底”，如图2-51和图2-52所示。

图2-51

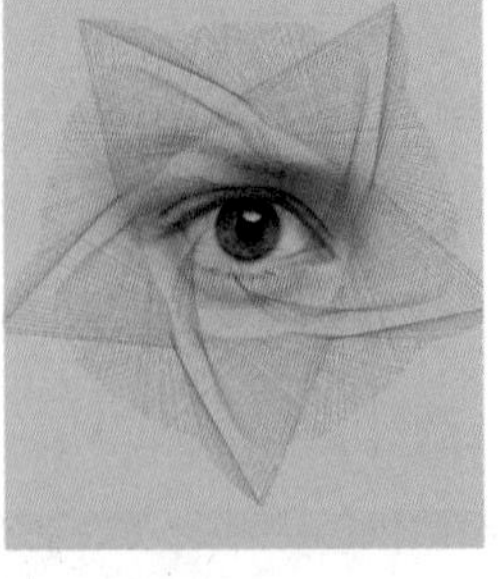

图2-52

04 按Ctrl+C快捷键复制对象，按Ctrl+F快捷键粘贴到前面，设置混合模式为“叠加”，如图2-53所示。将光标放在定界框的一角，拖曳光标旋转图形，如图2-54所示。最终效果如图2-55所示。

图2-53

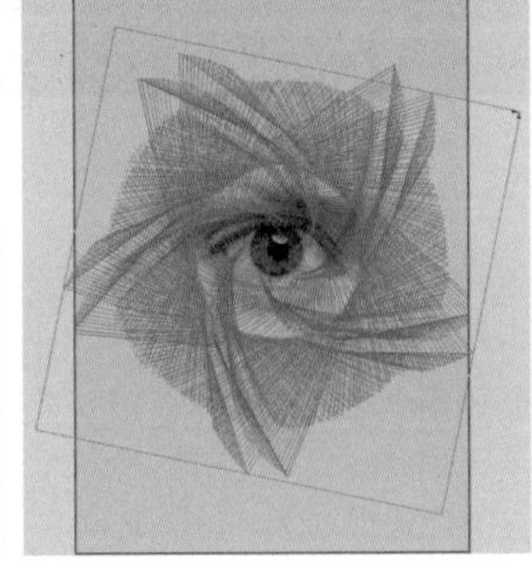

图2-54

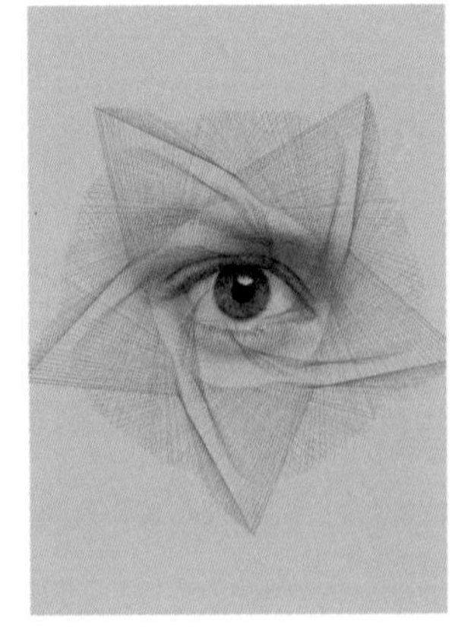

图2-55

2.6 进阶实例：三昧真火

01 按Ctrl+N快捷键打开“新建文档”对话框，单击“移动设备”选项卡，选择“iPhone X”预设，如图2-56所示，单击“创建”按钮，新建文档，其中的画板就是iPhone X屏幕大小。

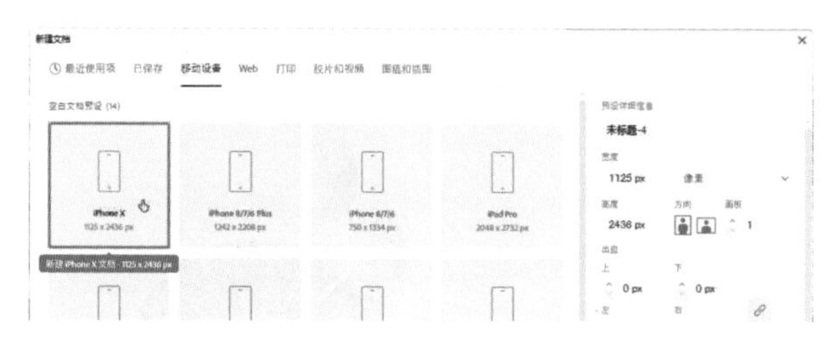

图2-56

02 执行“窗口”|“色板库”|“其他库”命令，打开“打开”对话框，选择本实例的色板文件，如图2-57所示，单击“打开”按钮，打开一个新的面板，其中包含本实例所使用的颜色和渐变，如图2-58所示。

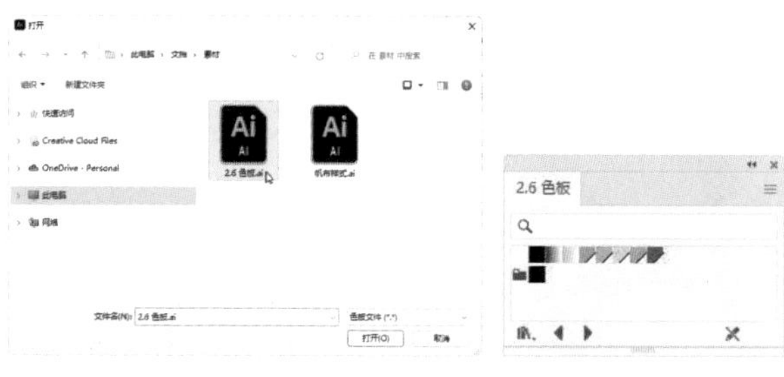

图2-57　　图2-58

03 选择极坐标网格工具，拖曳光标创建极坐标网格。操作时连续按↓键，删除同心圆；按→键和←键调整径向分隔线。在“控制”面板中设置图形的填充颜色为枣红色，描边颜色为白色，如图2-59和图2-60所示。

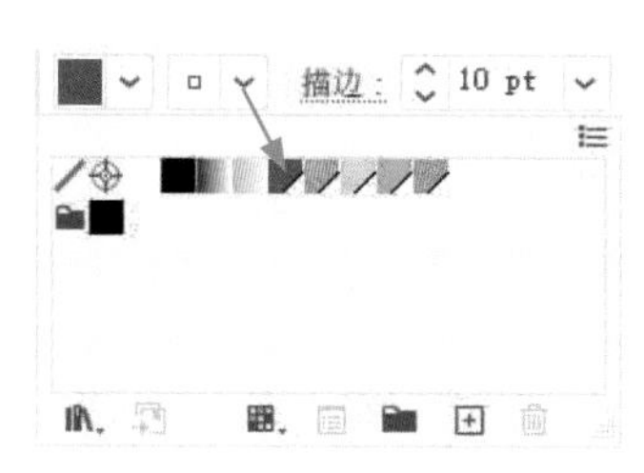

图2-59　　图2-60

04 使用圆角矩形工具创建圆角矩形，如图2-61所示。操作时按↑键和↓键调整圆角。按Ctrl+[快捷键，将该图形调整到极坐标网格后方，如图2-62所示。

图2-61　　图2-62

05 使用星形工具创建一个五角星，设置其填充颜色为渐变，无描边，如图2-63和图2-64所示。

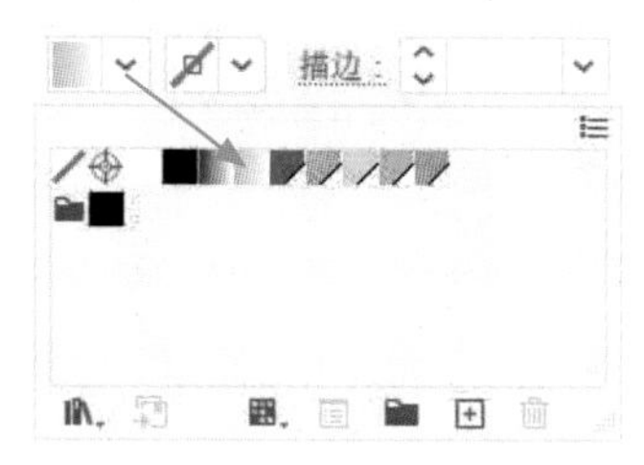

图2-63　　图2-64

06 选择椭圆工具，按住Shift键拖曳光标创建圆形，填充与五角星相同的渐变，如图2-65所示。创建两个圆形，填充白色，如图2-66所示。选择选择工具，将光标放在小圆形上方，按Alt+Shift快捷键向右拖曳，在水平位置复制出一个圆形，如图2-67所示。

图2-65　　图2-66　　图2-67

07 使用直线段工具创建一条斜线，如图2-68所示。选择镜像工具，将光标移动到画面的水平中心点上，当到达中心时，会显示图2-69所示的状态，按住Alt键单击，打开“镜像”对话框，选中“垂直”单选按钮，单击“复制”按钮，如图2-70所示，在对称位置复制出一条斜线，如图2-71所示。

图2-68　　图2-69

图2-70　　图2-71

08 使用星形工具创建星形，填充渐变，如图2-72和图2-73所示。

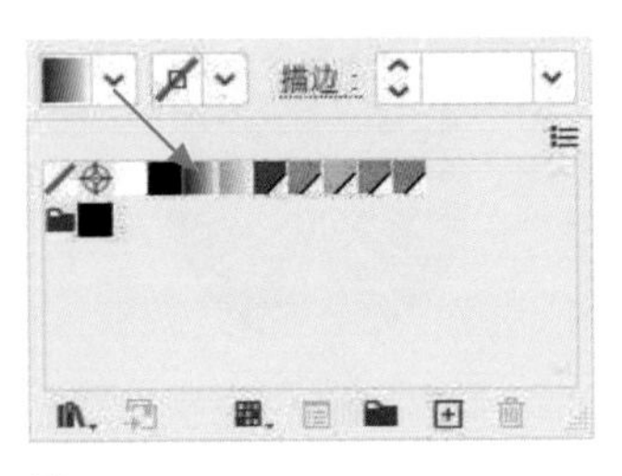

图2-72　　图2-73

09 使用椭圆工具创建一个圆形，如图2-74所示。选择锚点工具，将光标放在图2-75所示的锚点上，单击，将其转换为角点，如图2-76所示。

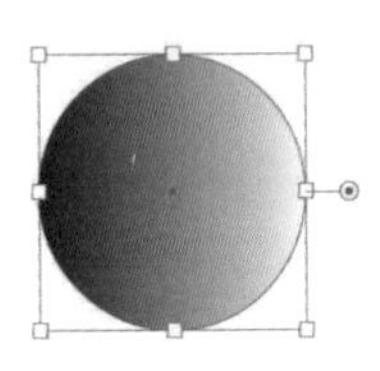

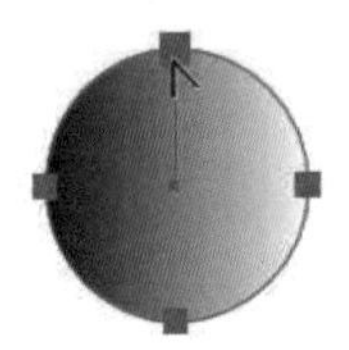

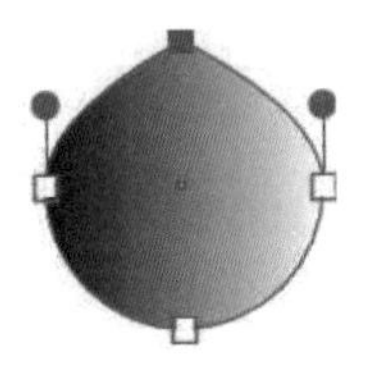

图2-74　　图2-75　　图2-76

10 选择直接选择工具，单击图2-77所示的锚点，将其选择，按住Shift键向上拖曳光标，移动锚点位置，将图形修改为水滴效果，如图2-78所示。在其上方创建两个圆形，填充白色，如图2-79所示。

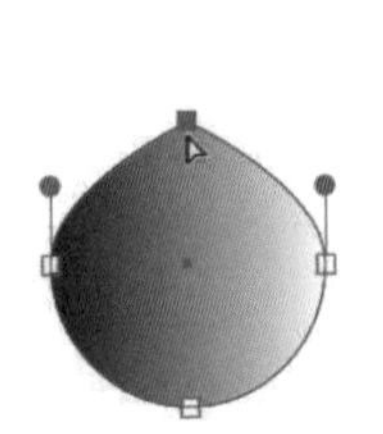

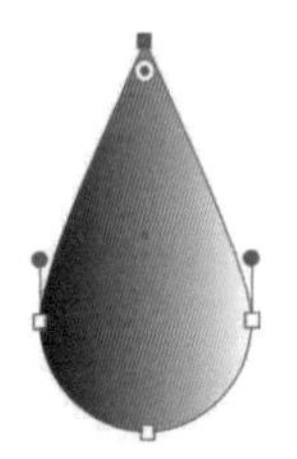

图2-77　　图2-78　　图2-79

11 选择选择工具，拖曳出一个选框，如图2-80所示，将这3个图形选取，如图2-81所示，按Ctrl+G快捷键编为一组。按住Alt键拖曳图形，进行复制。将光标放在定界框的控制点上，如图2-82所示，按住Shift键拖曳，将图形等比缩小，如图2-83所示。再复制出一个图形，使用直接选择工具单击水滴图形，将其选取，用浅色渐变进行填充，效果如图2-84所示。

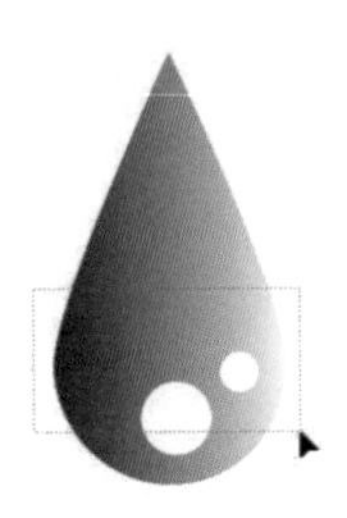

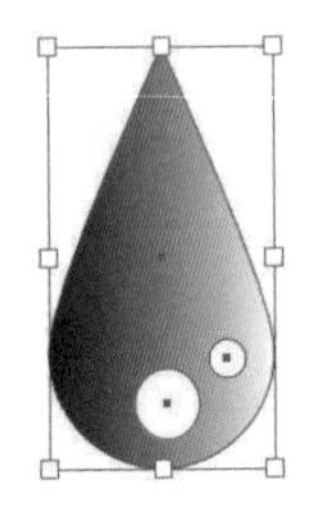

图2-80　　图2-81

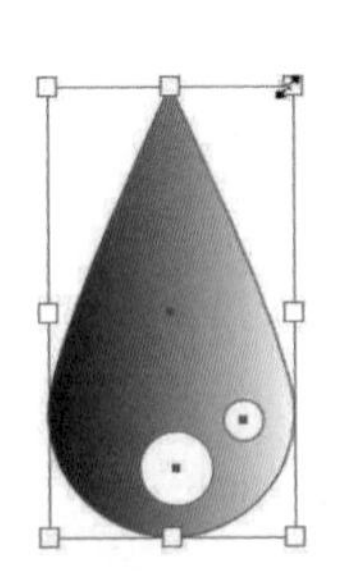

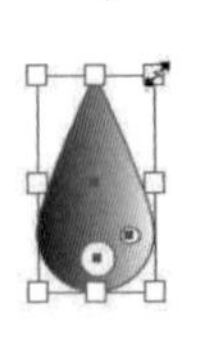

图2-82　　图2-83　　图2-84

12 创建几组图形，如图2-85和图2-86所示。

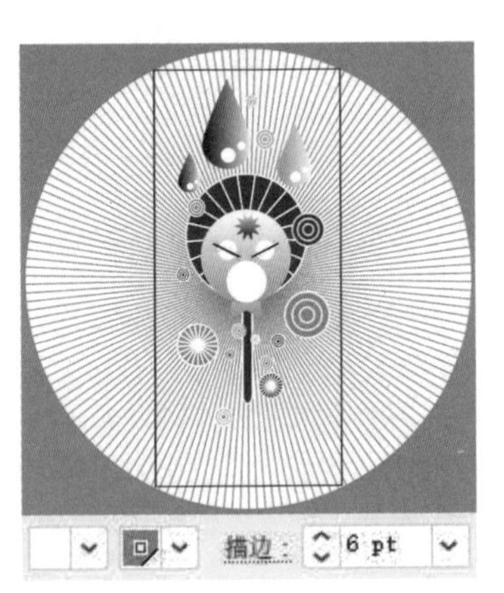

图2-85　　图2-86

13 使用极坐标网格工具创建图2-87所示的图形，填充渐变，描边颜色为浅棕色。保持图形的选取状态，打开“渐变”面板，单击填色图标，将填色设置为当前编辑状态，如图2-88所示，单击径向渐变按钮，如图2-89所示，切换为径向渐变效果，如图2-90所示。

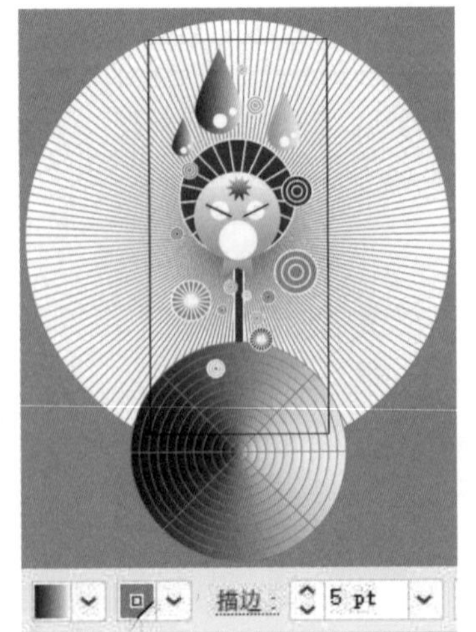

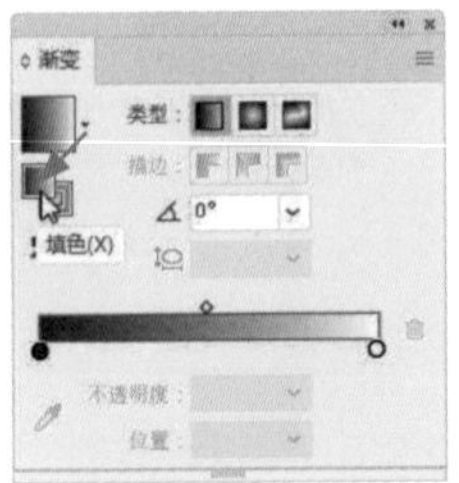

图2-87　　图2-88

图2-89

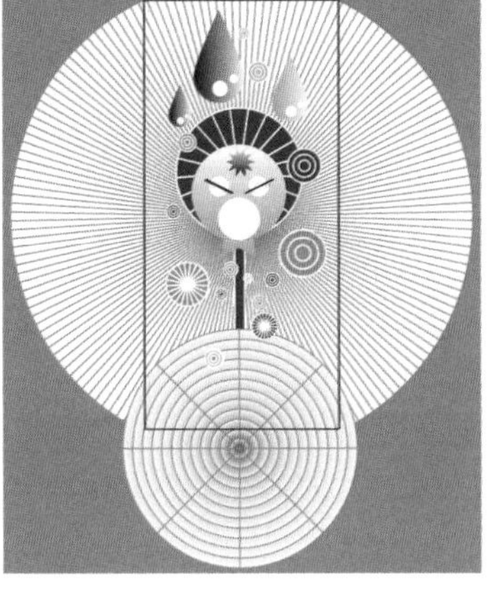
图2-90

14 执行“文件”|“置入”命令，打开“置入”对话框，选择本实例的文字素材，将其置入文档。执行“视图”|“裁切视图”命令，将画板外的对象隐藏，如图2-91所示。

图2-91

提示

编辑图稿，尤其是进行图形的对齐操作时，会使用参考线和网格等辅助工具。如果它们干扰了视线，可以执行“裁切视图”命令，将参考线、网格和延伸到画板外的图稿和其他元素隐藏，再进行操作。

2.7 课后作业：快速生成线状图形

使用椭圆工具绘制椭圆形，按住鼠标左键不放，并按住~键沿心形轨迹移动，可制作出一个呈现透视效果的立体心房图形，如图2-92所示。按此方法，使用多边形工具操作，先创建六边形（可按↑键和↓键增、减边数），按住~键并迅速向外侧及下方拖曳光标（光标轨迹为一条弧线），继续拖曳光标，使光标的移动轨迹呈螺旋状向外延伸，可制作出图2-93所示的图形。本作业具体操作方法可参见视频教学。

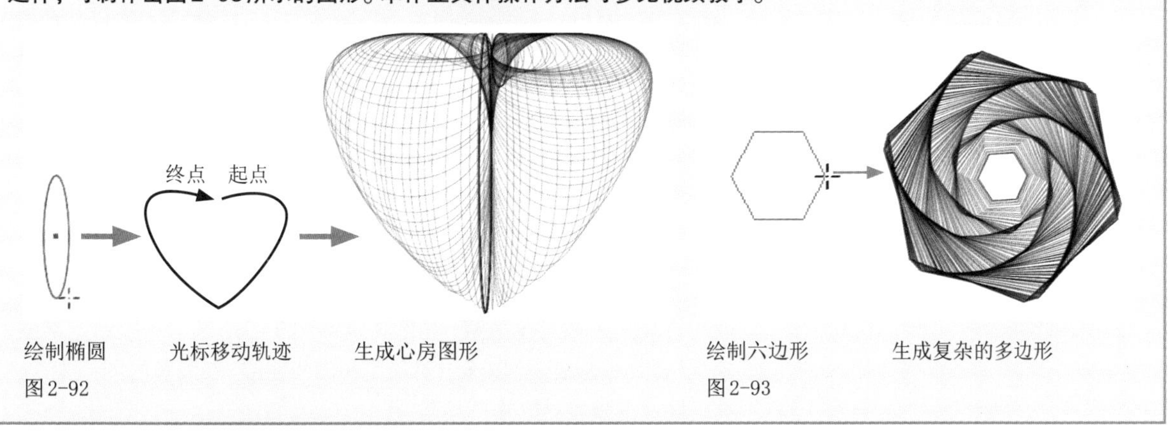

图2-92

图2-93

2.8 问答题

1. 怎样操作可得到与当前画板相同的画板及图稿内容？

2. 使用基本图形绘制工具时，如果想创建具有精确尺寸的图形，该怎样操作？

3. 什么是实时形状？

4. 打开旧版Illustrator创建的图形后，找不到其形状构件，即无法使用实时形状功能修改图形，这种情况该怎样处理？

AI

第3章 选择对象：图层、选择与移动

本章简介

在Illustrator中，图层是非常重要的功能，每个图层可以包含多个对象，例如线条、形状、文本和效果，就是可以将图稿的不同部分绘制在不同的图层上，这样更加易于选择和编辑对象。

图层还能有效地组织和管理不同的对象，例如图形、背景、文本、图像等。通过对其所在的图层进行命名、排列、显示、隐藏等，可以使工作更加高效和精确。熟练掌握图层的使用方法，对于创建高质量的设计作品非常重要。

学习重点

3.1 图层

图层用于承载和管理对象，可决定其堆叠顺序、进行编组，以及控制对象是否显示等。

3.1.1 图层、子图层和图层面板

在Illustrator中新建文档时，会自动创建一个图层，即“图层1”，如图3-1所示。开始绘图后，会在“图层1”中自动添加子图层，用以承载对象。最先创建的对象位于底层，之后创建的对象依次向上堆叠，如图3-2和图3-3所示。可以看到，图层与子图层就像大楼的楼层一样，是逐层向上构建的。

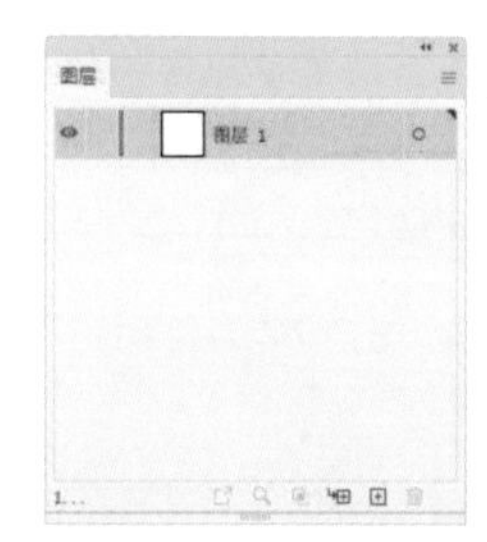

图3-1

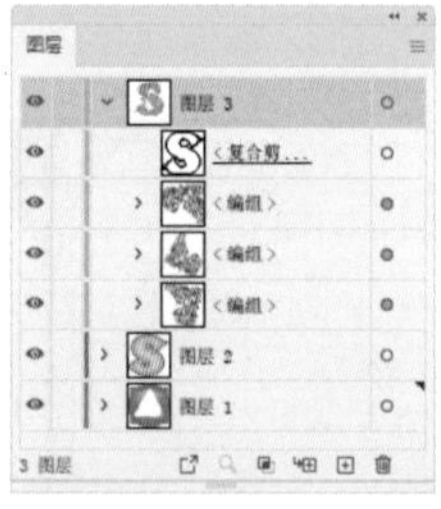

图3-2

图3-3

将各个对象放在不同的子图层上有很多好处。例如，可以非常方便地将其中一些对象隐藏，如图3-4和图3-5所示；可以锁定某些对象，防止其被修改；可以通过对象所在的子图层，在海量的图形中快速、准确地定位所需对象并将其选中。

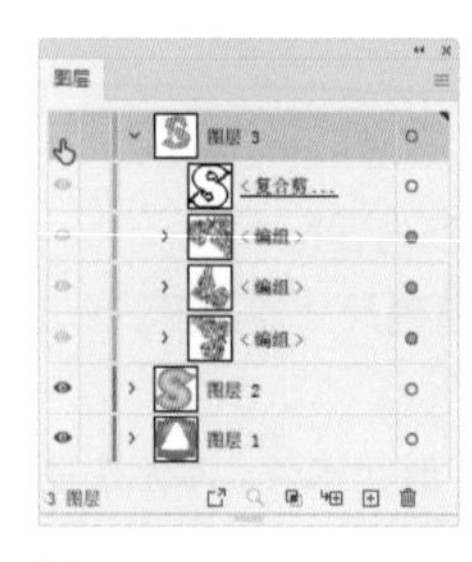

图3-4

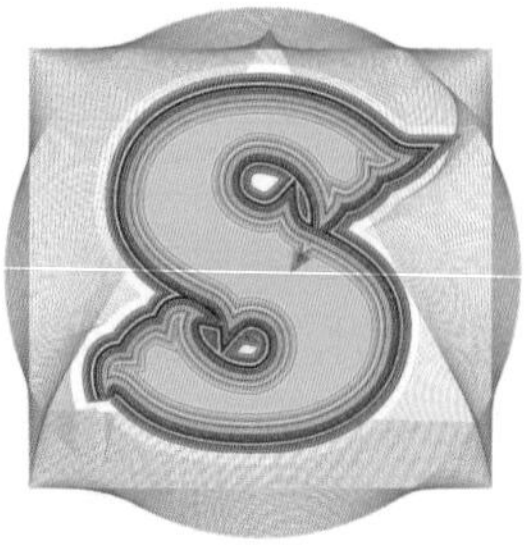

图3-5

“图层”面板用于创建和管理图层及子图层。在该面板中，图层

（及子图层）有标记和名称，其中被刷上底色的是当前图层，即当前创建或被选择的对象所在的图层，如图3-6所示。图层左侧是眼睛图标，用来控制图层是否显示；颜色条则代表了图层的颜色，以方便查找图层，选择时，所选对象的定界框会显示此颜色；缩览图显示了图层中所包含的图稿。

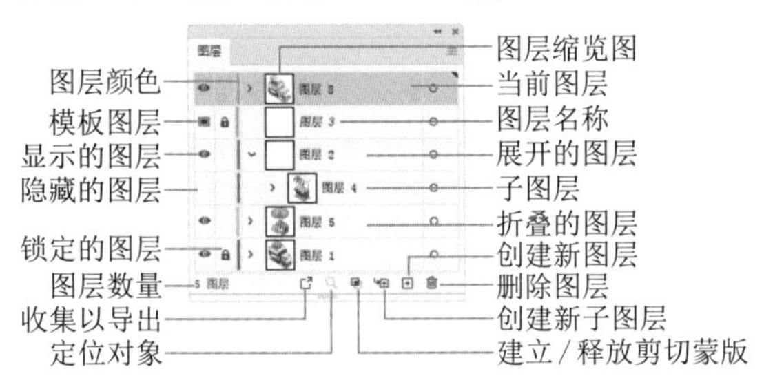

图3-6

当图层数量较多时，"图层"面板不能显示所有图层，可拖曳面板右侧的滑块，或将光标放在图层上方并滚动滚轮，逐一显示各个图层，如图3-7所示。

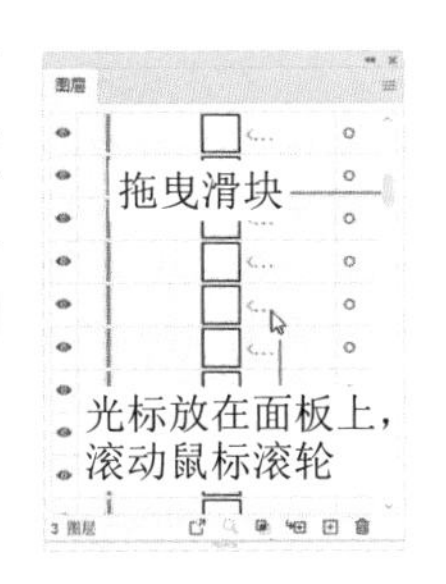

图3-7

实用技巧 调整图层缩览图大小

打开"图层"面板菜单，执行"图层面板选项"命令，可以调整图层缩览图的大小。

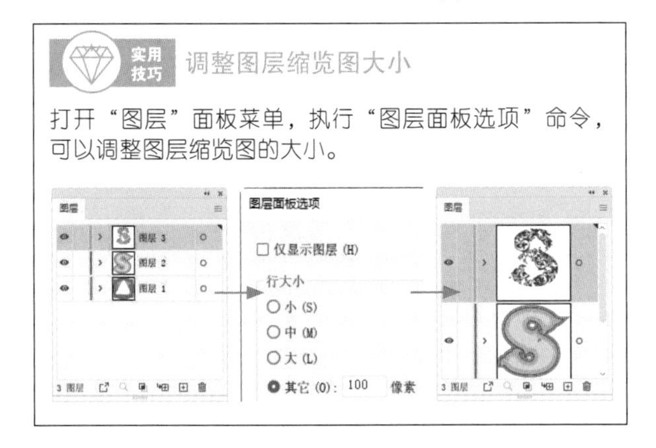

3.1.2 创建图层和子图层

单击"图层"面板中的按钮，可以新建一个图层，如图3-8所示。单击按钮，可在当前图层中创建子图层，如图3-9所示。

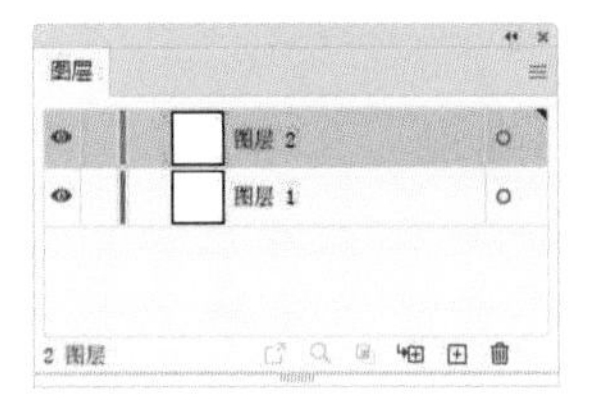

图3-8

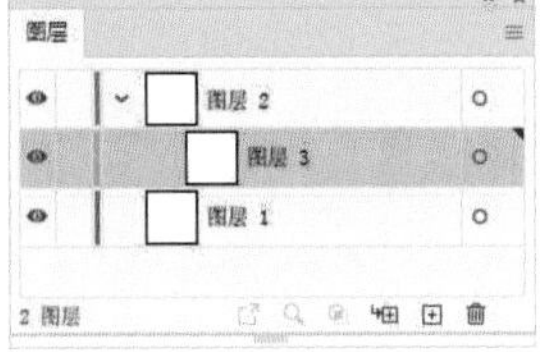

图3-9

图层类似于文件夹，子图层则相当于其中的文件。图稿越复杂，图层和子图层越多，将它们做好分类，可以方便查找和管理对象，如图3-10和图3-11所示。而且单击图层前方的 › 按钮关闭图层，整个图层列表也会得以简化，如图3-12所示。

图3-10 图3-11 图3-12

> 提示
>
> 在图层或子图层名称上双击，显示文本框后，输入特定名称并按Enter键确认，可以修改图层名称。

3.1.3 选择图层

单击一个图层，可以选择该图层，如图3-13所示。按住Ctrl键单击多个图层，可将它们一同选取，如图3-14所示。按住Shift键分别单击两个图层，则可将它们及中间的所有图层一同选取，如图3-15和图3-16所示。

图3-13

图3-14

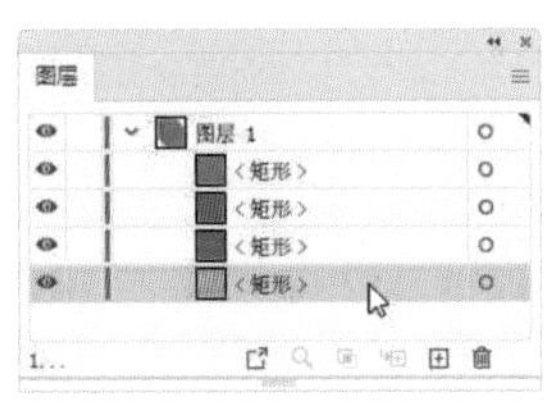

图3-15

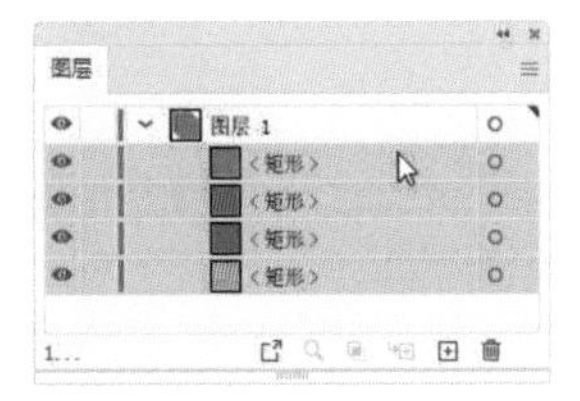

图3-16

3.1.4 调整图层的堆叠顺序

"图层"面板中的图层顺序与图稿中对象的堆叠顺序完全一致。拖曳图层，可以调整其上下顺序，如图3-17和图3-18所示。通过这种方法也可将一个图层或子图层移入其他图层。

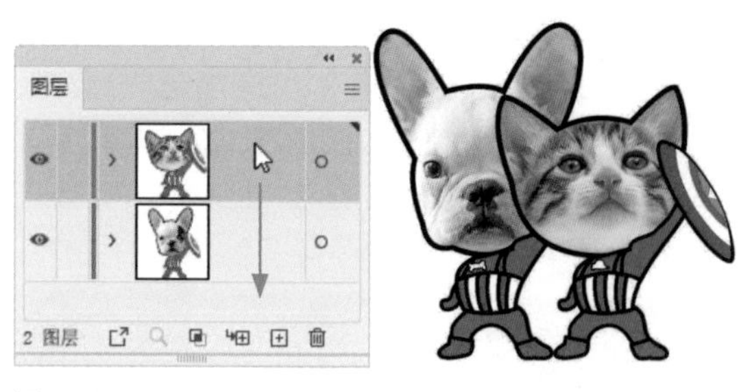

图 3-17

图 3-18

3.1.5 显示和隐藏图层

如果上层对象遮挡下层对象，使其难以选择或不方便编辑，可以单击上层对象所在子图层前方的眼睛图标，隐藏子图层及对象，如图 3-19 和图 3-20 所示。如果单击图层前方的眼睛图标，则可隐藏该图层中的所有对象，同时，这些对象的眼睛图标会变为灰色，如图 3-21 所示。如果要重新显示图层和子图层，可在原眼睛图标处单击。

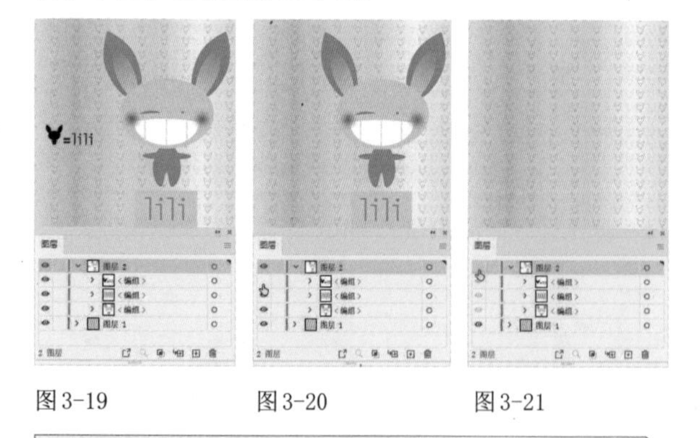

图 3-19　　图 3-20　　图 3-21

> 提示
>
> 选择一个对象后，执行“对象”|“隐藏”|“所选对象”命令，可将其隐藏；执行“对象”|“隐藏”|“上方所有图稿”命令，可隐藏同一图层中位于该对象上层的所有对象。如果只想显示所选对象所在的图层，可以执行“对象”|“隐藏”|“其他图层”命令。

按住 Alt 键单击一个图层的眼睛图标，可隐藏其他图层，如图 3-22 所示。在眼睛图标上单击并上、下拖曳光标，可同时隐藏多个相邻的图层，如图 3-23 和图 3-24 所示。采用相同的方法操作，能让图层重新显示。

图 3-22　　图 3-23　　图 3-24

3.1.6 锁定图层

编辑图稿时，为防止某些对象被修改，可在其眼睛图标右侧单击，将对象所在的图层或子图层锁定，如图3-25所示。锁定图层的同时会锁定其所有子图层，如图3-26所示。如果想编辑被锁定的对象，单击锁状图标即可解除锁定。

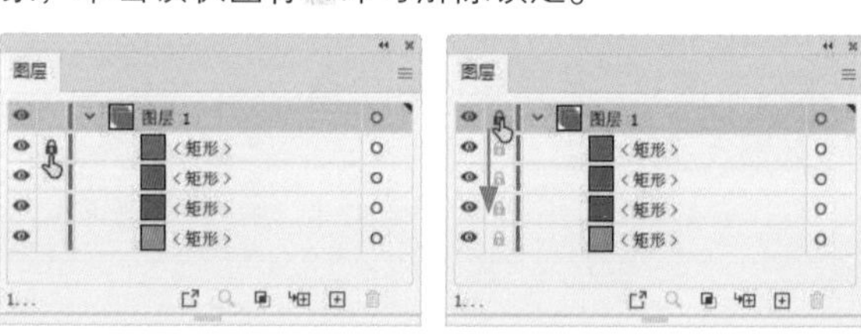

图 3-25　　图 3-26

> 提示
>
> 选择对象后，执行“对象”|“锁定”|“所选对象”命令（快捷键为Ctrl+2），可将其锁定；执行“对象”|“锁定”|“上方所有图稿”命令，可以将与所选对象重叠且位于同一图层中的所有对象锁定；执行“对象”|“锁定”|“其他图层”命令，可以将所选对象所在图层之外的其他图层锁定。如果要解锁文档中的所有对象，可以执行“对象”|“全部解锁”命令。

3.1.7 删除图层

单击一个图层或子图层后，单击“图层”面板中的按钮，可将其删除。此外，也可将图层拖曳到按钮上直接删除，如图3-27和图3-28所示。删除图层时，会删除其包含的所有对象。删除某个子图层，不会影响其他子图层。

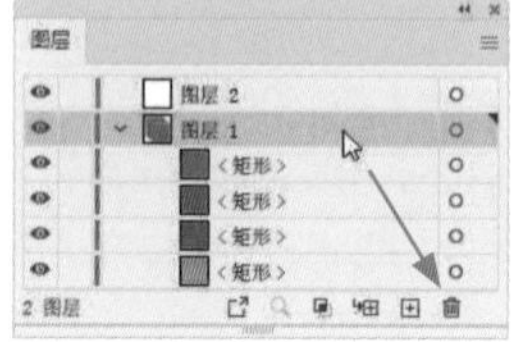

图 3-27　　图 3-28

3.2 选择对象

掌握选择对象的方法非常重要，因为，在Illustrator中想编辑对象，需要先将其选择，之后才能进行相应操作。Illustrator提供了很多选择方法，适用于不同类型的对象。

3.2.1 实例：用选择工具选择对象

01 按Ctrl+O快捷键打开素材，如图3-29所示。选择选择工具▶，将光标移动到对象上方，此时光标会变为▶状，单击即可选择对象。所选对象周围会显示定界框，且定界框的颜色与对象所在图层的颜色相同，如图3-30和图3-31所示。

02 按住Shift键单击其他对象，可将其一同选取，如图3-32所示。如果要取消选择某些对象，可按住Shift键单击。

图3-29

图3-30

图3-31

图3-32

03 在空白处单击取消选择。如果需要同时选取多个相邻的对象，可以拖曳出一个矩形选框，如图3-33所示，释放鼠标左键后，便可将选框内的所有对象都选取，如图3-34所示。

图3-33

图3-34

提示

使用选择工具▶时，将光标移动到未选择的对象或组上方时，光标会变为▶状；移动到被选择的对象或组上方时，光标变为▶状；移动到未选中的对象的锚点上方时，光标变为▶状。选择对象后，按住Alt键（光标变为▶状）拖曳所选对象，可以复制对象。

修改图层及定界框颜色

创建图层时，Illustrator会为各个图层标记不同的颜色。选择对象时，其定界框（即路径、锚点和中心点）会显示与所在图层相同的颜色，这样有利于通过颜色判断对象在哪一个图层上，以方便选择。如果定界框颜色与对象颜色相近，不好区分，可以双击图层，打开“图层选项”对话框修改颜色。

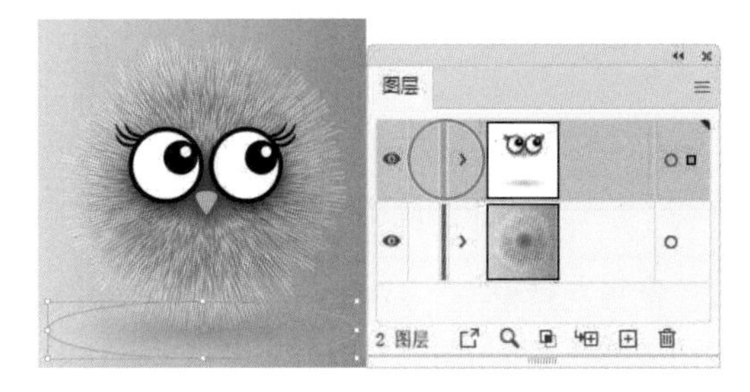

图层颜色为绿色，绿色定界框与背景颜色不易区分

将图层及定界框颜色改为淡红色

需要注意，如果将对象从原有图层拖入其他图层，则其定界框颜色会变为与当前所在图层相同的颜色。

3.2.2 实例：选择堆叠的对象

当多个对象堆叠在一起时，可通过以下方法选择位于下方的对象。

01 打开素材，如图3-35所示，可以看到，3个圆形堆叠在一起。选择选择工具▶，将光标移到对象的重叠区域，单击可选取最上方的圆形，如图3-36所示；按住Ctrl

键不放并重复单击操作，则可依次选取光标处的各个对象，如图3-37所示。

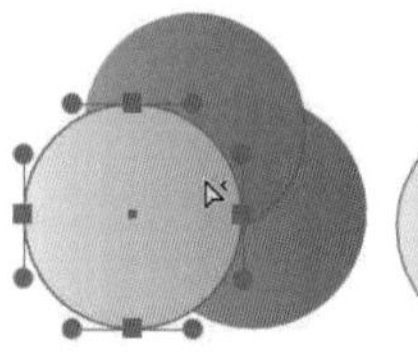
图 3-35

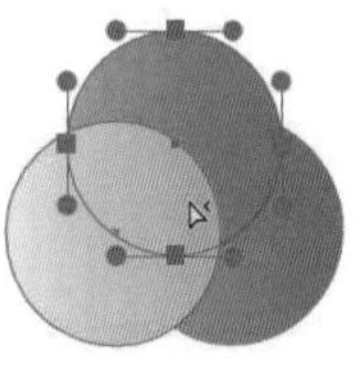
图 3-36

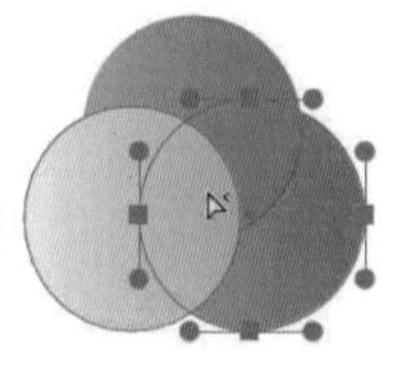
图 3-37

02 除工具外，也可以使用命令选择对象。例如，选择位于中间的圆形后，如图3-38所示，执行“选择”|“上方的下一个对象”命令，可选取其上方距离最近的对象，如图3-39所示；执行“选择”|“下方的下一个对象”命令，则可将其下方距离最近的对象选取，如图3-40所示。

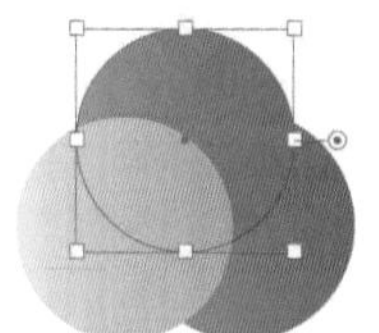
图 3-38

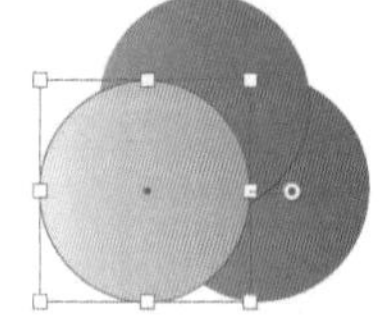
图 3-39

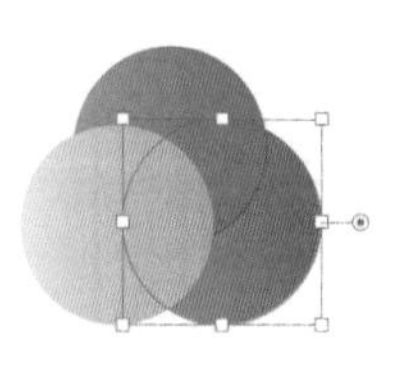
图 3-40

3.2.3 实例：用“图层”面板选择对象

图稿效果越复杂，对象堆叠在一起的情况就越多，用工具和命令进行选择很容易出错。遇到这种情况，可以用“图层”面板选取对象。

01 打开素材，如图3-41所示。单击图层和组前方的 › 按钮，展开列表，如图3-42所示。

图 3-41

图 3-42

02 如果要选择一个对象，可在对象的选择列中（ ○ 状图标处）单击，选择后， ○ 图标会变为◎■状，如图3-43和图3-44所示。按住Shift键单击其他选择列，可以添加选择其他对象，如图3-45和图3-46所示。

03 在编组对象的选择列中单击，可以选取组中的所有对象，如图3-47和图3-48所示。

图 3-43

图 3-44

图 3-45

图 3-46

图 3-47

图 3-48

04 在图层的选择列中单击，可以选择该图层上的所有对象，如图3-49和图3-50所示。

图 3-49

图 3-50

> *提示*
>
> 只有部分子图层或组被选择时，图层选择列的图标为○■状。如果图层中的所有对象都被选择，则图标变为◎■状。

> **实用技巧** 快速找到对象所在的图层
>
> 在画板上选取对象以后，如果想知道对象在“图层”面板中位于什么位置，可单击“图层”面板中的定位对象按钮 🔍 。该方法对于定位复杂、重叠图稿中的对象非常有用。

3.2.4 实例：选择特征相同的对象

魔棒工具 可以同时选取具有相同特征的对象，包括相同颜色、相同描边粗细及描边颜色、使用了相同不透明度和混合模式的对象。

01 打开素材，如图3-51所示。双击魔棒工具 ，打开“魔棒”面板，勾选“填充颜色”复选框，设置“容差”为10，如图3-52所示。在黄色蛋糕上单击，可将蛋糕选取，如图3-53所示。

图3-51

图3-52

图3-53

02 执行“选择”|“取消选择”命令取消选择。将“容差”设置为30，单击黄色蛋糕。由于提高了“容差”，颜色的涵盖面变大了，除选择黄色蛋糕外，还会将橙色蜡烛一同选取，如图3-54所示。

03 如果要添加选择其他对象，可按住Shift键在其上方单击，如图3-55所示。如果要取消选择某些对象，可按住Alt键在其上方单击。

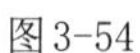

图3-54

图3-55

04 按住Ctrl键在远离对象的区域单击，取消选择。还有一种方法可以选择同类对象，操作时先使用选择工具 ▶ 单击一个对象，如图3-56所示，这个小天使是用符号制作的，执行“选择”|“相同”|“符号实例”命令，可以将另一个对象也选取，如图3-57所示。

图3-56

图3-57

> **提示**
>
> 使用“选择”|“相同”子菜单中的命令还可以选择具有相同属性的文字，以及添加了相同图形样式的对象。

3.2.5 全选、反选和重新选择

“选择”菜单中包含用于选择对象的各种命令，如图3-58所示。其中“现用画板上的全部对象”命令可以选择当前画板上的所有对象；“全部”命令可以将文档中所有画板上的所有对象选取。

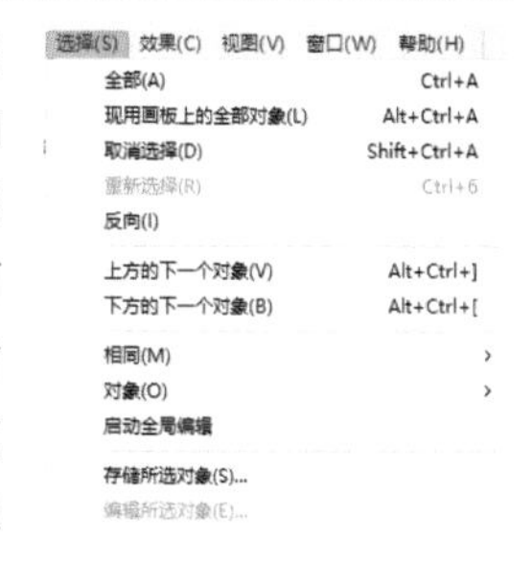

图3-58

选择一个或多个对象后，如图3-59所示，执行“选择”|“反向”命令，可以将之前未被选取的对象选中，取消选择原有对象，如图3-60所示。

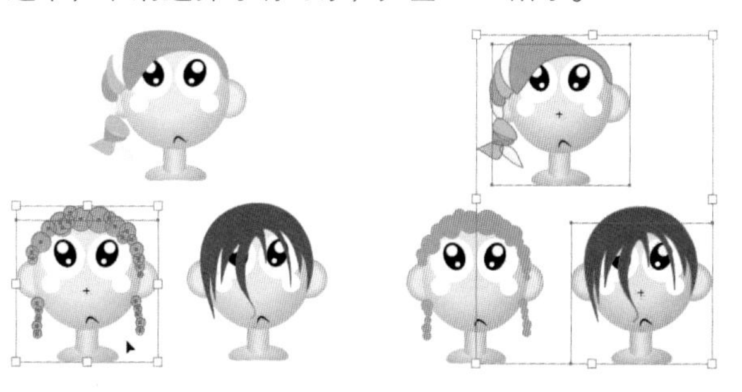

图3-59　图3-60

选择对象后，执行“选择”|“取消选择”命令，或按住Ctrl键在空白处单击，可以取消选择。取消选择以后，如果要恢复上一次的选择，可以执行“选择”|“重新选择”命令。

3.3 编组

同时选取多个对象后，可进行编组，此后这些对象会被视为一个整体，可同时移动、旋转、缩放和变形，也可以添加相同的效果，以及设置不透明度和混合模式等。编组之后，组中的每个对象仍可单独修改。

3.3.1 实例：创建和编辑组

下面通过实例介绍怎样将多个对象编组、如何选取组内的对象，以及组的解散方法。

01 按Ctrl+O快捷键打开素材。使用选择工具按住Shift键单击各个文字，将它们选取，如图3-61所示。

02 执行“对象”|“编组”命令（快捷键为Ctrl+G），将所选对象编为一组。编组后，使用选择工具单击组中任意一个对象，都可以选择整个组，如图3-62所示。

图3-61

图3-62

03 执行“效果”|“3D和材质”|“凸出和斜角”命令，打开“3D和材质”面板，参数设置如图3-63所示，创建3D字，如图3-64所示。

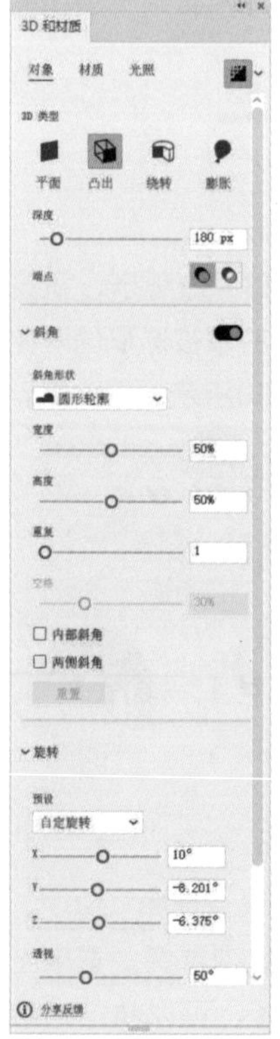

图3-63

图3-64

04 单击“光照”属性，参数设置如图3-65所示，效果如图3-66所示。

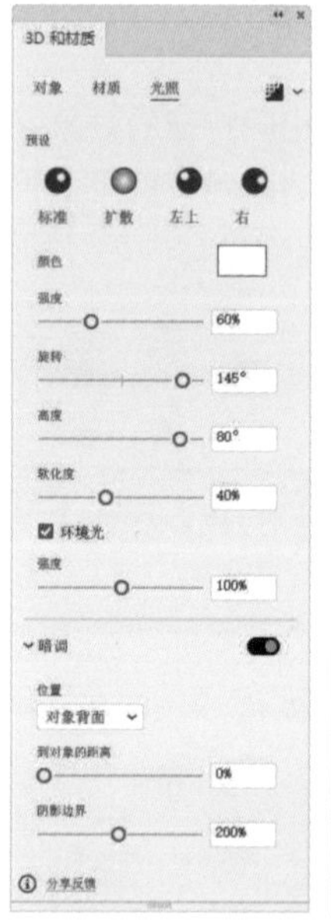

图3-65

图3-66

05 单击“3D和材质”面板右上角的按钮，对3D字进行渲染，效果如图3-67所示。

图3-67

06 需要修改组中的对象，可以使用编组选择工具在其上方单击，将其选取，如图3-68所示，再进行修改，例如，可改变填充颜色，如图3-69和图3-70所示。

图3-68

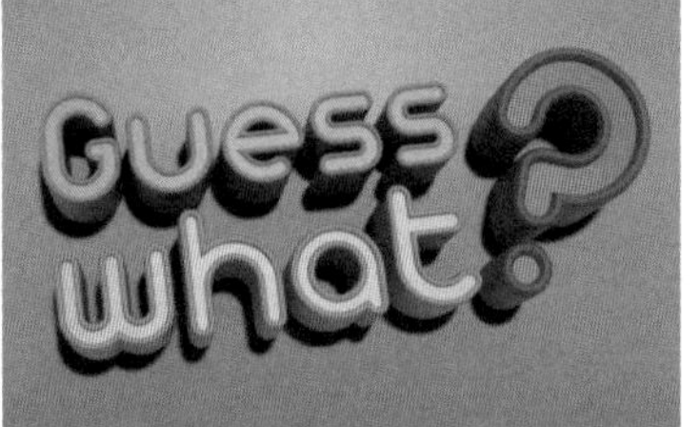

图3-69　图3-70

提示

创建组后，还可将其与其他对象再次编组，成为嵌套结构的组。将位于不同图层上的对象编为一组时，这些对象会被调整到同一个图层上，即位于顶层的那一个对象所在的图层上。

使用编组选择工具双击组，可以选择对象所在的组。如果该组为多级嵌套结构（即组中还包含组），则每多单击一次，便会多选择一个组。

如果要取消编组，可以选择组对象，执行“对象”|“取消编组”命令（快捷键为Shift+Ctrl+G）。对于嵌套结构的组，需要多次执行该命令才能取消所有的组。

07 在“飞船”图层前方单击，将该图层显示出来，如图3-71和图3-72所示。这些模型也是用3D效果制作的。

图3-71　图3-72

3.3.2 实例：在隔离模式下编辑组

隔离模式能将某个或某组对象与图稿中的其他对象隔离开，以方便编辑。

01 打开素材。选择选择工具，按住Shift键在图3-73所示的几组对象上单击，将其一同选取，如图3-74所示。这些图形的颜色有些花哨，首先对颜色进行统一和协调处理，让ICON图标的色彩风格典雅、有内涵。

02 单击“控制”面板中的按钮，打开“重新着色图稿”对话框，单击“颜色库”选项右侧的按钮，在下拉列表中执行“艺术史”|“印象派风格”命令，用该色板库修改所选图形的颜色，如图3-75和图3-76所示。在空白处单击，关闭对话框。

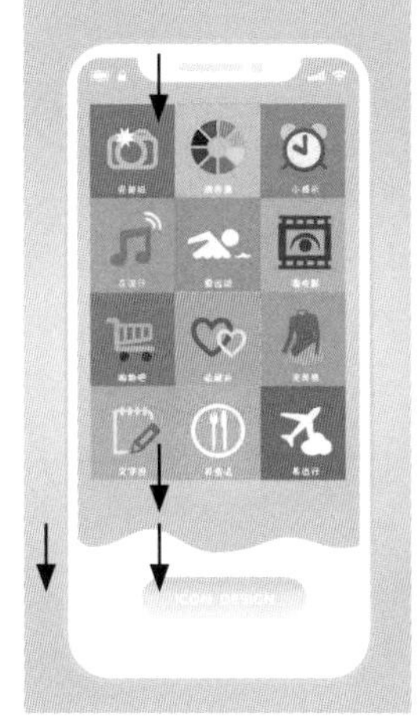

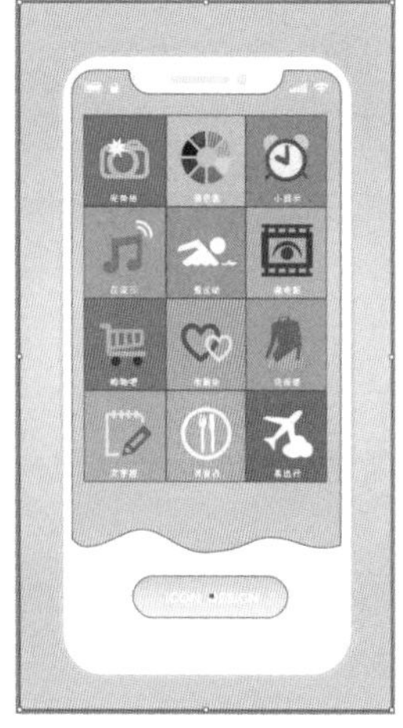

图3-73　图3-74

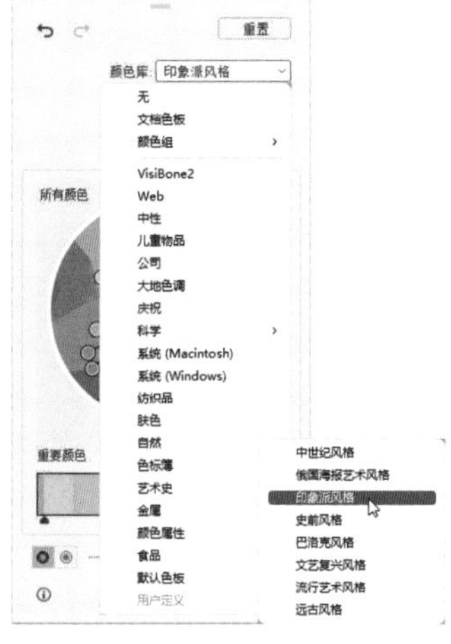

图3-75　图3-76

03 图标下方的色块是编组对象。使用选择工具双击一个色块图形，如图3-77所示，进入隔离模式，如图3-78所示。当前对象（称为“隔离对象”），即组中的各个色块以全色显示，其他对象颜色会变淡，“图层”面板仅显示处于隔离状态的子图层或组中的图稿，如图3-79所示。

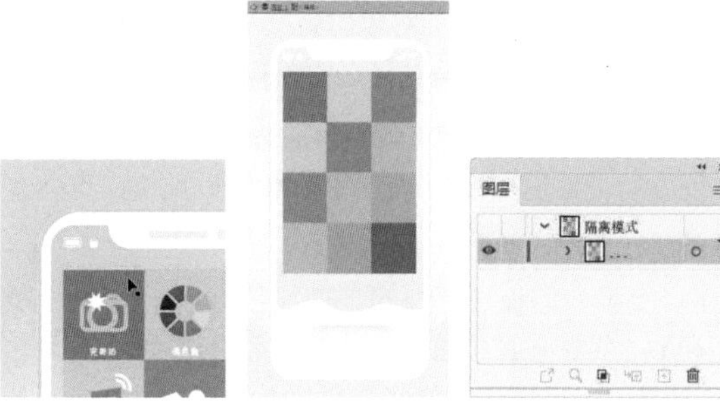

图3-77　图3-78　图3-79

04 选择吸管工具，按住Ctrl键（临时切换为选择工具

▶）单击图3-80所示的色块，将其选择，释放Ctrl键（恢复为吸管工具✐），在图3-81所示的色块上单击，拾取其颜色并填充到所选色块上。

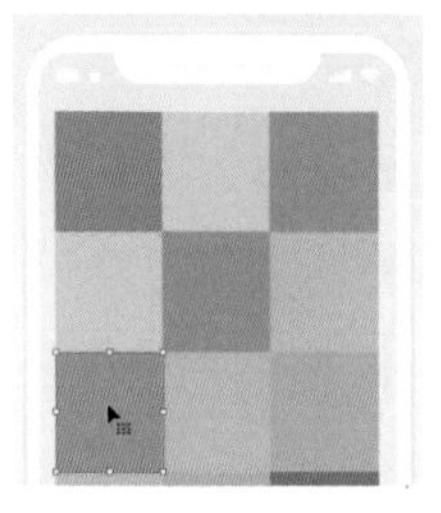

图3-80

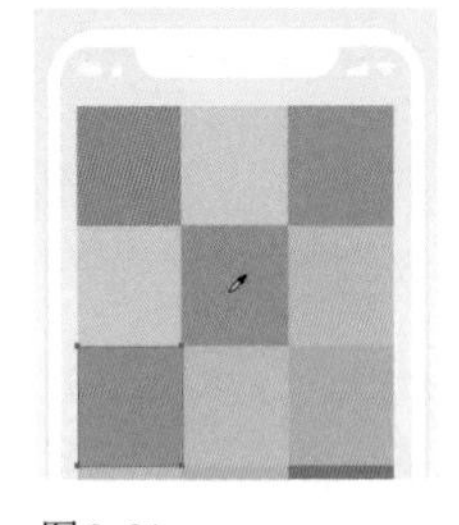

图3-81

05 采用同样的方法操作，修改图3-82所示色块的颜色。单击文档窗口左上角的⇦按钮，按Esc键，或在画板空白处双击，退出隔离模式，如图3-83所示。

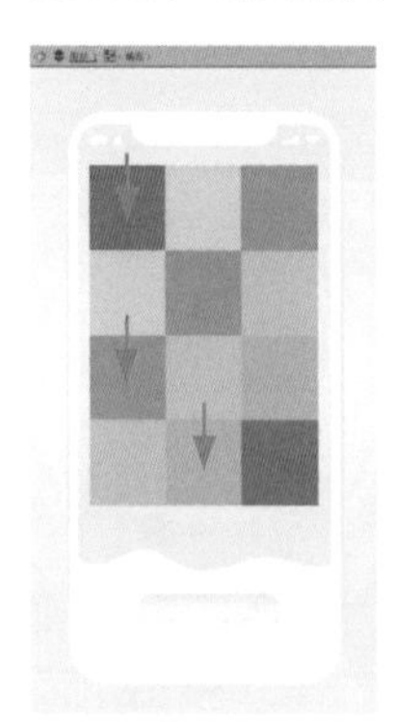

图3-82

图3-83

3.3.3 隔离图层和子图层

在“图层”面板中单击图层或子图层，打开面板菜单，执行“进入隔离模式”命令，如图3-84所示，可以将图层或子图层中的所有对象切换到隔离模式，如图3-85所示。

图3-84

图3-85

3.4 移动对象

移动对象的方法非常多，包括使用工具拖曳对象、使用方向键微移，以及在面板或对话框中输入数值准确定位。此外，还可在多个文档间移动对象。

3.4.1 实例：移动

01 打开素材，如图3-86所示。选择选择工具▶，将光标移动到对象上方，捕捉到对象时，光标会变为▶状，按住鼠标左键拖曳，可移动对象，如图3-87所示。

02 拖曳时按住Shift键，可限制移动方向为垂直或45°的整数倍方向。按住Alt键（光标变为▶状）拖曳，可以复制对象，如图3-88所示。

03 在“变换”面板或“控制”面板的X（代表水平位置）和Y（代表垂直位置）文本框中输入数值，之后按Enter键确认，可以将对象移动到画板的精确位置上，如图3-89和图3-90所示。

图3-86

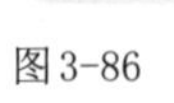

图3-87

图3-88

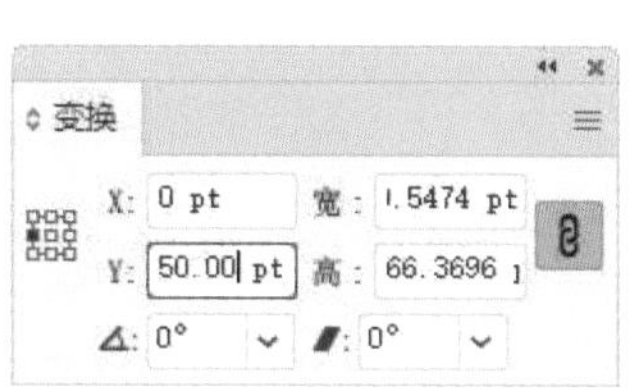

图3-89

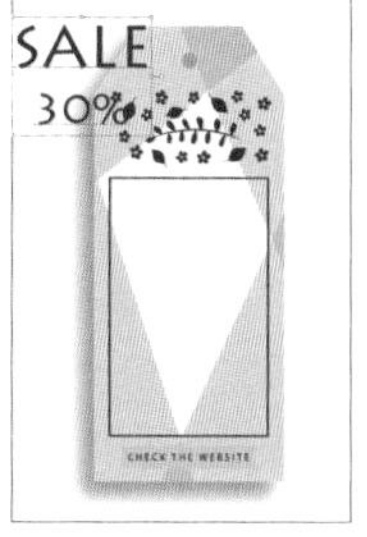

图3-90

参考点定位器

在“变换”面板和“控制”面板中，通过参考点定位器 可以改变参考点位置。例如，单击其左侧位于中央的小方块，设置X值为0，之后按Enter键，可以让对象对齐到画板的左边界（垂直位置居于中央）。

04 选择对象后，双击选择工具，打开“移动”对话框，输入参数，可以让所选对象按照精确的距离和角度移动，如图3-91和图3-92所示。输入正值，对象沿逆时针方向移动；输入负值，则沿顺时针方向移动。

图3-91

图3-92

3.4.2　实例：在多个文档间移动对象

如果同时打开了多个文件，需要在不同的文档间调配图稿、文字等资源时，可采用下面方法操作。

01 按Ctrl+O快捷键打开“打开”对话框，按住Ctrl键单击两个素材，如图3-93所示，将其选取，按Enter键打开，这两个文件会创建两个文档窗口。

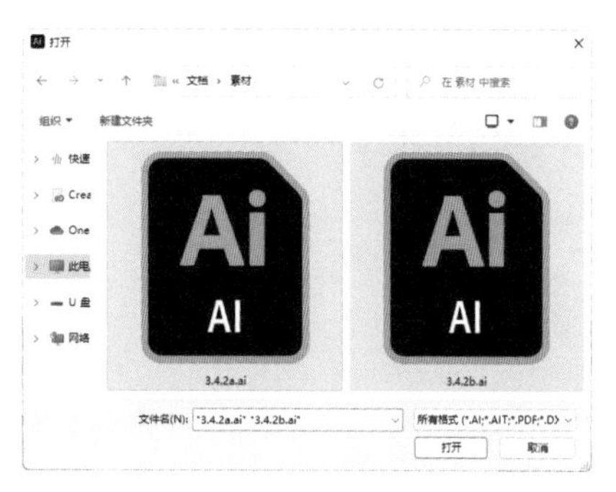

图3-93

02 在文字文档中按Ctrl+A快捷键全选，选择选择工具并将光标放在文字上方，按住鼠标左键不放并移动光标至另一个文档窗口的标题栏，如图3-94所示；停留片刻，可切换到该文档，之后将光标移动到画板中，如图3-95所示；释放鼠标左键，即可将文字拖入该文档。使用选择工具调整文字位置，效果如图3-96所示。

图3-94

图3-95

图3-96

> 提示
>
> 选择并复制对象后，切换到另一个文档，按Ctrl+V快捷键可以粘贴对象。但这样操作会用到剪贴板，占用内存，采用拖曳对象的方法操作不会占用内存。

实用技巧　复制与粘贴技巧

选择对象后，执行“编辑”|“复制”命令（快捷键为Ctrl+C），可以将对象复制到剪贴板中，画板中的对象不变。执行“编辑”|“剪切”命令（快捷键为Ctrl+X），可将对象从画板中剪切，保存到剪贴板中。复制或剪切后，执行“编辑”|“粘贴”命令（快捷键为Ctrl+V），可在当前图层上粘贴对象，且对象位于画面中心。如果单击其他图层，再进行粘贴，则对象会被粘贴到所选图层中。当文档中有多个画板时，执行“编辑”|“就地粘贴”命令，可以将对象粘贴到当前画板上；执行“编辑”|“在所有画板上粘贴”命令，则可粘贴到所有画板上。

此外，复制或剪切对象后，可以使用“编辑”子菜单中的命令将对象粘贴到指定位置。例如，当前未选择对象时，执行“编辑”|“贴在前面”命令，粘贴的对象将位于被复制的对象上方并与之重合；如果选择了一个对象，则粘贴的对象仍与被复制的对象重合，但在所选对象之上。使用“编辑”|“贴在后面”命令粘贴则相反，即在被复制的对象下方或所选对象下方粘贴。

选择并复制对象

选择另一个对象

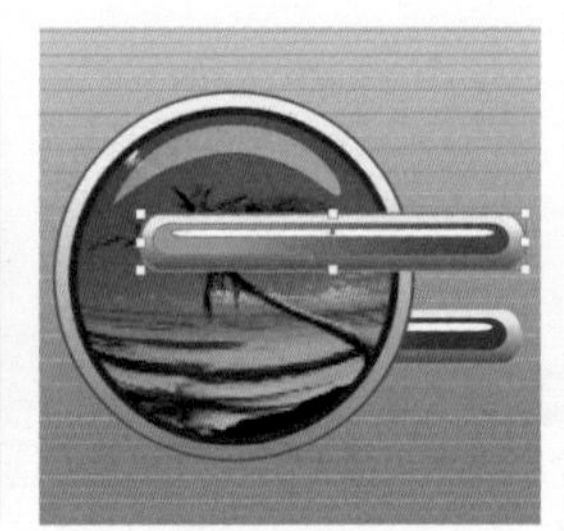

执行“贴在前面”命令

3.5　进阶实例：堆积效果文字

01 按Ctrl+O快捷键打开素材，如图3-97所示。使用选择工具▶按住Shift键单击文字A和I，将它们一同选取，如图3-98所示，按Ctrl+G快捷键编组。

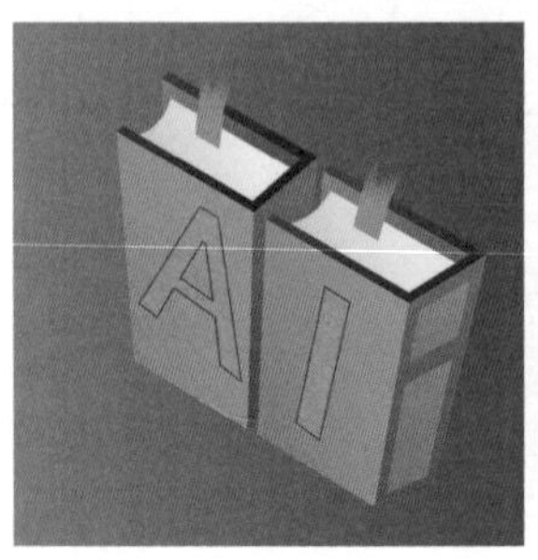

图3-97

图3-98

02 将光标放在文字上方并按住Alt键，如图3-99所示，向左下方拖曳光标，复制文字，如图3-100所示。

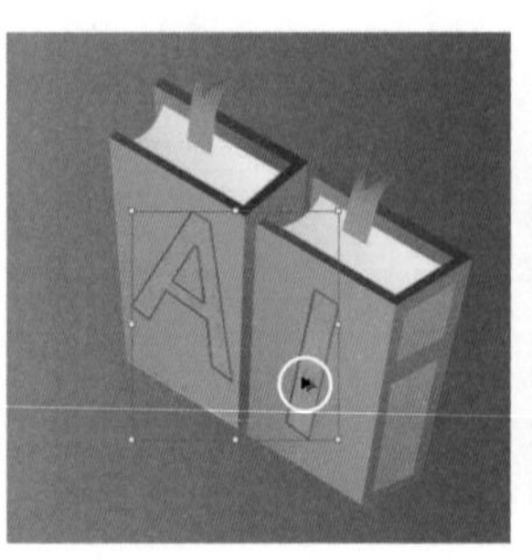

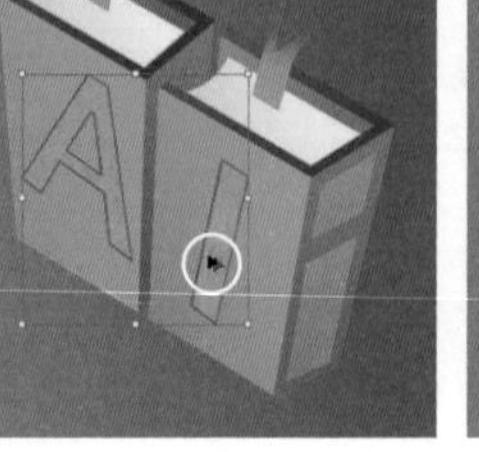

图3-99

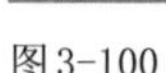

图3-100

03 连按7次Ctrl+D快捷键，继续复制文字，如图3-101所示。在“控制”面板中单击填色选项右侧的⌄按钮，在下拉列表中单击如图3-102所示的色板，修改顶层文字的填充颜色，如图3-103所示。

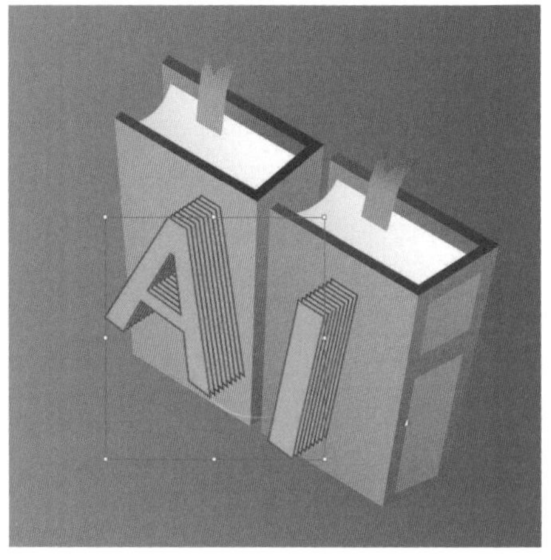

图3-101

图3-102

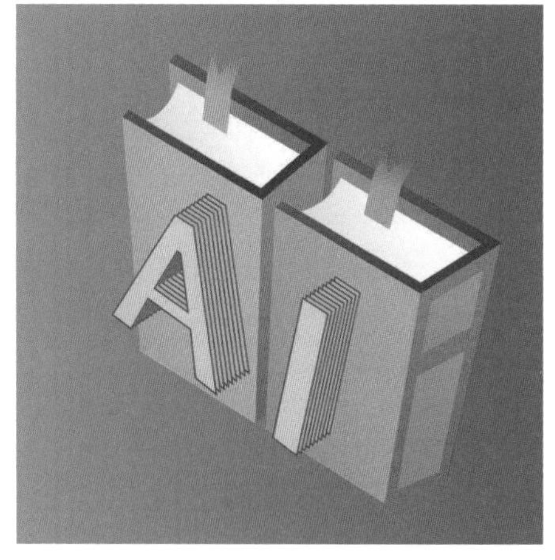

图3-103

3.6 课后作业：浮雕维特鲁威人

选择对象后，按→、←、↑、↓键可以将所选对象沿相应的方向移动1点（1/72 英寸，即约0.3528 毫米）。如果同时按方向键和Shift键，则可移动10点距离。下面通过这种方法制作浮雕，如图3-104所示。图3-105所示为图形素材，取材于列奥纳多·达·芬奇的素描作品《维特鲁威人》。

操作时充分使用了复制、粘贴和移动技巧。首先选择人体图形，按Ctrl+C快捷键复制，按Ctrl+B快捷键粘贴到后方，为图形填充白色，如图3-106所示。按两次↑键，再按一次←键，将其向左上角微移。取消选择后，按Ctrl+B快捷键再次粘贴，为图形填充黑色，如图3-107所示，按两次↓键，再按两次→键，向右下角微移。最后选择背景，执行"效果"|"风格化"|"投影"命令，为其添加投影即可。本作业具体操作方法可参见视频教学。

图3-104

图3-105

图3-106

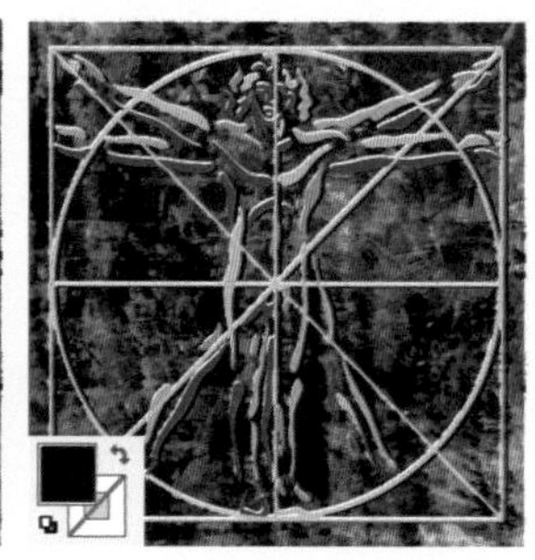

图3-107

3.7 问答题

1. 图层与子图层是怎样的关系？
2. 如果一个对象位于其他对象下方并被完全遮挡，该如何选择？
3. 怎样在不解散组的情况下选取组中的对象？
4. 怎样操作能让对象按照指定的距离和角度移动？

第4章 编辑颜色：描边、上色与渐变

本章简介

在Illustrator中，上色能使图形看起来富有层次感，使作品内容更加丰富、生动、有吸引力。

在上色功能中，渐变用途较为广泛。它可创建色彩过渡效果，例如，用渐变作为背景时，使用不同的颜色、颜色过渡方式和方向可以表现动态效果。

渐变也常被用来模拟光影，例如，在绘制球体或立方体时，使用从明到暗的渐变来营造出球体或立方体表面的立体感。

渐变能为设计带来丰富的想象空间，也是标识设计中较为常用的一种上色方法，很多知名品牌的LOGO都采用了渐变，以丰富品牌的特色。

学习重点

4.1 设置填色和描边

为图稿填色及描边，是使其可见和制作特效的常用方法。

4.1.1 为什么要填色和描边

在Illustrator中绘图时，所绘制的对象是由路径和锚点构成的矢量图形，如图4-1所示，如果不填色或描边，取消编辑时，图形就会“隐身”，无法观看和打印，如图4-2所示。

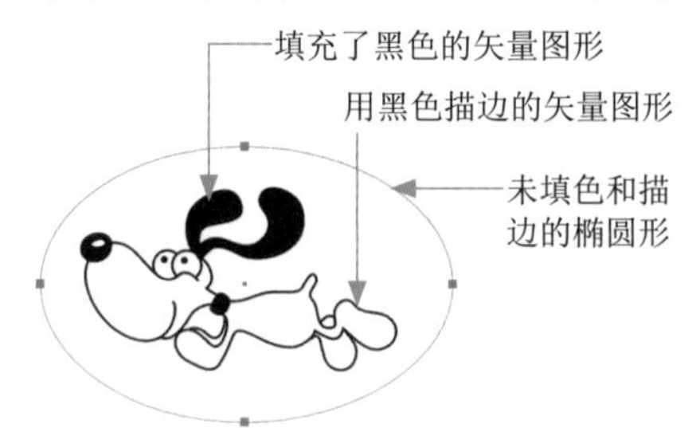

图4-1

图4-2

填色是指在矢量图形内部填充颜色、渐变或图案，如图4-3所示。描边是用以上3种对象中的一种描绘图形的轮廓，如图4-4所示。

为椭圆形填充颜色、渐变和图案

图4-3

用颜色、渐变和图案为椭圆形描边

图4-4

4.1.2　填色和描边方法

“色板”“颜色”和“渐变”面板如图4-5~图4-7所示，以及工具栏中都包含填色和描边选项。单击图4-8所示的图标，可将填色设置为编辑状态；单击图4-9所示的图标，则可将描边设置为当前状态。设置好当前编辑的项目后，便可进行填色和描边操作。

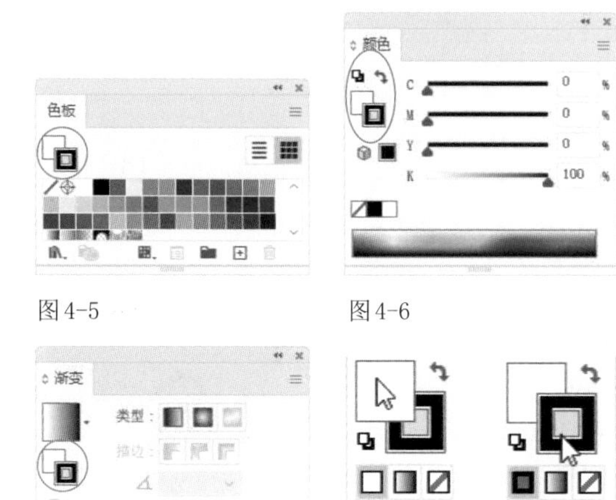

图4-5　　图4-6

图4-7　　图4-8　　图4-9

此外，“控制”面板中集成了“色板”面板，单击⌄按钮将其打开后，可在其中选取填色和描边内容，如图4-10所示。

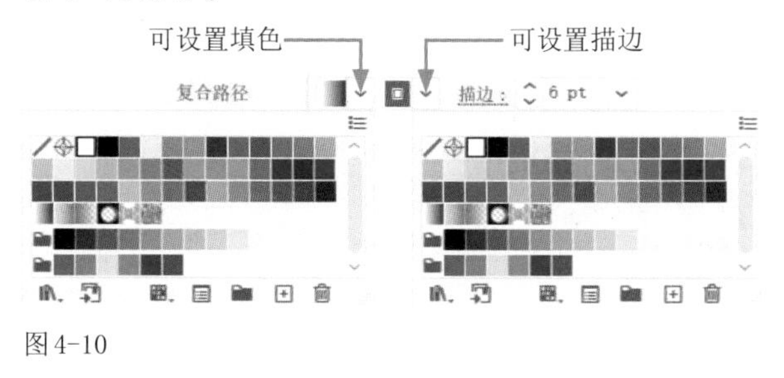

图4-10

> 提示
>
> 绘图时，可以通过按X键，将填色或描边切换为当前编辑状态。

4.1.3　切换、删除、恢复填色与描边

使用选择工具▶单击图形，将其选择，如图4-11所示，单击工具栏、“颜色”面板或“色板”面板中的↰按钮，可以互换填色和描边（快捷键为Shift+X），如图4-12所示。单击按钮，可以将填色和描边恢复为默认的颜色（描边为黑色，填色为白色），如图4-13所示。如果要删除对象的填色或描边，可将其选取，之后在工具栏、“颜色”面板或“色板”面板中将填色或描边设置为当前编辑状态，再单击⧄按钮即可，如图4-14所示。

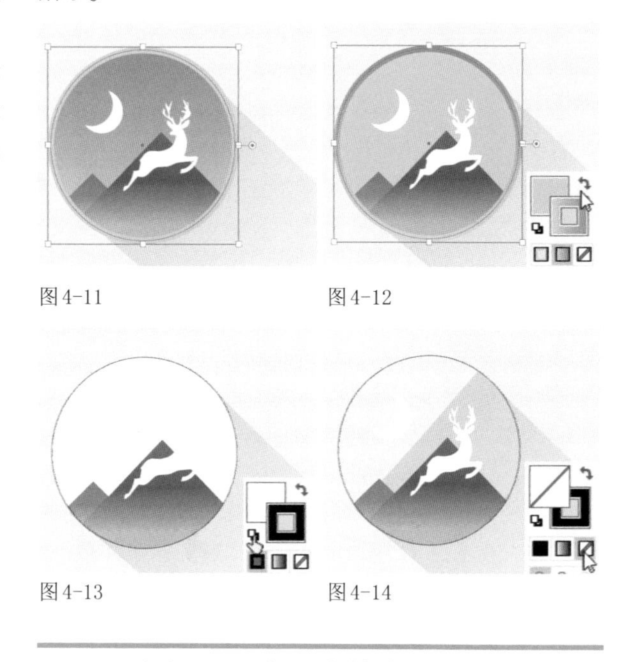

图4-11　　图4-12

图4-13　　图4-14

4.1.4　实例：为卡通人填色

01 按Ctrl+O快捷键打开素材，如图4-15所示。这是卡通人的矢量轮廓（即路径）。选择选择工具▶，单击图4-16所示的图形，将其选择。

图4-15　　图4-16

02 执行“窗口”|“色板库”|“渐变”|“肤色”命令，打开“肤色”面板。在工具栏图4-17所示的图标上单击，将填色设置为当前编辑状态，单击图4-18所示的渐变，填充图形，如图4-19所示。

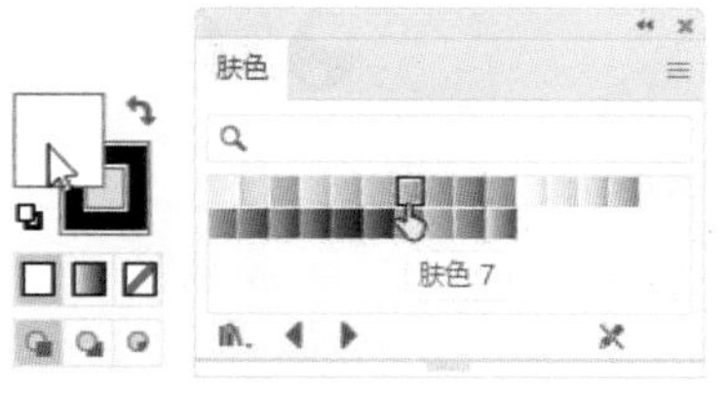

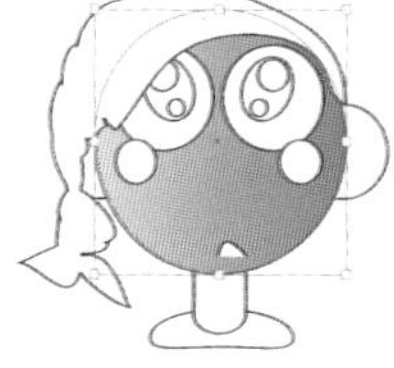

图4-17　图4-18　　图4-19

03 在“渐变”面板中单击“径向渐变”按钮，将线性渐变改为径向渐变，如图4-20和图4-21所示。

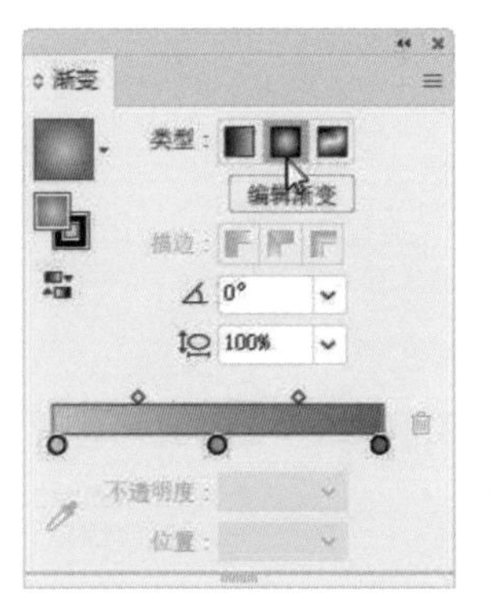

图 4-20

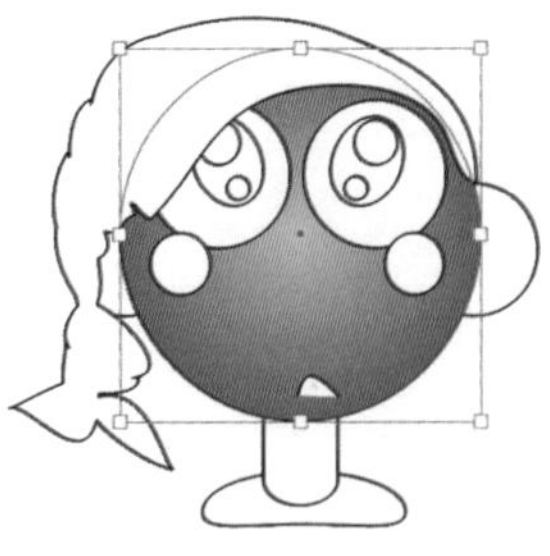

图 4-21

04 选择耳朵图形，填充同样的径向渐变，如图4-22所示。为脖子和锁骨填充渐变，使用默认的线性渐变即可，无须修改，如图4-23所示。

图 4-22

图 4-23

05 单击眼睛图形，将其选择，如图4-24所示，单击“控制”面板中的按钮，打开下拉面板，设置填充颜色为黑色，如图4-25和图4-26所示。另一只眼睛也填充黑色，如图4-27所示。

图 4-24

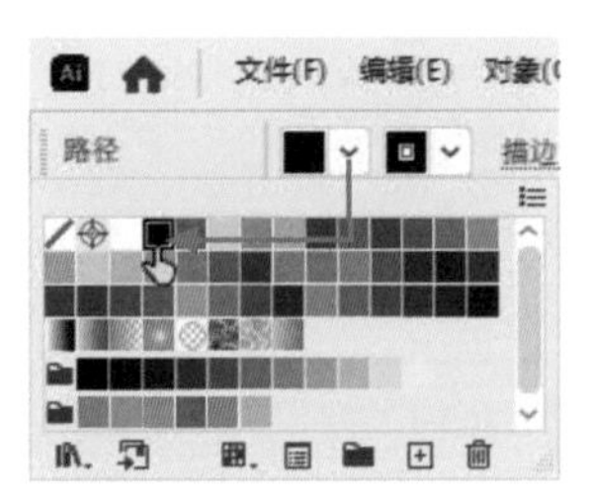

图 4-25

图 4-26

图 4-27

06 执行“窗口”|“色板库”|“图案”|“装饰”|“装饰旧版”命令，打开“装饰旧版”面板。单击帽子图形，填充图4-28所示的图案，效果如图4-29所示。

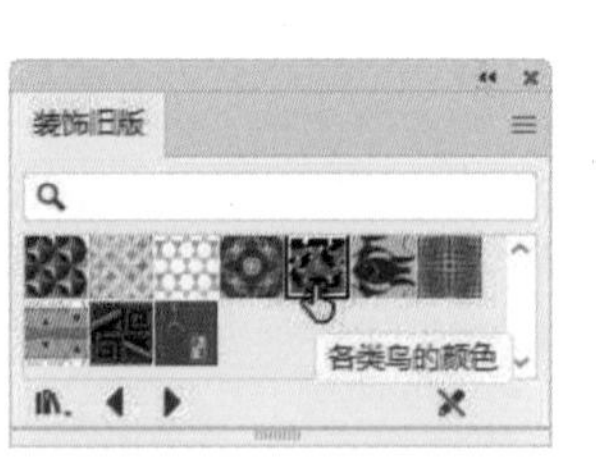

图 4-28

图 4-29

07 单击嘴巴图形，如图4-30所示，在“控制”面板中单击填色图标右侧的按钮，打开下拉面板，单击按钮，取消填色；设置描边粗细为4pt；选择如图4-31所示的宽度配置文件，让嘴角处的描边变细。

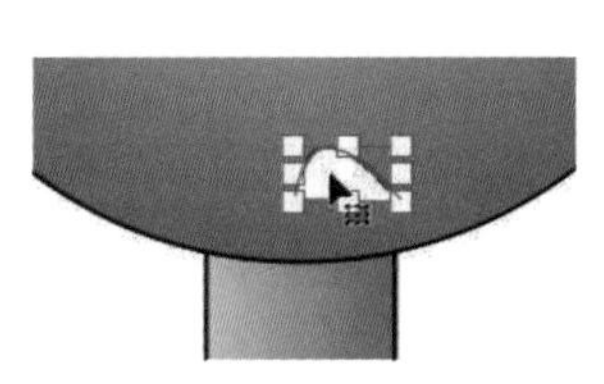

图 4-30

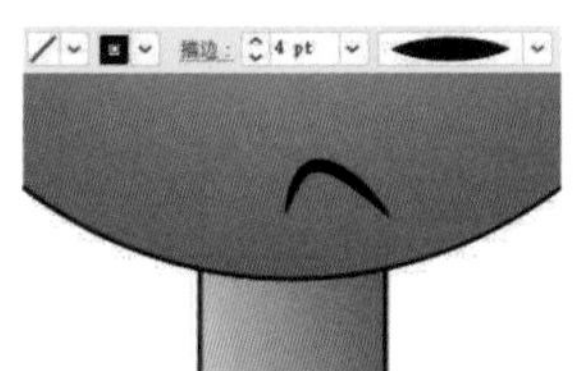

图 4-31

08 保持嘴巴图形的被选取状态，执行“选择”|“反向”命令，进行反选，单击“控制”面板中描边图标右侧的按钮，打开下拉面板，单击按钮，取消所选对象的描边，如图4-32和图4-33所示。

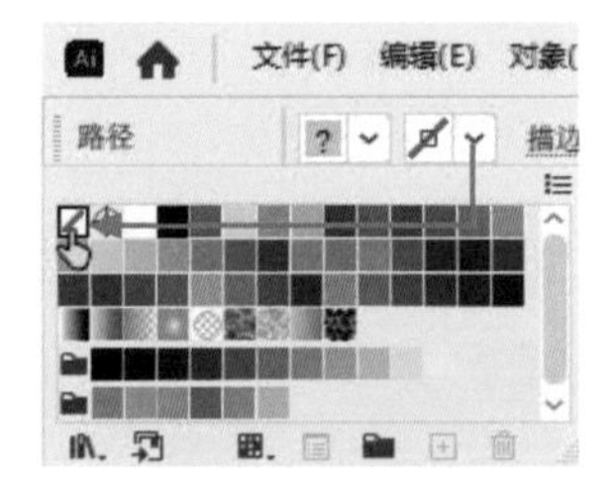

图 4-32

图 4-33

4.2 修改描边

为路径描边不仅能使其可见，还可以调整描边粗细、添加虚线样式，或者使用画笔进行风格化处理。

4.2.1 描边面板

为对象添加描边后，可以在“描边”面板中设置描边粗细、对齐方式、斜接限制、线条连接和线条端点的样式，还可以将描边设置为虚线，以及控制虚线的样式。单击面板顶部的按钮，可以展开全部选项，如图4-34所示。

- 粗细：用来设置描边线条的宽度。
- 端点：可以设置开放式路径两个端点的形状，如图4-35~图4-37所示。单击“平头端点”按钮，路径会在终端锚点处结束，在准确对齐路径时，该选项非常有用；单击“圆头端点”按钮，路径末端呈半圆形圆滑效果；单击“方头端点”按钮，会向外延长描边“粗细”值一半的距离结束描边。

“描边”面板

图4-34

平头端点

图4-35

圆头端点

图4-36

方头端点

图4-37

- 边角/限制：用来设置直线路径中边角的连接方式，包括斜接连接、圆角连接和斜角连接，如图4-38所示。使用斜接方式时，可通过“限制”选项控制在何种情况下由斜接连接切换成斜角连接。

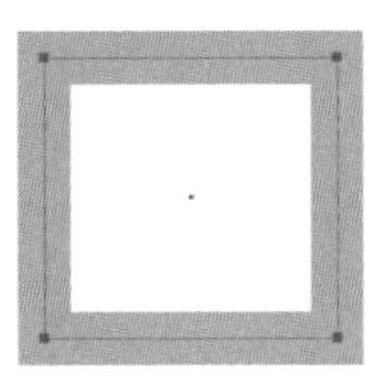

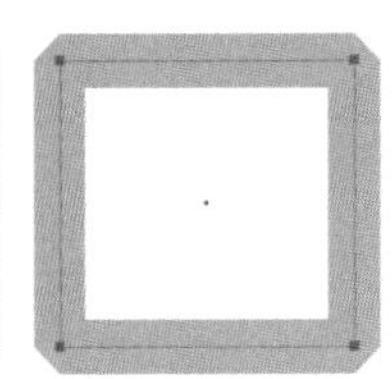

斜接连接　圆角连接　斜角连接

图4-38

- 对齐描边：如果对象是闭合的路径，可设置描边与路径对齐的方式，包括使描边居中对齐、使描边内侧对齐和使描边外侧对齐，如图4-39所示。

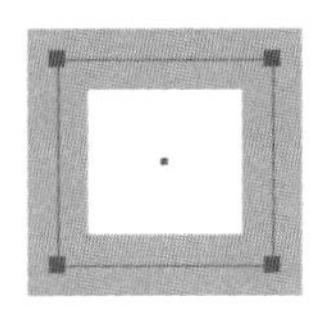

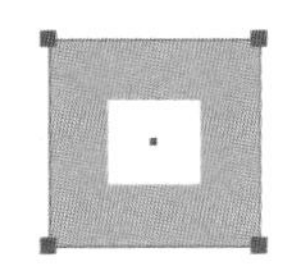

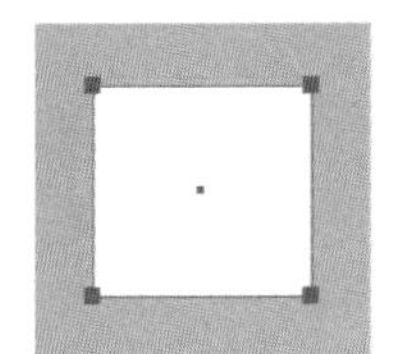

使描边居中对齐　使描边内侧对齐　使描边外侧对齐

图4-39

- 虚线：勾选该复选框，可以用虚线为路径描边。单击“虚线”选项右侧的按钮，虚线间隙将以该选项下方设置的参数值为准，如图4-40所示；单击按钮，则会自动调整虚线长度，使其与边角及路径的端点对齐，如图4-41所示。

图4-40

图4-41

修改虚线的样式

创建虚线描边以后，还可修改虚线的端点，使其呈现不同的外观。例如，单击按钮，可创建具有方形端点的虚线；单击按钮，则创建具有圆形端点的虚线；单击按钮，可以扩展虚线的端点。

单击按钮　单击按钮　单击按钮

● 箭头/缩放/对齐：在“箭头”下拉列表中可以为路径的起点和终点添加箭头，如图4-42和图4-43所示。单击⇄按钮，可互换起点和终点箭头。如果要删除箭头，可以在“箭头”选项下拉列表中选择“无”选项。通过“缩放”选项可以调整箭头的大小。单击🔗按钮，可同时调整起点和终点箭头的缩放比例。单击→按钮，箭头会超过路径的末端，如图4-44所示；单击⇉按钮，箭头端点与路径的端点对齐，如图4-45所示。

图4-42

图4-43

图4-44

图4-45

● 配置文件：在该选项下拉列表（及“控制”面板）中，可以选取配置文件，让描边出现粗细变化，如图4-46和图4-47所示。

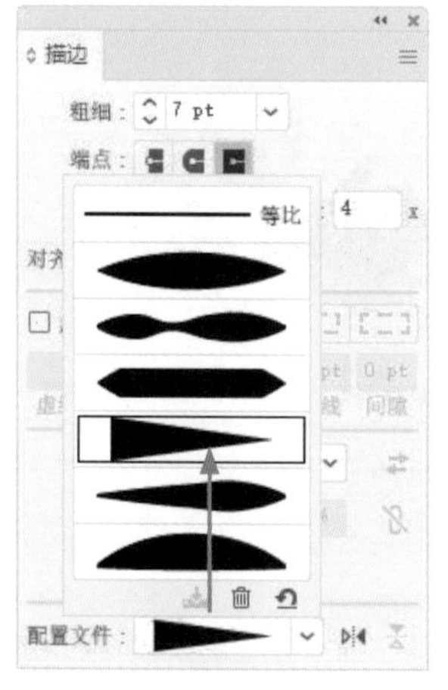

图4-46

图4-47

4.2.2 实例：制作保龄球

用配置文件调整描边，只有几种固定效果，而使用宽度工具则可自由调整描边的粗细。

01 选择直线段工具，按住Shift键拖曳光标，创建一条竖线，描边粗细为100pt，无填色。单击“描边”面板中的“圆头端点”按钮，如图4-48和图4-49所示。

图4-48　　图4-49

02 保持路径的被选取状态。选择宽度工具，将光标移动到路径上，如图4-50所示，向右拖曳光标，描边会向两边伸展，如图4-51所示。与此同时，路径上会出现几个宽度点。

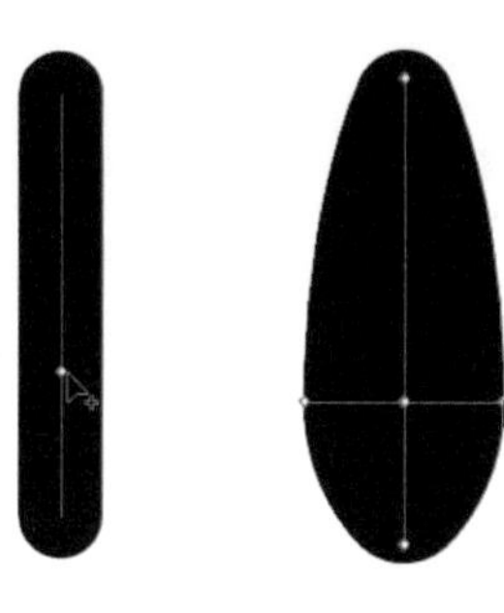

图4-50　　图4-51

03 将光标放在路径的上半段，向左侧拖曳光标，将描边调窄，如图4-52和图4-53所示。

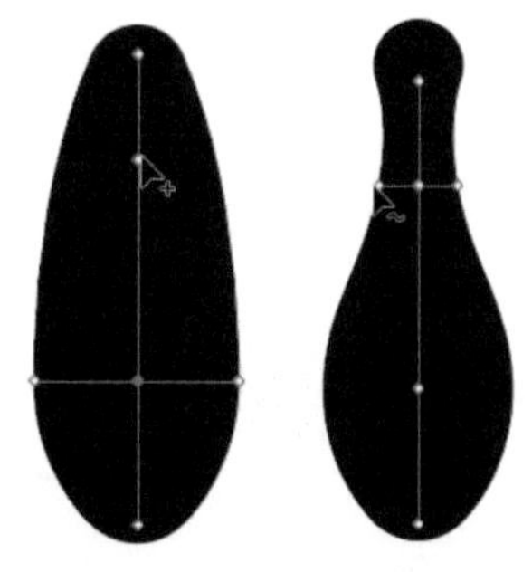

图4-52　　图4-53

04 将光标移动到路径的宽度点上方，如图4-54所示，拖曳光标，移动其位置，进而调整图形的形状，如图4-55所示。

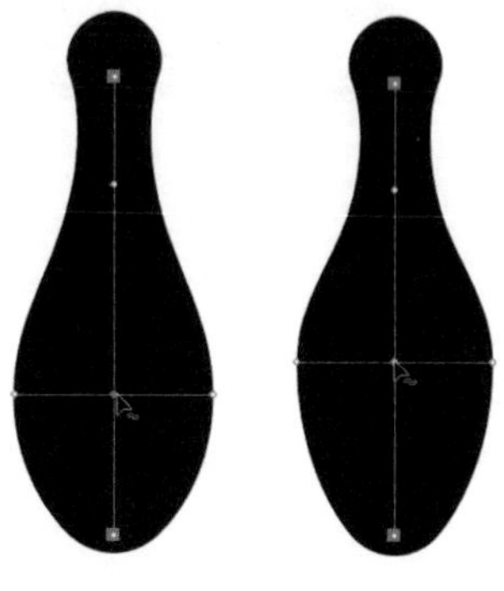

图4-54　　图4-55

> **实用技巧　非对称调整**
>
> 拖曳路径外侧的宽度点，可以修改宽度。按住Alt键拖曳宽度点，可对路径进行非对称调整，即调整一侧描边时不影响另一侧。单击宽度点，按Delete键可将其删除。
>
> 原图形　　拖曳宽度点　　按住Alt键拖曳

4.2.3　将描边转换为图形

选择图形，如图4-56所示，执行“对象”|“路径”|“轮廓化描边”命令，可以将描边转换为封闭的图形。生成的图形与原填充对象自动编组，可以使用编组选择工具将其选取，如图4-57所示。

图4-56

图4-57

4.2.4　实例：邮票齿孔效果

01 按Ctrl+O快捷键。选择编组选择工具，单击红色矩形，将其选取，如图4-58所示。设置描边颜色为白色，粗细为2.5pt，如图4-59所示。

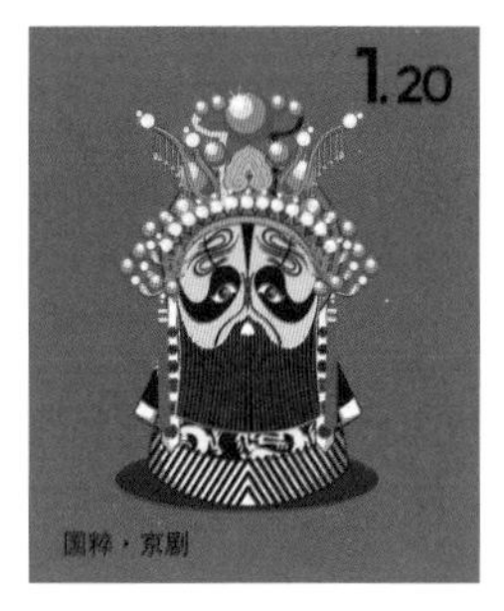

图4-58

图4-59

02 单击“描边”面板中的“圆头端点”按钮，勾选“虚线”复选框并设置参数，生成邮票齿孔，如图4-60和图4-61所示。在远离邮票的位置单击，取消选择。

图4-60

图4-61

03 执行“文件”|“置入”命令，打开“置入”对话框，选择本实例的图像素材，取消“链接”复选框的勾选，单击“置入”按钮关闭对话框。在画板上单击，置入图像，按Ctrl+[快捷键将其移至邮票下方，如图4-62所示。

图4-62

04 使用选择工具将邮票移至信封上。将光标放在拖曳定界框上的控制点外，如图4-63所示，拖曳光标旋转邮票，如图4-64所示，再调一调位置。

图4-63

图4-64

05 选择吸管工具，在粉色信封上单击，如图4-65所示，记下“颜色”面板中的颜色值，如图4-66所示。使用编组选择工具单击红色矩形，如图4-67所示。

图 4-65

图 4-66

图 4-67

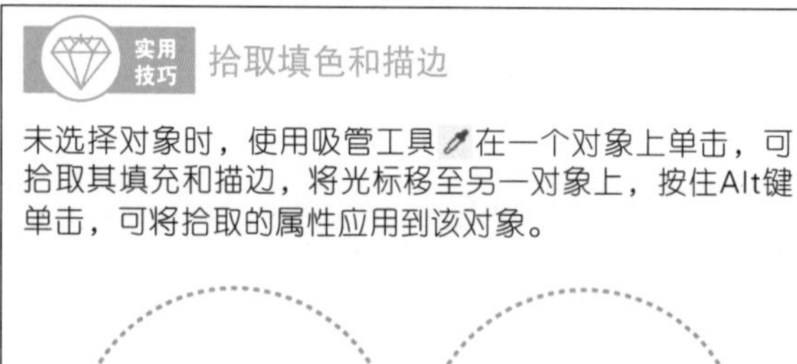

实用技巧 拾取填色和描边

未选择对象时，使用吸管工具在一个对象上单击，可拾取其填充和描边，将光标移至另一对象上，按住Alt键单击，可将拾取的属性应用到该对象。

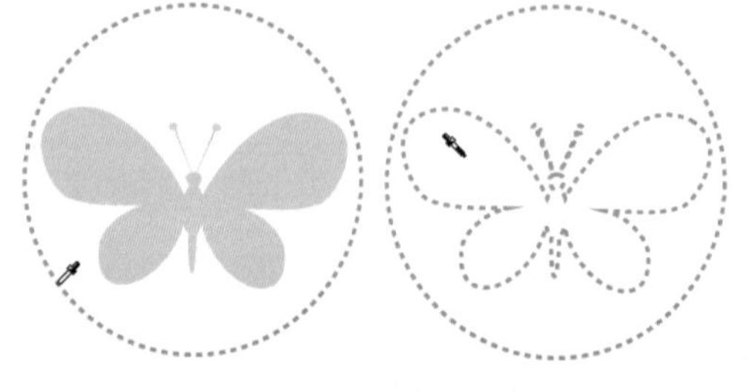

如果选择了一个对象，则使用吸管工具在另外一个对象上单击，可以将其填色和描边属性应用到所选对象。

06 将描边设置为当前编辑状态，输入与粉色信封相同的颜色值，让齿孔变成与信封相同的颜色，如图4-68和图4-69所示。

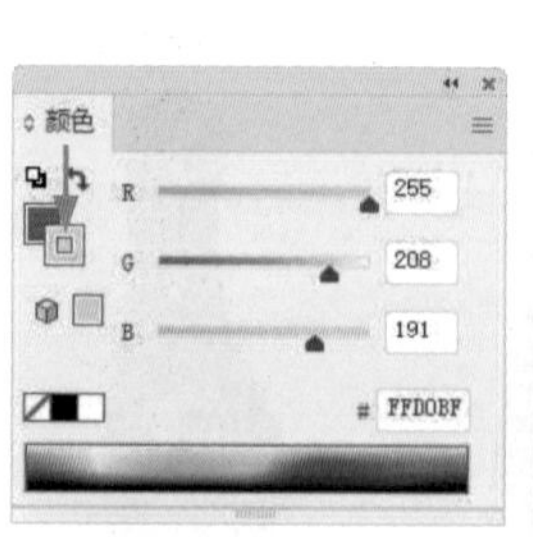

图 4-68

图 4-69

07 执行“文件”|“置入”命令，置入邮戳素材，如图4-70所示。

图 4-70

4.3 设置颜色

在 Illustrator 中，除填色和描边会使用颜色外，添加渐变、进行实时上色、重新为图稿着色时也会用到设置颜色和修改颜色的操作。

4.3.1 实例：拾色器

双击工具栏、“颜色”面板、“渐变”面板和“色板”面板中的填色或描边按钮，都可以打开“拾色器”对话框。在该对话框中可以设置颜色，并对所选颜色的饱和度和亮度进行调整。

01 双击工具栏底部的填色按钮（如果要设置描边颜色，则双击描边按钮），如图4-71所示，打开“拾色器”对话框。

02 在色谱上单击，选取颜色，如图4-72所示。此后在左侧的色域中拖曳光标，可调整所选颜色的饱和度和亮度，如图4-73所示。

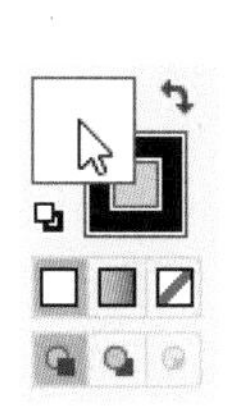

图4-71

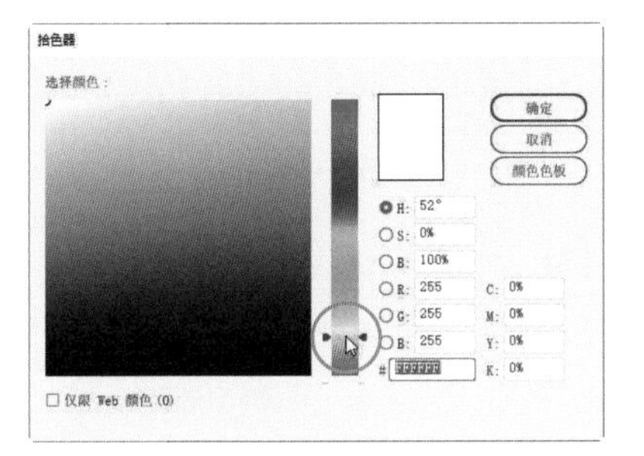

图4-72

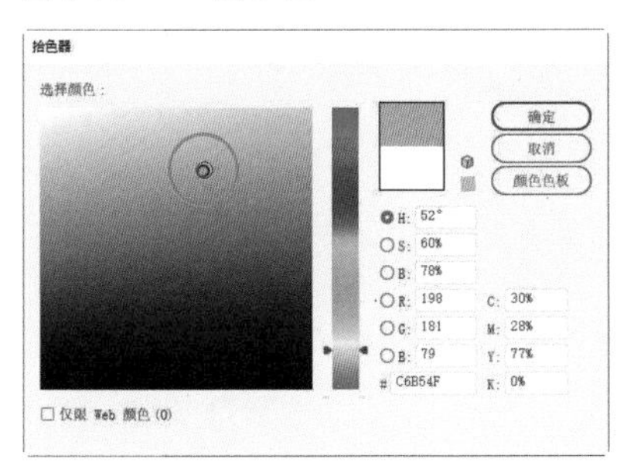

图4-73

03 如果想分开调整，可以使用HSB颜色模型操作。首先选中S单选按钮，如图4-74所示，此时拖曳滑块，可单独调整当前颜色的饱和度，如图4-75所示，选中B单选按钮并拖曳滑块，可修改当前颜色的亮度，如图4-76和图4-77所示。

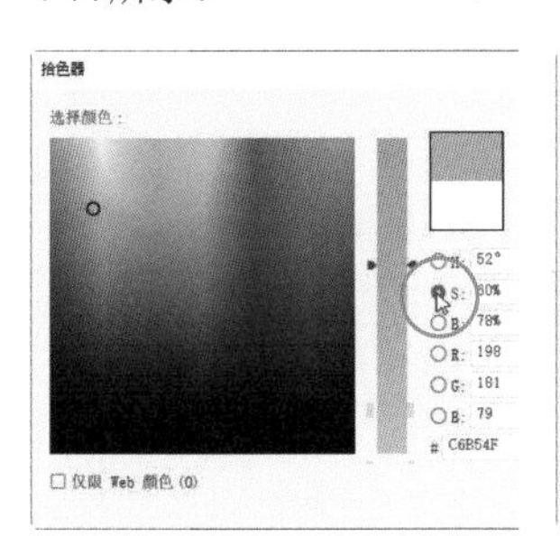

图4-74

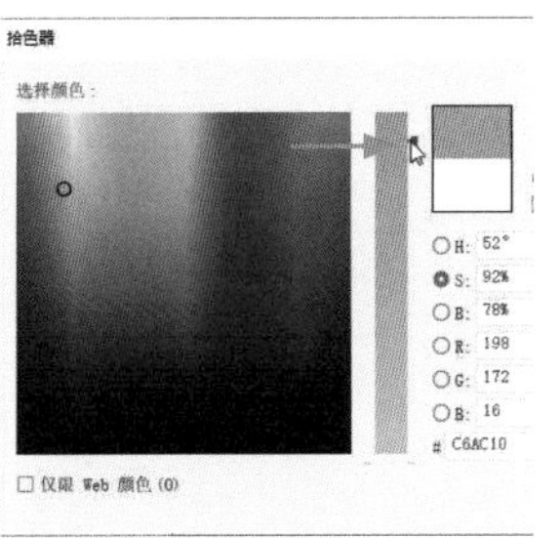

图4-75

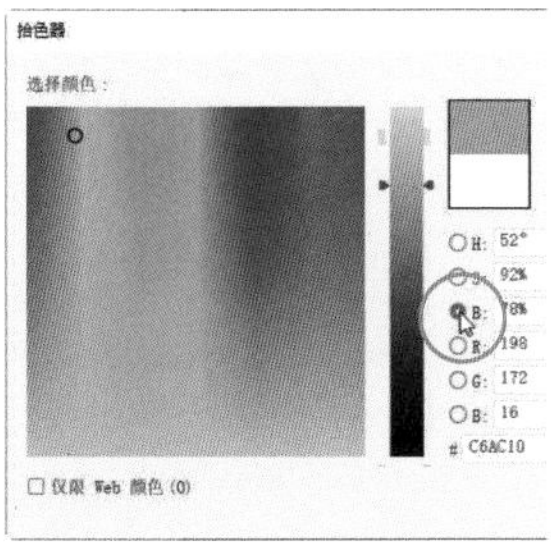

图4-76

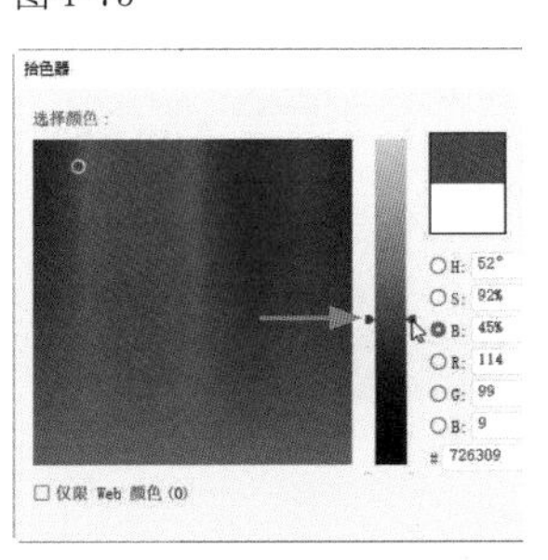

图4-77

04 网页设计师习惯使用十六进制代码设置颜色，既便捷，又安全，“拾色器”对话框中提供了相应的选项，如图4-78所示。此外，也可以勾选“仅限Web颜色”复选框，可以让色域中只显示Web安全色，如图4-79所示。如果图稿要用于网络，这样设置颜色最稳妥。

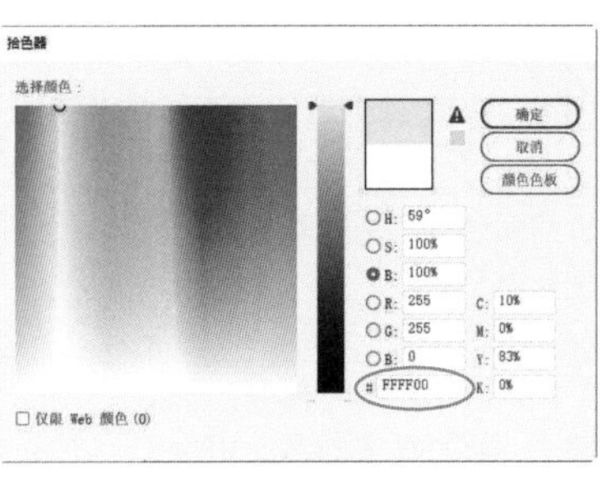

图4-78

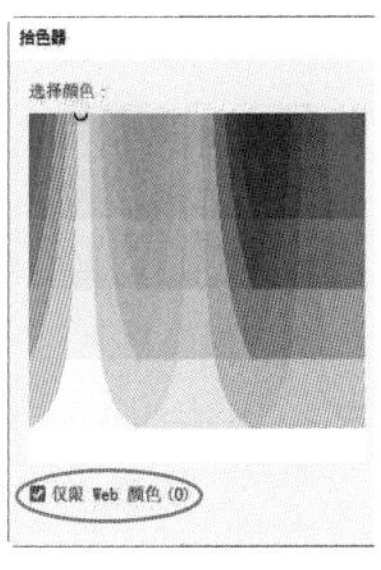

图4-79

> *提示*
>
> 如果有所需颜色的色值，可在HSB、RGB、CMYK颜色模型右侧的选项中输入值，以精确定义颜色。
>
> 大型公司、企业、学校、医院和专业机构等对于本单位的LOGO、文字字体、图形、用色都有明确要求，不可以乱用。这些也是VI（视觉识别系统）设计的重要内容。在为这些单位做设计时，应查看标准色的相关要求，依据标准色的颜色数值或色样来调配颜色。

05 单击“颜色色板”按钮，可切换显示选项。在色谱上单击，定义一个颜色范围，如图4-80所示，之后可在左侧的列表中选取颜色，如图4-81所示。单击“颜色模型”按钮，可切换回之前的状态。颜色设置完成后，单击“确定”按钮或按Enter键关闭对话框。

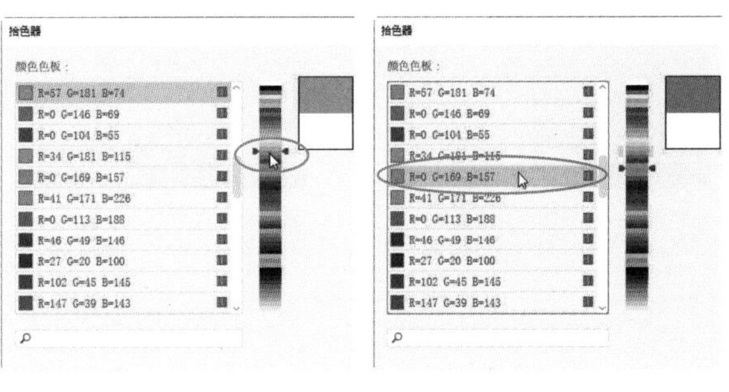

图4-80　　图4-81

“拾色器”对话框选项

“拾色器”对话框中包含图4-82所示的选项。

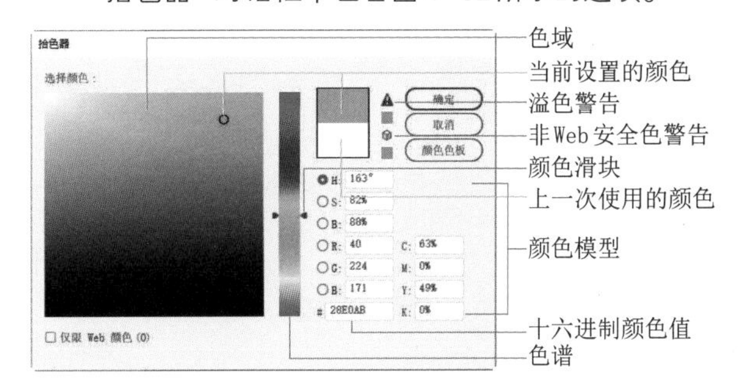

图4-82

- 色域/色谱/颜色滑块：在色域、色谱中单击，或者拖曳颜色滑块，可以定义颜色范围。拖曳色域中的圆形标记，可以调整当前颜色的深浅。

- 当前设置的颜色：显示当前选择的颜色。
- 上一次使用的颜色：显示上一次使用的颜色，即打开“拾色器”对话框前原有的颜色。如果要将当前颜色恢复为前一个颜色，可在该色块上单击。
- 溢色警告▲：HSB和RGB颜色模型中的一些颜色(如霓虹色)在CMYK模型中没有等同的颜色，选取这样的颜色时，会出现溢色警告。单击其下方的小方块，可将溢色颜色替换为CMYK色域中与其最为接近的颜色(印刷色)，如图4-83和图4-84所示。

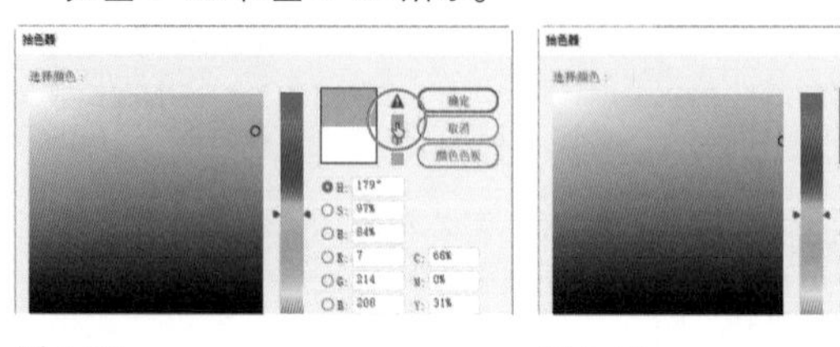

图4-83　　图4-84

- 非Web安全色警告：Web安全色是浏览器使用的216种颜色。如果当前选择的颜色不能在网上准确显示，会出现该警告。单击警告图标或它下面的颜色块，可以用颜色块中的颜色(Illustrator提供的与当前颜色最为接近的Web安全色)替换当前颜色，如图4-85和图4-86所示。

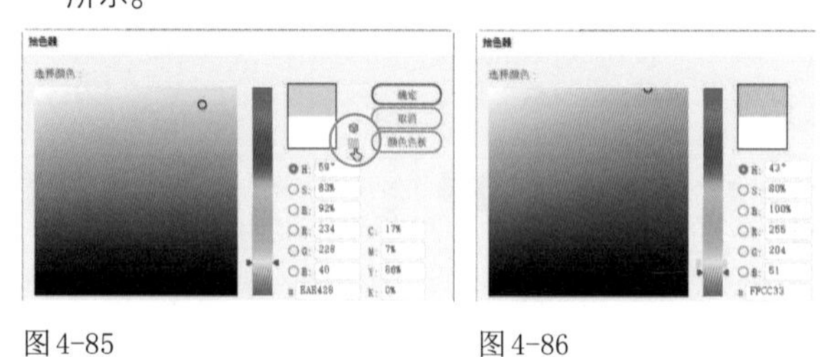

图4-85　　图4-86

4.3.2 实例：颜色面板

“颜色”面板与调色盘类似，可以通过混合颜色的方法来调配颜色。

01 “颜色”面板中既包含与工具栏相同的颜色设置组件，也提供了与“拾色器”对话框类似的颜色模型，如图4-87所示。如果要编辑描边颜色，可单击描边图标；要编辑填充颜色，可单击填色图标。如果要删除填色或描边，可单击⊘按钮。

02 在R、G、B文本框中输入数值或拖曳滑块，即可调配颜色，如图4-88所示。设置好颜色后，拖曳其他滑块，可向当前颜色中混入颜色。例如，拖曳G滑块，红色中会混入黄色，得到橙色，如图4-89所示。

03 在色谱上单击，可采集光标所指处的颜色，如图4-90所示。在色谱上拖曳光标，则可动态地采集颜色，如图4-91所示。拖曳面板底部，将面板拉高，可以增大色谱的显示范围，如图4-92所示。

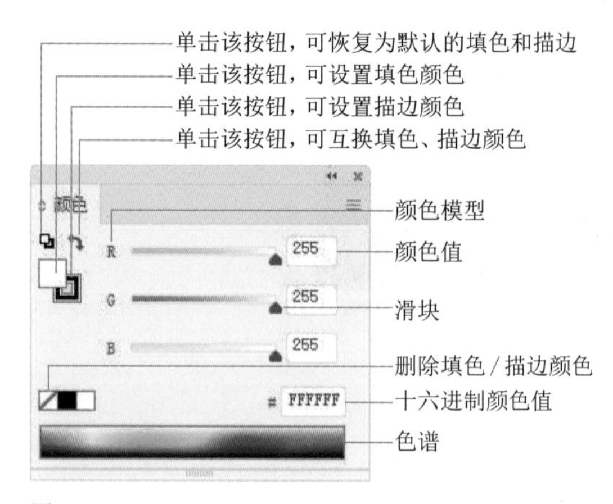

图4-87

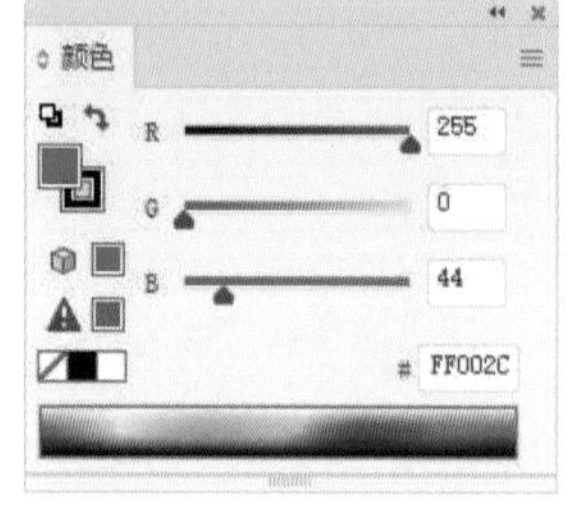

图4-88

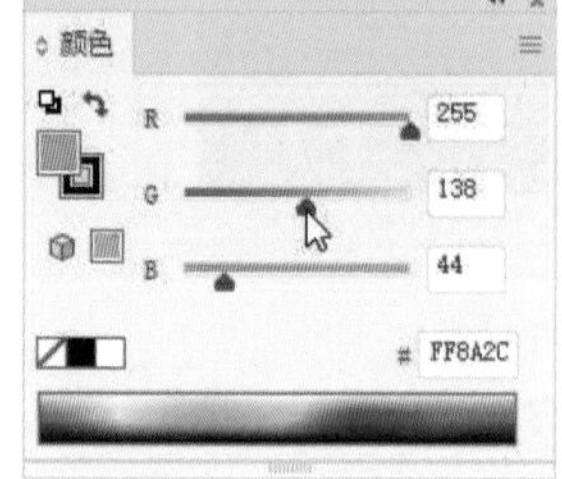

图4-89

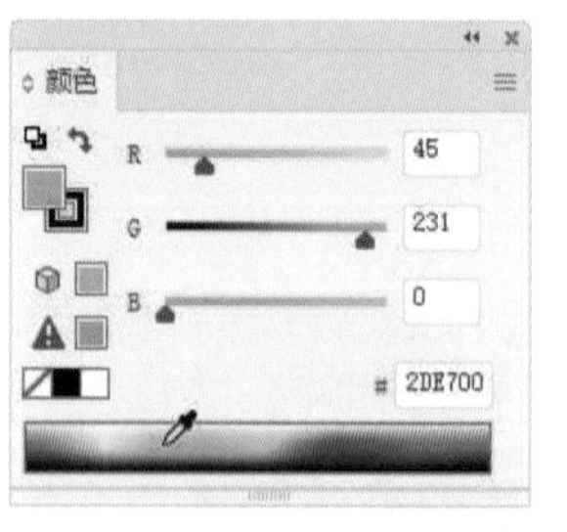

图4-90

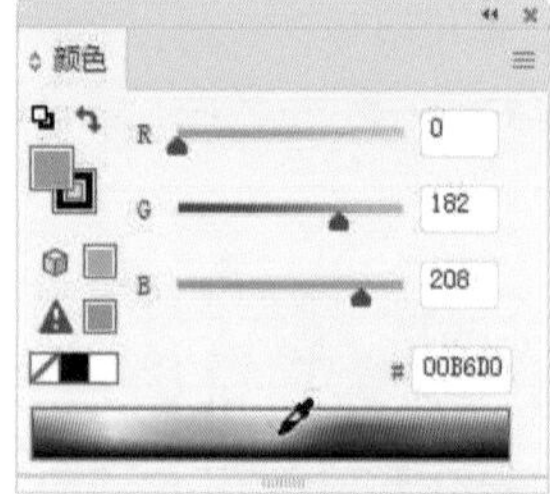

图4-91

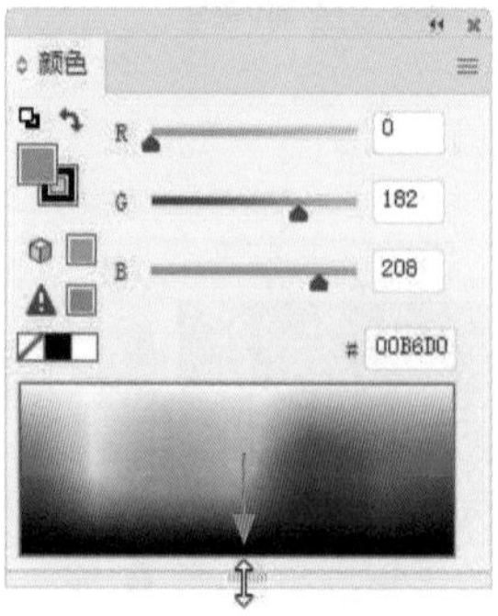

图4-92

04 单击面板右上角的≡按钮，打开面板菜单，执行“HSB”命令，所显示的滑块会分别对应色相（H滑块）、饱和度（S滑块）和亮度（B滑块），如图4-93所示。如果要定义黄色，就将H滑块拖曳到黄色区域，如图4-94所示，之后拖曳S滑块，调整其饱和度，饱和度越高，色彩越鲜艳，如图4-95所示；拖曳B滑块，可调整颜色的亮度，亮度越高，色彩越明亮，如图4-96所示。

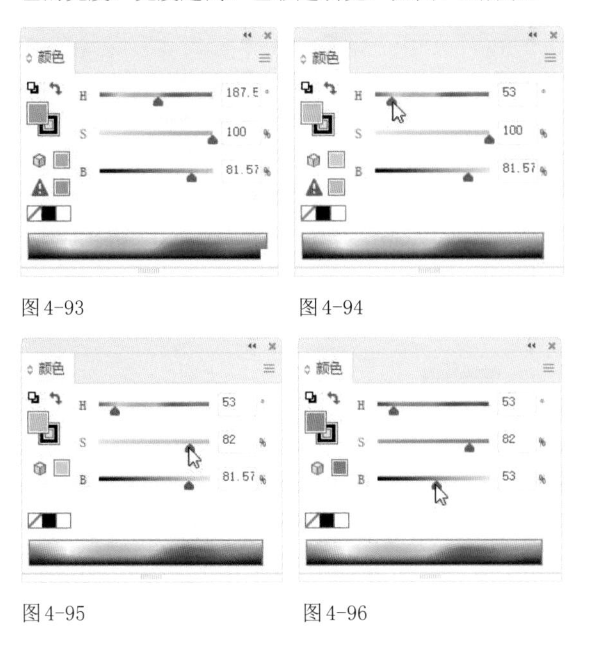

图4-93　图4-94

图4-95　图4-96

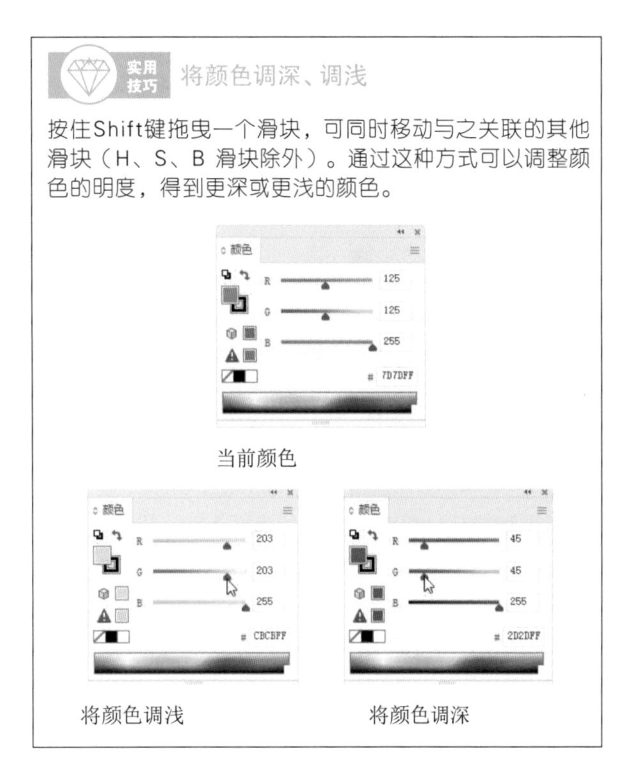

实用技巧　将颜色调深、调浅

按住Shift键拖曳一个滑块，可同时移动与之关联的其他滑块（H、S、B 滑块除外）。通过这种方式可以调整颜色的明度，得到更深或更浅的颜色。

当前颜色

将颜色调浅　将颜色调深

4.4　使用色板

“色板”面板中有很多预设的颜色、渐变和图案，可用于图形的填色和描边，它们统称为“色板”。使用该面板也可以将用户自己创建的颜色、渐变和图案保存起来。

4.4.1　色板面板

选择图形，如图4-97所示，将填色或描边设置为当前编辑状态，单击一个色板，即可为对象填色，如图4-98和图4-99所示。单击其他色板，会替换当前颜色。选择一个对象后，如果其使用了“色板”面板中的色板进行填色或描边，则该色板会突出显示（四周显示白框）。

图4-97

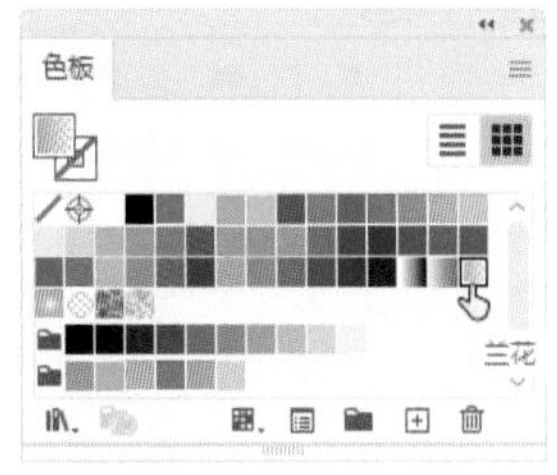

图4-98　图4-99

“色板”面板选项

图4-100所示为“色板”面板。

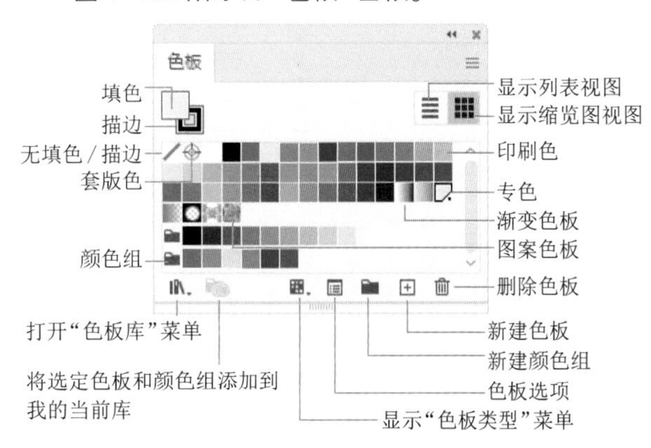

图4-100

- 无填色/描边：删除对象的填色或描边。
- 套版色：用它填色或描边的对象可以从 PostScript 打印机进行分色打印。例如，当套准标记使用套版色时，印版便可在印刷机上精确对齐。
- 专色：预先混合好的油墨（参见212页）。

- 全局色：使用和编辑全局色时，可以让图稿中所有使用该色板的对象自动更新颜色（参见213页）。
- 印刷色/CMYK颜色模型：印刷色是使用青色、洋红色、黄色和黑色油墨混合成的颜色（在列表状态下显示符号）。默认状态下，Illustrator会将新创建的色板定义为印刷色。
- 颜色组/新建颜色组：颜色组是为某些操作需要预先设置的一组颜色，可以包含印刷色、专色和全局色，不能包含图案、渐变、无或套版色。按住Ctrl键单击多个色板，将它们同时选取，再单击按钮，便可将它们创建为一个颜色组。
- 打开"色板库"菜单：单击该按钮，可以在打开的下拉菜单中选择一个色板库。
- 将选定的色板和颜色组添加到我的当前库：选取色板或颜色组以后，单击该按钮，可将其添加到"库"面板。
- 显示"色板类型"菜单：单击该按钮，在打开的下拉菜单中选择一个选项，可以在面板中单独显示颜色、渐变、图案或颜色组。
- 色板选项：单击该按钮，可以打开"色板选项"对话框。
- 新建色板：单击该按钮，可以将当前选取的颜色、渐变或图案创建为一个色板。
- 删除色板：在"色板"面板中单击一个色板，单击该按钮，可将其删除（套版色不能删除）。

提示

单击列表视图按钮，或打开面板菜单，执行"小列表视图"或"大列表视图"命令，可以显示色板的名称和相关符号。

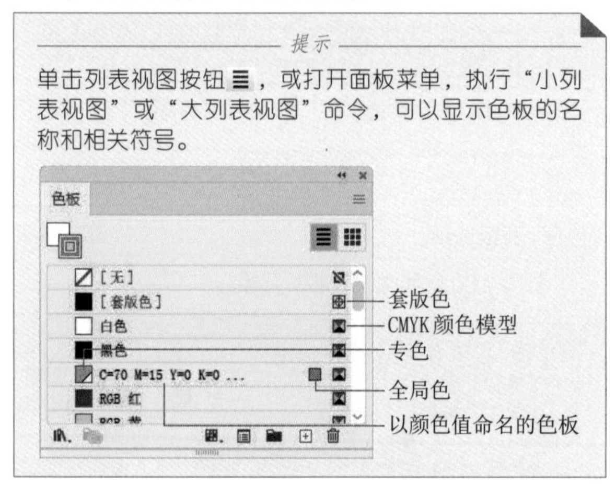

4.4.2 实例：创建色板

01 打开素材，如图4-101所示。在"颜色"面板中调整颜色，如图4-102所示。单击"色板"面板底部的按钮，打开"新建色板"对话框，默认状态下色板以颜色值命名（可对其进行修改），单击"确定"按钮，可将当前颜色创建为色板，如图4-103和图4-104所示。

02 使用选择工具单击图形，如图4-105所示，单击"色板"面板底部的按钮，可将其填色创建为色板，如图4-106所示。

图4-101

图4-102

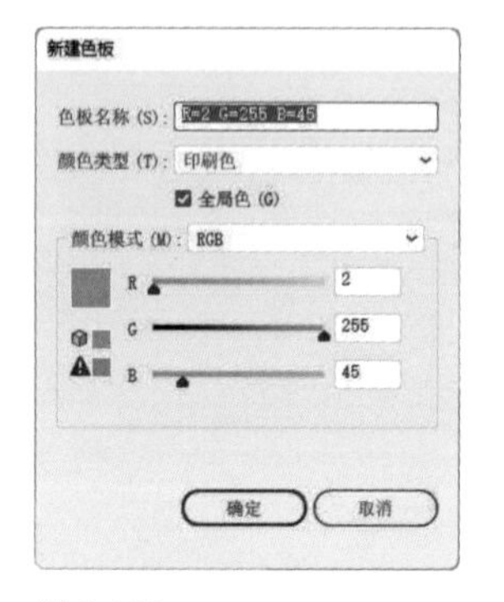

图4-103

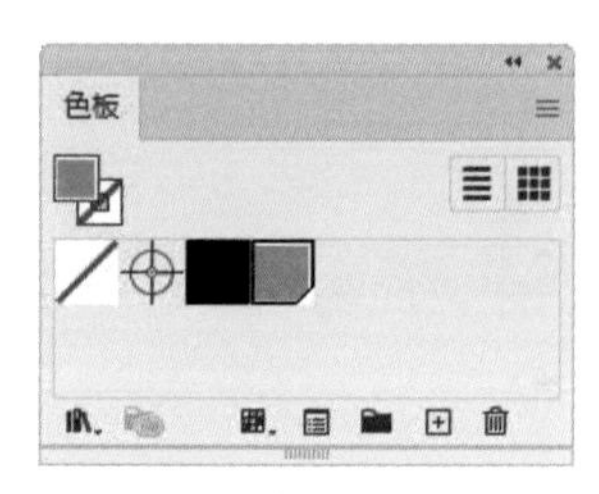

图4-104

图4-105

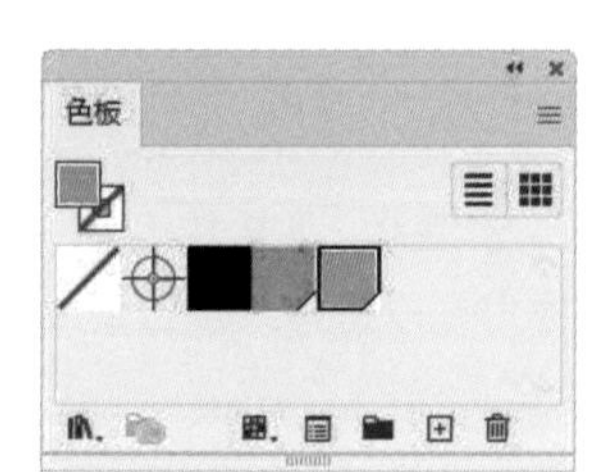

图4-106

03 在空白处单击，取消选择。打开"色板"面板菜单，执行"添加使用的颜色"命令，如图4-107所示，可将文档中使用的所有颜色、渐变和图案等全部创建为色板，如图4-108所示。

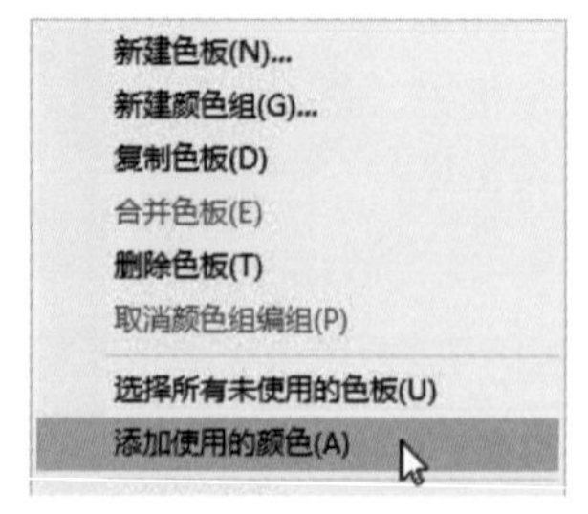

图4-107

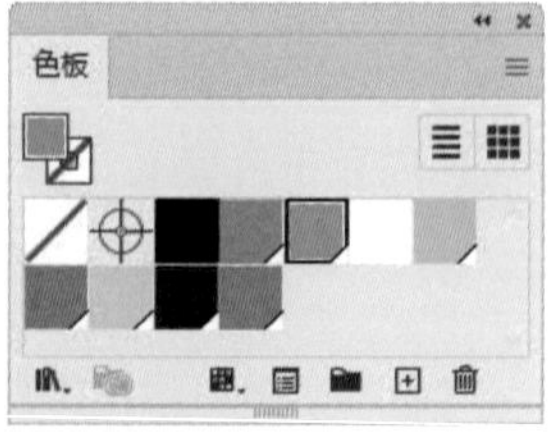

图4-108

4.4.3 创建和编辑颜色组

将相关颜色放在一个颜色组里，可以方便管理和使用。颜色组只能包含颜色（包括专色、印刷色和全局色），不能有渐变和图案。

按住Ctrl键，在“色板”面板中单击需要编组的色板，如图4-109所示，单击“新建颜色组”按钮，在打开的对话框中输入名称，如图4-110所示，单击“确定”按钮，可将所选色板移入一个颜色组中，如图4-111所示。拖曳颜色组中的色板，可重排其顺序；也可以将其他色板拖入颜色组中，或从组内拖出色板。

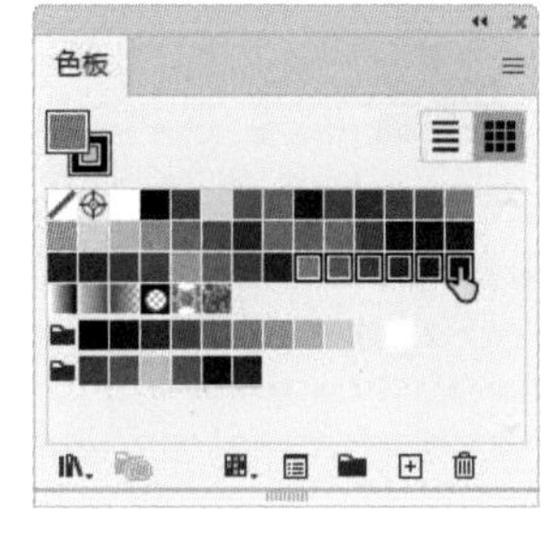

图4-109

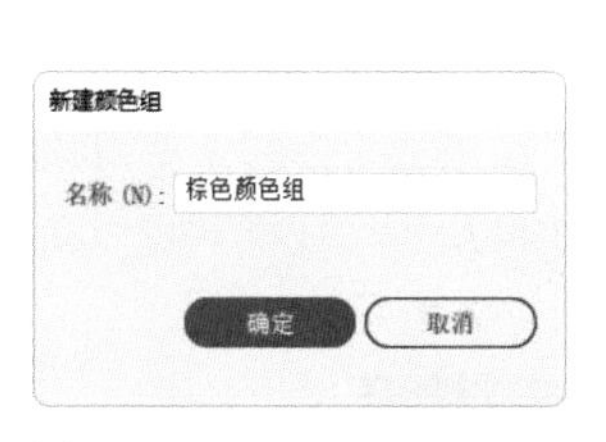

图4-110

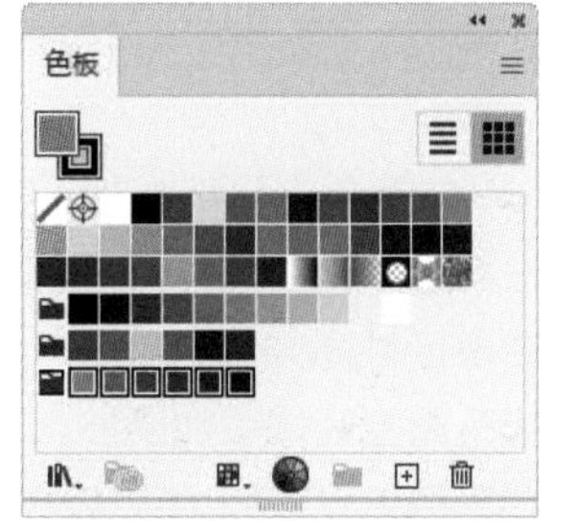

图4-111

双击一个色板，打开“色板选项”对话框，可以修改颜色、名称，也可勾选“全局色”复选框，将其转换为全局色。

交换图形及色板

使用选择工具选取图形，并拖曳到另一个文档中，或者按Ctrl+C快捷键复制，再粘贴到另一个文档中，则其所使用的色板都会添加到当前文档的“色板”面板中。

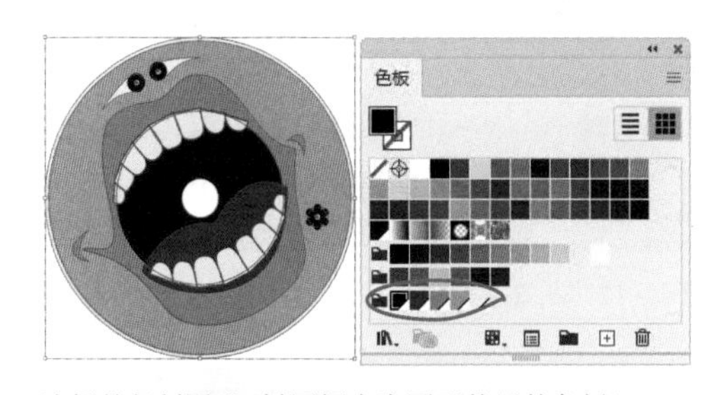

选择并复制图形（椭圆框内为图形使用的色板）

粘贴到另一文档中，色板也被粘贴进来

4.4.4　创建及加载色板库

Illustrator中的每个文档都有自己的色板，如果想让色板能被其他文档使用，需要将其创建为色板库。

操作时，首先选择多余的色板。非连续色板按住Ctrl键单击，连续的色板则先单击最前方的，如图4-112所示，之后按住Shift键单击最后方的，如图4-113所示，这样便可将中间的所有色板选取；单击“删除色板”按钮，将所选色板删除，如图4-114所示，剩下的就是要保存的色板；打开面板菜单，执行“将色板库存储为ASE”命令，如图4-115所示。打开“另存为”对话框，输入色板库的名称，并指定保存位置，单击“保存”按钮即可。

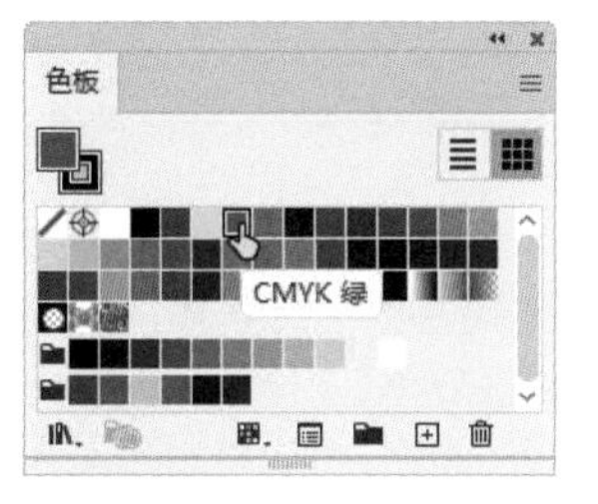

图4-112

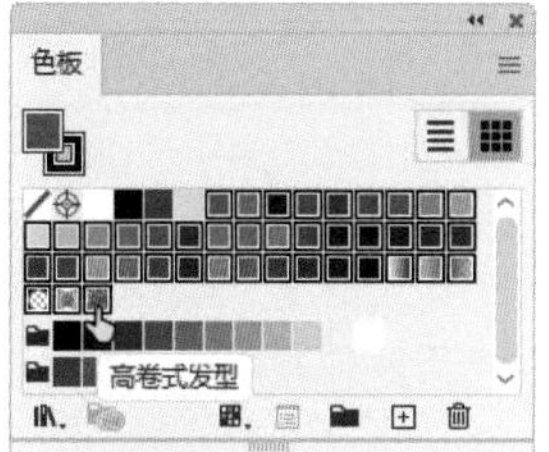

图4-113

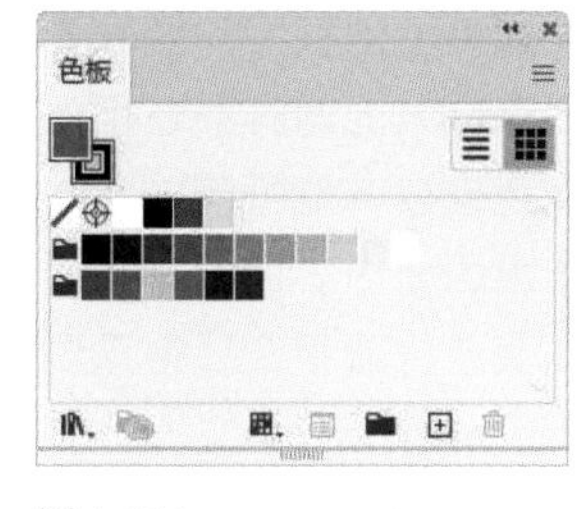

图4-114

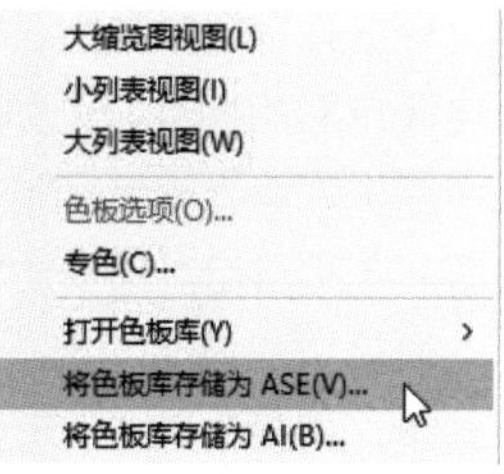

图4-115

提示

如果不修改保存位置，则存储之后，需要使用该色板库时，可以在“窗口”|“色板库”|“用户定义”子菜单中找到它。

需要加载该色板库时，可以执行“窗口”|“色板库”|“其他库”命令，打开“打开”对话框，将其选择，如图4-116所示，单击“打开”按钮，可在一个新的面板中将其打开，如图4-117所示。

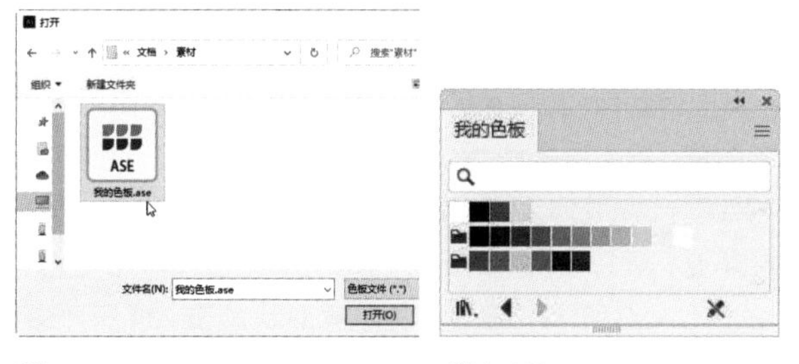

图4-116　图4-117

4.4.5 复制和删除色板

单击色板，将其选择，如图4-118所示（按住Ctrl键单击色板可选取多个色板），单击“新建色板”按钮⊞，可复制所选色板，如图4-119所示；单击“删除色板”按钮🗑，可删除所选色板。

如果想删除文档中所有未使用的色板，可以执行面板菜单中的“选择所有未使用的色板”命令，将其选取，之后单击🗑按钮。

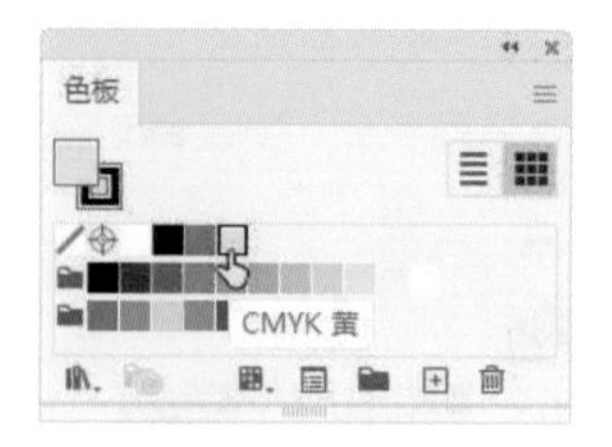

图4-118

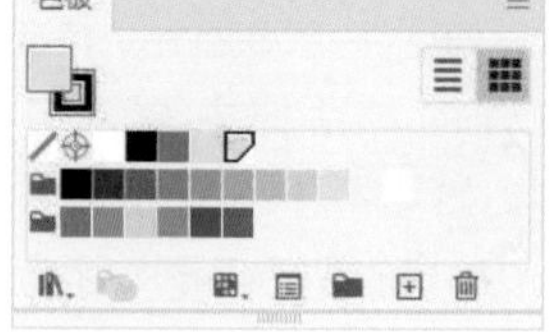

图4-119

4.5 使用渐变

渐变可用于填充对象及不透明度蒙版。使用渐变工具、“渐变”面板可以创建和编辑渐变，使用“颜色”“色板”面板等可修改渐变颜色。

4.5.1 渐变的3种样式

渐变是单一颜色的明度或饱和度逐渐变化，或者两种及多种颜色组成的平滑过渡效果（如彩虹）。由于其可以创建平滑的颜色过渡，在表现深度、空间感、光影，以及材质、质感和特效时经常使用。

渐变具有规则特点，能使人感觉到秩序和统一，是连接色彩的桥梁。例如，明度较大的两种颜色相邻时会产生冲突，在其间以渐变色连接，能抵消冲突，如图4-120所示。渐变也是丰富画面内容的要素，即使是很简洁的设计，用渐变作底色，就不会显得平淡和单调，如图4-121所示。

图4-120

图4-121

Illustrator中的渐变有3种样式，可在“渐变”面板中选取。第1种是线性渐变，其能让颜色从一点到另一点进行直线形混合，如图4-122所示；第2种是径向渐变，可以使颜色从一点到另一点进行环形混合，如图4-123所示；第3种是任意形状渐变，属于不规则渐变，即渐变滑块可以不规则分布。相比前两种渐变，其颜色变化更丰富，颜色的位置也可以自由调整。任意形状渐变包含两种模式，点模式可以在渐变滑块周围区域添加阴影，如图4-124所示；线模式可以在线条周围区域添加阴影，如图4-125所示。

线性渐变（控件及效果）

图4-122

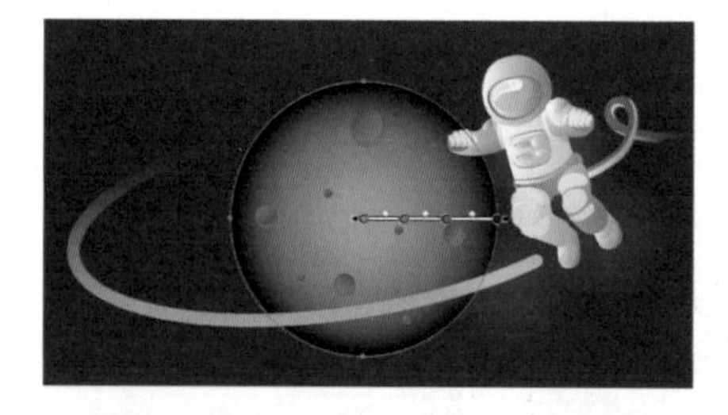

径向渐变（控件及效果）

图4-123

任意形状渐变（点模式控件及效果）

图4-124

任意形状渐变（线模式控件及效果）

图4-125

4.5.2 渐变面板

选择一个图形，如图4-126所示，单击工具面板底部的“渐变”按钮■，即可为其填充默认的黑白线性渐变，如图4-127和图4-128所示，同时打开“渐变”面板，如图4-129所示。

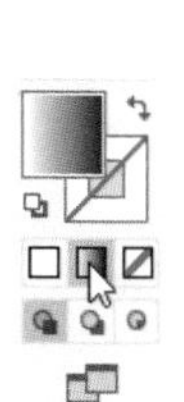

图4-126 图4-127 图4-128

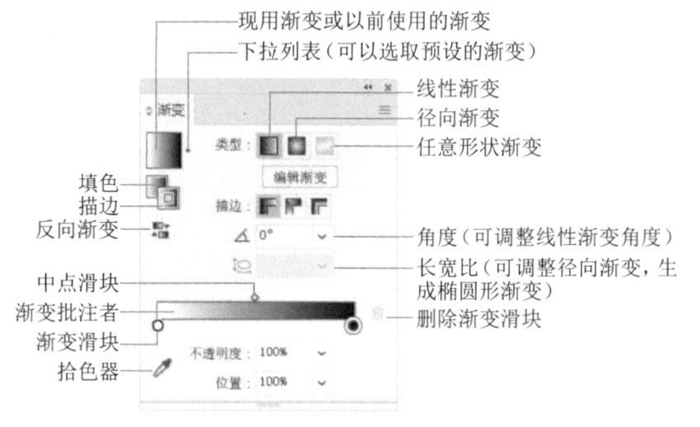

图4-129

- 现用渐变或以前使用的渐变：显示当前使用渐变的颜色或上一次使用的渐变。在其上方单击，可以用渐变填充所选对象。
- 下拉按钮▾：单击▾按钮打开下拉列表，其中包含预设的渐变供使用，如图4-130和图4-131所示。

图4-130 图4-131

- 填色/描边：单击填色或描边图标后，可在面板中对其填充的渐变进行编辑。
- 编辑渐变：选择对象后，单击该按钮，可编辑渐变滑块、颜色、角度、不透明度和位置。
- 反向渐变：反转渐变滑块顺序，即反转渐变中的颜色顺序，如图4-132和图4-133所示。

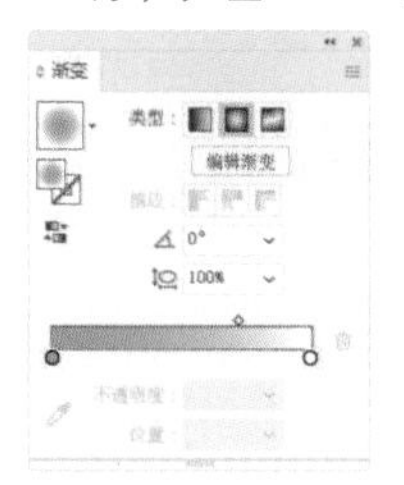

图4-132 图4-133

- 描边：将渐变应用于描边时可设置描边类型。

实用技巧 渐变描边技巧

任意形状渐变只能用于填色，线性渐变和径向渐变既可填色，也可描边。描边后，可单击“渐变”面板中的按钮调整描边位置，包括在描边中应用渐变▛、沿描边应用渐变▛、跨描边应用渐变▛。

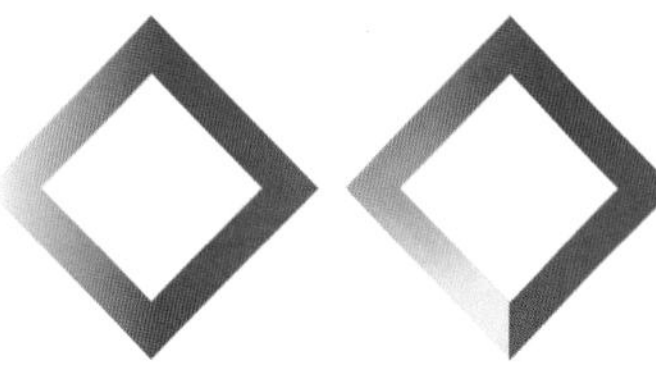

在描边中应用渐变▛ 沿描边应用渐变▛ 跨描边应用渐变▛

线性渐变的不同描边效果

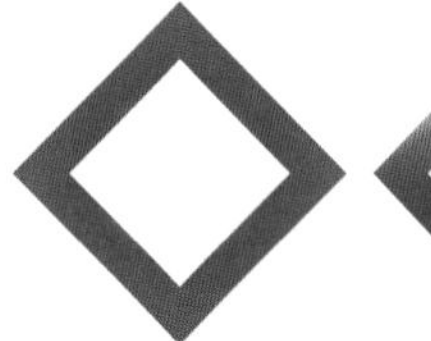

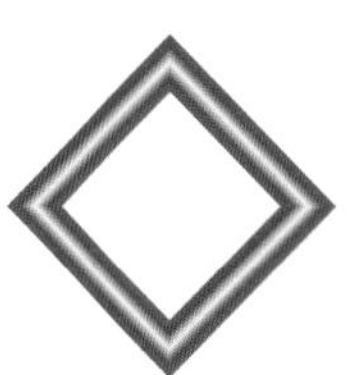

在描边中应用渐变▛ 沿描边应用渐变▛ 跨描边应用渐变▛

径向渐变的不同描边效果

- 角度：用来设置线性渐变的角度。
- 长宽比：填充径向渐变时，在该选项中输入数值，可创建椭圆渐变，如图4-134和图4-135所示。也可以修改椭圆渐变的角度来使其倾斜，如图4-136和图4-137所示。

图4-134 图4-135

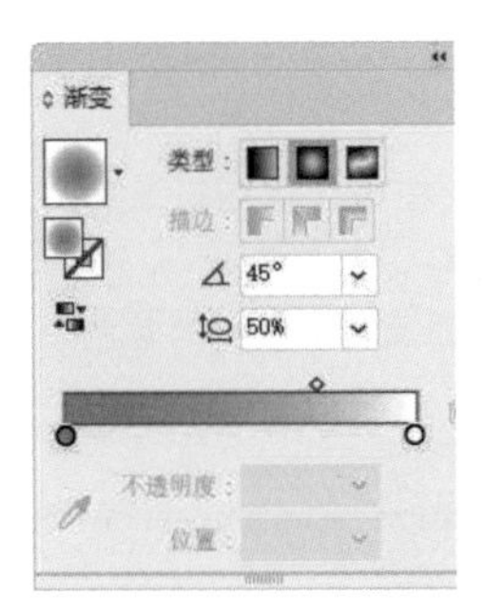

图4-136

图4-137

- 渐变批注者/渐变滑块/删除渐变滑块🗑：渐变批注者显示渐变颜色；渐变滑块用来修改渐变颜色及颜色位置。如果要删除一个渐变滑块，可单击，之后单击删除渐变滑块按钮🗑，或者直接将其拖出面板外。
- 中点滑块：拖曳中点滑块，可以调整该滑块两侧的渐变颜色的位置。
- 位置：可以调整中点滑块或渐变滑块的位置。
- 拾色器✎：可拾取图稿中的颜色作为渐变滑块颜色。
- 不透明度：单击一个渐变滑块，调整其不透明度值，可以使颜色呈现透明效果，使后方的对象显现出来，如图4-138和图4-139所示。

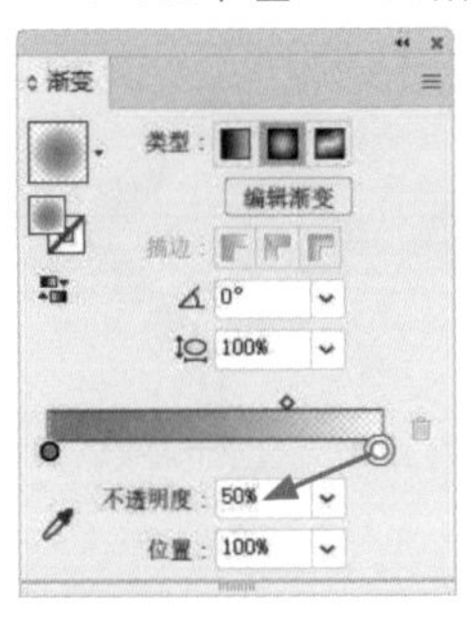

图4-138

图4-139

4.5.3 实例：创建和修改渐变

01 打开素材。使用选择工具▶单击圆形，将其选取，如图4-140所示。在工具栏中将填色设置为当前编辑状态，单击■按钮，填充渐变，如图4-141和图4-142所示。

图4-140

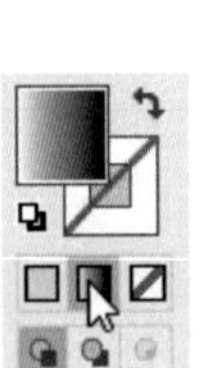

图4-141

图4-142

02 单击一个渐变滑块，将其选择，如图4-143所示。此时可通过两种方法调整颜色，包括拖曳“颜色”面板中的滑块，如图4-144和图4-145所示，或者按住Alt键单击“色板”面板中的一个色板，如图4-146所示。未选择滑块时，将一个色板拖曳到滑块上，便可修改其颜色，如图4-147和图4-148所示。

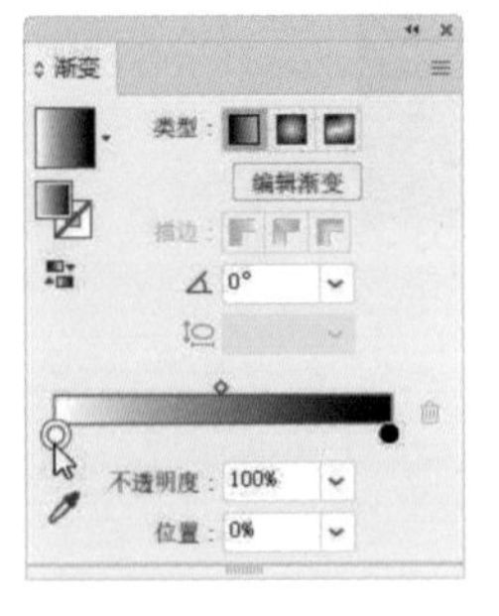

图4-143

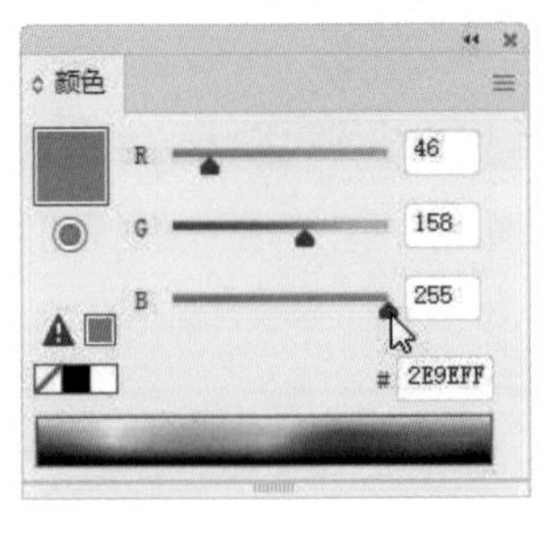

图4-144

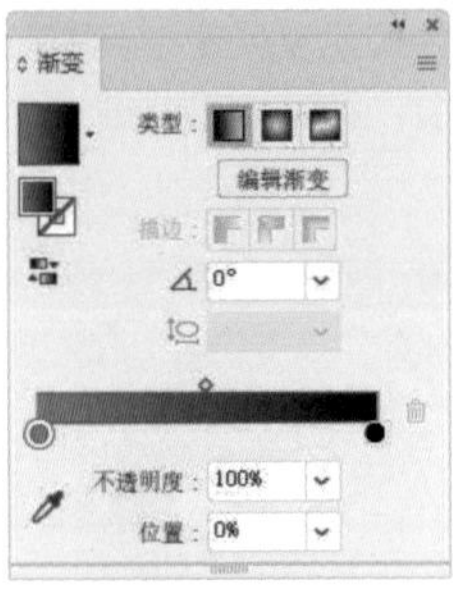

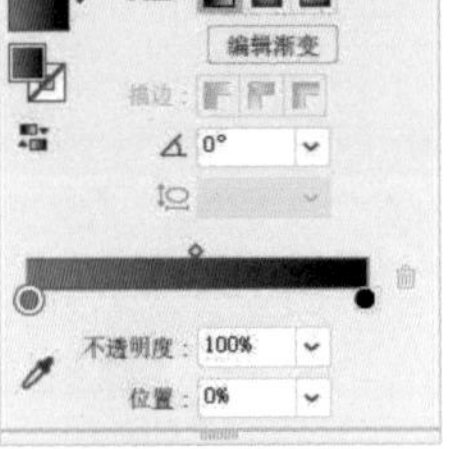

图4-145

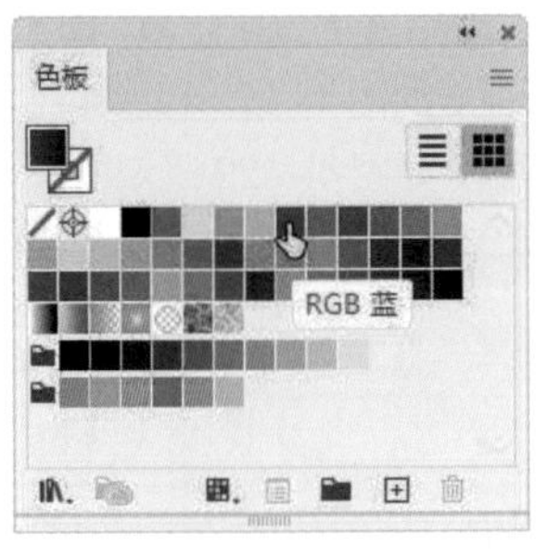

图4-146

图4-147

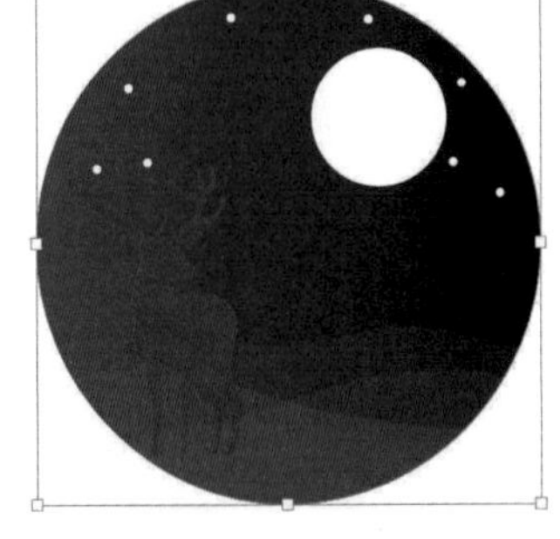

图4-148

03 双击一个渐变滑块，如图4-149所示，打开“颜色”下拉面板，单击其中的▦按钮，可切换为“色板”下拉面板。在这两个下拉面板中也可以修改颜色，如图4-150和图4-151所示。

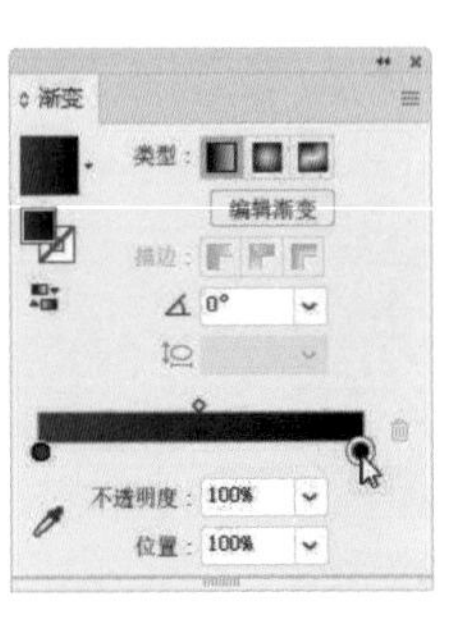

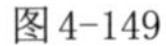

图4-149

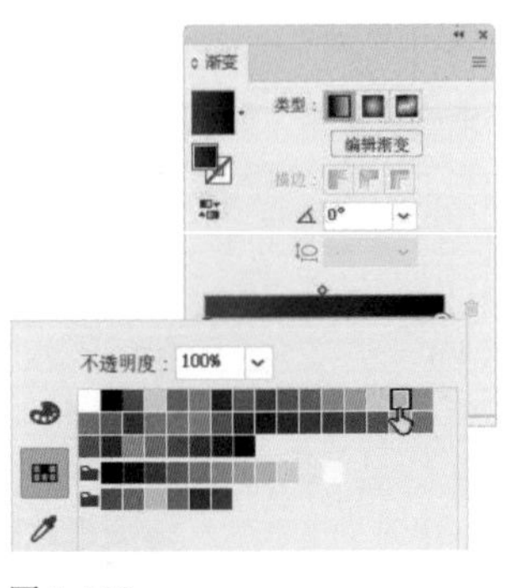

图4-150

图4-151

04 “渐变”面板及下拉面板中都有拾色器工具。单击该工具，之后在图稿上单击，可以拾取颜色并作为渐变中的颜色，如图4-152和图4-153所示。

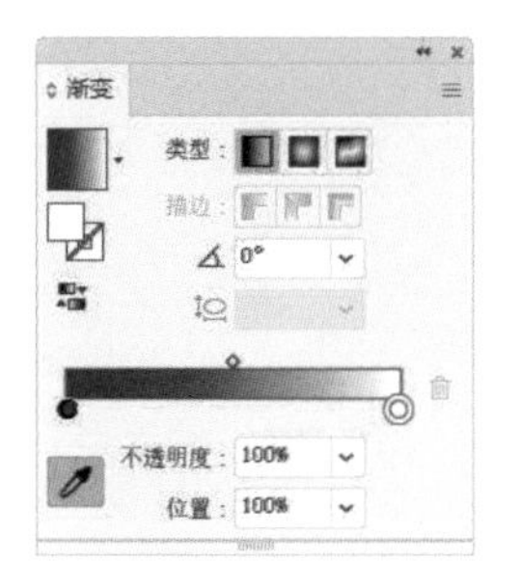

图4-152

图4-153

4.5.4　实例：编辑渐变滑块

拖曳渐变滑块，可以调整颜色的混合位置。增加渐变滑块，可让渐变的颜色更加丰富。如果渐变滑块较多，在选取时很容易造成其移动。遇到这种情况，可以拖曳面板右下角，将面板拉宽，增大渐变滑块的间距，如图4–154所示。

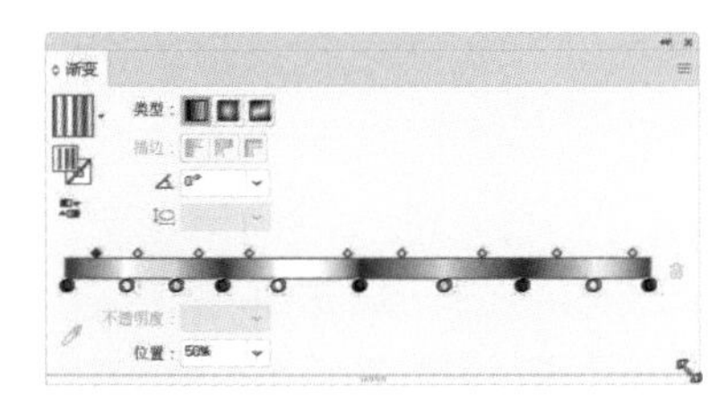

图4-154

01 在渐变批注者下方单击，可以添加渐变滑块，如图4-155所示。将一个色板拖曳到渐变批注者下方，也可添加渐变滑块，如图4-156所示。

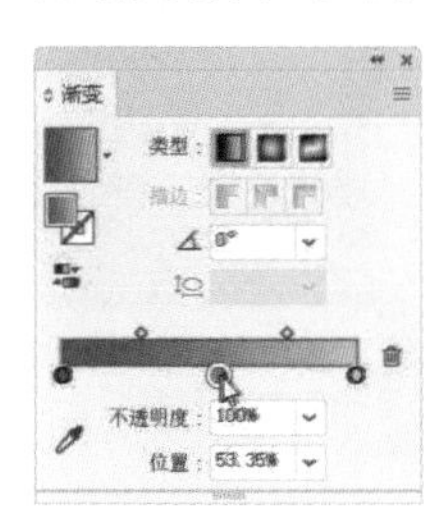

图4-155

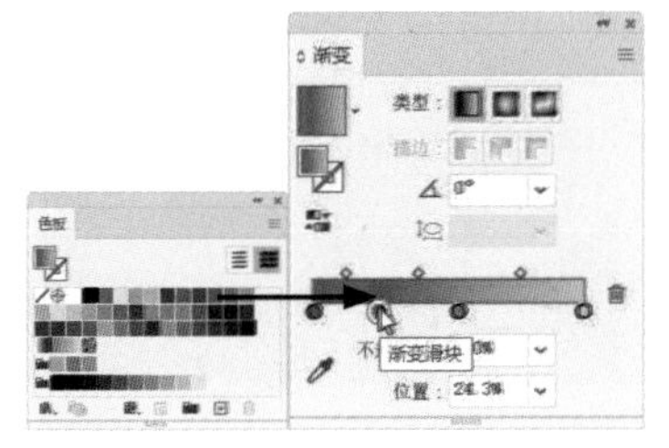

图4-156

02 如果要减少颜色，可单击一个渐变滑块，如图4-157所示，然后单击按钮，如图4-158所示；或者直接将其拖曳到面板外。

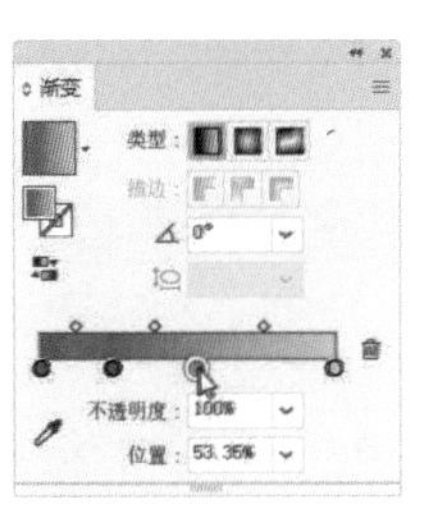

图4-157

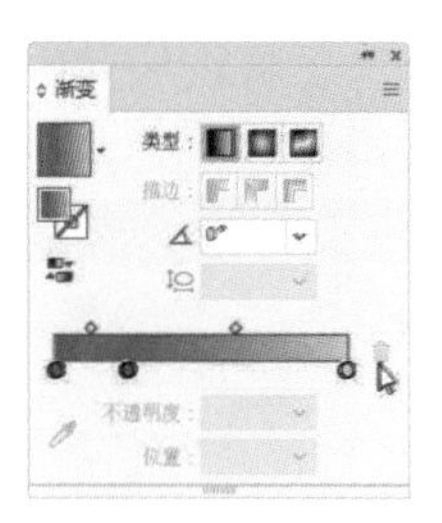

图4-158

03 按住Alt键拖曳一个渐变滑块，可将其复制，如图4-159所示。按住Alt键并将一个渐变滑块拖曳到另一个渐变滑块上，可交换二者的位置，如图4-160所示。

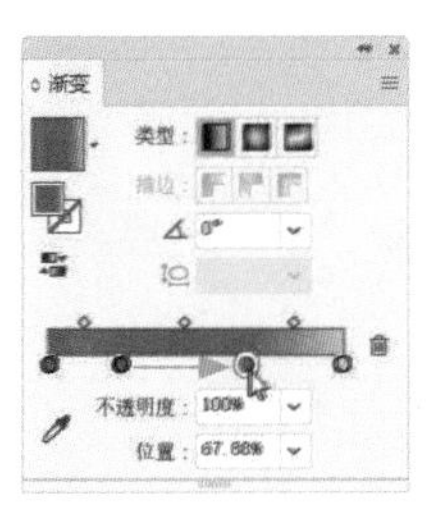

图4-159

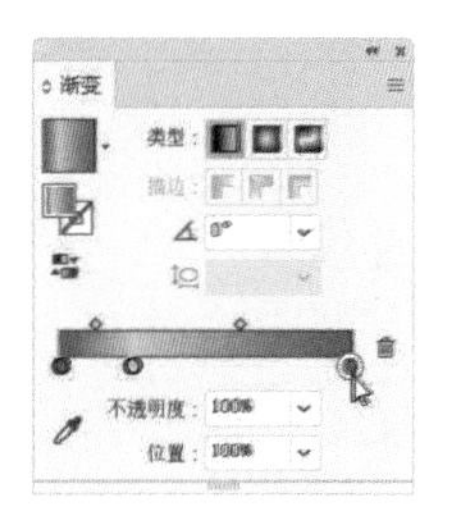

图4-160

04 拖曳渐变滑块可以调整颜色的混合位置，如图4-161所示。拖曳渐变滑块上方的中点滑块，可改变其两侧渐变滑块颜色的混合位置，如图4-162所示。

图4-161

图4-162

将渐变保存为色板

单击“色板”面板底部的按钮，可以将渐变保存到“色板”面板。以后需要使用时，可通过该面板来直接应用。

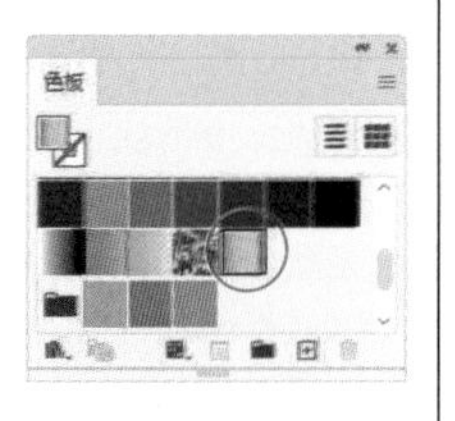

4.5.5　编辑线性渐变

单击“渐变”面板中的按钮，可以将渐变类型设置为线性渐变，即颜色从一点到另一点进行直线形混合。填充线性渐变（包括径向渐变）后，当选择渐变工具■时，画板上的对象会显示渐变批注者，其组件包含滑块（用于定义渐变的起点和终点）和中点，起点和终点处还各有一个渐变滑块。调整这些组件，可以修改渐变的角度、位置和范围，如图4-163所示。

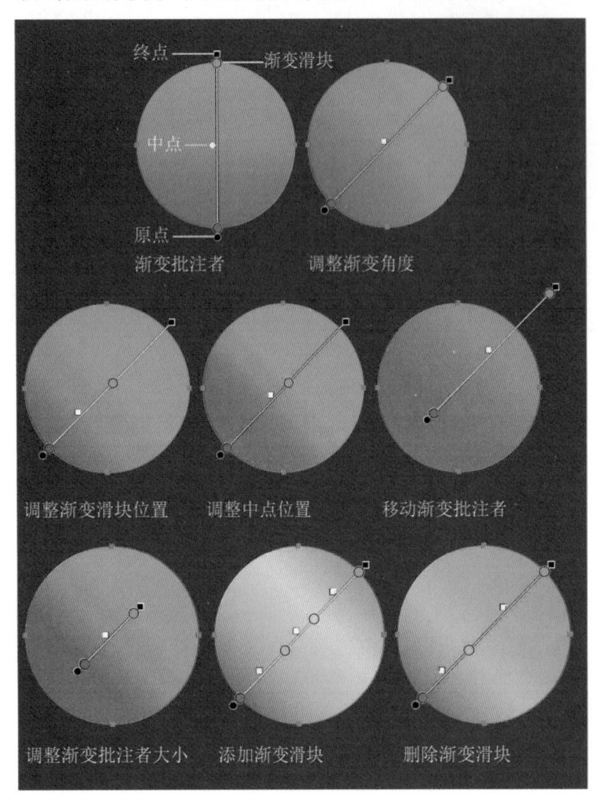

图4-163

- 调整渐变位置、起止点和方向：使用渐变工具■在图形上拖曳光标，可以调整渐变的位置、起止点和方向。按住Shift键操作，可以将渐变方向设置为水平、垂直或45°的整数倍。
- 移动渐变、调整渐变范围：在渐变批注者中，圆形图标是渐变的原点，拖曳原点可以水平移动渐变。拖曳方形（终点）图标，可以调整渐变范围。
- 旋转渐变：在终点图标旁边，当光标变为↻状时进行拖曳，可以旋转渐变。
- 编辑渐变滑块：双击渐变滑块，打开下拉面板，可以对颜色和不透明度进行修改。在渐变批注者下方单击（光标变为状▷₊），可以添加渐变滑块。拖曳渐变滑块和中点，可以调整颜色位置。如果要删除渐变滑块，将其拖出渐变批注者即可。

4.5.6 编辑径向渐变

单击“渐变”面板中的■按钮，可以将渐变类型设置为径向渐变。在径向渐变中，最左侧的渐变滑块定义了颜色填充的中心点，并呈辐射状向外逐渐过渡，直至最右侧的渐变滑块颜色。调整渐变批注者上的控件，可以修改径向渐变的中点、原点和范围，如图4-164所示。

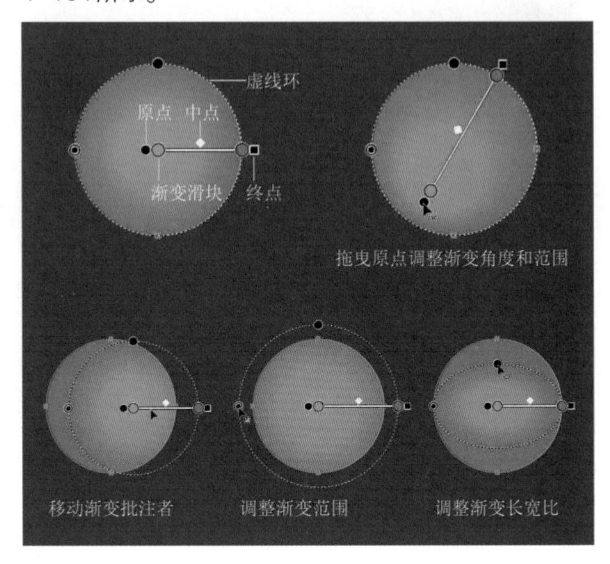

图4-164

- 移动渐变：将光标放在渐变批注者上进行拖曳，可将其移动。
- 调整渐变范围：拖曳虚线环上的双圆图标，可以调整渐变范围。
- 调整长宽比：拖曳虚线环上的圆形图标，调整渐变的长宽比，可以得到椭圆形渐变。拖曳左侧的原点图标，可同时调整渐变的角度和范围。
- 旋转椭圆形渐变：创建椭圆形渐变后，将光标移动到终点图标旁边，当光标变为↻状时进行拖曳，可以旋转渐变。

4.5.7 编辑任意形状渐变（点模式）

单击“渐变”面板中的■按钮，填充任意形状渐变，之后在“绘制”选项组中选择“点”选项，图形上会自动添加渐变滑块，并在其周围区域添加阴影，如图4-165所示。

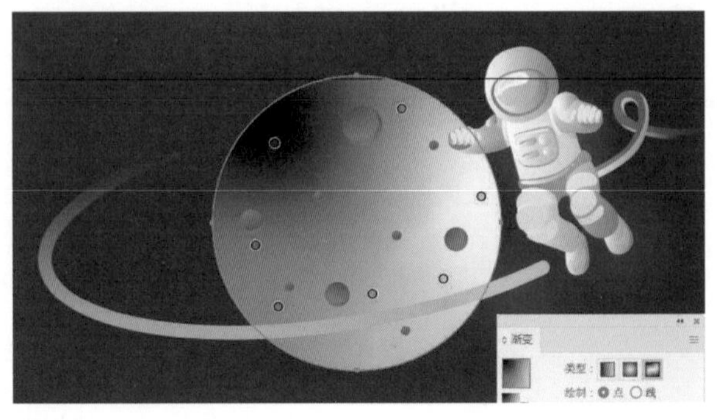

图4-165

任意形状渐变没有渐变批注者，因此，可以将渐变滑块拖曳到对象的任何位置上，即颜色的位置可以自由调整。但要注意，渐变滑块不能离开图形，否则会被删除。

4.5.8　编辑任意形状渐变（线模式）

线模式有一条类似于路径的曲线将渐变滑块连接起来。其优点在于颜色的"走向"更加流畅，过渡效果也非常顺滑。缺点是不能调整渐变的扩展范围，在这方面线模式不如点模式灵活。

单击"渐变"面板中的■按钮，并在"绘制"选项组中选择"线"选项，可以创建线模式任意形状渐变。

在对象的各处位置单击，可添加渐变滑块，同时会生成一条线，将这些渐变滑块连接，并在线条周围区域添加阴影，因此，颜色的过渡非常顺畅，如图4-166所示。在这条线上单击，可以添加渐变滑块；拖曳渐变滑块，可以移动其位置；单击一个渐变滑块，之后按Delete键，可将其删除。

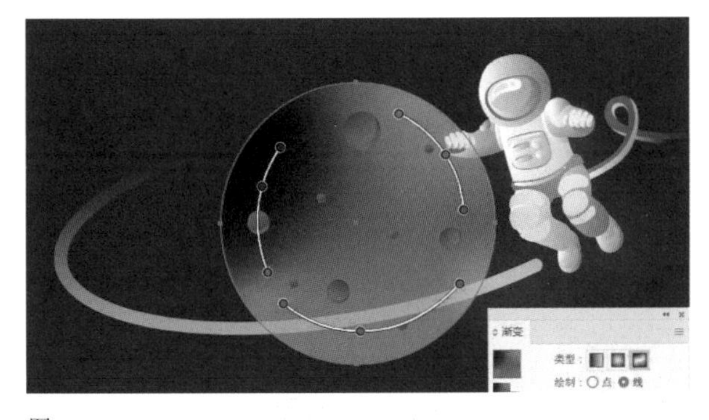

图4-166

实用技巧　多图形填充同一渐变

选取多个图形后，单击"色板"面板中的渐变色板，可以为每一个图形填充此渐变。如果再选择渐变工具■，在这些图形上方拖曳光标，则这些图形将作为一个整体应用渐变，即它们共用一个渐变批注者。

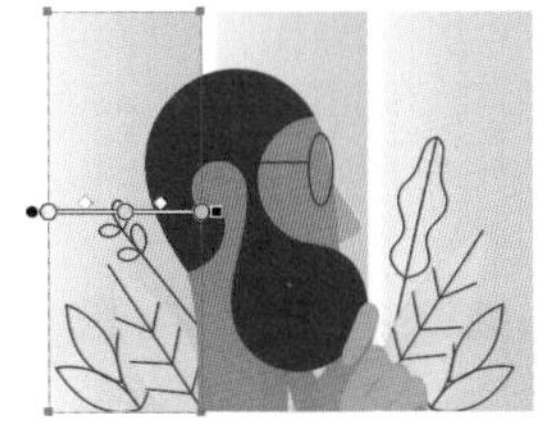

每个图形都被填充渐变

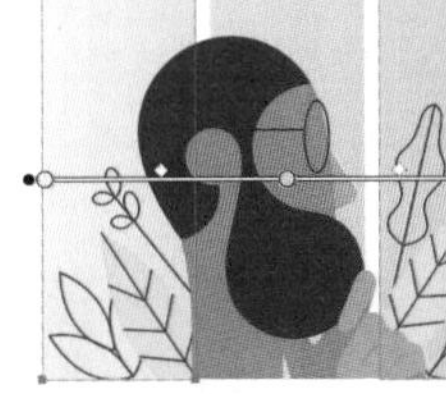

用渐变工具修改后的效果

实用技巧　将渐变扩展为图形

选择填充了渐变的对象，执行"对象"|"扩展"命令，打开"扩展"对话框，勾选"填充"复选框，并在"指定"文本框中输入数值（例如，想要扩展出20个图形，就输入20，一般情况下，该值不能低于渐变滑块的数量，想要多一些图形，可提高数值），单击"确定"按钮，即可将渐变扩展。扩展出的图形会编为一组，并通过剪切蒙版控制显示范围。

选择渐变图形

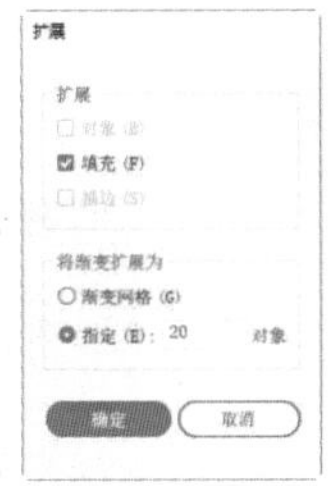

"扩展"对话框

将渐变扩展为图形

4.5.9　实例：彩色曼陀罗

Illustrator中预设了大量渐变库，包含各种常用的渐变颜色，如天空、水、肤色、金属等。此外，用户还可以加载外部或其他文档中的渐变（具体操作方法见27页）。

01 按Ctrl+N快捷键创建一个RGB模式的文档。使用矩形工具■创建一个与画板大小相同的矩形，填充黑色并按Ctrl+2快捷键锁定。选择椭圆工具●，在画板上单击，打开"椭圆"对话框，参数设置如图4-167所示，单击"确定"按钮，创建一个圆形，设置描边为13pt，无填色，如图4-168所示。

图4-167

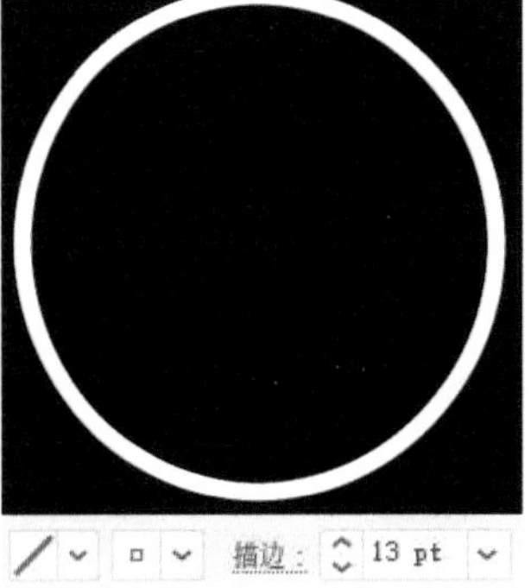

图4-168

02 在"描边"面板中勾选"虚线"复选框，调整"虚线"和"间隙"参数，使用虚线描边，如图4-169和图4-170所示。单击"圆头端点"按钮■，让虚线变成圆点，如图4-171和图4-172所示。

图4-169

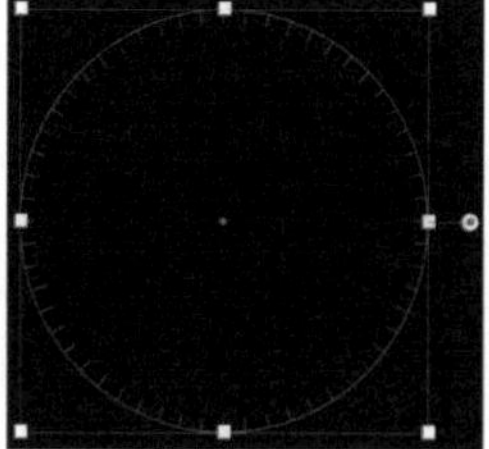

图4-170

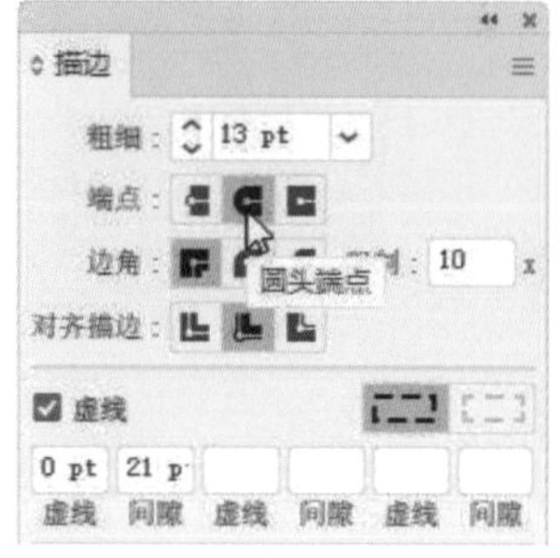

图4-171

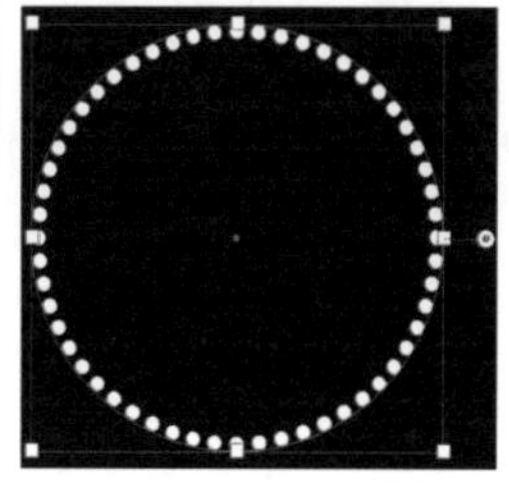

图4-172

03 在“控制”面板中选取一个宽度配置文件，改变虚线描边的粗细，让圆形由大逐渐变小，如图4-173所示。

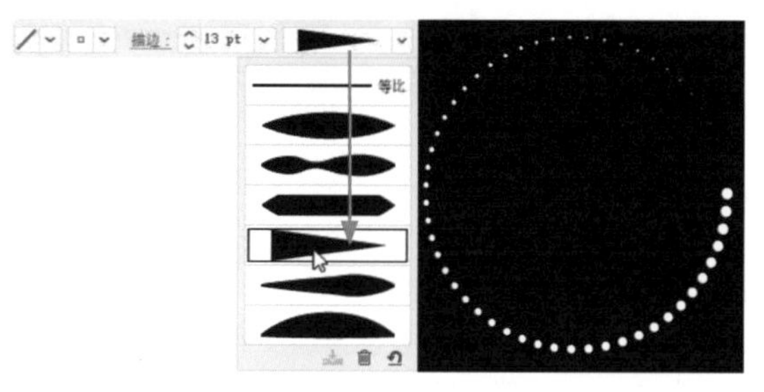

图4-173

04 执行“效果”|“扭曲和变换”|“变换”命令，打开“变换效果”对话框，设置“副本”为31，对图形进行复制；将“缩放”参数设置为95%，这表示每复制出一个圆形，其大小都是上一个圆形的95%；将“角度”设置为16°，让圆形呈螺旋形旋转，如图4-174所示。单击“确定”按钮，为圆形添加该效果，如图4-175所示。

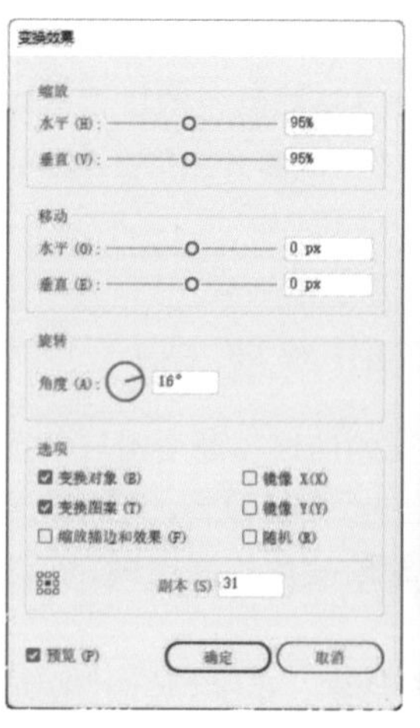

图4-174

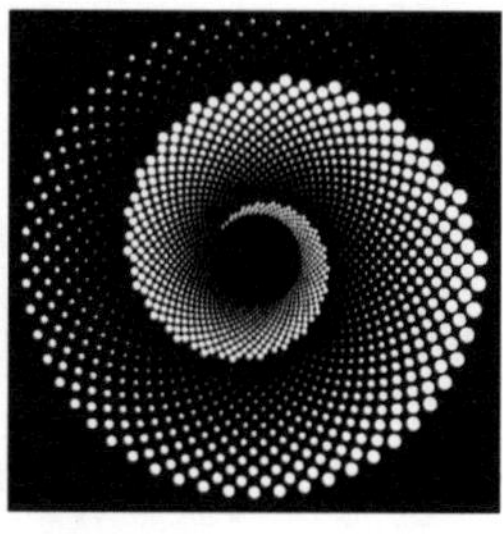

图4-175

05 执行“窗口”|“色板库”|“渐变”|“色彩调和”命令，打开“色彩调和”面板。在工具栏中将描边设置为当前状态，如图4-176所示，单击图4-177所示的渐变来进行描边，如图4-178所示。

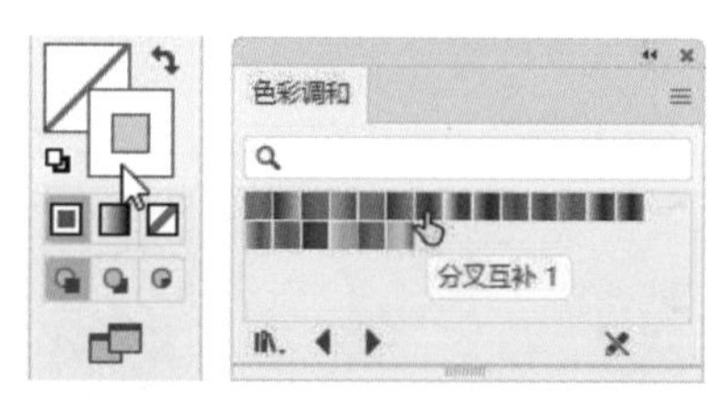

图4-176　图4-177

图4-178

4.6 进阶实例：马赛克字

01 选择文字工具 T，在画板上单击并输入位置，如图4-179所示。如果没有该字体，可以打开素材进行操作。

02 使用选择工具 ▶ 单击文字，执行“对象”|“栅格化”命令，打开“栅格化”对话框。在“背景”选项组中选中“透明”单选按钮，其他参数设置如图4-180所示，单击“确定”按钮，将图形转换为图像。

图4-179

图4-180

03 执行“对象”|“创建对象马赛克”命令，打开“创建对象马赛克”对话框。在“拼贴数量”选项组中设置“宽度”为85，“高度”为24。勾选“删除栅格”复选框（即删除原图像），如图4-181所示。单击“确定”按钮，基于当前图像生成矢量的马赛克拼贴状图形，如图4-182所示。

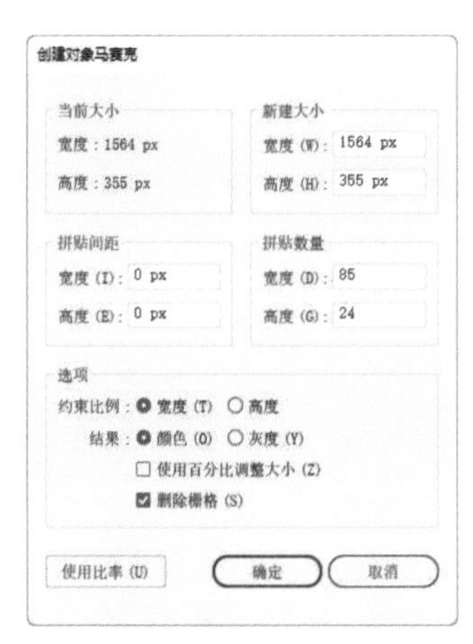

图4-181　　图4-182

04 按住Ctrl键在空白处单击，取消选择。双击魔棒工具，打开“魔棒”面板，设置“容差”为10，如图4-183所示，将光标移动到靠近文字的背景上，如图4-184所示，单击，将白色图形选取，如图4-185所示，按Delete键删除。

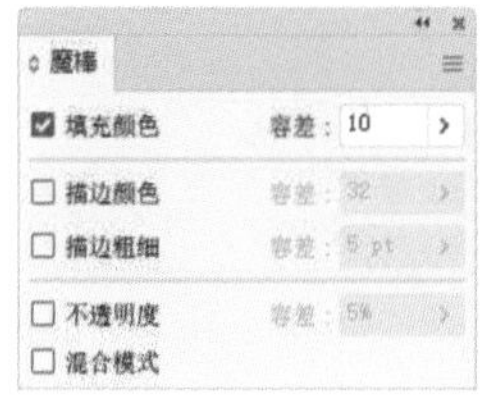

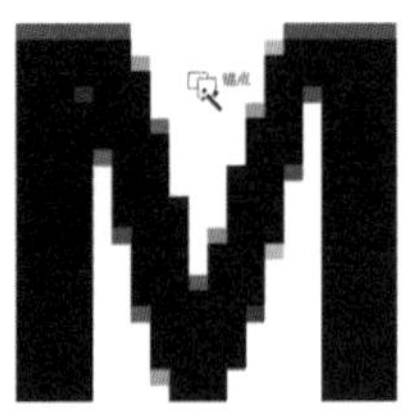

图4-183　　图4-184

图4-185

05 使用选择工具选取文字图形，单击工具栏中的按钮，填充渐变，如图4-186和图4-187所示。

图4-186　　图4-187

06 当前是为每一个马赛克块填充一个渐变。选择渐变工具，将光标移到文字的左上端，按住Shift键向右拖曳光标，为整个文字重新填充渐变，如图4-188所示。修改渐变颜色，如图4-189所示，设置描边颜色为黑色，粗细为1.5 pt，如图4-190所示。

图4-188

图4-189　　图4-190

07 创建矩形，填充黑色，按Shift+Ctrl+[快捷键移至底层作为背景，如图4-191所示。

图4-191

提示

如果想用“创建对象马赛克”命令将图像转换为马赛克图形，则必须将图像嵌入文档，链接的图像不能进行此操作。

4.7 进阶实例：金属铬LOGO

01 按Ctrl+O快捷键打开素材，如图4-192所示。使用选择工具单击文字，将其选取。

图4-192

02 执行“窗口”|“色板库”|“渐变”|“金属”命令，打开“金属”面板。将填色设置为当前编辑状态，如图4-193所示，单击图4-194所示的渐变，填充文字，如图4-195所示。

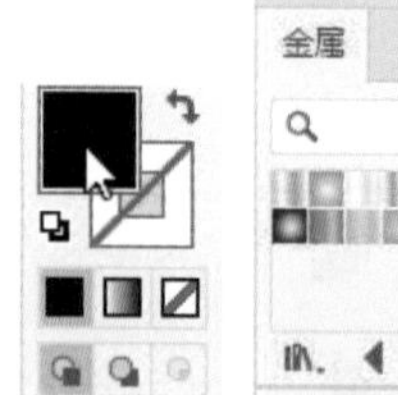
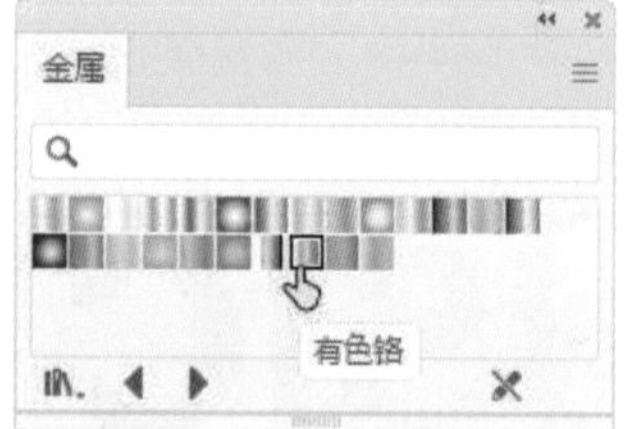

图4-193　图4-194

图4-195

03 在“渐变”面板中设置渐变颜色的角度为-90°，如图4-196和图4-197所示。

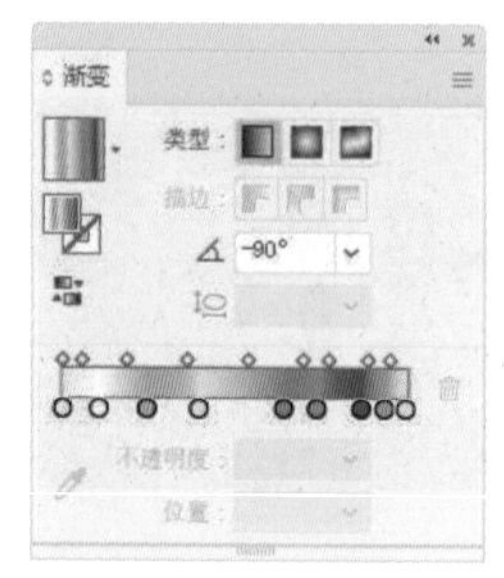

图4-196　图4-197

04 将描边设置为当前编辑状态，如图4-198所示。单击图4-199所示的渐变，用其为路径描边，设置描边粗细为2pt，如图4-200所示。

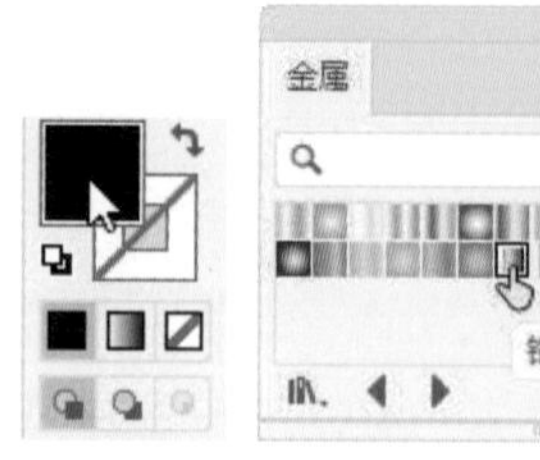

图4-198　图4-199

图4-200

05 保持文字的被选取状态，执行“效果”|“风格化”|“投影”命令，为文字添加投影，如图4-201和图4-202所示。

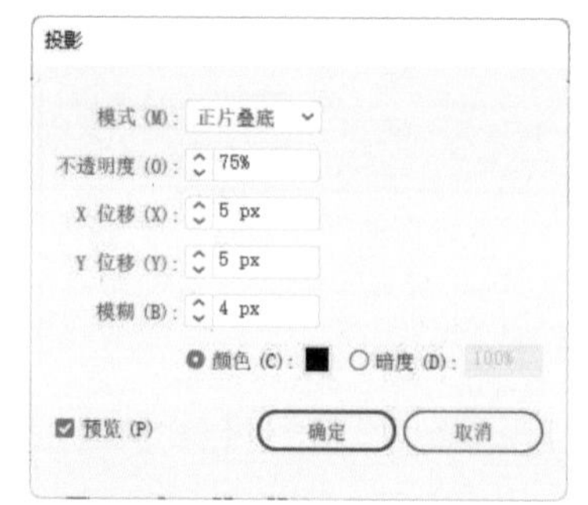

图4-201

图4-202

06 执行“窗口”|“画笔库”|“装饰”|“装饰_横幅和封条”命令，打开“装饰_横幅和封条”面板。将图4-203所示的画笔拖曳到画板上。

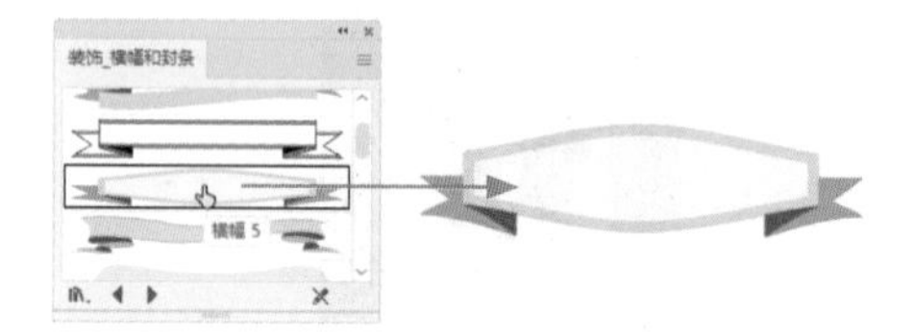

图4-203

07 单击该画笔，将其选取，将光标放在定界框右上角的控制点上，如图4-204所示，按住Shift键拖曳光标，将画笔放大；之后拖曳到文字上方，按Ctrl+[快捷键移至底层，如图4-205所示。

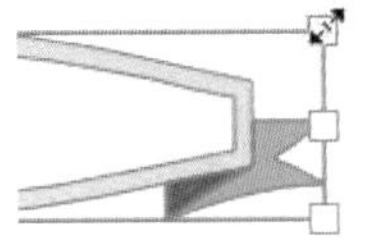

图4-204 图4-205

08 单击文字所在组的眼睛图标，如图4-206所示，将文字隐藏。双击魔棒工具，打开“魔棒”面板，设置“容差”为100，如图4-207所示。在浅绿色图形上方单击，将绿色图形全部选取，如图4-208所示。

图4-206 图4-207

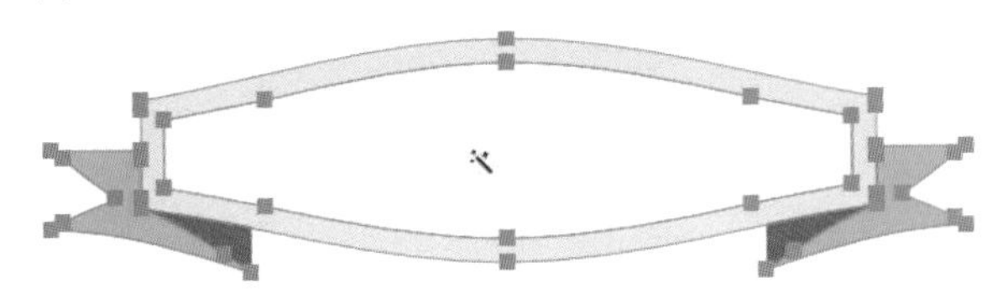

图4-208

09 将填色设置为当前编辑状态，如图4-209所示。单击“金属”面板中的按钮，切换到“大地色调”面板。单击图4-210所示的渐变，填充图形。

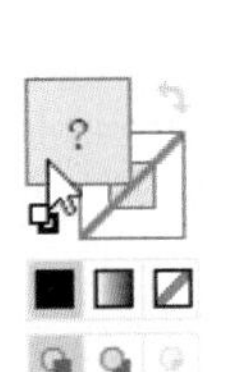

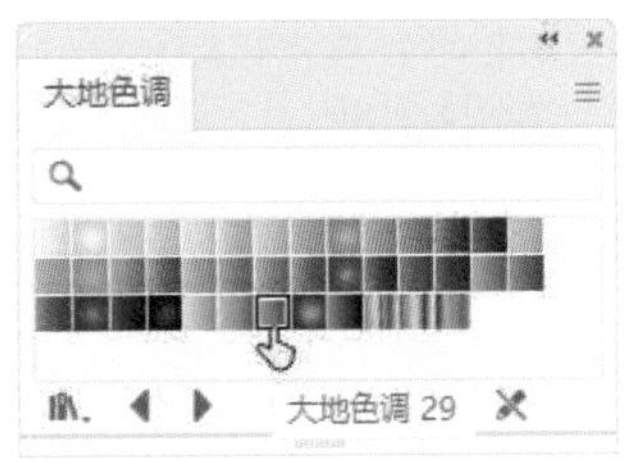

图4-209 图4-210

10 使用编组选择工具单击图4-211所示的图形，在“控制”面板中设置描边颜色为白色，“不透明度”为40%，如图4-212所示。

图4-211

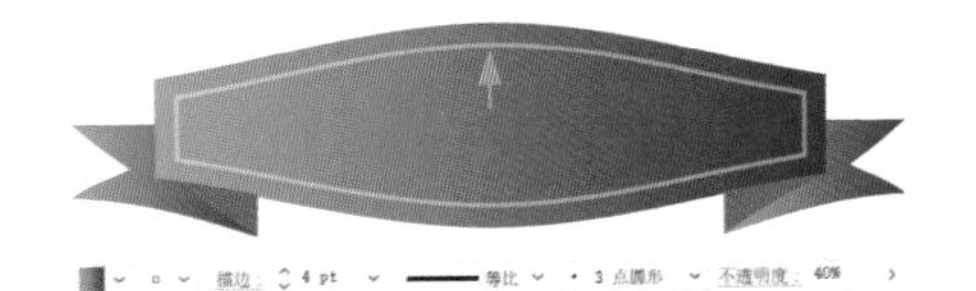

图4-212

11 执行“对象”|“显示全部”命令，将文字显示出来，如图4-213所示。

图4-213

4.8 进阶实例：纸张折痕字

01 打开“字符”面板，设置字体为“Impact”，其他参数设置如图4-214所示。使用文字工具在画板中单击并输入文字，如图4-215所示。

02 使用矩形工具创建一个矩形，填充浅粉色，按Ctrl+[快捷键移至底层作为背景，按Ctrl+2快捷键锁定，如图4-216所示。单击“图层”面板底部的按钮，新建一个图层，如图4-217所示。

图4-214 图4-215 图4-216 图4-217

03 绘制一个细长的矩形，填充径向渐变。单击左侧的滑块，调整颜色，如图4-218所示。设置滑块的不透明度为80%，如图4-219所示。右侧滑块设置同样的颜色，不透明度调整为0%，如图4-220所示，使渐变呈现由中心向外逐渐消失的效果，如图4-221所示。

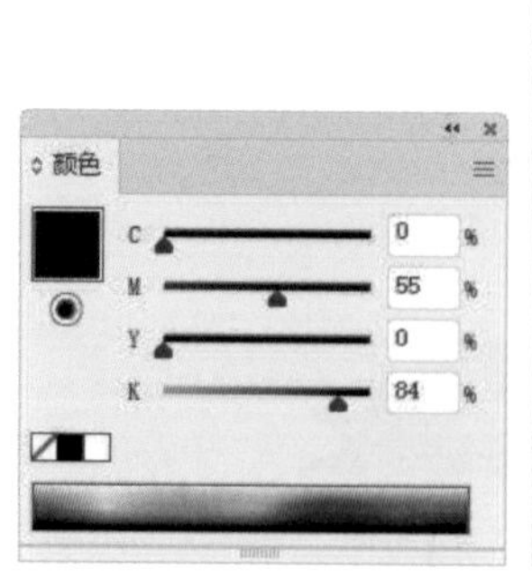

图4-218

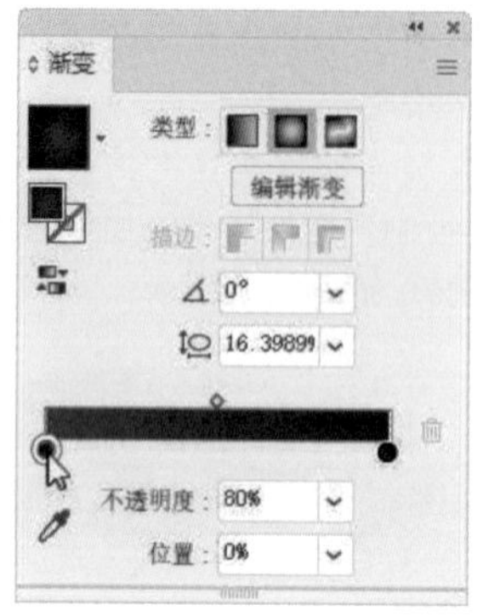

图4-219

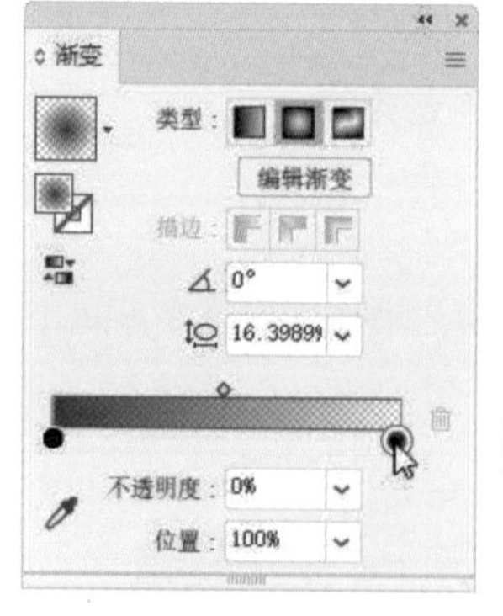

图4-220

图4-221

04 选择渐变工具，将光标放在渐变颜色上方，显示渐变批注者，如图4-222所示；将其向上拖曳并调整大小，改变渐变效果，如图4-223所示。

图4-222

图4-223

05 使用选择工具按住Alt键向下拖曳渐变图形，进行复制，制作出纸张折痕，如图4-224和图4-225所示。

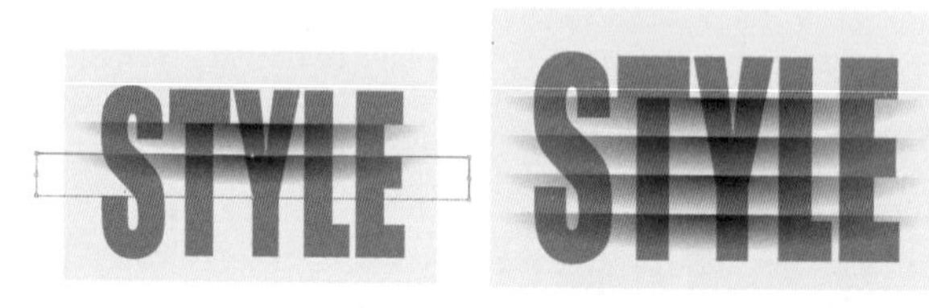

图4-224　　图4-225

06 新建一个图层，将其拖曳到“图层2”下方。分别在“图层1”与“图层2”眼睛图标右侧的方块中单击，将这两个图层锁定，如图4-226所示。绘制一个矩形，如图4-227所示，在其上方绘制一个稍大一点的圆形，如图4-228所示。

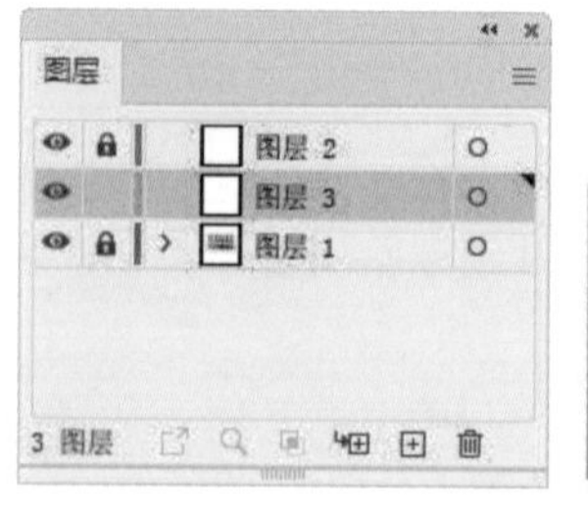

图4-226

图4-227　　图4-228

07 按住Alt键将圆形向下拖曳，进行复制，如图4-229所示。选取这3个图形，如图4-230所示，单击“路径查找器”面板中的“减去顶层”按钮，如图4-231所示，制作出图4-232所示的图形。

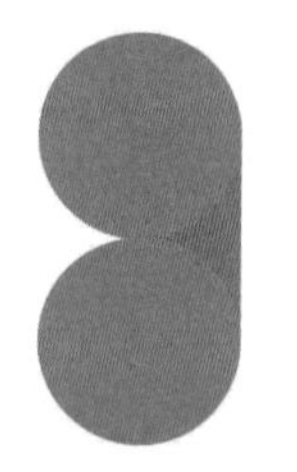
图4-229

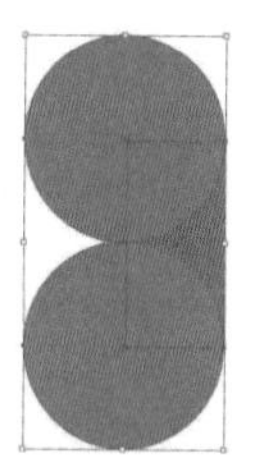
图4-230

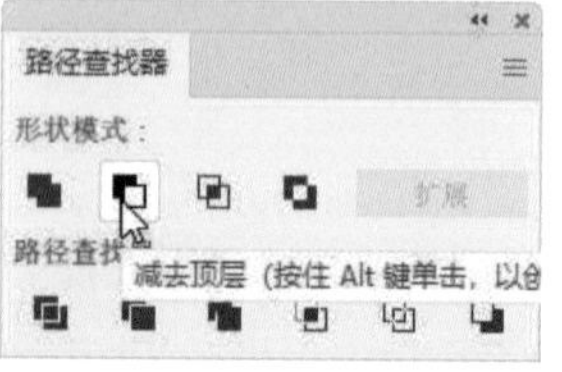

图4-231

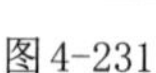
图4-232

08 使用选择工具将图形移动到文字边缘，作为笔画的延展（让图形的尖角与纸张折痕对齐），如图4-233所示。制作另一侧笔画延展效果时，可以按住Alt键拖曳尖角图形进行复制，再将光标放在图形的定界框外，按住Shift键拖曳，将图形旋转180°，使尖角向外，如图4-234所示。

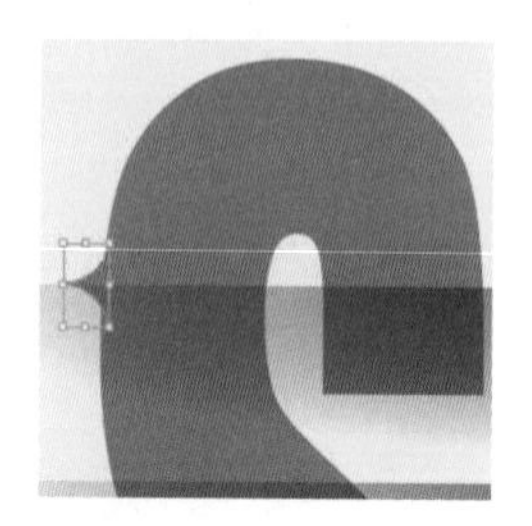
图4-233

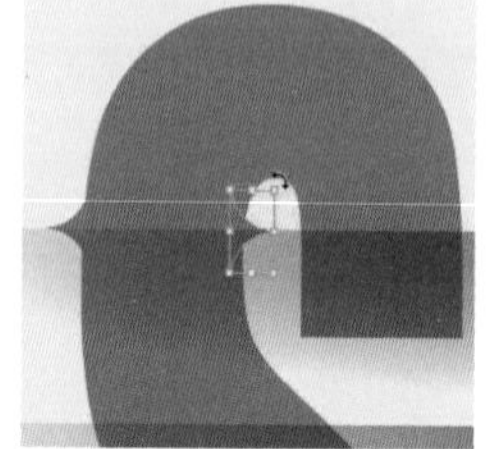
图4-234

09 在折叠位置放置尖角并沿文字笔画向外排列，如图4-235所示。输入其他文字，如图4-236所示。

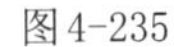

图4-235

图4-236

4.9　进阶实例：球体及反射效果

01 按Ctrl+O快捷键打开素材，如图4-237所示，这是用矩形网格工具创建的图形。使用选择工具单击该图形，执行“效果”|“扭曲和变换”|“自由扭曲”命令，打开“自由扭曲”对话框，拖曳定界框上的控制点，如图4-238所示和图4-239所示，扭曲所选对象，如图4-240所示。

图4-237

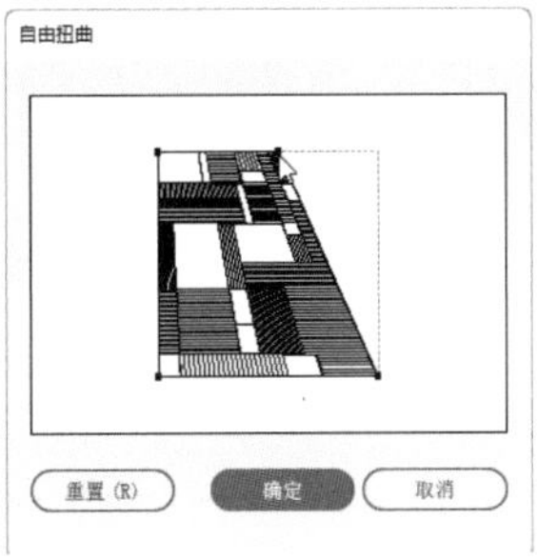

图4-238

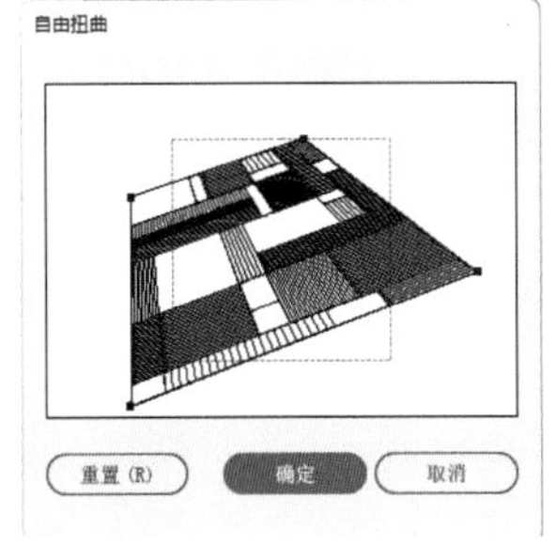

图4-239

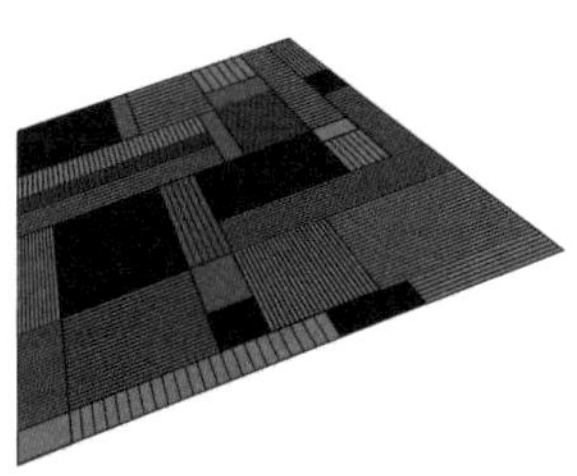

图4-240

02 使用椭圆工具按住Shift键拖曳光标创建圆形，填充径向渐变，使之成为球体，如图4-241和图4-242所示。保持球体的被选取状态，执行“效果”|“风格化”|“投影”命令，添加投影，如图4-243和图4-244所示。

03 使用选择工具按住Alt键拖曳圆球进行复制。按住Shift键拖曳定界框上的控制点，调整球体大小，如图4-245所示。也可双击比例缩放工具，打开“比例缩放”对话框进行缩放。

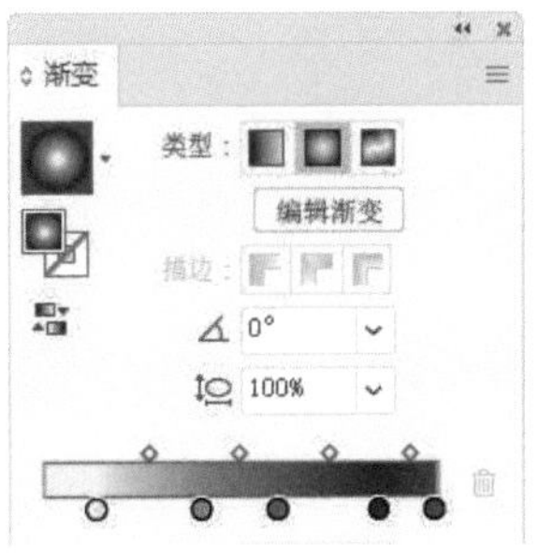

图4-241

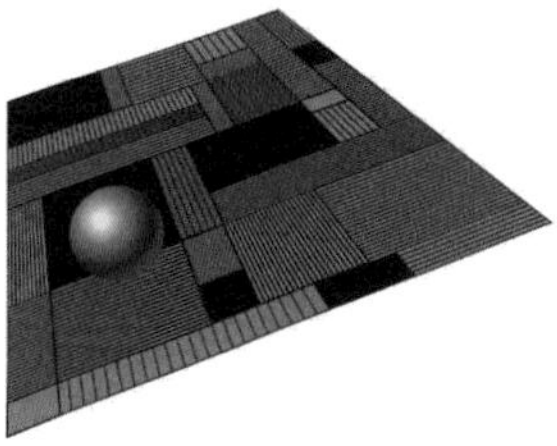

图4-242

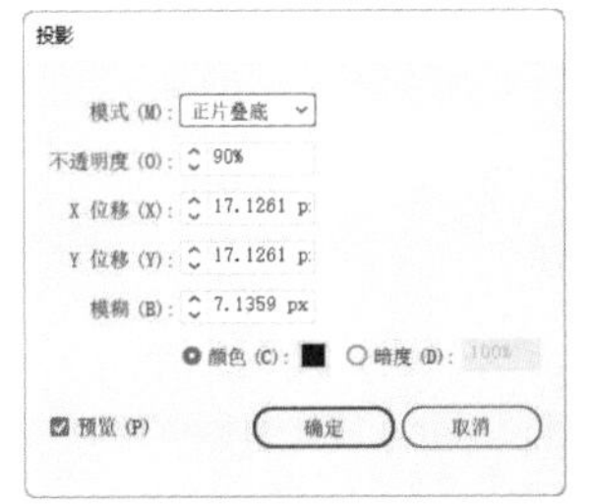

图4-243

图4-244

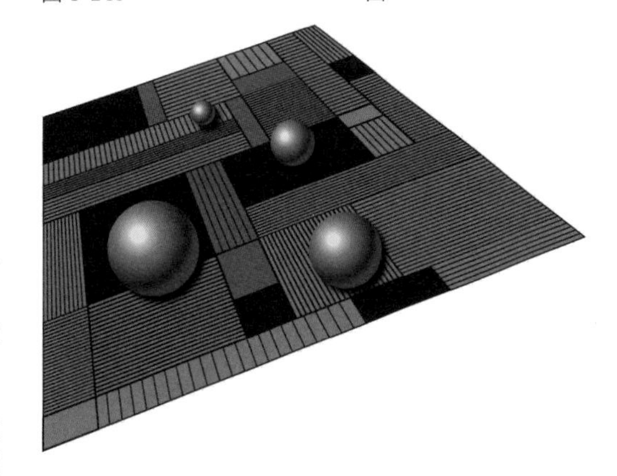

图4-245

04 选择矩形工具▢，按住Shift键拖曳光标，在所有图形的上方创建一个正方形，如图4-246所示。按Ctrl+A快捷键全选，按Ctrl+7快捷键创建剪切蒙版，将所有对象的显示范围限定在矩形内部，如图4-247所示。

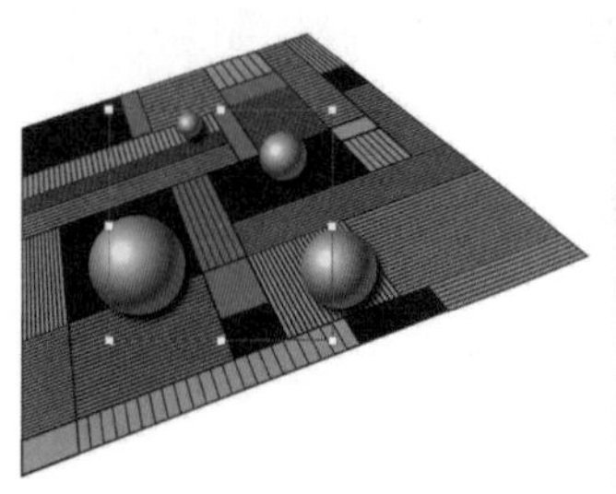

图 4-246

图 4-247

05 在图4-248所示处单击，将图层锁定。单击“图层”面板底部的⊞按钮，新建一个图层，如图4-249所示。

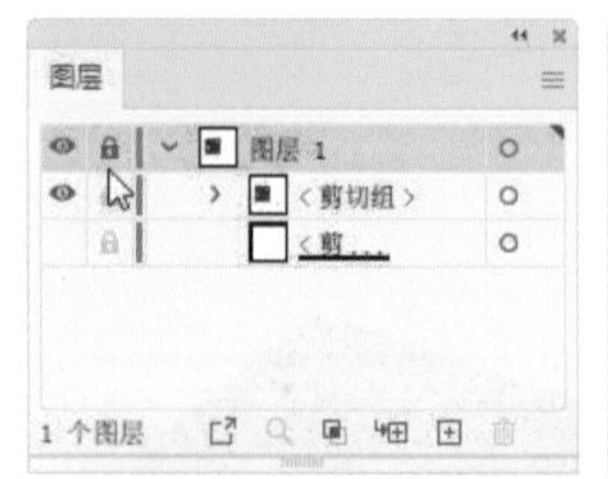

图 4-248

图 4-249

06 选择文字工具T，在画板上单击，之后输入文字，在“字符”面板中选择字体，设置文字大小，如图4-250和图4-251所示。

图 4-250

图 4-251

07 在“变换”面板中设置倾斜角度为–10°，对文字进行扭曲，如图4-252和图4-253所示。

图 4-252

图 4-253

08 在定界框的控制点外侧拖曳光标，旋转文字，使之与画面中图形的视角一致，如图4-254所示。使用选择工具▶按住Alt键拖曳文字进行复制，如图4-255所示。

图 4-254

图 4-255

09 将光标移动到图4-256所示的控制点上，向上拖曳，翻转文字，用以制作反射字，如图4-257所示。

图 4-256

图 4-257

10 在定界框的控制点外拖曳光标，调整文字角度，如图4-258所示。执行“效果”|“变形”|“膨胀”命令，打开“变形选项”对话框，对文字进行弯曲，增加“水平”和“垂直”值，使文字的两端变窄，呈现出贴在球体表面的效果，如图4-259和图4-260所示。拖曳定界框上的控制点，将文字调整到球体内部，在“控制”面板中将“不透明度”设置为34%，如图4-261所示。

11 使用选择工具▶按住Alt键拖曳文字进行复制，放到左下角的球体上，“不透明度”设置为28%。双击“外观”面板中的效果，如图4-262所示，打开“变形选项”对话框，修改参数，如图4-263和图4-264所示。

图 4-258

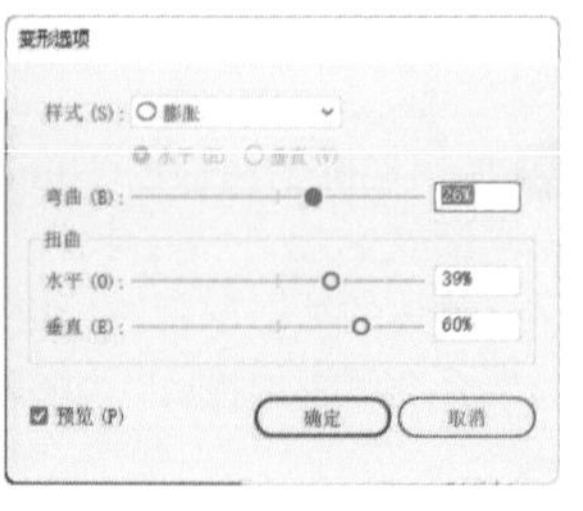

图 4-259

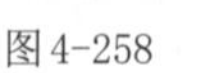

图4-260

图4-261

图4-262

图4-263

图4-264

4.10　课后作业：表现金属和玻璃质感

请使用渐变为罗盘填色，表现金属和玻璃质感。图4–265所示为素材，图4–266所示为实例效果。本作业具体操作方法可参见视频教学。

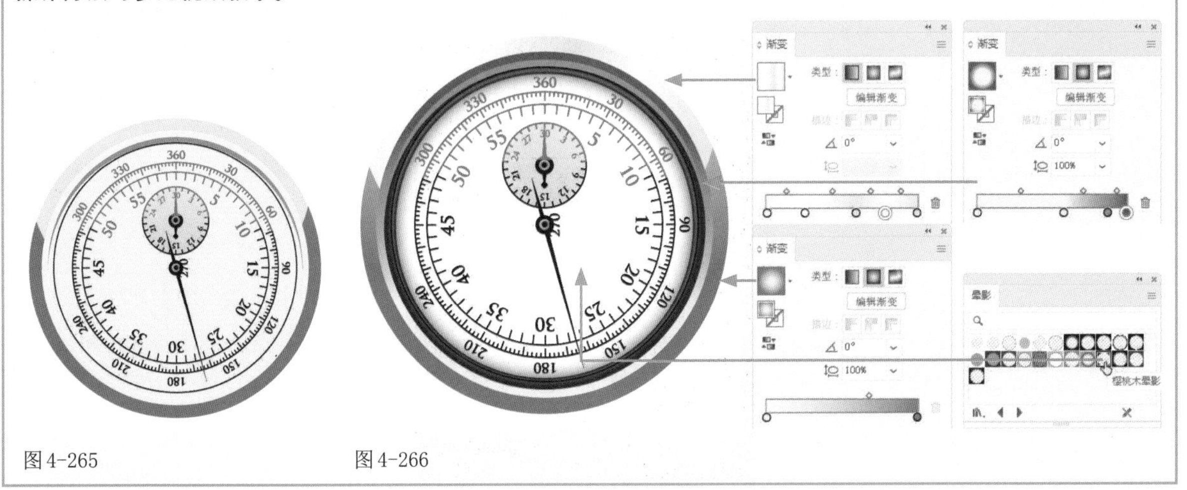

图4-265　　图4-266

4.11　问答题

1. 矢量图形如果不填色和描边，将会是什么情况？

2. 怎样将现有的颜色调深或调浅？

3. 怎样保存颜色？

4. 对路径进行描边时，哪些方法能改变描边粗细？

5. 用虚线描边路径时，如果路径的拐角处出现不齐的情况，如图4–267所示，应该如何处理才能让虚线均匀分布，如图4–268所示。

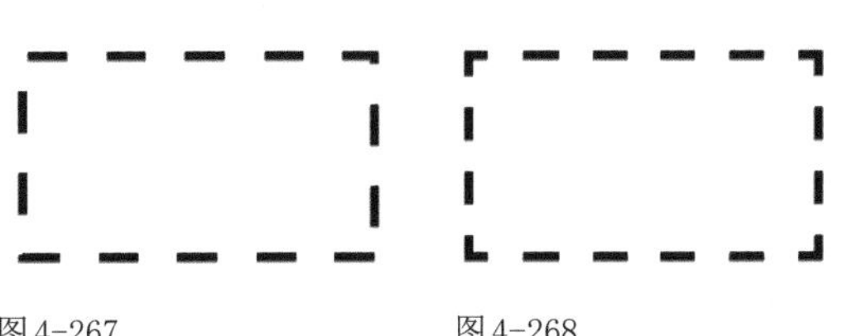
图4-267　　图4-268

(AI)

绘图进阶：

第5章 绘制复杂图形

本章简介

钢笔工具是Illustrator中最重要的绘图工具之一，它可以创建复杂的矢量形状和曲线。用钢笔工具绘制的曲线叫作贝塞尔曲线，是由法国的计算机图形学大师皮埃尔·贝塞尔于1962年开发的。贝塞尔曲线是电脑图形学中重要的参数曲线，它的诞生，使得无论是直线还是曲线都能够在数学上予以描述，从而奠定了矢量图形学的基础。

了解锚点和路径，并掌握路径编辑方法是学好钢笔工具的必要条件，只有掌握这些技能，才能自如地绘制复杂的形状。

本章还介绍了其他绘图及路径编辑工具，包括铅笔工具、曲率工具、橡皮擦工具等，这些功能可以帮助用户更好地控制和修改路径的形状。

本章结尾介绍了怎样使用图像描摹功能从位图中获取矢量图形。

学习重点

5.1 矢量图形

矢量图形主要用于二维计算机图形学领域。此外，三维模型的渲染也是二维矢量图形技术的扩展。

5.1.1 矢量图与位图

计算机图形图像领域有两类软件，即用于创建和编辑图像的位图软件（如Photoshop），以及可绘制和编辑矢量图的矢量软件（如Illustrator、CorelDRAW、FreeHand、AutoCAD等）。

矢量图是由矢量软件生成的，其优点是可任意旋转、无限放大，并保持清晰度不变，如图5-1所示。因此，常用于图标、LOGO、UI、字体设计等需要经常变换尺寸，或者以不同分辨率印刷的对象。

矢量插画及放大600%的局部（图稿丝毫未变，轮廓依然光滑清晰）

图5-1

矢量图的缺点是难以表现色彩的丰富层次和逼真的效果。而位图则不同，它可以完整地呈现真实世界中的所有色彩和景物，因而应用更加广泛，如照片、视频、网络上的图片等都属于位图，其缺点是旋转和放大时清晰度会下降，如图5-2所示。由此可见，位图的最大缺点是矢量图的最大优点，反之亦成立。二者是互补的。

位图图像及放大600%的局部（图像清晰度变差）

图5-2

5.1.2 路径

矢量图形也叫矢量形状或矢量对象，是由被称作矢量的数学对象定义的直线和曲线构成的，这些对象在Illustrator中称为路径，如图5-3所示。使用颜色、渐变和图案描边路径时，其从外观上看是线状轮廓，如图5-4所示。路径的围合区域可以用上述3种内容填充，因而其外观为块状，如图5-5所示。

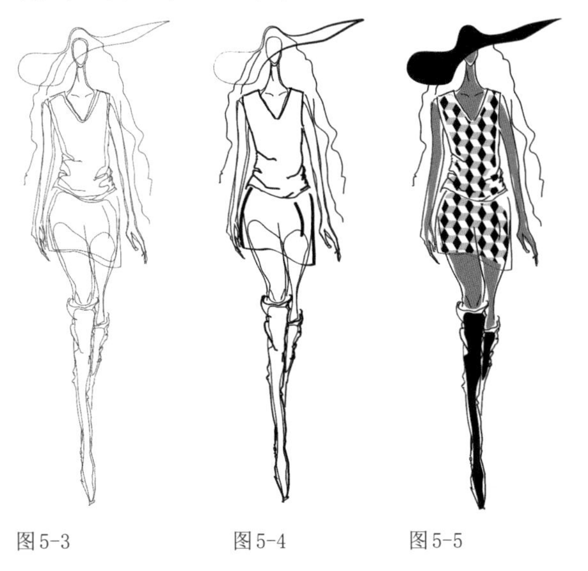

图5-3　图5-4　图5-5

5.1.3 锚点

路径由直线或曲线线段组成，各线段之间则通过锚点连接，如图5-6所示。在开放的路径上，锚点还标记了路径的起点和终点，如图5-7所示。锚点分为平滑点和角点两种。平滑点连接起来可以生成平滑流畅的曲线，如图5-8所示；角点连接起来可以组成直线和转角曲线，如图5-9和图5-10所示。

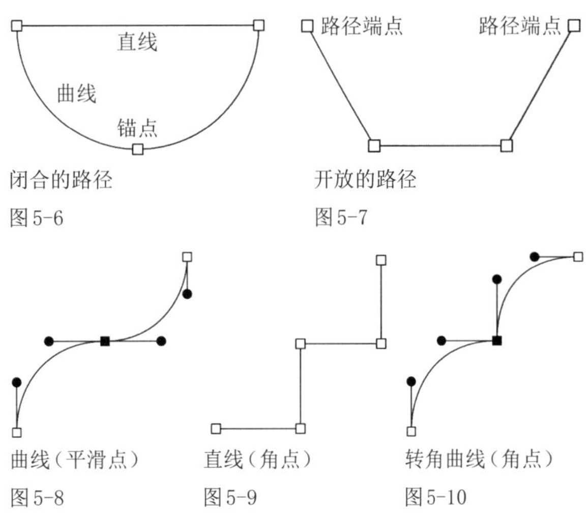

闭合的路径
图5-6

开放的路径
图5-7

曲线（平滑点）
图5-8

直线（角点）
图5-9

转角曲线（角点）
图5-10

曲线路径上的锚点有方向线，其端点为方向点，如图5-11所示，拖曳方向点、锚点或路径段，均可改变路径的形状。例如，拖曳方向点时，可以调整方向线的方向和长度，进而拉动曲线，如图5-12所示。曲线的弧度由方向线的长度控制，方向线越长，曲线的弧度越大，如图5-13所示；反之则曲线的弧度会变小，如图5-14所示。

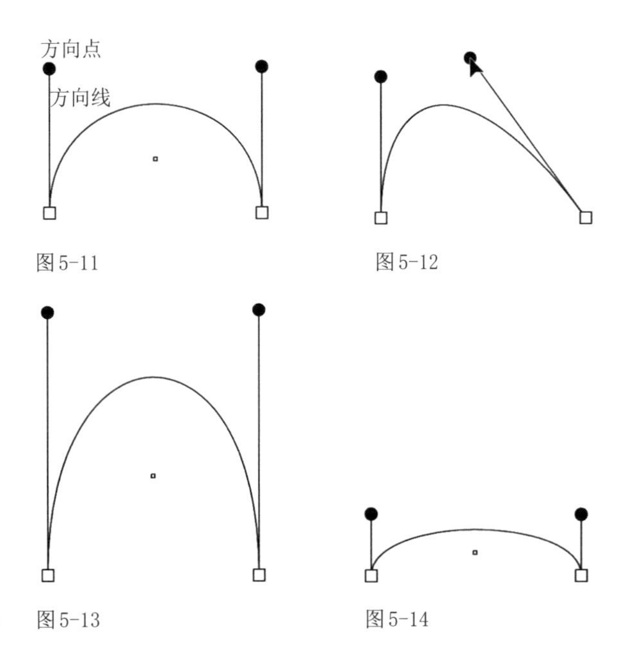

图5-11　图5-12

图5-13　图5-14

5.2 用钢笔、曲率和铅笔工具绘图

钢笔工具是Illustrator中最重要的绘图工具之一，要想用好它，需要从最基本的直线、曲线、转角曲线等入手，并多进行练习。曲率工具与钢笔工具相比更容易使用，但功能不强。铅笔工具绘图速度最快，只是精度较差，仅适合绘制草图。

5.2.1 实例：绘制直线

01 选择钢笔工具，在画板上单击创建锚点，如图5-15所示；移动光标，在另一处单击，即可创建直线路径，如图5-16所示。按住Shift键单击，可以创建水平、垂直或45°的整数倍方向的直线。继续在其他位置单击，继续绘制直线，如图5-17所示。

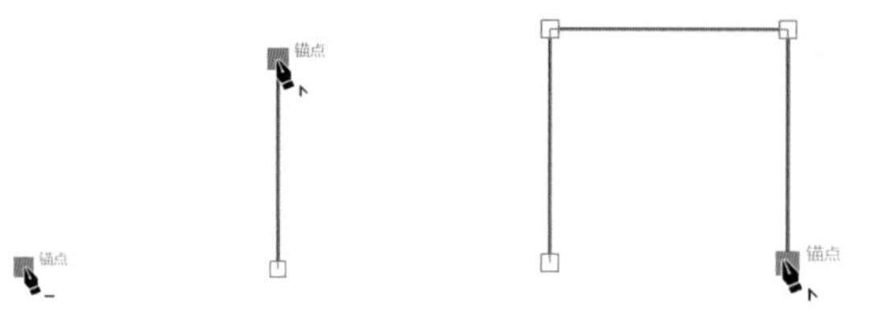

图5-15　　图5-16　　图5-17

02 按住Ctrl键并在远离图形的位置单击，或者选择其他工具，可结束绘制，得到开放的路径，如图5-18所示。如果要闭合路径，可将光标放在第一个锚点上，当光标变为状时单击，如图5-19和图5-20所示。

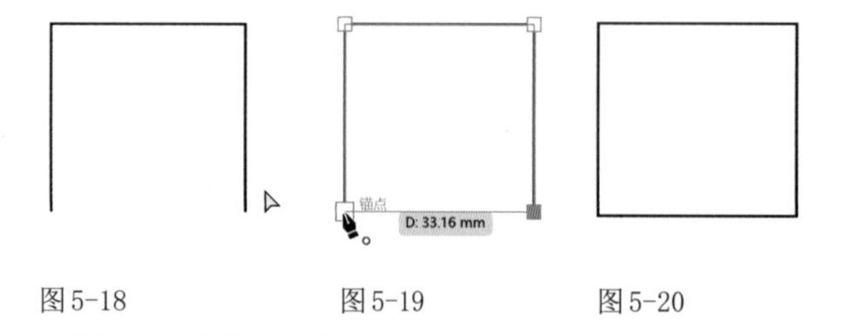

图5-18　　图5-19　　图5-20

> 提示
>
> 使用钢笔工具在画板上单击时，不要释放鼠标左键，按住空格键并拖曳光标，可以重新定位锚点位置。

5.2.2 实例：绘制曲线和转角曲线

转角曲线是能够出现转折的曲线，需要预先调整方向线的走向，才能绘制出来。曲线都是通过拖曳光标的方法绘制的，不难操作，但要注意的是，锚点不宜过多，否则路径不平滑。

01 选择钢笔工具，在画板上拖曳光标，创建平滑点，如图5-21所示。

02 在另一处位置拖曳光标，即可创建一条曲线。如果拖曳方向与前一条方向线相同，可以创建s形曲线，如图5-22所示；如果方向相反，则可创建c形曲线，如图5-23所示。

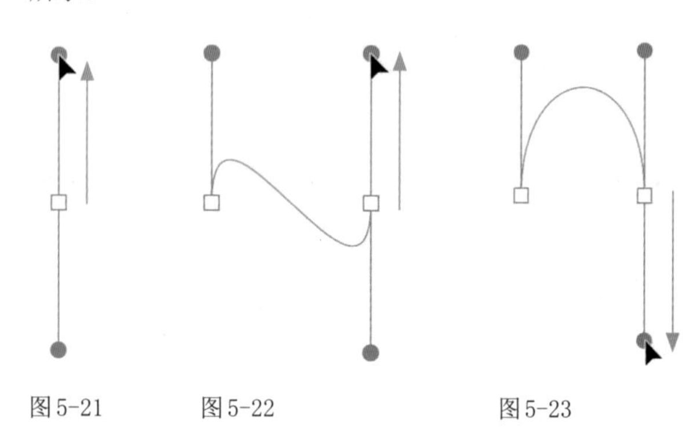

图5-21　　图5-22　　图5-23

03 绘制c形曲线后，将光标移动到端点处的方向点上，如图5-24所示，按住Alt键向相反方向拖曳，如图5-25所示；释放Alt键和鼠标左键，在下一个位置拖曳光标创建平滑点，即可绘制出m形转角曲线，如图5-26所示。

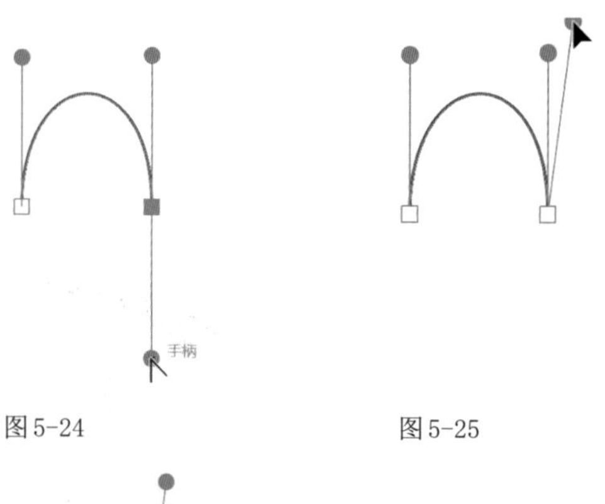

图5-24　　图5-25

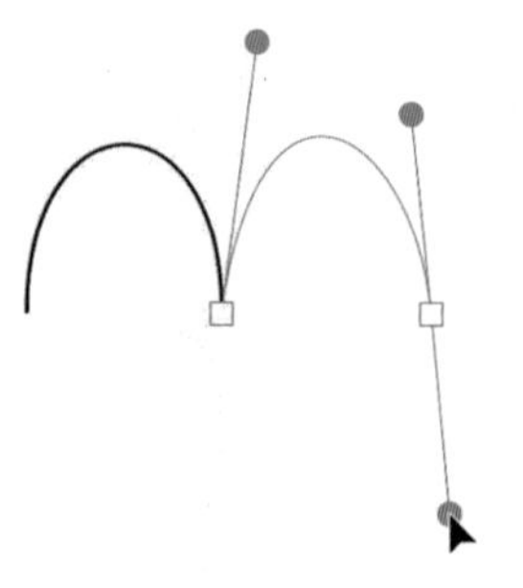

图5-26

> 提示
>
> 按住Alt键拖曳方向点有两个意义：一是可将平滑点转换为角点；二是可以让下一条曲线沿着此时方向线的指向展开。

5.2.3　实例：在曲线后面绘制直线

01 用钢笔工具绘制曲线路径。将光标放在最后一个锚点上，当光标变为状时，如图5-27所示，单击即可，将平滑点转换为角点，如图5-28所示。

02 在其他位置单击，即可在曲线后面绘制出直线，如图5-29所示。

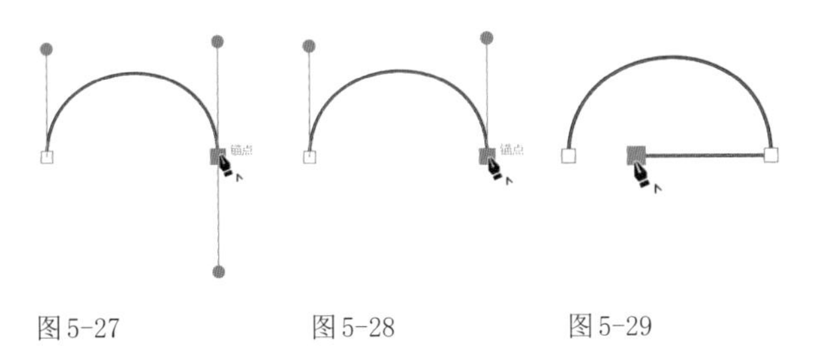

图5-27　　图5-28　　图5-29

5.2.4　实例：在直线后面绘制曲线

01 用钢笔工具绘制一条直线路径。将光标放在最后一个锚点上，当光标变为状时，如图5-30所示，可拖曳出一条方向线，如图5-31所示。

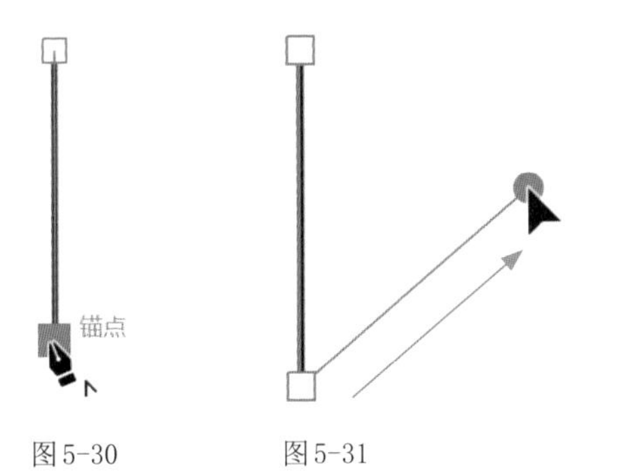

图5-30　　图5-31

02 在其他位置拖曳光标，可在直线后面绘制c形或s形曲线，如图5-32和图5-33所示。

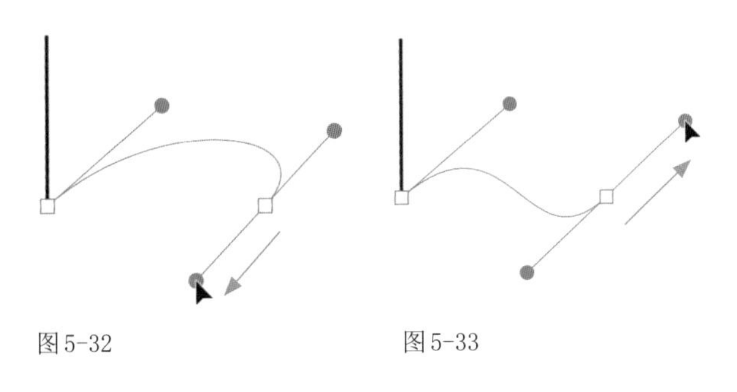

图5-32　　图5-33

5.2.5　实例：制作标准图形

标准图形是VI视觉识别系统的基本要素。VI是指对企业的一切可视事物进行统一的设计并将其标准化，包含企业名称、企业标志、标准字、标准色、宣传口语、市场行销报告书等。

01 使用矩形工具创建一个矩形，填充黑色，无描边，如图5-34所示。使用选择工具按Alt+Shift快捷键并拖曳光标，锁定水平方向复制矩形，如图5-35所示。按25次Ctrl+D快捷键，复制出一组矩形，如图5-36所示。

图5-34　　图5-35　图5-36

02 使用选择工具单击各个矩形，拖曳定界框上的控制点，调整宽度，如图5-37所示。选取左、中、右位置的矩形，调整高度，如图5-38所示。

图5-37　　图5-38

03 使用选择工具选择部分矩形，单击“色板”面板中的色板，填充不同的颜色，如图5-39和图5-40所示。

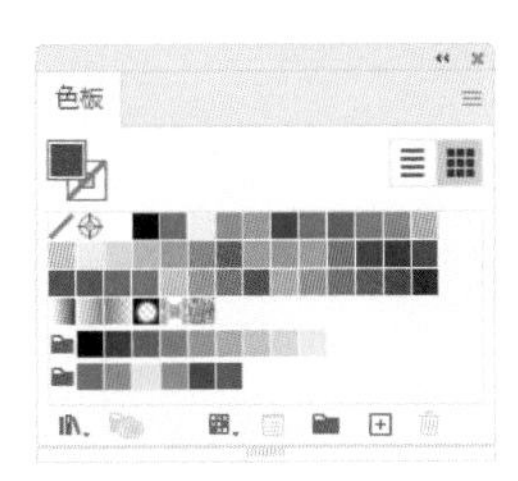

图5-39　　图5-40

04 选择文字工具T，在矩形下方单击并输入一组数字，在“字符”面板中设置字体及大小，如图5-41和图5-42所示。

图5-41　　图5-42

05 选择椭圆工具，按住Shift键拖曳光标创建圆形，设置描边粗细为7pt，颜色为棕色，无填色，如图5-43所示。使用直接选择工具▷单击其左侧锚点，如图5-44所示，按Delete键删除，如图5-45所示。将剩下的半圆形放在条码旁边，作为咖啡杯的把手，如图5-46所示。

图5-43　　图5-44

图5-45　　图5-46

06 用钢笔工具✒绘制咖啡杯底座，操作时可以按住Shift键，以便锁定水平方向和45°的整数倍方向，效果如图5-47所示。创建一个浅棕色矩形作为背景，如图5-48所示。利用现有的条码，采用类似的方法，可以制作铅笔、书本、手提袋等图形，如图5-49所示。

图5-47　　图5-48

图5-49

5.2.6 实例：用曲率工具制作卡通人名片

曲率工具✒可以创建、切换、编辑、添加和删除平滑点或角点，简化路径的创建方法，使绘图变得简单、直观。下面使用该工具制作名片，并以折页形式进行展示。

01 按Ctrl+N快捷键打开“新建文档”对话框。名片的尺寸一般为90mm×54mm，但每边还要加上2mm出血，因此，需将尺寸设置为94mm×58mm。由于用于打印，颜色模式应使用CMYK模式，如图5-50所示。按Enter键创建名片大小的文档。

图5-50

02 选择曲率工具✒。将描边颜色设置为蓝色，如图5-51所示，无填色。单击创建锚点，如图5-52所示；移动光标，在图5-53所示的位置单击；继续移动光标，此时画板上会出现预览橡皮筋，如图5-54所示，可用来辅助绘图，即单击时，可基于预览效果生成曲线。

图5-51　　图5-52　图5-53　图5-54

03 绘制出一条弧线。按住Alt键单击最后一个锚点，如图5-55所示，将其转换为角点。在图5-56所示的位置单击，创建锚点；移动光标，在图5-57所示的位置再创建一个锚点，这样可以绘制出转角曲线。采用同样的方法绘制出图5-58所示的头发轮廓。

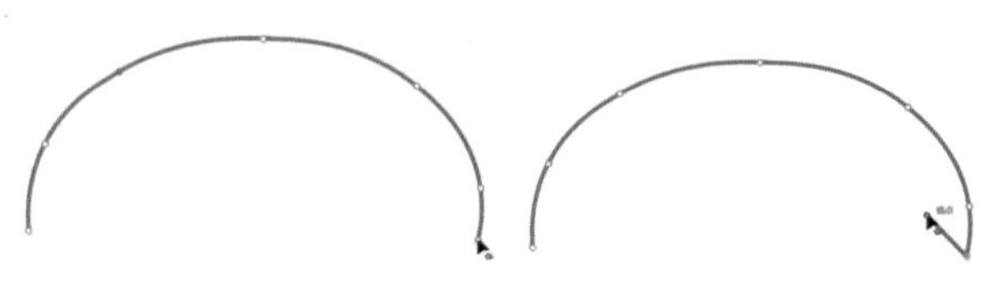

图5-55　　图5-56

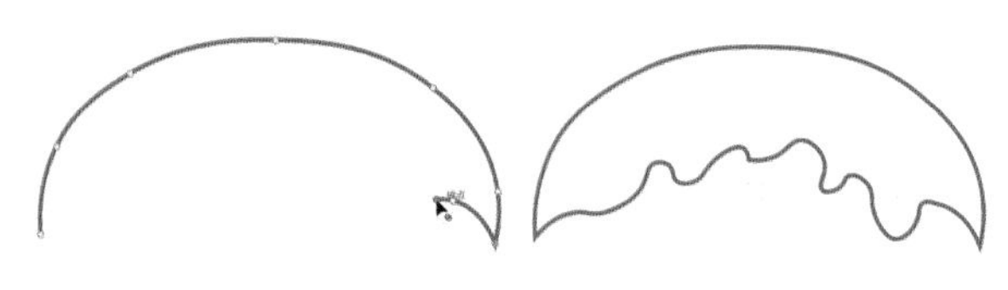

图5-57　　　　图5-58

曲率工具使用技巧

创建角点：在画板上双击，或者按住Alt键单击，可以创建角点。

转换锚点：在角点上双击，可将其转换为平滑点，双击平滑点，则可将其转换为角点。

移动锚点：拖曳锚点，可进行移动。

添加/删除锚点：在路径上单击，可以添加锚点。单击一个锚点，按Delete键可将其删除（曲线不会断开）。

04 单击工具栏中的按钮，互换填色和描边，如图5-59所示。

图5-59

05 使用椭圆工具创建一个粉色的椭圆形，按Ctrl+[快捷键，调整到头发后方，如图5-60和图5-61所示。按Ctrl+A快捷键全选，按Ctrl+2快捷键锁定对象。

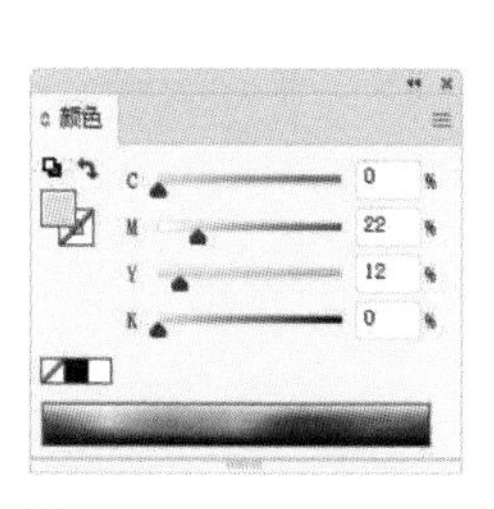

图5-60　　　　图5-61

06 创建一个椭圆形，设置填色和描边均为洋红色，如图5-62和图5-63所示。

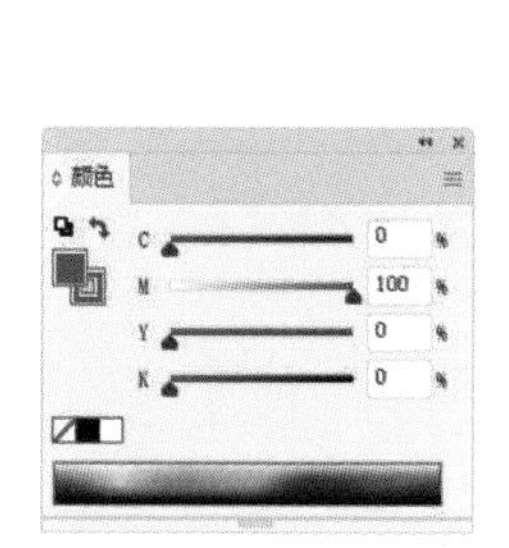

图5-62　　　　图5-63

07 打开“外观”面板，在“填色”属性下方的“不透明度”选项上单击，打开下拉面板，设置“不透明度”为30%，如图5-64所示，让填充的颜色呈现透明效果，如图5-65所示。

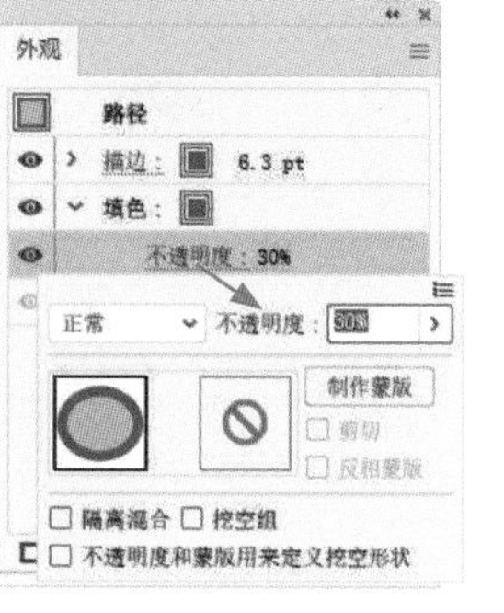

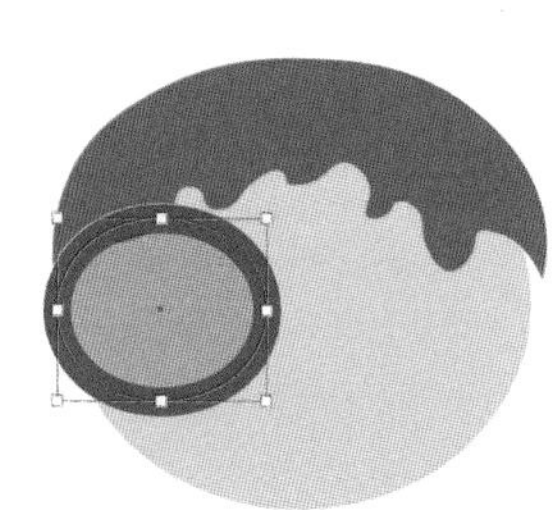

图5-64　　　　图5-65

08 使用椭圆工具和直线段工具绘制眼睛，如图5-66所示。按Ctrl+A快捷键，将组成眼睛和眼镜的图形全部选取，如图5-67所示，按Ctrl+G快捷键编组。

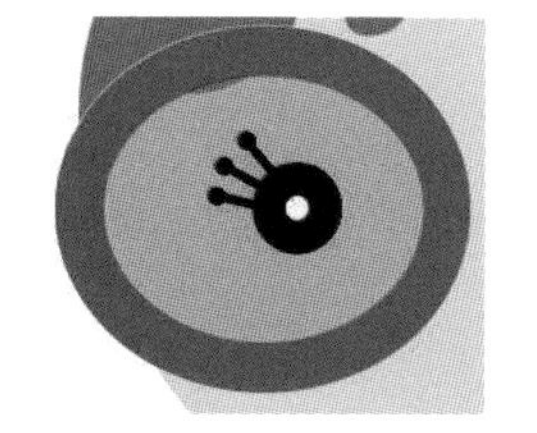

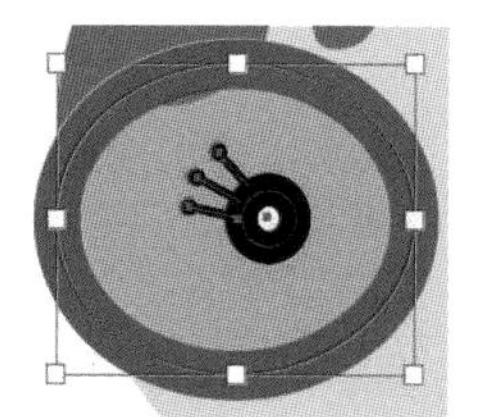

图5-66　　　　图5-67

09 选择镜像工具，将光标向椭圆形的中心移动，到达中心位置时会显示中心点提示，如图5-68所示；此时按住Alt键并单击，打开“镜像”对话框，选中“垂直”复选框，单击“复制”按钮，如图5-69所示，在对称位置镜像图形并复制出另一只眼睛及眼镜，如图5-70所示。

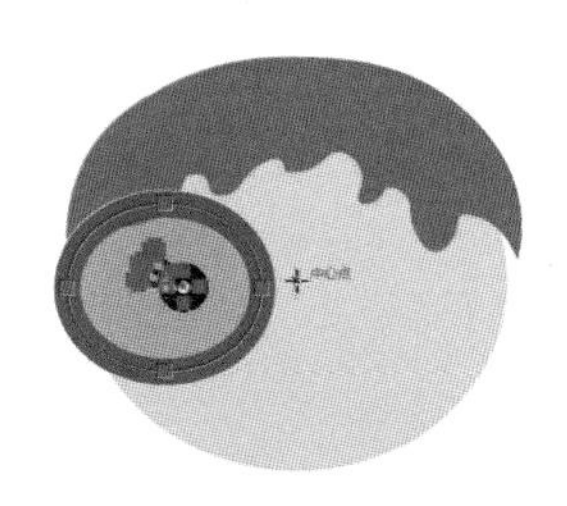

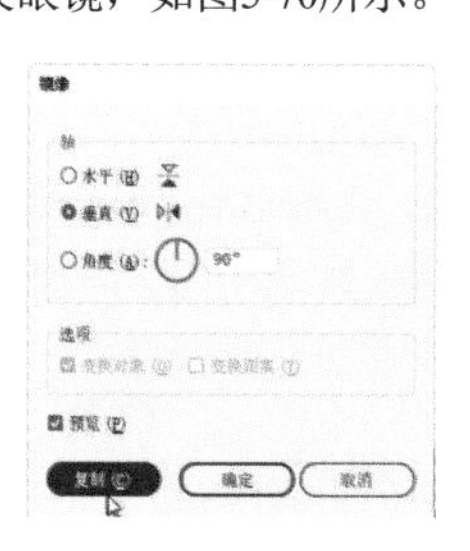

图5-68　　　　图5-69

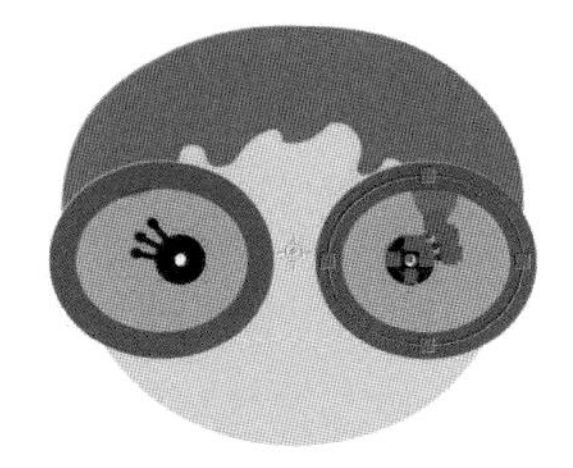

图5-70

⑩ 使用曲率工具绘制鼻梁架和嘴巴，如图5-71和图5-72所示。

图 5-71

图 5-72

⑪ 使用矩形工具创建一个与画板大小相同的矩形并填充蓝紫色，如图5-73所示。使用文字工具T添加一些文字信息，如图5-74所示。

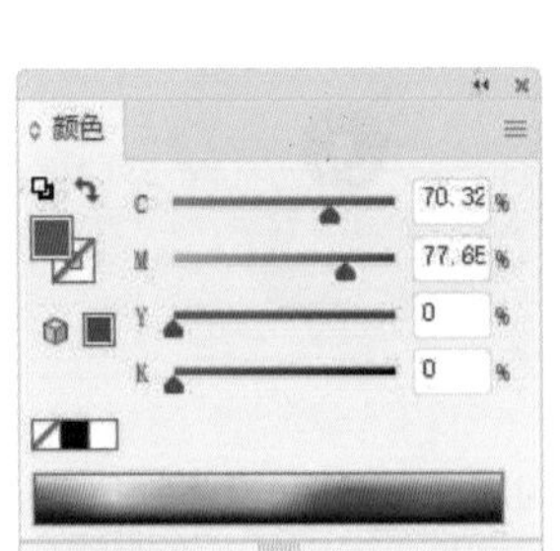

图 5-73

图 5-74

⑫ 新建一个文档。使用选择工具将名片拖入该文档。将名片的矩形背景调小，如图5-75所示。按Ctrl+A快捷键全选，按Ctrl+G快捷键编组。打开“变换”面板，设置倾斜角度为–7°，让名片倾斜，如图5-76和图5-77所示。使用曲率工具按住Alt键并单击（可创建角点），绘制三角形，作为名片的后折页，按Shift+Ctrl+[快捷键移至后方，如图5-78所示。

图 5-75

图 5-76

图 5-77

图 5-78

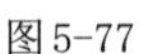

5.2.7 铅笔工具

使用铅笔工具可以徒手绘制路径，用起来就像用铅笔在纸上绘画一样，比较适合绘制随意的图形，如草图或外形不是特别严谨的对象。

选择铅笔工具后，在画板中拖曳光标即可绘制开放的路径；当光标移动到路径的起点时放开鼠标左键，可以闭合路径。如果想绘制出45°的整数倍方向的直线，可以按住Shift键拖曳光标；按住Alt键操作，可以像直线段工具那样拉出直线。除此之外，铅笔工具还可用于修改、延长和连接路径。

- 修改路径：将光标移到路径上，当光标旁边的小“*”消失时，表示光标与路径足够近了，此时拖曳光标，可以修改路径形状，如图5-79和图5-80所示。

图 5-79

图 5-80

- 延长路径：在路径端点上，当光标变为状时，向外拖曳光标可以延长路径，如图5-81和图5-82所示。

图 5-81

图 5-82

- 连接路径：选取两条路径，拖曳一条路径的端点至另一条路径的端点，可将其连接，如图5-83和图5-84所示。

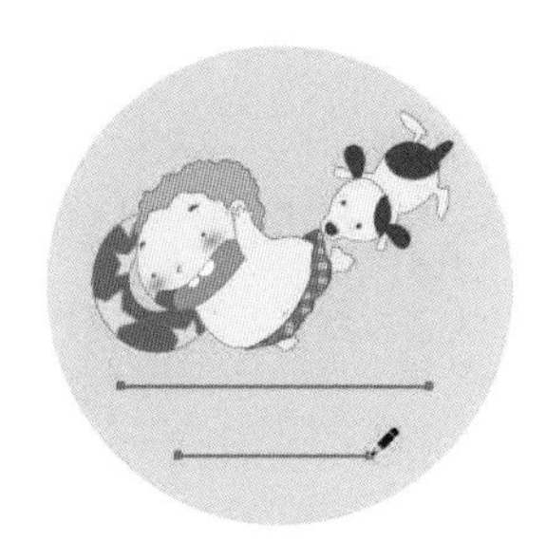

图5-83

图5-84

5.2.8　实例：绘制奔跑的小狗

01 使用椭圆工具 创建一个椭圆形，填充豆绿色，如图5-85所示。按Ctrl+2快捷键将对象锁定。按住Shift键拖曳光标，创建小一点的圆形。按D键，恢复为默认的填色和描边，如图5-86所示。

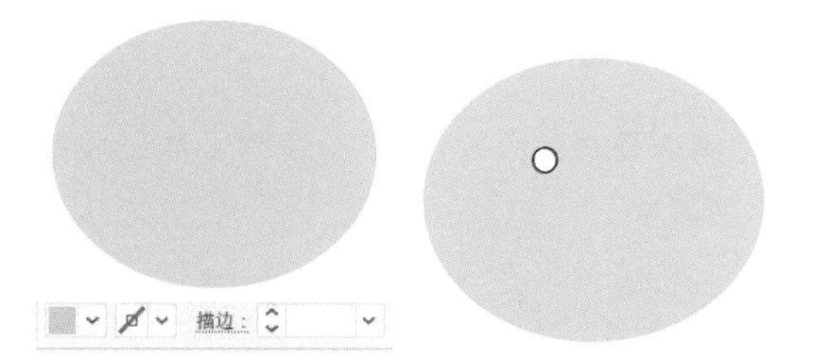

图5-85　　　　图5-86

02 使用选择工具 按住Alt键并向右拖曳圆形进行复制，如图5-87所示。

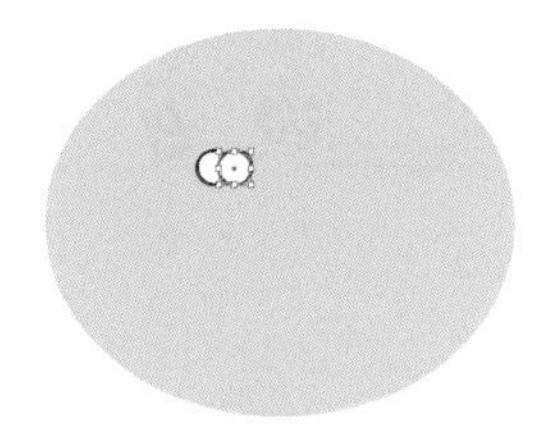

图5-87

03 双击铅笔工具 ，打开“铅笔工具选项”对话框，将图5-88所示的3个复选框全部勾选，以保证绘制的路径填充颜色，且完成绘制后保持选定状态。绘制如图5-89所示的图形。

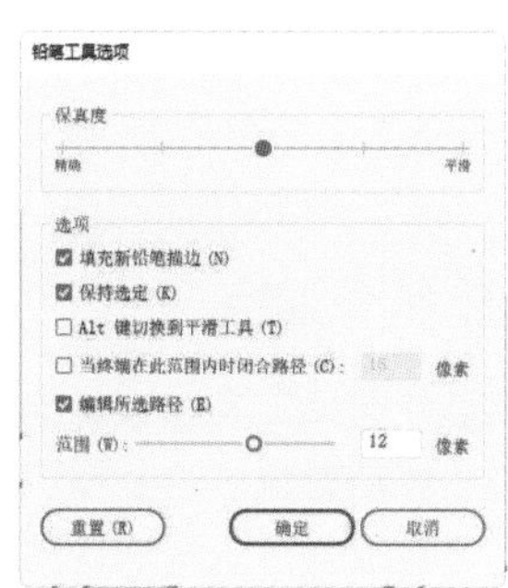

图5-88

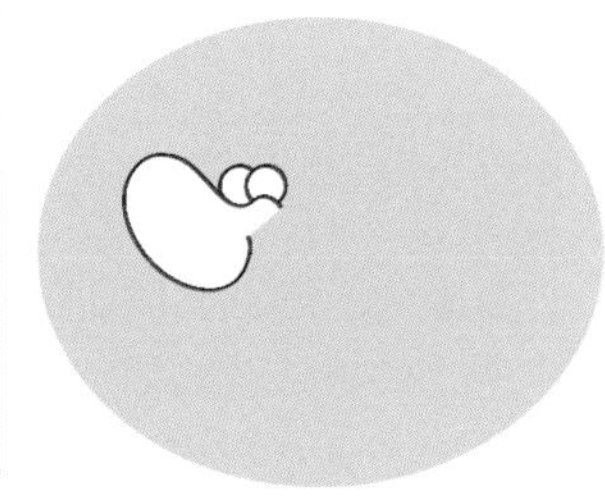

图5-89

04 再绘制一个图形，组成头部的基本形状。按Ctrl+[快捷键将其调整到后方，如图5-90所示。将填充颜色设置为黑色，无描边，使用铅笔工具 绘制耳朵、鼻子和项圈，如图5-91所示。

图5-90　　　　图5-91

05 按D键，恢复为默认的填色和描边颜色。绘制腿和身体，如图5-92和图5-93所示。

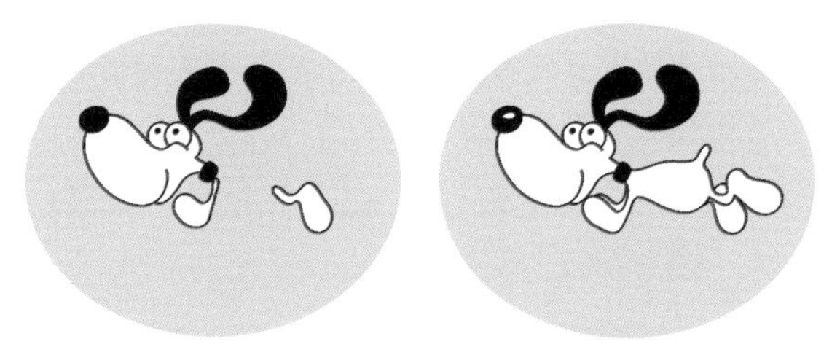

图5-92　　　　图5-93

06 执行“对象”|“全部解锁”命令，解除椭圆形的锁定。按住Ctrl键（临时切换为选择工具 ）单击椭圆形，将其选择，如图5-94所示。释放Ctrl键，恢复为铅笔工具 ，将光标放在路径上方，当光标旁边的小“*”消失时，拖曳光标，如图5-95所示，修改路径形状，如图5-96和图5-97所示。

图5-94

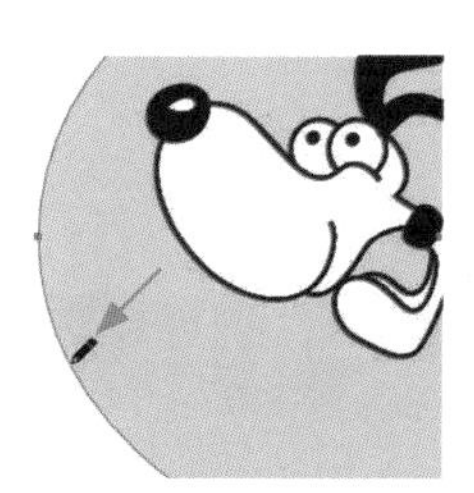

图5-95

图5-96

图5-97

07 执行“文件”|“置入”命令，置入文字素材，如图5-98所示。

图5-98

切换光标

使用铅笔工具、钢笔工具、曲率工具、画笔工具、平滑工具、路径橡皮擦工具、美工刀工具、连接工具时，光标有两种显示状态。默认显示为工具图标，按Caps Lock键则变为“+”状，这种状态便于对齐锚点。光标可通过按Caps Lock键来进行切换。

默认的光标　　按Caps Lock键

5.3 编辑锚点

使用钢笔工具或其他工具绘图时，很多图形不是一次就能绘制出来的，需要调整锚点和方向线修改路径，之后才能得到想要的效果。

5.3.1 选择锚点和路径

选择直接选择工具，光标在路径上移动，当检测到锚点时，锚点会突出显示，光标也会变为状，如图5-99所示，此时单击即可选择锚点，选中的锚点会变为实心方块，未选中的则为空心方块，如图5-100所示。按住Shift键单击其他锚点，可将其一同选取，如图5-101所示。按住Shift键单击被选中的锚点，则可取消其选取状态。

图5-99

图5-100

图5-101

提示

如果图形填充了颜色，则在图形内部单击，可以选取所有锚点。

如果需要选取某一区域的多个锚点（这些锚点可以分属于不同的路径、组或对象），可以拖曳出一个矩形选框，将其框住，如图5-102所示，之后释放鼠标左键即可，如图5-103所示。

如果要选取某条路径，可以将光标移动到其上方，当光标变为状时单击即可，如图5-104和图5-105所示。选取之后，可以按住Shift键单击路径段，进行添加或取消选择路径段操作。在远离对象的区域单击，可取消选择。

图5-102

图5-103

图5-104

图5-105

5.3.2 使用套索工具选择多个锚点

当多个图形重叠时，使用直接选择工具通过拖曳出选框的方法选取锚点很容易移动对象。这种情况使用套索工具更方便。该工具还非常适合选取位于不规则区域内的锚点。

选择套索工具，围绕锚点绘制一个选区，如图5-106所示，释放鼠标左键后，可选取选区内的所有锚点，如图5-107所示。按住Shift键（光标变为状），在其他锚点周围绘制选区，可将其一同选中，如图5-108所示。如果要取消选取某些锚点，可以按住Alt键在其周围绘制选区（光标变为状）。

需要选取路径段时，在其周围绘制选区即可，如图5-109所示。如果要取消选择，在远离对象的位置单击即可。

图5-106

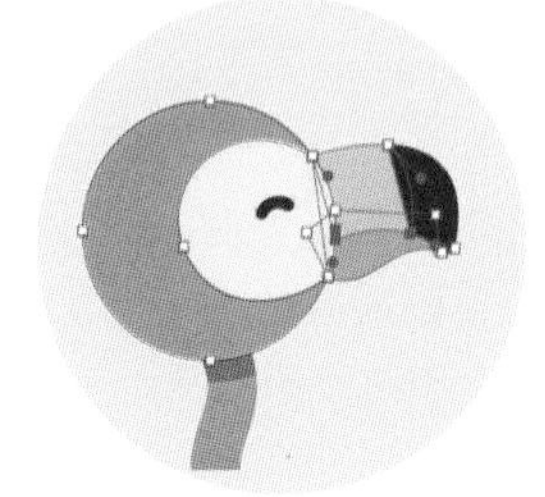

图5-107

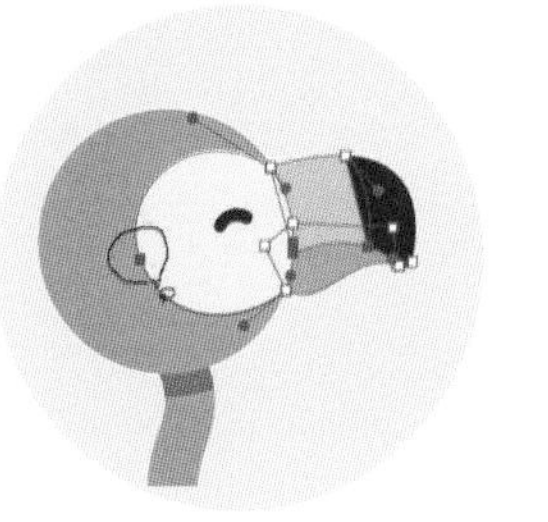

图5-108

图5-109

实用技巧　保存选取状态，方便再次选择

如果经常编辑某些对象（尤其是锚点），可在第一次选取之后，执行“选择”|“存储所选对象”命令，将其选择状态保存起来。以后需要选择此对象（锚点）时，打开“选择”菜单，在菜单底部找到该选择状态，便可将对象自动选取，这样就免去了重复选取的麻烦。

5.3.3　移动锚点和路径

使用直接选择工具拖曳锚点，可将其移动，如图5-110和图5-111所示。拖曳路径段，则可移动路径段，如图5-112和图5-113所示。按住Alt键拖曳路径段，可以复制其所在的图形。选择锚点或路径段后，按→、←、↑、↓键可轻移所选对象。

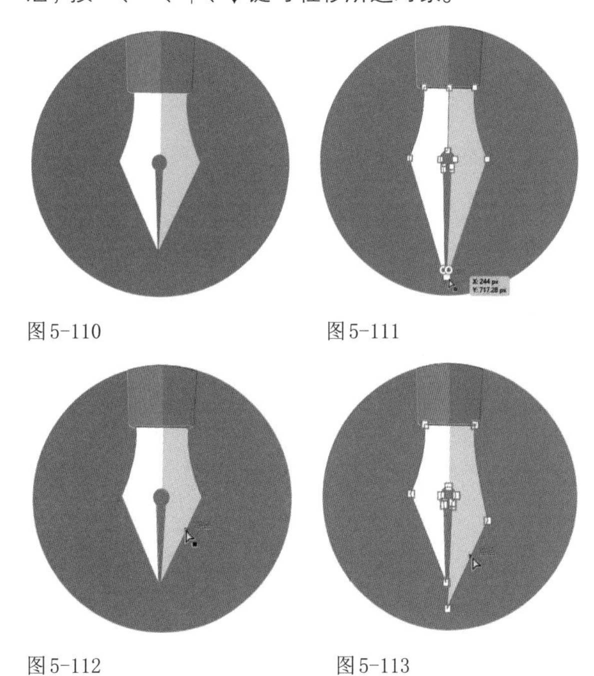

图5-110　图5-111

图5-112　图5-113

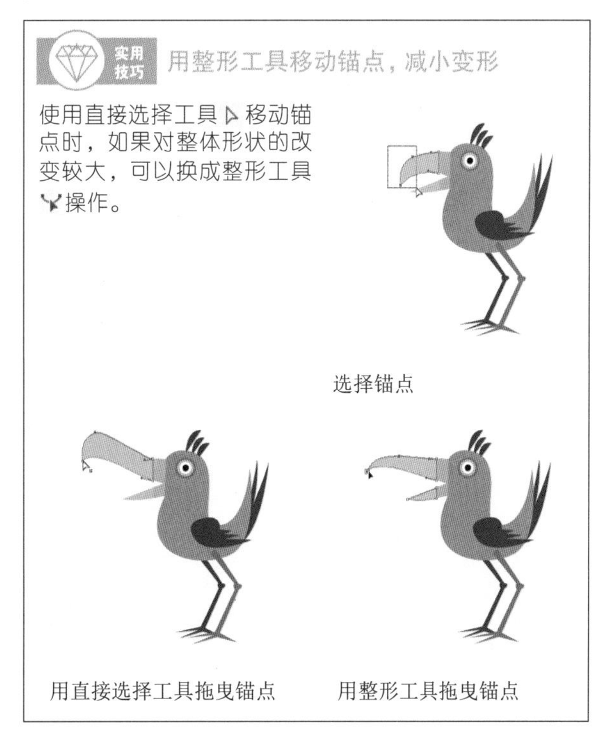

实用技巧　用整形工具移动锚点，减小变形

使用直接选择工具移动锚点时，如果对整体形状的改变较大，可以换成整形工具操作。

5.3.4　修改曲线形状

直接选择工具和锚点工具是用于修改曲线的常用工具，使用它们拖曳曲线路径段时，都能调整曲线的位置和形状。在处理锚点时，二者有很明显的区别。例如，图5-114所示为平滑点上的方向点，使用直接选择工具 拖曳该点，可调整其两侧的路径段，如图5-115所示；使用锚点工具 操作，则只影响与该方向线同侧的路径段，如图5-116所示。

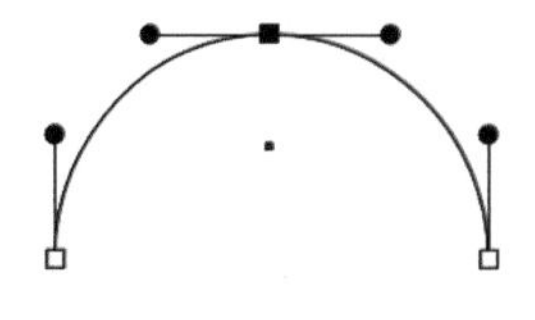
图5-114

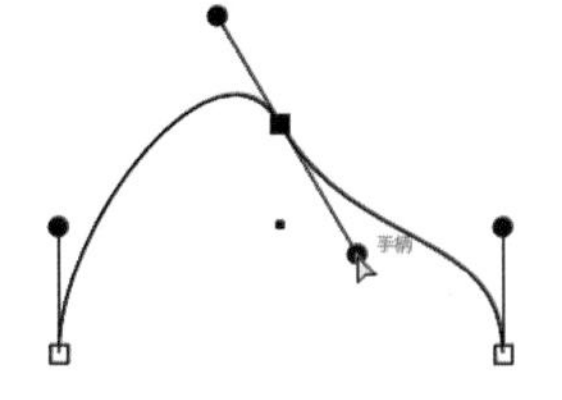

图5-115

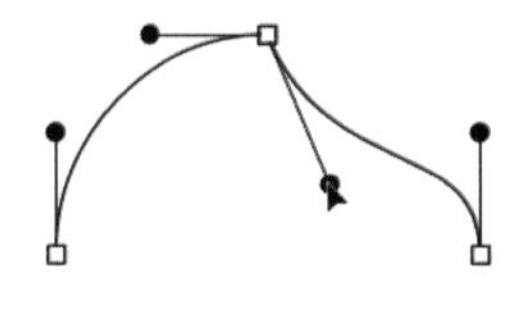
图5-116

图5-117所示为角点上的方向点，不管用直接选择工具 ，还是用锚点工具 拖曳，都只影响与它同侧的路径段，如图5-118和图5-119所示。

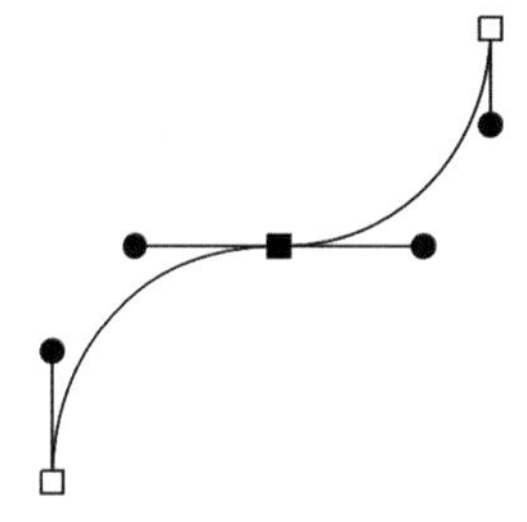
图5-117

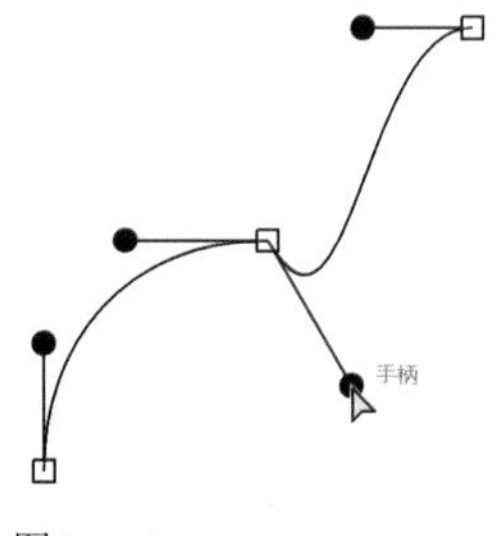

图5-118

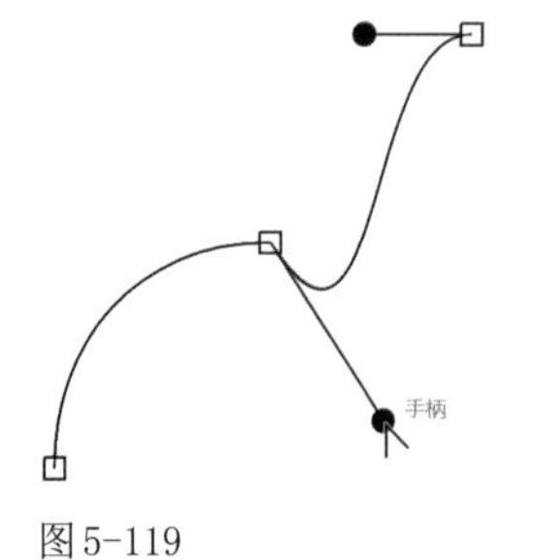

图5-119

实用技巧　让所选锚点的方向线全都显示出来

默认状态下，同时选取曲线路径上的多个锚点时，有些方向线是被隐藏的。单击“控制”面板中的 按钮，可以让所选锚点上的方向线全部都显示出来。单击 按钮，可再次将其隐藏。

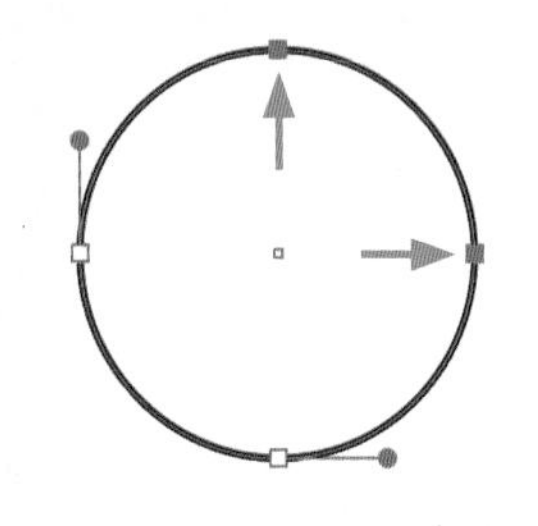

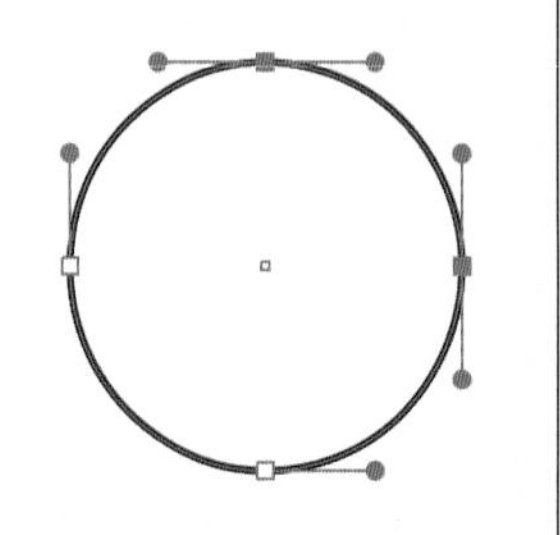

5.3.5　通过实时转角修改路径形状

将尖角处理成圆角时，最简单的方法是用直接选择工具 单击角上的锚点，此时会显示实时转角构件，如图5-120所示，之后进行拖曳即可，如图5-121所示。

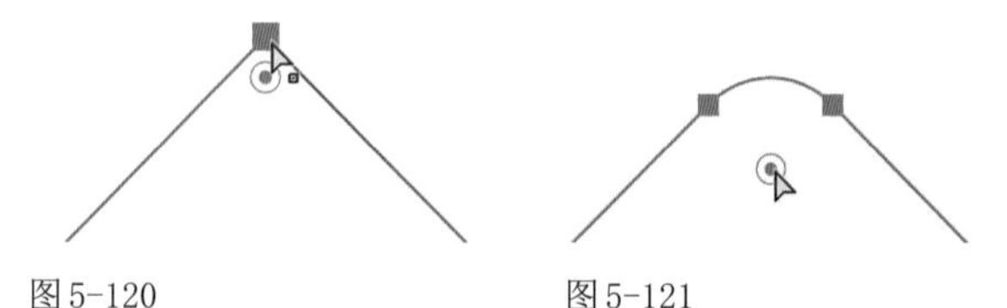
图5-120　　图5-121

处理为圆角后，双击实时转角构件，打开“边角”对话框，如图5-122所示，单击 按钮和 按钮，可以将圆角修改为反向圆角和倒角，如图5-123和图5-124所示。

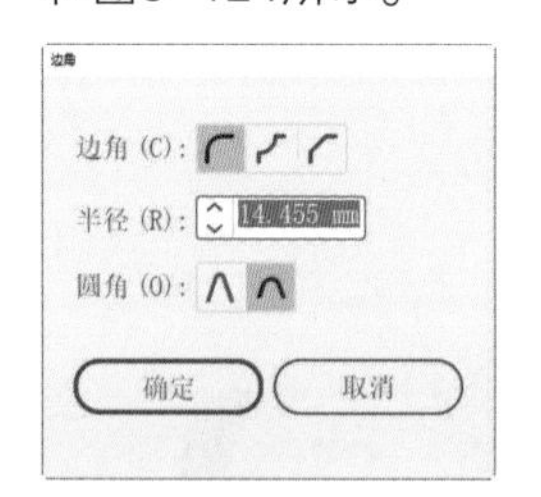

图5-122

提示

如果图形多、路径复杂，实时转角构件影响观察和处理锚点，可以执行“视图”|“隐藏边角构件”命令，将其隐藏。

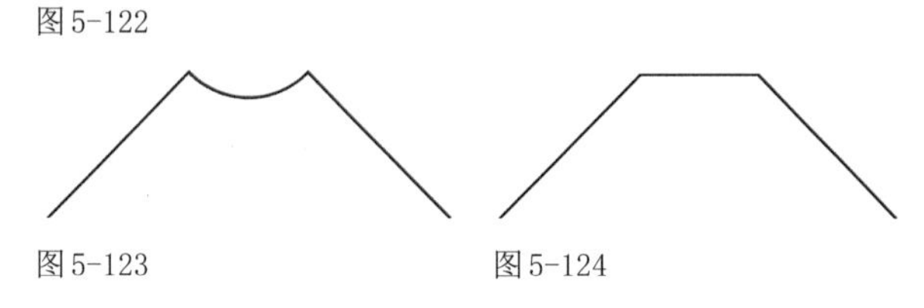
图5-123　　图5-124

5.3.6　添加和删除锚点

使用添加锚点工具 在路径上单击，可以添加锚点，如图5-125和图5-126所示。如果该路径段是直线，添加的是角点，曲线路径则为平滑点。如果想在每两个锚点的中间添加一个新的锚点，如图5-127所示，可以用直接选择工具 单击路径，之后执行“对象”|“路径”|“添加锚点”命令。

图5-125

图5-126

图5-127

使用删除锚点工具 单击锚点，可将其删除。删

除锚点时路径不会断开，但其形状会因锚点减少而发生改变。如果想一次删除多个锚点，可以用直接选择工具▷或套索工具将其选取，然后执行“对象”|“路径”|“移去锚点”命令。

实用技巧 清理游离点

在Illustrator中绘图时，操作不当很容易留下一些多余的锚点。例如，使用钢笔工具在画板中单击，之后又切换为其他工具，就会留下锚点（称为“游离点”）。此外，删除路径和锚点时，没有完全删除对象，也会残留一些锚点。游离点很难被发现，也影响编辑操作。执行“选择”|“对象”|“游离点”命令，可将其选取，之后可以按Delete键删除。

5.3.7 转换锚点

使用锚点工具单击平滑点，可将其转换为角点，如图5-128和图5-129所示。拖曳平滑点一侧的方向点，则可将其转换成具有独立方向线的角点，如图5-130所示。在角点上拖曳光标，可将其转换为平滑点并拉出方向线，如图5-131所示。

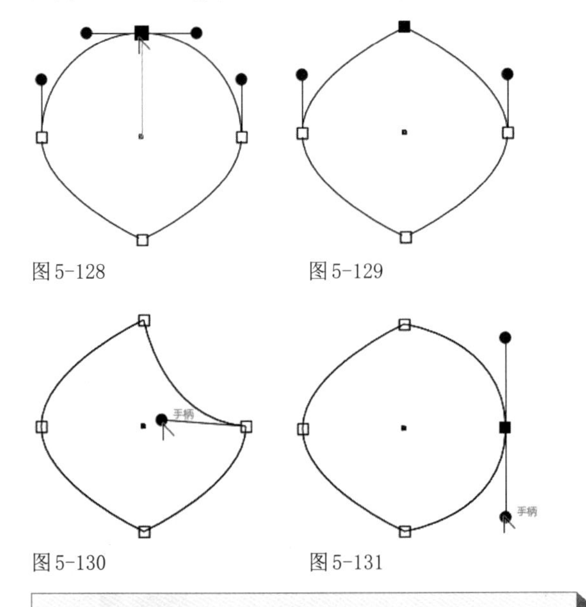

图5-128 图5-129 图5-130 图5-131

提示

如果想将多个角点转换为平滑点，可将其选取，然后单击“控制”面板中的按钮。按钮可用来将平滑点转换为角点。

5.3.8 均匀分布锚点

使用直接选择工具▷选取多个锚点（这些锚点可以属于同一路径，也可以分属不同的路径），如图5-132所示，执行“对象”|“路径”|“平均”命令，打开“平均”对话框，如图5-133所示。设置选项并单击“确定”按钮，可以让所选的多个锚点均匀分布，如图5-134所示。

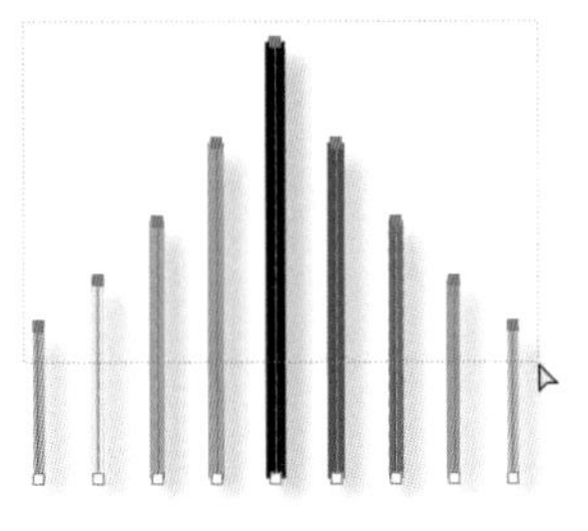

图5-132

图5-133

水平分布

垂直分布

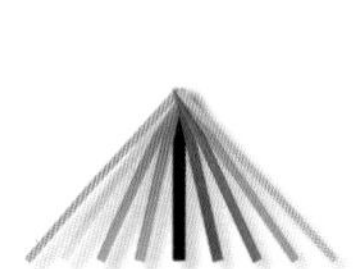

两者兼有

图5-134

5.3.9 实例：交错式幻象图

01 使用圆角矩形工具创建3个圆角矩形，如图5-135所示。选择这几个图形，单击“对齐”面板中的按钮和按钮，如图5-136所示，将其对齐。

图5-135

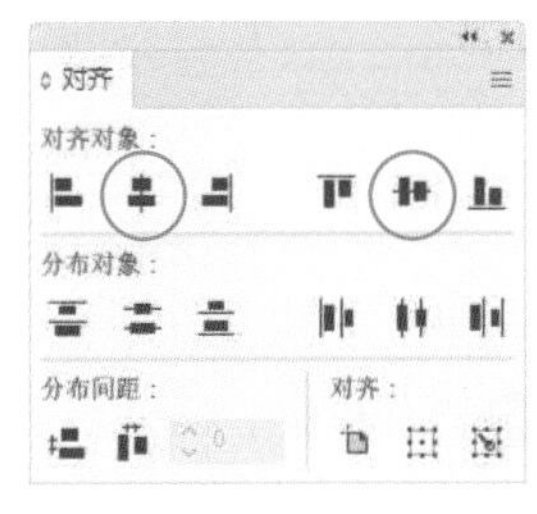

图5-136

02 执行“对象”|“路径”|“添加锚点”命令，在各路径的中央添加锚点，如图5-137所示。再执行两遍此命令，继续添加锚点，如图5-138所示。

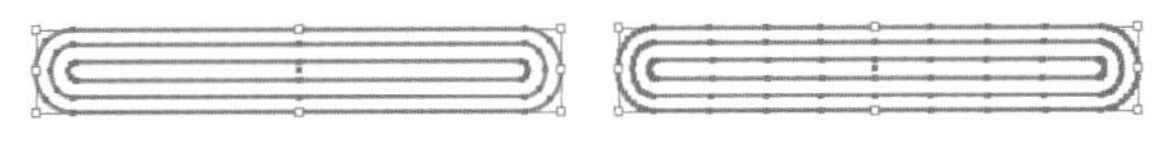

图5-137 图5-138

03 选择删除锚点工具，将光标放在路径中间的锚点上，如图5-139所示，单击删除锚点，如图5-140所示。

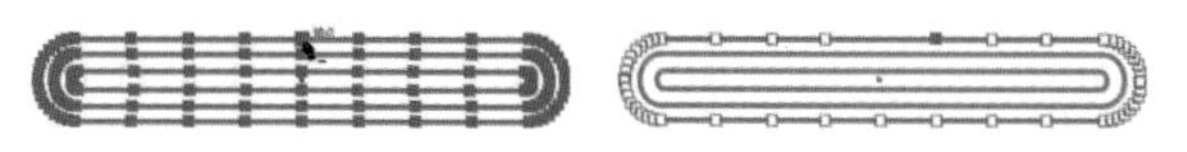

图5-139　　图5-140

04 按住Ctrl键单击中间的圆角矩形，将其选择，如图5-141所示，释放Ctrl键单击中间的锚点，删除该锚点，如图5-142所示。采用同样的方法将下面几条路径的中央锚点全部都删除，如图5-143所示。

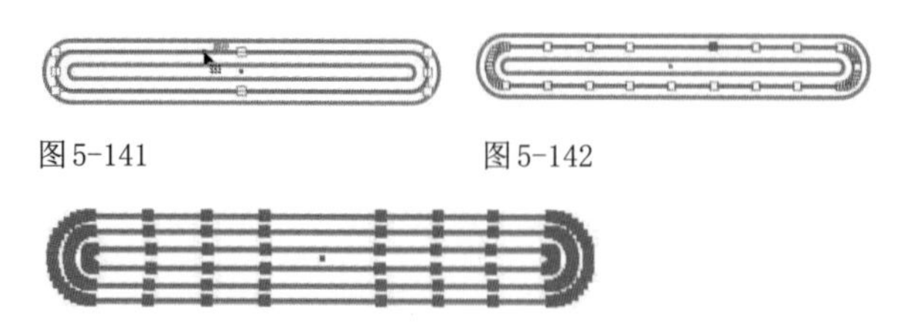

图5-141　　图5-142

图5-143

05 使用直接选择工具▷拖曳出一个选框，选择图形右半边的锚点，如图5-144所示，将光标放在路径上方，如图5-145所示，按住Shift键向下拖曳，移动锚点，如图5-146所示。

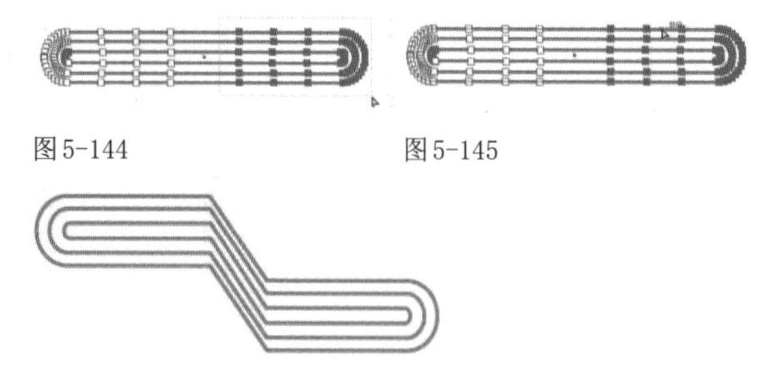

图5-144　　图5-145

图5-146

06 使用钢笔工具绘制图形，如图5-147所示。使用选择工具▶按住Alt键拖曳该图形进行复制。

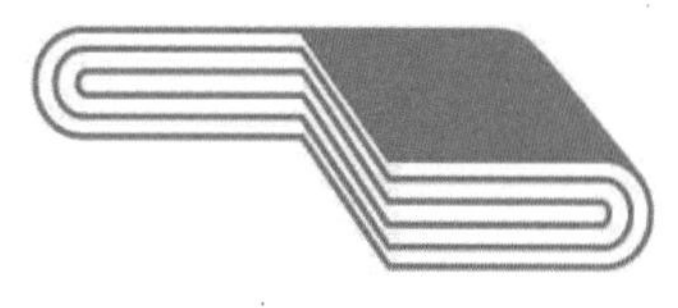

图5-147

07 选择镜像工具，将光标移动到此图形上方，按住Shift键单击并向左侧拖动图形，将其沿水平方向翻转，如图5-148所示；释放鼠标左键，按住Shift键向下拖曳，进行垂直翻转，如图5-149所示。

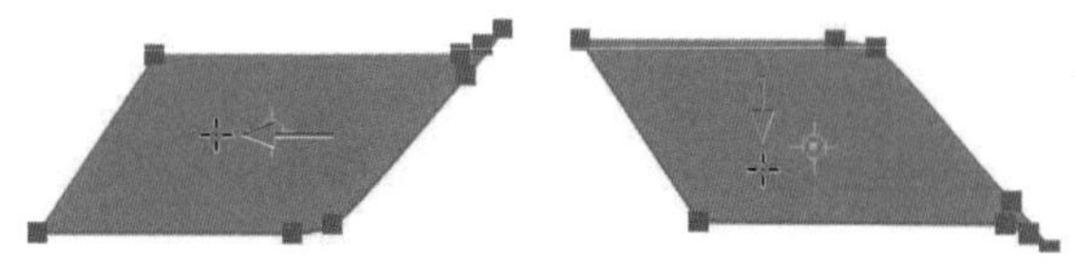

图5-148　　图5-149

08 将该图形移动到折线图上，就组成了交错式幻象图，如图5-150所示。此图其实是将两种透视对象巧妙地合成在一个空间里，如果分开看这两组图形，其透视就是合理的，如图5-151和图5-152所示。加一些文字和背景，可作为设计作品呈现，如图5-153所示。

图5-150

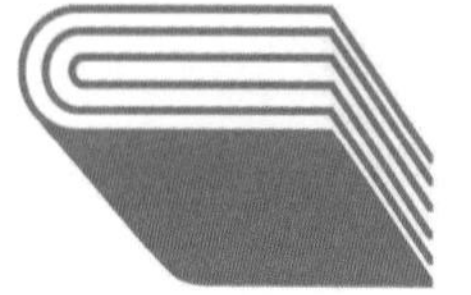

图5-151　　图5-152

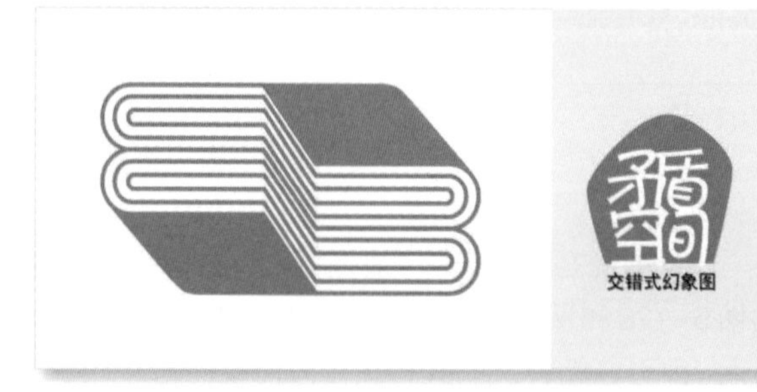

图5-153

矛盾空间图形

交错式幻象图属于矛盾空间图形。矛盾空间是创作者刻意违背透视原理，利用平面的局限性及错觉，制造出的实际空间中无法存在的空间形式。其构成形式主要有共用面、矛盾连接、交错式幻象图和边洛斯三角形。

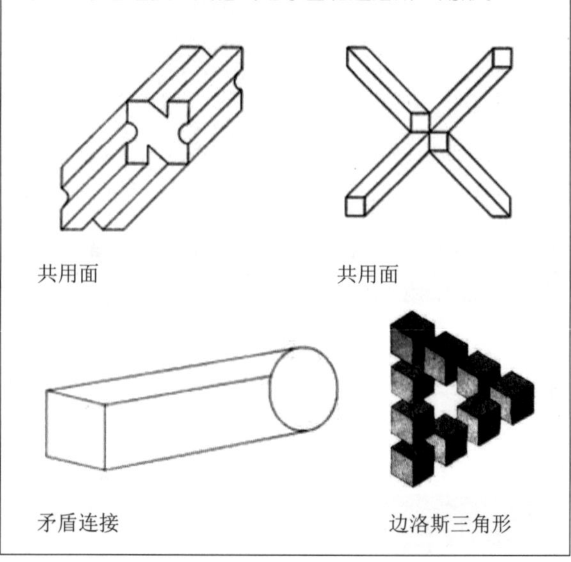

共用面　　共用面

矛盾连接　　边洛斯三角形

让锚点和方向点更易识别

执行“编辑”|“首选项”|“选择和锚点显示”命令，打开“首选项”对话框，可以调整锚点、方向点和定界框大小，以及方向点样式。

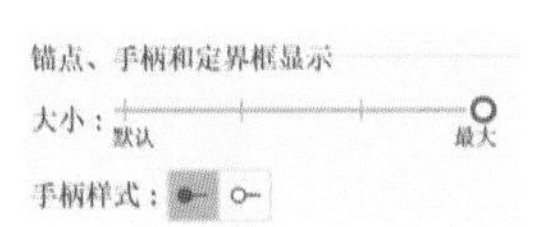

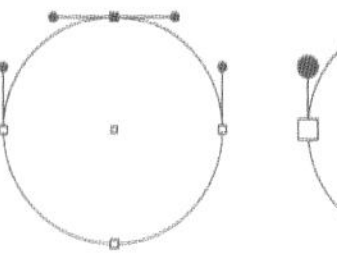

默认锚点大小

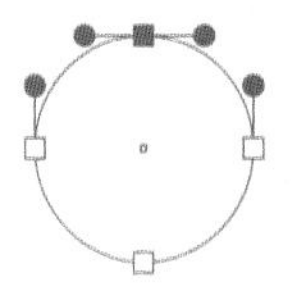

锚点调大

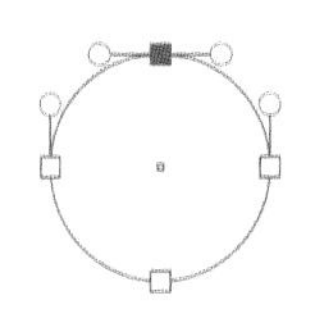

方向点调为空心

巧用轮廓模式，轻松选择锚点

默认状态下，在Illustrator中绘图或编辑图稿时，会显示其实际效果，包括填色、描边等，这是图稿处于预览模式的缘故。当图形颜色与锚点颜色相同或比较接近时，会给选取锚点、编辑路径带来不便。如果遇到这种情况，可以执行“视图”|“轮廓”命令，切换到轮廓模式，隐藏填色和描边，这样处理起来就容易多了，而且可以按Ctrl+Y快捷键在轮廓模式和预览模式之间切换，非常方便。

轮廓模式还有一个好处，就是在默认状态下，当图形堆叠在一起时会互相遮挡，位于下方的对象很难被选取，也容易选错，而在轮廓模式下，是不存在遮挡的。

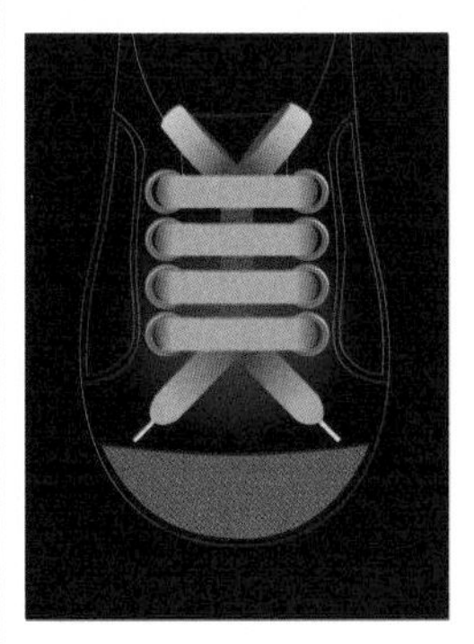

预览模式

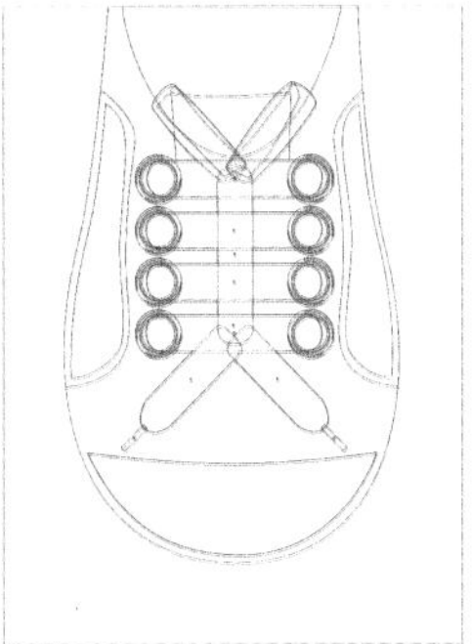

轮廓模式

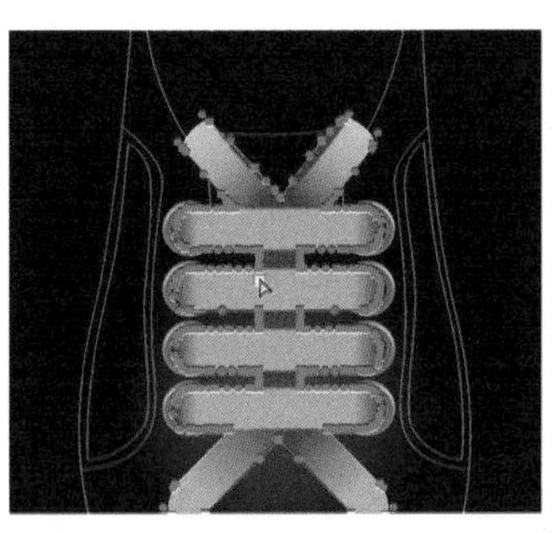

预览模式下锚点不易选择

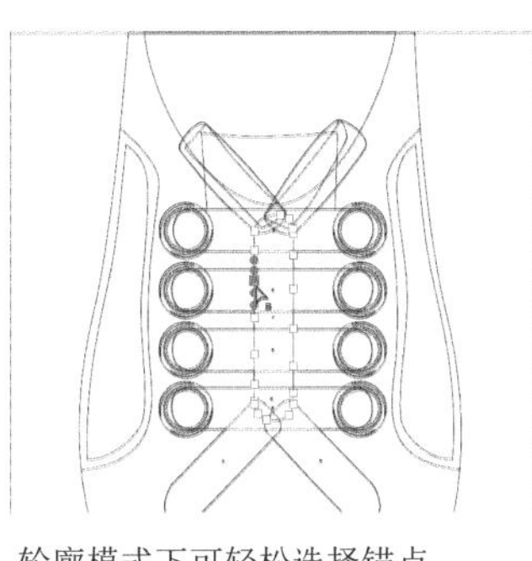

轮廓模式下可轻松选择锚点

此外，如果图稿非常复杂，例如用了很多混合效果、3D等内存占用较大的功能，则编辑时，Illustrator渲染图稿所用的时间也会更多一些，这会导致Illustrator处理速度变慢、操作出现迟滞，以及软件闪退。为避免出现此情况，就应该在轮廓模式下编辑图稿。但图稿需要上色，完全看不到真实效果也不行。这里有一个小技巧，可以化解难题，即只让部分图稿显示为轮廓模式。只要打开“图层”面板，按住Ctrl键单击无关图层前的眼睛图标，便可将其中的对象切换为轮廓模式（此时眼睛图标变为状），而正在编辑的对象不会受到影响，还是以实际效果显示。当需要切换回预览模式时，按住Ctrl键单击图标即可。

如果查看最清晰的图稿、显示更加平滑的路径，并缩短在高密度显示器屏幕上重绘复杂图稿所需的时间，可以执行“视图”|“使用CPU查看”命令。

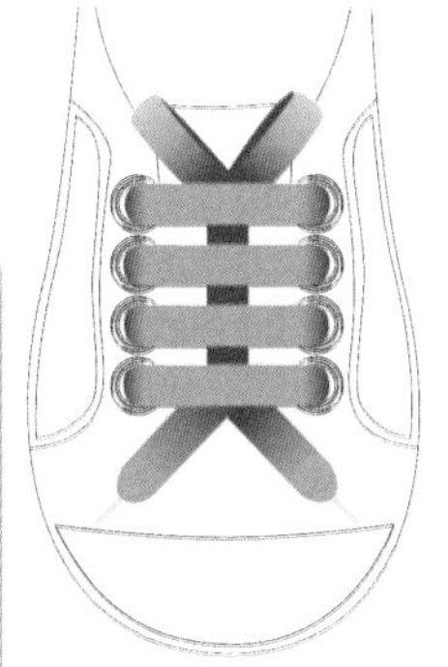

将部分对象切换为轮廓模式

预览模式

预览模式+使用CPU查看

用钢笔工具编辑锚点，修改路径

Illustrator高手只使用钢笔工具便可完成绘图、编辑锚点、修改路径等操作，而不必使用其他工具。例如，使用钢笔工具绘图的过程中，如果最后一个锚点是平滑点，将光标停留在其上方（光标会变为状），单击可将其转换为角点，之后便可在其后面绘制出直线，或者转角曲线。如果拖曳锚点，则可修改曲线的形状，但不会改变锚点的属性。

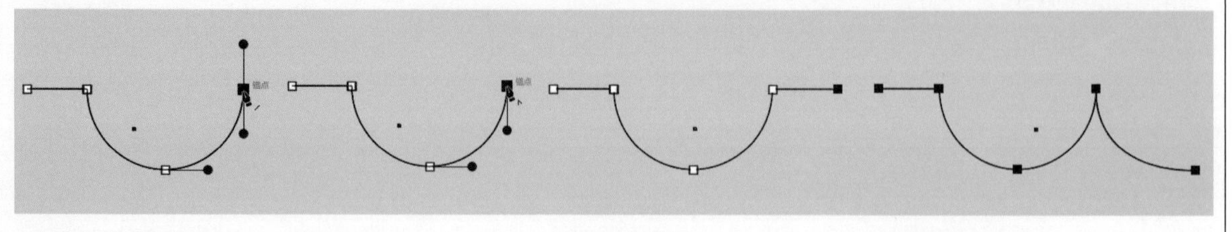

光标停留在平滑点上　　单击　　绘制直线路径　　绘制转角曲线

如果最后一个锚点是角点，在其上方拖曳，可拉出方向线并将其转换为平滑点，之后可在其后面绘制出曲线。处理路径段上的锚点时，该方法同样有用。例如，按住Alt键（临时切换为锚点工具）在平滑点上单击，可将其转换为角点；按住Alt键拖曳角点，可将其转换为平滑点。

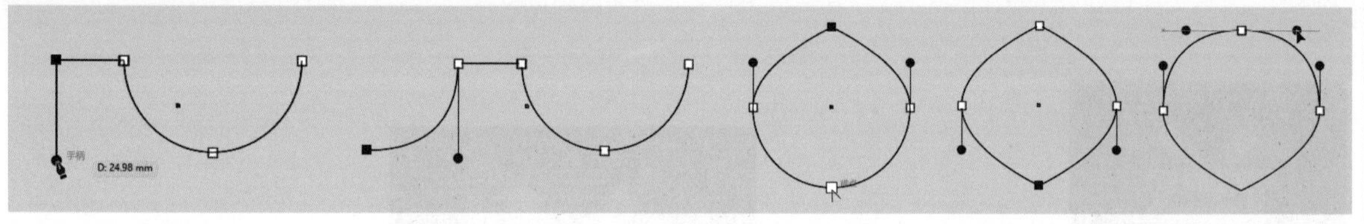

从角点上拉出方向线　　绘制曲线　　按住Alt键　　转换为角点　　转换为平滑点

选择路径后，将光标移动到路径上方，光标会变为状，此时单击可添加锚点；光标在锚点上方时会变为状，单击可删除锚点。

显示锚点后，按住Alt键（临时切换为锚点工具）拖曳方向点，可以调整方向线一侧的曲线；按住Ctrl键（临时切换为直接选择工具）拖曳方向点，可同时调整方向线两侧的曲线；将光标移动到路径段上，按住Alt键（光标变为状）拖曳，可以调整曲线的形状；如果拖曳直线路径，则可将其转换为曲线。

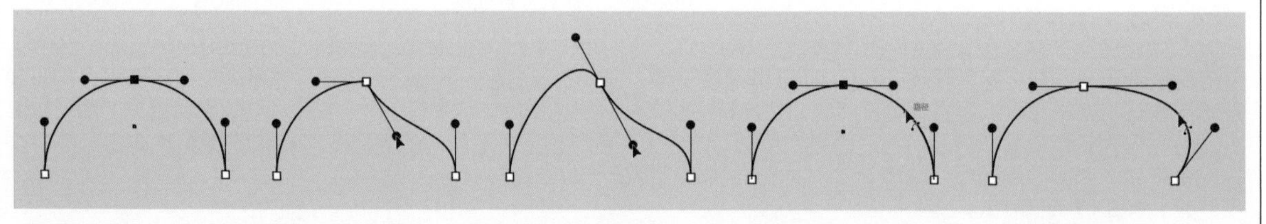

显示锚点　　按住Alt键拖曳　　按住Ctrl键拖曳　　在路径上按住Alt键　　调整路径形状

绘制路径的过程中，将光标移动到另外一条开放式路径的端点上，光标变为状时单击，可连接这两条路径。将光标移动到一条开放式路径的端点上，光标变为状时单击，此后便可继续绘制该路径。如果想结束开放路径的绘制，可按住Ctrl键在远离对象的位置单击。

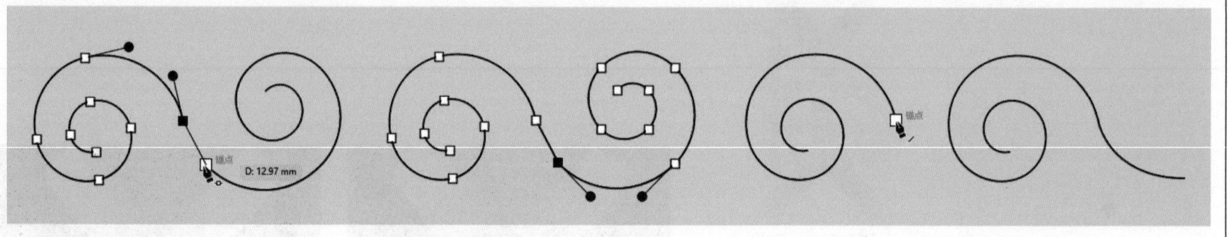

光标在路径端点　　单击连接路径　　光标在路径端点　　继续绘制路径

5.4 编辑路径

Illustrator中有很多命令可以编辑路径，例如，可以对路径进行偏移、平滑化和简化处理，也能将路径或图形擦除。

5.4.1 连接开放的路径

需要连接两条路径时，既可使用钢笔工具操作（见82页），也可以使用直接选择工具选取需要连接的锚点，然后单击“控制”面板中的按钮，或者执行“对象”|“路径”|“连接”命令进行连接。

如果路径交叉，如图5-154所示，则连接之后会变成图5-155所示的结果。如果想创建图5-156所示的连接效果，则需要使用连接工具操作，而且不必预先选取路径，只要在锚点上方拖曳光标即可，如图5-157所示。

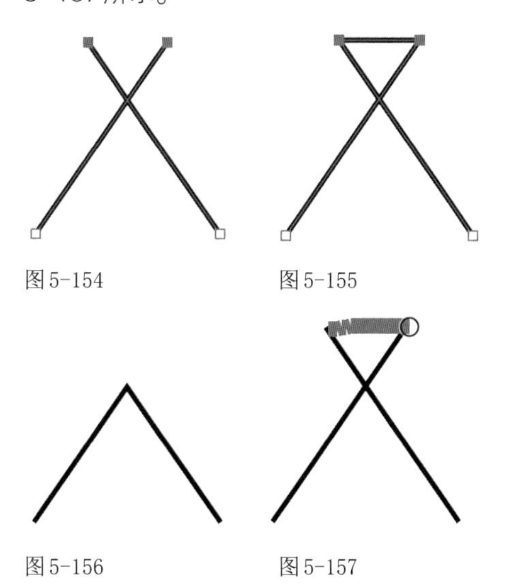

图5-154 图5-155

图5-156 图5-157

该工具还可以针对另外两种情况自动对路径进行扩展和裁切，如图5-158和图5-159所示。

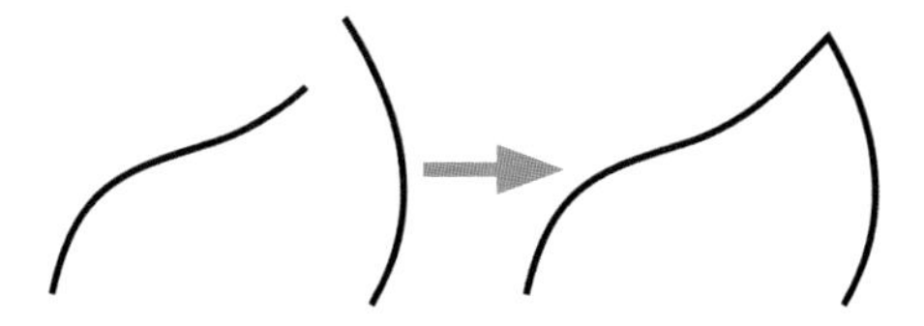

扩展短路径，之后进行连接

图5-158

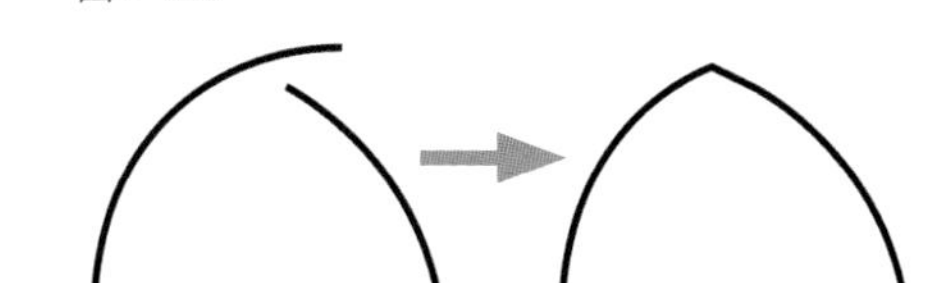

裁切长路径、扩展短路径，之后进行连接

图5-159

5.4.2 偏移路径

选择矢量对象，如图5-160所示，执行“对象”|“路径”|“偏移路径”命令，可从对象中复制出新的图形。该方法可用于制作同心圆或相互之间保持固定距离的多个对象。

图5-161所示为“偏移路径”对话框。“位移”用来设置新路径的偏移距离，该值为正值时，路径向外扩展；为负值时，路径向内收缩。“连接”可设置拐角的连接方式。“斜接限制”用于控制角度的变化范围。效果如图5-162所示。

图5-160 图5-161

斜接 圆角 斜角

图5-162

5.4.3 简化路径

选择对象，如图5-163所示，执行“对象”|“路径”|“简化”命令，画板上会显示组件。拖曳圆形滑块，可手动减少锚点数量，如图5-164所示；单击按钮，则自动简化锚点。单击•••按钮，可以打开“简化”对话框设置更多的选项。

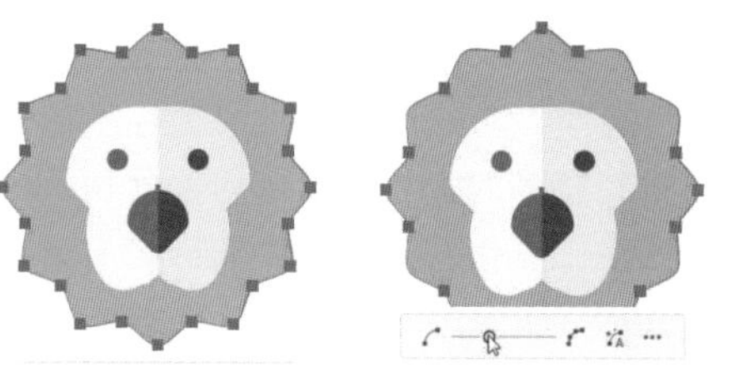

图5-163 图5-164

曲线路径上的锚点越多，路径越不容易平滑。减少多余的锚点，可以增强路径的平滑度，提高图稿的显示效果，也能减小文件大小，打印时速度更快。

5.4.4 平滑路径

除“简化”命令外，平滑工具也可对路径进行处理。操作时，先选取路径，如图5-165所示，然后使用平滑工具在路径上反复拖曳即可，效果如图5-166所示。

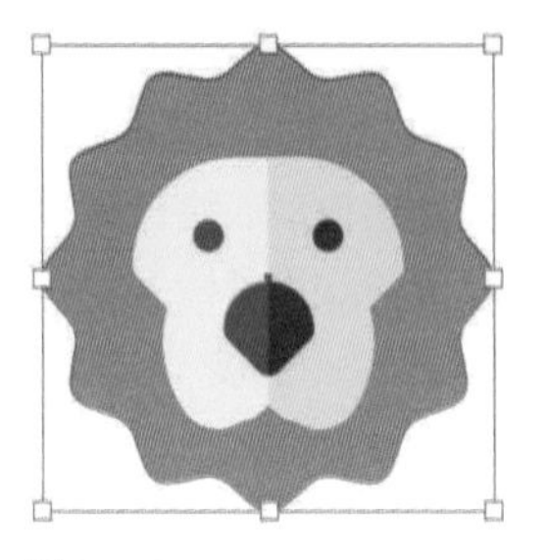

图5-165

图5-166

5.4.5 剪断路径

选择路径，使用剪刀工具在路径上单击，可将路径一分为二，如图5-167和图5-168所示。

图5-167

图5-168

如果想让路径在某个锚点（也可以是多个锚点）处断开，可以用直接选择工具选取锚点，之后单击“控制”面板中的按钮。断开处会生成两个重叠的锚点，可以使用直接选择工具移开锚点。

5.4.6 剪切图形

使用美工刀工具在路径上拖曳光标，可以对其进行裁剪，如图5-169和图5-170所示。如果是开放的路径，被裁切后会自动闭合。

由于是手动操作，图形被剪切之后往往不够规整。如果想要得到整齐的裁切效果，可以使用钢笔工具或其他绘图工具在图形上方绘制出相应形状的路径，如图5-171所示，之后执行“对象”|“路径”|“分割下方对象”命令，用该路径分割下面的图形。图5-172所示为用编组选择工具将图形移开的效果。

图5-169

图5-170

图5-171

图5-172

5.4.7 擦除路径和图形

选择图形，如图5-173所示，使用路径橡皮擦工具在路径上方拖曳，可以擦除路径，如图5-174和图5-175所示。闭合的路径会变为开放的路径。擦除不连续的几部分后，剩余的部分会变成各自独立的路径。

图5-173

图5-174

图5-175

> 提示
>
> 使用直接选择工具单击路径段，按Delete键可将其删除。再按Delete键，可将其余路径全部都删除。

如果需要大面积擦除，可以使用橡皮擦工具操作，如图5-176所示。该工具可擦除图形的任何部分，而不管它们是否属于同一对象或是否在同一图层中。使用该工具时，不必选取对象。但如果只想擦除某一图形，不破坏其他对象，就应先将对象选取，再进行擦除。

图5-176

> 提示
>
> 使用橡皮擦工具◆时，按] 键和 [键可调整工具的大小；按住Alt键可以拖曳出一个矩形选框，并擦除选框范围内的图形；按住Shift键拖曳光标，可以将擦除方向限制为垂直、水平或对角线方向。

5.4.8 将图形分割为网格

网格是设计工作中重要的辅助工具。制作信息量较大的APP页面、促销单、杂志、书籍时，使用网格可以限定图文信息的位置，使版面充实、规整，如图5-177和图5-178所示。

图5-177

图5-178

如果想使用网格划分版面，可以创建一个矩形（其他形状的图形也可），执行“对象”|“路径”|“分割为网格”命令，打开“分割为网格”对话框，设置网格大小、数量及间距，单击“确定”按钮，即可将所选图形转换为网格，如图5-179和图5-180所示。

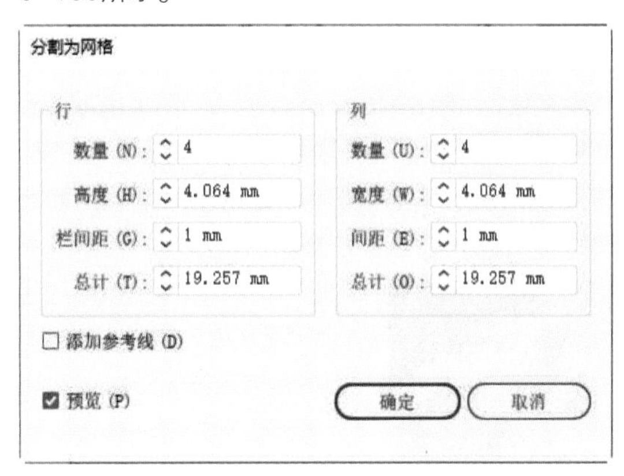

图5-179

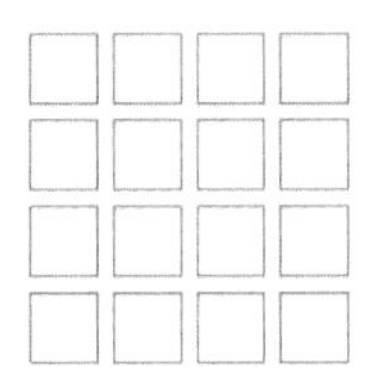

图5-180

- “列”选项组：在“数量”选项内可以设置矩形的列数；“宽度”选项用来设置矩形的宽度；“间距”选项用来设置列与列的间距；“总计”选项用来设置矩形的总宽度，增大该值时，Illustrator会增大每一个矩形的宽度，从而达到增大整个矩形宽度的目的。
- 添加参考线：勾选该复选框后，会以阵列的矩形为基准创建类似参考线状的网格，如图5-181所示。
- “行”选项组：在“数量”选项内可以设置矩形的行数；“高度”选项用来设置矩形的高度；“栏间距”选项用来设置行与行的间距；“总计”选项用来设置矩形的总高度，增大该值时，Illustrator会增大每一个矩形的高度，从而达到增大整个矩形高度的目的。图5-182所示是设置“总计”为20mm时的网格，图5-183所示是设置“总计”值为30mm时的网格，此时每一个矩形的高度都增大了，但行与行的间距没有变。

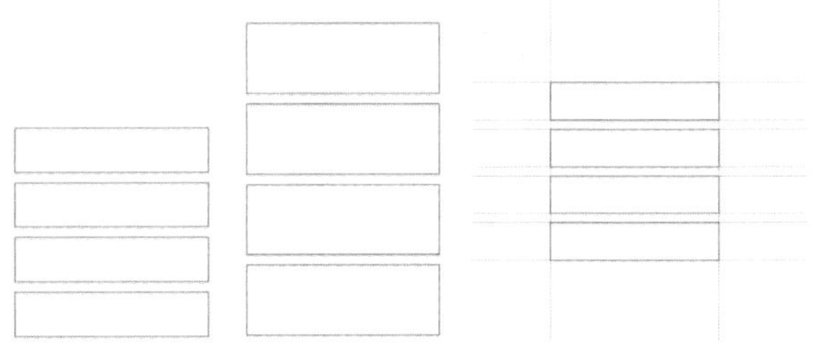

图5-181　　图5-182　　图5-183

5.5 图像描摹与位图管理

在工作中，经常会有依照图像绘制矢量图的任务，如描摹LOGO、图案、图片等。图像描摹功能可以从位图（如照片、网络上的图片等）中生成矢量图，让照片、图片等瞬间变为矢量图稿，这样用户便可轻松地在该图稿的基础上绘制新图稿。

5.5.1 图像描摹面板

选取图像，如图5-184所示，打开“图像描摹”面板，如图5-185所示。单击面板底部的“描摹”按钮，可以使用默认的选项描摹图像。进行描摹后，还可通过该面板或“控制”面板修改描摹结果。

图5-184

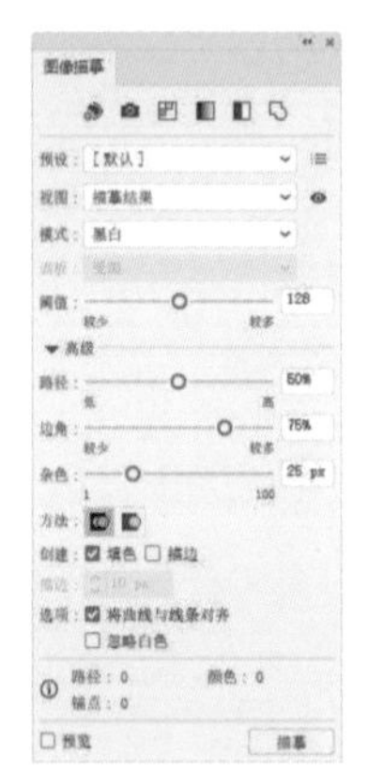

图5-185

- 指定描摹预设图标：面板顶部的图标是根据常用工作流命名的快捷图标。单击其中的一个预设，可描摹图像，如图5-186所示。

自动着色　高色

低色

灰度

黑白

轮廓

图5-186

- 预设：可以选择一个预设描摹图像。单击该选项右侧的☰按钮，可以将当前的设置参数保存为一个描摹预设。以后要使用该预设描摹对象时，可在“预设”下拉列表中进行选择。
- 视图：图像描摹对象由原始图像（位图）和描摹结果（矢量图）两部分组成。在默认状态下，只显示描摹结果。在该选项的下拉列表中可以修改对象的显示状态，如图5-187所示。单击该选项右侧的眼睛图标，可以显示原始图像。

描摹结果（带轮廓）

轮廓

轮廓（带源图像）

图5-187

- 模式/阈值：用来设置描摹结果的颜色模式，包括“彩色”“灰度”和“黑白”。选择“黑白”时，可以设置“阈值”，所有比该值亮的像素转换为白色，比该值暗的像素转换为黑色。
- 调板：指定用于从原始图像生成彩色或灰度描摹的调板。该选项仅在“模式”被设置为“彩色”和“灰度”时可用。
- 颜色：可以指定颜色数量。
- 路径：控制描摹形状和原始像素形状间的差异。较低的值创建较紧密的路径拟和；较高的值创建较疏松的路径拟和。
- 边角：指定侧重角点。该值越大，角点越多。
- 杂色：指定描摹时忽略的区域（以像素为单位）。该值越大，杂色越少。
- 方法：单击邻接按钮，可创建木刻路径，即一个路径的边缘与相邻路径的边缘完全重合；单击重叠按钮，则各个路径与其相邻路径稍有重叠。
- 填色/描边：勾选“填色”复选框，可在描摹结果中创建填色区域。勾选“描边”复选框并在下方的选项中设置描边粗细值，可在描摹结果中创建描边路径。
- 将曲线与线条对齐：指定略微弯曲的曲线是否被替换为直线。
- 忽略白色：指定白色填充区域是否被替换为无填充。

5.5.2 释放和扩展描摹对象

对位图进行描摹后，如果希望放弃描摹但保留置入的图像，可以选择描摹对象，执行“对象”|“图像描摹”|“释放”命令。

执行“对象”|“图像描摹”|“扩展”命令，则可将描摹对象扩展为路径。如果想在描摹时将其转换为路径，可执行“对象”|“图像描摹”|“建立并扩展”命令。

5.5.3 实例：描摹图像制作宠物店LOGO

本实例部分效果会用到Photoshop。如果未安装Photoshop，可以使用素材从步骤04开始操作。

01 首先运行Photoshop。按Ctrl+O快捷键在Photoshop中打开图像素材，如图5-188所示。执行“滤镜”|“锐化”|“USM锐化”命令，对图像进行锐化，让毛发细节更清晰，如图5-189所示。

图5-188

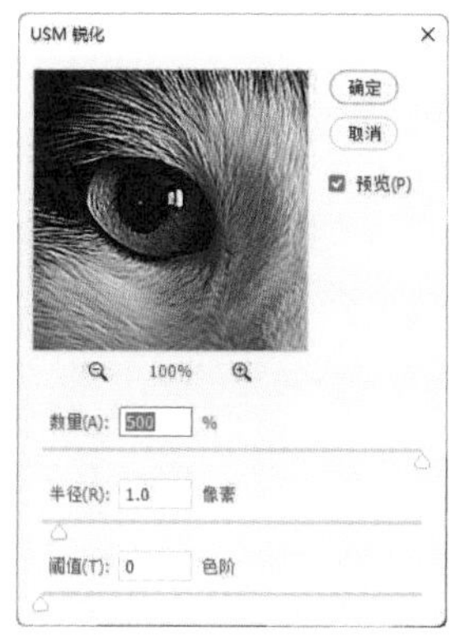

图5-189

02 执行“图像”|“调整”|“阈值”命令，调整阈值色阶，对图像细节进行简化处理，同时将其转换为黑白效果，如图5-190和图5-191所示。

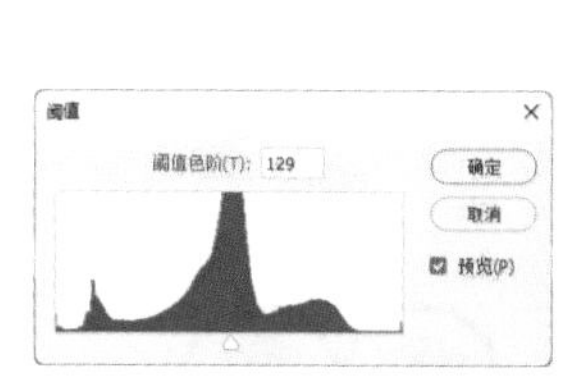

图5-190

图5-191

03 执行“文件”|“存储为”命令，将图像保存到计算机硬盘，文件格式为JPEG格式，如图5-192所示。

04 运行Illustrator。按Ctrl+O快捷键在Illustrator中打开矢量素材，如图5-193所示。按Ctrl+A快捷键全选，按Ctrl+2快捷键锁定图形。

图5-192

图5-193

05 执行“文件”|“置入”命令，打开“置入”对话框，选择存储的猫咪图像，取消勾选“链接”复选框，如图5-194所示。单击“确定”按钮关闭对话框，之后在画布上（即画板外）单击，将图像嵌入当前文档，如图5-195所示。

图5-194

图5-195

06 在“控制”面板中单击“图像描摹”选项右侧的⌄按钮，打开下拉列表，选择“低保真度照片”选项，对图像进行描摹，如图5-196和图5-197所示。单击“控制”面板中的“扩展”按钮，将描摹对象扩展为路径。

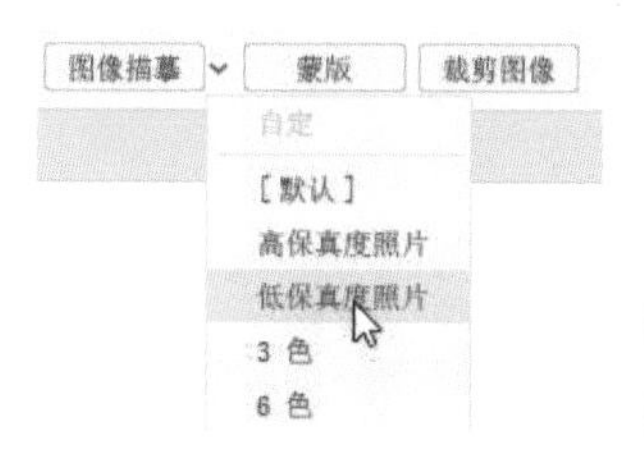

图5-196

图5-197

07 使用选择工具▶将猫咪图形拖曳到装饰边框图形上。设置“不透明度”为50%，让下方的装饰边框透出来，如图5-198和图5-199所示。

图5-198

图5-199

08 执行“选择”|“取消选择”命令，取消选择。选择橡皮擦工具◆，按 [键和] 键调整画笔大小，将多余的背景擦除，如图5-200所示。将“不透明度”恢复为100%，效果如图5-201所示。

图5-200

图5-201

09 选择文字工具T，在空白区域单击并输入文字，字体在“字符”面板中设置，如图5-202所示。使用选择工具▶将文字拖曳到装饰边框上，如图5-203所示。

萌萌宠物生活旗舰店

图5-202

图5-203

10 执行“效果”|“画笔描边”|“喷溅”命令，打开“滤镜库”，参数设置如图5-204所示，让文字边缘变得粗糙。

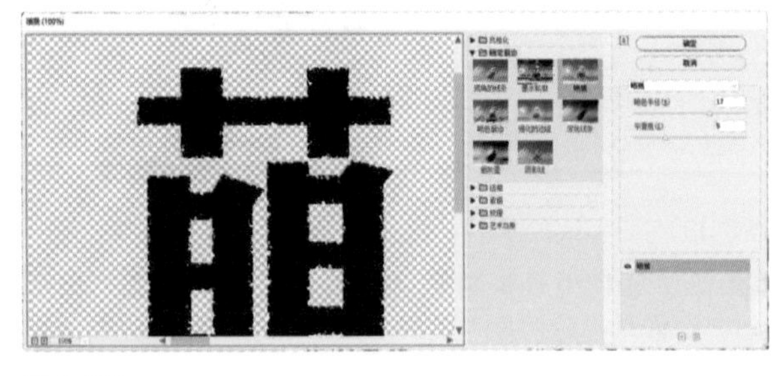

图5-204

11 执行“对象”|“封套扭曲”|“用变形建立”命令，打开“变形选项”对话框，选取变形样式并设置参数，如图5-205和图5-206所示。

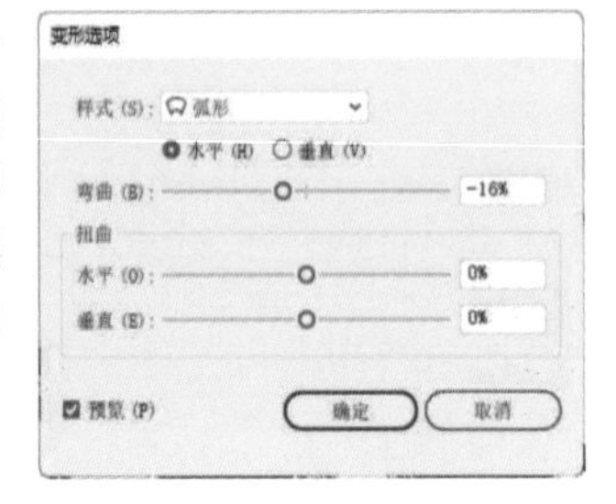

图5-205

图5-206

实用技巧　链接与嵌入图像，哪种方法更好

使用“置入”命令可以将JPG、PSD、AI、GIF等格式的外部文件置入Illustrator文档。置入文件时，会打开“置入”对话框，“链接”选项决定了文件的存在方式——链接和嵌入。它们各有利弊。

取消勾选“链接”复选框，可嵌入图稿。在这种状态下，图稿将存储于Illustrator文件中，因而文件的“体量”会变大，但可编辑性更好。例如，嵌入AI格式的文件时，会将其转换为路径，因此，图形的所有组成部分都可以用Illustrator中的工具和命令修改；如果嵌入的是PSD格式文件，还会保留其中的图层和组。

勾选“链接”复选框后，置入的图稿与Illustrator文件是各自独立的，不会显著地增大Illustrator文件占用的存储空间。对链接的图稿进行复制时，由于每个副本都与原始图稿链接，即都指向原始图稿一个“真身”，其他的都是它的“镜像”，所以复制得再多，占用的存储空间也不会太大。更重要的是，可以通过编辑原始图稿，一次性地更新所有与之链接的图稿，就像更新符号一样方便（见252页）。

在编辑链接的图稿时，虽然可以使用变换工具和“效果”菜单中的命令来修改图稿，却不能选择和编辑其中的单个组件。这意味着即便置入的是AI格式的矢量文件，也无法编辑其路径，只能像编辑图像一样对图稿进行整体处理。

嵌入的AI格式文件，路径和锚点均可编辑

链接的AI格式文件，对象是一个整体

5.5.4　链接面板

“链接”面板用来管理置入的文件。在该面板中，置入的文件包含缩览图、文件名称和链接状态。其中，嵌入的图稿的缩览图右侧有◪状图标，链接的图稿没有该图标。如果图稿的源文件有变动，面板中还会显示提醒类图标，如图5-207所示。

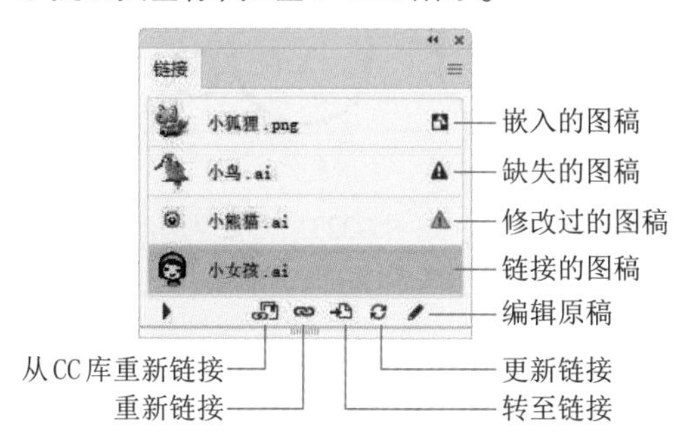

图5-207

单击一个文件，单击▸按钮展开面板，可以看到文件的详细信息，如图5-208所示。如果要选取图稿，可以在“链接”面板中单击图稿，之后单击⊕按钮。

单击一个链接的图稿，单击✎按钮，可运行制作源文件的软件，并将其载入，此时可对源文件进行修改，完成修改并保存后，链接到Illustrator中的图稿会自动更新到与之相同的状态。

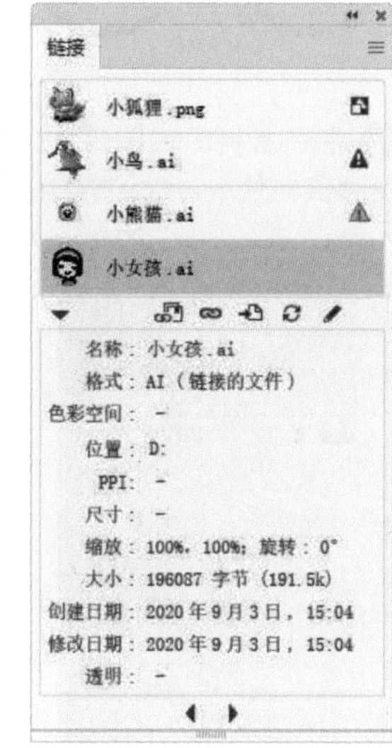

图5-208

5.5.5　嵌入与取消嵌入

单击链接的图像，单击“控制”面板中的“嵌入”按钮，可将其嵌入当前文档。如果想将嵌入的文件转换为链接状态，可将其选择，然后单击“控制”面板中的“取消嵌入”按钮，在打开的“取消嵌入”对话框中为文件指定存储位置，并输入名称，文件可使用默认的PSD格式（以保存图层、文字、蒙版和透明背景），如图5-209所示，之后单击“保存”按钮，这样图稿就会被保存到指定的文件夹中，如图5-210所示，并与Illustrator文件中的图稿建立链接。

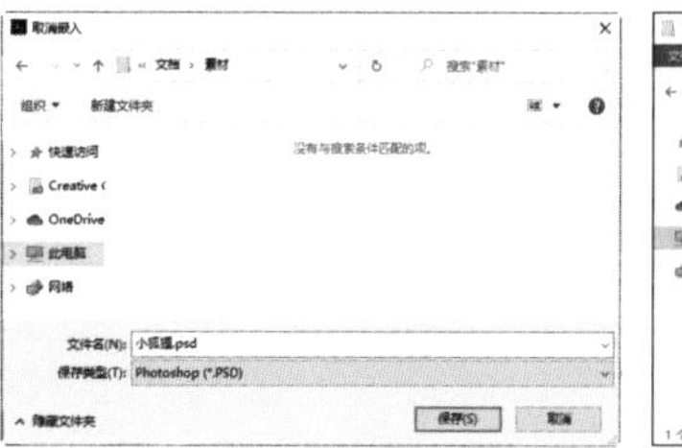

图5-209

图5-210

5.5.6　重新链接及替换链接

置入图稿后，如果其源文件的名称被修改，或存储位置发生了改变，再或者文件被删除了，则“链接”面板中该图稿的缩览图右侧会出现⚠状图标。这种情况需要重新链接图稿，文件才能被使用。

单击“链接”面板底部的⊖按钮，在打开的对话框中找到其源文件，单击“置入”按钮，可重新建立链接。也可以使用其他文件对当前图稿进行替换。

如果图稿的源文件只是被编辑过，则其缩览图的右侧会出现⚠状图标，此时只需单击↻按钮，便可将其更新到最新状态。

5.6　进阶实例：扁平化单车图标

01 按Ctrl+O快捷键打开素材，如图5-211所示。双击“图层1”，如图5-212所示，打开“图层选项”对话框，勾选“变暗图像至”复选框，默认参数值为50%（可以根据自己的需要进行调整），如图5-213所示，单击“确定”按钮，降低图像的显示程度，以方便在其上方绘图，如图5-214所示。

图5-211

图5-212

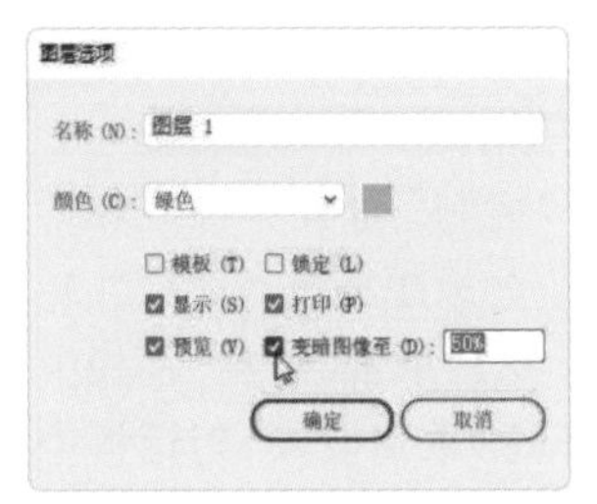

图5-213

图5-214

02 在该图层的眼睛图标右侧单击，锁定图层，如图5-215所示。单击“图层”面板中的按钮，新建一个图层，如图5-216所示。选择钢笔工具，基于图像绘制自行车的轮廓图（为便于观察，描边设置得细一些，可以为2pt），如图5-217所示。单击“图层2”前方的眼睛图标，隐藏该图层，自行车路径效果如图5-218所示。

图5-215

图5-216

图5-217

图5-218

03 使用直接选择工具拖曳锚点，调整自行车的结构，车座与车身用三角形表现，车把手则用3/4圆形来概括，如图5-219所示。选取所有路径，在“描边”面板中分别单击按钮和按钮，去掉三角形锋利的尖角，如图5-220和图5-221所示。

04 先将图形填充为白色（车把手除外）。再调整三角形的结构，尽量使水平边之间保持平行，斜边也是这样，使图形整体上看起来更协调，如图5-222所示。

图5-219

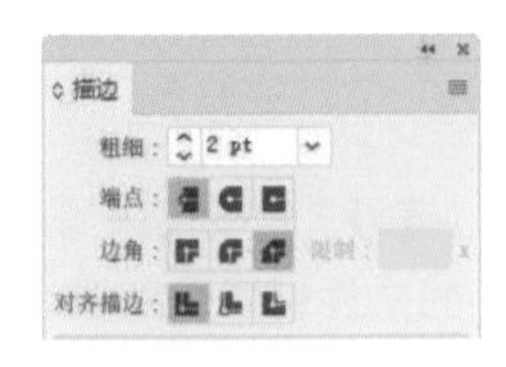

图5-220

图5-221

图5-222

05 设置描边粗细为3pt，如图5-223所示。为图形填色，一款自行车的扁平化图标就完成了，如图5-224所示。

图5-223

图5-224

06 打开素材，如图5-225所示。将绘制好的单车图形拖曳到该文件中，如图5-226所示。

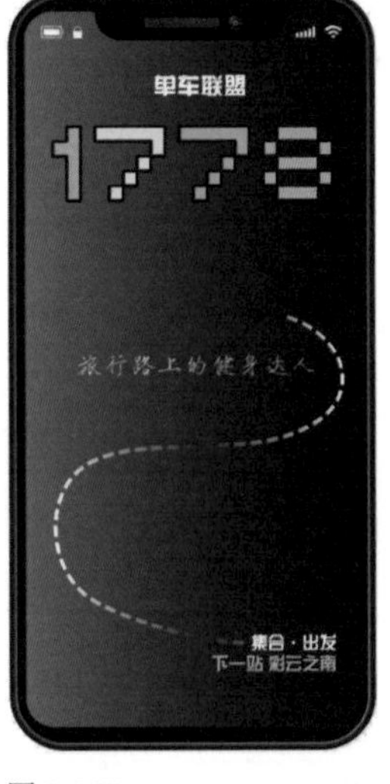

图5-225

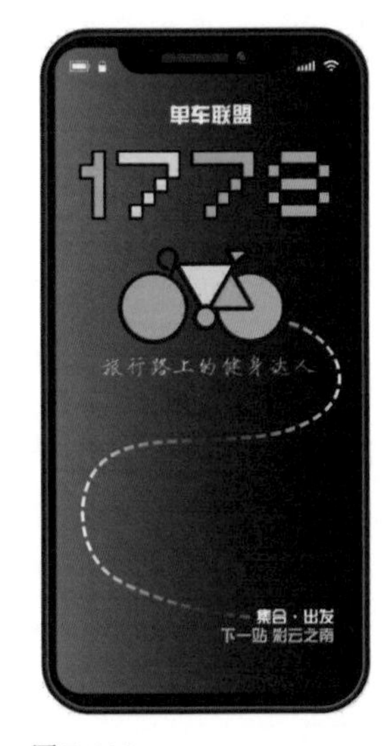

图5-226

5.7 进阶实例：VI系统吉祥物设计

01 使用椭圆工具绘制椭圆形，填充皮肤色，如图5-227所示。再绘制一个小一点的椭圆形，填充白色，如图5-228所示。选择删除锚点工具，将光标放在图5-229所示的锚点上方，单击删除锚点。选择直线段工具，按住Shift线绘制3条竖线，以皮肤色作为描边颜色，如图5-230所示。

图5-227

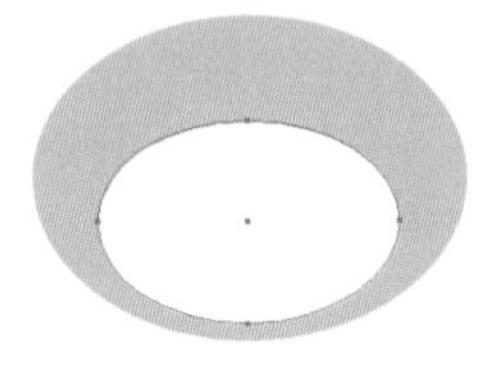

图5-228

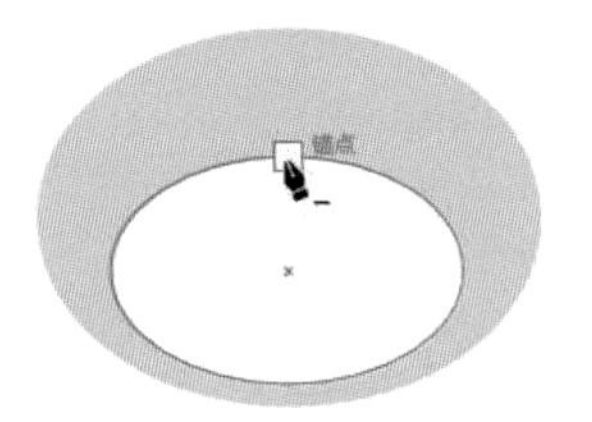

图5-229

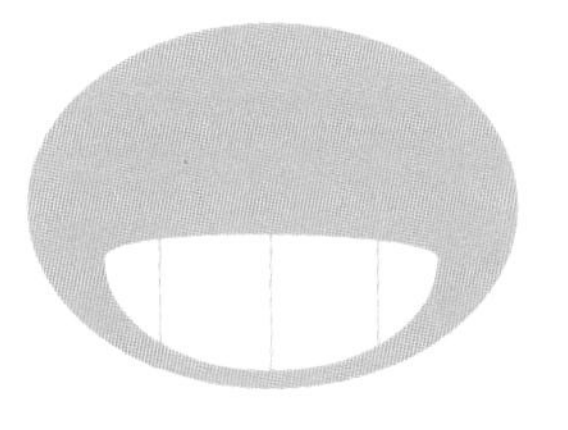

图5-230

02 使用钢笔工具绘制吉祥物的眼睛，填充粉红色，如图5-231所示。使用椭圆工具按住Shift键绘制一个圆形，如图5-232所示。

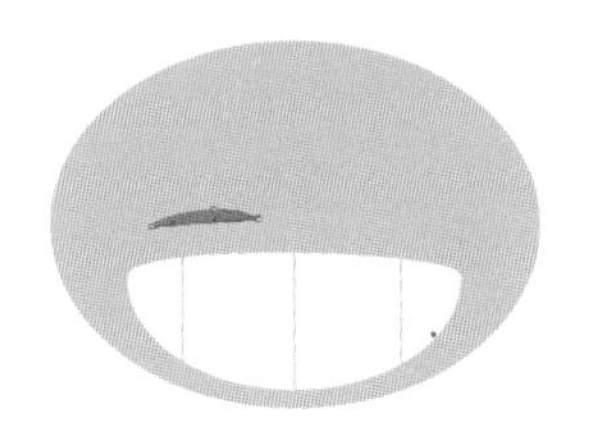

图5-231

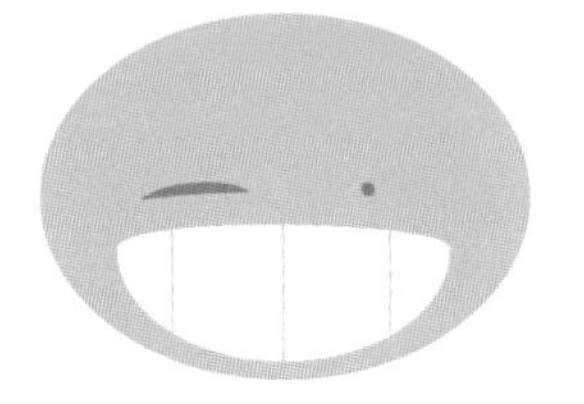

图5-232

03 在脸颊左侧绘制圆形，填充径向渐变，如图5-233和图5-234所示。

图5-233

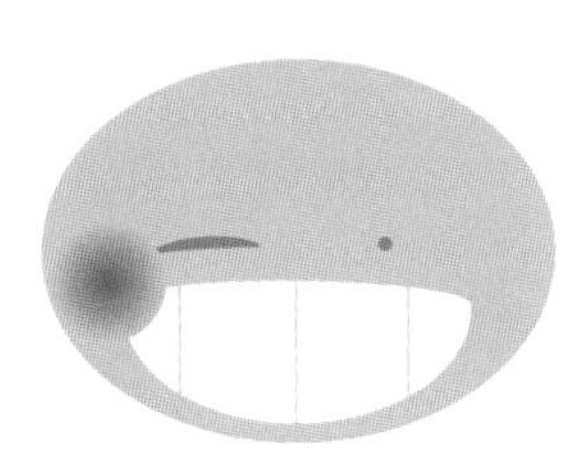

图5-234

04 单击浅粉色的渐变滑块，将其“不透明度”设置为0%，如图5-235和图5-236所示。

图5-235

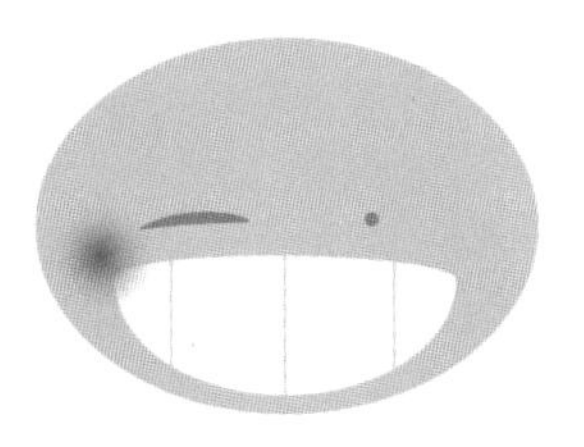

图5-236

05 使用选择工具按Shift+Alt快捷键向右拖曳图形进行复制，如图5-237所示。使用钢笔工具绘制吉祥物的耳朵，如图5-238所示。再绘制一个小一点的耳朵图形，填充线性渐变，如图5-239和图5-240所示。

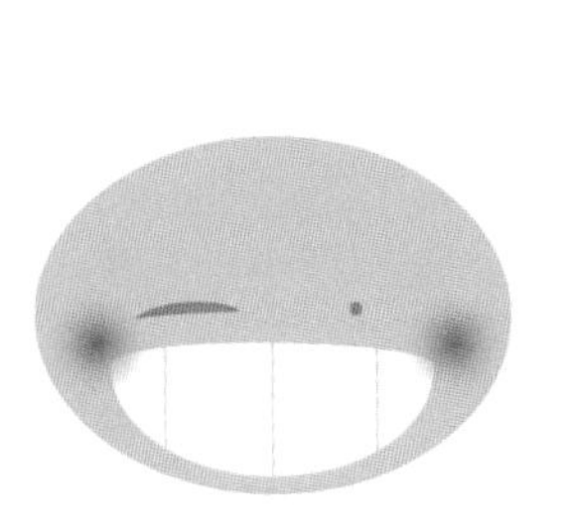

图5-237

图5-238

图5-239

图5-240

06 选取这两个耳朵图形，选择镜像工具，按住Alt键在吉祥物面部的中心位置单击，以该点作为镜像中心，此时打开“镜像”对话框，选中“垂直”单选按钮，如图5-241所示，单击“复制”按钮，在右侧对称位置复制出耳朵图形，效果如图5-242所示。选取耳朵图形，按Shift+Ctrl+[快捷键移至底层，如图5-243所示。

图5-241

图5-242

图5-243

07 使用钢笔工具绘制吉祥物身体，如图5-244所示。按住Ctrl键（临时切换为选择工具）单击该路径，选取整条路径，如图5-245所示，选择镜像工具，将光标放在路径的起始点上，如图5-246所示，按住Alt键并单击，打开“镜像”对话框后，选中“垂直”单选按钮，单击“复制”按钮，镜像并复制路径，如图5-247所示。

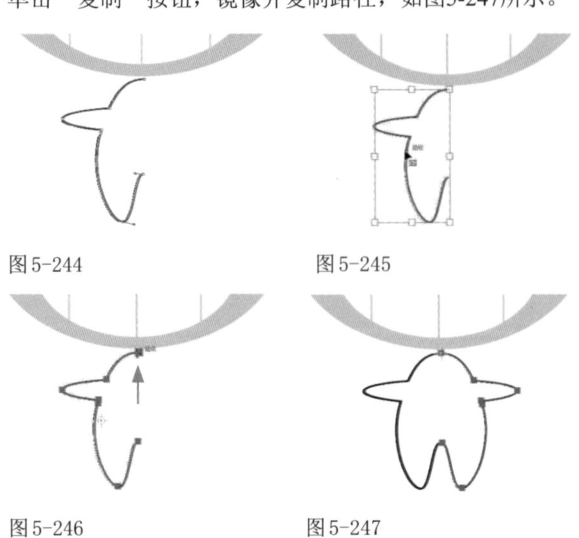

图5-244　图5-245

图5-246　图5-247

08 使用直接选择工具拖曳出选框，选取两条路径上方的锚点，如图5-248所示，单击控制面板中的“连接所选终点”按钮，如图5-249所示，将这两个锚点连接。

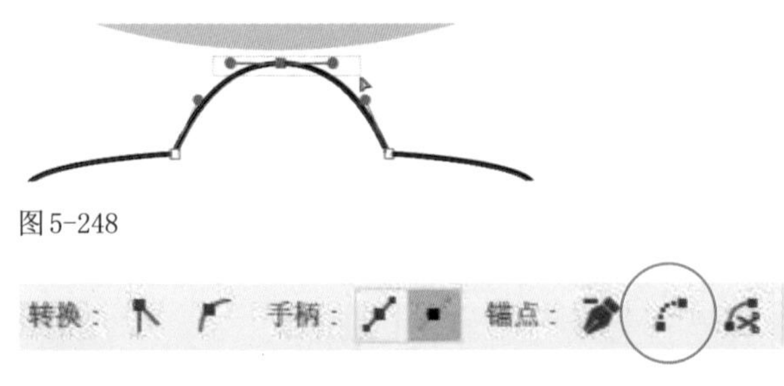

图5-248

图5-249

09 选取两条路径结束点的锚点，如图5-250所示，进行连接，使之成为一个完全对称的图形，如图5-251所示。为其填充粉红色，无描边，如图5-252所示。

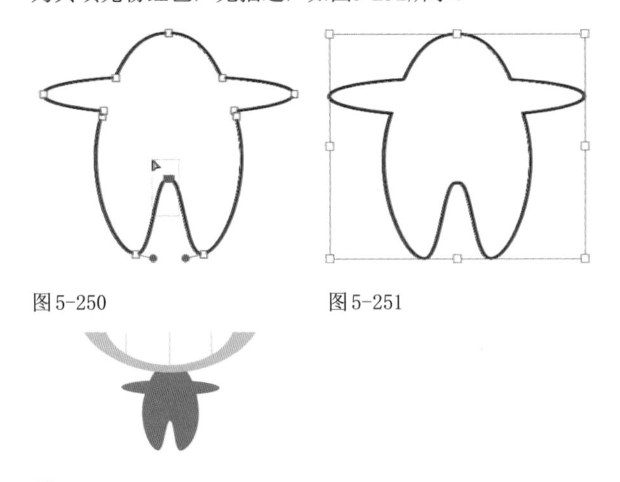

图5-250　图5-251

图5-252

10 使用选择工具按住Shift键单击面部椭圆形、两个耳朵和身体图形，将其选取，按住Alt键拖曳画面空白处，复制这几个图形，如图5-253所示。单击“路径查找器”面板中的按钮，将图形合并在一起，如图5-254所示。

图5-253　图5-254

11 单击工具栏中的按钮，互换填色和描边，如图5-255所示。将图形缩小并复制，将复制后的图形的描边颜色设置为粉红色，如图5-256所示。

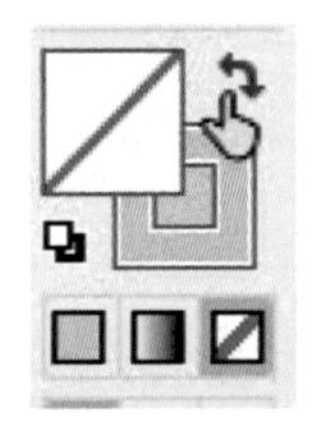

图5-255　图5-256

12 使用矩形工具创建一个矩形（无填色和描边），将两个吉祥物包围，如图5-257所示。选取这3个图形，将其拖曳到“色板”面板中创建为图案，如图5-258所示。创建一个矩形，填充该图案。图5-259所示为用吉祥物和图案组合成的画面效果。

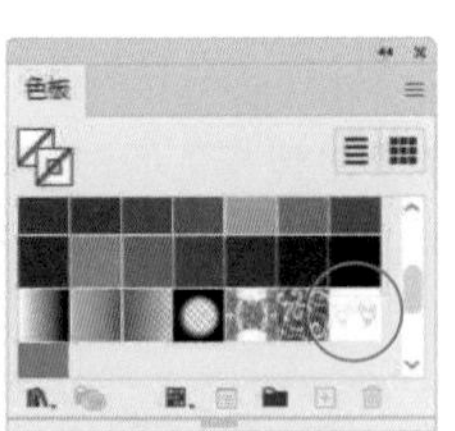

图5-257　图5-258

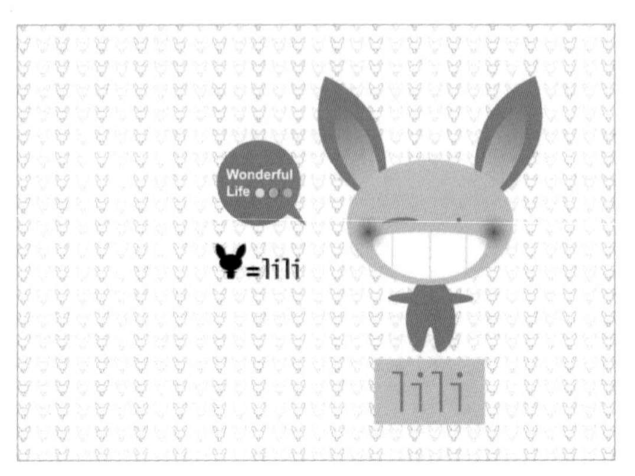

图5-259

5.8 课后作业：绘制时装画女郎

时装画强调绘画技巧，突出艺术气氛与视觉效果，是时装设计师表达设计思想的重要手段，可以起到宣传和推广的作用。本作业使用钢笔工具绘制时装画女郎，如图5-260所示，图5-261所示为作品在手提袋上的印刷效果。先绘制女孩的眼眉、眼睛和鼻子，再绘制身体、长发和帽子。其中鼻子的描边粗细为1pt，通过添加“宽度配置文件1”让线条呈现粗细变化，头发也如此设置，如图5-262所示。具体操作方法可参见视频教学。

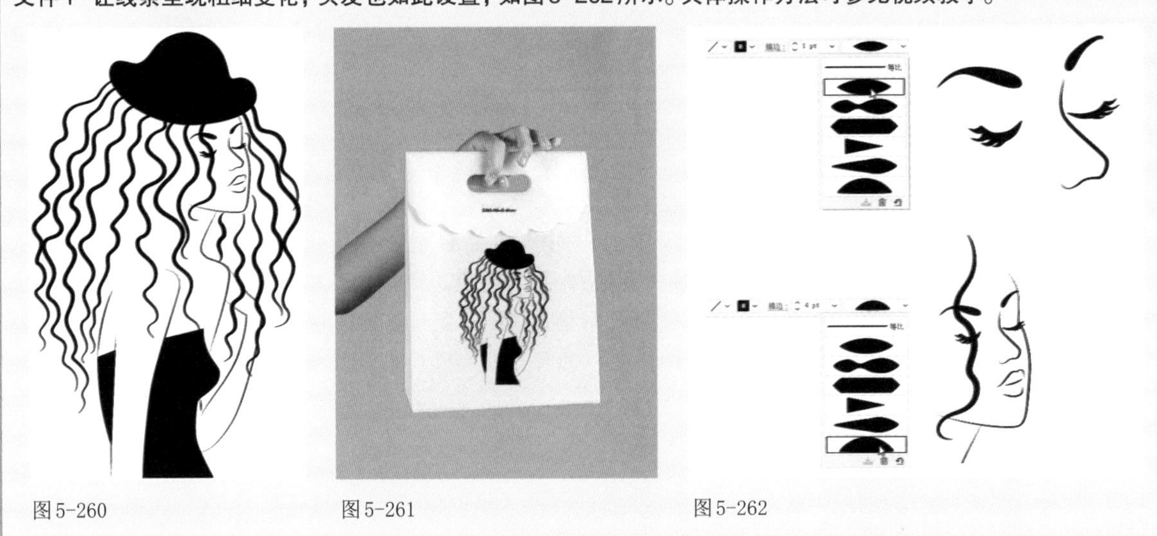

图5-260　图5-261　图5-262

5.9 课后作业：描摹图像并用色板库上色

进行图像描摹时，可以使用色板库中的颜色进行上色。打开素材，如图5-263所示，先在“窗口”|“色板库”菜单中打开色板库，如图5-264所示；然后选取图像，在“图像描摹”面板的“模式”下拉列表中选择“彩色”选项，在“调板”下拉列表中选择该色板库，如图5-265所示；之后单击“描摹”按钮即可，结果如图5-266所示。

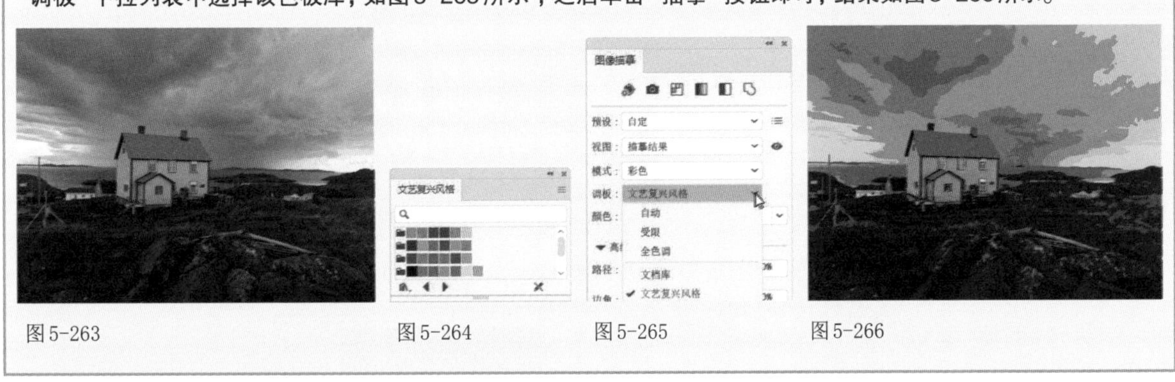

图5-263　图5-264　图5-265　图5-266

5.10 问答题

1. 请描述位图与矢量图的特点及主要用途。
2. 怎样关闭钢笔工具和曲率工具的橡皮筋预览？
3. 直接选择工具和锚点工具都可修改路径的形状，请指出这两个工具的相同点和不同之处。
4. 请提供两种以上角点转换为平滑点的方法。
5. 请简述剪刀工具、美工刀工具、橡皮擦工具和路径橡皮擦工具的用途及区别。

AI

第6章 排列与组合：对齐、分布与组合对象

本章简介

当设计元素对齐时，会产生一种统一的感觉，使设计作品看起来更整洁和有序，进而增强视觉吸引力。

本章介绍怎样在Illustrator中对齐和分布对象。在这之后还会讲解如何利用现有图形构建新的复杂的图形。其中，“路径查找器”面板和复合形状在LOGO、图标等设计工作中可以发挥重要作用；形状生成器工具则类似于手动版的“路径查找器”面板，使用时更加灵活；Shaper工具能识别用户的手势，适合制作草图或图标等需要快速绘制的图形。

这些功能和工具可以使用户在Illustrator中更轻松地创建和编辑形状，实现更好的设计效果。

学习重点

6.1 对齐与分布

使用“对齐”面板和“控制”面板可沿指定的轴对齐或分布所选对象、画板或关键对象，而且对象边缘和锚点都可作为参考点。在此之上，标尺、参考线和网格辅助工具还可在绘图时提供相关数据，帮助用户进行测量。

6.1.1 标准化制图

在专业设计公司，设计师制图十分规范和严谨，尤其是制作标志设计，都采用标准化制图，即借助对齐、分布等功能，使用网格、参考线等辅助工具，确定标志各元素之间的造型、比例、结构、空间和距离等关系，并标注图形的具体尺寸，如图6-1~图6-5所示。有弧度的标志通常采用圆弧角度标示法，即用正圆弧段切割而成，更精确的图稿还会标示出正确位置和圆弧的数值。排版、UI、网页等设计也会运用网格系统来规范文字和图形，使版面整齐、美观。

图6-1

图6-2

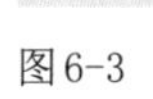

图6-3

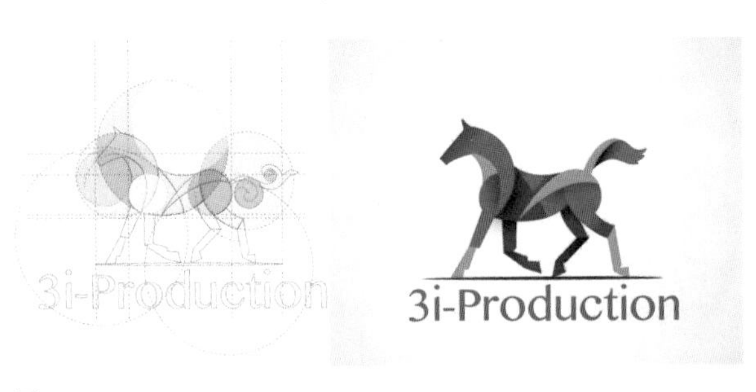

图6-4

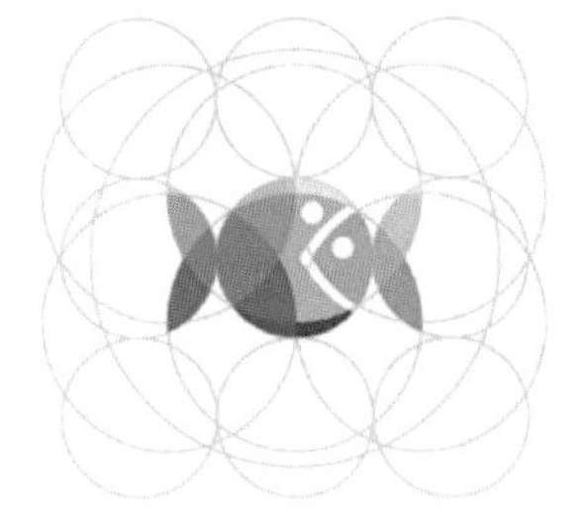

图6-5

6.1.2　对齐与均匀分布对象

图6-6所示为“对齐”面板，图6-7所示为“控制”面板中的对齐和分布按钮，对齐类按钮分别是“水平左对齐”、“水平居中对齐”、“水平右对齐”、“垂直顶对齐”、“垂直居中对齐”和“垂直底对齐”；分布类按钮分别是“垂直顶分布”、“垂直居中分布”、“垂直底分布”、“水平左分布”、“水平居中分布”和“水平右分布”。操作时，选择多个对象，如图6-8所示，之后单击相应的按钮即可。图6-9所示为对齐效果，图6-10和图6-11所示为分布效果（黑线为参考线）。

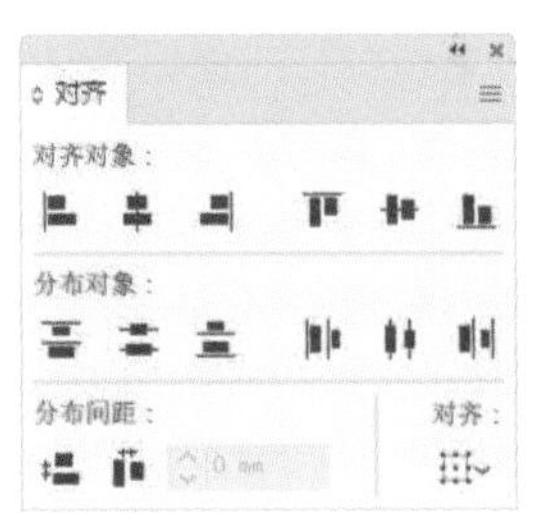

图6-6

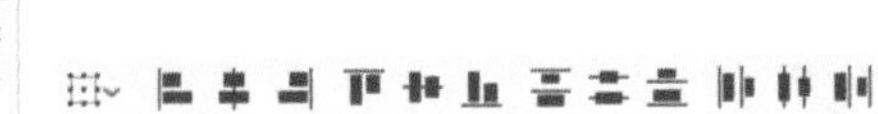

图6-7

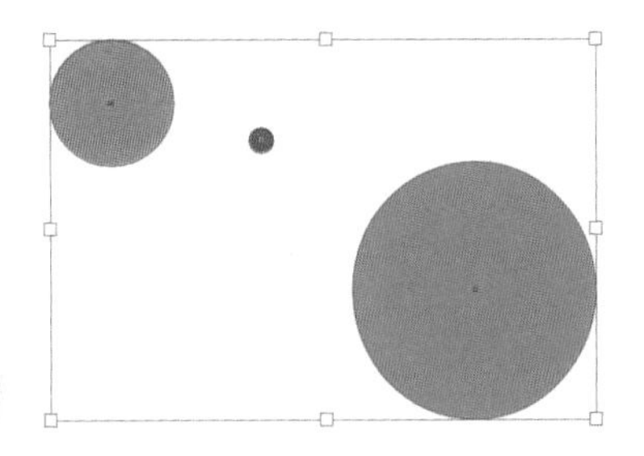

图6-8

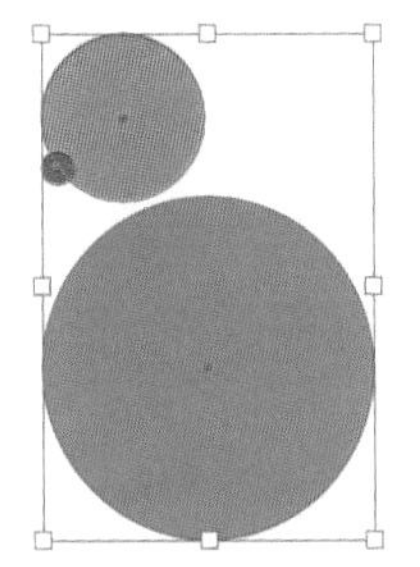

水平左对齐

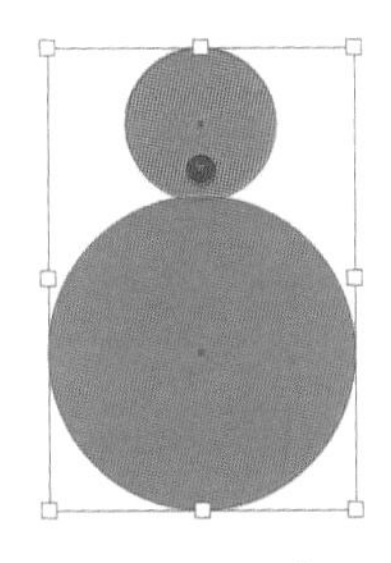

水平居中对齐

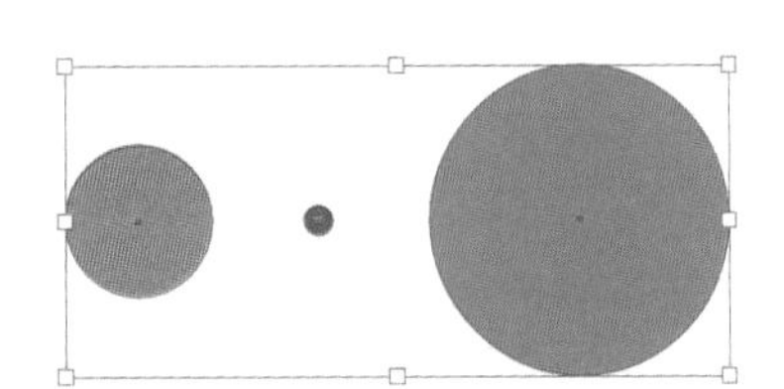

垂直居中对齐

图6-9

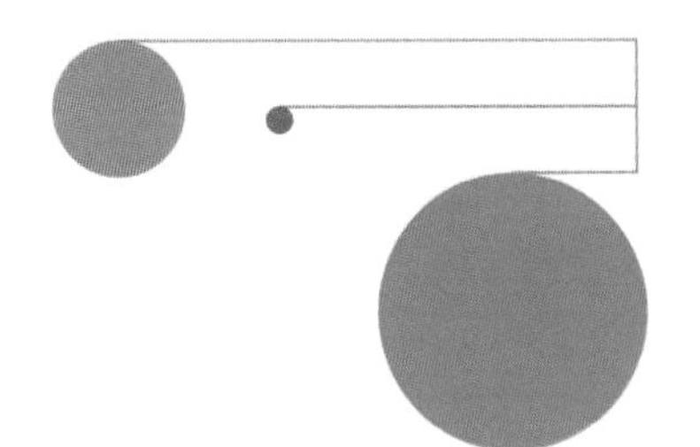

垂直顶分布

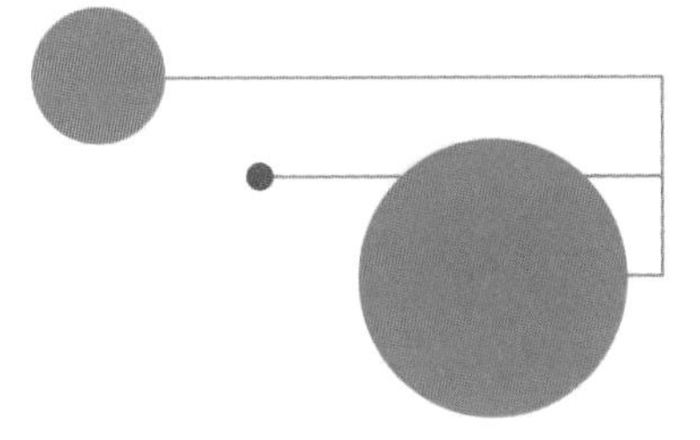

垂直居中分布

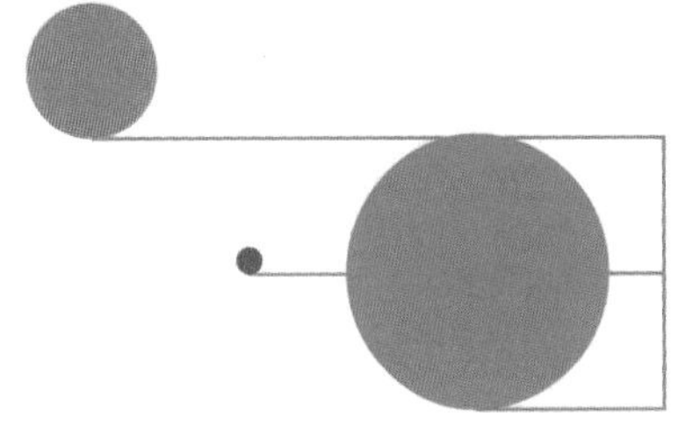

垂直底分布

图6-10

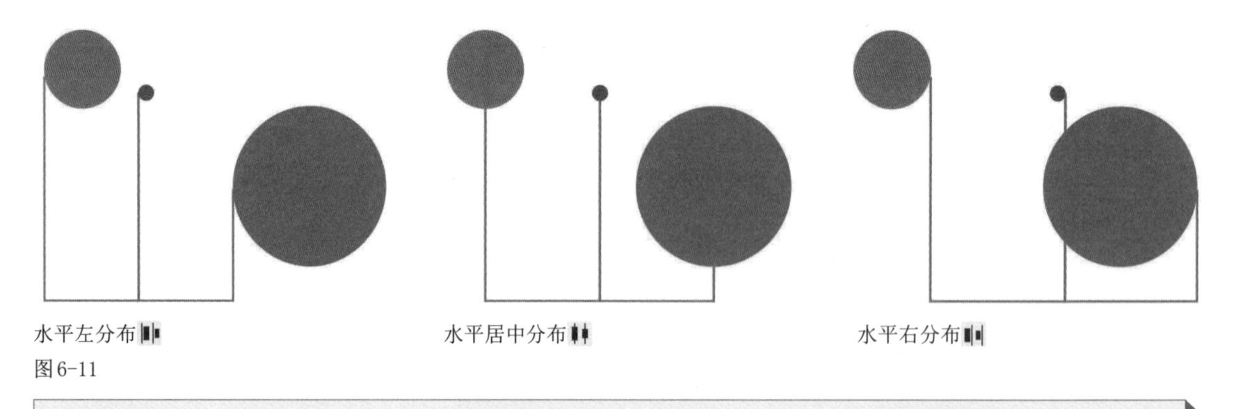

图6-11

> 提示
>
> 所谓分布，就是让所选对象以边界（左、右、顶、底）或中心为基准，按照相同的间隔均匀排布。

6.1.3 以关键对象为基准对齐和分布

选择选择工具，按住Shift键单击要对齐或分布的对象，将其选择，如图6-12所示；释放Shift键，单击其中的一个对象，可将其设置为关键对象，其周围会出现蓝色轮廓，如图6-13所示；此时单击“对齐”面板或“控制”面板中的按钮，其他对象会基于关键对象对齐和分布，如图6-14所示。

图6-12

图6-13

图6-14

选取关键对象后（如图6-13所示），在“分布间距”选项中输入数值，如图6-15所示，之后单击“垂直分布间距”按钮或“水平分布间距”按钮，可以让所选对象以关键对象为基准（关键对象不动），按照设定的数值均匀分布，效果如图6-16和图6-17所示。

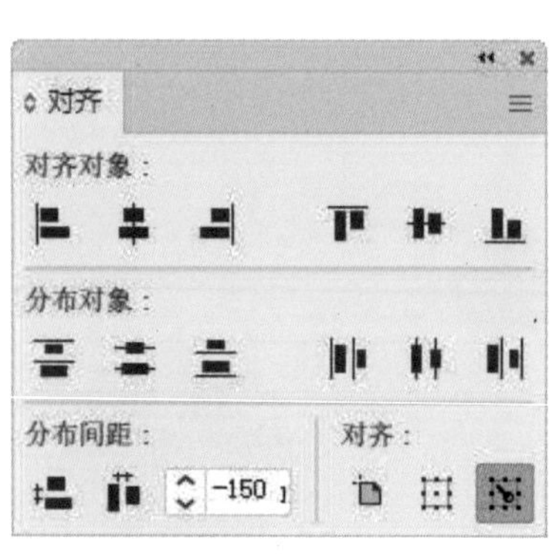

图6-15

图6-16

图6-17

> 提示
>
> 如果选错了关键对象，在其上方单击，蓝色轮廓消失后，可以重新选取一个关键对象。

实用技巧　排除路径宽度干扰

如果路径进行了描边，且粗细不同，则进行对齐和分布时，Illustrator不会将这一情况计算在内，这会导致对象看上去并没有对齐。

选择对象

单击■按钮进行对齐

如果想以描边的边缘为基准，可以打开“对齐”面板菜单，执行“使用预览边界”命令，之后再单击对齐和分布按钮。

执行“使用预览边界”命令

单击■按钮进行对齐

6.1.4 关键锚点

锚点也可对齐。操作时使用直接选择工具▷单击路径，让锚点显示出来，按住Shift键单击各个锚点，所选的最后一个锚点会作为关键锚点，如图6-18所示，之后单击对齐和分布按钮，其他锚点会基于关键锚点进行对齐和分布，效果如图6-19所示。

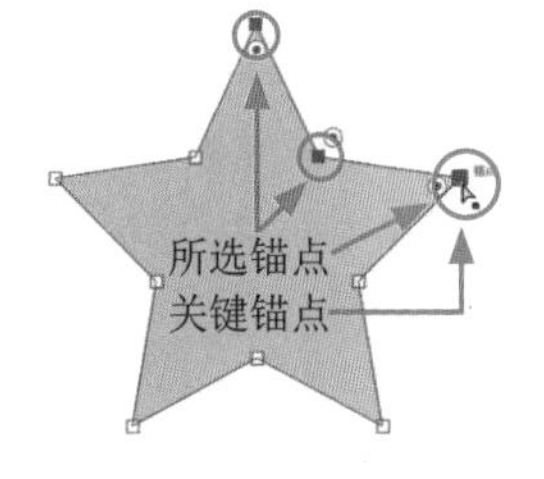

图6-18

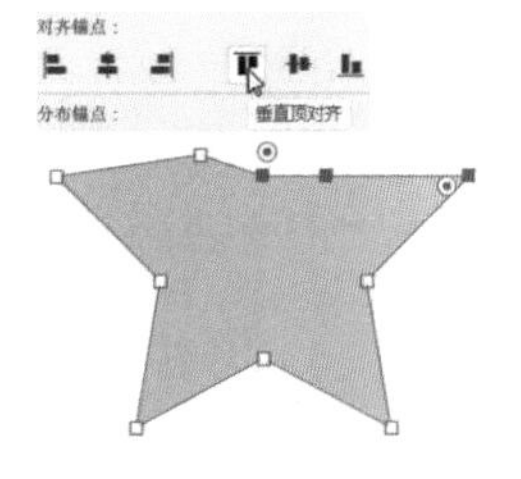

图6-19

6.1.5 标尺和参考线

执行“视图”|“标尺”|“显示标尺”命令（快捷键为Ctrl+R）显示标尺，如图6-20所示，从水平和垂直标尺上可以拖曳出参考线，如图6-21所示。拖曳参考线时按住Shift键，可以使参考线与标尺上的刻度对齐。通过标尺和参考线，可以帮助用户精确地放置对象，以及进行测量。如果想修改测量单位，可在标尺上右击，在弹出的快捷菜单中进行选择，如图6-22所示。

图6-20

图6-21

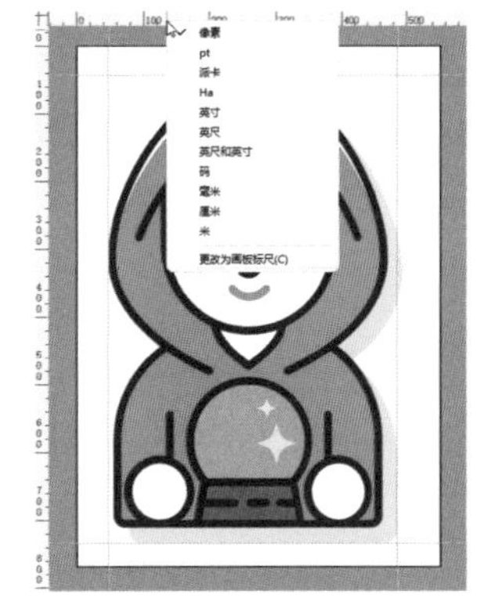

图6-22

执行“视图”|“参考线”|“隐藏参考线”命令和“视图”|“标尺”|“隐藏标尺”命令（快捷键为Ctrl+R），可以隐藏参考线和标尺。

提示

单击参考线可将其选择，拖曳参考线则可进行移动。选择参考线后，按Delete键可将其删除。如果要删除所有参考线，可以执行“视图”|“参考线”|“清除参考线”命令。如果想固定参考线，使其不因操作而被移动，可以执行“视图”|“参考线”|“锁定参考线”命令，将参考线锁定。需要取消参考线锁定时，可执行“解锁参考线”命令。执行“编辑”|“首选项”|“参考线和网格”命令，打开“首选项”对话框，可以修改参考线的颜色。

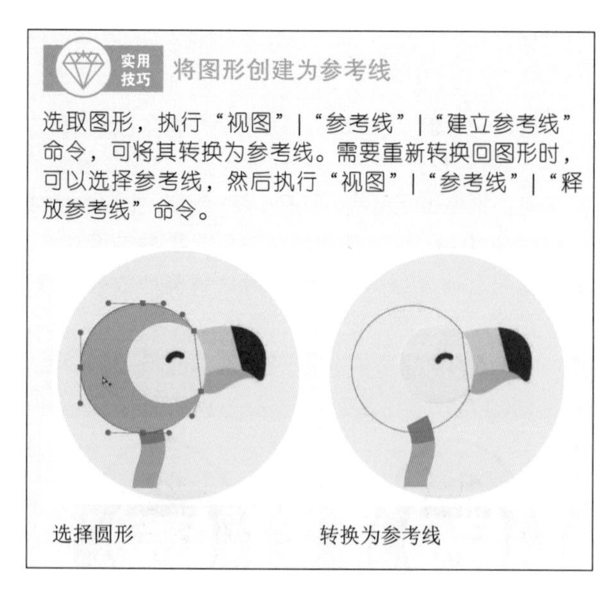

实用技巧　将图形创建为参考线

选取图形，执行“视图”|“参考线”|“建立参考线”命令，可将其转换为参考线。需要重新转换回图形时，可以选择参考线，然后执行“视图”|“参考线”|“释放参考线”命令。

6.1.6 全局标尺与画板标尺

Illustrator中有两种标尺——全局标尺和画板标尺。执行“视图”|“标尺”子菜单中的“更改为全局标尺”和“更改为画板标尺”命令，可在二者间切换。

标尺上显示为0的位置为标尺原点。当文档中包含多个画板时，全局标尺的原点位于第一个画板的左上角，如图6-23所示。切换到画板标尺后，原点会变更到当前画板的左上角，如图6-24所示，而且使用画板工具调整画板大小时，原点也会同步变动。

如果对象填充了图案，调整全局标尺的原点时，会影响图案拼贴的位置，如图6-25所示。修改画板标尺的原点时，图案不变。

全局标尺位于第一个画板左上角

图6-23

提示

将光标放在文档窗口的左上角，向画板上拖曳光标，画面中会出现十字线，将其拖放到某处位置，该处便成为标尺原点。在窗口左上角双击，可将原点恢复到默认位置。

切换到第2个画板后，画板标尺在当前画板左上角

图6-24

图6-25

6.1.7 智能参考线

智能参考线用处非常大，在默认状态下自动启用。创建图形、编辑对象时，它就会自动出现，以帮助用户进行相关操作。如果尚未启用，可以执行“视图”|“智能参考线”命令，让该命令前方出现一个√即可，如图6-26所示。

	显示边角构件(W)	
✓	智能参考线(Q)	Ctrl+U
	透视网格(P)	›
	标尺(R)	›
	隐藏文本串接(H)	Shift+Ctrl+Y
	参考线(U)	›
	显示网格(G)	Ctrl+"
	对齐网格	Shift+Ctrl+"
	对齐像素(S)	

图6-26

使用选择工具移动对象时，借助智能参考线可以很容易地将对象与其他对象、路径和画板对齐，如图6-27所示。进行缩放、旋转、扭曲等操作时，则会显示相应的参数，如图6-28所示。

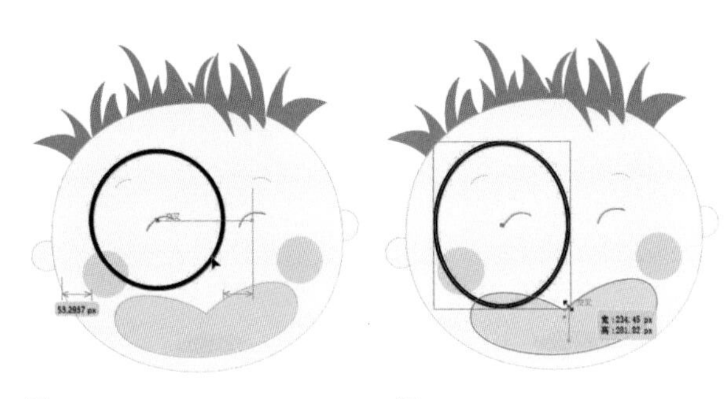

图6-27　　图6-28

使用直接选择工具▷选取路径或锚点时，有智能参考线辅助，可以更加准确、快速地识别锚点，如图6-29所示。

使用矩形工具▭等工具创建图形，或者使用钢笔工具✒绘图时，借助智能参考线可基于现有的对象来放置新的对象或锚点，如图6-30所示。

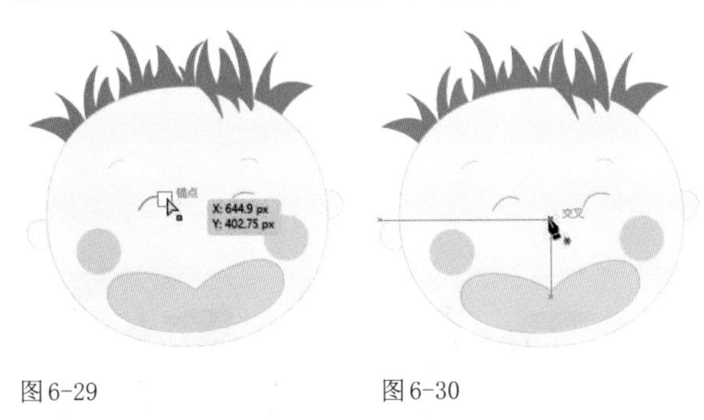

图6-29　　图6-30

6.1.8 测量距离和角度

选择度量工具✎，在需要测量的起点位置单击，如图6-31所示；拖曳光标至测量的终点处（按住Shift键操作可以将绘制方向限制为45°的整数倍方向），如图6-32所示；释放鼠标左键后，会打开“信息”面板，显示X轴和Y轴的水平和垂直距离、绝对水平和垂直距离、总距离以及测量的角度，如图6-33所示。此外，“信息”面板还可以显示光标下方的区域、所选对象，以及与当前操作有关的各种信息。

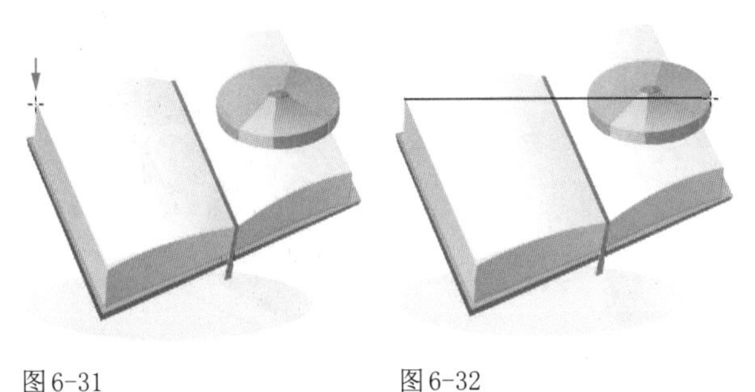

图6-31　　图6-32

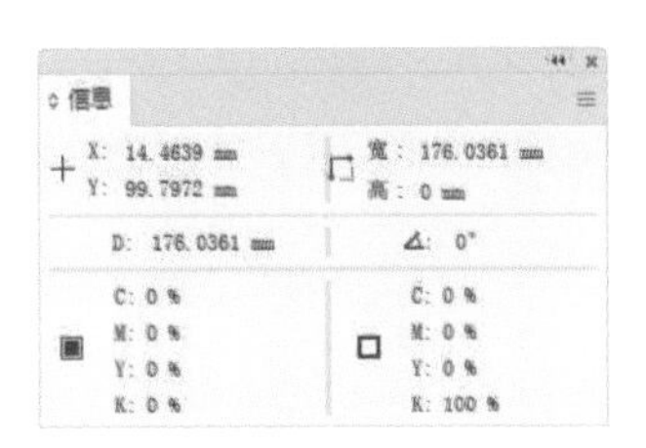

图6-33

- 使用选择工具▶选取对象后，X和Y分别代表所选对象的坐标位置；“宽”和“高”代表对象的宽度和高度。如果未选择任何对象，则X和Y显示的是光标的精确位置。面板下方显示所选对象的填充▣和描边◻的颜色值，以及应用于所选对象的图案、渐变或色调的名称。
- 使用钢笔工具✒、渐变工具▭或者移动对象时，在进行拖移的同时，“信息”面板将显示X轴和Y轴坐标、距离（D）和角度（∠）变化。
- 选择比例缩放工具进行拖曳时，会实时显示对象的宽和高，以及宽、高百分比。完成缩放后，会显示对象最终的宽和高。
- 使用旋转工具和镜像工具时，会显示对象中心的坐标、旋转角度（∠）和镜像角度（∠）。
- 使用倾斜工具时，会显示对象中心的坐标、倾斜轴的角度（∠）和倾斜量（▰）。
- 使用画笔工具✎时，会显示X轴和Y轴坐标，以及当前画笔的名称。

6.1.9 网格和透明度网格

执行“视图”|“显示网格”命令，图稿后方会显示网格，如图6-34所示。网格在对称地布置对象时非常有用。例如，执行“视图”|“对齐网格”命令，启用对齐功能，此后使用选择工具▶拖曳对象时，对象会自动对齐到网格上。执行“视图”|“隐藏网格”命令，可以隐藏网格。

执行“视图”|“显示透明度网格”命令，图稿后方会显示灰白相间的棋盘格，即透明度网格，在其衬托下，透明区域在哪里看得非常清楚，如图6-35所示。

图6-34

图6-35

透明度网格可以帮助用户了解图稿中是否存在透明区域，以及透明程度，在制作透明度蒙版时非常有用。执行“视图”|“隐藏透明度网格”命令，可以隐藏透明度网格。网格以及参考线都是辅助工具，不能被打印出来。

6.2 组合图形

除可使用矩形、椭圆、多边形、钢笔等工具绘制图形外，在Illustrator中，还可以通过组合的方法，用简单的图形构建新的复杂的图形。

6.2.1 图形创意

人类信息主要由图形信息和文字信息组成。但图形信息更具优势，一是其信息容量大，例如，一篇长篇大论所表述的文字信息，借助于一组图形便可表述清楚；二是在阅读速度上，对图形的理解一目了然，而文字则需要逐字逐句理解。因此，对于信息传播活动而言，图形具备最简洁、最迅速的传达优势。

图形设计被独立提出并成为一门学科还是近代的事情。20世纪各种艺术形式千姿百态，给图形设计带来了想象上的思考和实践上的启示。例如，立体派运用块面的结构关系表现体面重叠、交错的美感，开拓了图形设计思维的空间范畴；未来主义用分解方法将三维空间的造型艺术引入到四维时态环境中，图形设计受其影响，形成了主观意念和时空组合的图形；在抽象主义影响下，则出现了形式感强、单纯、明快的抽象图形……

图形的创意方法主要包括同构图形（重象同构、变象同构、残象同构）、异影同构图形、正负图形、矛盾空间图形、肖形同构图形、减缺图形、置换同构图、双关图形、解构图形、文字图形、叠加图形等，如图6-36所示。

重象同构图形（西班牙剪影海报）

变象同构图形（“水和天”埃舍尔）

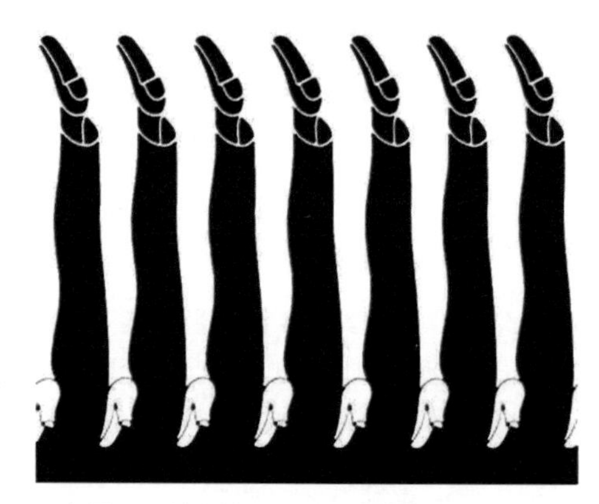
正负图形（“男人与女人”福田繁雄）

矛盾空间图形（“相对性”埃舍尔）

肖形同构图形（Mirador餐厅广告）

双关图形（男人、女人）

图6-36

6.2.2 实例：用复合路径“挖孔”

当多个图形堆叠在一起时，想快速在图形内部挖出一个“孔”，使用复合路径操作最为方便。创建复合路径后，图形会被编组，但其中的各个对象都可以修改，也都能被释放出来，复合路径不会真正修改图形，而是一种非破坏性的功能。

01 打开素材，如图6-37所示。使用选择工具▶将花朵拖曳到裙子上，如图6-38所示。

图6-37

图6-38

02 按Ctrl+A快捷键选择所有对象，执行“对象”|“复合路径”|“建立”命令，创建复合路径，复合路径使用最后面的对象的填充内容和样式，如图6-39所示。其中的各个对象会自动编组，在“图层”面板中其名称为“<复合路径>”，如图6-40所示。

图6-39

图6-40

03 选择编组选择工具，在图形上双击，选取花朵图形，如图6-41所示，移动其位置，孔洞区域也会随之改变，如图6-42所示。此外，也可以使用锚点编辑工具对锚点进行编辑和修改。

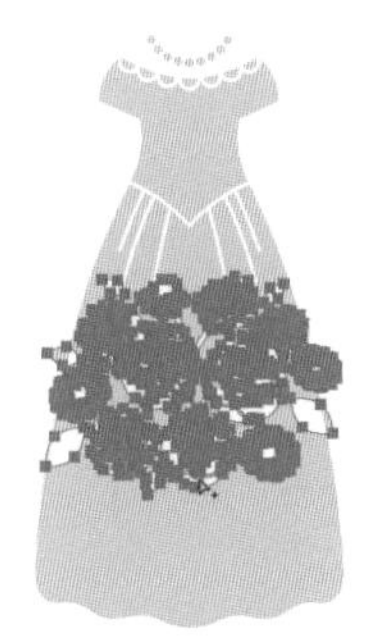

图6-41

图6-42

> **提示**
>
> 如果要释放复合路径，可以选择对象，执行“对象”|“复合路径”|“释放”命令。需要注意的是，释放出的对象不能恢复为创建复合路径前的颜色。

6.2.3 路径查找器面板

“路径查找器”面板可以组合、分割对象，如图6-43所示。在操作时，先选择两个或多个图形，之后单击该面板中的按钮即可。

- 联集：将所选对象合并。合并后，轮廓线及其重叠的部分融合在一起，最前面对象的颜色决定了合并后的对象的颜色，如图6-44和图6-45所示。

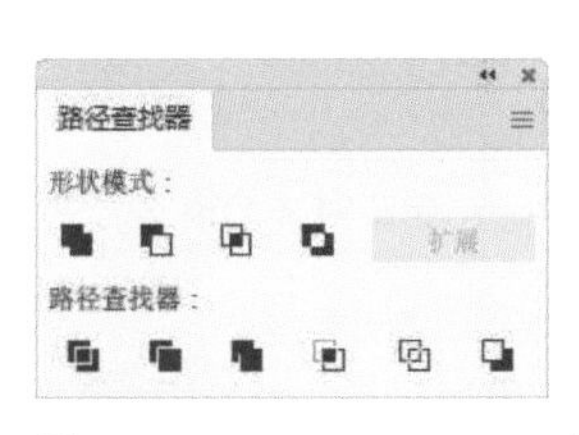

图6-43

图6-44　图6-45

- 减去顶层：用最后面的图形减去其前方的图形，保留后方图形的填色和描边，如图6-46和图6-47所示。

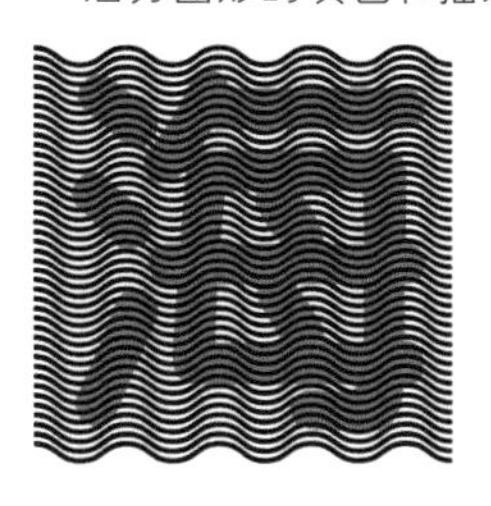

图6-46

图6-47

- 交集：只保留重叠部分，删除其他部分。重叠处为最前方图形的填色和描边，如图6-48和图6-49所示。

图6-48

图6-49

- 差集：只保留非重叠部分，重叠部分被挖空，最终的图形显示为最前方图形的填色和描边，如图6-50和图6-51所示。

图6-50

图6-51

- 分割：对重叠区域进行分割，使之成为单独的图形。分割后可保留原图形的填色和描边，且被自动编组。图6-52所示为在图形上创建的多条路径，图6-53所示为对图形进行分割后填充不同颜色的效果。

图6-52

图6-53

- 修边：将图形的重叠部分删除，保留对象的填色，无描边，如图6-54和图6-55所示。

图6-54

图6-55

- 合并：不同颜色的图形合并后，最前方的图形不变，与后方图形重叠的部分被删除。图6-56所示为原图形，图6-57所示为合并后将图形移动开的效果。

图6-56　　图6-57

- 裁剪：只保留重叠部分，最终的图形无描边，并显示为最后方图形的颜色，如图6-58和图6-59所示。

图6-58

图6-59

- 轮廓：只保留图形的轮廓，轮廓颜色为其自身的填色，如图6-60和图6-61所示。

图6-60

图6-61

- 减去后方对象：用最前方的图形减去其后方的所有图形，保留最前方图形的非重叠部分及描边和填色，如图6-62和图6-63所示。

图6-62

图6-63

6.2.4 实例：鱼形LOGO

01 打开素材，如图6-64所示。选择文字工具，在空白处单击并输入文字，在“字符”面板中选择字体，设置文字大小及间距，如图6-65和图6-66所示。

图6-64

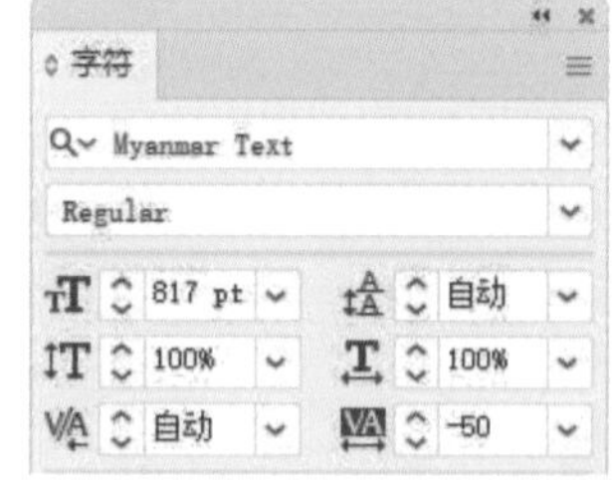

图6-65

fish

图6-66

02 保持文字的被选取状态，执行“文字”|“创建轮廓”命令，将文字转换为图形。使用选择工具将文字移动到鱼图形上方，为便于观察，在“控制”面板中设置文字的“不透明度”为50%，让下方的鱼图形显现出来，如图6-67所示。按Ctrl+A快捷键全选，单击“控

制”面板中的▆按钮，进行对齐，效果如图6-68所示。

图6-67

图6-68

❸ 使用编组选择工具单击h，如图6-69所示，按住Ctrl键不放，此时会显示定界框，拖曳定界框，让笔画与鱼尾对齐，如图6-70所示。使用直接选择工具单击路径段，按住Shift键拖曳，进行移动，调整笔画，如图6-71所示。采用同样的方法调整笔画结构，效果如图6-72所示。

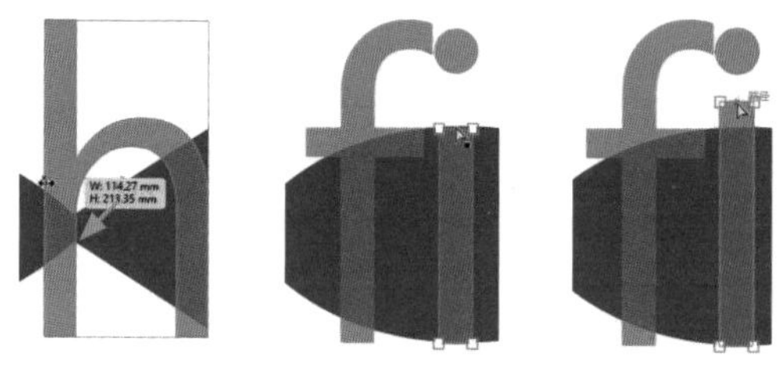

图6-69　　图6-70　　图6-71

图6-72

❹ 按Ctrl+A快捷键全选，单击“路径查找器”面板中的按钮，对图形进行分割，效果如图6-73所示。使用编组选择工具单击多余的图形，按Delete键删除，如图6-74所示。

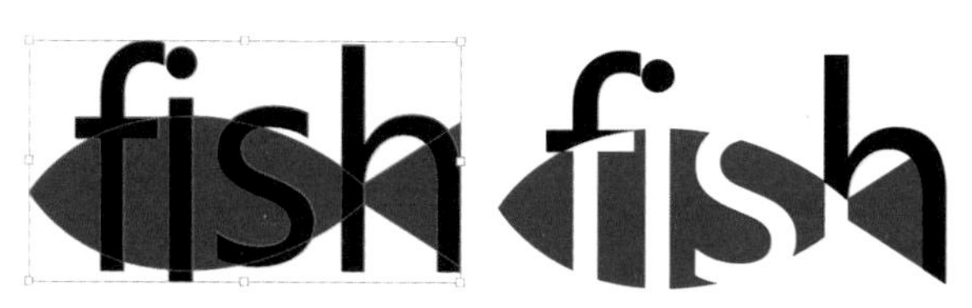

图6-73　　图6-74

❺ 使用魔棒工具在黑色图形上方单击，选取所有黑色图形，如图6-75所示，修改图形的填充颜色，如图6-76和图6-77所示。

图6-75

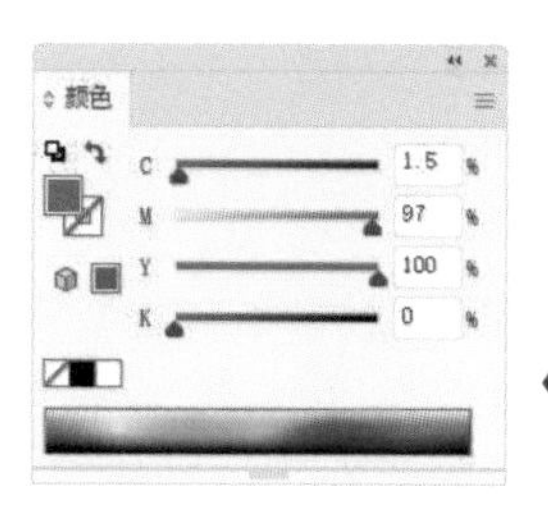

图6-76

图6-77

❻ 使用编组选择工具单击圆点，按住Shift键向下拖曳，如图6-78所示。按Ctrl+C快捷键复制，按Ctrl+V快捷键粘贴，修改填充颜色为白色，放到鱼眼睛处，如图6-79所示。

图6-78　　图6-79

❼ 执行“文件”|“置入”命令，置入标签素材，放在LOGO后方。将鱼眼睛改为与标签相同的颜色（选择鱼眼睛，使用吸管工具单击标签即可拾取其颜色），如图6-80所示。

图6-80

6.2.5 实例：心形LOGO

❶ 打开“视图”菜单，看一看“智能参考线”命令前方是否有√，有√表示智能参考线已被启用，没有√则在该命令上单击，启用智能参考线，以帮助用户更好地对齐图形。

❷ 选择矩形工具，在画板上单击，打开“矩形”对话框，设置宽度和高度均为50mm，如图6-81所示，单击“确定”按钮，创建一个矩形，如图6-82所示。

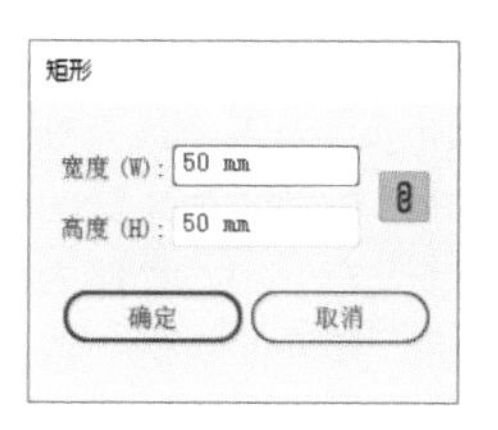

图6-81

图6-82

03 选择椭圆工具，采用同样的方法创建一个大小为50mm的圆形，如图6-83和图6-84所示。

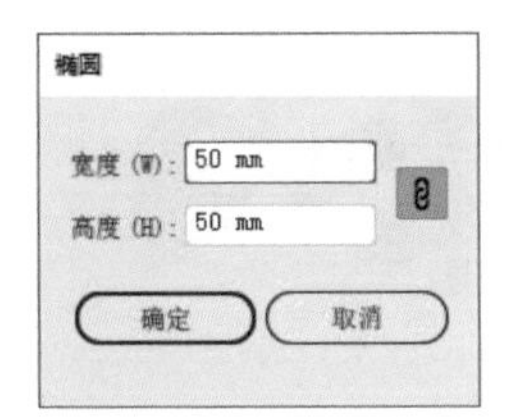

图6-83

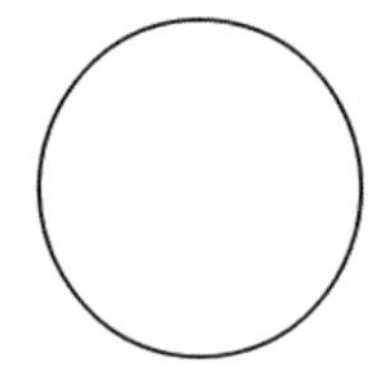

图6-84

04 使用选择工具将圆形拖曳到矩形上，当圆形的中心点与矩形边缘相交时，如图6-85所示，松开鼠标左键即可。按Ctrl+A快捷键全选，如图6-86所示。

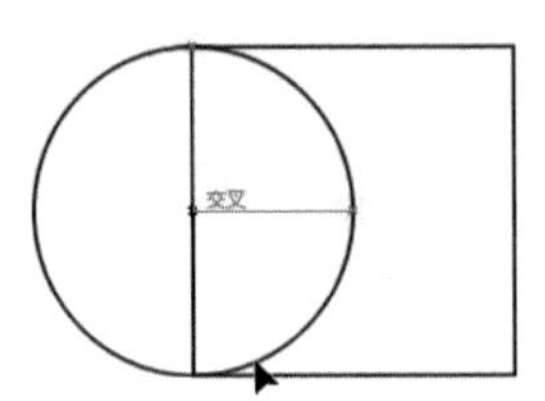

图6-85

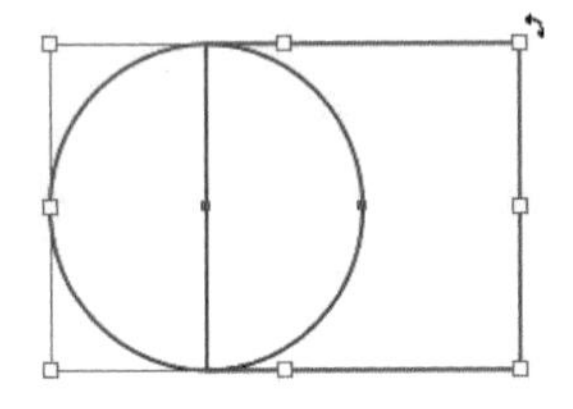

图6-86

05 将光标放在定界框外，按住Shift键向右拖曳光标，旋转图形，当智能参考线提示旋转角度为315°时，如图6-87所示，释放鼠标左键。在空白处单击，取消图形的选择。

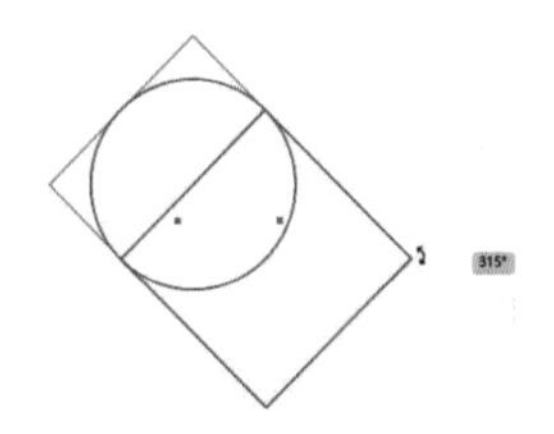

图6-87

06 使用选择工具选取圆形，如图6-88所示，按住Alt键向右拖曳，进行复制，在此过程中按住Shift键，可锁定水平方向，如图6-89所示。

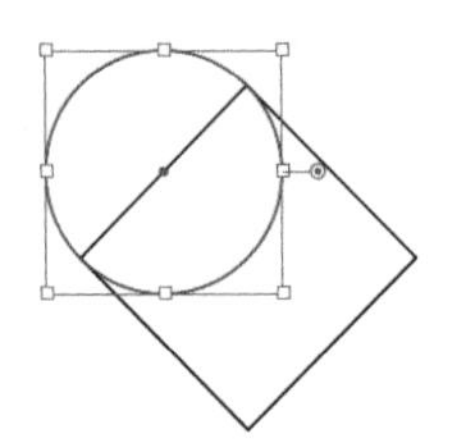

图6-88

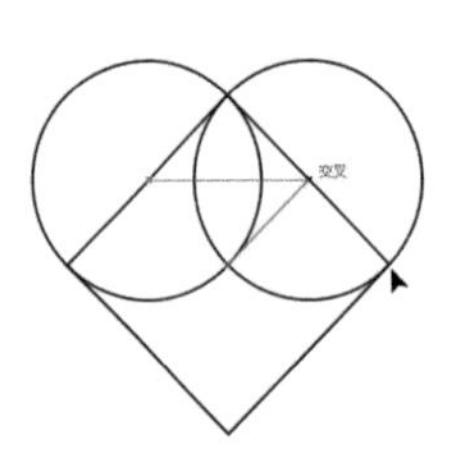

图6-89

07 按Ctrl+A快捷键全选，如图6-90所示。单击“路径查找器”面板中的按钮，将图形合并，得到一个完整的心形，如图6-91和图6-92所示。执行“文件”|“存储为副本”命令，将当前的心形另存一份，后面的实例会用其做素材。

图6-90

图6-91

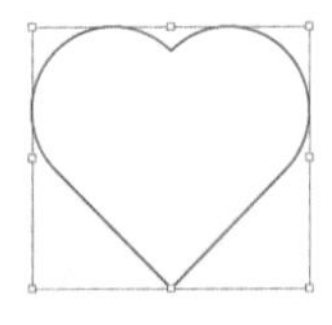

图6-92

08 执行“窗口”|“色板库”|“渐变”|“季节”命令，打开“季节”面板，使用图6-93所示的渐变填充图形，取消描边，如图6-94所示。

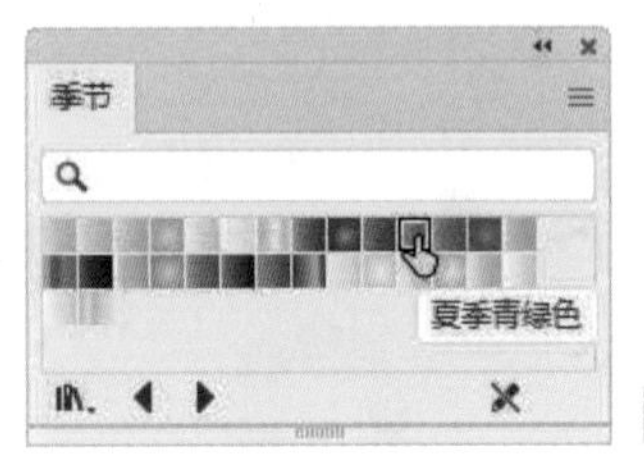

图6-93

图6-94

09 选择直线段工具，按住Shift键拖曳光标，创建一条竖线，如图6-95所示。按Ctrl+A快捷键全选，单击“控制”面板中的按钮，让其与心形的中心对齐，如图6-96所示。再创建一条与竖线相交的直线，如图6-97所示。

图6-95

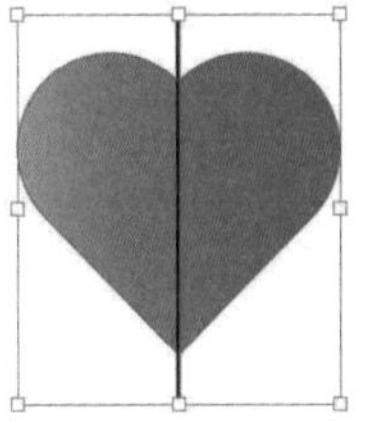

图6-96

图6-97

10 使用选择工具按住Shift键单击这两条线，将其选取，如图6-98所示，执行“视图”|“参考线”|“建立参考线”命令，创建为参考线，如图6-99所示。

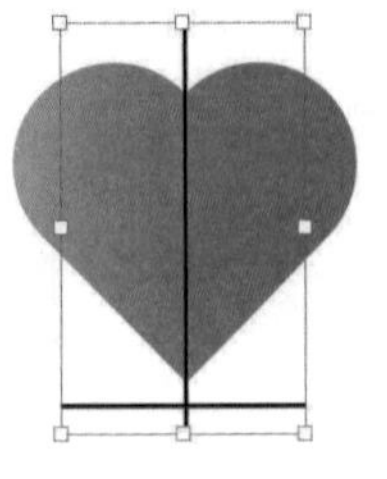

图6-98

图6-99

11 使用椭圆工具创建一个圆形，填充白色，如图6-100所示。使用选择工具按住Shift键单击，将圆形与心形一同选取，如图6-101所示，按Ctrl+G快捷键编组。

12 选择旋转工具，将光标放在参考线交叉点上，出现“交叉”二字提示信息时，如图6-102所示，按住Alt

键单击，打开“旋转”对话框，设置角度为90°，单击“复制”按钮，如图6-103所示，复制图形。

图6-100

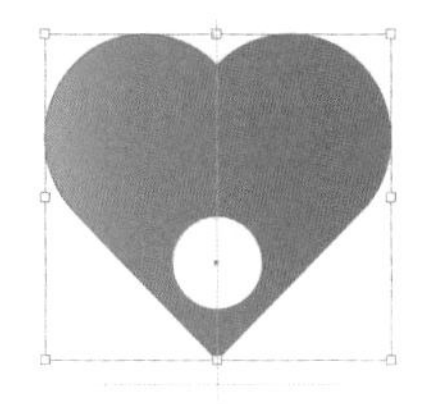

图6-101

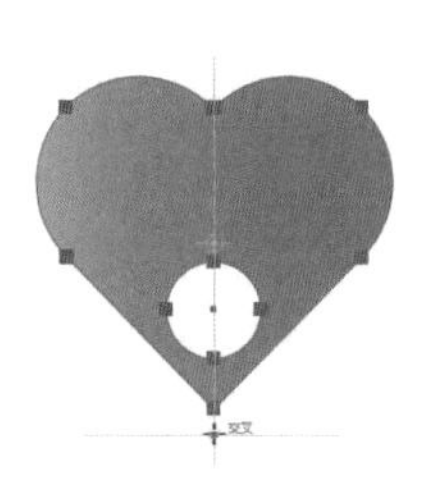

图6-102

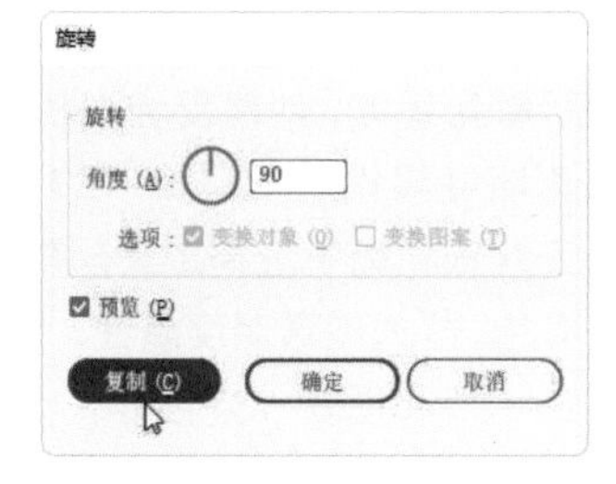

图6-103

13 连按两次Ctrl+D快捷键，继续复制，如图6-104所示。按Ctrl+;快捷键隐藏参考线。使用编组选择工具单击左侧心形，使用图6-105所示的渐变进行填充，效果如图6-106所示。修改其他图形的渐变，效果如图6-107所示。

图6-104

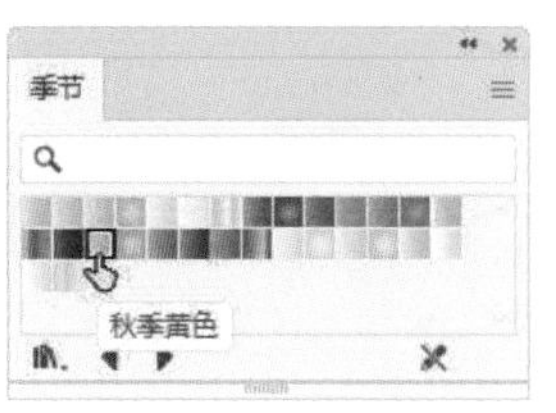

图6-105

图6-106

图6-107

6.2.6 实例：心形灯珠

01 按Ctrl+O快捷键打开前面实例保存的心形图形。选择椭圆工具，在画板上单击，打开“椭圆”对话框，创建一个直径为4mm的圆形，填充颜色为粉红色，无描边，如图6-108和图6-109所示。

图6-108

图6-109

02 按Alt+Shift快捷键向右拖曳圆形，进行复制，如图6-110所示。保持圆形的选取状态，连续按17次Ctrl+D快捷键，重复以上操作（移动+复制），如图6-111所示。

图6-110  图6-111

03 使用选择工具拖曳出一个选框，选取所有粉红色圆形，按Ctrl+G快捷键编组。用同样的方法将这一组圆形向下移动并复制，如图6-112所示。连续按17次Ctrl+D快捷键，制作出一组圆形图案，如图6-113所示。

图6-112 图6-113

04 将心形拖曳到图案上，按Shift+Ctrl+]快捷键将心形移至顶层，如图6-114所示，按Ctrl+A快捷键全选，按Ctrl+7快捷键建立剪切蒙版，将心形以外的图案隐藏，如图6-115所示。单击“路径查找器”面板中的按钮，将对象扩展，如图6-116和图6-117所示。

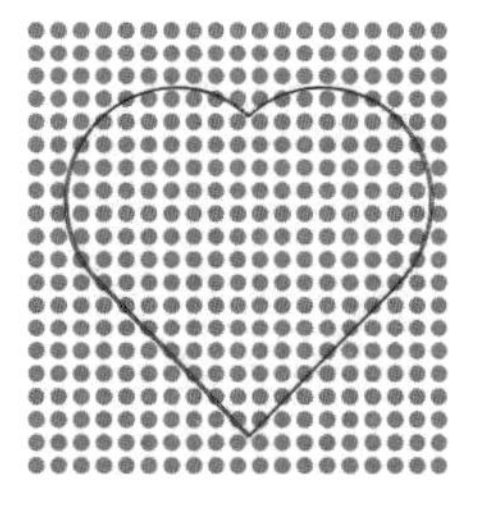

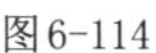

图6-114

图6-115

图6-116

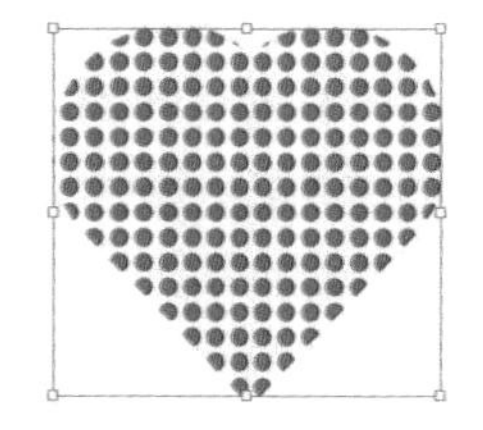

图6-117

05 使用编组选择工具选取右侧的图形，如图6-118所示，按Delete键删除，如图6-119所示。

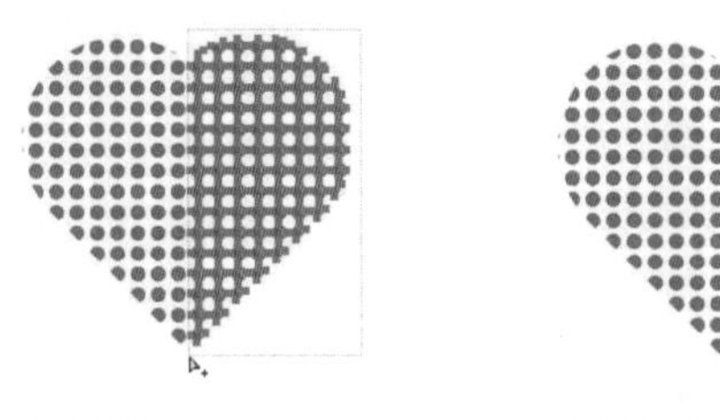

图6-118　　图6-119

06 心形边缘有一些不完整的图形，将其选取并删除，如图6-120所示。双击镜像工具▷◁，在打开的“镜像”对话框中选中“垂直”单选按钮，单击“复制”按钮，如图6-121所示，镜像并复制心形。将复制后的图形向右移动，与左侧的心形对齐，形成一个完整的心形，如图6-122所示。最后，将心形最上边缺失的部分补齐（复制旁边的圆形即可），如图6-123和图6-124所示。

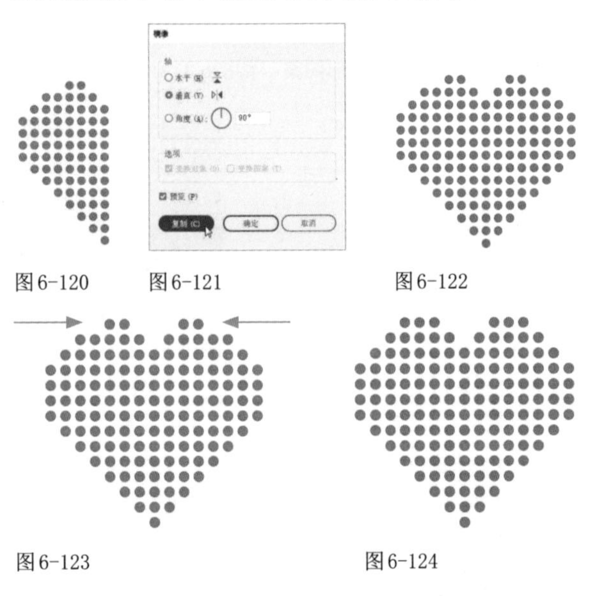

图6-120　图6-121　图6-122

图6-123　图6-124

6.2.7 创建和修改复合形状

图6-125所示为两个单独的图形，将其重叠摆放并选取，如图6-126所示，单击“路径查找器”面板中的按钮组合对象时，会改变原始图形的结构，如图6-127和图6-128所示。

图6-125　图6-126

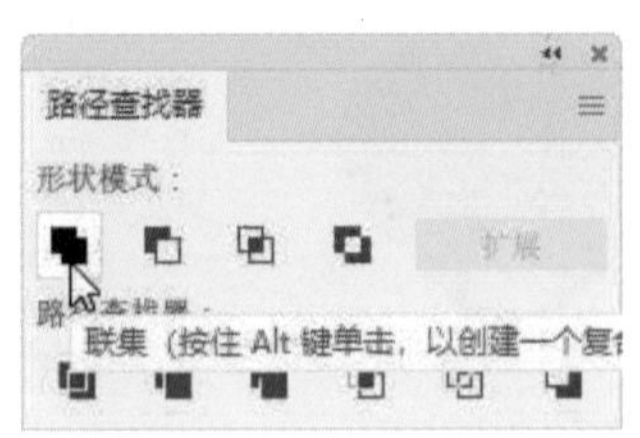

图6-127　图6-128

如果按住Alt单击形状模式按钮（第一排按钮），可保留原始图形，创建复合形状（采用底层对象的填色和透明度属性），如图6-129所示。而且使用直接选择工具▷和编组选择工具▷+都可选取其中的图形，修改填色、样式或透明度属性，或者修改对象的形状，如图6-130和图6-131所示。此外，还可按住Alt键单击“形状模式”选项组的按钮，修改形状模式，如图6-132所示，这是一种非破坏性的编辑方法。如果以后还想使用原始图形，可以用这种方法来处理。

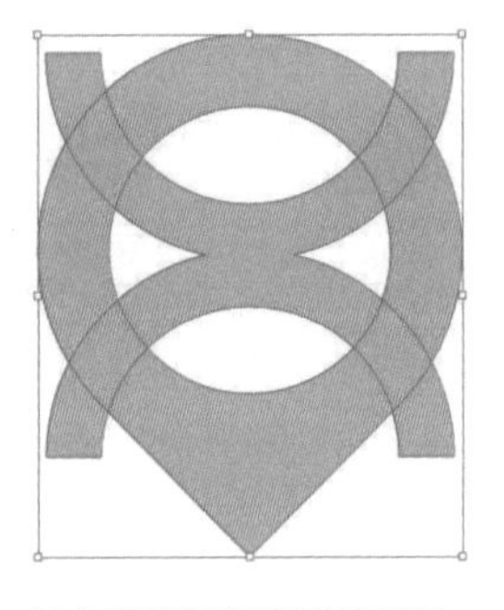

复合形状保留了原始图形　将光标放在边角构件上

图6-129　图6-130

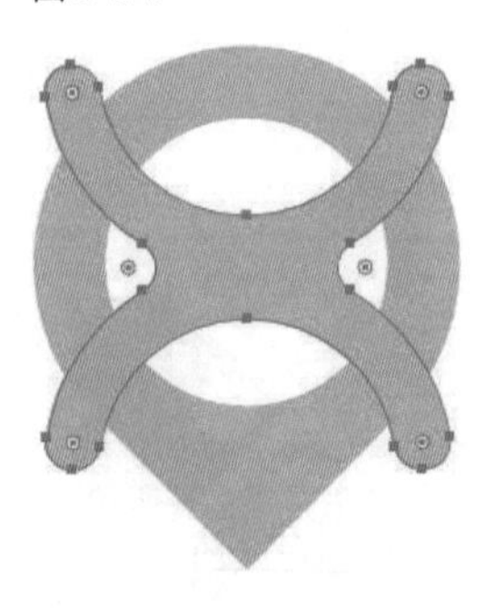

拖曳光标将直边改成圆

图6-131

按住Alt键单击◘按钮

图6-132

提示

图形、路径、编组对象、混合、文本、封套扭曲对象、变形对象、复合路径、其他复合形状等都可以用来创建复合形状。在“图层”面板中，复合形状以组形式存在，名称为“复合形状”。

6.2.8 扩展和释放复合形状

如果想将复合形状中的各个对象转换为单独的图形，可以单击“路径查找器”面板中的“扩展”按钮，删除多余的路径。如果想释放复合形状，将原有图形分离出来，可打开“路径查找器”面板菜单，执行“释放复合形状”命令，如图6-133所示，其中的各个对象可以恢复为创建前的填充内容和样式。

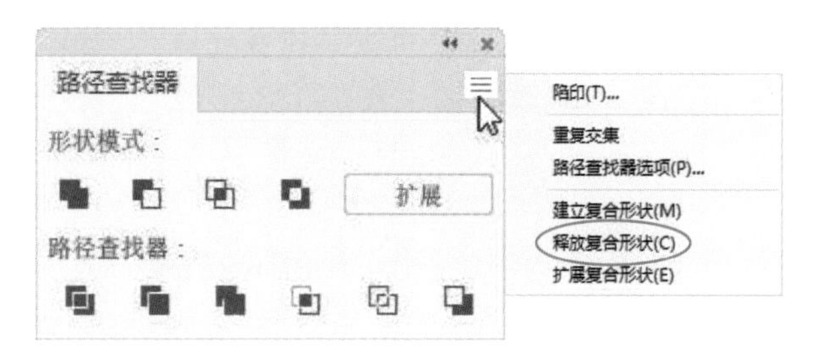

图6-133

6.3 Shaper工具

Shaper工具可以快速绘制规则图形，也能组合对象，创建出复杂的图形。该工具的独特之处是能将自然手势转换为矢量形状，因此，以前需要多个工具才能完成的操作，使用Shaper工具便可完成。

6.3.1 绘制图形

在Illustrator中，只使用Shaper工具便可绘制出矩形、圆形、椭圆、三角形、多边形和直线。该工具能识别用户的手势，并根据手势生成图形。例如，画一个歪歪扭扭的方块，Shaper工具会“善解人意”地将其变成规则的正方形，其他图形也是如此，如图6-134所示。而且使用Shaper工具绘制出的全都是实时形状，这为后期修改带来很大便利。

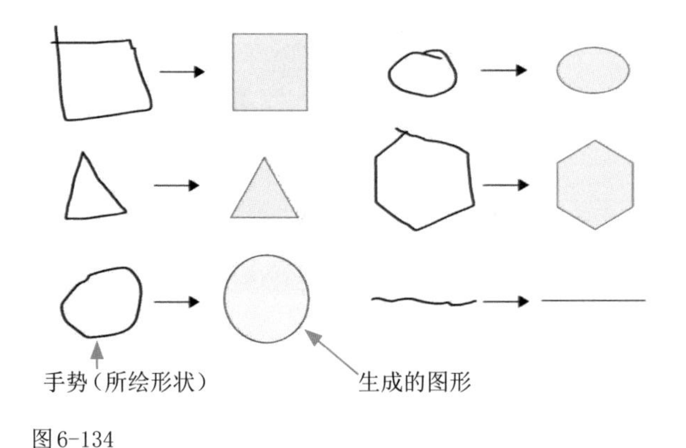

图6-134

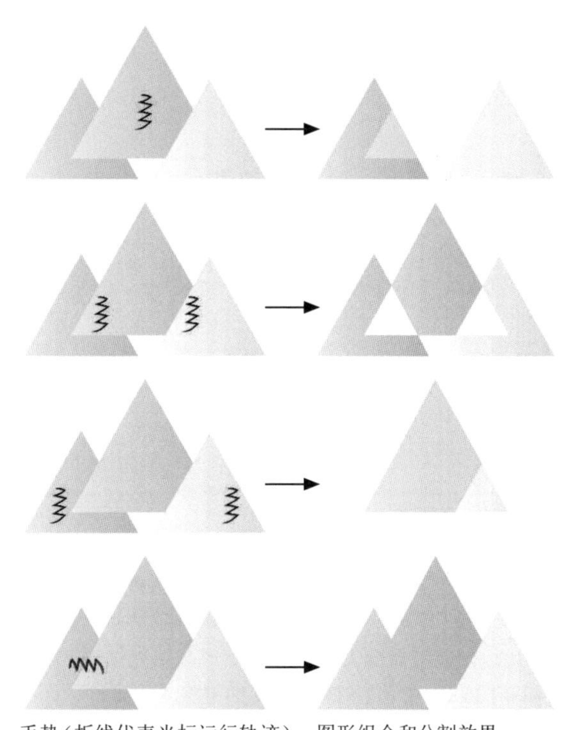

图6-135

6.3.2 组合形状

当多个图形堆积在一起时，可以使用Shaper工具组合、分割图形，如图6-135所示。对图形进行组合以后，它们便成为一个Shaper组。使用Shaper工具在其上方单击，可以显示定界框及箭头构件，如图6-136所示。

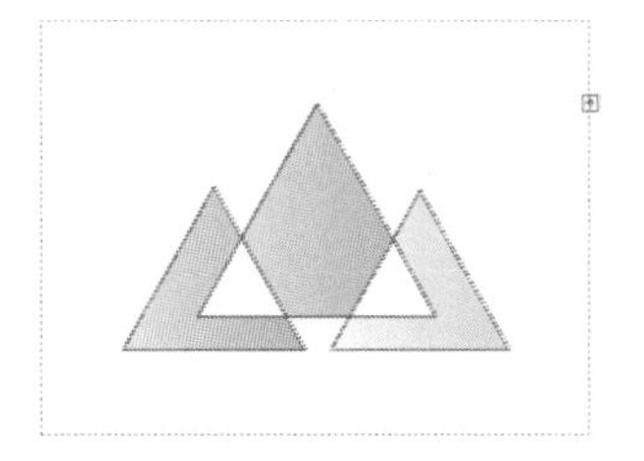

图6-136

单击其中一个形状，进入表面选择模式，如图6-137所示，可修改填色，如图6-138所示。

图6-137

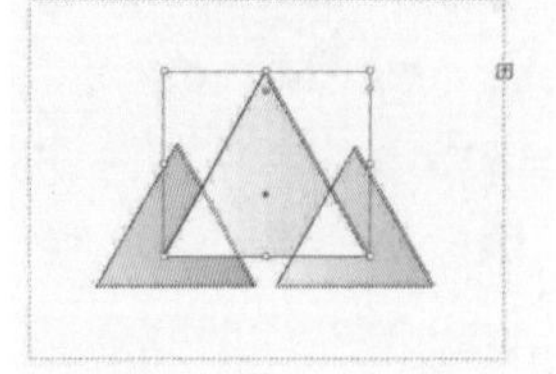
图6-138

双击一个形状（或单击定界框上的图标），则进入构建模式，如图6-139所示，此时可修改形状。例如，调整图形大小或进行旋转，如图6-140所示。如果将该形状拖出定界框外，则会将其从Shaper组中释放出来，如图6-141所示。

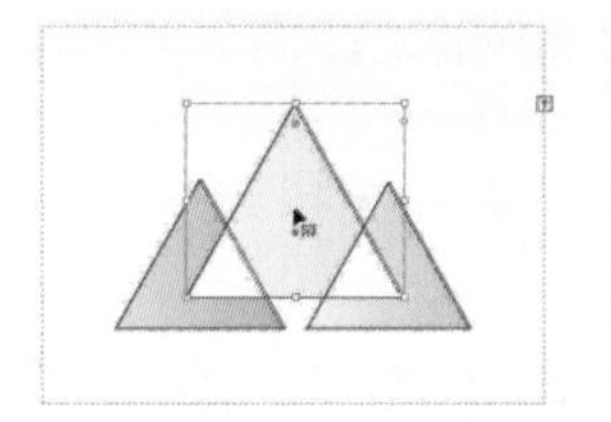
图6-139

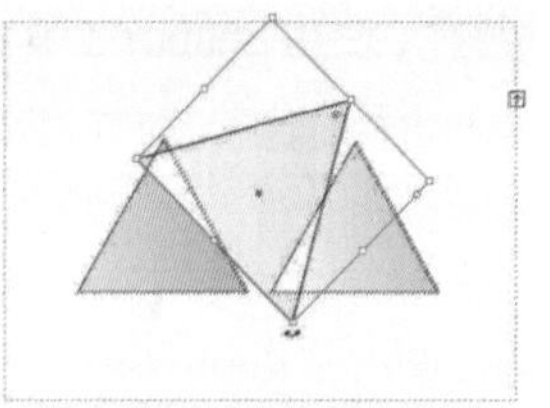
图6-140

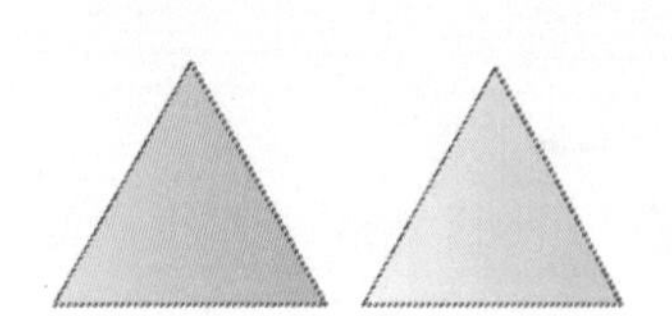
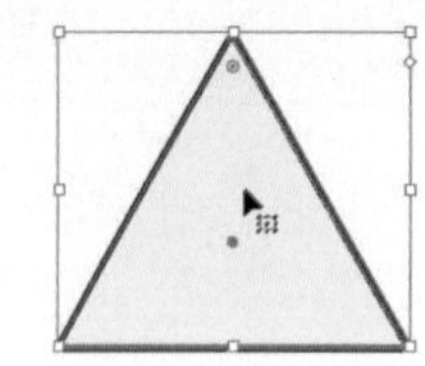
图6-141

6.3.3 实例：月夜金字塔

01 按Ctrl+N快捷键打开“新建文档”对话框，使用预设创建iPhoneX屏幕大小的文档，如图6-142所示。使用矩形工具创建与画板大小相同的矩形，填充渐变，如图6-143和图6-144所示。按Ctrl+2快捷键将其锁定。

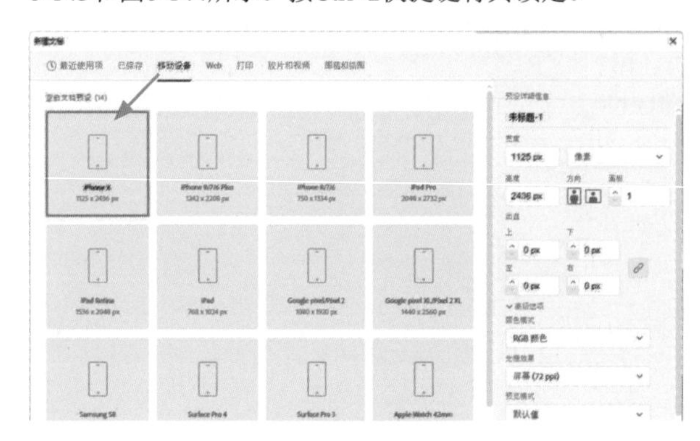
图6-142

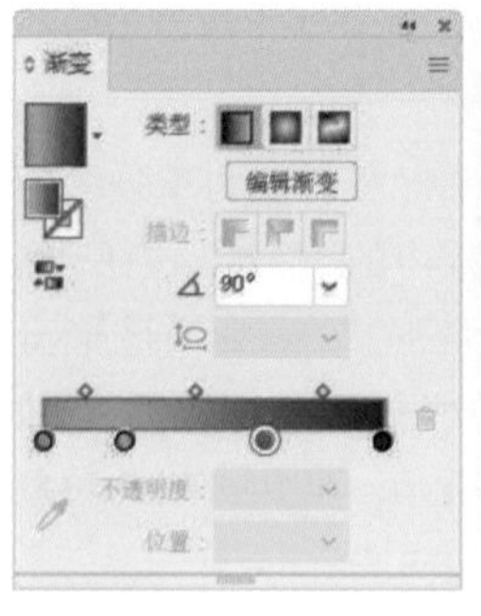

图6-143

图6-144

02 使用Shaper工具绘制一个圆形。单击“渐变”面板中的按钮，填充径向渐变，效果如图6-145所示。单击按钮，对调渐变颜色，如图6-146和图6-147所示。

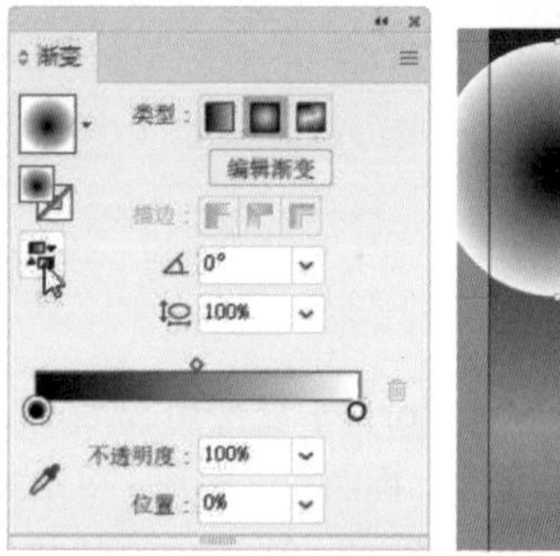
图6-145

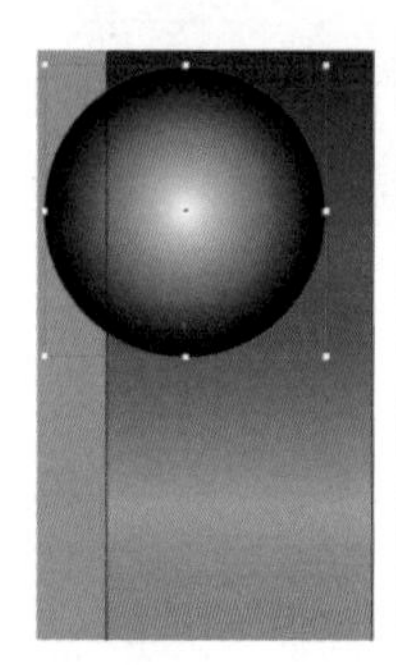

图6-146

图6-147

03 将左侧色标也设置成白色，不透明度设置为0%并向右拖曳，如图6-148和图6-149所示。

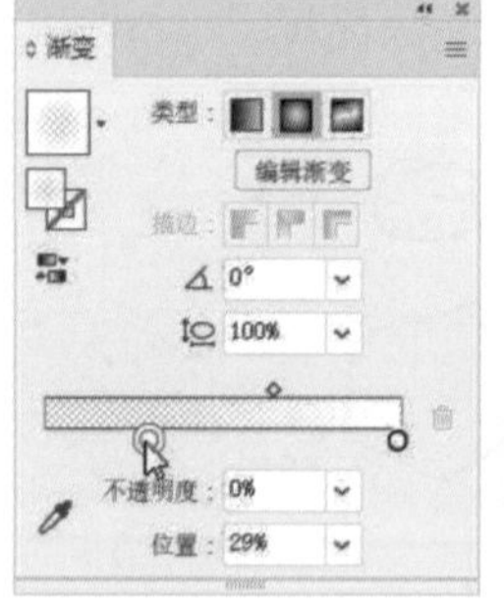

图6-148

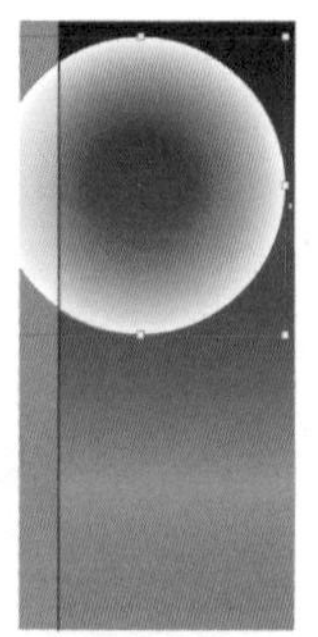
图6-149

04 选择渐变工具，圆形上会显示渐变控件，如图6-150所示，拖曳光标，调整渐变的位置和方向，如图6-151所示。

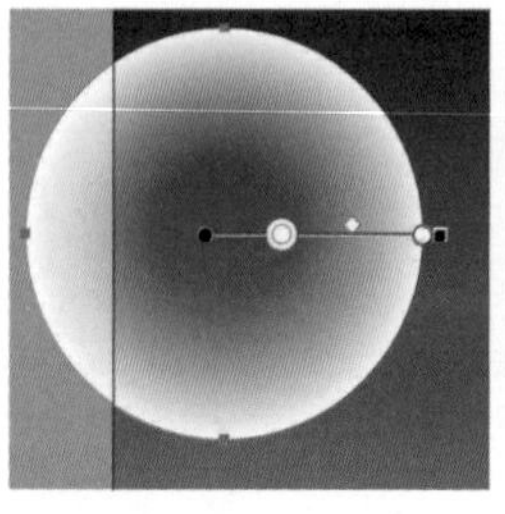
图6-150

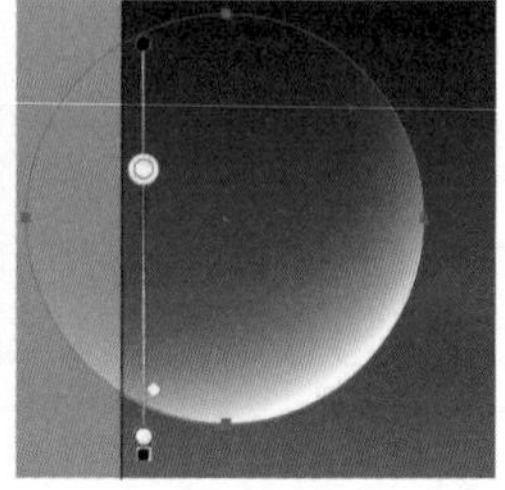
图6-151

05 绘制几个小圆形，添加渐变并降低不透明度，作为月亮上的环形山，如图6-152和图6-153所示。

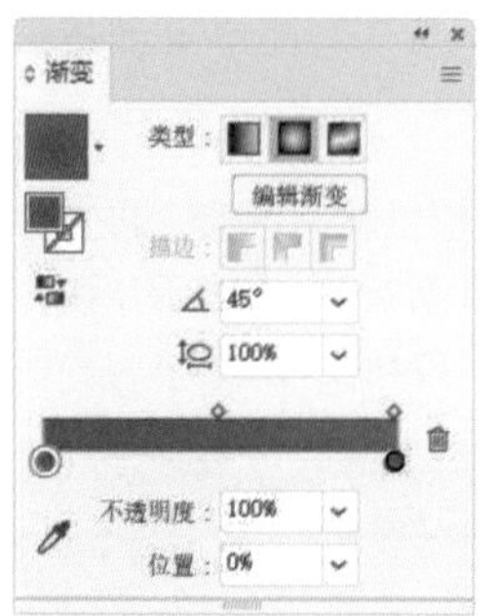

图6-152

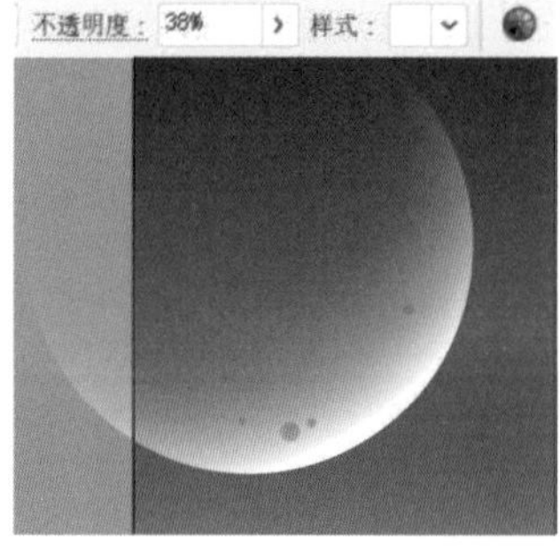

图6-153

06 使用Shaper工具绘制一条斜线，如图6-154所示。按住Ctrl键单击斜线，将其选取，如图6-155所示，在“控制”面板中设置描边颜色为白色，并选择三角形宽度配置文件，如图6-156所示。使用选择工具按住Alt键拖曳斜线，进行复制，如图6-157所示。

图6-154

图6-155

图6-156

图6-157

07 使用多边形工具创建两组小星星（按↑键和↓键可调整边数），前方的星星设置“不透明度”为80%，如图6-158所示，后方星星设置为50%。

08 使用Shaper工具绘制一个三角形，填充渐变，如图6-159和图6-160所示。

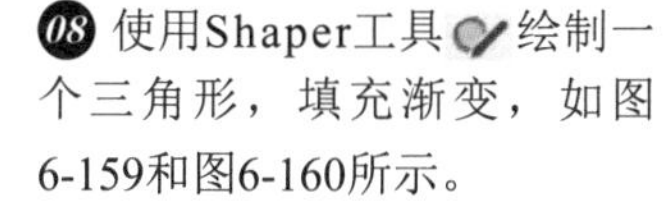

图6-158

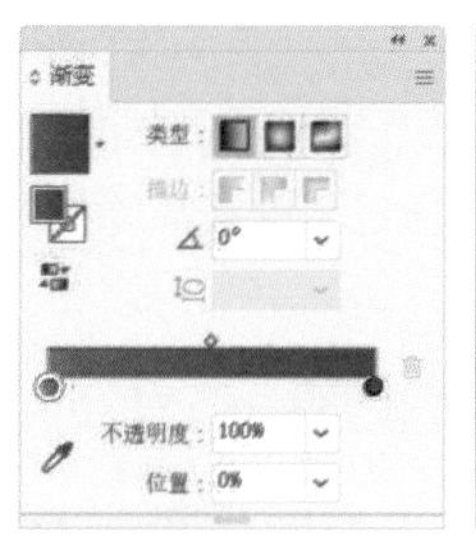

图6-159

图6-160

09 使用选择工具按住Alt键拖曳图形，进行复制，并调整大小，如图6-161和图6-162所示。

图6-161

图6-162

10 使用Shaper工具绘制两个椭圆形，填充渐变，如图6-163~图6-165所示。执行“视图”|“剪切视图”命令，将画板外的图形隐藏，效果如图6-166所示。

图6-163

图6-164

图6-165

图6-166

6.4 进阶实例：用形状生成器工具制作LOGO

形状生成器工具是一个可通过合并或擦除简单形状来创建复杂形状的交互式工具，其对简单复合路径有效。

01 按Ctrl+N快捷键打开“新建文档”对话框，使用其中的预设创建A4纸大小的文档。使用矩形工具创建一个与画板大小相同的矩形，填充径向渐变，如图6-167和图6-168所示。按Ctrl+2快捷键锁定。

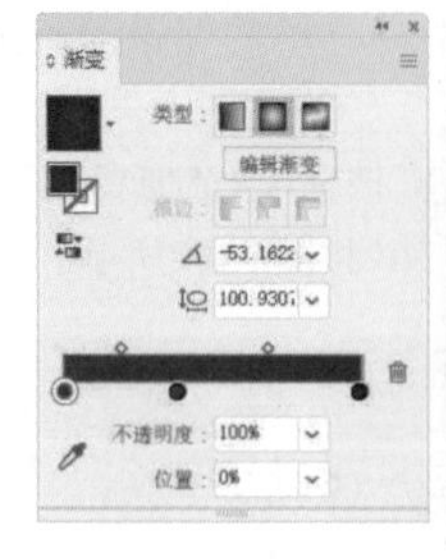

图6-167

图6-168

02 选择椭圆工具，按住Shift键拖曳光标，创建圆形，描边颜色为白色，无填色，如图6-169所示。保持圆形的被选取状态，双击比例缩放工具，打开“比例缩放”对话框，将圆形缩小50%，并单击“复制”按钮进行复制，如图6-170所示。

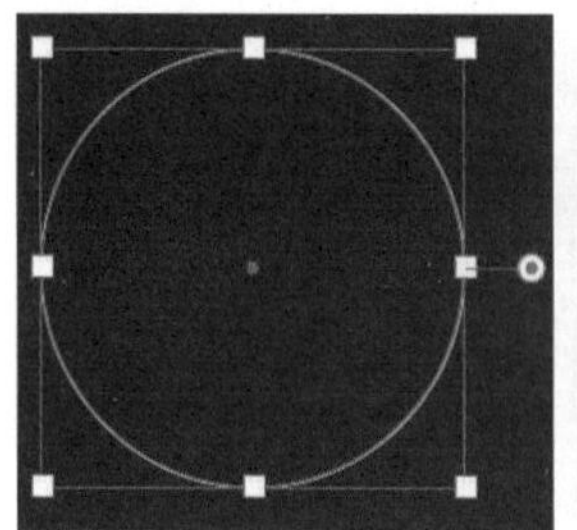

图6-169

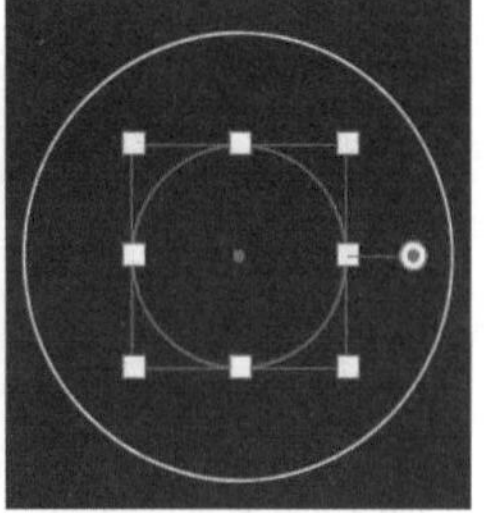

图6-170

03 按Ctrl+A快捷键全选，单击“控制”面板中的按钮，以顶部为基准进行对齐，如图6-171所示。使用选择工具单击大圆，按Alt+Shift快捷键向上拖曳，进行复制。注意观察智能参考线，图形对齐之后会出现提示信息，如图6-172所示。

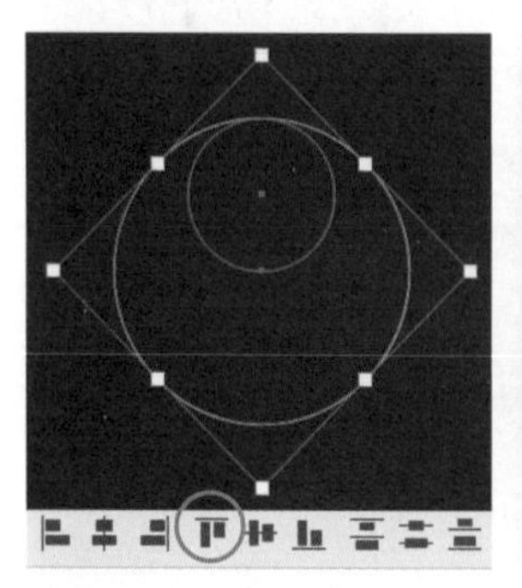

图6-171

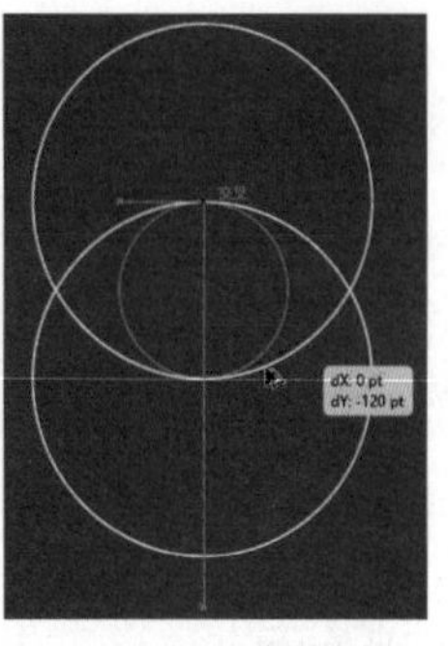

图6-172

04 按Ctrl+A快捷键全选，按Ctrl+C快捷键复制，执行“编辑”|“就地粘贴”命令，在原位粘贴图形。将光标移动到定界框外（靠近控制点），如图6-173所示，按住Shift键拖曳光标进行旋转，如图6-174所示。

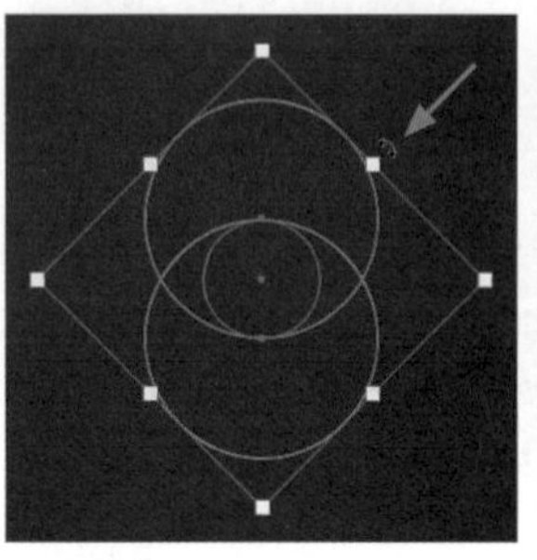

图6-173

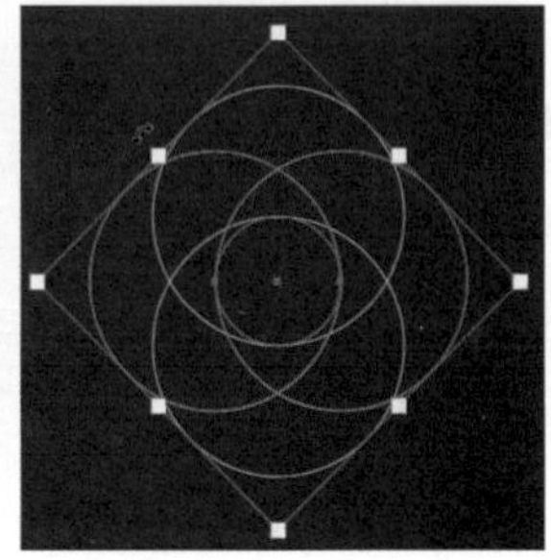

图6-174

05 采用同样的方法全选、复制及就地粘贴，再对粘贴的图形进行旋转，如图6-175所示，这样就得到图6-176所示的图形。

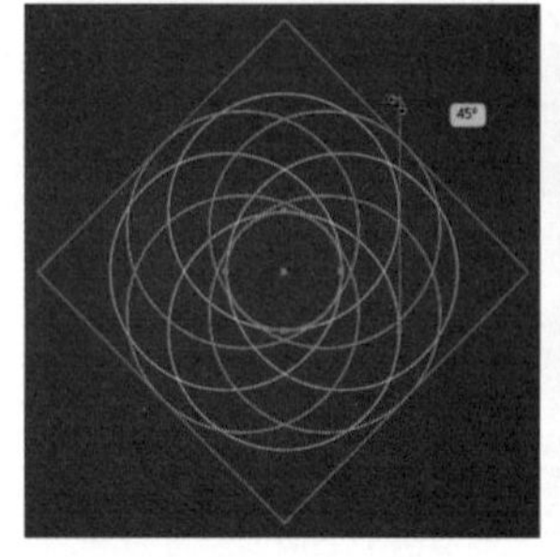

图6-175

图6-176

06 按Ctrl+A快捷键全选。选择形状生成器工具，将光标移动到图形上，光标变为▸₊状时，如图6-177所示，向邻近的图形拖曳光标，将这些图形合并，如图6-178所示，图形效果如图6-179所示。继续合并图形，效果如图6-180所示。

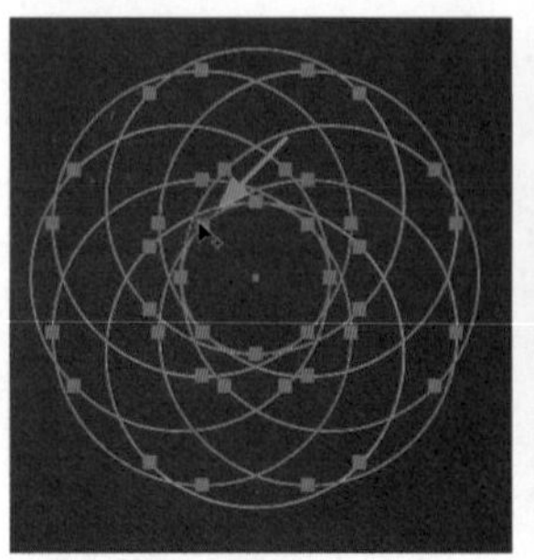

图6-177

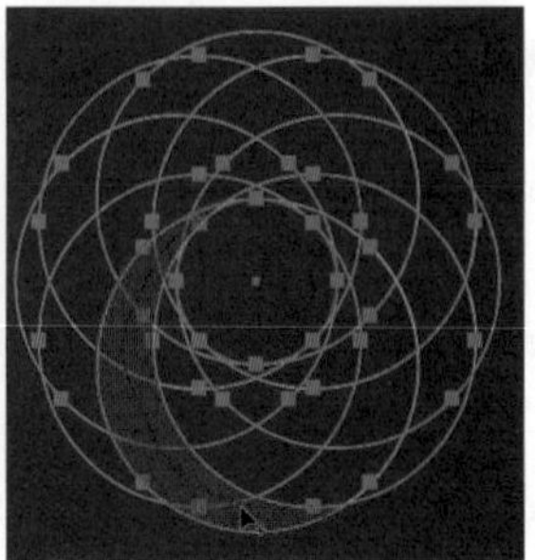

图6-178

图6-179

图6-180

07 合并图形后，原图形的重叠部分（即图形中心处）会残留一些圆形，需要清理掉。使用选择工具▶按住鼠标左键拖曳出选框，将图形选取，如图6-181所示（虚线代表选框范围），按住Shift键单击未选取的几个图形，如图6-182所示，将它们也选取，如图6-183所示，执行“选择”|“反向”命令进行反选，如图6-184所示，按Delete键删除多余的圆形。

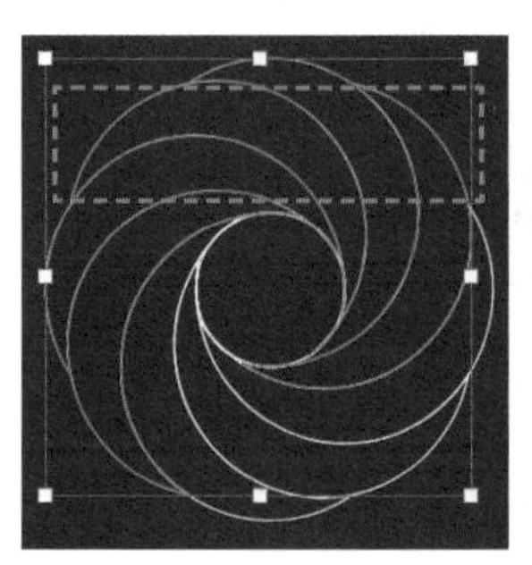
图6-181

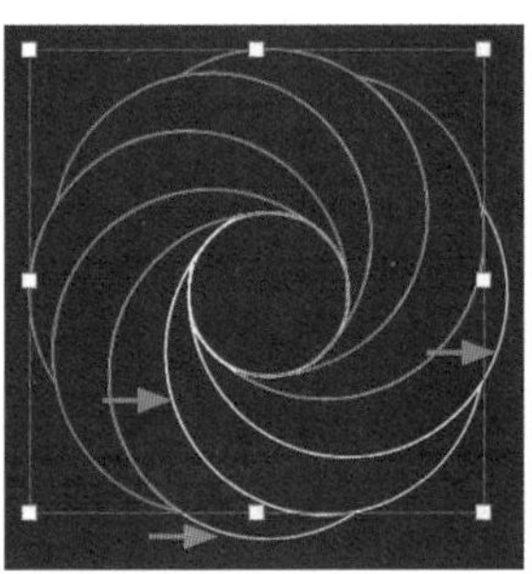
图6-182

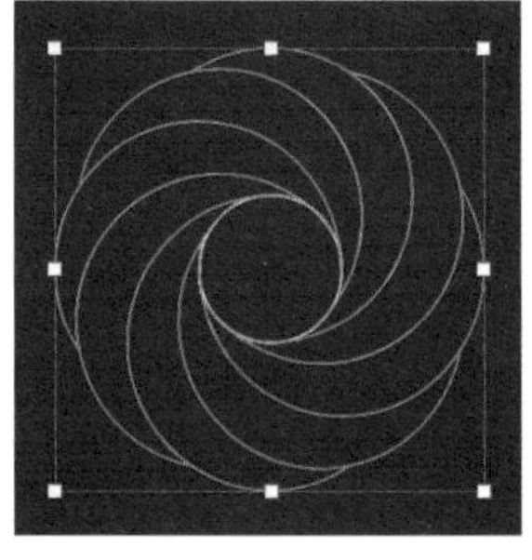
图6-183

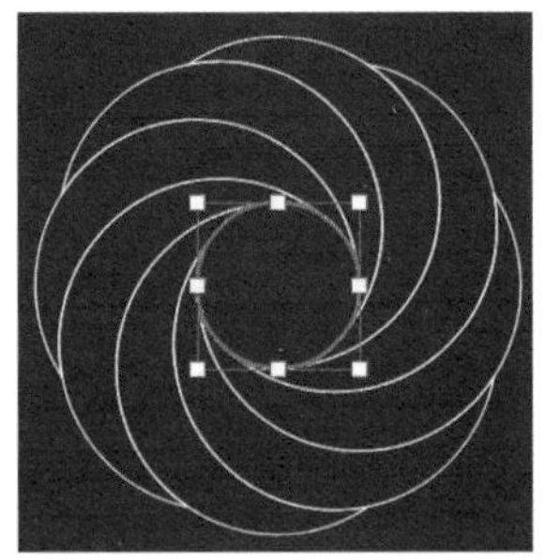
图6-184

08 按住Shift键单击图6-185所示的两个图形，将它们选取，设置填充颜色为渐变，取消描边，如图6-186和图6-187所示。

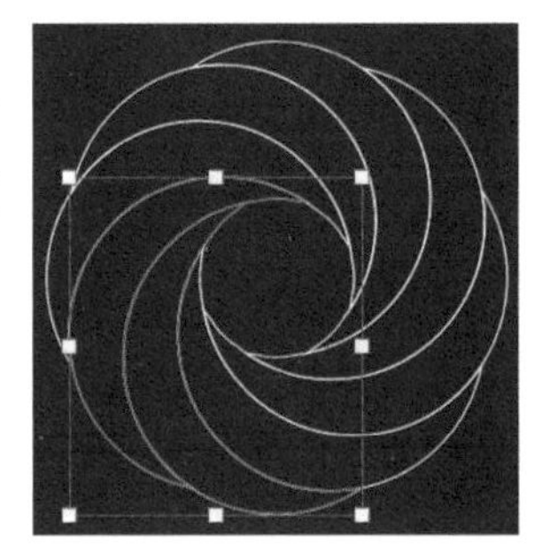
图6-185

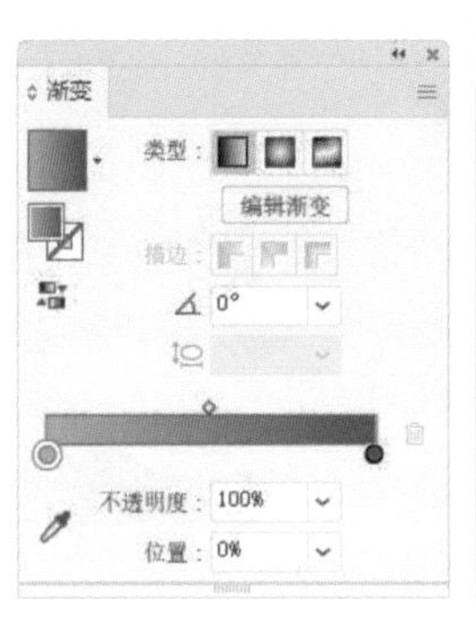

图6-186

图6-187

09 按住Shift键单击斜上方的两个图形，如图6-188所示，选择吸管工具，将光标移动到填充的渐变的图形上，单击拾取其颜色，如图6-189所示。修改渐变颜色的角度，如图6-190和图6-191所示。

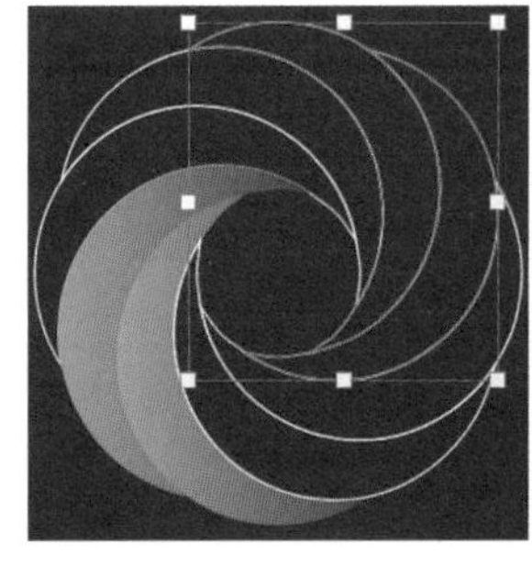
图6-188

图6-189

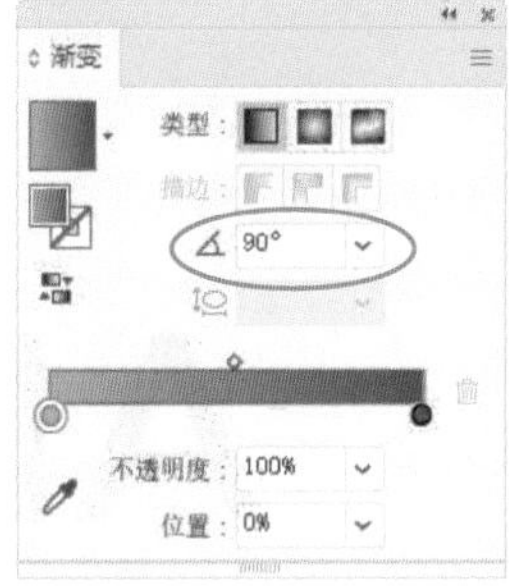

图6-190

图6-191

10 采用同样的方法为其他图形填充渐变，以两个图形为一组，如图6-192~图6-195所示。

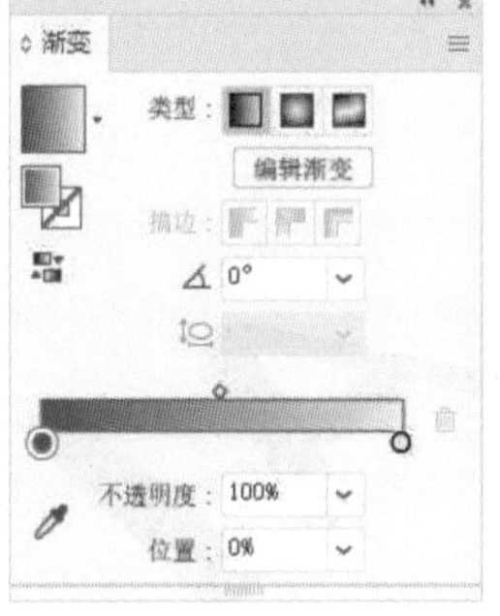

图6-192

图6-193

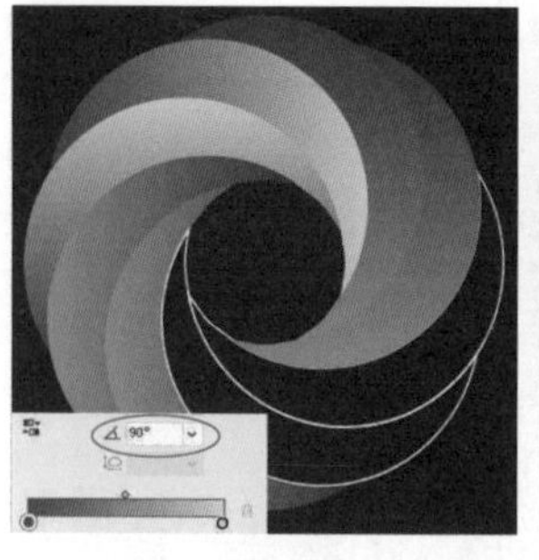

图6-194　　图6-195

⓫ 按Ctrl+A快捷键全选，按Ctrl+G快捷键编组。执行“效果”|“风格化”|“投影”命令，为图形添加投影，如图6-196和图6-197所示。

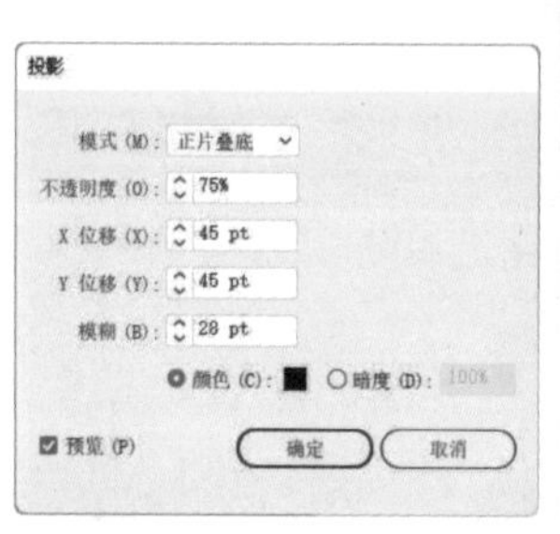

图6-196

图6-197

⓬ 执行“文件”|“置入”命令，打开“置入”对话框，置入文字素材，效果如图6-198所示。

图6-198

6.5 进阶实例：凹陷字

01 选择文字工具T，在画板上单击，之后输入文字，如图6-199所示。

图6-199

02 执行“效果”|“3D和材质”|“旋转”命令，打开“3D和材质”面板，调整旋转角度，如图6-200所示，让文字看上去像是贴在地面上，如图6-201所示。

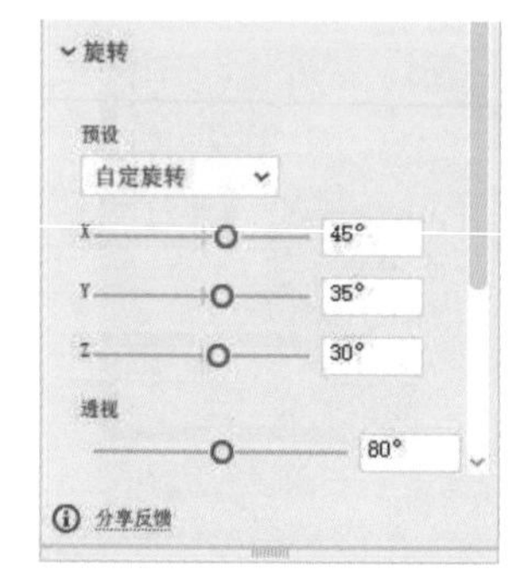

图6-200　　图6-201

03 保持文字的被选取状态，执行“对象”|“扩展外观”命令，将文字扩展为图形。执行“对象”|“剪切蒙版”|“释放”命令，释放剪切蒙版。执行“对象”|“取消编组”命令，解散组。

04 打开“视图”菜单，执行“对齐点”命令，该命令前方显示√表示启用，如图6-202所示。单击工具栏中的按钮，互换填色和描边，如图6-203所示。

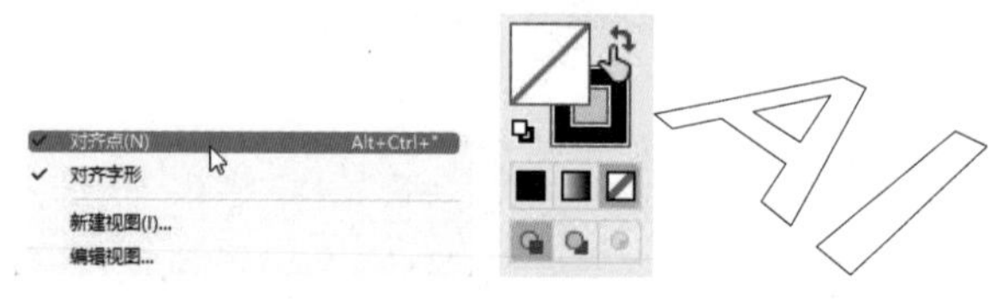

图6-202　　图6-203

> **提示**
>
> 移动对象时，如果想让其与其他对象的锚点，或参考线、网格等对齐，可以启用点对齐功能，在之后的操作中，当与锚点等对齐时会显示提示信息。

05 选择钢笔工具，将光标移动到图6-204所示的锚点上方，捕捉到锚点后，会显示提示信息，单击；按住

Shift键向下移动光标，显示“交叉”二字时，表示光标在路径上方，如图6-205所示；单击，创建一条竖线，按住Ctrl键在远离文字的位置单击，取消选择，如图6-206所示。采用同样的方法绘制竖线，如图6-207所示。

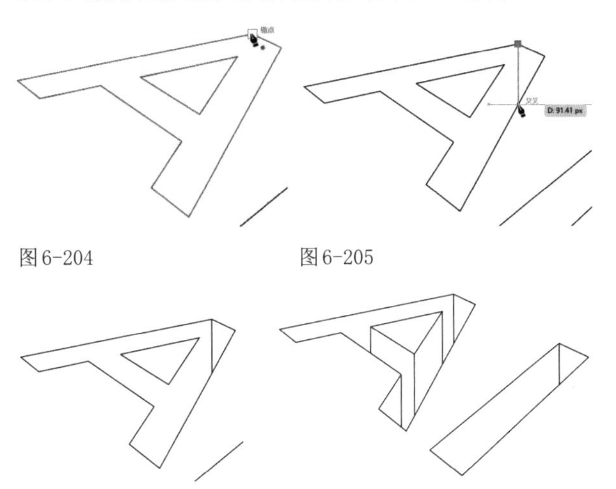

图6-204　　图6-205

图6-206　　图6-207

06 执行“窗口”|“色板库”|“其他库”命令，打开本实例的色板文件，单击图6-208所示的渐变。按Ctrl+A快捷键全选，使用形状生成器工具在各图形上单击，填充渐变（此时竖线会把文字划分成各个单独的图形），如图6-209~图6-211所示。单击图6-212所示的渐变，为剩余的图形填色，然后取消描边，如图6-213所示。

图6-208

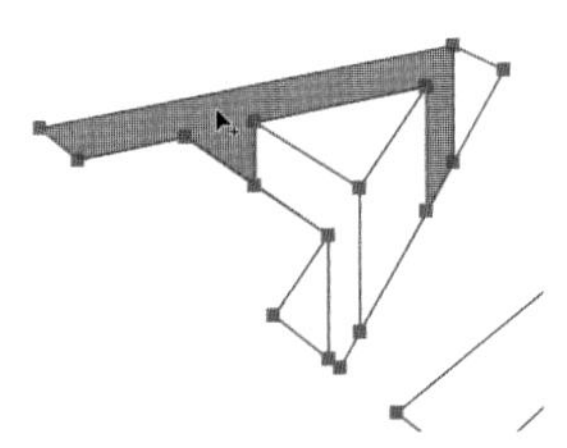

图6-209

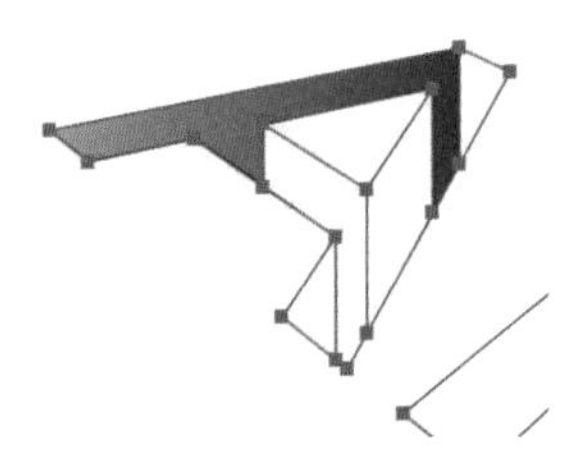

图6-210

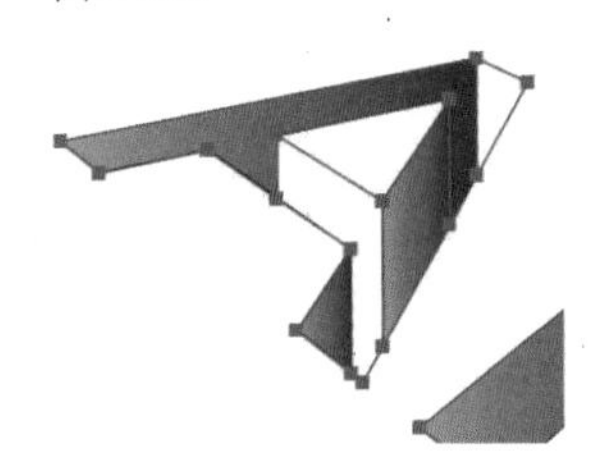

图6-211

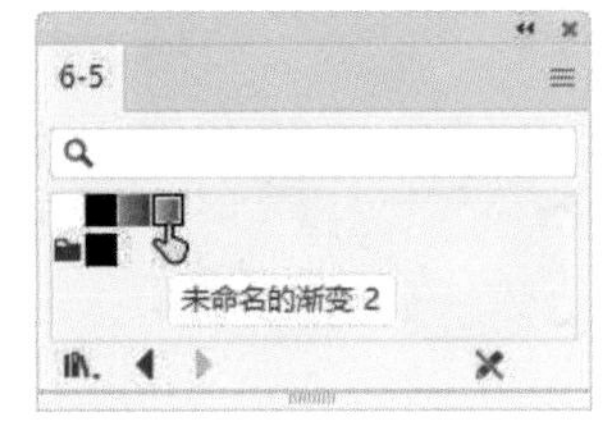

图6-212

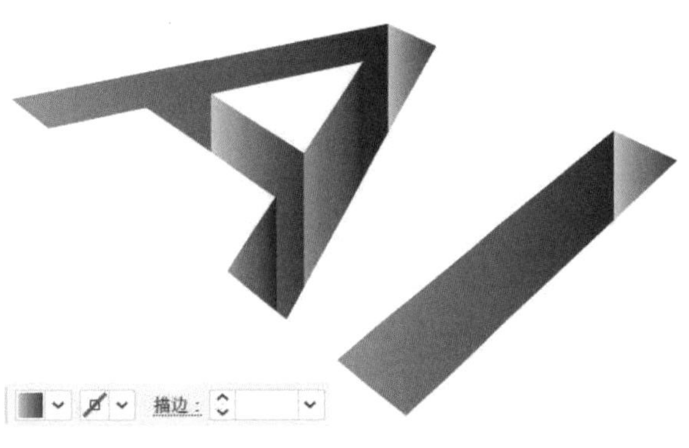

图6-213

07 使用选择工具单击图形，如图6-214所示，选择渐变工具，调整渐变的角度和位置，如图6-215所示。按图6-216所示的位置调整各个渐变。

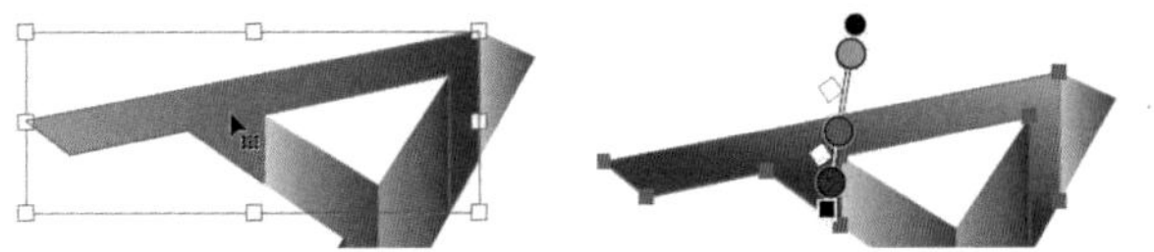

图6-214　　图6-215

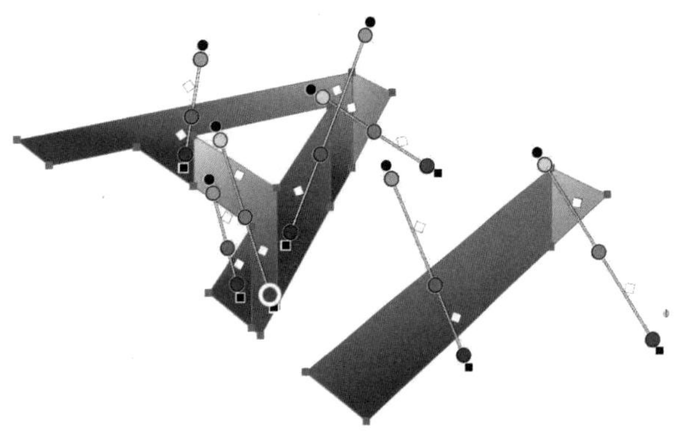

图6-216

08 创建一个矩形，按Shift+Crtl+[快捷键移至底层作为背景，如图6-217所示。

图6-217

6.6 进阶实例：中国结

01 选择圆角矩形工具，在画板上单击，打开“圆角矩形”对话框，参数设置如图6-218所示，创建一个圆角矩形，描边颜色为蓝色，如图6-219所示。

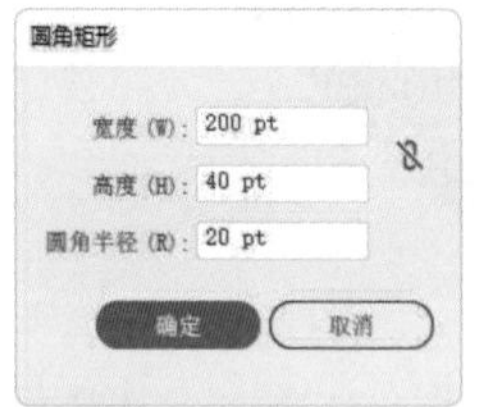

图6-218

图6-219

02 将光标放在定界框外，如图6-220所示，按住Shift键并拖曳光标，将图形旋转45°，如图6-221所示。

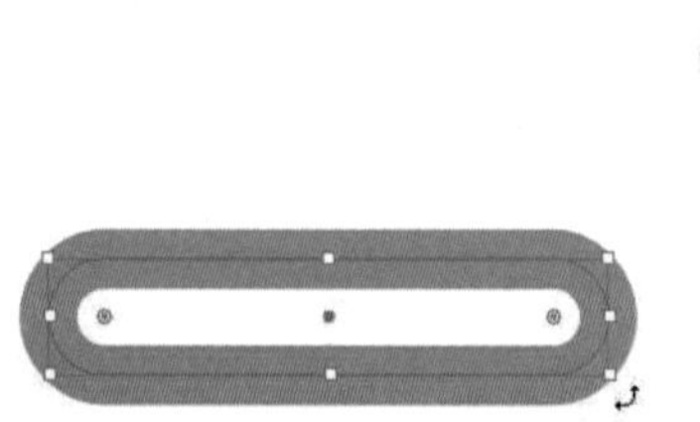

图6-220

图6-221

03 将光标放在图形上方，按Alt+Shift快捷键向右上方拖曳光标，复制图形，如图6-222所示。修改描边颜色为黄色，如图6-223所示。

图6-222

图6-223

04 按Ctrl+A快捷键全选，按Ctrl+C快捷键复制，按Ctrl+F快捷键粘贴到前方。将光标放在定界框右下角，如图6-224所示，按住Shift键拖曳光标，旋转图形，如图6-225所示。使用选择工具单击图形并修改描边颜色，如图6-226所示。

图6-224

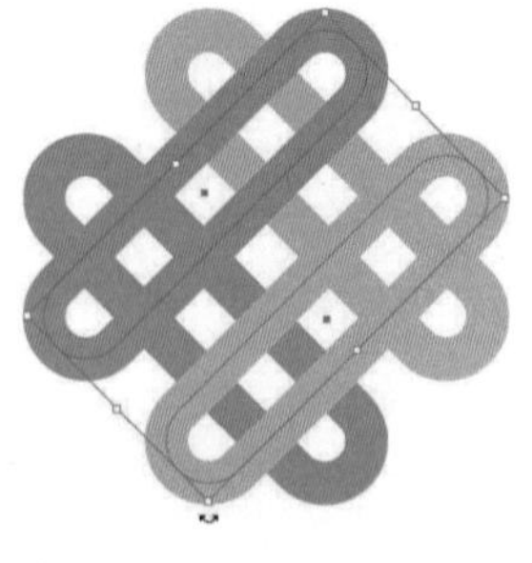

图6-225

图6-226

05 按Ctrl+A快捷键全选，执行“对象”|“缠绕”|“建立”命令。首先制作蓝色图形与其他图形的缠绕效果。在当前状态下，光标会变为状，将光标放在图6-227所示的位置，围绕交叉处图形拖曳光标，定义缠绕范围，如图6-228所示，释放鼠标左键后，可得到缠绕效果，如图6-229所示。

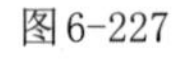

图6-227

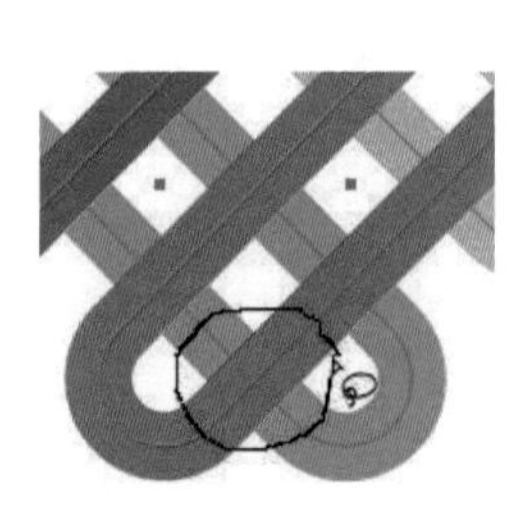

图6-228

图6-229

06 采用同样的方法处理左上方图形，如图6-230所示。

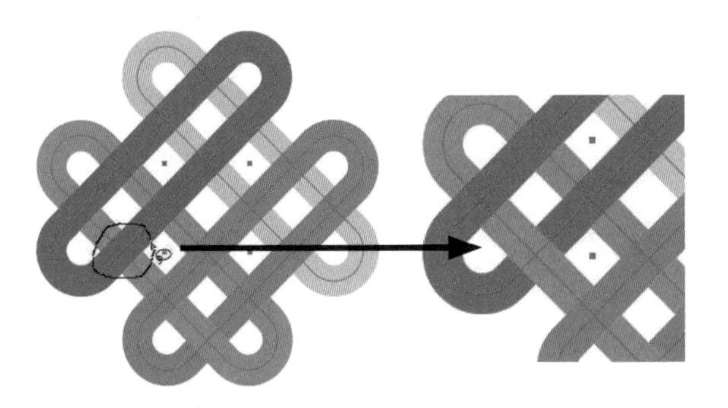

图6-230

07 处理蓝色圆角矩形的另一侧边界，生成缠绕效果，如图6-231和图6-232所示。

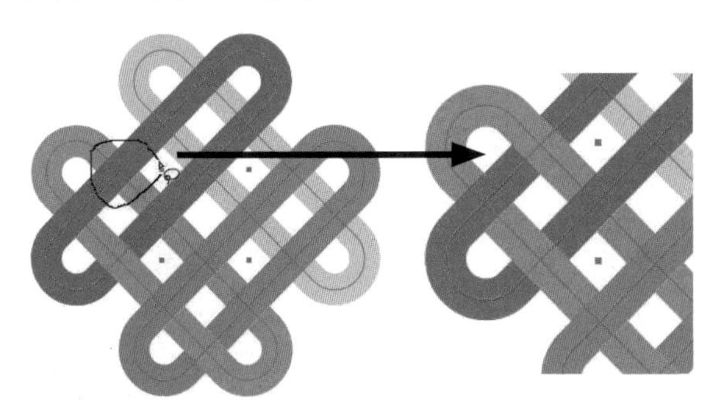

图6-231

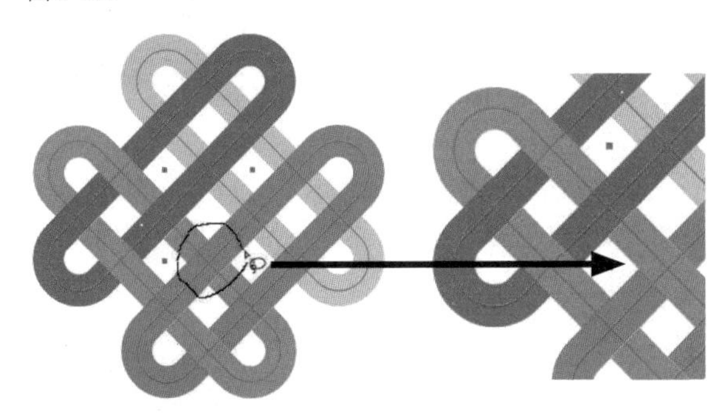

图6-232

08 制作黄色图形的缠绕效果。开始操作时光标的位置以及拖曳范围与蓝色图形相同，如图6-233所示。

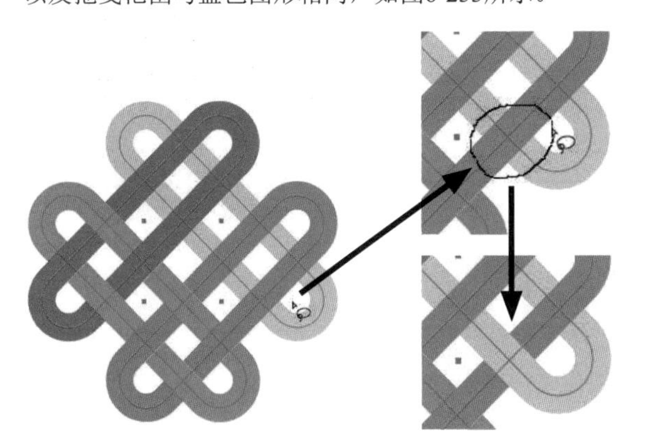

图6-233

09 黄色图形另一侧按照图6-234所示的光标移动轨迹进行处理。最终效果如图6-235所示。

图6-234

图6-235

实用技巧　缠绕编辑技巧

执行“对象”|“缠绕”|“建立”命令后，光标会变为 状，此时在图形相交处拖曳光标，可制作缠绕效果，按住Shift键拖曳光标，可以创建矩形选区。

如果有两个以上重叠路径的对象交织在一起，可将光标移动到封闭区域上方，以查看突出显示的边界；之后右击，在弹出的快捷菜单中选择放到前部、向前、向后或放到后面以排列交织顺序。

3条路径交织在一起　在路径上右击　执行“置于底层”命令

如果切换为其他工具，或者有撤销操作的行为，则需执行“对象”|“缠绕”|“编辑”命令，才能恢复缠绕编辑状态。执行“对象”|“缠绕”|“释放”命令，可释放缠绕效果，将图形恢复为原样。

6.7 进阶实例：消散特效

01 按Ctrl+O快捷键打开图像素材。执行“对象”|“画板”|“适合图稿边界”命令，将画板扩展到图像周围，如图6-236所示。

图6-236

02 使用矩形工具创建一个与画板大小相同的矩形，覆盖在图像上方，填充黑白线性渐变，如图6-237和图6-238所示。

图6-237　　图6-238

03 执行“效果”|“像素化”|“铜板雕刻”命令，打开“铜板雕刻”对话框，在“类型”下拉列表中选择“粗网点”选项，生成杂点，如图6-239和图6-240所示。

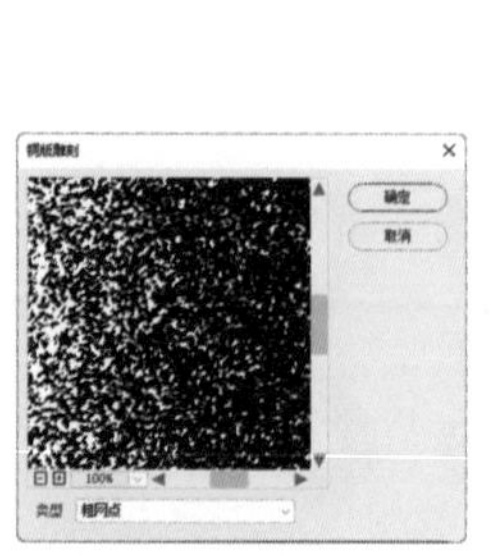

图6-239　　图6-240

04 执行“对象”|“扩展外观”命令，将图像扩展为矢量图形。打开“图像描摹”面板，设置参数并勾选“忽略白色”复选框，如图6-241所示。单击“描摹”按钮，进行图像描摹，如图6-242所示。

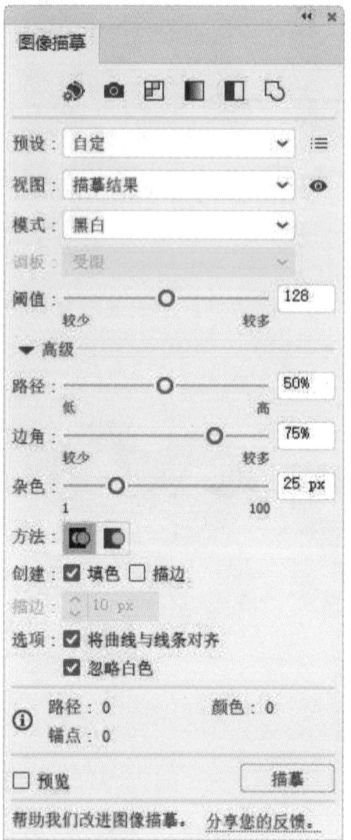

图6-241　　图6-242

05 执行“对象”|“扩展”命令，打开“扩展”对话框，如图6-243所示，单击“确定”按钮，将对象扩展为图形，如图6-244所示。

图6-243　　图6-244

06 单击“路径查找器”面板中的按钮，如图6-245所示，将所有图形合并。执行“对象”|“复合路径”|“建立”命令，创建复合图形。按Ctrl+A快捷键全选，按Ctrl+7快捷键创建剪切蒙版，效果如图6-246所示。

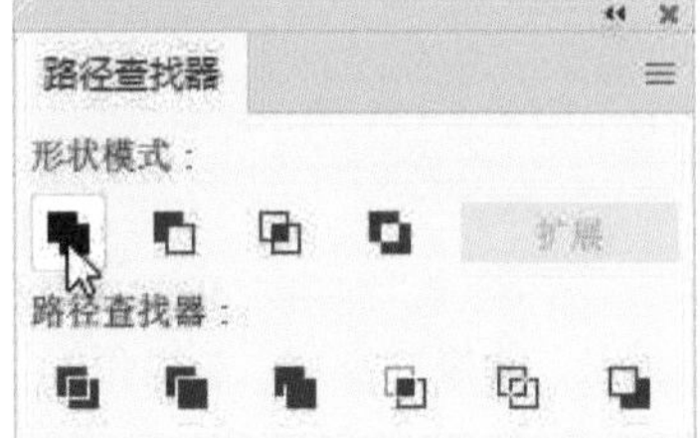

图6-245

图6-246

6.8 课后作业：绘制贵宾犬

本作业制作一只贵宾犬，如图6-247所示。首先使用钢笔工具绘制小狗的轮廓，如图6-248所示，之后使用椭圆工具绘制一些圆形，组成小狗的身体、耳朵和头部的毛发，如图6-249所示；使用形状生成器工具合并图形，如图6-250所示。眼睛是用两个圆形相减制作成的，如图6-251所示，睫毛用钢笔工具绘制。最后创建一个矩形作为背景，执行“窗口”|“色板库”|“图案”|“基本图形”|“基本图形_点”命令，打开“基本图形_点”面板，使用原点图案填充矩形，之后在“透明度”面板中设置混合模式为“颜色减淡”，使图案呈现白色即可。

图6-247 图6-248 图6-249 图6-250 图6-251

6.9 问答题

1. 怎样让多个对象以某个对象为基准进行对齐和分布？
2. 请简述全局标尺与画板标尺的区别。
3. 在“路径查找器”面板中，“形状模式”与“路径查找器”有何区别？
4. 请说出复合路径与复合形状的相同点及不同点。
5. 哪些对象可用于创建复合形状？

AI

改变形状：

第7章 变形、封套扭曲与混合

本章简介

本章提供了大量实例，用于学习Illustrator中的变形功能。

在Illustrator中，变形、封套扭曲和混合工具可以改变对象的形状，每种工具都有其独特的功能和用途。变形工具可通过旋转、缩放、倾斜和拉伸来改变对象的形状，其效果相对简单，难以实现复杂的形状变换。

封套扭曲则更加强大，用户可以创建一个自定义的形状，将对象扭曲成与该形状匹配的形状。该工具可用于创建特殊形状的文本、LOGO和图形等。混合工具可以用于创建复杂的形状和图案，如环形、螺旋、形状渐变等，是Illustrator中制作特效最常用的工具之一。

学习重点

7.1 变换

变换是指对图稿进行移动、旋转、缩放、镜像等编辑。在操作时，可以拖曳图稿的定界框和控制点进行自由变换，也可双击各个变换工具，打开相应的选项对话框并输入参数，进行精确变换。

7.1.1 定界框、中心点和参考点

使用选择工具单击对象时，所选对象上会显示定界框和控制点，如图7-1所示。如果选取的是一个单独的对象，则其中心还会显示■状中心点。当切换为旋转工具、镜像工具、比例缩放工具和倾斜工具时，所选对象中心会出现标靶状参考点，如图7-2所示，这是变换的基准点。在其他区域单击，可重新定义其位置。图7-3和图7-4所示分别为参考点在默认位置及画面左下角时的缩放效果。如果要将参考点恢复到对象中心，可双击旋转工具等变换工具，打开对话框以后，单击“取消”按钮即可。

图7-1

图7-2

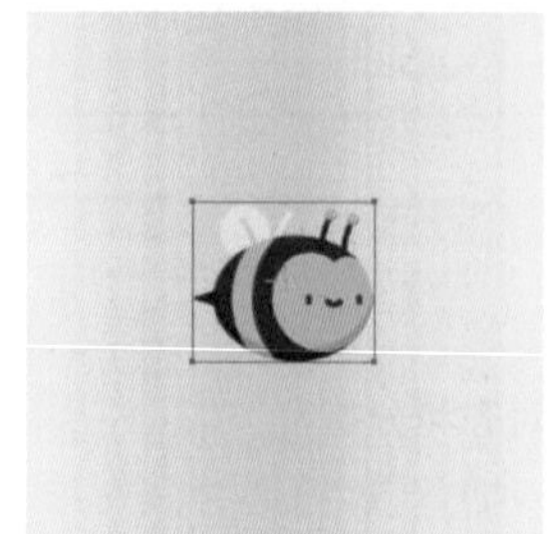
图7-3

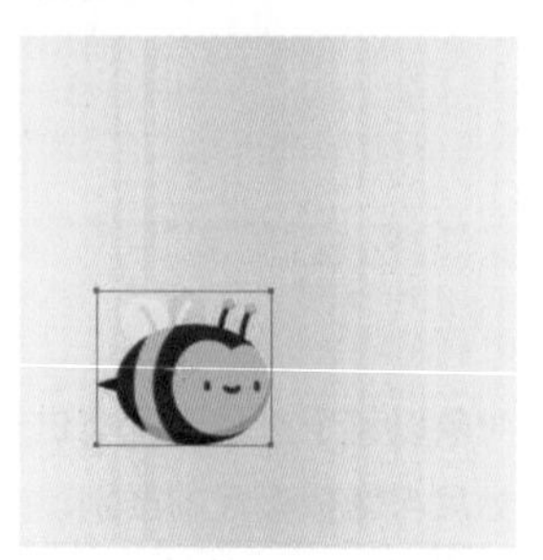
图7-4

提示

所选对象位于哪个图层，其定界框就使用与所在图层相同的颜色。

7.1.2　旋转和镜像

选择对象后，如图7–5所示，选择旋转工具，在画板上拖曳光标，即可旋转对象，如图7–6所示。光标离对象越远，旋转幅度越小。操作时如果按住Shift键，可将旋转角度限制为45°的整数倍。如果要精确定义旋转角度，可以双击旋转工具，打开“旋转”对话框进行设置。

图7-5

图7-6

镜像是让对象以镜像轴为基准翻转。操作时，使用镜像工具在画板上单击，指定镜像轴上的一点（不可见），之后在另一个位置单击，确定镜像轴的第二个点即可，如图7–7所示。如果在画板上拖曳光标（可按住Shift键操作），则可对象翻转并可像旋转工具那样进行自由旋转。用镜像的方法可以制作倒影，如图7–8和图7–9所示。

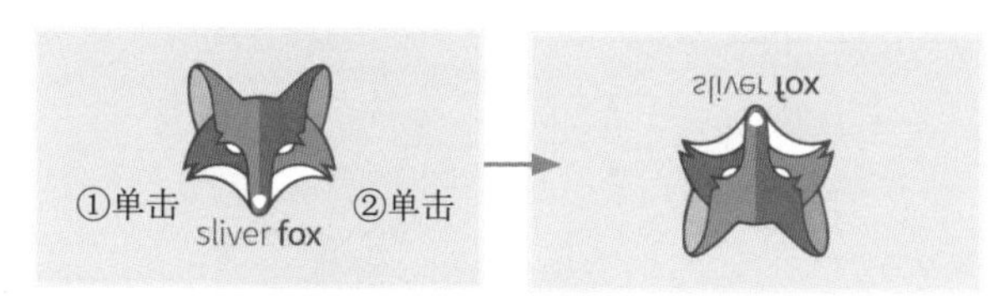

图7-7

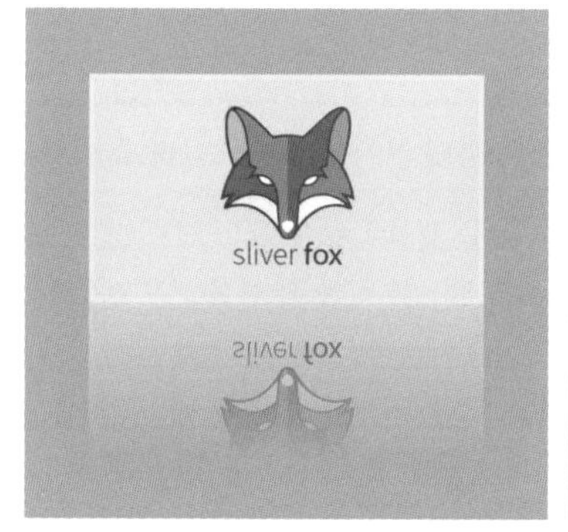

图7-8

图7-9

实用技巧　将定界框“摆正”

修改对象角度后，定界框的角度也会随之改变。执行“对象”|“变换”|“重置定界框”命令，可以将定界框的角度恢复过来。

7.1.3　拉伸、缩放和倾斜

选择对象后，使用比例缩放工具在定界框外拖曳光标，可向任意方向自由拉伸，拖曳边界中央的控制点，则可向水平或垂直方向拉伸，如图7–10所示。按住Shift键操作可等比缩放。如果要进行小幅度缩放，可在远离参考点的位置拖曳光标。如果要精确缩放，可双击工具，打开“缩放”对话框进行设置。

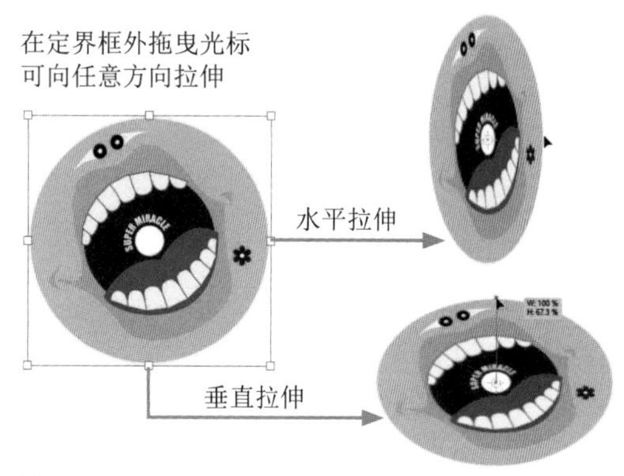

图7-10

倾斜工具能够以对象的参考点为基准，将其向各个方向倾斜。使用该工具时，左、右拖曳光标（按住Shift键可保持其原始高度）可沿水平轴倾斜对象，如图7–11所示；上、下拖曳光标（按住Shift键可保持其原始宽度），可沿竖直轴倾斜对象，如图7–12所示。为包装袋、盒子等贴图时，可通过这种方法调整贴图的透视，如图7–13所示。

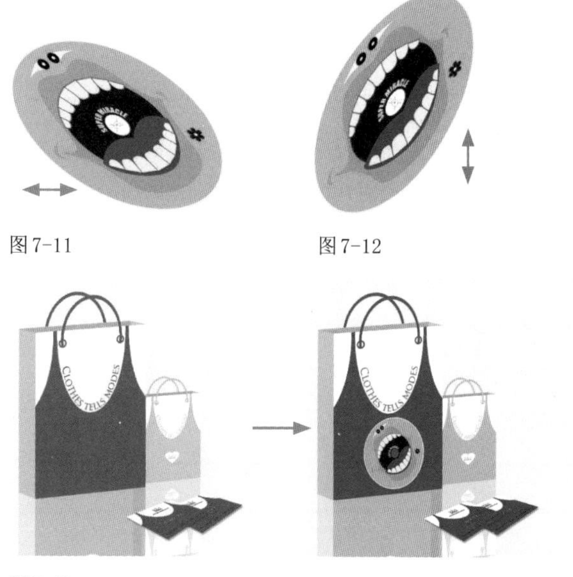

图7-11　图7-12

图7-13

如果要按照精确的参数值倾斜对象，可以双击该工具，打开“倾斜”对话框。首先选择沿哪条轴（“水平”“垂直”或指定轴的“角度”)倾斜对象，然后在“倾斜角度”选项内输入倾斜的角度，单击“确定”按钮，即可按照指定的轴和角度倾斜对象。单击“复制”按钮，可倾斜并复制对象。

7.1.4 用选择工具旋转、翻转和缩放

用选择工具选取对象后，拖曳其控制点便可进行旋转、翻转和缩放，不必使用其他工具。

- 翻转：将光标放在定界框顶边中央的控制点上，如图7-14所示，向图形另一侧拖曳，可以翻转对象，如图7-15所示。拖曳时按住Alt键，可原位翻转，如图7-16所示。

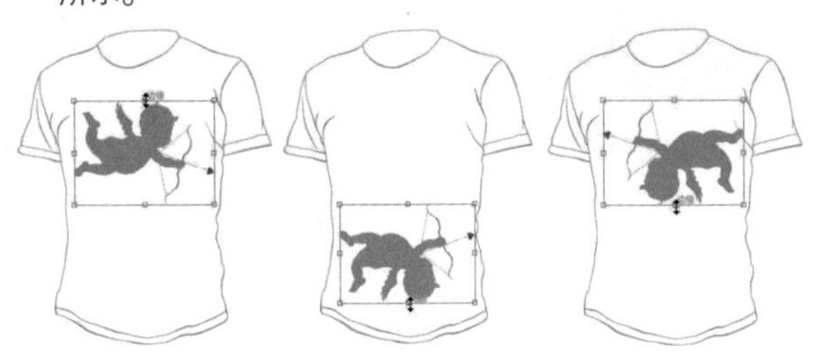

图7-14　　图7-15　　图7-16

- 拉伸和缩放：将光标放在控制点上，当光标变为、、、状时进行拖曳，可以拉伸对象，如图7-17所示。按住Shift键操作，可以进行等比缩放，如图7-18所示。
- 旋转：将光标放在定界框外，当光标变为状时拖曳，可以旋转对象，如图7-19所示。按住Shift键操作，可以将旋转角度限制为45°的整数倍。

图7-17　　图7-18　　图7-19

变换类工具使用技巧

使用旋转工具、镜像工具、比例缩放工具和倾斜工具时，按住Alt键单击，可以将单击点设置为参考点，同时打开相应的对话框。如果拖曳光标时按住Alt键，则可以复制对象，并对副本进行旋转、镜像、缩放和倾斜。

7.1.5 实例：线状花纹

进行移动、缩放、旋转、镜像和倾斜操作后，保持对象的被选取状态，使用“再次变换”命令(快捷键为Ctrl+D)，可以再进行一次变换。本实例将对此方法稍加改变，以快速生成几何形花纹。

01 使用极坐标网格工具在画板中单击，打开“极坐标网格工具选项”对话框，参数设置如图7-20所示，创建网格图形，如图7-21所示。

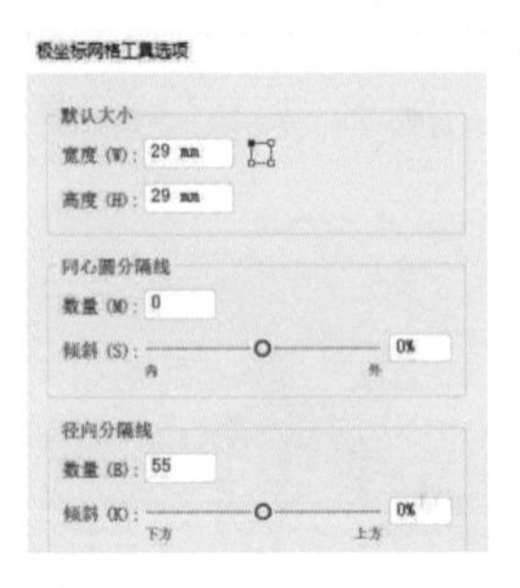

图7-20　　图7-21

02 保持图形的被选取状态。选择旋转工具，将光标放在网格图形的底边，如图7-22所示，按住Alt键并单击，打开“旋转”对话框，设置“角度”为45°，单击“复制”按钮，旋转并复制图形。单击“确定”按钮关闭对话框。

03 连续按Ctrl+D快捷键，即可得到花纹图形，如图7-23所示。

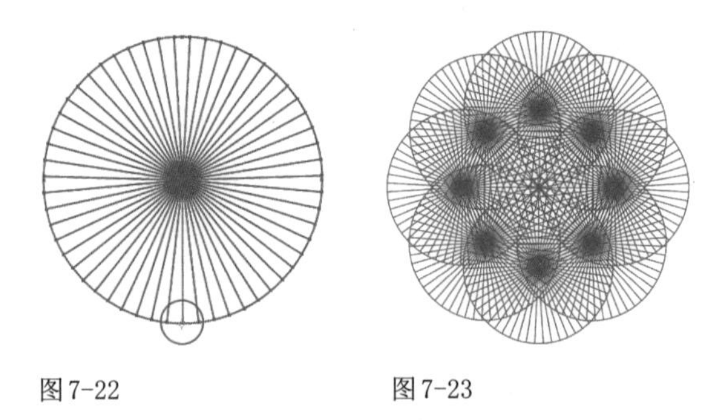

图7-22　　图7-23

7.1.6 实例：用分别变换方法制作花朵

“对象”|“变换”|“分别变换”命令可以对所选对象同时进行移动、旋转和缩放，并可复制对象，在制作特效时很常用。

01 选择多边形工具，按住Shift键拖曳光标，绘制一个六边形（可按↑键和↓键调整边数），填充渐变颜色，如图7-24和图7-25所示。

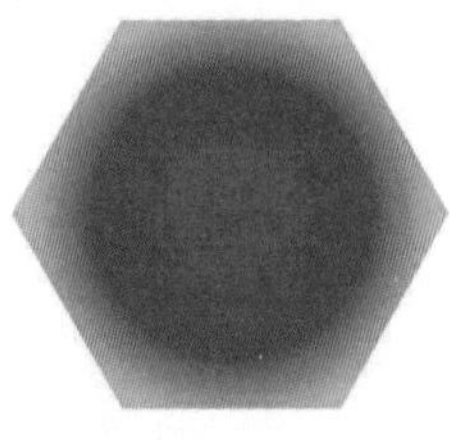

图7-24　　图7-25

❷ 执行“效果”|“扭曲和变换”|“收缩和膨胀”命令，打开“收缩和膨胀”对话框，设置参数为27%，使图形向外膨胀，如图7-26和图7-27所示。

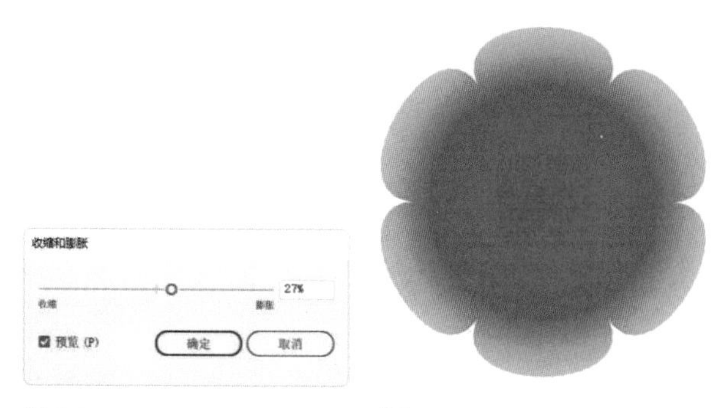

图7-26　　图7-27

❸ 执行“对象”|“变换”|“分别变换”命令，打开“分别变换”对话框，设置“垂直”与“水平”缩放值为80%，“角度”为30°，单击“复制”按钮，如图7-28所示，将图形缩小、旋转并复制，如图7-29所示。连续按Ctrl+D快捷键，得到图7-30所示的花朵。

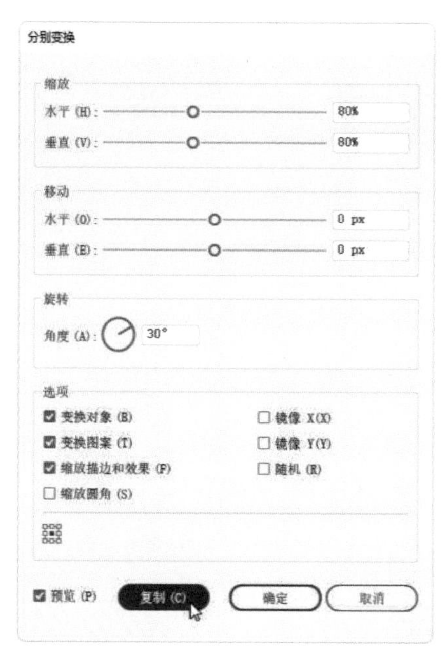

图7-28

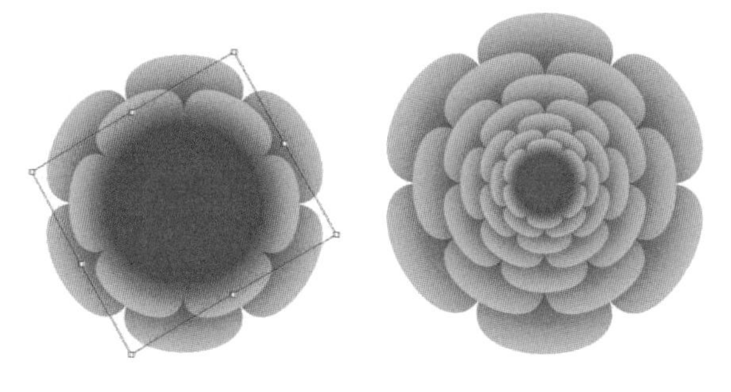

图7-29　　图7-30

实用技巧　用参考点定位器修改参考点位置

本章开始即介绍过，进行变换操作时，参考点将作为变换的基准点，使用“控制”面板、“变换”面板，以及“分别变换”命令进行变换时，可单击参考点定位器上的空心小方块，将参考线移动到定界框的边界、中央或边角上。

0 pt　X: 193.7361　Y: 310.7222

“控制”面板中的参考点定位器

❹ 下面制作仙人球。使用多边形工具绘制一个12边形，填充绿色渐变，如图7-31和图7-32所示。

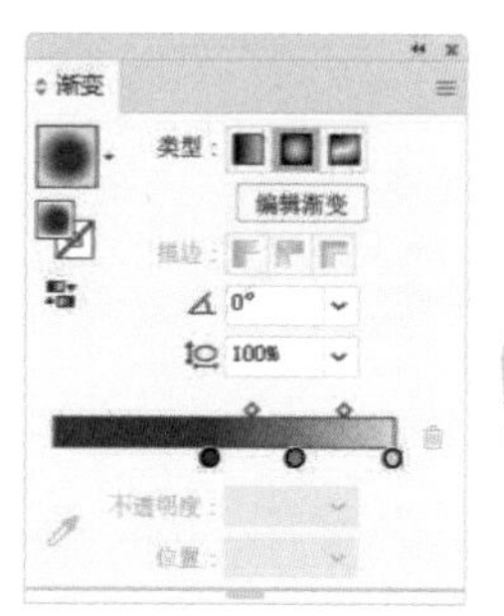

图7-31　　图7-32

❺ 添加“收缩和膨胀”效果，设置参数为-27%，使图形向内收缩，如图7-33所示。采用步骤03方法复制图形，制作成仙人球，如图7-34所示。

图7-33　　图7-34

7.1.7　变换图案、描边和效果

选择对象后，在“变换”面板的选项中输入参数，如图7-35所示，按Enter键可进行移动、旋转、缩放和倾斜。选取面板菜单中的命令，如图7-36所示，则可单独对图案、描边等应用变换。此外，使用变换类工具在画板上单击，打开相应的对话框时，勾选一个或多个复选框，也可对图案、描边、效果应用变换。例如，图7-37所示的圆形包含填充图案、颜色描边和投影效果，对其进行缩放时，可以设置如图7-38所示的选项。

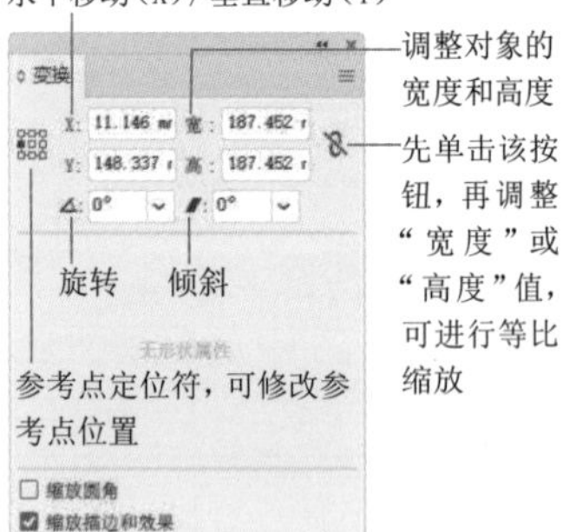

图7-35

图7-36

图7-37

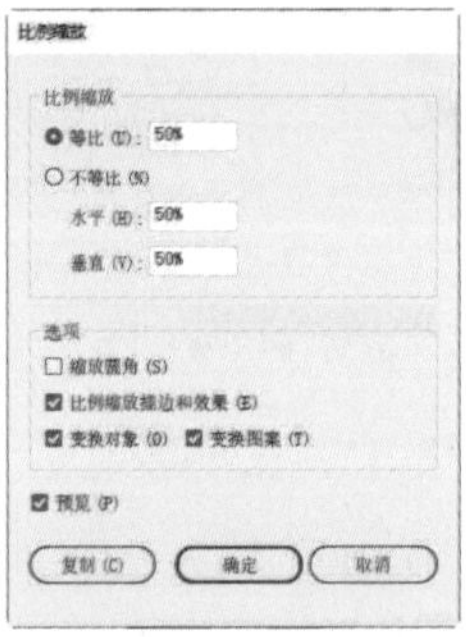

图7-38

● 比例缩放描边和效果：勾选该复选框，描边和效果会与对象一同缩放（图案保持原有比例），如图7-39所示。取消勾选，则仅缩放对象，描边、效果和图案的比例保持不变，如图7-40所示。

图7-39

图7-40

● 仅变换对象/仅变换图案：勾选“仅变换对象”选项，仅缩放对象（效果如图7-40所示）；勾选“仅变换图案”选项，仅缩放图案，对象、描边和效果不变，如图7-41所示；如果两项都勾选，则同时缩放对象和图案，描边和效果的比例保持不变，如图7-42所示。

图7-41

图7-42

7.2 变形

本节介绍怎样使用工具进行变形操作。还有一些变形功能在“效果”|“扭曲和变换”子菜单中。

7.2.1 拉伸、透视扭曲和扭曲

自由变换工具是多用途工具，在进行移动、旋转和缩放时，与使用选择工具操作方法相同。除此之外，该工具还可进行拉伸、透视扭曲和扭曲。

拉伸

选择对象，如图7-43所示。选择自由变换工具时文档窗口中会显示一个临时的面板，如图7-44所示。单击其中的自由变换按钮，拖曳定界框边中央的控制点，可沿水平（光标为状）或垂直方向（光标为状）拉伸对象，如图7-45和图7-46所示。拖曳边角的控制点（光标为状或状），可向任意方向拉伸，如图7-47所示。

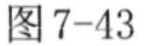

图7-43

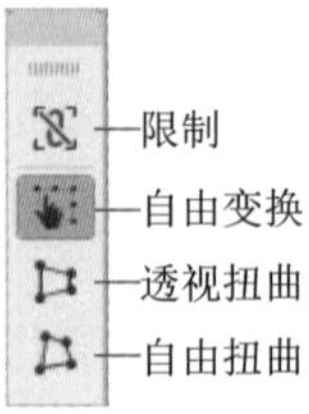

限制
自由变换
透视扭曲
自由扭曲

图7-44

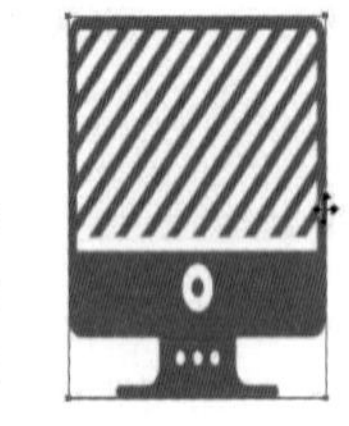

图7-45

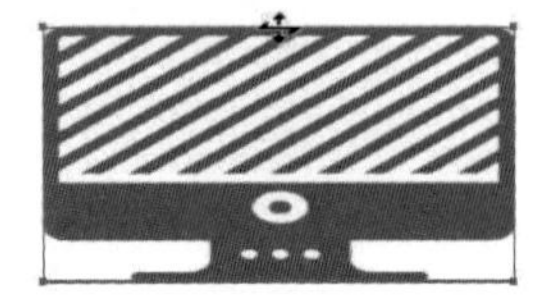

图7-46

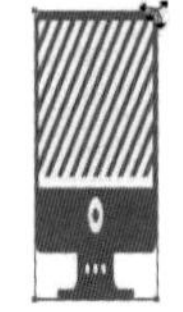

图7-47

如果先单击限制按钮，再拖曳，可进行等比缩放。按住Alt键操作，则以中心点为基准等比缩放。

透视扭曲

单击透视扭曲按钮，拖曳边角的控制点（光标会变为状或状），可以透视扭曲，如图7–48和图7–49所示。

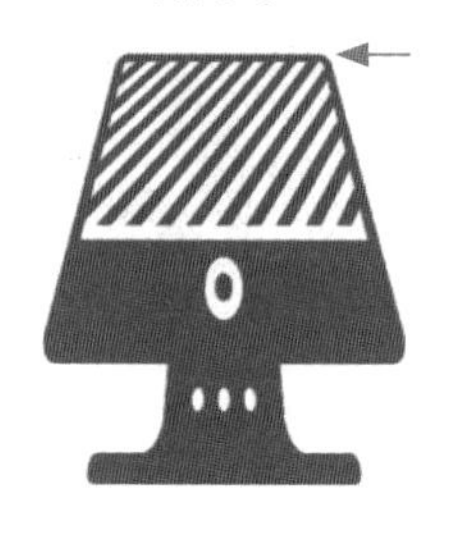

图7–48

图7–49

扭曲、旋转和移动

单击自由扭曲按钮，拖曳边角上的控制点（光标会变为状或状），可自由扭曲，如图7–50所示。单击之后，按住Alt键拖曳，则可以产生对称的倾斜效果，如图7–51所示。

图7–50

图7–51

无论单击哪一个按钮，在定界框外拖曳（光标会变为、、、或等状），都能旋转对象。在对象内部（光标变为▶状）拖曳，则可移动。

旋转时，按住Shift键，可以将旋转角度限制为45°的整数倍。移动时，按住Shift键，可以沿水平或垂直方向移动。此外，也可不使用临时面板的按钮，而是通过相应的按键来进行变换。例如，在边角的控制点上单击，之后拖曳时按住Ctrl键，可以倾斜对象；按住Ctrl键和Alt键，可对称倾斜；按住Ctrl键、Alt键和Shift键拖曳光标，可进行透视扭曲。

7.2.2　操控变形

操控变形工具可以对图稿的局部进行自由扭曲。例如，想让猫咪做出歪头动作，可将其选取，如图7–52所示，之后使用操控变形工具在需要扭曲的位置单击，添加控制点。为防止扭曲幅度过大影响其他区域，可在这些区域也添加控制点，将图稿固定住，如图7–53所示。

图7–52

图7–53

准备工作完成之后，单击下巴上的控制点，然后将光标移动到圆圈虚线上，如图7–54所示，进行拖曳即可，如图7–55和图7–56所示。如果直接拖曳控制点，则可移动头部，如图7–57所示。

图7–54

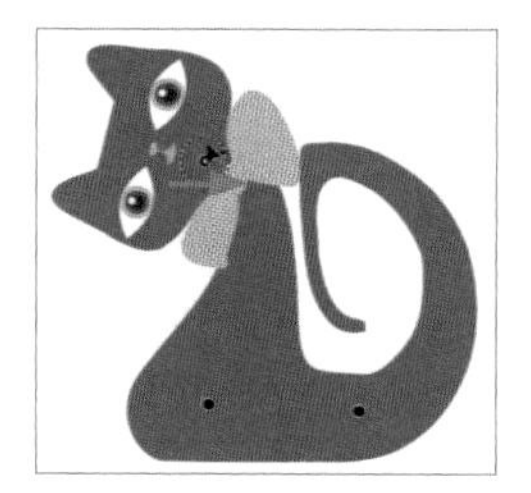

图7–55

图7–56

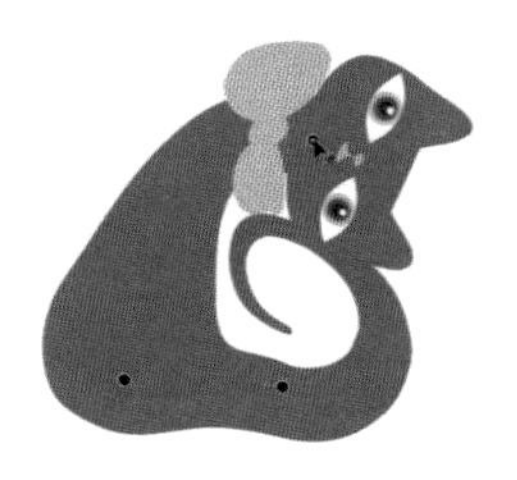

图7–57

提示

在虚线圆圈上，光标会变为状，此时拖曳光标可进行扭转。按住Shift键单击多个控制点，可将其一同选取，按Delete键可删除。如果网格妨碍了视线，可在“控制”面板中取消勾选“显示网格”复选框，只显示用于调整的点。“控制”面板的“扩展网格”选项用来设置变形衰减范围。该值越大，变形网格的范围也会相应地向外扩展，变形之后，对象的边缘会越平滑；反之，数值越小，边缘变化效果越生硬。

7.2.3　液化类工具

液化类工具可以创建自由扭曲效果，如图7–58所示。通过拖曳的方法使用，也可在对象上单击（按住鼠标左键的时间越长，变形效果越强）。使用这些工具时，不需要选择对象，即可处理光标下方的所有对象。如果想要将扭曲限定为某个对象，可以先将其选取，再进行处理。该工具不能处理链接的文件或包含文本、图形和符号的对象。

原图形

变形工具

旋转扭曲工具

缩拢工具

膨胀工具

扇贝工具

晶格化工具

皱褶工具

图7-58

- 变形工具：适合创建比较随意的变形效果。
- 旋转扭曲工具：可创建漩涡状效果。
- 缩拢工具：可以通过向十字线方向移动控制点的方式收缩对象，使图形向内收缩。
- 膨胀工具：可创建与缩拢工具相反的膨胀效果。
- 扇贝工具：可以向对象的轮廓中添加随机弯曲的细节，创建类似贝壳表面的纹路效果。
- 晶格化工具：可以向对象的轮廓中添加随机锥化的细节，生成与扇贝工具相反的效果（扇贝工具产生向内的弯曲，而晶格化工具产生向外的尖锐凸起）。
- 皱褶工具：可以向对象的轮廓中添加类似于皱褶的细节，产生不规则的起伏。

7.2.4 实例：制作积雪融化特效字

本实例使用液化类工具扭曲文字，制作积雪融化效果。文字立体效果是通过复制的方法表现出来的。

01 按Ctrl+N快捷键打开“新建文档”对话框，在“图稿和插图”选项卡中选择“明信片”选项，单击“方向”选项下方的按钮，将画板设置为横向，单击“创建”按钮，新建一个文档。

02 使用矩形工具创建一个与画板大小相同的矩形，填充黑色，如图7-59所示。按Ctrl+2快捷键将其锁定。选择文字工具T，在画板上单击，之后输入文字，如图7-60所示。如果没有相应的字体，可以使用其他字体（文字笔画越粗效果越好）。

图7-59

图7-60

03 执行“效果”|“风格化”|“圆角”命令，将文字边缘设置为圆角，如图7-61和图7-62所示。

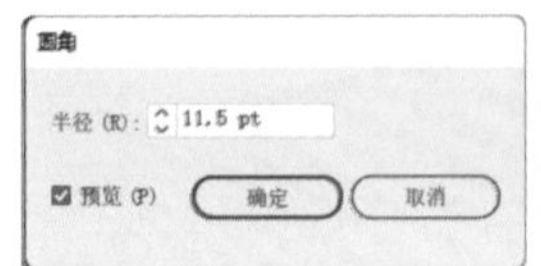

图7-61

图7-62

04 执行“对象”|“扩展外观”命令，将文字扩展为图形，以便扭曲路径，表现变形效果。

05 选择变形工具，在画板的空白位置按住Shift键拖曳光标，调整工具调整为图7-63所示的大小。在文字上拖曳光标，进行扭曲，如图7-64所示。

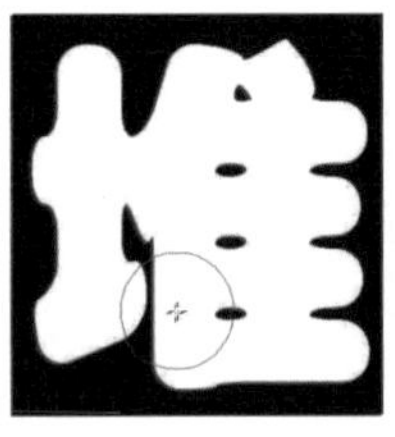
图7-63

图7-64

06 处理其他文字，如图7-65所示。

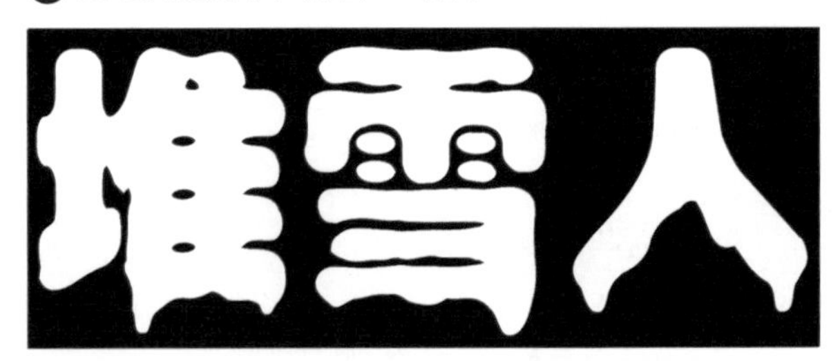

图7-65

07 保持文字的被选取状态，按Ctrl+C快捷键复制。将文字的描边颜色设置为白色，粗细为0.25pt，取消填色，如图7-66所示。

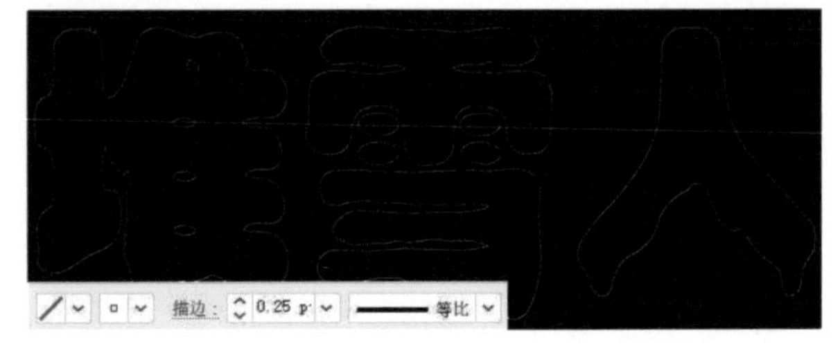

图7-66

08 选择工具▶，按住Alt键向右下方拖曳文字，进行复制，如图7-67所示。连按3次Ctrl+D快捷键，继续复制，如图7-68所示。

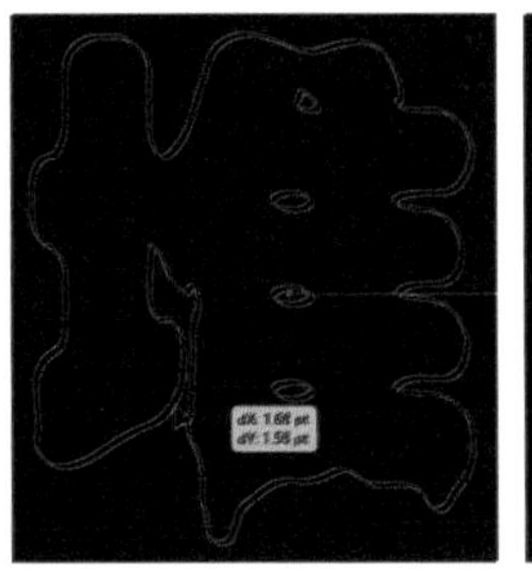
图 7-67

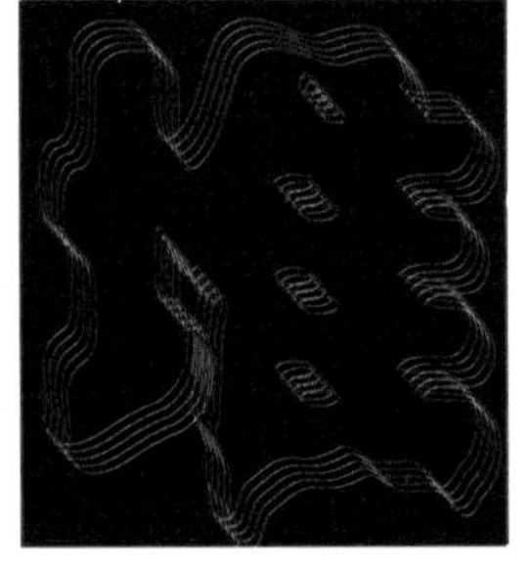
图 7-68

09 按Ctrl+V快捷键粘贴文字，使用选择工具▶将其移动到图7-69所示的位置。

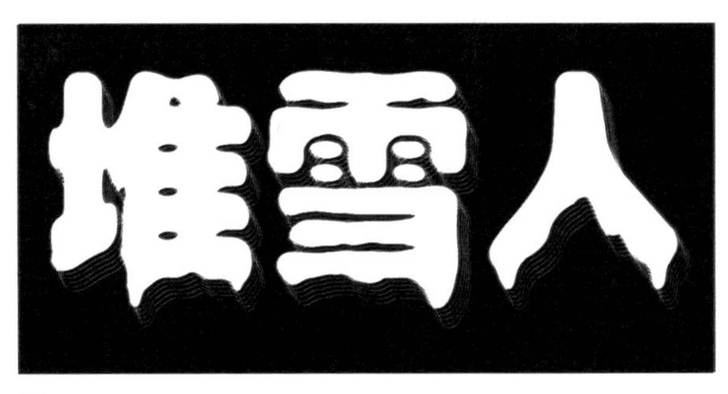

图 7-69

7.3 封套扭曲

封套扭曲是一种非常灵活的变形功能，能将对象"塞入"一个图形中。用于创建扭曲效果的图形称为封套，被扭曲的对象则称为封套内容。为便于理解，可将封套想象成一种容器，封套内容则是液体，例如水，将水倒入圆形容器中，水的形态就是圆形的；倒入方形容器中，则水的形态为方形。除图表、参考线和链接对象外，对其他对象均可进行封套扭曲。

7.3.1 用变形方法制作封套扭曲

封套扭曲有3种创建方法，即变形、网格和顶部对象。使用变形方法时，首先选择对象，执行"对象"|"封套扭曲"|"用变形建立"命令，打开"变形选项"对话框，"样式"下拉列表中有15种预设的封套形状，如图7-70所示，效果如图7-71所示。选择其中一种预设后，还可调整参数、控制扭曲程度，以及创建透视效果。

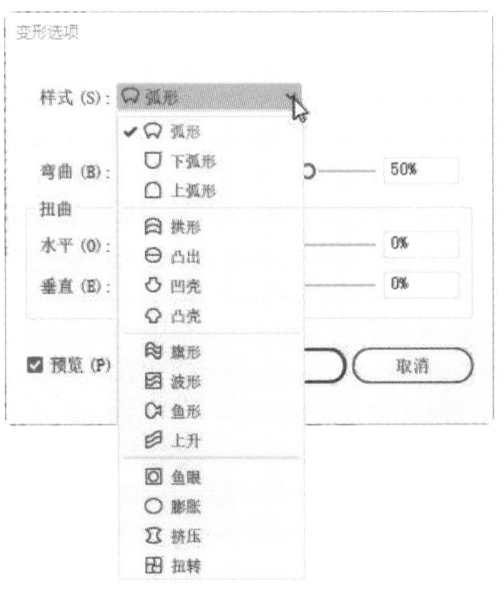

图 7-70

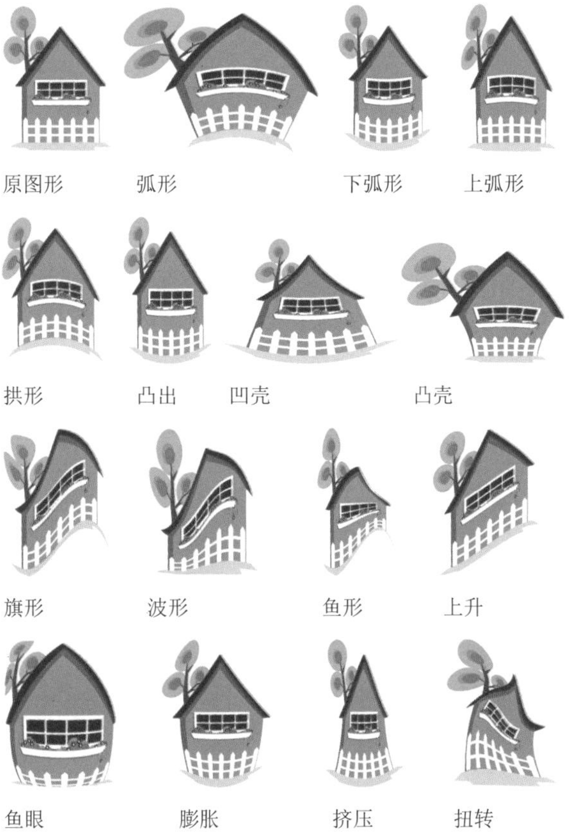

原图形　弧形　下弧形　上弧形

拱形　凸出　凹壳　凸壳

旗形　波形　鱼形　上升

鱼眼　膨胀　挤压　扭转

图 7-71

> 提示
>
> 创建封套扭曲后，在对象被选取的状态下，可直接在“控制”面板中选取其他变形样式及修改参数。

7.3.2 实例：用网格建立封套扭曲

如果觉得“用变形建立”命令的预设封套束缚手脚，施展不开，想要更自由地进行扭曲，可以用网格建立封套扭曲，即先创建变形网格，再通过调整网格点来扭曲对象。

01 选择直线段工具在画板上单击，打开“直线段工具选项”对话框，参数设置如图7-72所示，创建一条直线，如图7-73所示。

图7-72

图7-73

02 执行“效果”|“扭曲和变换”|“变换”命令，打开“变换效果”对话框，参数设置如图7-74所示，复制出一组直线，如图7-75所示。

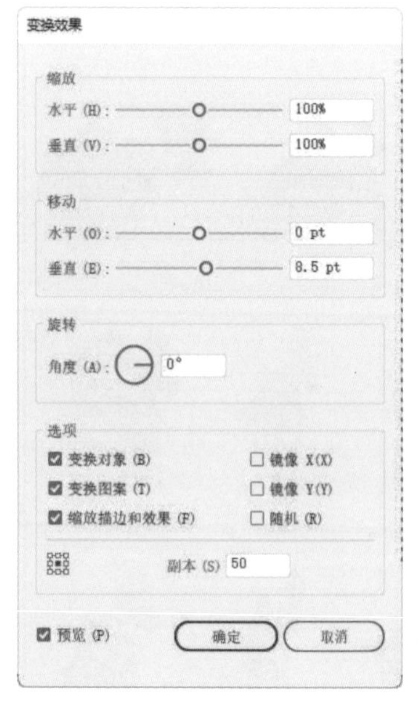

图7-74

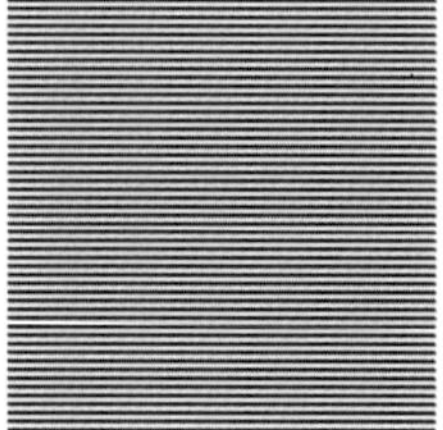

图7-75

03 选择文字工具，在画板的空白处（远离直线）单击，然后输入数字5，在“控制”面板中选择字体并设置大小，如图7-76所示。

图7-76

04 使用选择工具将文字移动到直线上方，如图7-77所示，按Ctrl+A快捷键将文字及直线选取，按Ctrl+7快捷键创建剪切蒙版，让直线只在文字区域内显示，如图7-78所示。

图7-77

图7-78

05 执行“对象”|“封套扭曲”|“用网格建立”命令，打开“封套网格”对话框，设置网格数目，如图7-79所示，创建变形网格，如图7-80所示。

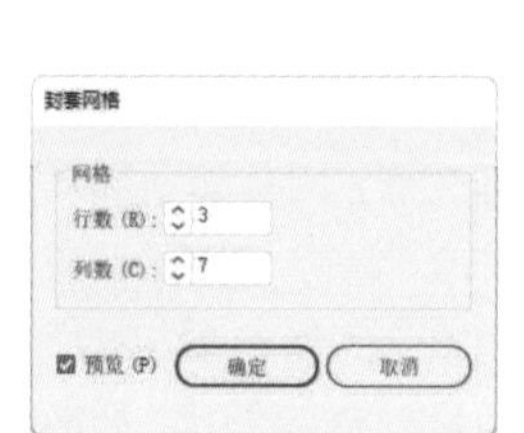

图7-79

图7-80

06 选择直接选择工具，单击网格点，将其选取之后，如图7-81所示，进行拖曳，修改网格形状，进而扭曲文字，如图7-82所示。网格与锚点属性相同，即拖曳其方向点，可以改变网格形状。如果要选择多个网格点，按住Shift键并单击，也可拖曳出一个选框，如图7-83所示，之后，将光标放在其中一个选取的网格点上并进行拖曳，如图7-84所示。此外，网格线也可以进行拖曳。

图7-81

图7-82

图7-83

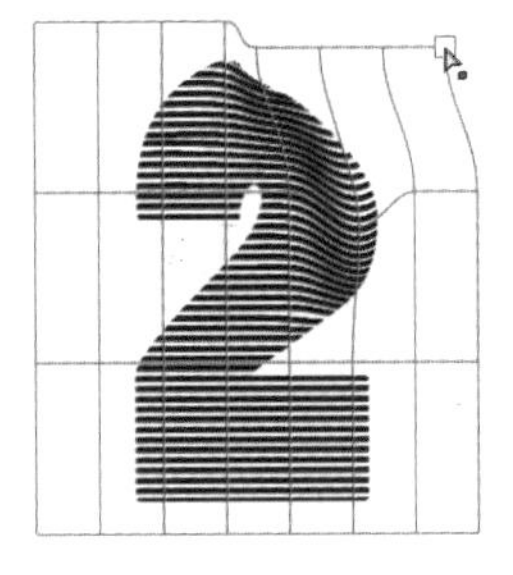

图7-84

07 将网格调整为图7-85所示的形状。单击“控制”面板中的“编辑内容”按钮。使用选择工具按住Alt键并拖曳文字，进行复制，如图7-86所示。

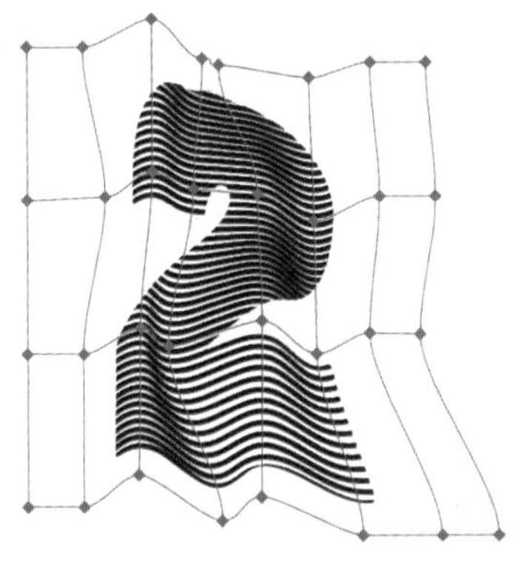

图7-85

图7-86

08 选择文字工具T，将光标放在文字上方，显示文字基线时，如图7-87所示，拖曳光标，将文字内容选取，如图7-88所示，输入数字3，按住Ctrl键在空白处单击，取消选择，如图7-89所示。

图7-87

图7-88

图7-89

09 如果想创建新的扭曲效果，可以将对象选择，单击“控制”面板中的“编辑封套”按钮，再单击“重设封套形状”按钮，将网格复原，如图7-90所示，之后重新扭曲，如图7-91所示。

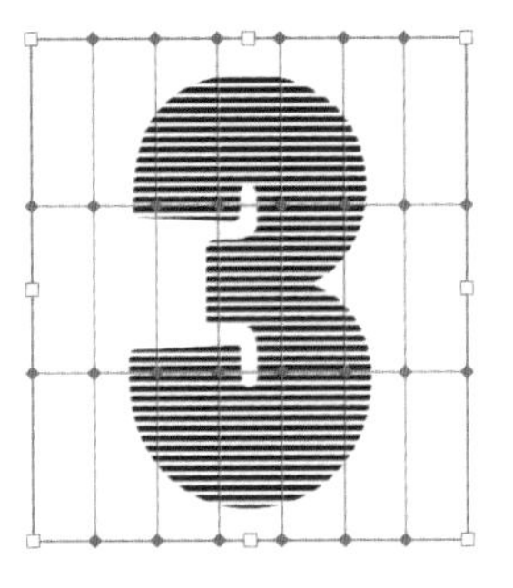

图7-90

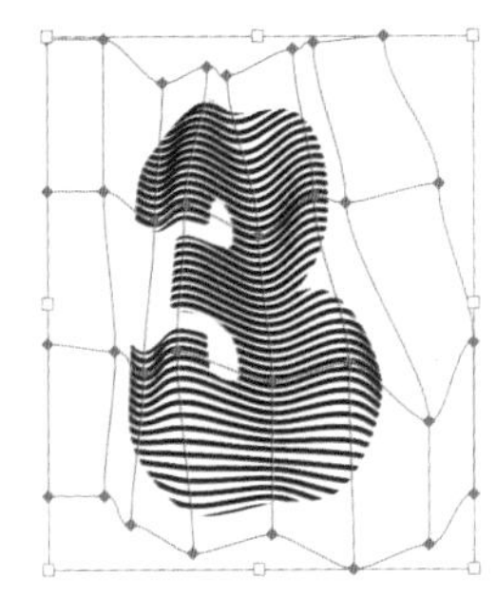

图7-91

10 采用同样的方法复制文字并修改网格，可制作出如丘陵般起伏的立体变形字，如图7-92所示。

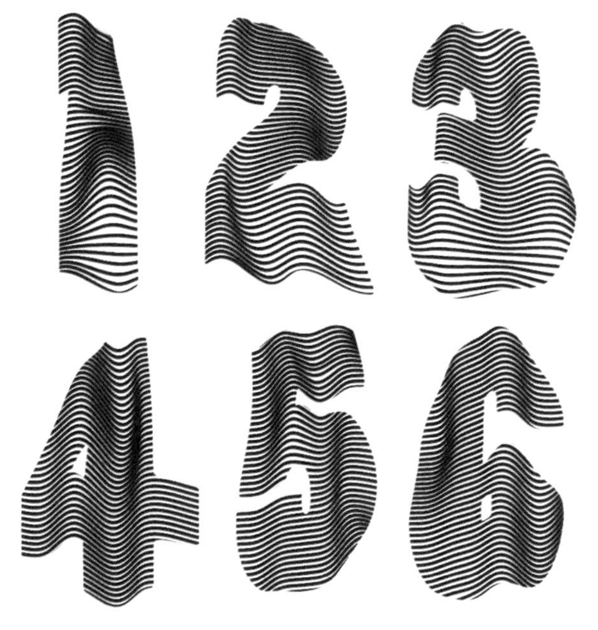

图7-92

7.3.3 实例：彩线字

在前一个实例有中文字的内容可修改，下面学习怎样调整直线的颜色。

01 剪切蒙版将直线限定在文字范围内，选择封套扭曲对象，单击“控制”面板中的“编辑内容”按钮，便可暂时释放剪切蒙版，让直线图形显示出来，如图7-93所示。

02 修改其描边颜色，如图7-94和图7-95所示。完成编辑后单击“编辑剪切路径”按钮。其他文字的修改效果如图7-96所示。

图7-93

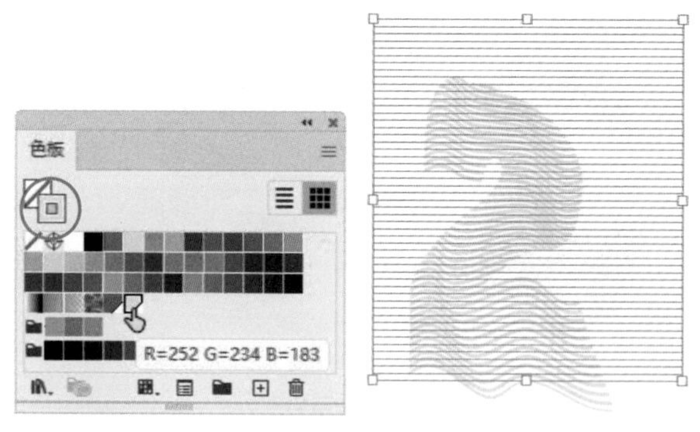

图7-94　　图7-95

图7-96

7.3.4　实例：用顶层对象建立封套扭曲

用顶层对象建立封套扭曲是指在对象上方放置一个图形用以扭曲其下方的对象。

01 使用钢笔工具绘制蝴蝶结图形（如果绘制不好，可使用本实例的蝴蝶结素材），如图7-97所示。使用选择工具将其选取，按Ctrl+C快捷键复制。

图7-97

02 使用矩形工具绘制一个矩形。执行“窗口”|“色板库”|“图案”|“基本图形”|“基本图形_点”命令，打开“基本图形_点”面板。单击图7-98所示的图案，用该图案填充矩形。按Ctrl+[快捷键，将矩形移动到蝴蝶结后面，如图7-99所示。

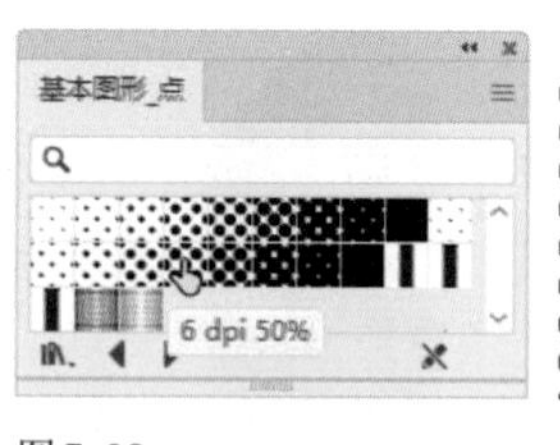

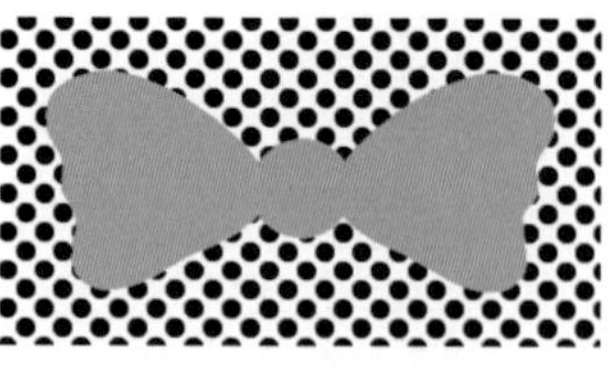

图7-98　　图7-99

03 按Ctrl+A快捷键全选，执行“对象”|“封套扭曲”|“用顶层对象建立”命令，或按Alt+Ctrl+C快捷键创建封套扭曲，如图7-100所示。现在圆点图形虽然被“塞入”蝴蝶结内，但还没有立体感，需要进行修改。单击“控制”面板中的按钮，打开“封套选项”对话框，勾选“扭曲图案填充”复选框，如图7-101所示，让纹理产生扭曲。

图7-100　　图7-101

04 按Ctrl+B快捷键，将图形粘贴到蝴蝶结后面，填充灰色作为阴影。按几下→键和↓键，向下轻移对象，使其与蝴蝶结错开一段距离，如图7-102所示。执行“效果”|“风格化”|“羽化”命令，添加羽化效果，如图7-103所示。在“控制”面板中设置“不透明度”为70%，让阴影变淡，如图7-104所示。

图7-102　　图7-103

图7-104

05 使用选择工具▶拖曳出选框，将蝴蝶结及阴影选取，按住Alt键拖曳进行复制。执行“窗口”|“色板库”|“图案”|“自然”|“自然_叶子”命令，打开“自然_叶子”面板。单击封套扭曲对象，如图7-105所示，单击“控制”面板中的“编辑内容”按钮，封套内容会释放出来，单击图7-106所示的图案，替换原有的纹理，如图7-107所示。修改完成后，单击“控制”面板中的“编辑封套”按钮，恢复封套扭曲。

06 选择投影图形，修改填充颜色为浅蓝色，不透明度为55%，效果如图7-108所示。

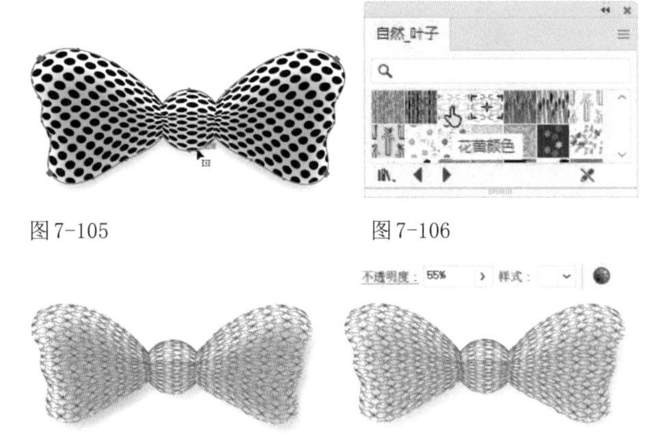

图7-105　图7-106

图7-107　图7-108

07 采用同样的方法制作蝴蝶结（可以使用“装饰_旧版”及“自然_动物皮”图案库制作布纹和兽皮效果），如图7-109所示。需要注意投影颜色应该与图案的主色相匹配，这样效果才能更加真实。

图7-109

实用技巧　编辑封套扭曲对象

创建封套扭曲后，所有封套对象会合并到同一个图层上。使用选择工具▶单击对象，单击“控制”面板中的“编辑内容”按钮，可暂时释放封套扭曲，此时封套和封套内容都可以编辑。修改完成后，可以单击“编辑封套”按钮恢复封套扭曲。如果是通过“用变形建立”和“用网格建立”命令创建的封套扭曲，则在“控制”面板中可以选择其他的样式，修改参数和网格的数量。

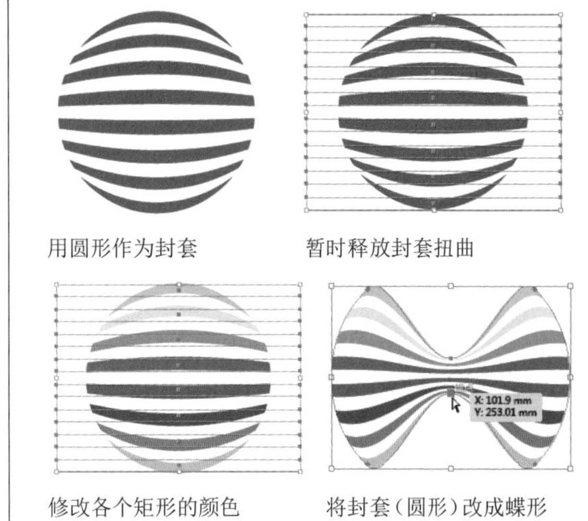

用圆形作为封套　暂时释放封套扭曲

修改各个矩形的颜色　将封套（圆形）改成蝶形

提示

用变形建立的封套扭曲与用网格建立的封套扭曲可以互相转换（执行“对象”|“封套扭曲”子菜单中的“用网格重置”或“重置弯曲”命令）。

7.3.5　封套选项

选择封套扭曲对象，单击“控制”面板中的按钮，或执行“对象”|“封套扭曲”|“封套选项”命令，可以打开“封套选项”对话框，如图7-110所示。

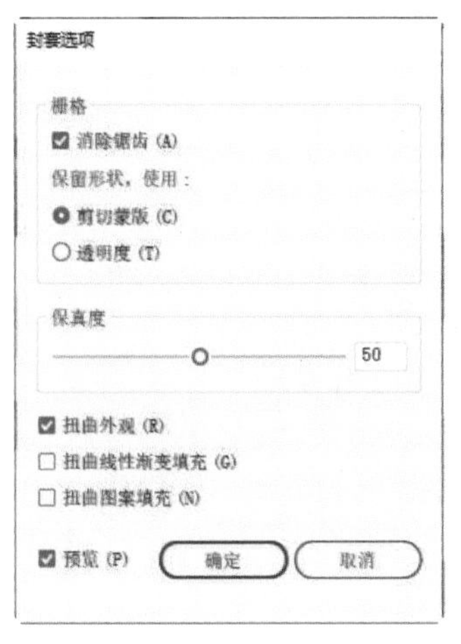

图7-110

- 消除锯齿：使对象的边缘更加平滑。这会增加处理时间。
- 剪切蒙版/透明度：用非矩形封套扭曲对象时，选取“剪切蒙版”选项，可在栅格上使用剪切蒙版；选取“透明度”选项，则对栅格应用 Alpha 通道。
- 保真度：指定封套内容在变形时适合封套图形的精确程度。该值越高，封套内容的扭曲效果越接近于封套的形状，但会产生更多的锚点，同时也会增加处理时间。
- 扭曲外观：如果封套内容添加了效果或图形样式等外观属性，勾选该复选框，可以使外观与对象一起扭曲。
- 扭曲线性渐变填充：如果被扭曲的对象填充了线性渐变，如图7-111所示，勾选该复选框，可以将线性渐变与对象一起扭曲，如图7-112所示。图7-113所示为未勾选该复选框时的扭曲效果。

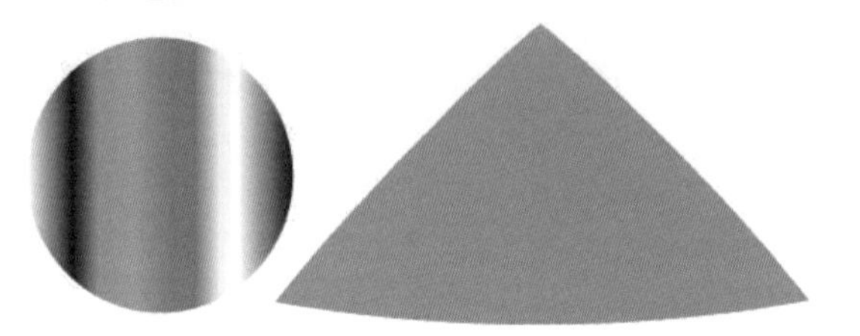

图7-111

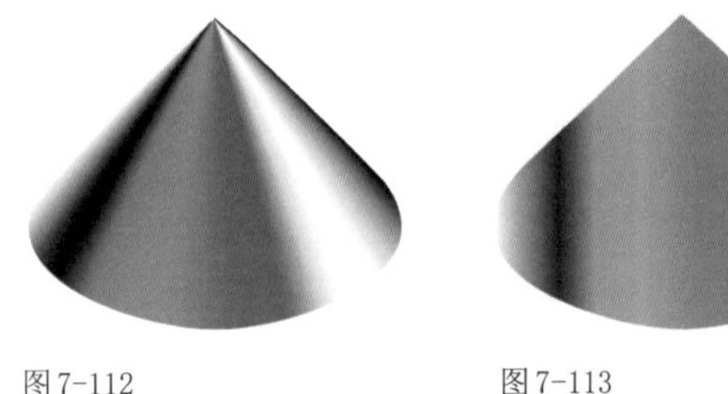

图7-112　　图7-113

- 扭曲图案填充：如果被扭曲的对象填充了图案，如图7-114所示，勾选该复选框可以使图案与对象一起扭曲，如图7-115所示。图7-116所示为未勾选该复选框时的扭曲效果。

图7-114

图7-115

图7-116

7.3.6 释放与扩展封套扭曲

选择封套扭曲对象，打开“对象”|“封套扭曲”菜单，执行“释放”命令，可以释放封套扭曲，让对象恢复到封套前的状态。使用“用变形建立”命令和“用网格建立”命令制作的封套扭曲还会释放出一个封套形状图形（单色填充的网格对象）。执行“扩展”命令，则可将其扩展为普通的图形。

7.4 混合

混合能在两个或多个对象之间生成一系列中间对象，使其产生从形状到颜色的全面融合和过渡，效果非常独特。用于创建混合的对象既可以是图形、路径和混合路径，也可以是使用渐变和图案填充的对象。

7.4.1 实例：用混合方法制作特效字

混合效果可通过混合工具和“混合”命令来进行创建。混合工具的优点是可以指定混合的开始点位，灵活性更高一些。

01 按Ctrl+O快捷键打开素材，如图7-117所示。文档中包含文字图形及背景（用任意形状渐变填充）。为了使混合对象中的颜色过渡更柔和，使用选择工具拖曳出一个选框，将文字选取，在“控制”面板中设置“不透明度”为90%，如图7-118所示。

图7-117

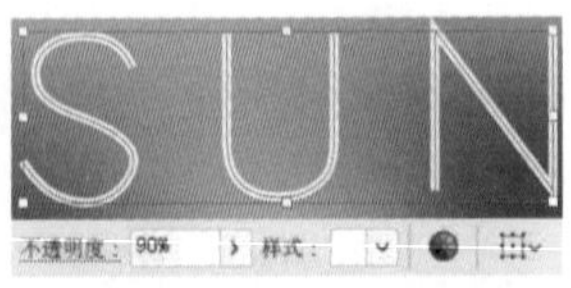

图7-118

02 先来调整这几个文字的透视角度。单击文字S，如图7-119所示。选择自由变换工具，显示临时的面板，单击其中的“自由变换”按钮，在定界框外拖曳光标，旋转对象，如图7-120所示。

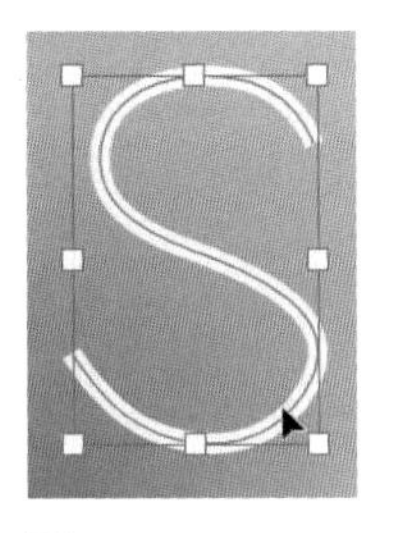

图7-119

图7-120

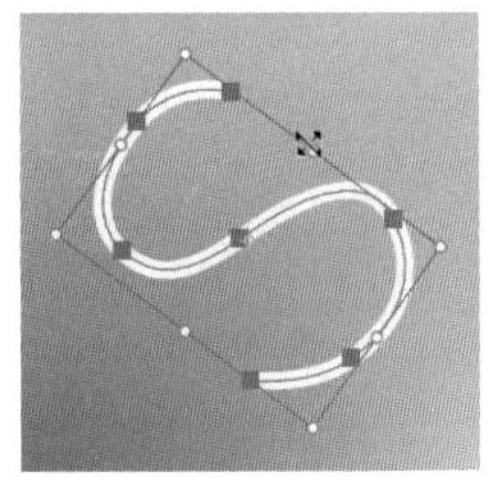

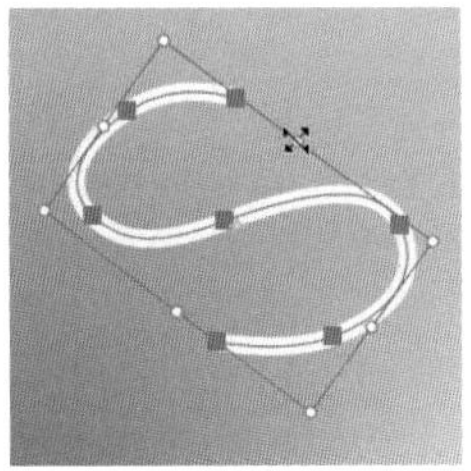

❸ 将光标放在定界框边界中央的控制点上，如图7-121所示，拖曳光标，进行扭曲，如图7-122所示。

图7-121　　图7-122

❹ 选择工具▶，按住Alt键向下拖曳文字，进行复制，如图7-123所示。在“控制”面板中设置描边粗细为1pt，“不透明度”为0%，如图7-124所示。

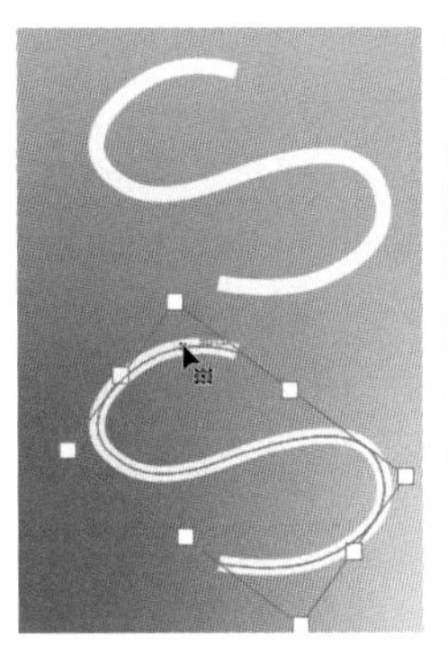

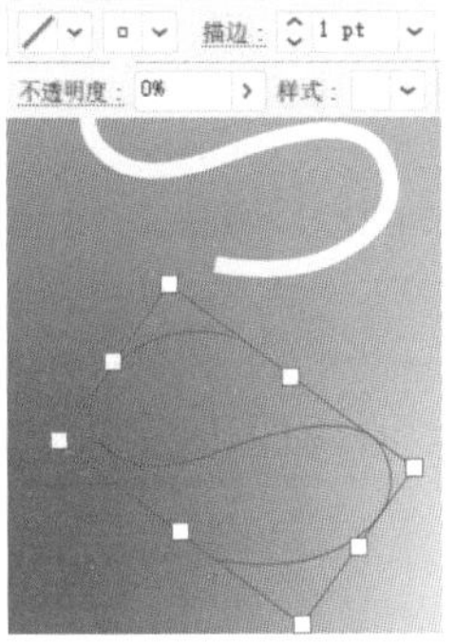

图7-123　　图7-124

❺ 创建混合前，对象的上、下堆叠顺序一定要正确，否则会造成混合效果出错。单击前一个文字，如图7-125所示，按Shift+Ctrl+] 快捷键将其移至顶层。为了便于观察，可以拖曳出一个选框，将这两个文字选取。选择混合工具，将光标移动到文字边缘，捕捉到对象后，光标会变为状，如图7-126所示，单击，再将光标移动到另一个文字上方，光标变为状时，如图7-127所示，单击，创建混合，如图7-128所示。

❻ 执行“对象”|“混合”|“混合选项”命令，打开“混合选项”对话框，设置“间距”为“指定的步数”，步数为300，如图7-129所示。单击“确定”按钮关闭对话框，混合效果如图7-130所示。

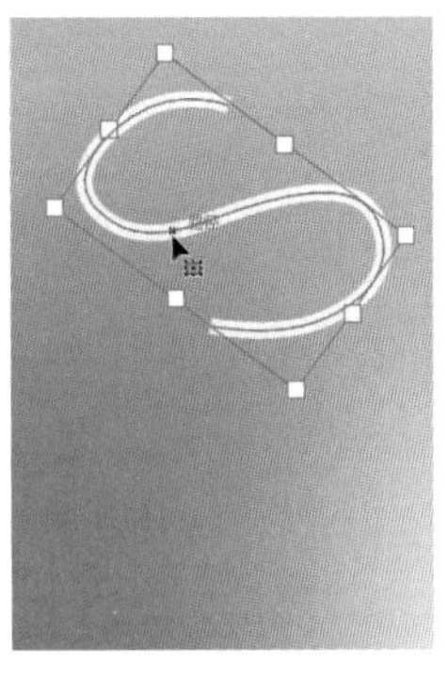

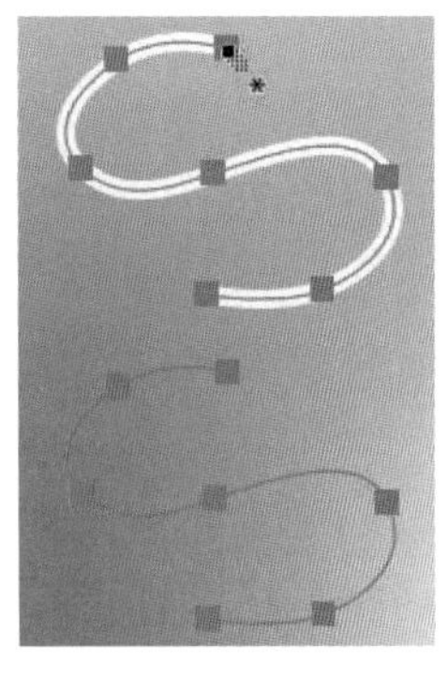

图7-125　　图7-126

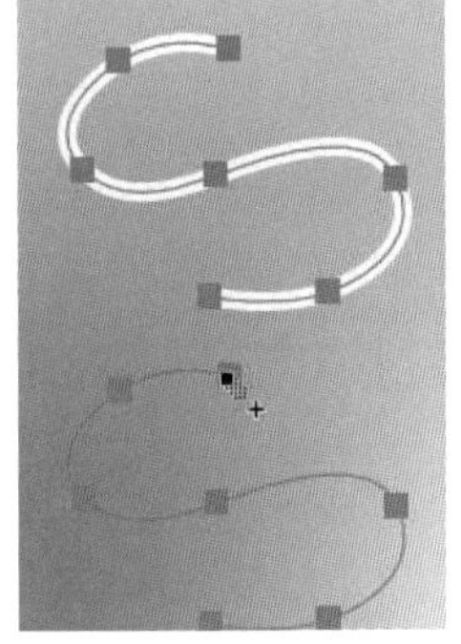

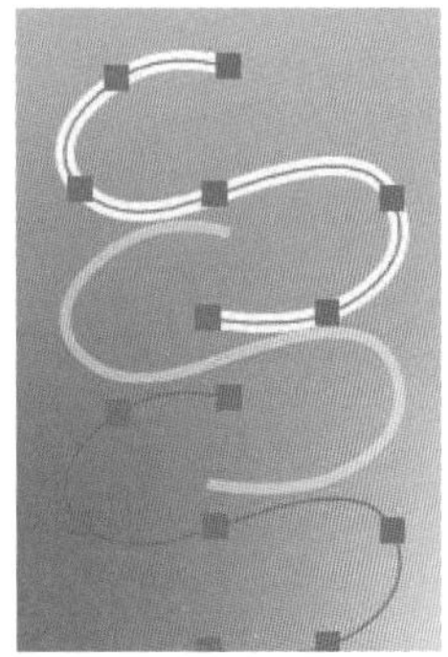

图7-127　　图7-128

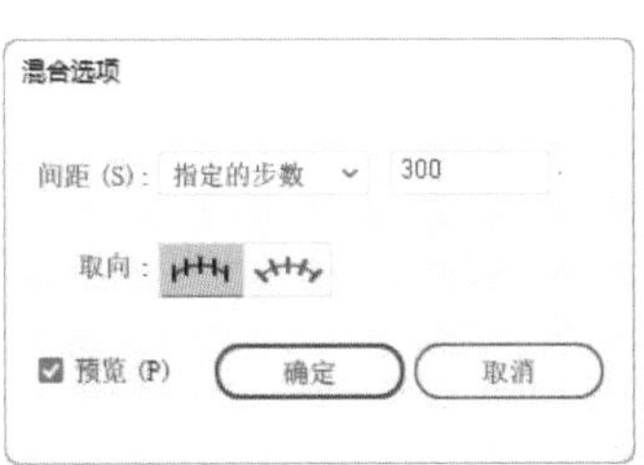

图7-129　　图7-130

> 提示
>
> 选取“平滑颜色”选项，可自动生成合适的混合步数，创建平滑的颜色过渡效果；选取“指定的步数”选项，可以在右侧的文本框中输入混合步数；选取“指定的距离”选项，可以输入由混合生成的中间对象的间距。

❼ 使用自由变换工具扭曲另外两个文字，如图7-131和图7-132所示。

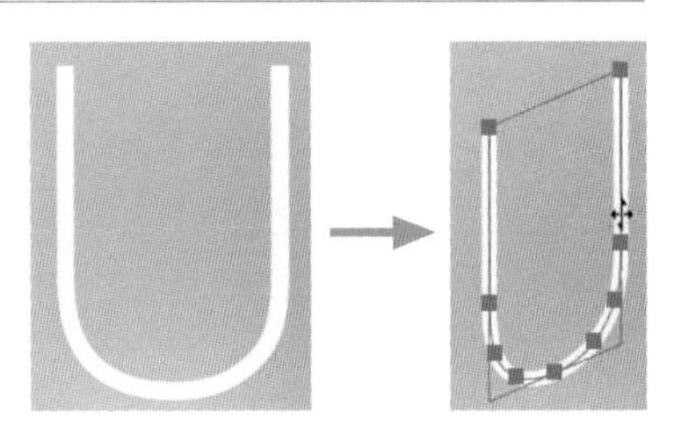

图7-131

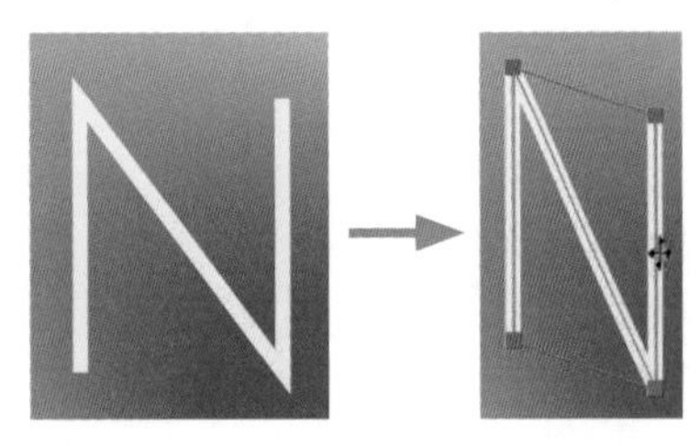

图 7-132

08 使用选择工具并按住Alt键拖曳文字，进行复制，设置描边粗细为1pt，设置“不透明度”为0%，效果如图7-133所示。

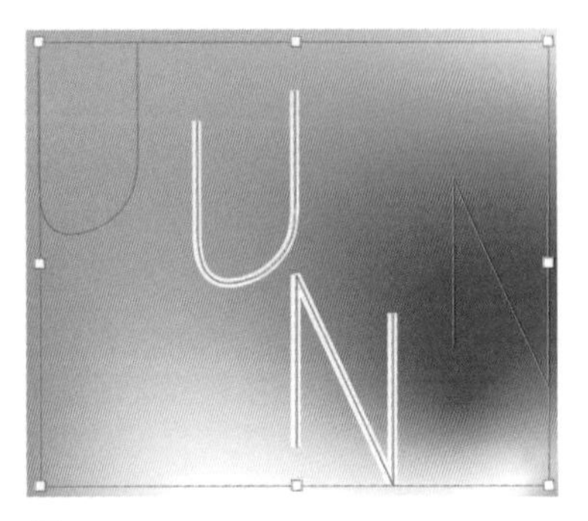

图 7-133

09 选择其中的两个白色文字，按Shift+Ctrl+] 快捷键移至顶层，之后分别创建混合，如图7-134所示。

图 7-134

10 使用选择工具调整各个混合对象的位置，如图7-135所示。选择编组选择工具，将光标移动到最后方的混合对象上，捕捉到对象后，单击，将其选取，之后进行拖曳，调整其位置，如图7-136所示。其他文字也采用同样的方法调整，如图7-137所示。

图 7-135

图 7-136

图 7-137

11 使用编组选择工具单击位于最前方的文字，将其选择，如图7-138所示，执行“编辑”|“复制”命令，进行复制，执行“编辑”|“贴在前面”命令，粘贴到前方，在“控制”面板中将“不透明度”设置为100%，让前方文字更醒目，如图7-139所示。另外两个文字也采用同样的方法处理，效果如图7-140所示。

图 7-138　　图 7-139

图 7-140

组中路径编辑技巧

如果编辑组中的某一对象，如路径，不想被同组的其他对象干扰，可以使用直接选择工具▷或通过“图层”面板选取该路径，然后单击“控制”面板中的“隔离选中的对象”按钮⌘，进入隔离状态。此外，还有一种方法，就是使用选择工具▶双击组，进入隔离模式，之后再双击该对象，将其与同组对象隔离。

7.4.2 实例：修改混合对象

01 使用矩形工具■创建与画板大小相同的矩形，填充黑色，按Ctrl+2快捷键锁定。选择文字工具T，在画板上单击，然后输入文字，在“控制”面板中设置文字的描边颜色为白色，粗细为1pt，并选择字体，如图7-141所示。

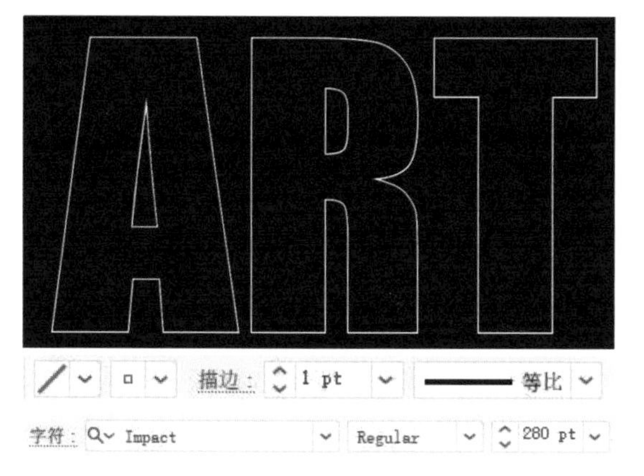

图7-141

02 执行“对象”|“扩展”命令，将文字扩展为图形。执行“对象”|“取消编组”命令。使用选择工具▶单击文字A，将其选取，如图7-142所示。按Ctrl+C快捷键复制，按Ctrl+B快捷键粘贴到后方。按Alt+Shift快捷键拖曳定界框右上角的控制点，将文字等比缩小，设置描边粗细为0.25pt，如图7-143所示。

03 拖曳出一个选框，将两个A字选取，如图7-144所示，按Alt+Ctrl+B快捷键创建混合。双击混合工具，打开“混合选项”对话框，设置参数，如图7-145所示，效果如图7-146所示。

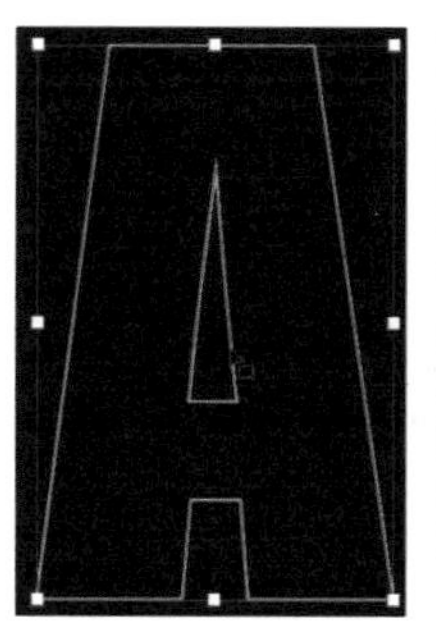

图7-142

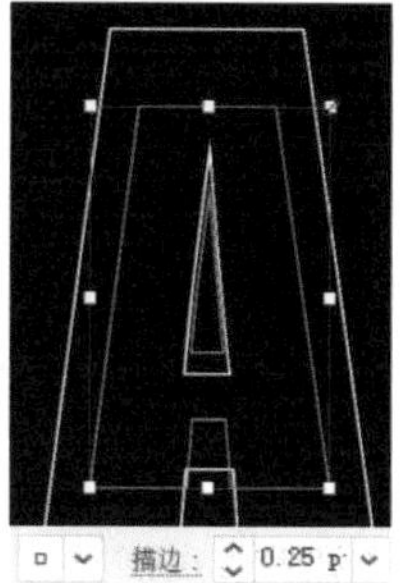

图7-143

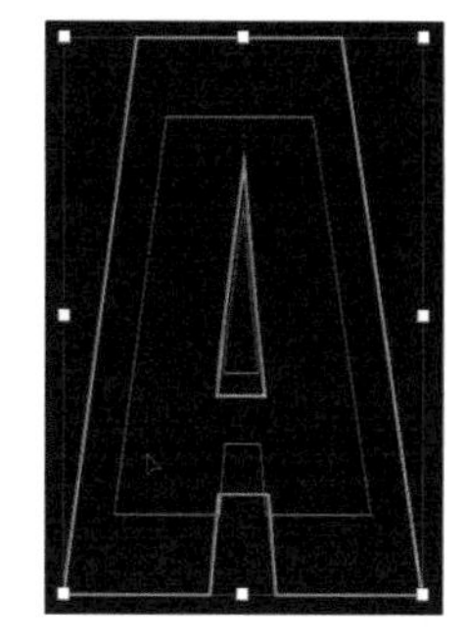

图7-144

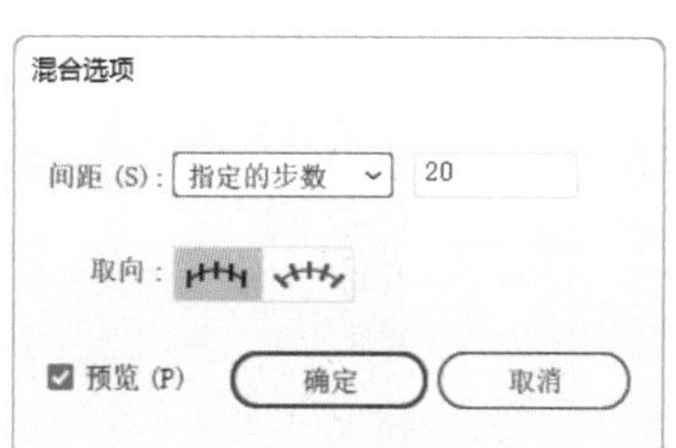

图7-145

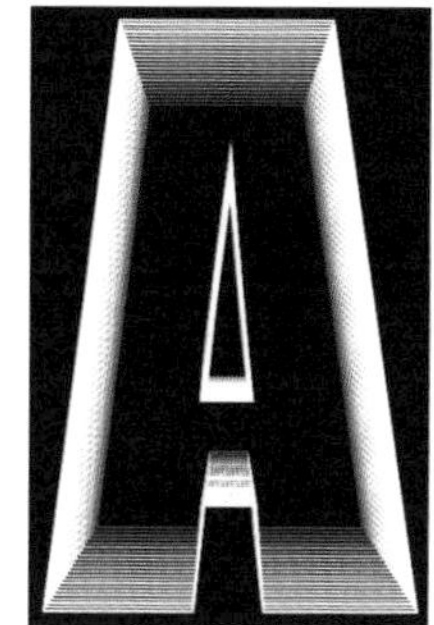

图7-146

04 在空白处单击，取消选择。选择编组选择工具，在最内侧的文字上双击，将其选取，如图7-147所示。选择自由变换工具，此时会显示一个临时的面板，单击其中的“自由扭曲”按钮，如图7-148所示，将光标放在定界框边角上的控制点上，如图7-149所示，拖曳光标扭曲文字，如图7-150所示。

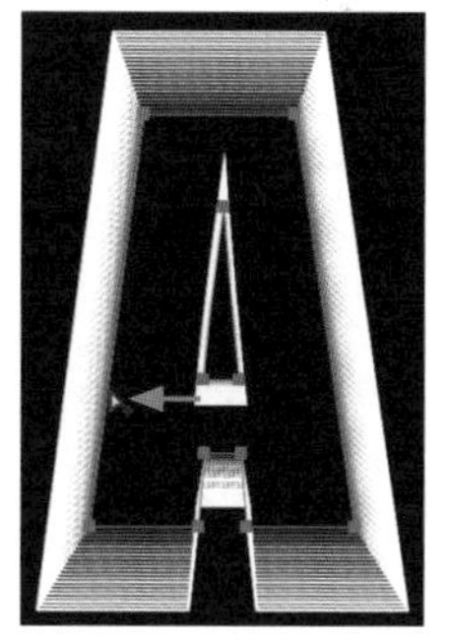

图7-147

图7-148

图 7-149　　图 7-150

05 将该文字扭曲成图7-151所示的形状（此为隐藏前方文字的效果），此时文字的整体效果如图7-152所示。

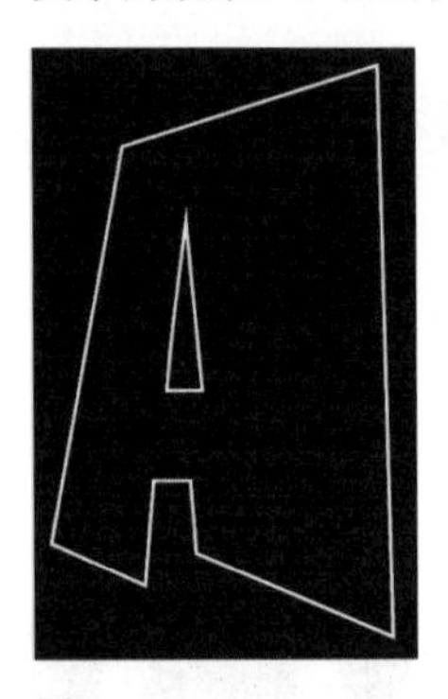

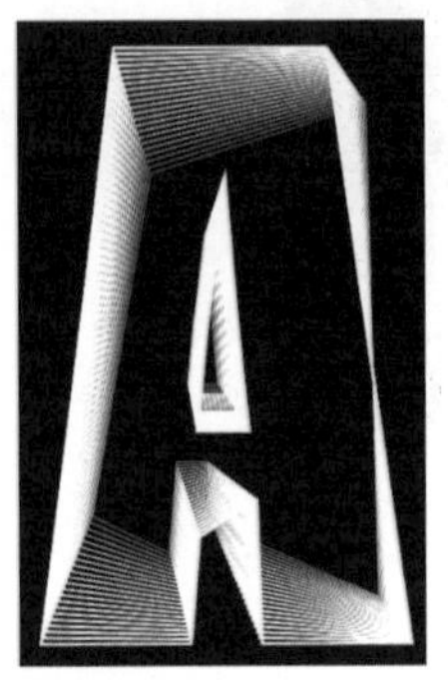

图 7-151　　图 7-152

06 采用同样的方法处理其他文字，图7-153所示为后方文字的扭曲效果，图7-154所示为混合后的整体效果。

图 7-153

图 7-154

7.4.3 实例：调整混合轴

创建混合后，会生成一条用于连接对象的路径，即混合轴。混合轴是一条直线路径，可以添加锚点，也可通过拖曳锚点及方向点，修改其形状。此外，还可以用其他路径将其替换。

01 按Ctrl+N快捷键打开“新建文档”对话框，在“Web”选项卡中选择“通用”选项，单击“创建”按钮，新建一个RGB模式的文档。使用矩形工具创建与画板大小相同的矩形，填充豆绿色，如图7-155和图7-156所示。按Ctrl+2快捷键将其锁定。

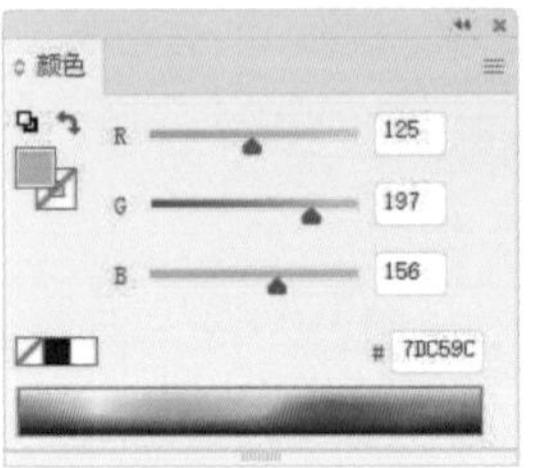

图 7-155　　图 7-156

02 选择文字工具，在画板上单击并输入文字，在“控制”面板中修改文字的属性，如图7-157所示。

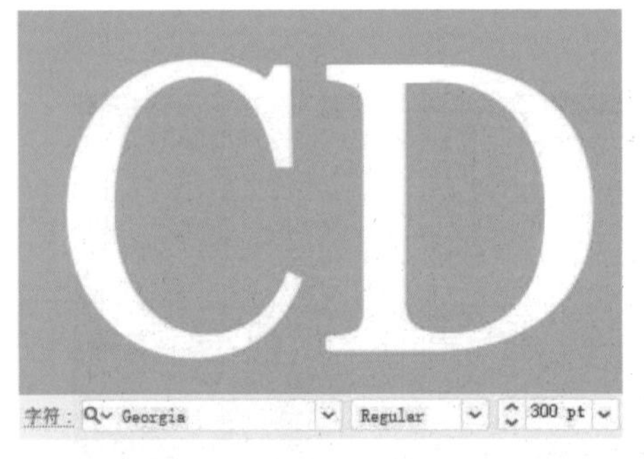

图 7-157

03 执行“对象”|“扩展”命令，将文字扩展为图形。按Shift+Ctrl+G快捷键取消编组。使用选择工具将文字C向左侧移开一些位置。拖曳左侧定界框中央的控制点，将文字稍微压扁一些，如图7-158所示。选择自由变换工具，单击面板中的“透视扭曲”按钮，如图7-159所示，将光标放在定界框边角上的控制点上，拖曳定界框右上角的控制点，创建透视扭曲效果，如图7-160所示。

04 使用选择工具按Shift+Alt快捷键拖曳文字，进行复制，如图7-161所示。拖曳控制点将文字压扁，如图7-162所示。选择自由变换工具，采用同样的方法对其进行透视扭曲，如图7-163所示。

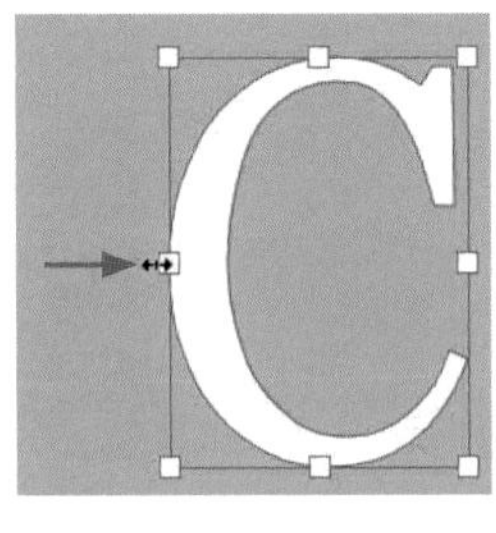
图7-158

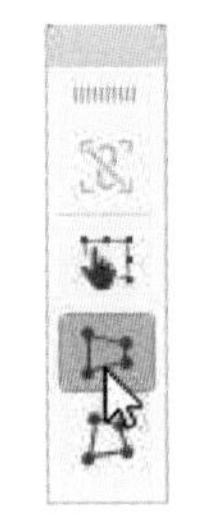
图7-159

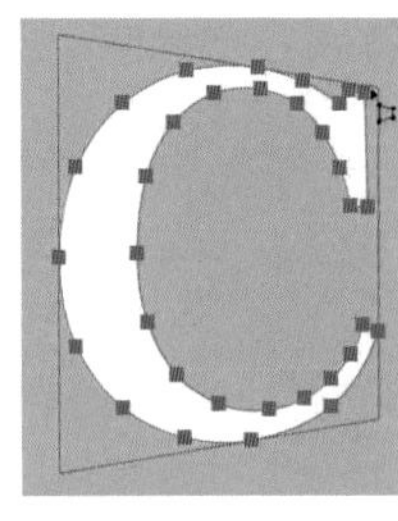
图7-160

图7-161

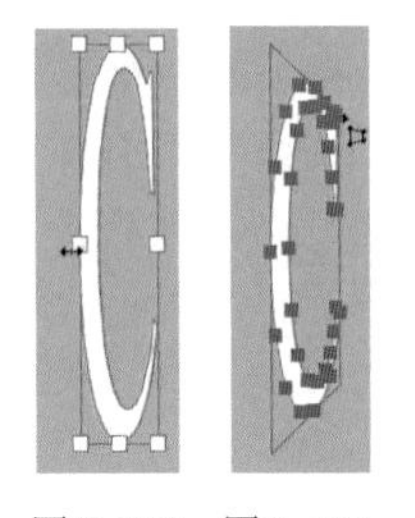
图7-162　图7-163

05 使用选择工具拖曳出选框，将这两个文字选取，如图7-164所示，执行“对象”|“混合”|“建立”命令，或按Alt+Ctrl+B快捷键创建混合，如图7-165所示。

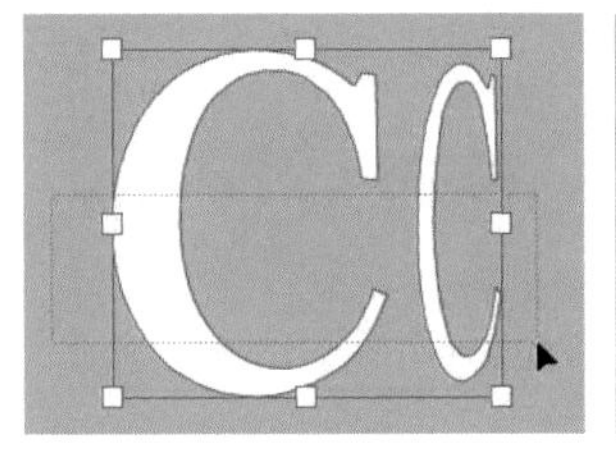
图7-164

图7-165

06 选择锚点工具，按住Ctrl键不放（临时切换为直接选择工具），将光标移动到文字上，到达垂直中心时会显示图7-166所示的提示，单击，将混合轴选取，如图7-167所示。

图7-166

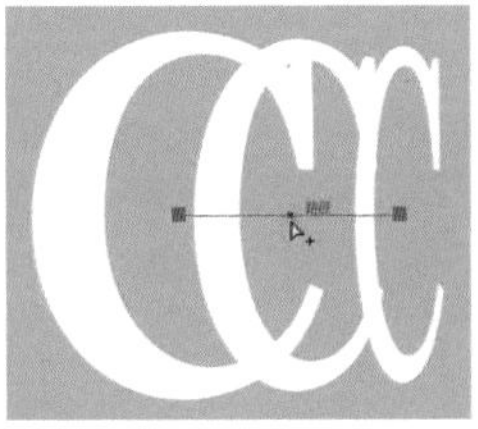
图7-167

07 释放Ctrl键，恢复为锚点工具。将光标放在左侧锚点上方，如图7-168所示，按住Shift键向左拖曳光标，拉出方向线，随着方向线的延展，中间的混合图形会向右移动，如图7-169所示。

08 执行“对象”|“扩展”命令，将混合对象扩展。按Alt+Ctrl+G快捷键取消编组。保持对象的被选取状态，为其添加渐变，如图7-170和图7-171所示。

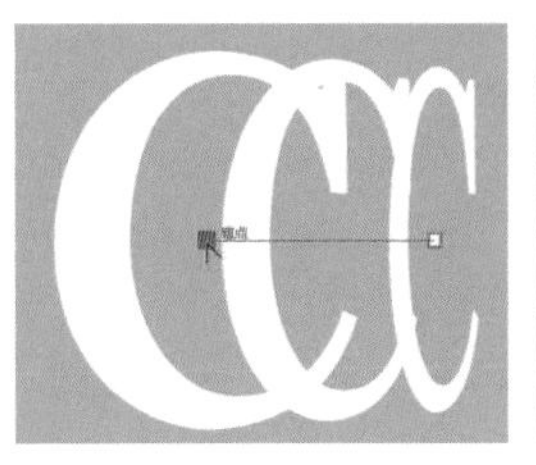
图7-168

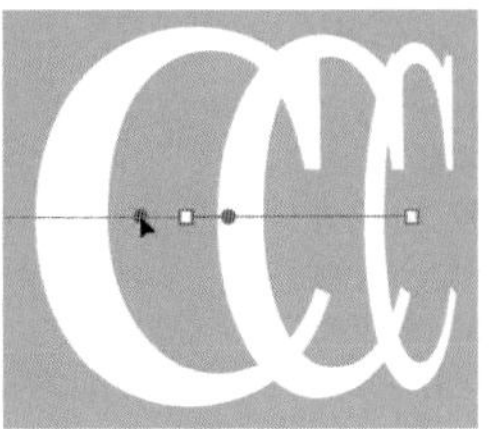
图7-169

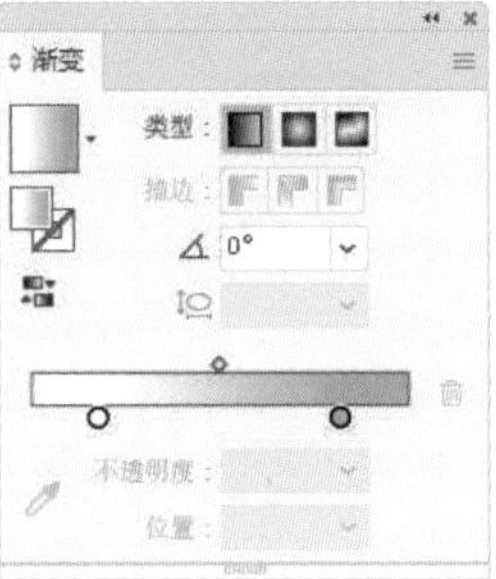

图7-170

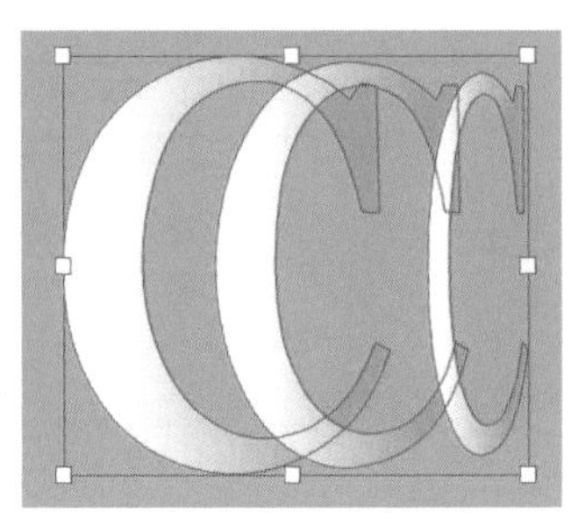
图7-171

09 使用选择工具单击文字D，按前面的方法调整透视并进行复制，如图7-172所示。选取这两个图形，创建混合效果。

图7-172

10 双击混合工具，打开“混合选项”对话框修改参数，如图7-173所示，效果如图7-174所示。

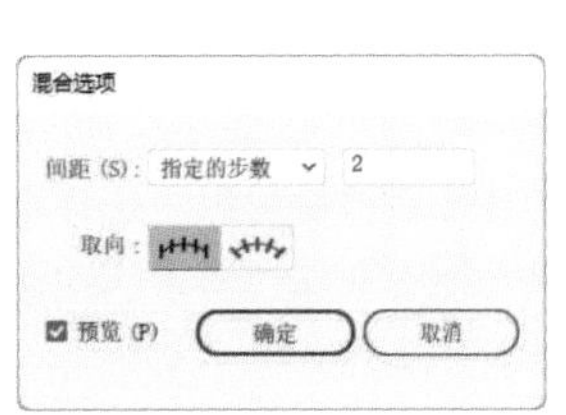

图7-173

图7-174

11 使用“扩展”命令将混合对象扩展，按Alt+Ctrl+G快捷键取消编组，如图7-175所示。保持文字的被选取状态，选择吸管工具，在文字C上单击，拾取其渐变，如图7-176和图7-177所示。单击“渐变”面板中的按钮，反转渐变颜色方向，如图7-178所示。

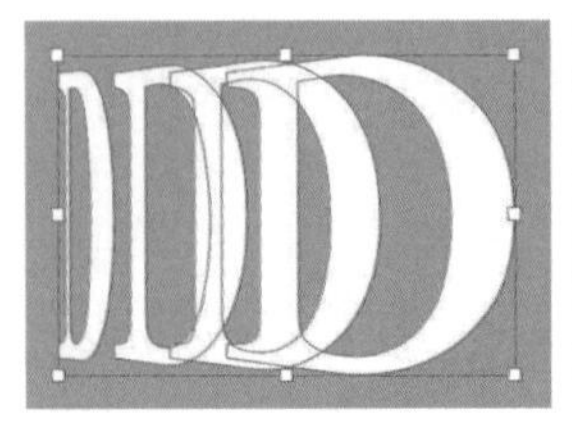

图 7-175

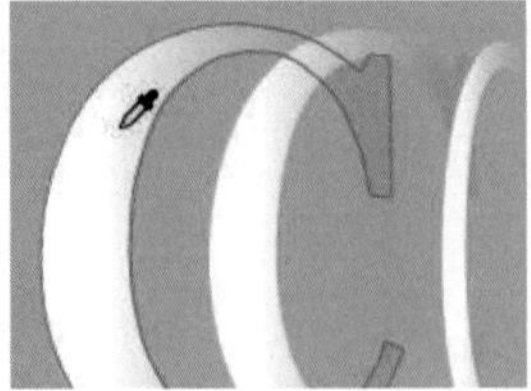

图 7-176

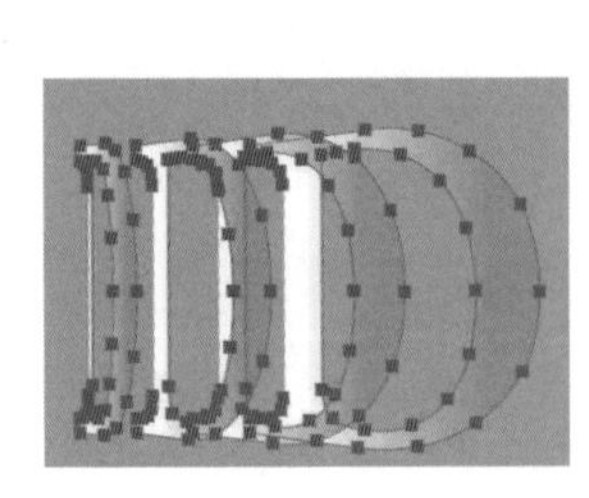

图 7-177

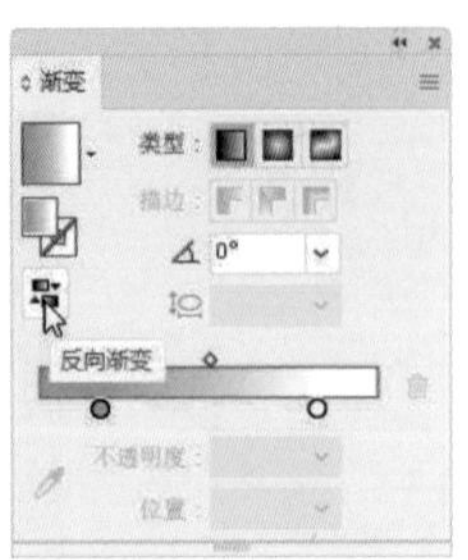

图 7-178

⓬ 拖曳渐变色标，如图7-179和图7-180所示。

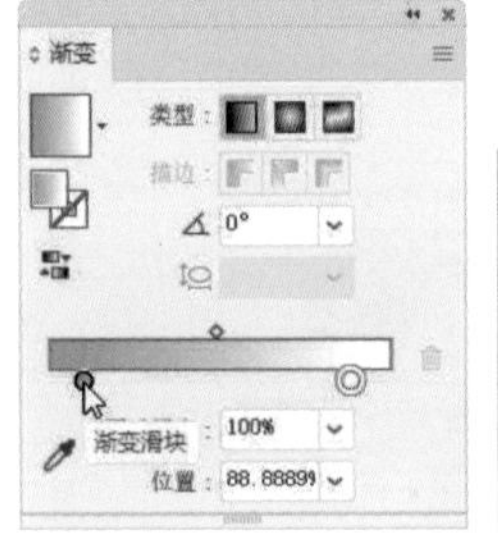

图 7-179

图 7-180

⓭ 使用选择工具▶调整文字的位置，如图7-181所示。

图 7-181

⓮ 按Ctrl+A快捷键全选，按Ctrl+G快捷键编组。选择直线段工具╱，按住Shift键拖曳光标，创建一条直线，在“控制”面板中调整参数，如图7-182所示。

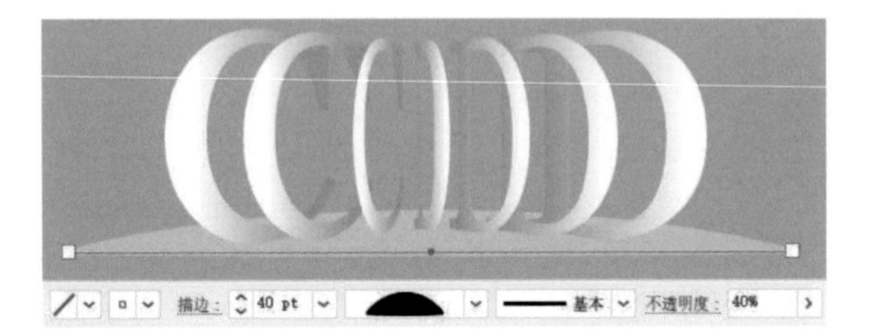

图 7-182

⓯ 执行“效果”|“风格化”|“羽化”命令，添加“羽化”效果，以营造空间感，如图7-183和图7-184所示。

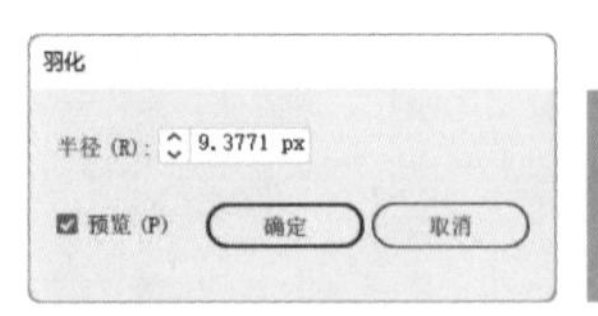

图 7-183

图 7-184

⓰ 使用选择工具▶单击文字，将其选取。选择镜像工具▷◁，将光标移动到文字下方，如图7-185所示，按住Alt键单击，打开“镜像”对话框，选中“水平”单选按钮，单击“复制”按钮，如图7-186所示，进行镜像复制，制作出文字倒影。在“控制”面板中设置不透明度为78%，效果如图7-187所示。

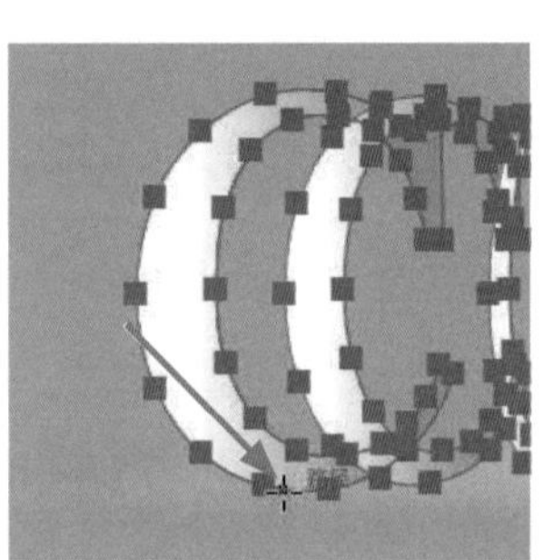

图 7-185

图 7-186

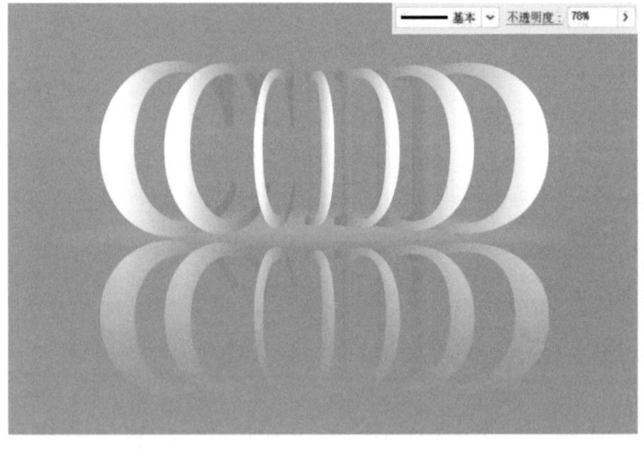

图 7-187

7.4.4 实例：替换混合轴

本实例有两个技术点，一是用多个图形创建混合，为保险起见，使用“混合”命令而不是混合工具，因为用该工具捕捉多个对象时容易出错，造成混合效果发生扭曲；二是用文字状图形替换混合轴，将混合对象制作成特效字。

⓪① 按Ctrl+N快捷键打开“新建文档”对话框，创建一个RGB模式的文档。使用钢笔工具绘制几条文字状路

径，如图7-188所示。

图7-188

02 选择椭圆工具，按住Shift键拖曳光标创建圆形，填充线性渐变，如图7-189和图7-190所示。选择选择工具并按住Alt键拖曳圆形进行复制，之后调整圆形大小，如图7-191所示。

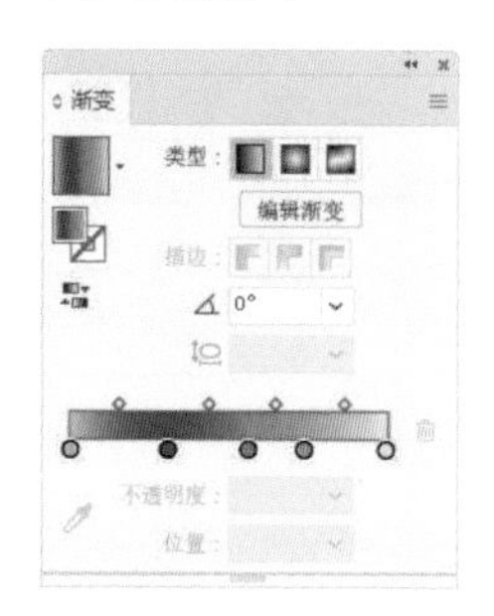

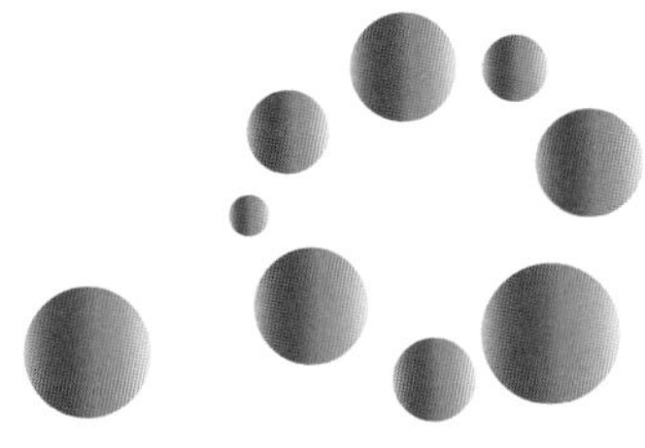

图7-189　图7-190　图7-191

03 拖曳出一个选框，将这些圆形选取，如图7-192所示。执行“对象”|“复合路径”|“建立”命令，将其创建为复合路径，在这种状态下，所有对象将作为一个统一的整体应用渐变，如图7-193所示。

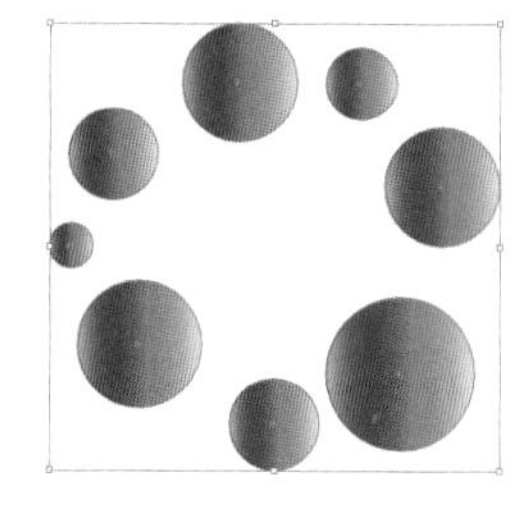

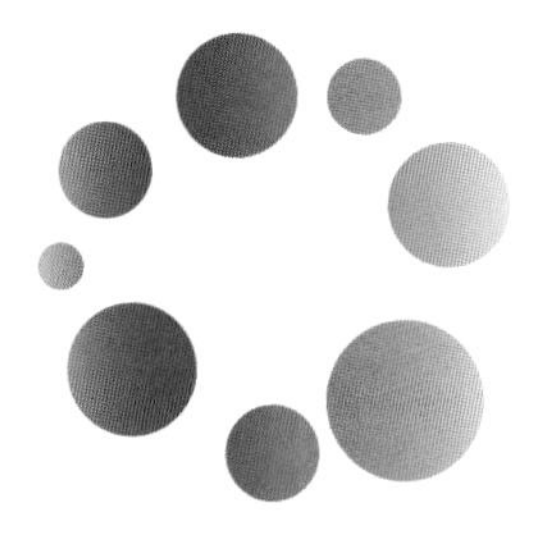

图7-192　图7-193

04 按住Alt键拖曳图形进行复制，之后将中间那组图形调小，如图7-194所示。

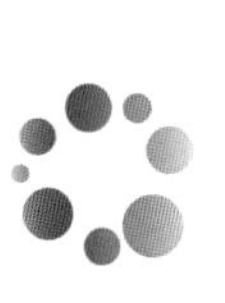

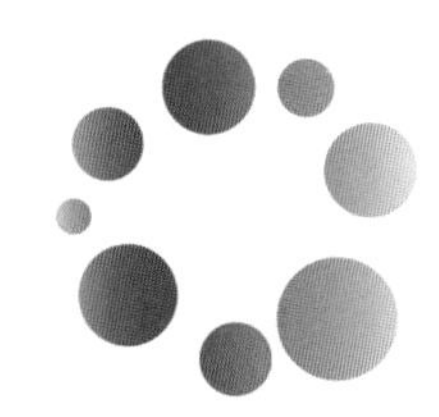

图7-194

05 拖曳出一个选框，选取这3组图形，执行“对象”|“混合”|“建立”命令，创建混合。双击混合工具，打开“混合选项”对话框，参数设置如图7-195所示，效果如图7-196所示。

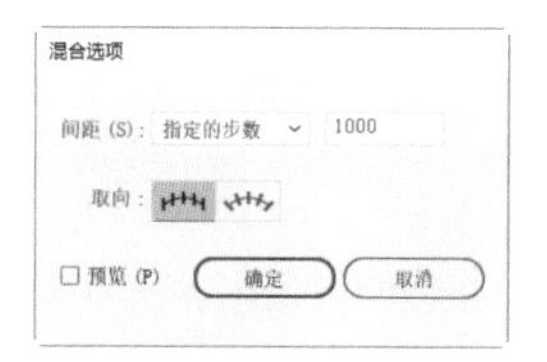

图7-195

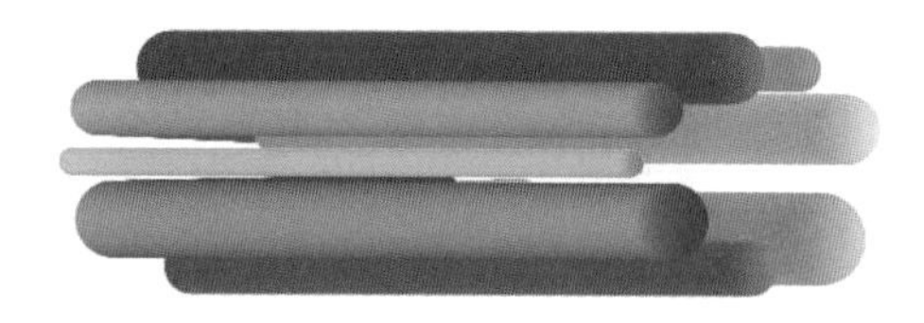

图7-196

06 使用选择工具并按住Alt键拖曳混合图形进行复制，一共3个混合图形，分别对应文字7、9和8。通过按住Shift键单击的方法，将一个混合图形和文字7选取，如图7-197所示，执行“对象”|“混合”|“替换混合轴”命令，用文字形路径替换混合轴，如图7-198所示。

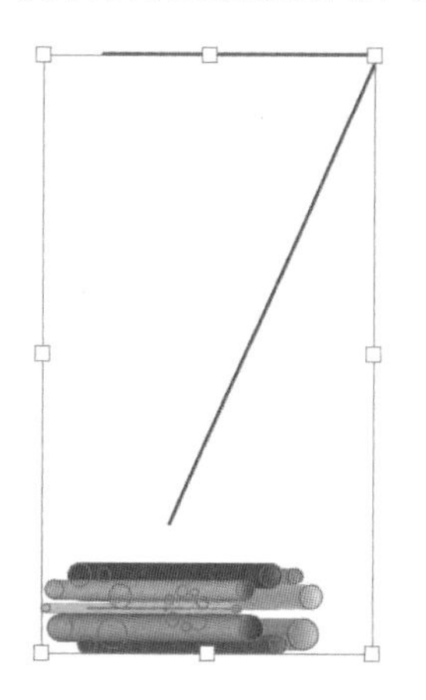

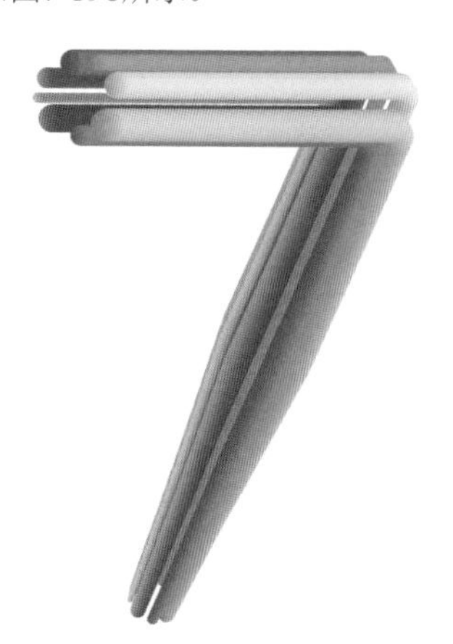

图7-197　图7-198

07 选择编组选择工具，单击7字字首处的图形，将其选取，如图7-199所示。选择选择工具，此时会显示定界框，将光标放在定界框右上角的控制点上，如图7-200所示，按Alt+Shift快捷键并拖曳控制点，将图形等比放大，与此同时，文字的笔画会变粗，如图7-201所示。

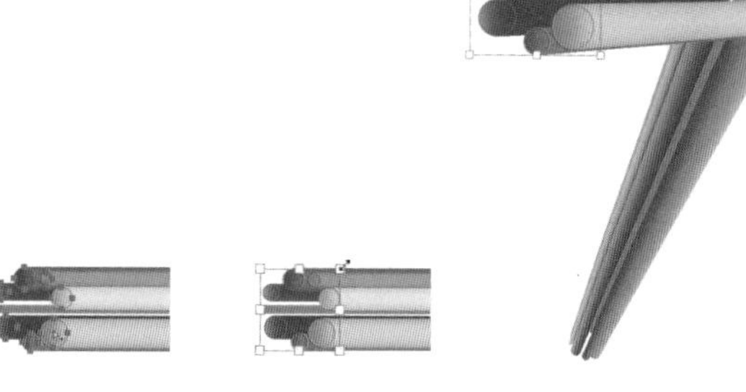

图7-199　图7-200　图7-201

08 采用同样的方法，分别用9和8文字状路径替换另外两个混合对象，并调整图形大小，效果如图7-202所示。

图7-202

09 使用矩形工具 创建一个画板大小的矩形，按Shift+Ctrl+[快捷键将其调整到底层。填充与圆形相同的渐变，如图7-203所示，单击任意形状渐变按钮，如图7-204和图7-205所示。

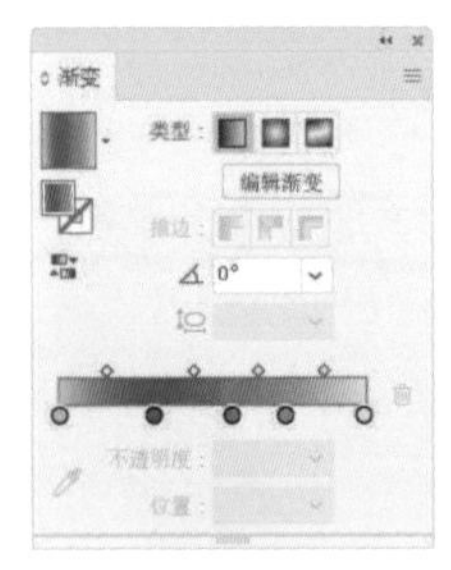

图7-203

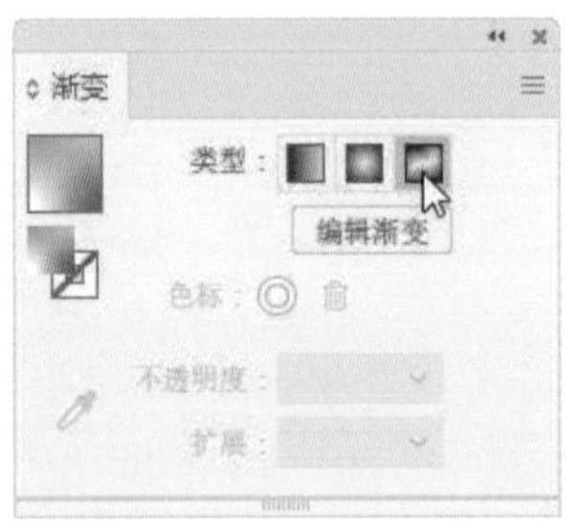

图7-204

图7-205

调整曲线混合轴中的对象方向

混合轴为曲线时，可以打开“混合选项”对话框，单击“对齐页面”按钮 ，让对象的垂直方向与页面保持一致。单击“对齐路径”按钮 ，则对象将垂直于路径。

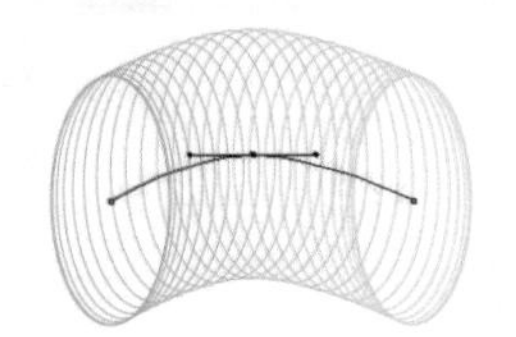

单击 按钮

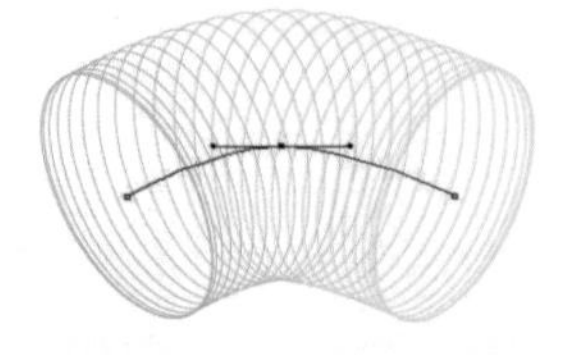

单击 按钮

7.4.5 反向堆叠与反向混合

创建混合后，如图7–206所示，执行“对象”|“混合”|“反向堆叠”命令，可以颠倒对象的堆叠顺序，让后面的图形排到前面，如图7–207所示。执行“对象”|“混合”|“反向混合轴”命令，则可颠倒混合轴上的混合顺序，如图7–208所示。

图7-206

图7-207

图7-208

7.4.6 扩展与释放混合

在混合对象中，原始对象之间生成的新对象无法选择，也不能修改。如果要对其进行编辑，可以选择混合对象，如图7–209所示，执行“对象”|“混合”|“扩展”命令，将其扩展成为图形，这些图形会自动编组，可以用编组选择工具 选取其中的对象，如图7–210所示，再进行修改。

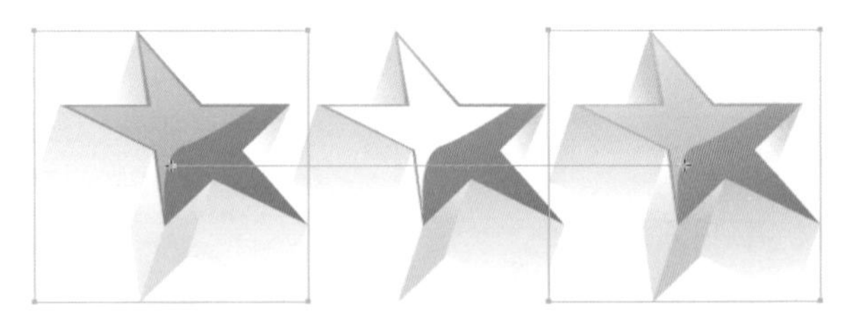

图7-209

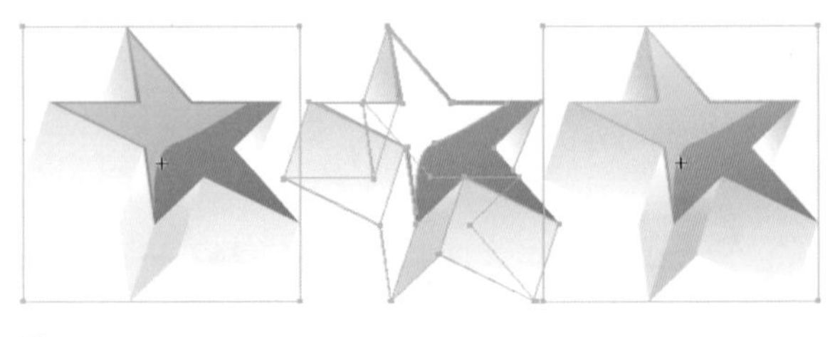

图7-210

如果要取消混合，可执行“对象”|“混合”|“释放”命令，原始对象会被释放出来并删除由混合生成的对象，此外，还会释放出一条无填色、无描边的混合轴（路径）。

7.5 进阶实例：水球炸裂效果

01 按Ctrl+N快捷键创建A4纸大小的文档（方向设置为横向）。使用矩形工具创建一个与画板大小相同的矩形，设置填色为黑色，无描边。在眼睛图标右侧单击，将该图层锁定，如图7-211所示。单击按钮，新建一个图层，如图7-212所示。

图7-211

图7-212

02 选择椭圆工具，在画板上单击，打开"椭圆"对话框，参数设置如图7-213所示，创建一个圆形，设置描边粗细为0.5pt，颜色为白色，无填色，如图7-214所示。

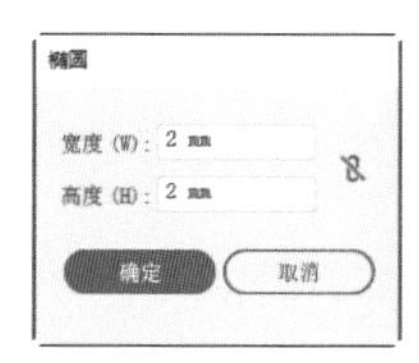

图7-213

图7-214

03 选择选择工具并按住Alt键拖曳图形进行复制，如图7-215所示。连按23次Ctrl+D快捷键，继续复制图形，如图7-216所示。

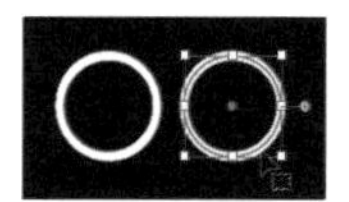
图7-215

图7-216

04 按Ctrl+A快捷键全选。单击"画笔"面板中的按钮，打开"新建画笔"对话框，选中"图案画笔"复选框，如图7-217所示，单击"确定"按钮，打开"图案画笔选项"对话框，选中图7-218所示的单选按钮，单击"确定"按钮，将圆形定义为画笔。

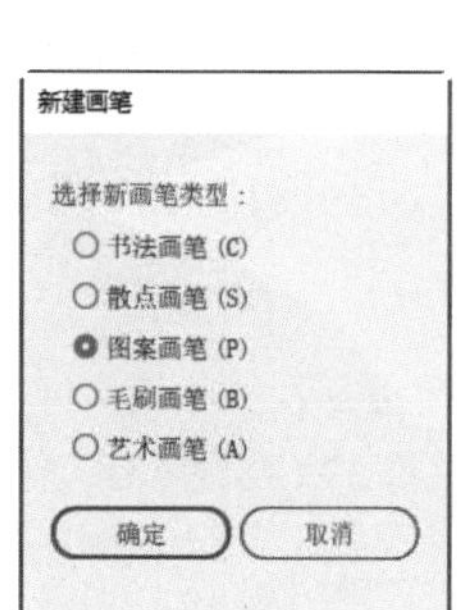

图7-217

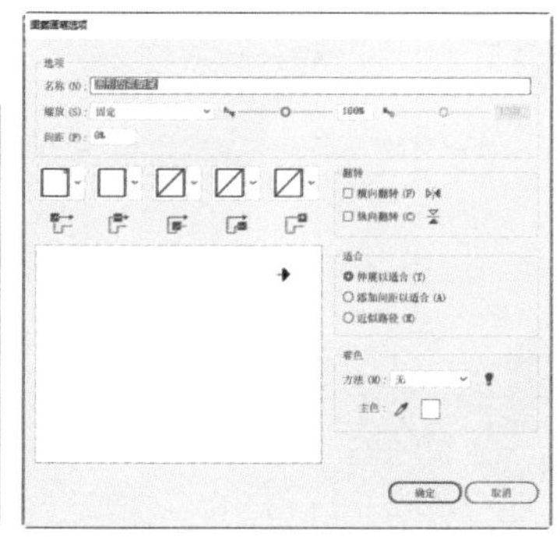
图7-218

05 选择椭圆工具，在画板上单击，创建一个直径为120 mm的圆形，如图7-219和图7-220所示。

图7-219

图7-220

06 选择直接选择工具，单击图7-221所示的锚点，按Delete键删除，得到半圆形路径，如图7-222所示。单击新创建的画笔，如图7-223所示，为路径描边，如图7-224所示。

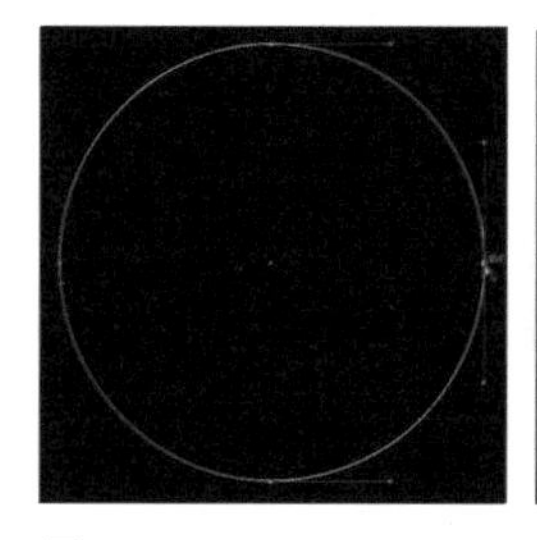
图7-221

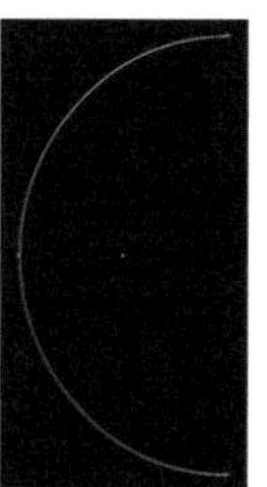
图7-222

图7-223

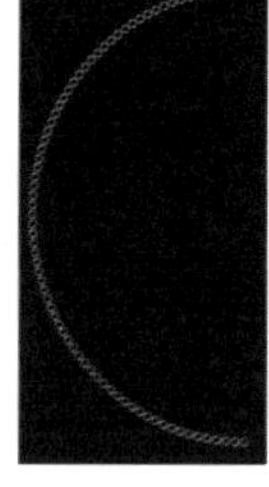
图7-224

07 选择镜像工具，按住Alt键，在图7-225所示的位置单击，打开"镜像"对话框，选中"垂直"单选按钮，如图7-226所示，单击"复制"按钮，复制图形。使用选择工具调一下位置，如图7-227所示。

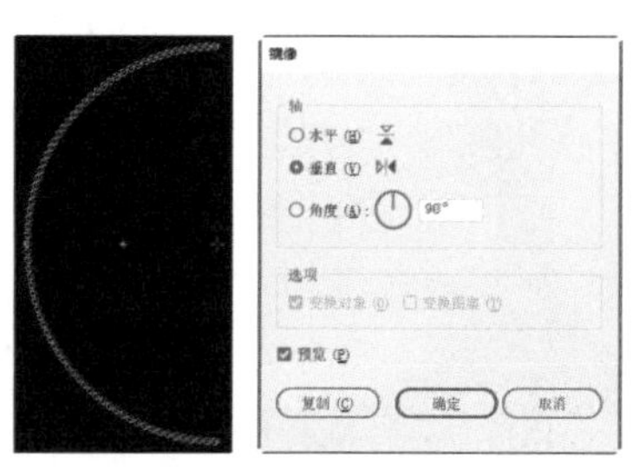

图7-225 图7-226

图7-227

08 选取这两个图形，按Alt+Ctrl+B快捷键创建混合。双击混合工具，打开“混合选项”对话框，参数设置如图7-228所示，效果如图7-229所示。

09 执行“对象”|“扩展外观”命令扩展图形。执行“对象”|“扩展”命令，打开“扩展”对话框，勾选“对象”复选框，如图7-230所示，单击“确定”按钮关闭对话框。通过这两个命令将混合对象扩展为图形，之后，将描边设置为0.25 pt，如图7-231所示。

图7-228　图7-229　图7-230　图7-231

10 双击晶格化工具，打开“晶格化工具选项”对话框。调整画笔大小并将“细节”设置为1。将光标放在图形上，如图7-232所示，连续单击，进行变形处理，效果如图7-233所示。

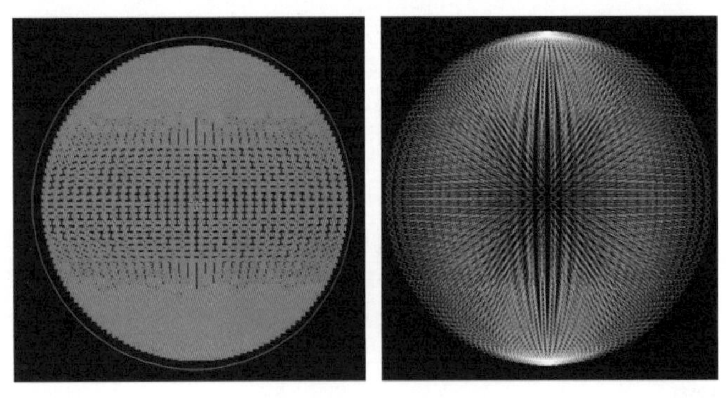

图7-232　图7-233

11 选择选择工具，按住Alt键拖曳图形进行复制。用其他液化工具做出更多效果，如图7-234所示。

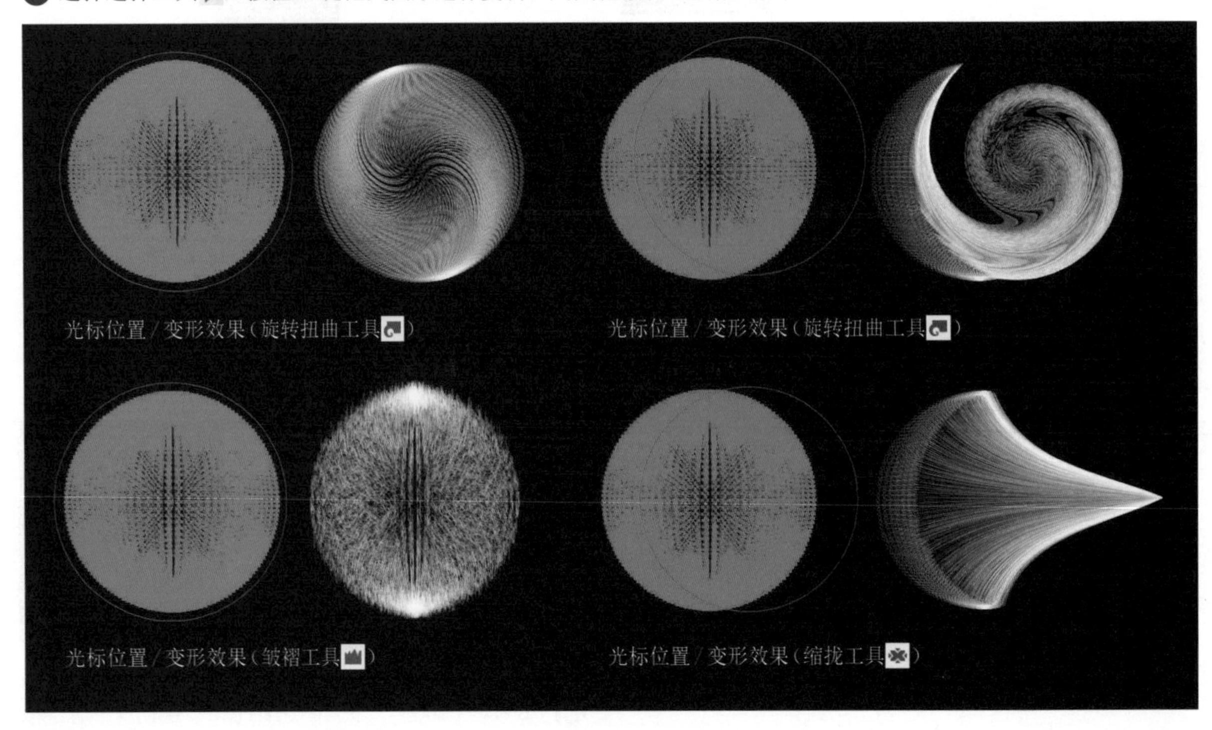

图7-234

7.6 进阶实例：立体减价标签

01 按Ctrl+N快捷键创建一个RGB模式的文档。选择文字工具T，在画板上单击并输入文字，文字的填充颜色为黄色，无描边，在“控制”面板中选择字体并设置大小，如图7-235所示。在%上拖曳光标，将其选取，如图7-236所示，修改填充颜色，如图7-237和图7-238所示。按住Ctrl键在空白处单击，取消选择。

图7-235　　图7-236

R=252 G=238 B=33

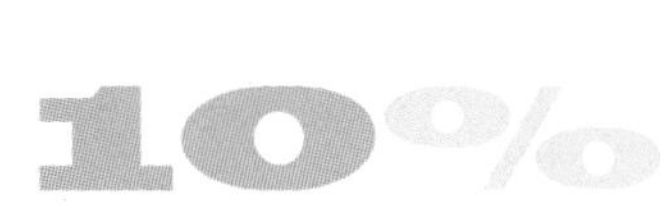

图7-237　　图7-238

02 再输入一组文字，如图7-239所示。

图7-239

03 使用椭圆工具按住Shift键并拖曳光标，创建一个圆形，如图7-240所示。使用钢笔工具绘制一条曲线，如图7-241所示。

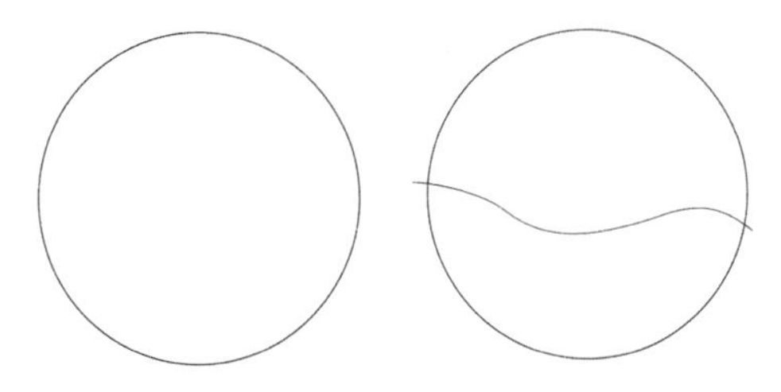

图7-240　　图7-241

04 保持路径的被选取状态，如图7-242所示，执行“对象”|“路径”|“分割下方对象”命令，将下方圆形分割为两块，如图7-243所示。

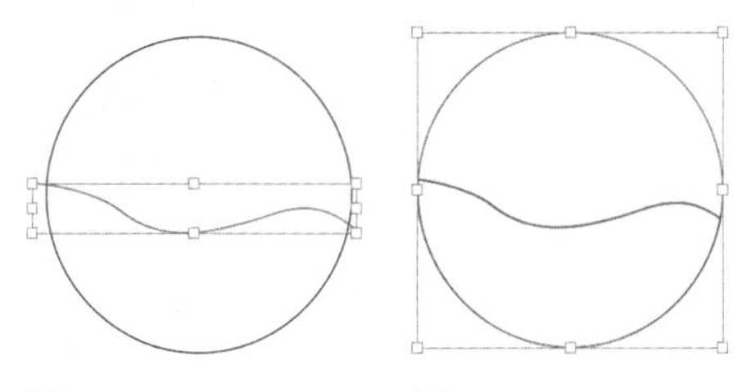

图7-242　　图7-243

05 使用选择工具将文字移动到图形上方，拖曳出一个选框，选取文字及上半块图形，如图7-244所示，执行“对象”|“封套扭曲”|“用顶层对象建立”命令，用图形扭曲文字，如图7-245所示。执行“对象”|“扩展”命令，将文字扩展为图形。

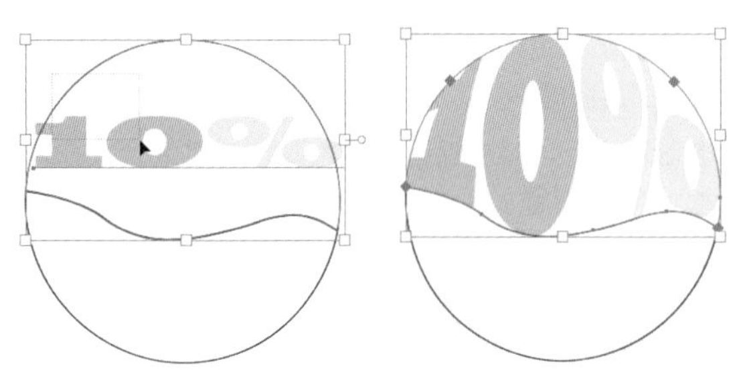

图7-244　　图7-245

06 将另一组文字移动到下方图形上，并将其与图形一同选取，如图7-246所示，创建封套扭曲，用“扩展”命令扩展文字，如图7-247所示。

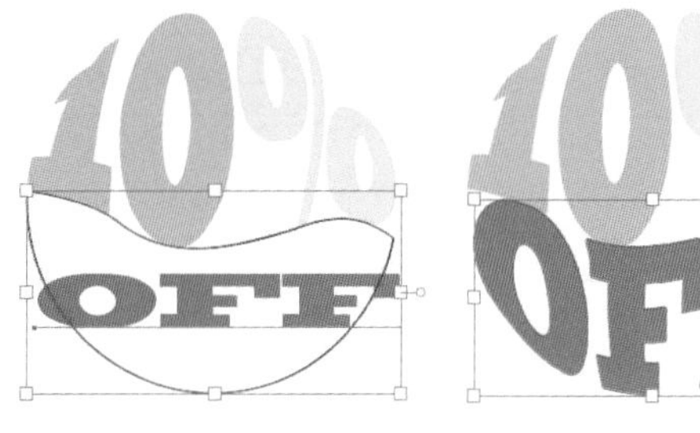

图7-246　　图7-247

07 将下方的文字向下移动一些，让两组文字间留一些间距，如图7-248所示。按Ctrl+A快捷键全选，按Ctrl+G快捷键编组。为文字添加白色描边，如图7-249所示。

图7-248　　图7-249

08 按Ctrl+C快捷键复制，按Ctrl+V快捷键粘贴，修改文字颜色，如图7-250所示。为文字添加白色描边。按Alt+Shift快捷键并拖曳控制点，将文字等比缩小，如图7-251所示。按Shift+Ctrl+[快捷键调整到底层。

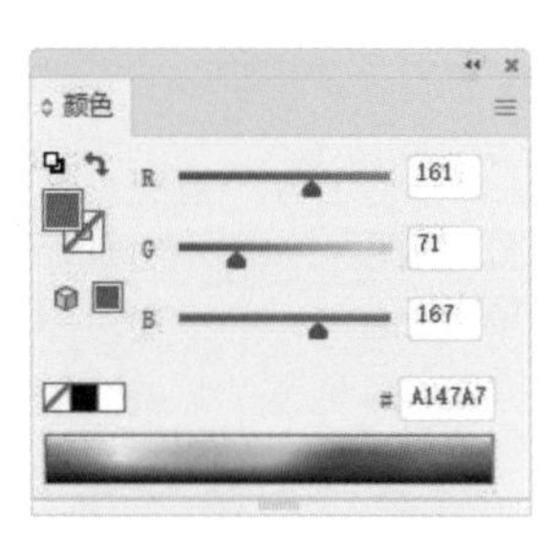

图7-250

图7-251

09 按Ctrl+A快捷键全选，如图7-252所示，按Alt+Ctrl+B快捷键创建混合。双击混合工具，打开“混合选项”对话框，参数设置如图7-253所示，效果如图7-254所示。创建一个矩形并填充浅紫色，调整到底层作为背景，如图7-255所示。

图7-252

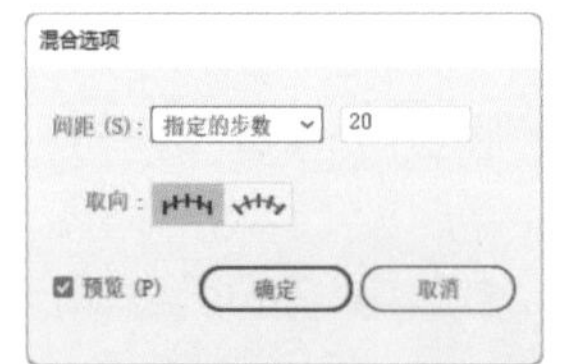

图7-253

图7-254

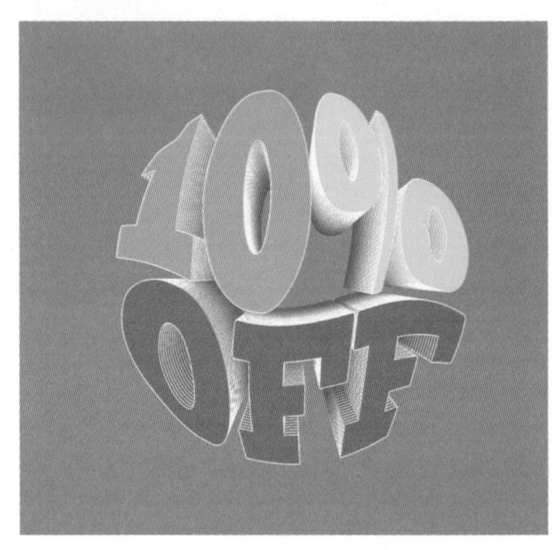

图7-255

7.7 进阶实例：多彩弹簧字

01 按Ctrl+N快捷键打开“新建文档”对话框，单击“Web”选项卡，选择“网页-大”预设，创建RGB模式文档。创建一个与画板大小相同的矩形，设置填色为黑色，无描边，按Ctrl+2快捷键锁定。

02 先制作文字图形。选择椭圆工具，按住Shift键拖曳光标创建一个圆形，设置描边颜色为白色，粗细为1pt。按Ctrl+C快捷键复制图形。选择路径橡皮擦工具，在图7-256所示的路径区域拖曳光标，将路径擦除，如图7-257所示。

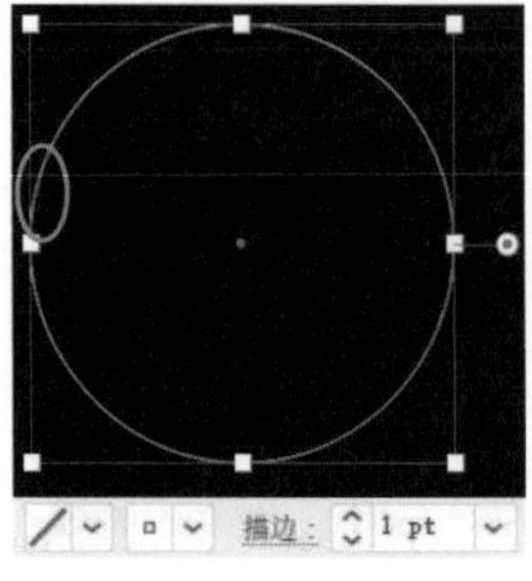

图7-256

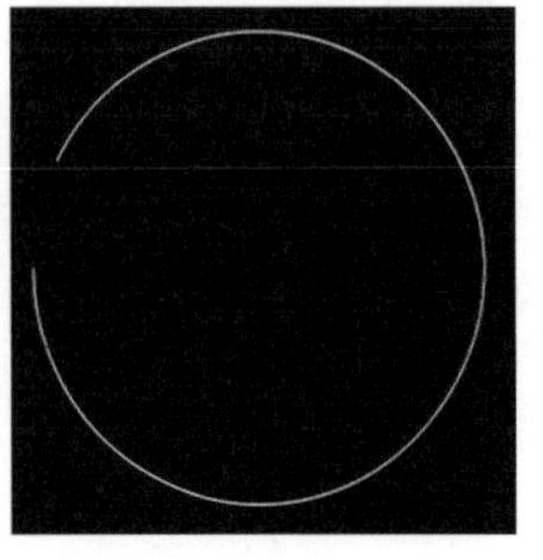

图7-257

03 选择钢笔工具，将光标放在路径端点，捕捉到锚点后会显示提示信息，如图7-258所示，单击，如图7-259所示，之后按住Shift键在上方位置单击，添加一条直线路径，如图7-260所示。按住Ctrl键在空白处单击，取消选择，完成字母b的制作，如图7-261所示。

04 使用直线段工具按住Shift键拖曳光标绘制直线，作为字母i，描边颜色为白色，粗细为1pt，如图7-262所示。按Ctrl+C快捷键粘贴圆形。选择剪刀工具，在图7-263所示的两处位置单击，将路径剪断。

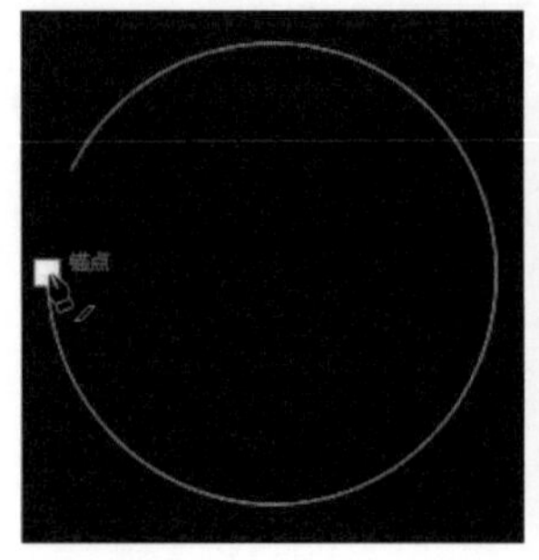

图7-258

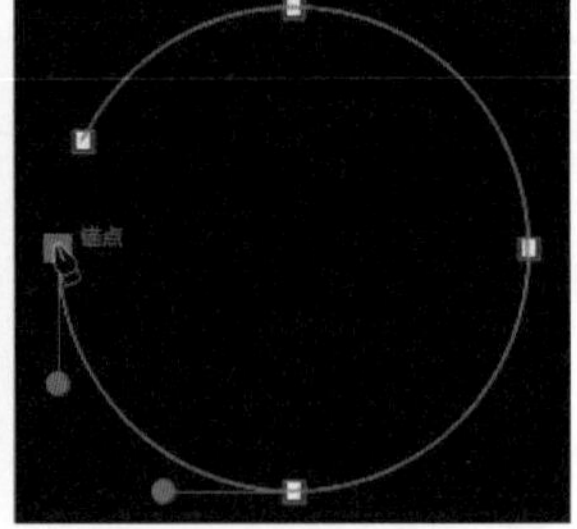

图7-259

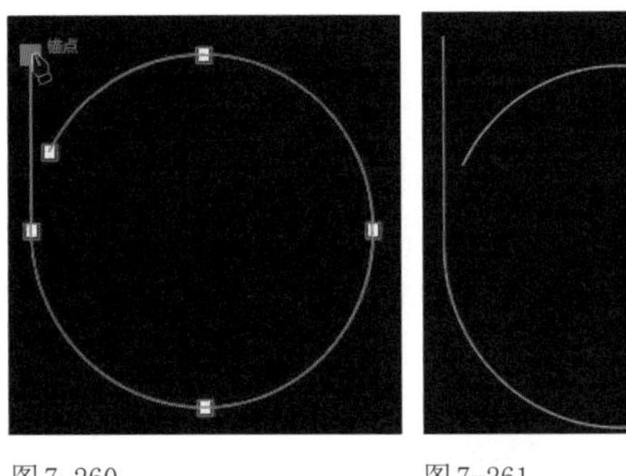

图7-260　　图7-261

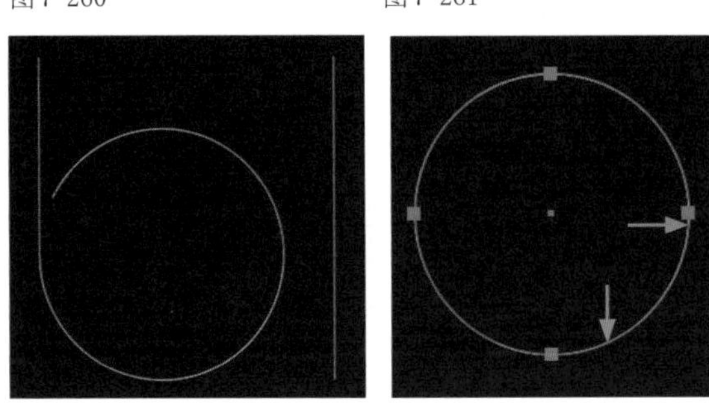

图7-262　　图7-263

05 使用选择工具单击断开的路径，如图7-264所示，按Delete键删除，如图7-265所示。

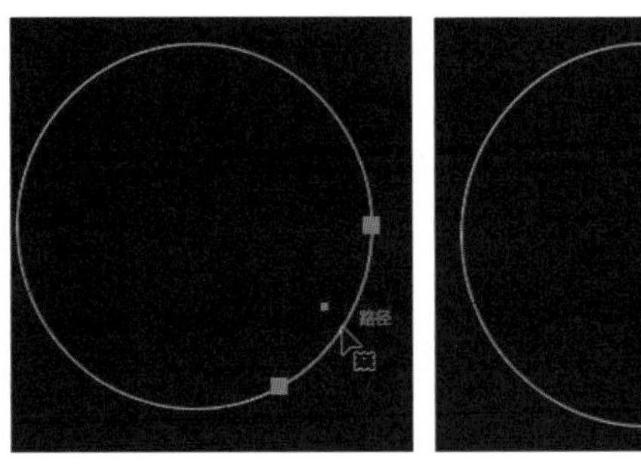

图7-264 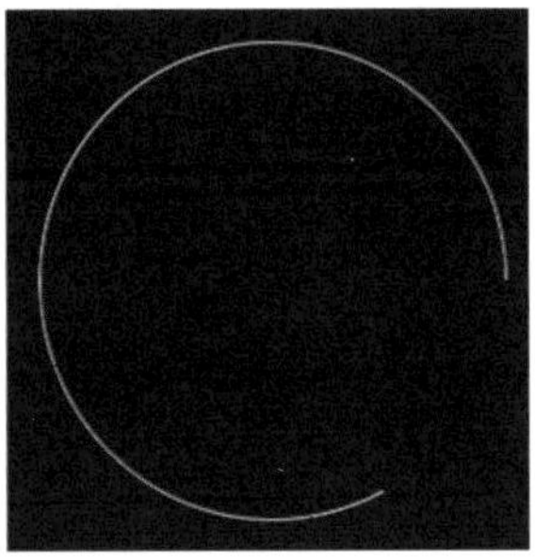　　图7-265

06 选择钢笔工具，将光标放在路径端点的锚点上方，如图7-266所示，单击，然后按住Shift键在图7-267所示的位置单击，创建直线路径。

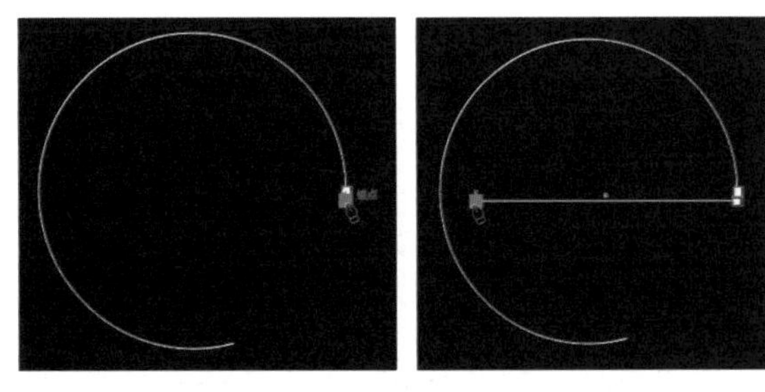

图7-266　　图7-267

07 按住Ctrl键在空白处单击，完成字母e的制作，如图7-268所示。

08 选择矩形工具，在画板上单击，打开"矩形"对话框，参数设置如图7-269所示，创建一个矩形，设置描边颜色为白色，粗细为1pt。使用直接选择工具单击其底部的路径，如图7-270所示，按Delete键删除，如图7-271所示。

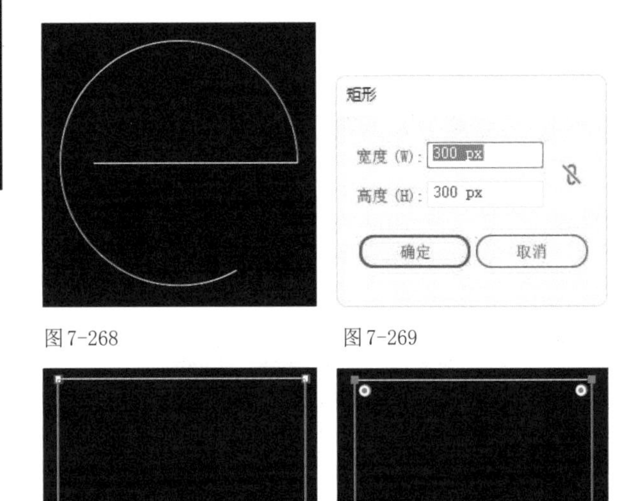

图7-268　　图7-269

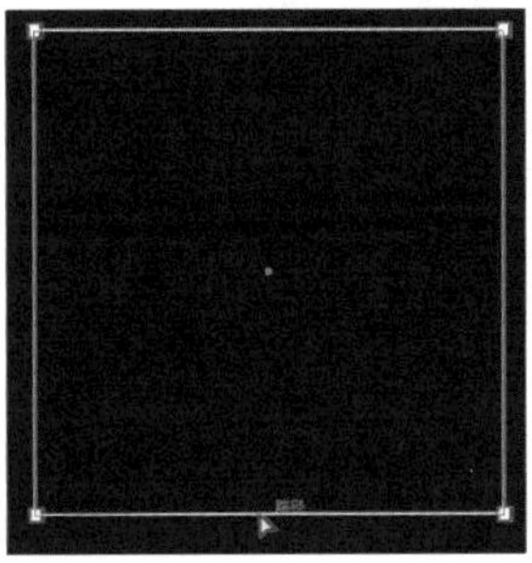

图7-270 　　图7-271

09 拖曳边角构件，将图形顶部调成圆角，如图7-272和图7-273所示。完成字母n的制作。

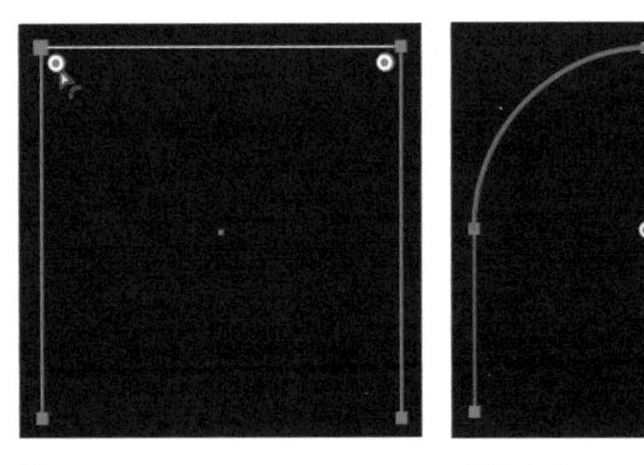

图7-272 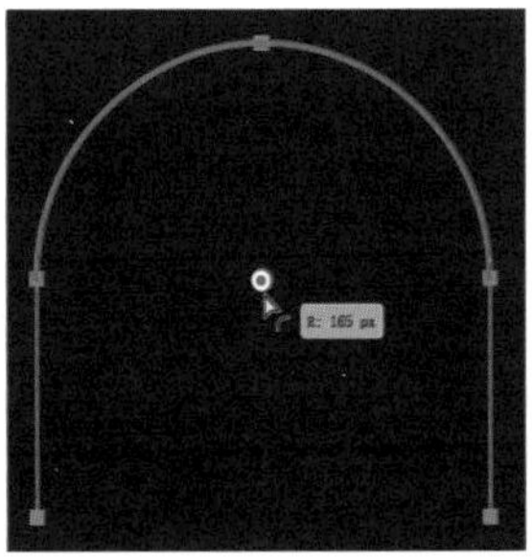　　图7-273

10 使用选择工具单击字母b，如图7-274所示，双击镜像工具，打开"镜像"对话框，勾选"垂直"复选框，单击"复制"按钮，如图7-275所示，复制对象，得到字母d。

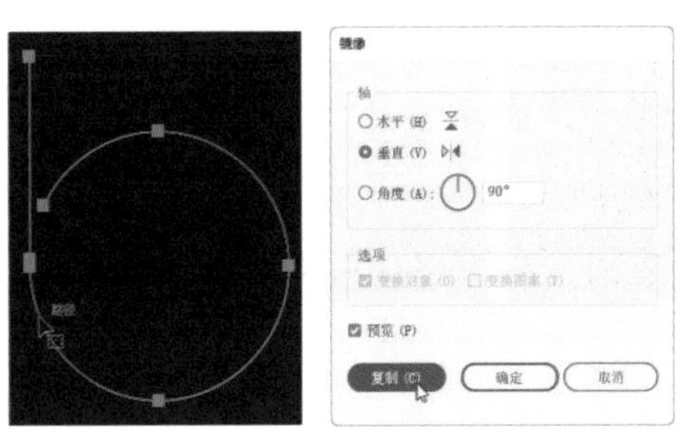

图7-274　　图7-275

⑪ 使用选择工具调整字母的位置，如图7-276所示。

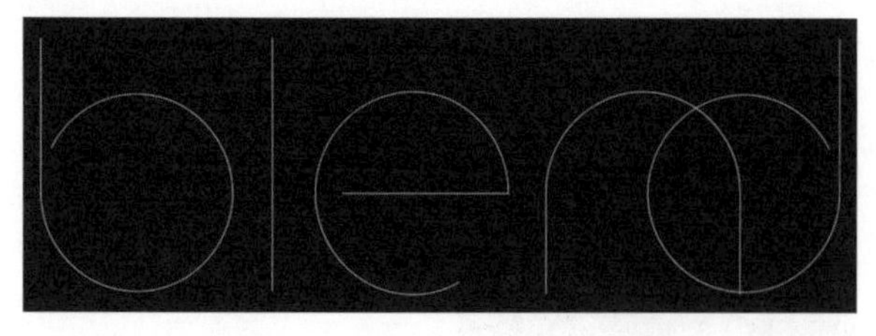

图7-276

⑫ 使用椭圆工具创建两个圆形，一个描边颜色为橙色，一个为黄色，描边粗细均设置为1pt，无填色，如图7-277所示。

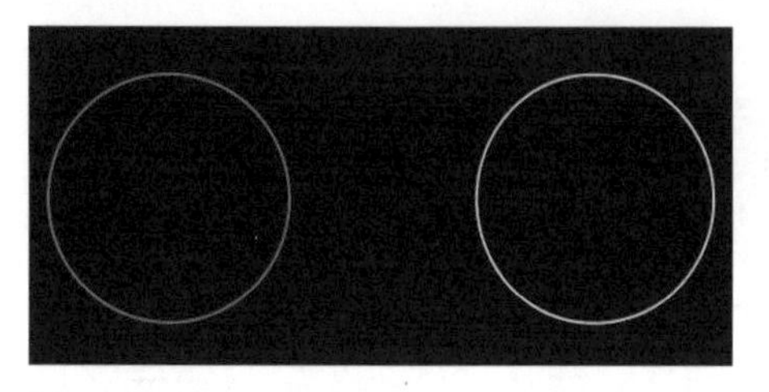

图7-277

⑬ 使用选择工具拖曳出选框，将这两个图形选取，按Alt+Ctrl+B快捷键创建混合。双击混合工具打开“混合选项”对话框，参数设置如图7-278所示，效果如图7-279所示。

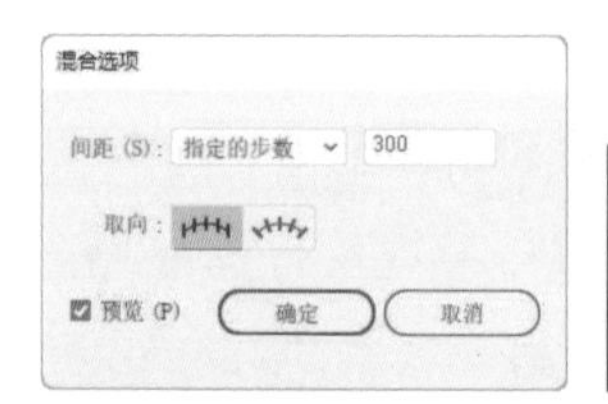

图7-278

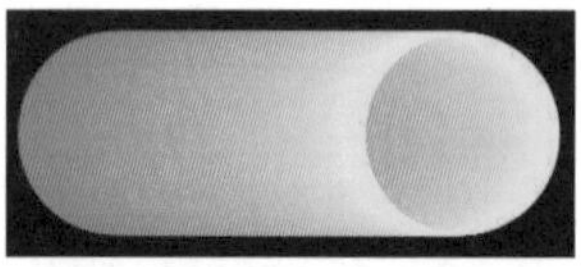

图7-279

⑭ 通过按住Shift键单击的方法将字母b和混合图形选取，如图7-280所示，执行“对象”|“混合”|“替换混合轴”命令，用文字路径替换混合轴，如图7-281所示。

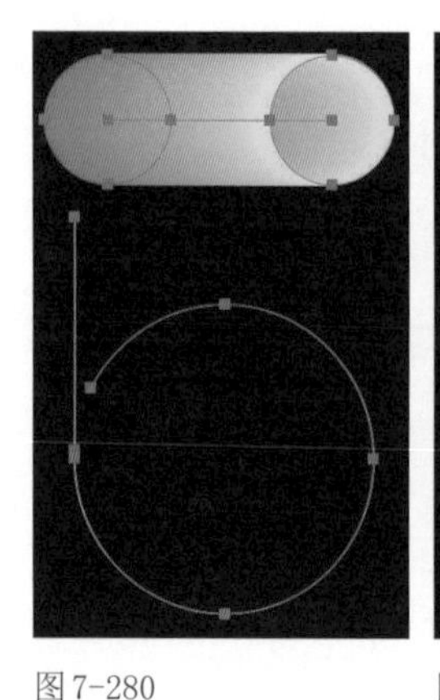

图7-280

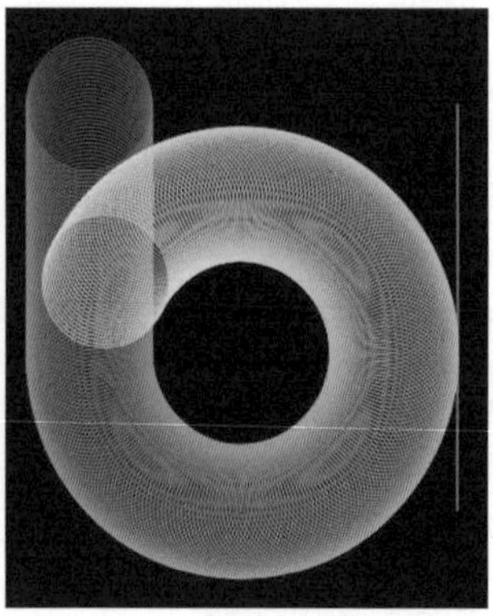

图7-281

⑮ 使用编组选择工具单击图7-282所示的圆形，修改描边颜色为洋红色，如图7-283所示。

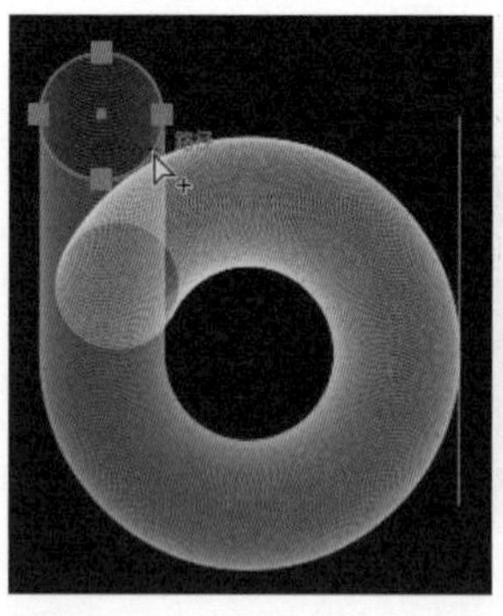

图7-282

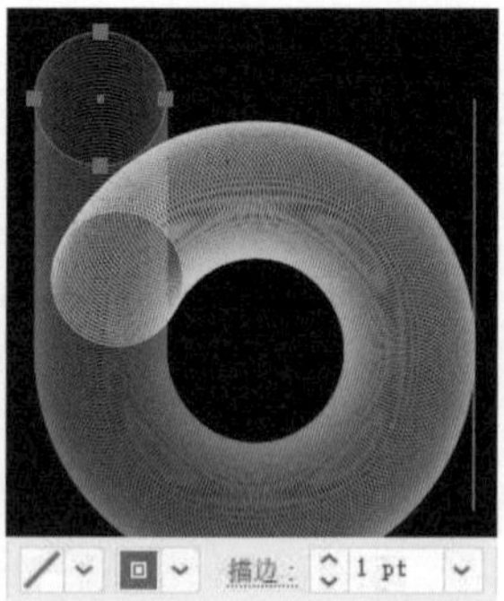

图7-283

⑯ 单击另一个圆形，将描边颜色也改为洋红色，但稍浅一些，如图7-284和图7-285所示。

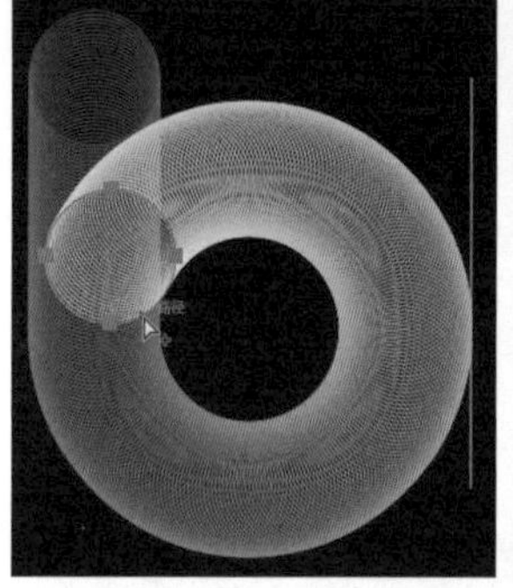

图7-284

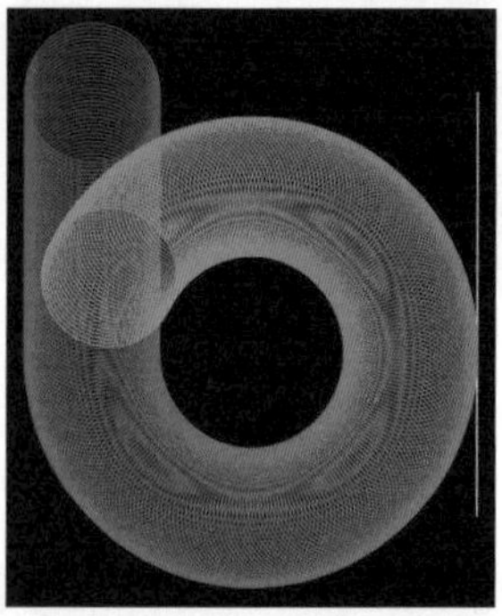

图7-285

⑰ 单击对象，显示出混合轴，如图7-286所示，选择钢笔工具，将光标放在路径的端点上，如图7-287所示，单击，让起点和终点的锚点对调，这样就能将该路径调整到后方，按住Ctrl键在空白处单击，取消选择，效果如图7-288所示。

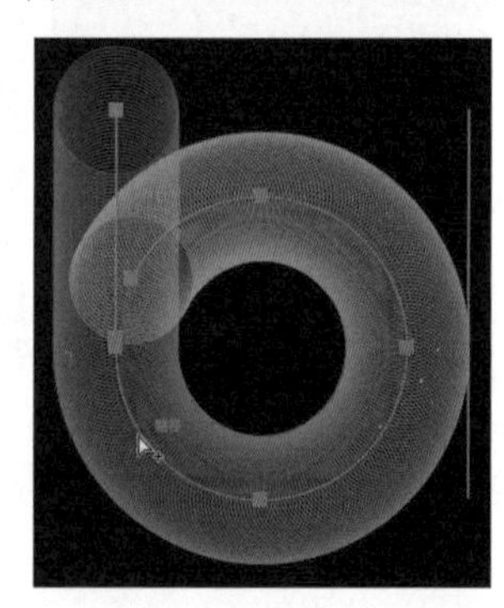

图7-286

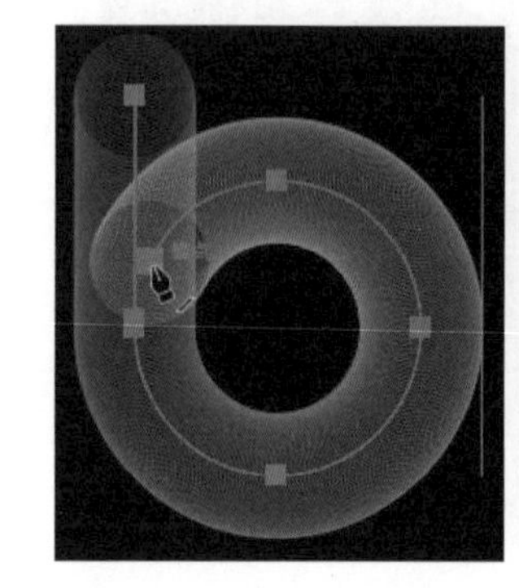

图7-287

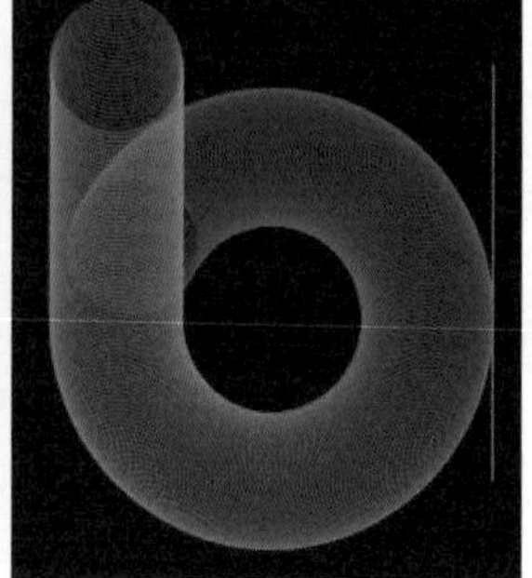

图7-288

⑱ 采用同样的方法用其他字母的路径替换混合轴，之

后修改圆形颜色。其中字母i的颜色不必修改，但需要减少混合对象的中间图形，即将“指定的步数”设置为150。完成后的效果如图7-289所示。

图7-289

7.8　课后作业：彩蝶飞

执行“窗口”|“符号库”|“自然”命令，打开“自然”面板，将蝴蝶符号拖曳到画板中，如图7-290所示。双击比例缩放工具，打开“比例缩放”对话框，将蝴蝶缩小为30%并单击“复制”按钮，进行复制，如图7-291所示，之后创建混合（在“混合选项”对话框的“间距”下拉列表中选择“指定的步数”选项，参数设置为15），效果如图7-292所示。使用螺旋线工具创建一条螺旋线，如图7-293所示，用以替换混合轴，再对混合轴进行反向处理，如图7-294所示，之后打开“混合选项”对话框，单击“对齐路径”按钮即可，效果如图7-295所示。具体操作方法可参见视频教学。

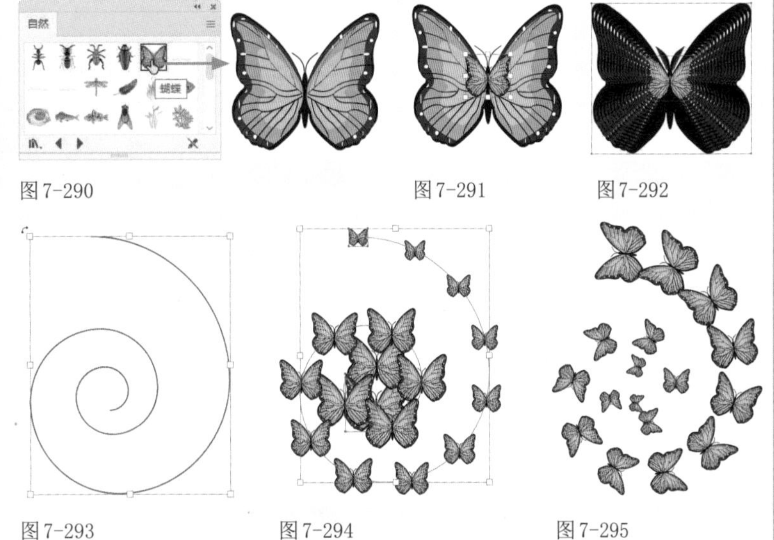

图7-290　图7-291　图7-292

图7-293　图7-294　图7-295

7.9　问答题

1. 使用选择工具时，定界框、控制点、中心点和参考点有何用途？
2. 怎样操作能让对象按照指定的距离移动、基于设定的角度旋转，或者以精确的比例缩放？
3. 与选择工具相比，自由变换工具除了可以移动、旋转和缩放对象外，还能进行哪些操作？
4. 哪些对象可以用来创建混合效果？
5. 请说出封套扭曲的创建方法及哪些对象不能用来创建封套扭曲。
6. 如果对象填充了图案并添加了效果，在进行封套扭曲时，怎样才能让图案一同扭曲？怎样取消效果和图形样式的扭曲？

AI

第8章 合成：混合模式、不透明度与蒙版

本章简介

合成是一种将不同元素组合在一起形成新画面和场景的技术，在许多设计领域中都广泛使用，包括广告、游戏、电影等。以手机广告为例，使用合成技术可以将手机与其他元素，如自然景观或科技元素结合在一起，来传达品牌的特点。

Illustrator中的合成功能包括不透明度、混合模式和蒙版，它们都可以修改对象，但不会对其造成实质性的破坏，任何时候都可以根据需要将对象复原。

前二者较为简单，蒙版功能更强。Illustrator中有两种蒙版，即剪切蒙版和不透明度蒙版。二者最大的区别是，剪切蒙版能控制对象的显示范围，不透明度蒙版则能改变对象的显示程度。了解了这些，学习本章就会事半功倍。

学习重点

8.1 哪些功能适合做合成效果

在设计作品中，对图像移花接木，进行充满巧思妙想的组合往往会给人留下更深刻的印象，如图8-1所示。

瑞典视觉艺术家、超现实主义摄影大师埃里克·约翰逊作品

图8-1

显然，这类复杂的效果用Photoshop更易完成，Illustrator的特点决定了其适合以图形为主的合成效果，如图8-2所示。但从使用功能上看，无论是Photoshop，还是Illustrator，都会用到混合模式、不透明度及蒙版。而这些功能的原理，两个软件并无二致，只是操作方法不同。

用Illustrator制作的Mix & match风格插画

图8-2

8.2　混合模式

混合模式可以让上方对象与下方对象互相叠透，创建丰富的混合效果。

8.2.1　设置混合模式

默认状态下，当两个或多个对象上下堆叠时，上层对象会完全遮盖下层对象。选择位于上方的对象，如图8–3所示，单击“透明度”面板中的 ⌄ 按钮，打开下拉列表，选取一种混合模式，所选对象会采用该模式与下方的对象混合，如图8–4和图8–5所示。

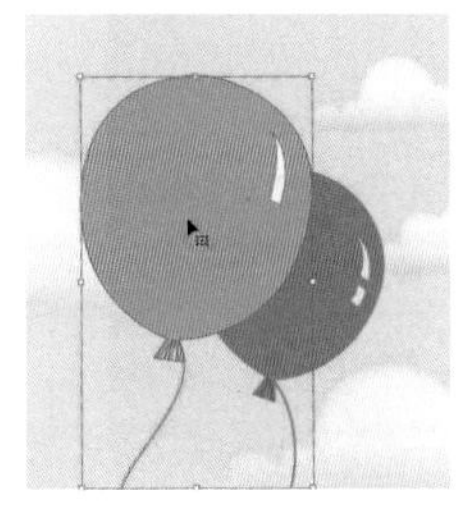

图8-3

图8-4

图8-5

Illustrator中有16种混合模式，可以采用加深、减淡和反相等特殊方法处理颜色。这些混合模式分为6组，如图8–6所示，每一组都有相近的用途。

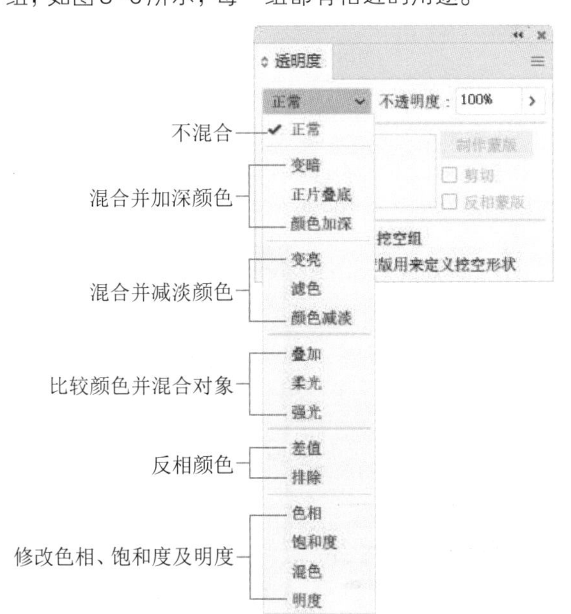

图8-6

8.2.2　为填色和描边设置混合模式

选择对象，如图8–7所示，在“外观”面板中单击“填色”或“描边”属性，如图8–8所示，之后便可以在“透明度”面板中修改其混合模式，如图8–9和图8–10所示。

图8-7

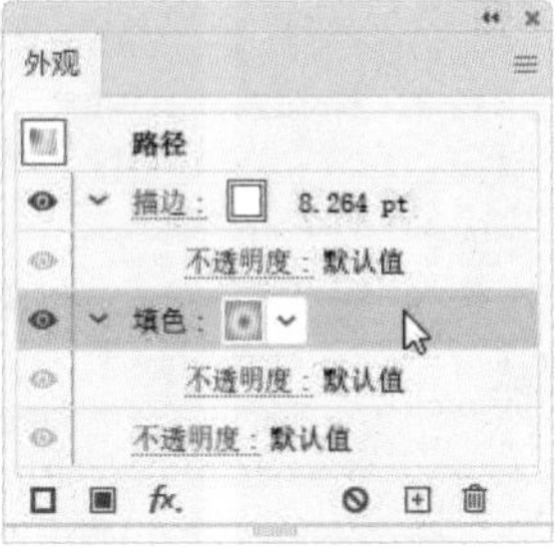

图8-8

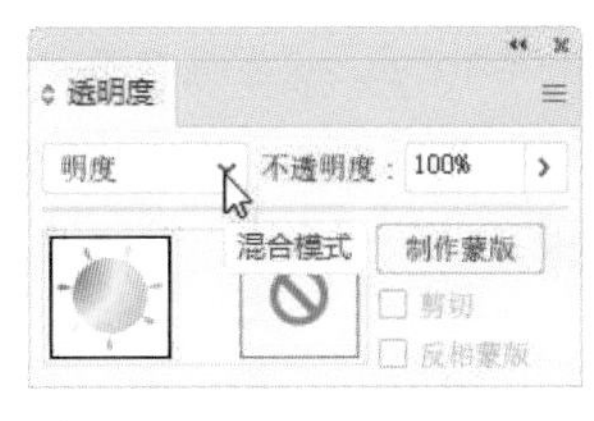

图8-9

图8-10

8.2.3　为图层设置混合模式

在图层的选择列单击，如图8–11所示，在“透明度”面板中修改其混合模式，如图8–12所示，此后，凡添加到该图层中的对象都会受到这种混合模式的影响。移出此图层，可消除影响。

图8-11　　图8-12

8.2.4　实例：金属版画

01 新建一个RGB模式的文档。执行“文件”|“置入”命令，打开“置入”对话框，选择本实例使用的素材，

取消“链接”复选框的勾选（将图像嵌入当前文档），单击“置入”按钮关闭对话框。在画板上单击，置入图像，如图8-13所示。

02 保持图像的被选取状态，按Ctrl+C快捷键复制，按Ctrl+F快捷键粘贴到前面。执行“编辑”|“编辑颜色”|“转换为灰度”命令，将图像转换为黑白效果，如图8-14所示。执行“编辑”|“编辑颜色”|“反相颜色”命令，对颜色进行反相处理（将当前颜色转换为其补色），如图8-15所示。

图8-13

图8-14

图8-15

03 执行“效果”|“艺术效果”|“水彩”命令，将图像处理为色块状，如图8-16和图8-17所示。设置混合模式为“滤色”，如图8-18和图8-19所示。

图8-16

图8-17

图8-18

图8-19

04 执行“文件”|“置入”命令，置入另一幅图像，如图8-20所示。设置混合模式为“颜色加深”，如图8-21所示。

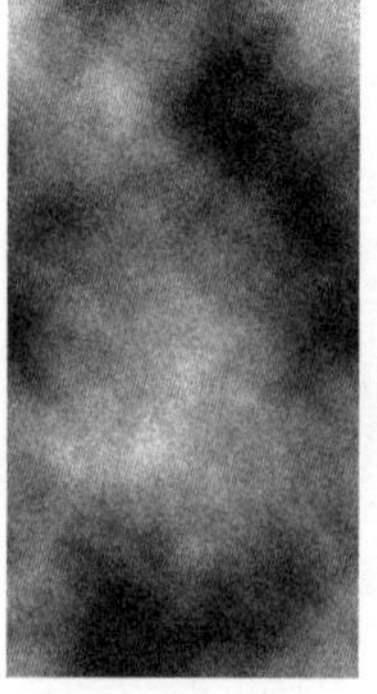

图8-20

图8-21

05 按Ctrl+A快捷键全选，单击“控制”面板中的“水平居中对齐”按钮和“垂直居中对齐”按钮，使所有对象对齐，效果如图8-22所示。使用矩形工具创建一个与图像大小相同的矩形，如图8-23所示。

图8-22

图8-23

06 执行“窗口”|“画笔库”|“艺术效果”|“艺术效果_粉笔炭笔铅笔”命令，打开“艺术效果_粉笔炭笔铅笔”面板，单击图8-24所示的画笔，用它描边路径，设置描边粗细为2pt，如图8-25所示。

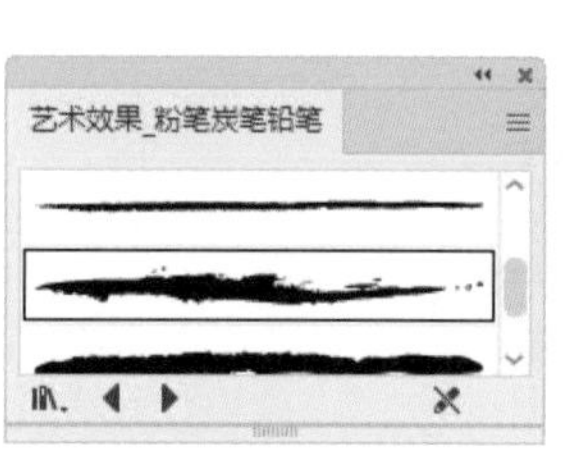

图8-24

图8-25

07 单击“外观”面板中的“添加新描边”按钮□，添加一个描边属性，单击图8-26所示的画笔，创建双重描边，效果如图8-27所示。

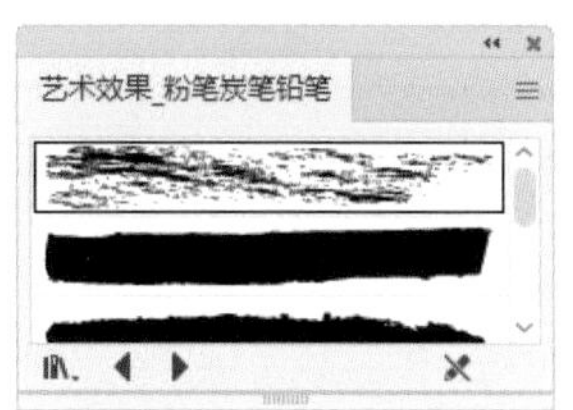

图8-26

图8-27

实用技巧 快速切换混合模式

将光标放在混合模式列表上方，滚动鼠标滚轮，可依次切换各个模式。

8.3 不透明度

默认状态下，在Illustrator中创建、打开或置入的对象的不透明度为100%。将不透明度值调低，可以让对象呈现透明效果。

8.3.1 调整不透明度

如果想让对象呈现一定程度的透明效果，可将其选取，如图8-28所示，在“透明度”面板的“不透明度”选项中调整数值即可，如图8-29和图8-30所示。如果想更好地观察透明区域，可以执行“视图”|“显示透明度网格”命令，在透明度网格上，图稿的透明范围及程度一目了然，如图8-31所示。

图8-28

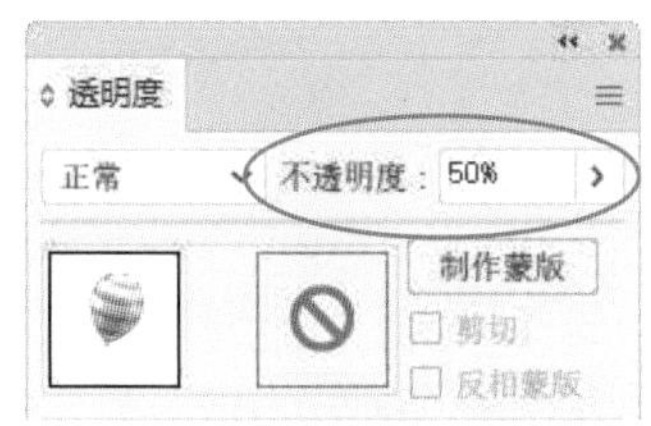

图8-29

图8-30

图8-31

8.3.2 调整图层的不透明度

在图层的选择列单击，如图8-32所示，之后便可在“透明度”面板中设置其不透明度。为图层设置不透明度（包括混合模式）后，该图层中的所有对象都会使用此属性。

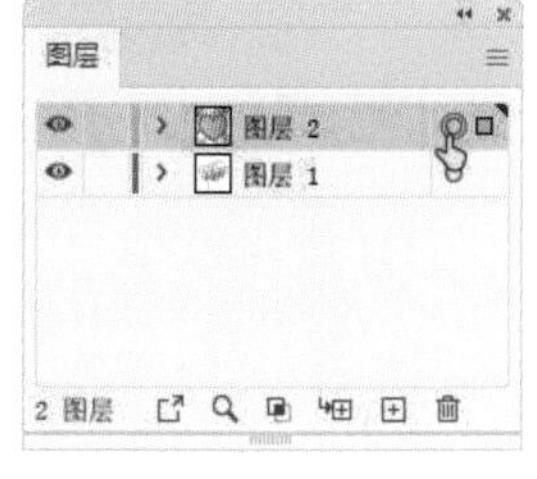

图8-32

8.3.3 调整填色和描边的不透明度

调整矢量图形的不透明度时，会影响其填色和描边，如图8-33和图8-34所示。

选取心形

图8-33

调整心形的不透明度

图8-34

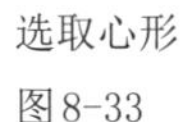

如果想分开编辑，例如，只调整填色的不透明度，

可选取对象，打开“外观”面板，单击“填色”属性左侧的 › 按钮，展开列表，单击“透明度”选项并进行调整，如图8–35和图8–36所示。如果想修改描边的不透明度，可选取描边属性，再使用同样的方法操作。

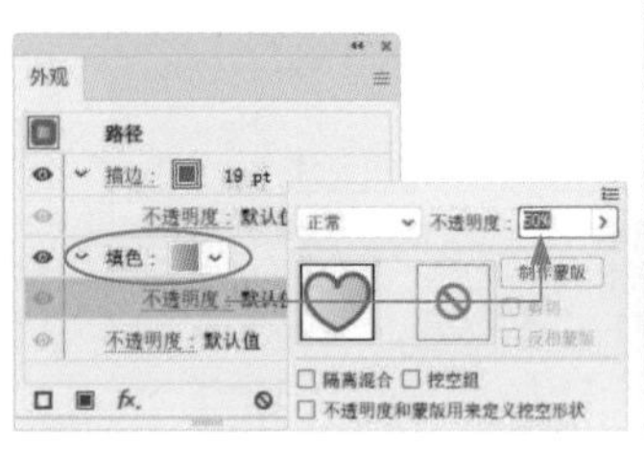

图8–35

图8–36

实用技巧 编组对象不透明度调整技巧

将多个对象编组后，使用选择工具单击组，之后修改不透明度，会影响组中的所有对象。如果不改变组的整体不透明度，而是选取其中的各个图形来进行调整，则效果会出现变化。

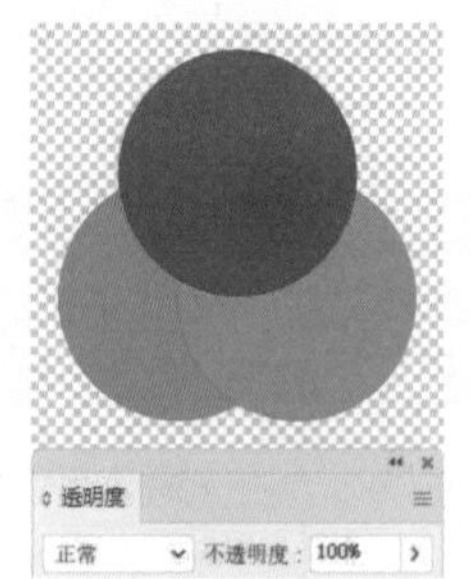

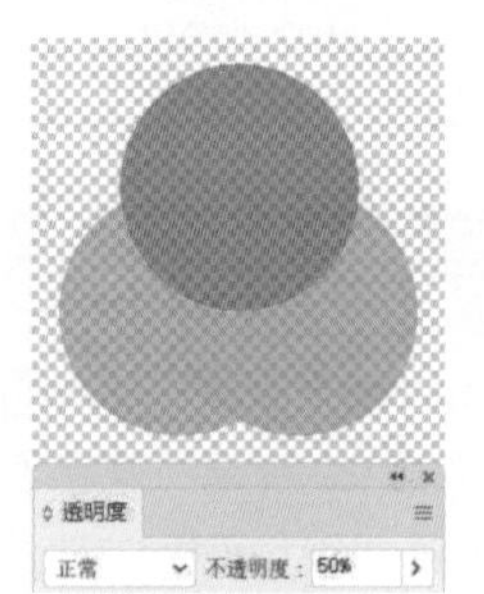

将3个圆形编组（左图），单击组并修改不透明度，会影响组中的所有对象（右图）

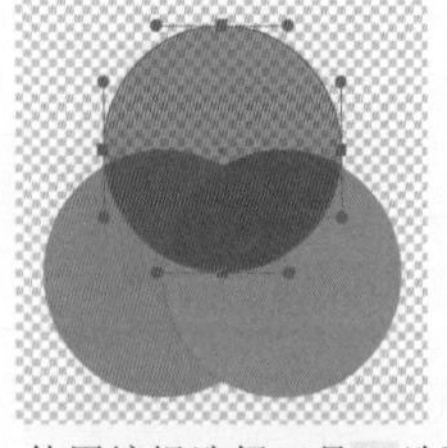

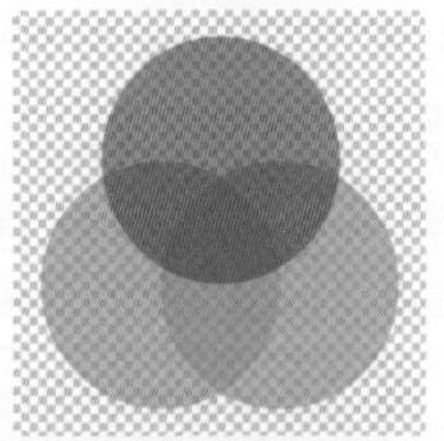

使用编组选择工具选取红色圆形，修改不透明度（左图）。分别调整另外两个圆形的不透明度（右图）

使用选择工具单击组，之后勾选“挖空组”复选框，相互重叠的地方不会穿透显示（打开“透明度”面板菜单，执行“显示选项”命令，会显示“挖空组”等选项）

8.3.4 实例：80后创意海报

01 使用矩形工具创建一个矩形，填充线性渐变，如图8-37和图8-38所示。按Ctrl+2快捷键锁定图形。

图8–37

图8–38

02 选择椭圆工具，按住Shift键拖曳光标创建一个圆形，填充渐变，如图8-39和图8-40所示。

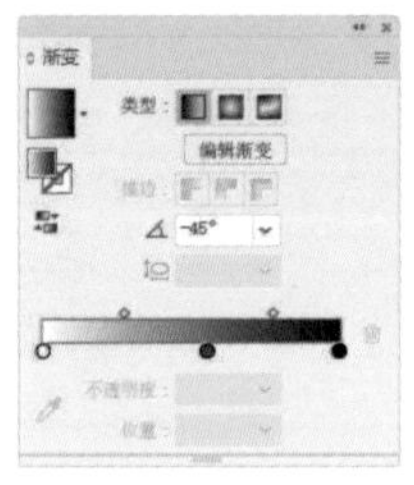

图8–39

图8–40

03 设置其混合模式为“正片叠底”，如图8-41和图8-42所示。

图8–41

图8–42

04 使用选择工具按Alt+Shift快捷键并向上拖曳光标，复制圆形，如图8-43所示。双击镜像工具，打开“镜像”对话框，参数设置如图8-44所示，单击“确定”按钮，将对象水平翻转，如图8-45所示。按Alt+Shift快捷键并向右拖曳光标，复制圆形，如图8-46所示。

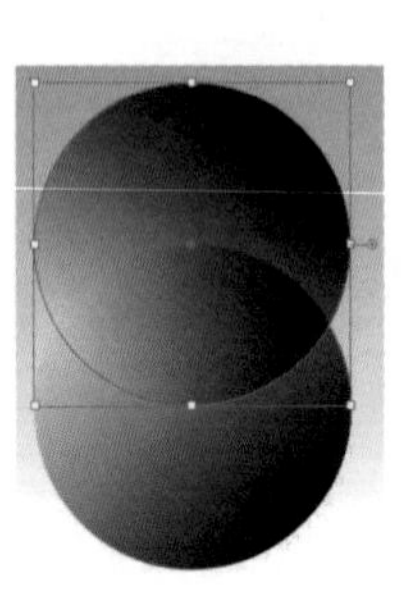

图8–43

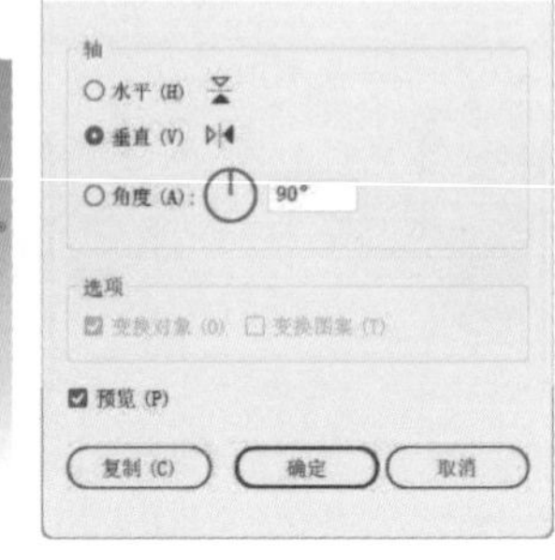

图8–44

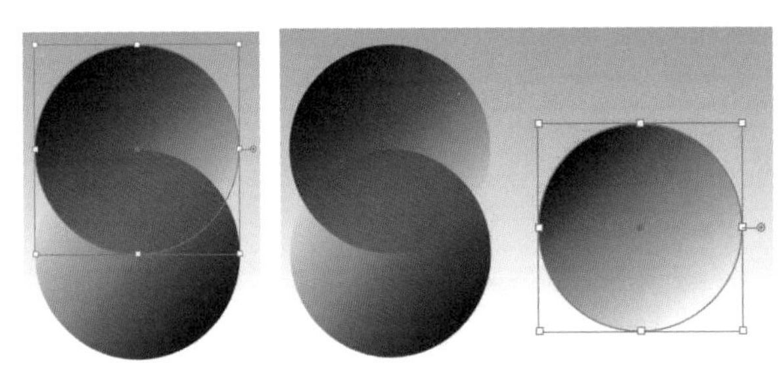

图8-45　　　　　图8-46

05 按Ctrl+A快捷键全选，按Ctrl+C快捷键复制，按Ctrl+F快捷键粘贴到前面，以加深图形颜色，如图8-47所示。单击右侧图形，在定界框外拖曳光标，旋转图形，如图8-48所示。

图8-47

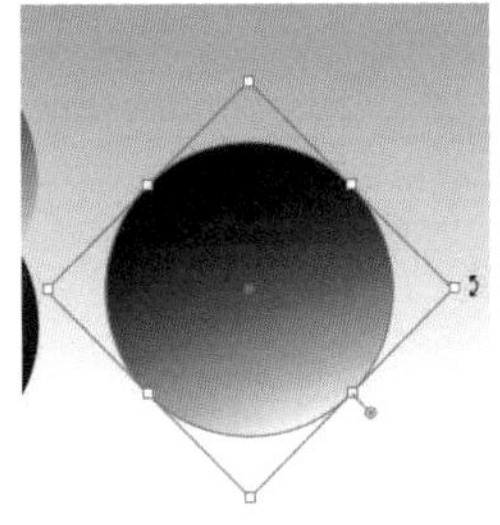

图8-48

06 使用椭圆工具创建一个椭圆形，填充径向渐变，如图8-49所示，设置不透明度为87%，如图8-50和图8-51所示。

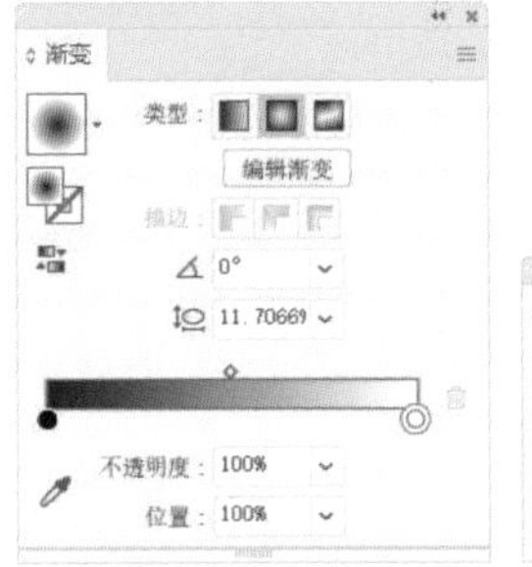

图8-49

图8-50

图8-51

07 执行“效果”|“风格化”|“羽化”命令，打开“羽化”对话框，参数设置如图8-52所示，让图形边缘模糊，以作为数字8的投影，如图8-53所示。

图8-52

图8-53

08 采用同样的方法为数字0制作投影，如图8-54所示。

图8-54

09 选择文字工具T，在远离图形的位置单击并输入文字，字体及文字大小参数设置如图8-55所示，混合模式设置为“叠加”，如图8-56所示。使用选择工具将文字拖曳到数字0上方，如图8-57所示。

图8-55

图8-56

图8-57

8.4 不透明度蒙版

不透明度蒙版可以将对象隐藏或改变对象的不透明度，使其产生透明效果。创建图形与图像合成效果时，常会用到该功能。

8.4.1 创建/释放不透明度蒙版

将蒙版对象放在需要被遮盖的对象上方，将它们选择，单击“透明度”面板中的“制作蒙版”按钮，即可创建不透明度蒙版，如图8-58所示。蒙版对象（上面的对象）中的黑色会遮盖下方对象，使其完全透明；灰色的遮盖强度没有黑色大，因此会使对象呈现透明效果，灰色越深，透明度越高；白色不会遮盖对象。

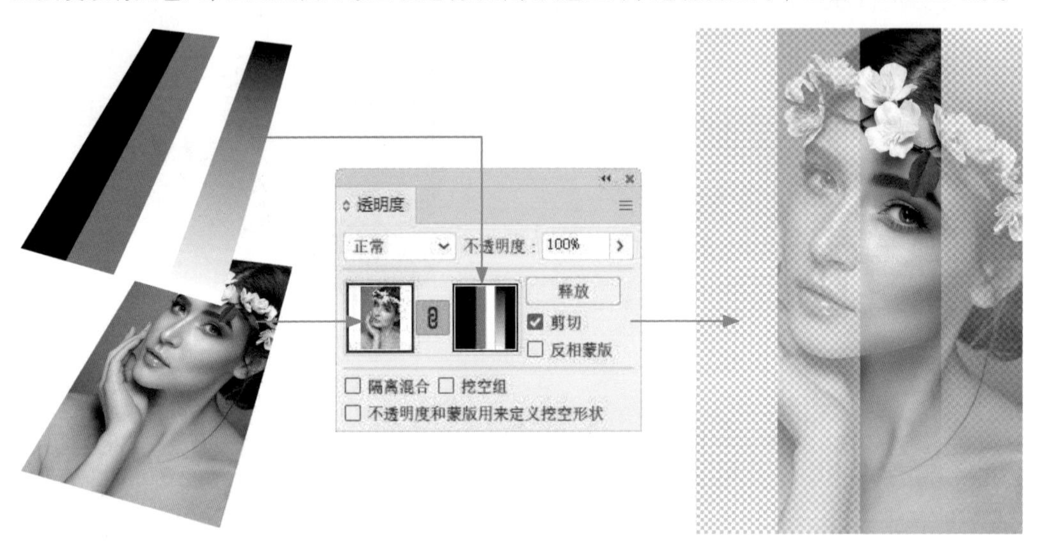

图8-58

任何着色对象或位图图像都可以作为蒙版对象使用。如果蒙版对象是彩色的，例如彩色照片，则Illustrator会使用颜色的等效灰度来定义蒙版中的不透明度。如果要释放不透明度蒙版，使对象恢复到蒙版前的状态，即重新显示出来，可以选择对象，单击“透明度”面板中的“释放”按钮。

8.4.2 编辑蒙版对象

创建不透明度蒙版后，如图8-59所示，如果需要编辑蒙版对象，例如，修改渐变，需要先单击“透明度”面板中的蒙版缩览图，如图8-60所示，再进行编辑，如图8-61所示，完成之后，单击左侧的图稿缩览图来结束编辑，如图8-62所示。

图8-59

图8-60

图8-61

图8-62

8.4.3　链接蒙版与对象

创建不透明度蒙版后，蒙版与被其遮盖的对象保持链接状态，它们的缩略图中间有一个链接图标，如图8-63所示，此时移动、旋转或变换对象时，蒙版会同时变换，因此，被遮盖的区域不会改变，图8-64所示为缩放效果。

图8-63

图8-64

单击图标取消链接后，可单独移动对象或蒙版，或是对其执行其他操作。图8-65所示为单独缩放对象时的效果。如果要重新建立链接，可在原图标处单击，重新显示链接图标。

图8-65

8.4.4　剪切与反相蒙版

在默认状态下，新创建的不透明蒙版为剪切效果（如图8-63所示）。取消“剪切”复选框的勾选，则位于蒙版以外的对象会显示出来，如图8-66所示。勾选“反相蒙版”复选框，可以反转蒙版对象的明度值，即反转蒙版的遮盖范围，如图8-67所示。

图8-66

图8-67

提示

在“图层”面板中选择一个图层或组，勾选“透明度”面板中的“隔离混合”复选框，可以将混合模式与所选图层或组隔离，使其下方的对象不受混合模式的影响。勾选“挖空组”复选框，可以保证编组对象中单独的对象或图层在相互重叠的地方不能透过彼此而显示。

“不透明度和蒙版用来定义挖空形状”复选框用来创建与对象不透明度成比例的挖空效果。挖空是指下面的对象透过上方对象显示出来。要创建挖空，对象应使用除“正常”模式以外的其他混合模式。

停用与激活蒙版

编辑不透明度蒙版时，按住Alt键单击蒙版缩略图，画板中就只显示蒙版对象，这样可避免蒙版内容的干扰，使操作更加准确。按住Alt键单击蒙版缩略图，可以重新显示蒙版效果。按住Shift键单击蒙版缩略图，可以暂时停用蒙版，此时缩览图上会出现一个红色的“×”，被蒙版遮盖的对象完全显示。如果要恢复不透明度蒙版，可按住Shift键再次单击蒙版缩略图。

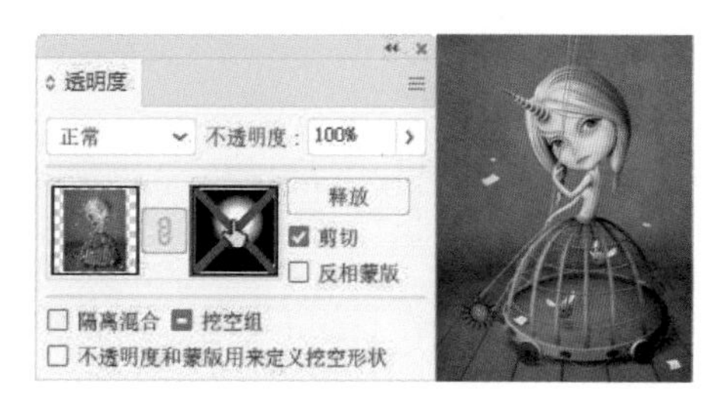

按住Shift键单击蒙版缩略图

8.4.5 实例：点状抽象人物

01 新建一个文档。选择椭圆工具，按住Shift键并拖曳光标创建圆形，如图8-68所示。使用选择工具并按Shift+Alt快捷键向右下方拖曳光标（锁定45°角）复制图形，如图8-69所示。连续按Ctrl+D快捷键再次复制，如图8-70所示。

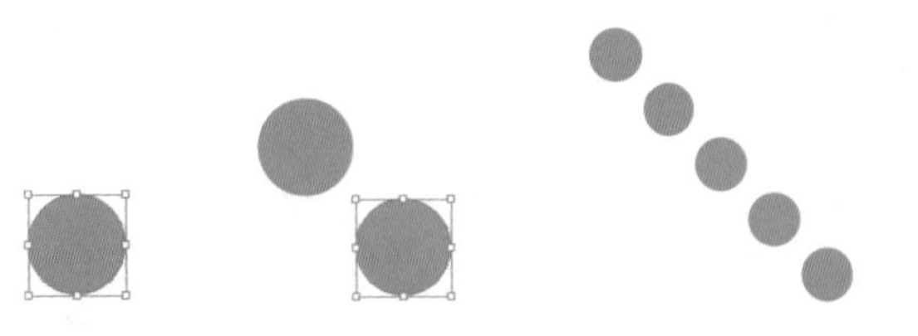

图8-68　　图8-69　　图8-70

02 按Ctrl+A快捷键全选，按Shift+Alt快捷键并向右拖曳光标（锁定水平方向）复制图形，如图8-71所示。连续按Ctrl+D快捷键再次复制，如图8-72所示。

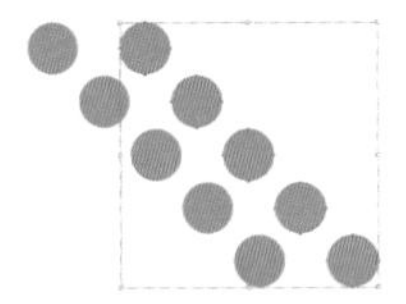

图8-71　　图8-72

03 使用选择工具选取部分图形，按Delete键删除，修改图形的填充颜色，如图8-73所示。按Ctrl+A快捷键全选，将其拖曳到“色板”面板中，创建为图案，如图8-74所示。

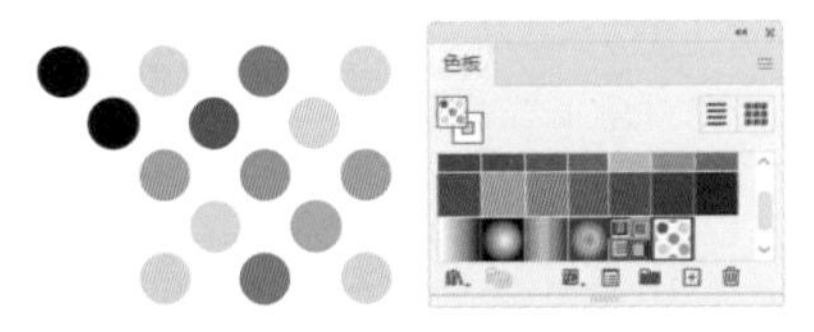

图8-73　　图8-74

04 选择矩形工具，将光标放在画板的左上角，如图8-75所示，单击打开“矩形”对话框并设置参数，创建与画板大小相同的矩形，如图8-76所示。单击自定义的图案，为其填充该图案，无描边颜色，如图8-77和图8-78所示。

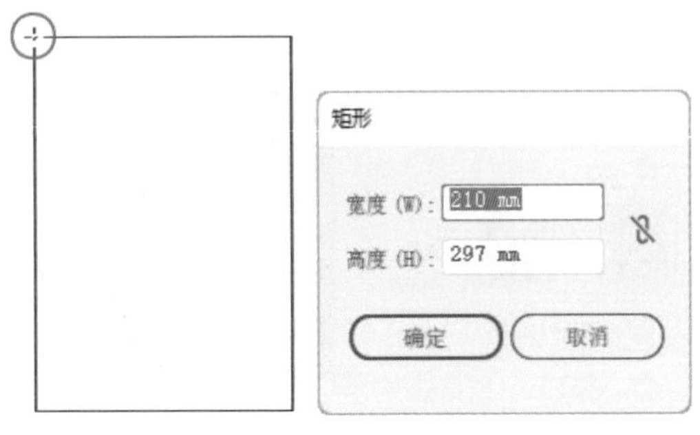

图8-75　　图8-76

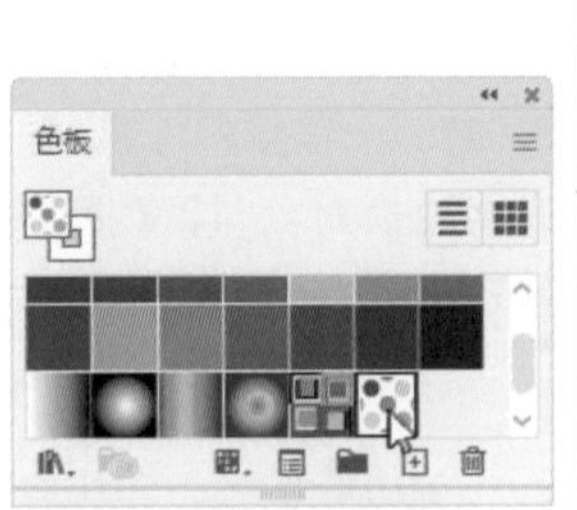

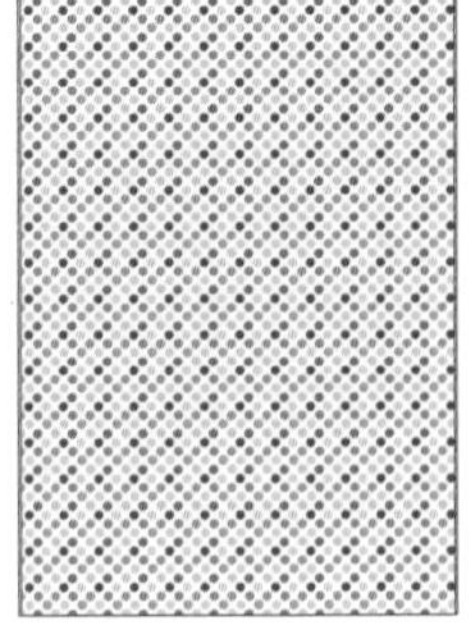

图8-77　　图8-78

05 保持图形的被选取状态。单击“透明度”面板中的“制作蒙版”按钮创建不透明度蒙版，如图8-79所示。

图8-79

06 打开素材，如图8-80所示。选择该图形并按Ctrl+C快捷键复制，按Ctrl+Tab快捷键切换到图案文档。单击蒙版缩览图，进入蒙版编辑状态，如图8-81所示，按Ctrl+F快捷键，将人物图形粘贴到蒙版中，勾选“反相蒙版”复选框，如图8-82和图8-83所示。

图8-80　　图8-81

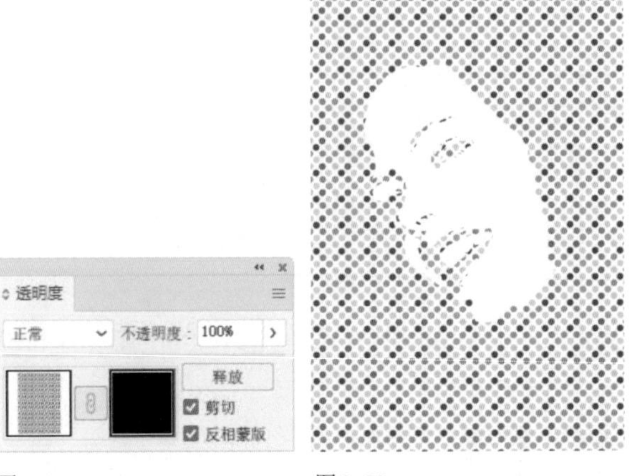

图8-82　　图8-83

07 在当前状态下，人物的五官图形还不完整，需要修改。单击对象缩览图，结束蒙版编辑，如图8-84所示。

新建一个图层，选择用于定义图案的圆形，放在不完整的图形上，效果如图8-85所示。

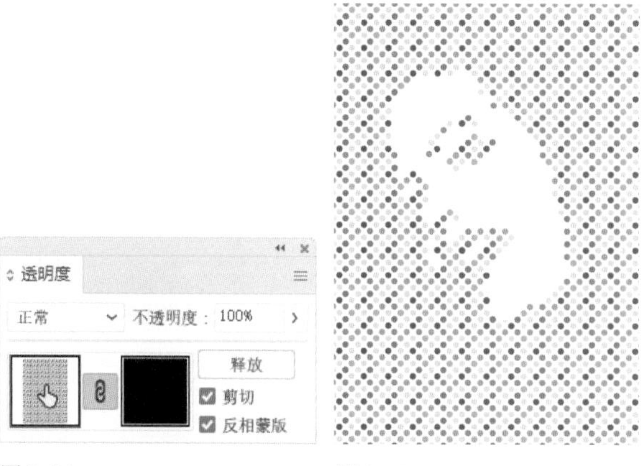

图8-84 图8-85

8.4.6 实例：让色块颜色变浅

01 打开前一个实例的效果文件。使用选择工具▶选择图形，如图8-86所示。单击蒙版缩览图，进入蒙版编辑状态，如图8-87所示。

02 按Ctrl+A快捷键选择蒙版里的所有图形，将不透明度设置为50%，如图8-88所示。单击对象缩览图，如图8-89所示，结束蒙版的编辑，画面中原来的图案颜色会变浅，如图8-90所示。

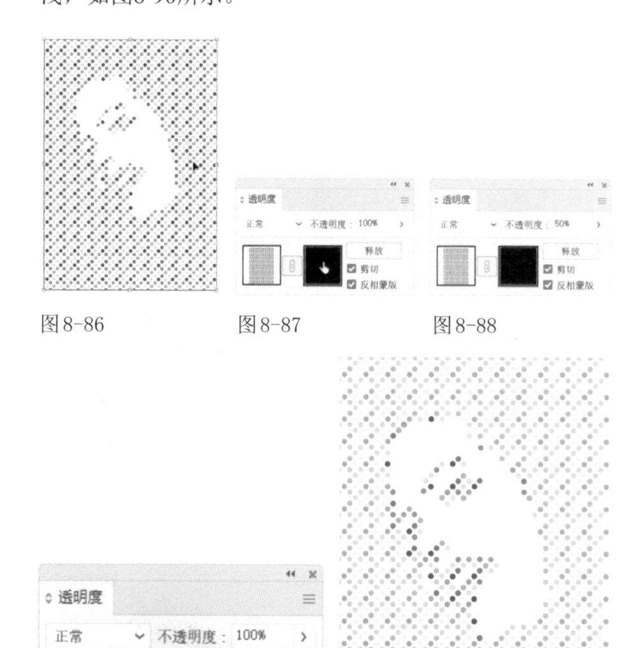

图8-86 图8-87 图8-88

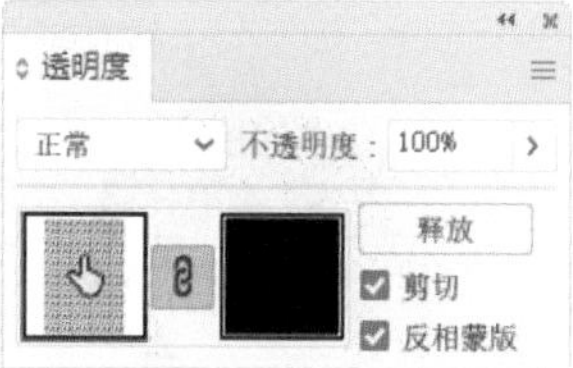

图8-89 图8-90

8.4.7 实例：印章效果

01 打开素材，如图8-91所示。印章使用的是专色，双击该色板，如图8-92所示，打开“色板选项”对话框，将颜色修改为红色，如图8-93和图8-94所示。

图8-91

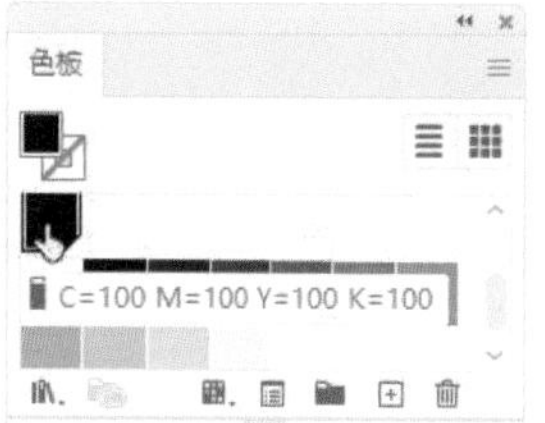

图8-92

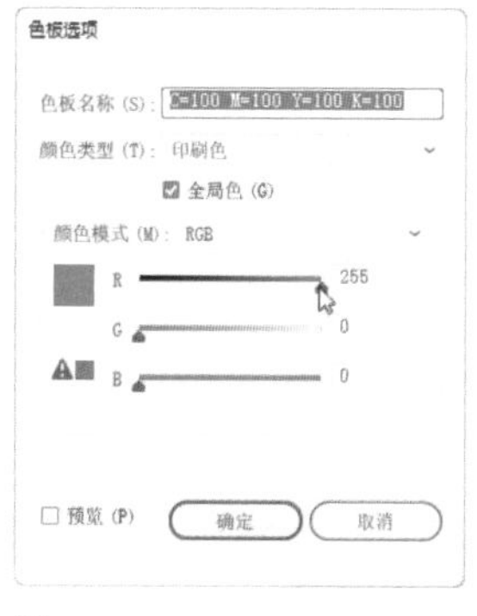

图8-93

图8-94

02 执行“文件”|“置入”命令，置入纹理素材，使用选择工具▶将其拖曳到印章上方，如图8-95所示。

图8-95

03 按Ctrl+A快捷键将这两个对象选取，单击“透明度”面板中的“制作蒙版”按钮，创建不透明度蒙版，如图8-96和图8-97所示。

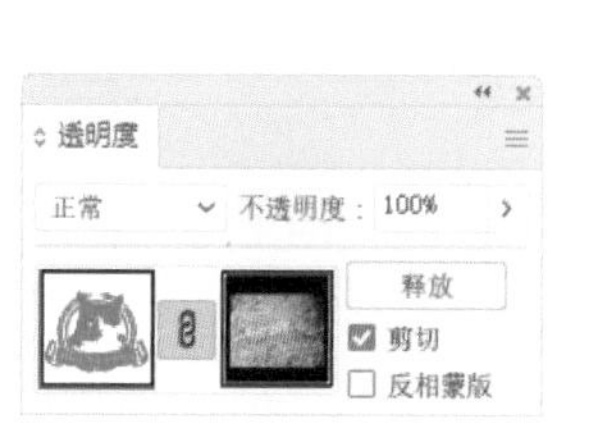

图8-96

图8-97

04 由于图像有些小，没有将印章覆盖住，需要调一下蒙版。创建不透明度蒙版后，“透明度”面板中会出现两个缩览图，左侧是被蒙版遮盖的图稿，右侧是蒙版对象，在其上方单击，如图8-98所示。与此同时，蒙版对象将被选取，如图8-99所示。

图8-98

图8-99

图8-102

05 按住Shift键拖曳控制点，将图像调大，使其覆盖住印章，这样印章内容就能全部显现，如图8-100所示。单击图稿缩略图，退出编辑状态，如图8-101所示。图8-102和图8-103所示为印章在不同商品上的展示效果。

图8-100

图8-101

图8-103

8.5 剪切蒙版

不透明度蒙版可以让对象呈现透明效果，而剪切蒙版则利用蒙版图形将对象的某些部分完全隐藏，也就是用来控制对象的显示范围。

8.5.1 剪切蒙版的3种创建方法

剪切蒙版可以通过不同的方法来创建，其效果也有所不同。例如，在美少女上方创建一个圆形，如图8-104所示，之后将它们一同选取。

第1种方法是执行“对象”|“剪切蒙版”|“建立”命令创建剪切蒙版，此时蒙版图形只遮盖美少女，如图8-105所示。

第2种方法是单击“图层”面板中的按钮来创建剪切蒙版，在这种状态下，蒙版图形会遮盖所在图层中的所有对象，如图8-106和图8-107所示。

图8-104

图8-105

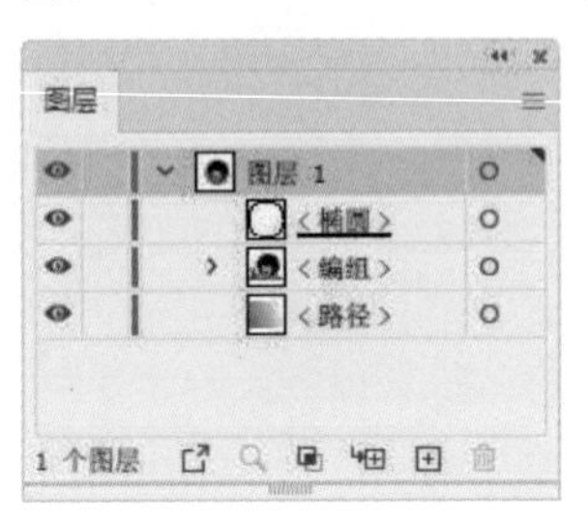

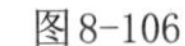

图8-106

图8-107

第3种方法是通过内部绘图创建剪切蒙版。操作时先选取作为蒙版的矢量对象，如图8-108所示，单击工具栏中的“内部绘图”按钮，如图8-109所示；此时图形周围会出现一个虚线框，如图8-110所示，在这种状态下绘制图稿、置入和对象时，所创建的对象只在矢量图形内部显示，如图8-111所示。需要结束内部绘图时，单击工具栏中的“正常绘图”按钮即可。

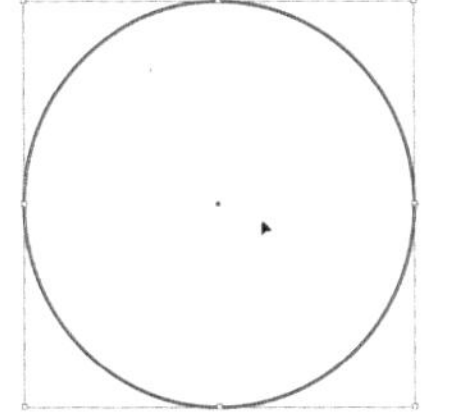

图8-108

图8-109

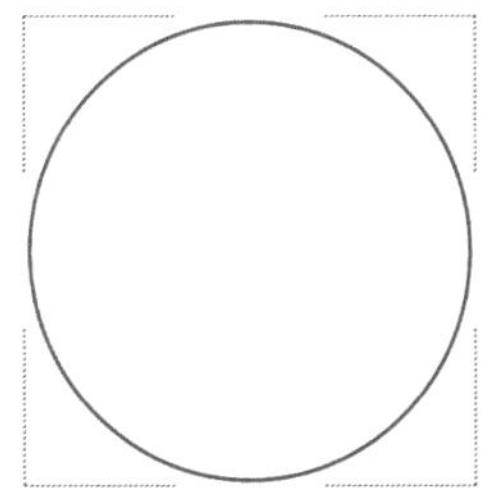

图8-110

图8-111

从图形的重叠区域创建蒙版

在“图层”面板中，蒙版图形和被蒙版遮盖的对象称为“剪切组”。只有矢量对象（包括路径、复合路径、编组对象和文字）能作为蒙版对象使用。但任何对象都可被蒙版隐藏。此外，蒙版对象也可以是两个或多个重叠的图形，操作时只需将这些图形选取，按Ctrl+G快捷键编组，之后便可用于创建剪切蒙版。

选取两个圆形并编组

与下方的小熊创建剪切蒙版

8.5.2 编辑剪切蒙版

创建剪切蒙版后，剪切路径和被遮盖的对象都可编辑。例如，可以使用直接选择工具调整剪切路径的锚点，如图8-112和图8-113所示；使用编组选择工具移动剪切路径或被遮盖的对象。如果图形复杂，剪切路径不容易选取，可单击“控制”面板中的按钮将其选取。单击按钮，则可选取被蒙版遮盖的对象。

图8-112

图8-113

8.5.3 释放剪切蒙版

选择剪切蒙版对象，执行“对象”|“剪切蒙版”|“释放”命令，或单击“图层”面板底部的按钮，可释放剪切蒙版，让被隐藏对象重新显示出来。由于创建剪切蒙版时，会删除蒙版对象的填色和描边的对象，因此，释放出来的蒙版对象也是无填色、无描边的。

提示

在“图层”面板中，将其他对象拖入剪切路径组，蒙版会对其进行遮盖。将剪切路径组中的对象拖曳到其他图层，可释放此对象。

8.5.4 实例：民族风服装插画

01 打开素材，如图8-114所示。使用选择工具将人物拖曳到花纹图案上。按住Shift键单击图案，将其与人物一同选取，如图8-115所示。

图8-114

图8-115

02 按Ctrl+7快捷键创建剪切蒙版，人物路径外的图稿会被隐藏，路径变为无填色和描边的对象，如图8-116所示。在“图层2”前面单击，显示该图层，如图8-117和图8-118所示。使用选择工具单击人物路径，将其选择。如果图稿复杂，不易选，也可在“图层”面板的“剪贴路径”的选择列单击来进行选择，如图8-119和图8-120所示。

图8-116

图8-117

图8-118

图8-119

图8-120

03 选择铅笔工具，将光标放在人物衣服边缘的锚点上，如图8-121所示，向下拖曳光标至腿部路径处，如图8-122所示，放开鼠标左键后，可以修改路径，制作出裙摆，如图8-123所示。

图8-121

图8-122

图8-123

04 使用编组选择工具在剪贴路径内的黑色图形上单击，选择图案的黑色背景区域，如图8-124所示。

图8-124

05 将填充颜色设置为蓝色，如图8-125所示。选择剪切蒙版外的粉色背景，将填充颜色设置为黄色，如图8-126所示。

图8-125

图8-126

8.5.5 实例：为布鞋贴花纹

创建剪切蒙版后，剪贴路径和被遮盖的对象都可编辑，并且还可向蒙版中添加对象。本实例介绍此操作方法。

01 打开素材。运动鞋图片位于“图层1”，处于锁定状态，“图层2”用于制作鞋面花纹，如图8-127所示。使用钢笔工具沿鞋面绘制路径，如图8-128所示。

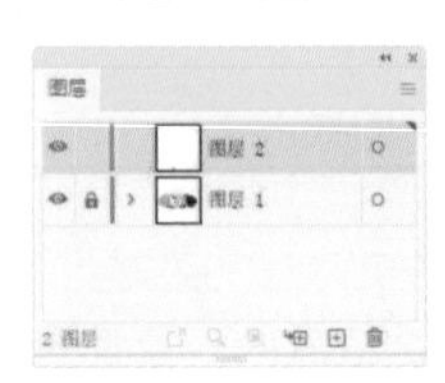

图8-127

图8-128

02 “符号”面板中存储了用于制作鞋面花纹的图案。将“花纹1”符号拖曳到画板上，如图8-129所示。

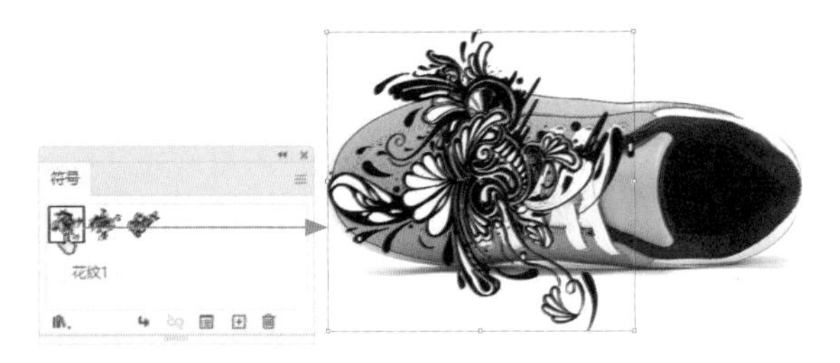

图8-129

03 按Ctrl+[快捷键，将花纹移至鞋面路径下方。单击“图层”面板底部的按钮，建立剪切蒙版，将鞋面以外的花纹隐藏，如图8-130和图8-131所示。

图8-130

图8-131

04 将光标放在“花纹2”符号上方，如图8-132所示，将其拖曳到画板上，在剪切蒙版中添加此花纹，剪切蒙版会将鞋面以外的部分遮盖，如图8-133所示。

图8-132

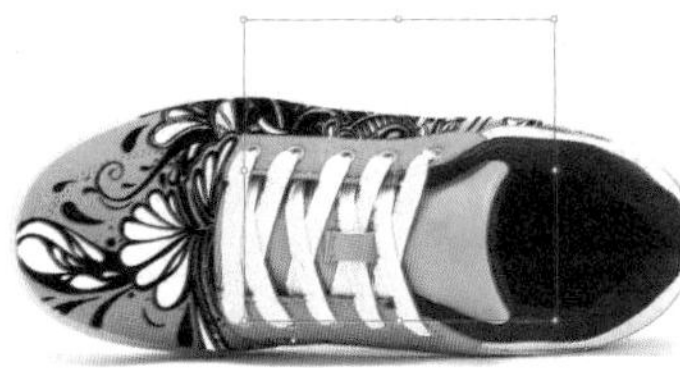

图8-133

05 将“文字”符号拖曳到画板上，放在鞋尖位置，效果如图8-134所示。使用不同的纹样装饰鞋面，还可以制作出图8-135和图8-136所示的效果。

图8-134

图8-135

图8-136

8.5.6 实例：放射线特效字

01 打开素材，如图8-137所示。使用直线段工具按住Shift键拖曳光标，创建一条竖线，设置描边颜色为红色，描边粗细为4pt，并添加图8-138所示的宽度配置文件，让直线下方由细变粗。

图8-137

图8-138

02 执行“效果”|“扭曲和变换”|“变换”命令，打开“变换效果”对话框，参数设置如图8-139所示，通过复制直线制作出放射线效果，如图8-140所示。按Ctrl+C快捷键复制图形。

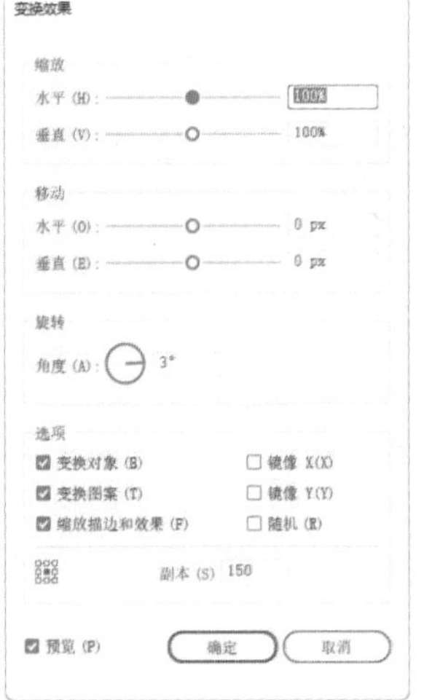

图8-139

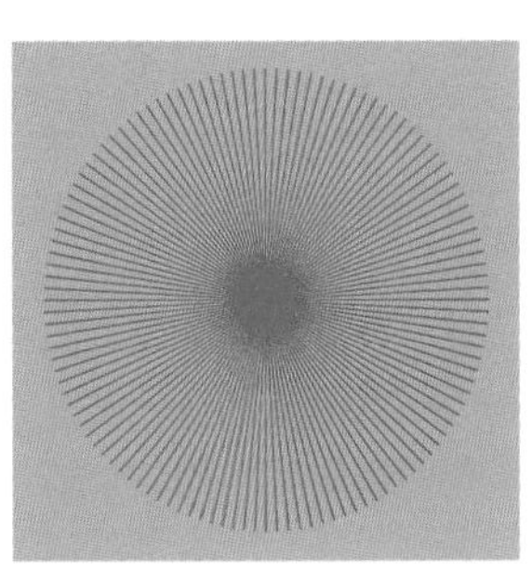

图8-140

03 使用选择工具将其拖曳到U字上方，如图8-141所示。按几次Ctrl+[快捷键，将其调整到U字后方，如图8-142所示。

图8-141

图8-142

04 拖曳出一个选框，将该图形及U字选取，如图8-143所示，按Ctrl+7快捷键创建剪切蒙版，如图8-144所示。

图8-143

图8-144

05 在空白处单击结束编辑。按Ctrl+V快捷键粘贴图形，修改描边颜色，如图8-145所示。采用同样的方法将其与文字F创建剪切蒙版，如图8-146所示。继续粘贴图形，修改描边颜色为橙色，将其与文字O创建为剪切蒙版，如图8-147所示。

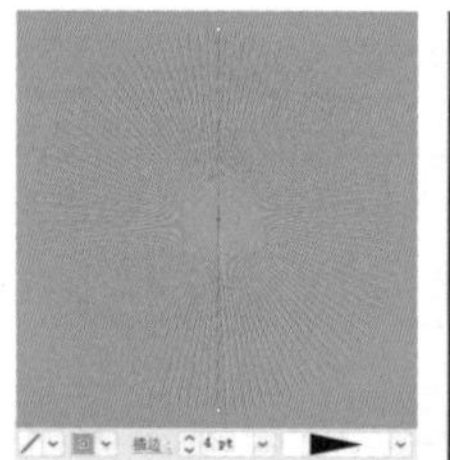

图8-145

图8-146

图8-147

8.5.7 实例：让射线弯曲

01 打开前一个实例的效果文件。使用编组选择工具选择剪切蒙版中的放射线图形，如图8-148所示。

02 执行"效果"|"扭曲和变换"|"波纹效果"命令，参数设置如图8-149所示，对图形进行扭曲，可以让图形更富于变化，如图8-150所示。图8-151所示为另外两个文字中的图形的扭曲效果。

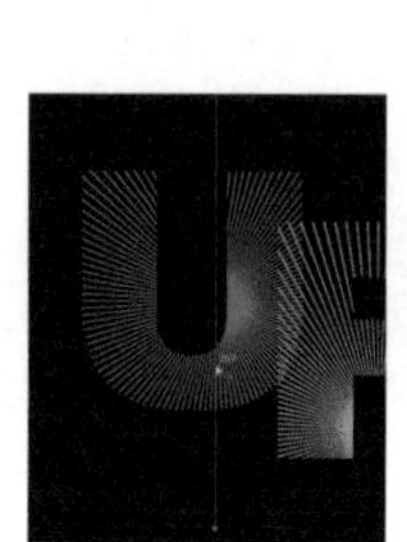

图8-148

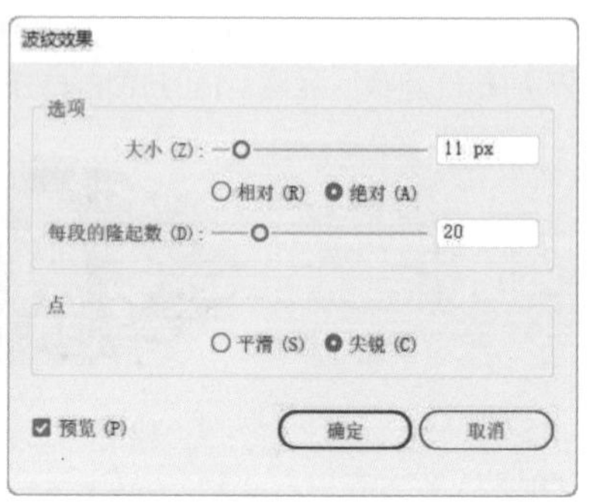

图8-149

图8-150

图8-151

> 提示
>
> 使用编组选择工具移动蒙版中的线条图形，可以调整放射线的位置。

8.6 进阶实例：多重曝光效果

01 按Ctrl+O快捷键打开"打开"对话框，选择本实例的素材，如图8-152所示，这是一个PSD格式的文件，是用Photoshop抠的图（即将人像从背景中抠出来，并删除背景）。按Enter键，打开"Photoshop导入选项"对话框，选中"将图层转换为对象"单选按钮，以便保留透明区域，如图8-153所示。

02 单击"确定"按钮打开文件，如图8-154所示。由于画板是白色的，所以看不到抠图效果。要想观察图像效果，可以执行"视图"|"显示透明度网格"命令，图像的透明区域会显示灰白相间的棋盘格，如图8-155所示。执行"视图"|"隐藏透明度网格"命令，隐藏网格。

03 执行"文件"|"置入"命令，在打开的对话框中选取另一个素材，并取消"链接"复选框的勾选，如图8-156所示。单击"置入"按钮，之后在画板上单击，将图像嵌入当前文档，如图8-157所示。

图8-152　　图8-153

图8-158

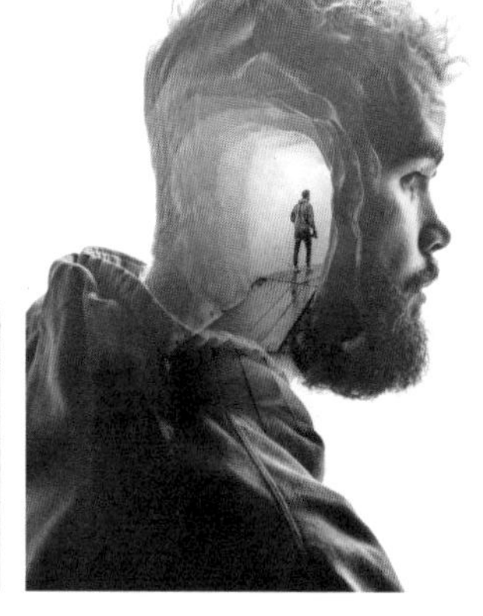

图8-159

图8-154　　图8-155

图8-160

图8-161

图8-156 　　图8-157

图8-162

图8-163

04 按Ctrl+A快捷键全选，单击“透明度”面板中的“制作蒙版”按钮，创建不透明度蒙版，勾选“反相蒙版”复选框，对蒙版图像的明度进行反转，如图8-158和图8-159所示。

05 创建不透明度蒙版后，“透明度”面板会显示两个缩览图，左侧是被蒙版遮盖的图稿，右侧是蒙版对象，在上方单击，如图8-160所示，选取蒙版对象，使用选择工具▶调一调位置，如图8-161所示。单击图稿缩览图，如图8-162所示，退出蒙版编辑状态，如图8-163所示。

> *提示*
>
> 多重曝光是摄影中采用两次或多次独立曝光并重叠起来组成一张照片的技术，可以在一张照片中展现多重影像。

8.7 进阶实例：出画效果

01 打开素材，如图8-164所示。使用选择工具▶单击图像，拖曳定界框上的控制点进行旋转，如图8-165所示。

图8-164

图8-165

02 使用钢笔工具✒沿人物轮廓绘制路径，以定义其显示范围，如图8-166所示。按Ctrl+A快捷键将人物与所绘路径一同选取，执行“对象”|“剪切蒙版”|“建立”命令，创建剪切蒙版，如图8-167所示。

图8-166

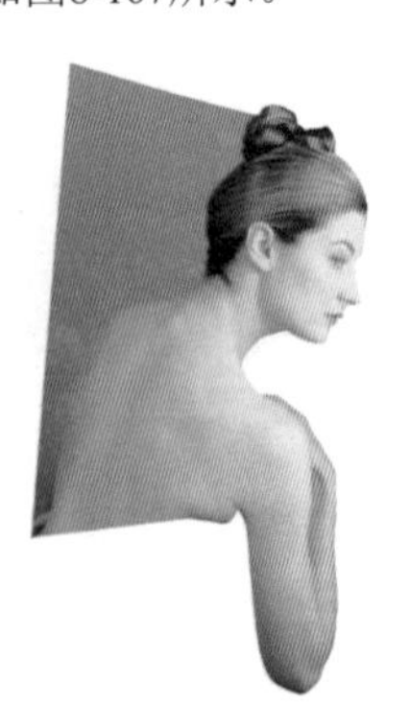

图8-167

03 在剪切蒙版图层前方单击，将图层锁定，如图8-168所示。按住Alt+Ctrl键并单击“创建新图层”按钮⊞，在其下方新建一个图层，如图8-169所示。

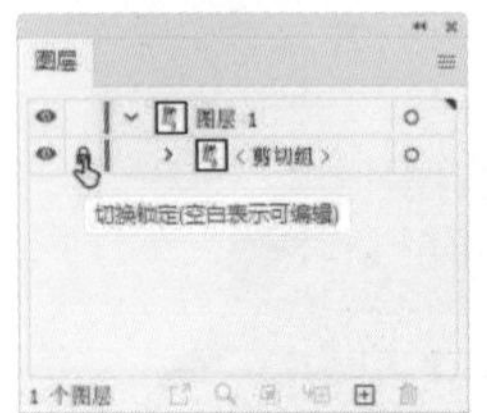

图8-168

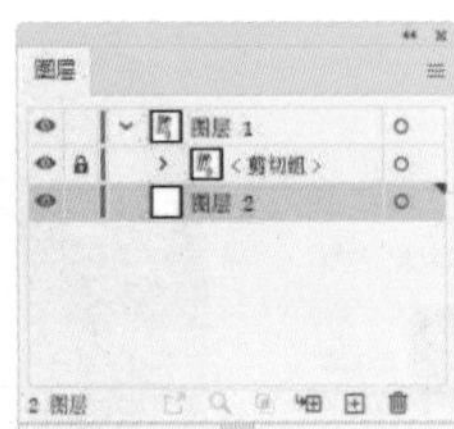

图8-169

04 使用钢笔工具✒绘制画框轮廓，设置描边颜色为黑色，描边粗细为4pt，如图8-170所示。按Ctrl+C快捷键复制图形，按Ctrl+B快捷键粘贴到后面。在图形上右击，在弹出的快捷菜单中选择“变换”|“缩放”选项，打开“比例缩放”对话框，参数设置如图8-171所示，对图形进行不等比缩放，如图8-172所示。

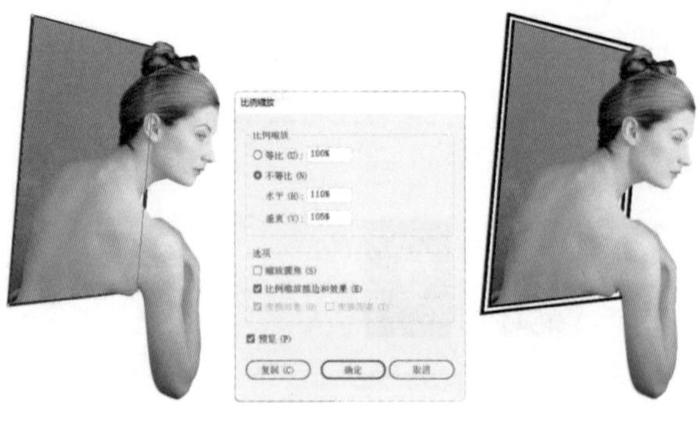

图8-170　　图8-171　　图8-172

05 执行“窗口”|“画笔库”|“边框”|“边框_框架”命令，打开“边框_框架”面板。单击“松木色”画笔，如图8-173所示，为图形添加画笔描边，设置描边粗细为0.8pt，如图8-174所示。

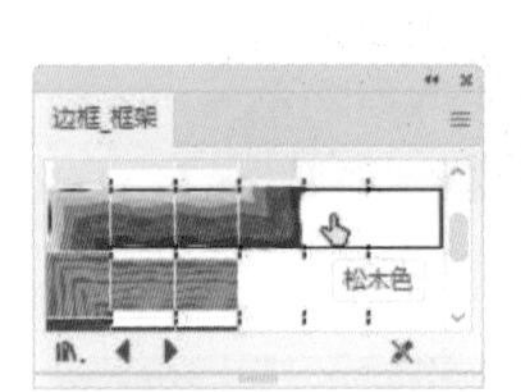

图8-173

图8-174

06 使用钢笔工具✒绘制画框侧面，按Shift+Ctrl+] 快捷键移至顶层，填充渐变，如图8-175和图8-176所示。

图8-175

图8-176

07 使用钢笔工具✒绘制投影，按Shift+Ctrl+[快捷键移至底层，如图8-177所示。执行“效果”|“风格化”|“羽化”命令，使图形边缘变模糊，如图8-178和图8-179所示。使用直线段工具⁄绘制几条直线，如图8-180所示。执行“文件”|“置入”命令，置入墙面图像，按Shift+Ctrl+[快捷键移至底层，如图8-181所示。

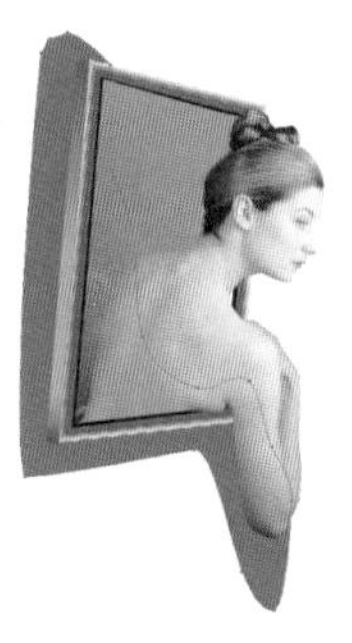

图8-177

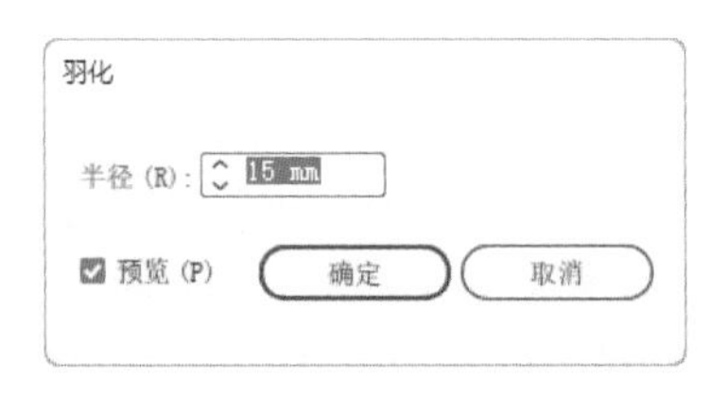

图8-178

图8-179

图8-180

图8-181

8.8 课后作业：可爱笑脸

打开素材，如图8–182所示。将蝴蝶放在小孩面部，如图8–183所示，设置混合模式为“正片叠底”。使用铅笔工具✎绘制图8–184所示的图形，为面部图形添加羽化效果，如图8–185所示，用这3个图形制作不透明度蒙版，如图8–186所示。具体操作方法可参见视频教学。

图8-182

图8-183

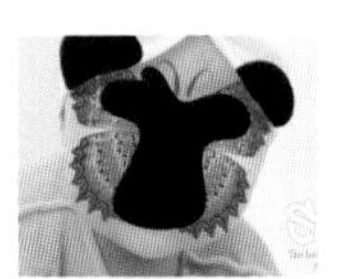

图8-184

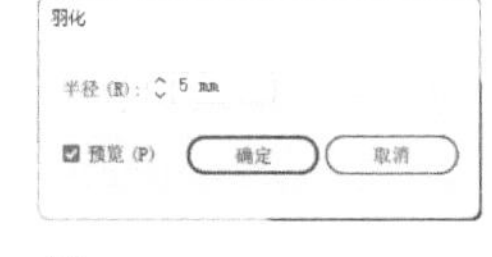

图8-185

图8-186

8.9 课后作业：花布网店设计页面

请使用剪切蒙版制作花布网店设计页面，如图8–187所示。图8–188和图8–189所示为图案素材和使用的字体。操作时，先创建文字，再将其与图案素材制作成剪切蒙版，之后创建一个图层，在该图层上创建矩形（以避开剪切蒙版所在的图层），用图案描边，制作成花纹边框。具体操作方法可参见视频教学。

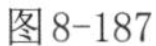

图8-187

图8-188

图8-189

8.10 问答题

1. 怎样调整填色和描边的不透明度及混合模式？
2. 作为可以调整对象透明度的功能，“不透明度”选项与不透明度蒙版在效果上最大的区别是什么？
3. 怎样创建剪切蒙版？
4. 哪些对象可作为蒙版使用？

特效：

第9章 效果、外观与透视图

本章简介

特效是增强设计作品视觉效果的重要技术手段。例如，光影特效可以使平面对象看起来具有立体感；文字特效能让文字更突出、更有吸引力……

本章介绍Illustrator中用于制作特效的功能，即效果、“外观”面板和图形样式。效果和图形样式二者有相似之处，效果是由用户自己添加和设置的，图形样式则是多种效果的集合，在使用时，只需单击，便可轻松地将效果应用于对象。通过“外观”面板可以修改、管理和删除效果，以及编辑对象的其他外观属性。

学习重点

9.1 效果

“效果”菜单中包含能改变对象外观的命令，例如，可以为对象添加投影、使对象扭曲、令其边缘产生羽化、让对象呈现线条状等。

9.1.1 Illustrator效果

在Illustrator中制作特效时会用到效果，如图9-1所示。

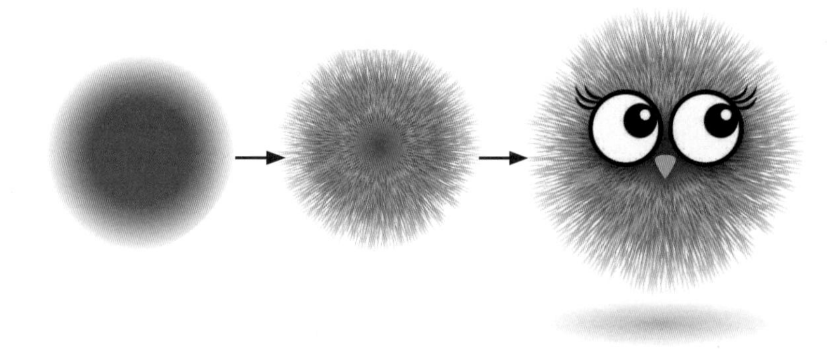

为圆形添加“扭曲和变换”效果组中的效果，可制作出小鸟的羽毛

图9-1

Illustrator的“效果”菜单包含两类效果，如图9-2所示。Illustrator效果主要是编辑矢量对象的，其中“3D”“SVG滤镜”“变形”效果组，以及“风格化”效果组中的“投影”“羽化”“内发光”“外发光”等效果也可以处理位图。

选择对象后，执行“效果”菜单中的命令，或单击“外观”面板底部的fx.按钮，打开下拉列表，选择一个命令即可为其添加效果。应用一个效果后（如使用“自由扭曲”效果），“效果”菜单就会记录该命令，如图9-3所示。例如，执行“效果”|“应用‘自由扭曲’”命令，可直接应用该效果，而不会打开对话框。如果想对参数进行修改，可执行第2个命令。

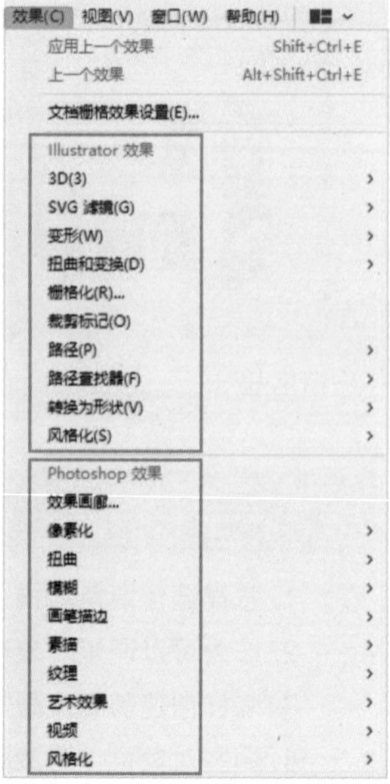

效果(C) 视图(V) 窗口(W) 帮助(H)
应用上一个效果 Shift+Ctrl+E
上一个效果 Alt+Shift+Ctrl+E
文档栅格效果设置(E)...
Illustrator 效果
3D(3)
SVG 滤镜(G)
变形(W)
扭曲和变换(D)
栅格化(R)...
裁剪标记(O)
路径(P)
路径查找器(F)
转换为形状(V)
风格化(S)
Photoshop 效果
效果画廊...
像素化
扭曲
模糊
画笔描边
素描
纹理
艺术效果
视频
风格化

图9-2

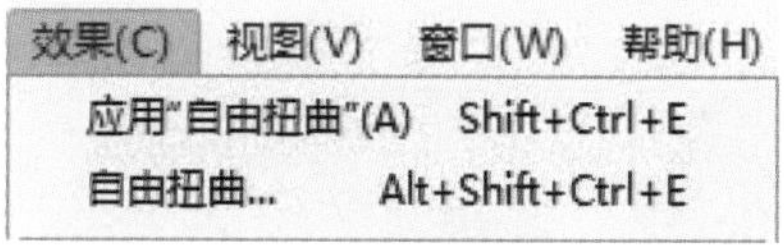

效果(C) 视图(V) 窗口(W) 帮助(H)
应用"自由扭曲"(A) Shift+Ctrl+E
自由扭曲... Alt+Shift+Ctrl+E

图9-3

> 提示
>
> 为对象添加效果后，可通过“外观”面板修改效果参数，或者删除效果以还原对象，方法参见172页。

9.1.2 Photoshop效果

Photoshop与Illustrator都来自于Adobe公司，是互补性极强的两个软件，使用前者编辑图像，使用后者绘制矢量图，是设计师从业的必备技能。

Illustrator“效果”菜单中的Photoshop效果是栅格类效果，与Photoshop滤镜相同，但矢量对象和位图都可使用。添加时会打开“效果画廊”对话框，如图9-4所示，或其他相应的对话框。“效果画廊”集成了“扭曲”“画笔描边”“素描”等多个效果组中的命令，单击其中一个效果即可使用该效果组，并可在预览区中预览，参数控制区可以调整参数。单击“效果画廊”面板右下方的⊞按钮，可以创建一个效果图层，之后可单击其他效果，这样便可同时应用多个效果。打开任意对话框时，按住Alt键，“取消”按钮会变成“重置”或“复位”按钮，单击即可将参数恢复到初始状态。如果在执行效果的过程中想要终止操作，可以按Esc键。

隐藏/显示效果组
效果组
打开效果列表
隐藏/显示效果图层
效果图层
新建效果图层
删除效果图层

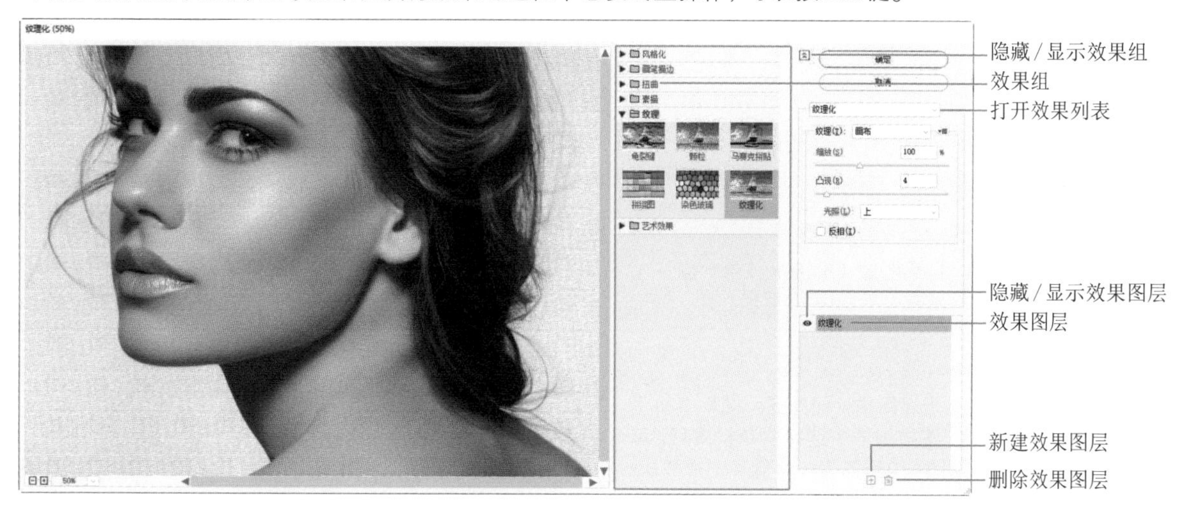

图9-4

9.2 3D效果

3D效果可以通过挤压、绕转和旋转等方法使路径和矢量图形呈现3D外观，它既可调整透视角度，也进行布光，或者将符号作为贴图投射到3D对象表面，以增强真实感，并可渲染图稿。

9.2.1 凸出和斜角

“凸出和斜角”效果可以沿对象的z轴凸出并进行拉伸，进而创建3D效果。图9-5所示为一个小丑矢量图稿，将其选取后，执行“效果”|“3D和材质”|“凸出和斜角”命令，即可生成3D对象，如图9-6所示。

图9-5

图9-6

添加3D类效果后，可以在“窗口”菜单中打开“3D和材质”面板修改效果，如图9-7所示。

图9-7

- 3D类型：选择对象后，单击“3D类型”选项组的按钮，可直接添加“平面”“凸出”“绕转”“膨胀”效果，不必通过“3D”菜单。该选项还可进行效果的转换，例如，添加“凸出”效果后，单击“绕转”按钮，可转换为“绕转”效果。
- 深度：用来设置挤压厚度，该值越高，对象越厚。
- 端点：单击按钮，可以创建实心对象(如图9-6所示)。单击按钮，则3D对象是空心的，如图9-8所示。

图9-8

> 提示
> 栅格图像（位图）或单个锚点对象不能使用3D效果。

- 斜角：单击按钮，可开启斜角功能并显示图9-9所示的选项。在“斜角形状”下拉列表中选择斜角样式后，可为3D对象添加斜角。图9-10所示为一个圆环创建的3D对象，图9-11所示为添加斜角的效果。斜角可调整“宽度”和“高度”值；提高“重复”值，可生成重复的斜角，如图9-12所示，并可通过“空格”选项调整斜角的距离，效果如图9-13所示。勾选“内部斜角”复选框，斜角将位于对象内部，如图9-14所示；勾选“两侧斜角”复选框，可在3D对象的前、后方都添加斜角，图9-15所示为旋转对象时，其后方显示的斜角。

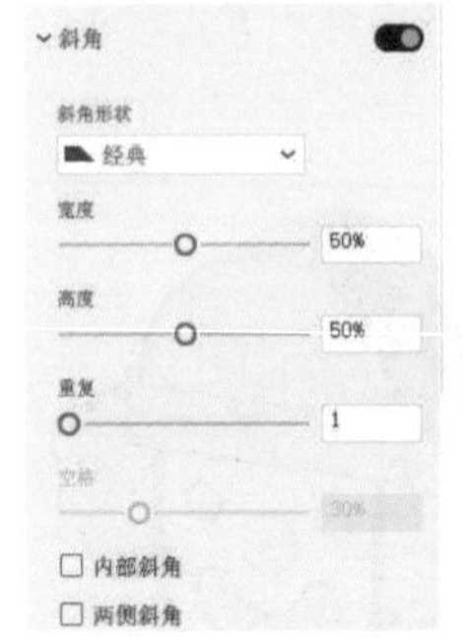

图9-9

图9-10

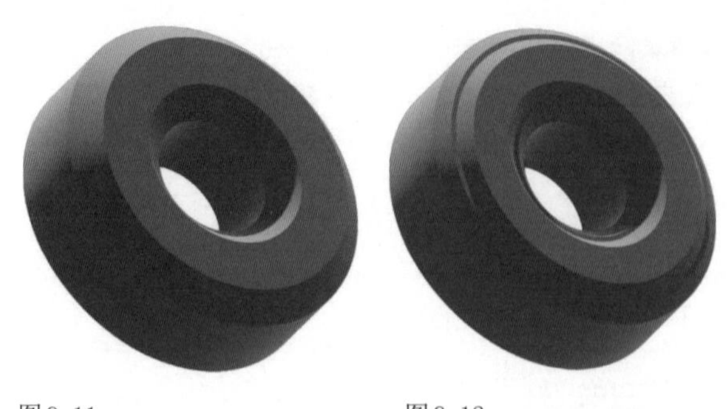

图9-11　图9-12

图9-13 　图9-14 　图9-15

- 旋转：可调整3D对象的角度。包括在“预设”下拉列表中选择一个预设角度，或者在水平(X)轴、垂直(Y)轴和深度(Z)轴文本框中输入数值来精确定义角度。调整“透视”值，可让3D对象呈现近大远小的透视效果，如图9-16所示。

图9-16

9.2.2 绕转

“3D和材质”子菜单中的“绕转”效果可以让图形沿自身的Y轴做圆周运动，生成3D效果。图9-17所示为一个酒杯的剖面图形，将其选择，图9-18所示为执行“效果”|“3D和材质”|“绕转”命令生成的酒杯。添加“绕转”效果后，可通过“3D和材质”面板设置图9-19所示的选项(其中“端点”选项，“斜角”“旋转”选项组与“凸出和斜角”效果相应选项相同)。

图9-17　图9-18

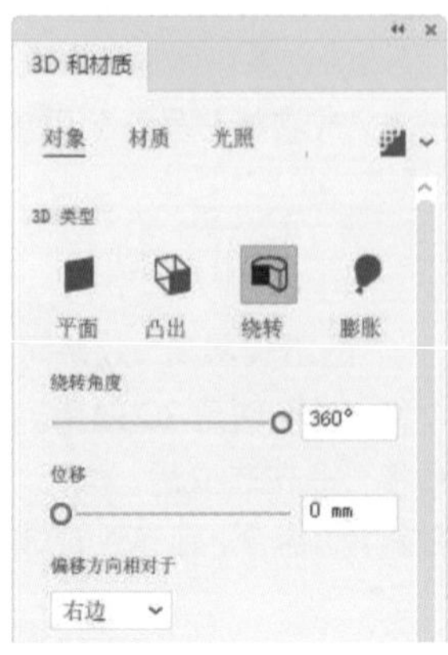

图9-19

- 绕转角度：360° 生成完整的3D对象（如图9-18所示）。小于该值，会出现断面，如图9-20所示。
- 位移：用来设置对象与自身轴心的距离。该值越高，对象偏离轴心越远，如图9-21所示。

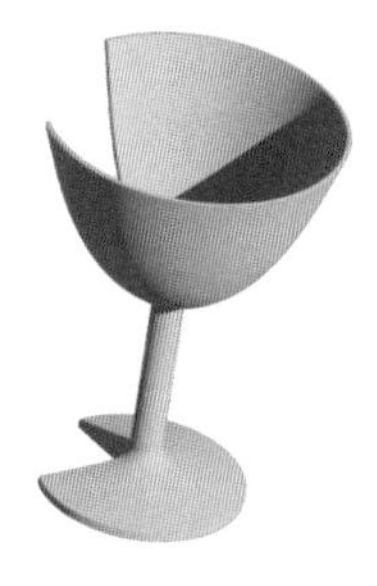

图9-20

图9-21

- 偏移方向相对于：用来设置对象用于绕转的轴。如果图形是最终对象的左半部分，应该选择“右边”选项（效果如图9-18），选择“左边”选项，会出现错误的结果，如图9-22所示。

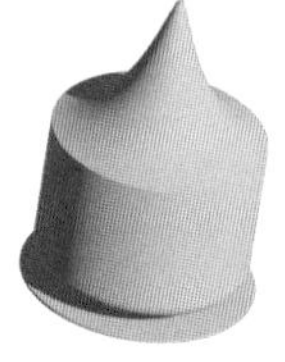

图9-22

9.2.3　膨胀

“3D和材质”子菜单中的“膨胀”效果可以创建膨胀扁平的3D对象，如图9-23和图9-24所示。

图9-23

图9-24

9.2.4　旋转

“3D和材质”子菜单中的“旋转”效果可以在三维空间中以各种角度旋转矢量图形。旋转角度可以在“3D和材质”面板中设置，也可拖曳对象上的控件进行动态调整，如图9-25和图9-26所示。

图9-25

图9-26

9.2.5　材质和贴图

创建3D对象时，Illustrator会为其添加默认的预设材质，即“3D和材质”面板中的“基本材质”。制作布料、金属、石材、木材等类型的对象时，还可使用Adobe Substance材质，以更好地模拟材质、质感和纹理，如图9-27和图9-28所示。

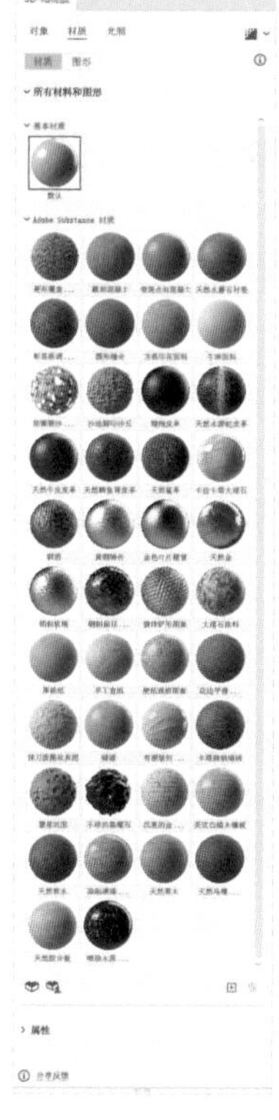

图9-27

图9-28

除此之外，用户还可以像使用3D类软件（如Maya、3ds Max、Cinema 4D）那样，在3D对象的表面贴图，如图9-29所示。

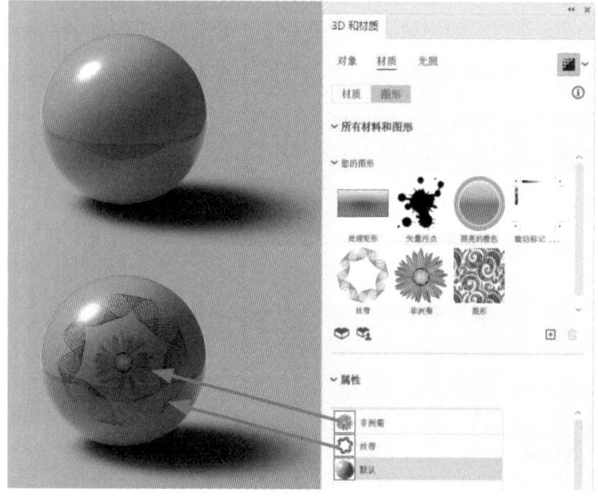

图9-29

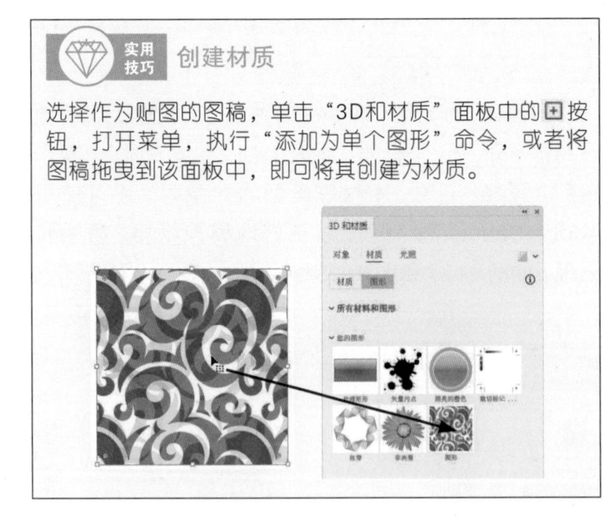

实用技巧 创建材质

选择作为贴图的图稿，单击“3D和材质”面板中的⊞按钮，打开菜单，执行“添加为单个图形”命令，或者将图稿拖曳到该面板中，即可将其创建为材质。

9.2.6 光照

“3D和材质”面板包含光照选项，如图9-30所示。光可以照亮3D对象，创建反射效果并生成阴影，让效果更加真实。

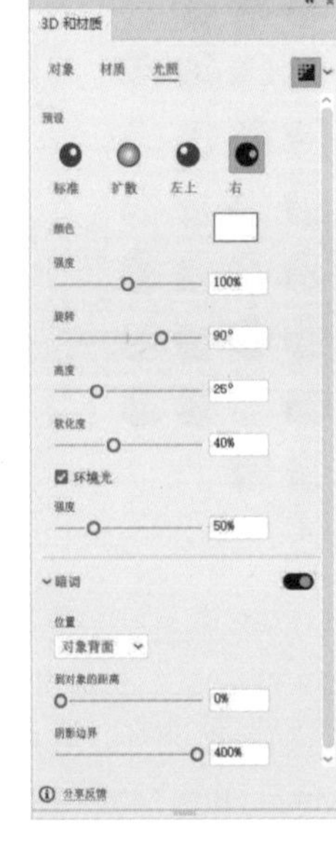

图9-30

光的位置及强弱

光的默认位置包括“标准”“扩散”“左上”和“右”，单击相应的按钮即可切换，效果如图9-31所示。此外，也可通过调整“旋转”和“高度”选项进行自由调整。光的强弱在“强度”选项中设置。如果光很强，可提高“软化度”参数，防止出现过曝而使对象表面失去细节，如图9-32所示。

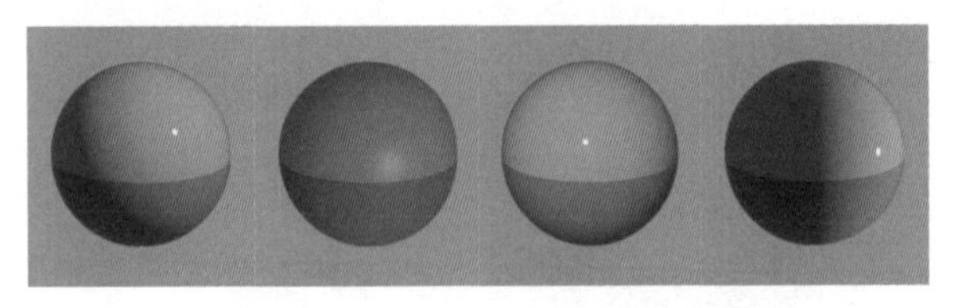

标准　　扩散　　左上　　右

图9-31

“强度”200%
“软化度”40%

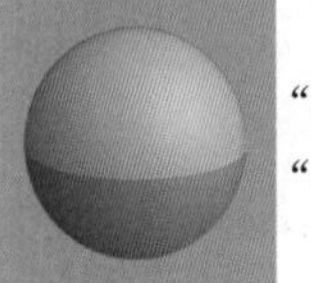

“强度”200%
“软化度”100%

图9-32

光的颜色及环境光

如果要修改光的颜色，可单击“颜色”选项右侧的色板，打开“拾色器”对话框进行设置。当3D对象后方有背景时，可勾选“环境光”复选框并设置“强度”值，让背景颜色在3D对象的表面产生反射，如图9-33所示。

“环境光”0%　　“环境光”100%

“环境光”200%

图9-33

阴影

单击“暗调”选项右侧的按钮，可为3D对象添加阴影，如图9-34所示。该选项组中可设置阴影位置、阴影与对象的距离，以及阴影边缘的柔和度。

阴影位于对象背面

阴影位于对象下方

图9-34

9.2.7 渲染

将3D效果应用于矢量图之后，单击“3D和材质”面板中的按钮，可以采用光线追踪进行渲染，即追踪光线在对象上反弹的路径，以创建逼真的3D图形。要禁用光线追踪和渲染，可再次单击按钮。

9.2.8 导出3D对象

Illustrator中创建的3D对象可以导出为3D模型，交由其他3D软件进一步编辑。操作时，先选择要导出的3D对象，单击“3D和材质”面板中的“导出3D对象”按钮，打开“资源导出”面板，从“格式”下拉列表中选择文件格式，其中既有3D格式，如GLTF、USD和OBJ；也有图像格式，如PNG、JPG等，如图9-35所示。选择好格式后，单击“导出”按钮即可。图9-36所示为导出的OBJ格式文件。

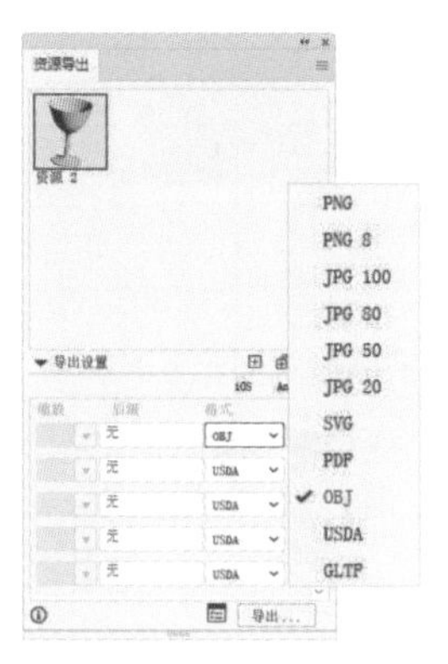

图9-35

图9-36

9.2.9 实例：高反射3D字

01 打开素材。使用选择工具 单击文字图形，如图9-37所示，单击图9-38所示的渐变，为其填充渐变颜色，如图9-39所示。

图9-37

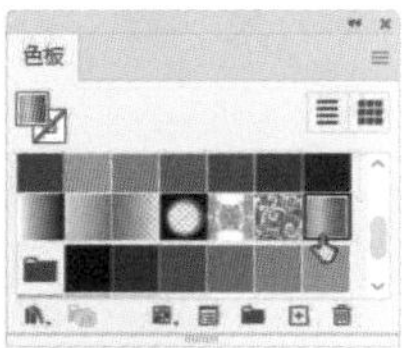

图9-38

图9-39

02 将光标放在文字D的终点滑块外，如图9-40所示，拖曳光标，调整渐变角度，如图9-41所示。调整其他文字的渐变，如图9-42所示。

03 切换为选择工具 。执行“效果”|“3D和材质”|“膨胀”命令，创建3D字，如图9-43所示。

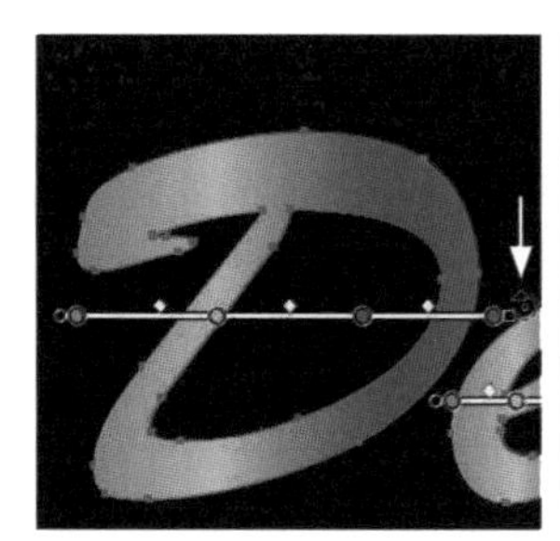

图9-40

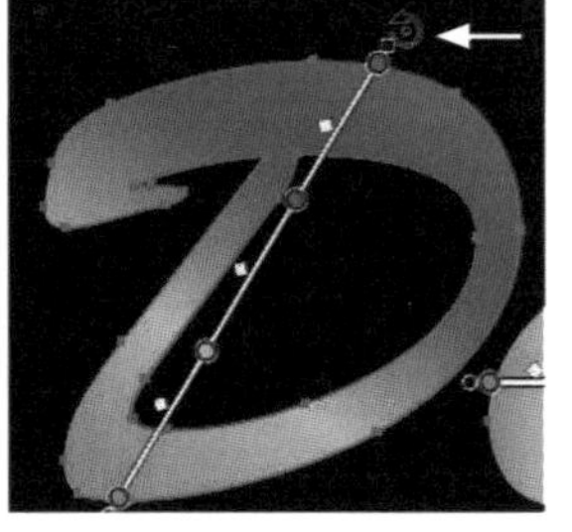

图9-41

图9-42

图9-43

04 在“3D和材质”面板中调整光照参数，如图9-44所示。调整材质的金属属性值，以增强反射度，表现金属质感，如图9-45和图9-46所示。

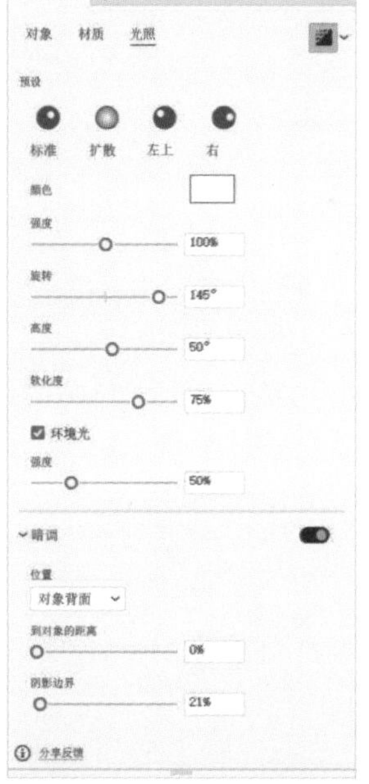

图9-44

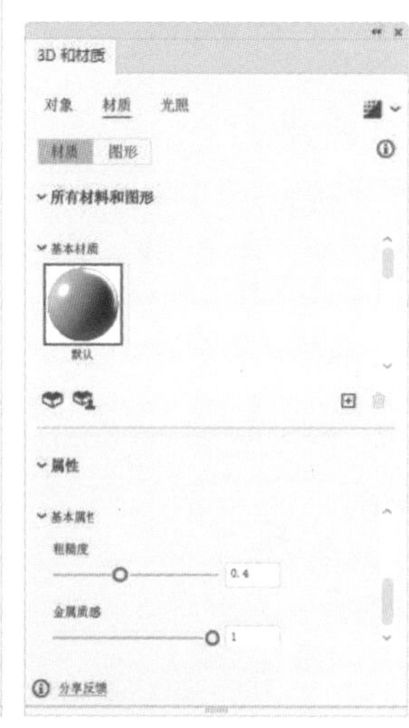

图9-45

图9-46

05 单击“3D和材质”面板中的按钮，渲染文字，效果如图9-47所示。

图9-47

9.2.10 实例：制作饮料瓶并贴图

01 打开素材。使用钢笔工具绘制饮料瓶半边图形，如图9-48所示。执行“窗口”|“色板库”|“渐变”|“中性色”命令，打开“中性色”面板，用渐变描边路径，如图9-49和图9-50所示。

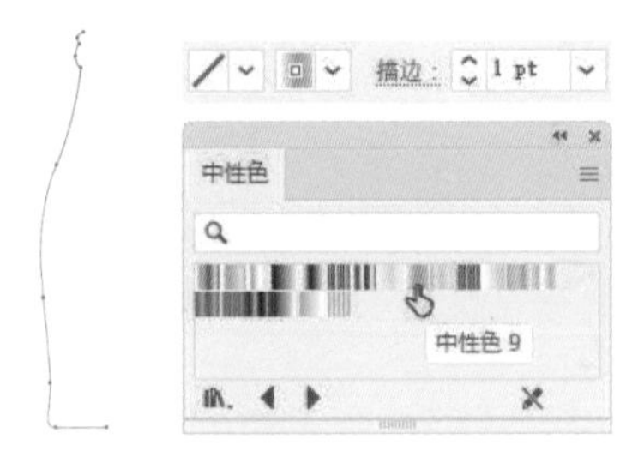

图9-48 图9-49 图9-50

02 单击“3D和材质”面板中的按钮并设置参数，如图9-51所示。调整光照，如图9-52和图9-53所示。

03 使用选择工具将作为贴图的图稿拖曳到“3D和材质”面板，如图9-54所示。

图9-51 图9-52

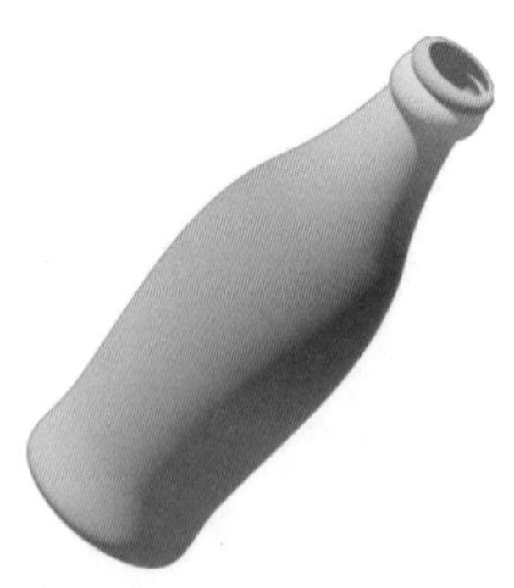

图9-53 图9-54

04 单击3D对象，之后单击此图稿，如图9-55所示，为3D对象贴图，如图9-56所示。

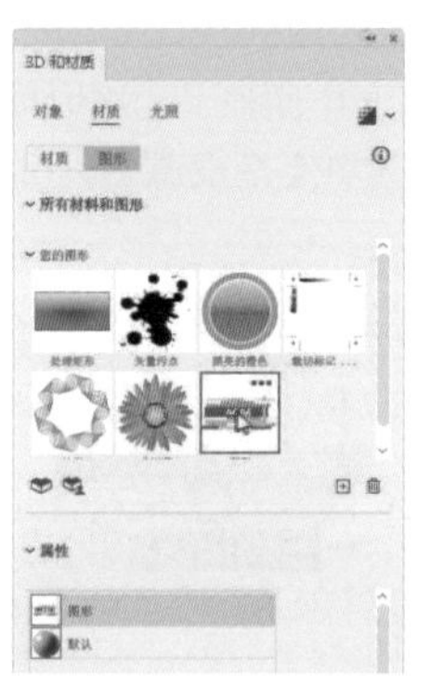

图9-55 图9-56

05 将光标放在贴图控件上，如图9-57所示，拖曳光标调整贴图大小，如图9-58所示。

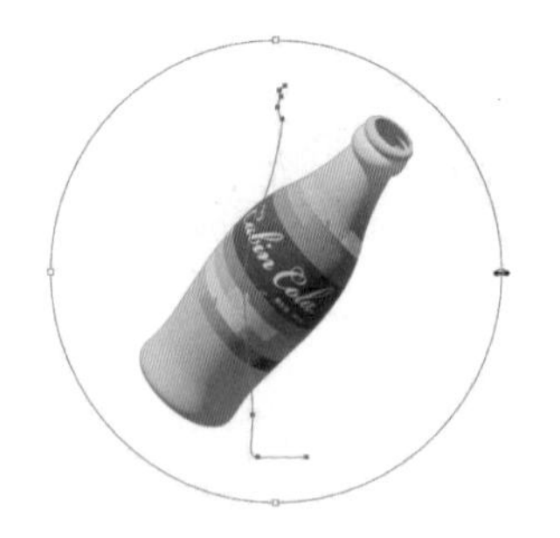

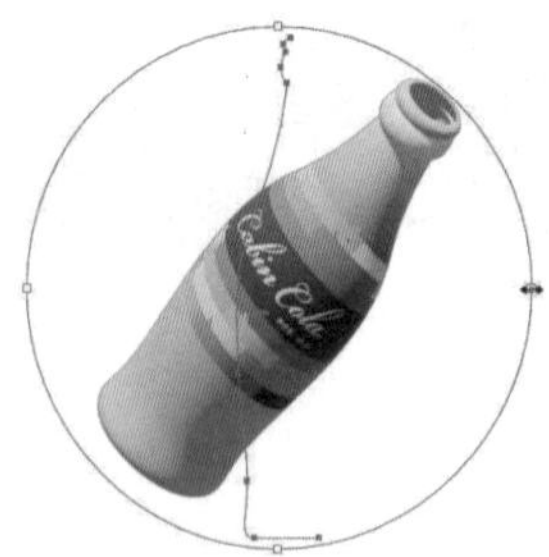

图9-57 图9-58

06 将光标放在圆形控件内部，如图9-59所示，向下拖曳，移动贴图，如图9-60所示。

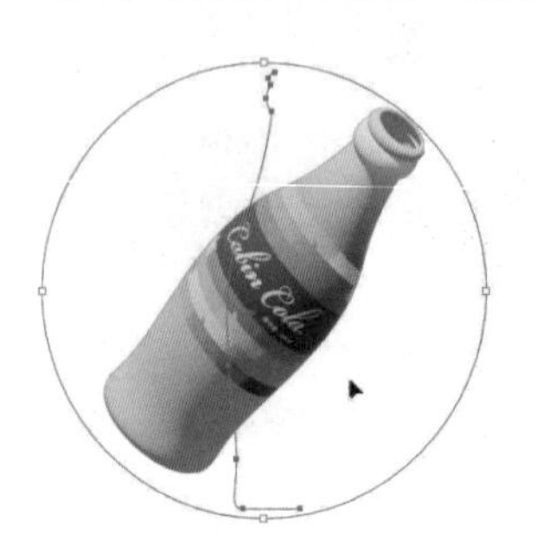

图9-59 图9-60

07 单击“3D和材质”面板中的按钮，进行渲染，效果如图9-61所示。

图9-61

9.3　外观

填色、描边、透明度和各种效果统称“外观属性”，具有可随时添加、修改和删除等特点，其共同点是都可以改变对象的外观，但不影响其基础结构。

9.3.1　“外观”面板

默认状态下，在Illustrator中创建的对象具有最基本的外观属性，即黑色描边、白色填色，如图9-62所示。当外观发生改变时，例如，添加了“3D绕转(经典)”效果，如图9-63所示，“外观”面板就会将其记录和保留下来，如图9-64所示。

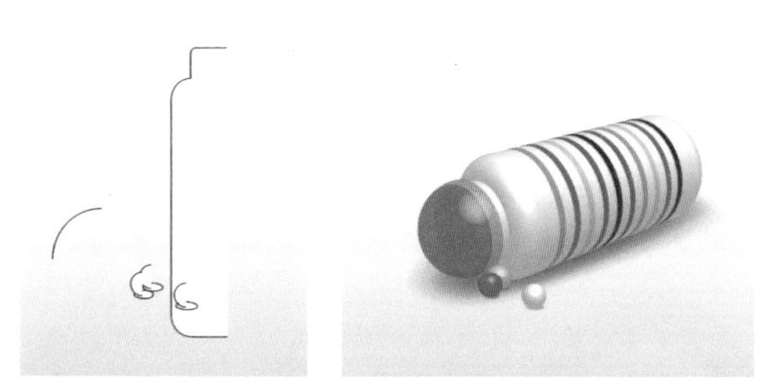

图9-62　　图9-63

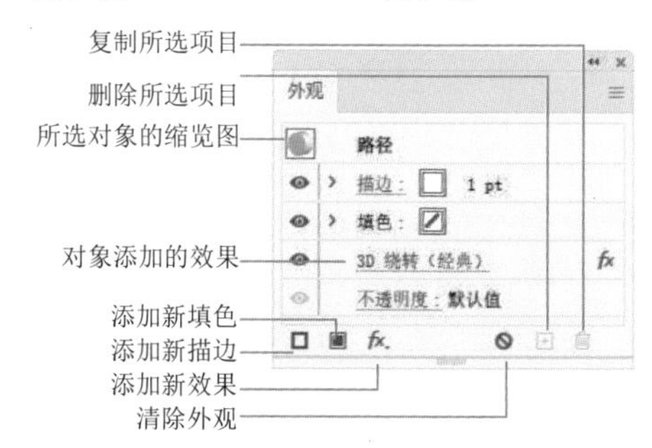

图9-64

- 所选对象的缩览图：当前选择对象的缩览图，右侧的名称显示对象的类型，例如路径、文字、组、位图和图层等。
- 描边：显示并可修改对象的描边(包括描边颜色、粗细，也可使用渐变和图案描边)。
- 填色：显示并可修改对象的填色内容(包括颜色、渐变和图案)。
- 不透明度：显示并可修改对象的不透明度值和混合模式。
- 眼睛图标：单击该图标，可以隐藏(或重新显示)效果。
- 添加新描边/添加新填色：单击这两个按钮，可以为对象添加新的描边和填色属性。
- 添加新效果fx.：单击该按钮，可在打开的下拉列表中选择一个效果。
- 清除外观：单击该按钮，可清除所选对象的外观，使其变为无描边、无填色状态。
- 复制所选项目：选择面板中的一个外观属性(不透明度除外)，单击该按钮可进行复制。
- 删除所选项目：选择面板中的一个外观属性(不透明度除外)，单击该按钮可将其删除。

> 提示
>
> 外观属性按照应用于对象的先后顺序在“外观”面板中堆叠排列。向上或向下拖曳外观属性，可调整其堆叠顺序。

9.3.2　实例：为图层添加外观

图层或组也可以添加外观，即可以将填色、描边属性或效果应用于图层或组，使其中的对象具有相同的填色、描边属性或添加同一效果。下面通过实例学习操作方法。

01 在图层的选择列单击，如图9-65所示，执行“效果”|“扭曲和变换”|“变换”命令，打开“变换效果”

对话框，参数设置如图9-66所示。

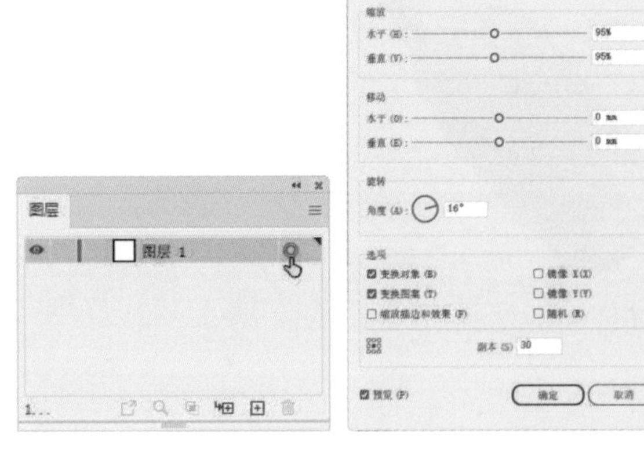

图9-65　　图9-66

> 提示
>
> 为图层添加外观后，将其他图层中的对象拖曳到该图层中，其也会添加此外观。同理，将该图层中的对象拖曳出去，则其会自动失去这一外观（因为效果属于图层，而不属于其中的单个对象）。使用选择工具▶单击编组对象，再执行“效果”菜单中的命令，也可为组添加效果。

02 选择椭圆工具◎，按住Shift键拖曳光标创建一个圆形，图形会自动添加效果，生成一组同心圆，如图9-67所示。

03 选择弧形工具◜，将光标放在同心圆的中心点上，如图9-68所示，向右拖曳光标，如图9-69和图9-70所示。

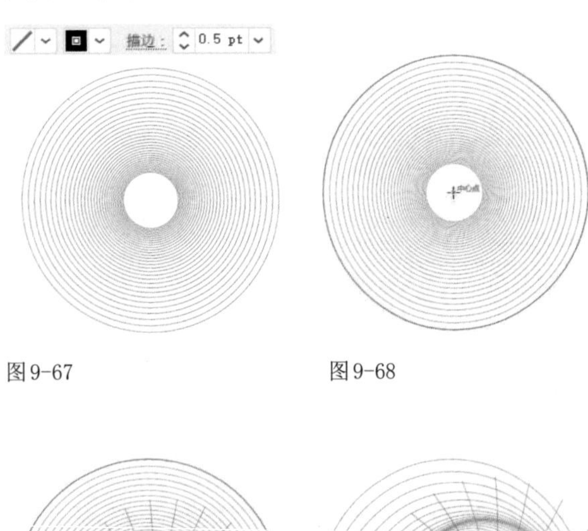

图9-67　　图9-68

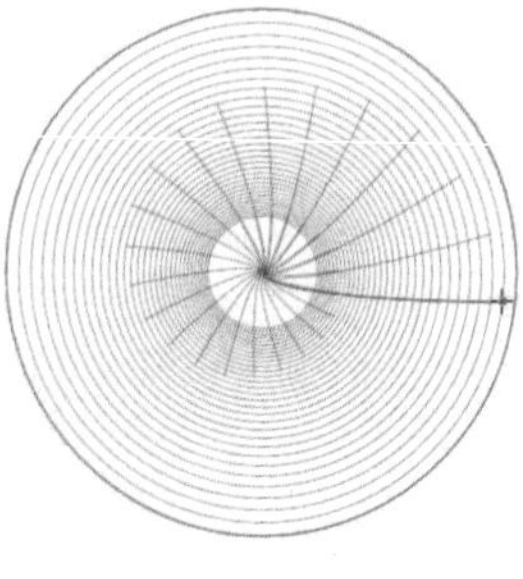

图9-69 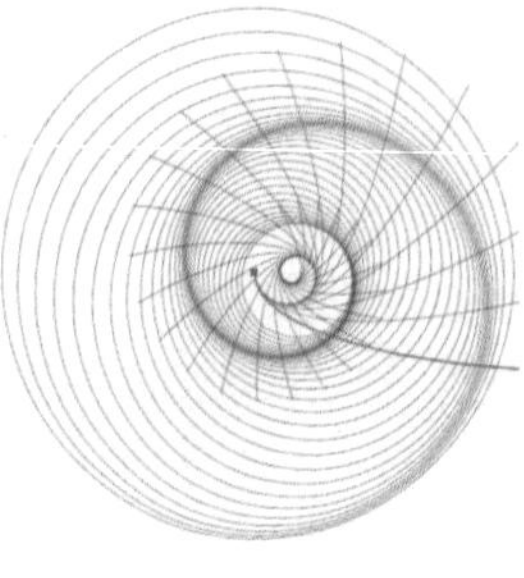　　图9-70

04 选择星形工具☆，将光标放在图形右下角，如图9-71所示，拖曳光标绘制星形，如图9-72所示。

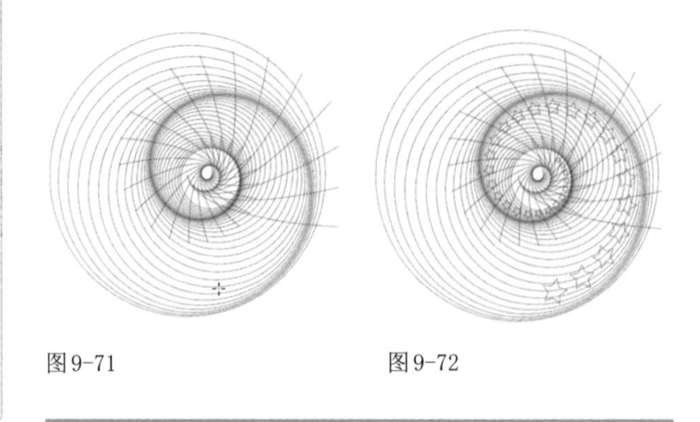

图9-71　　图9-72

9.3.3 从对象上复制外观

选择一个图形，将“外观”面板顶部的缩览图拖曳到另一对象上，可将其外观复制给目标对象，如图9-73所示。

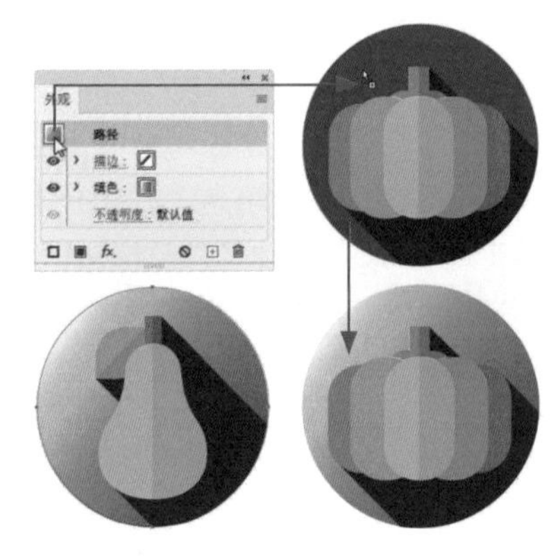

图9-73

使用吸管工具✐在另一图形上单击，则可将此图形的外观复制给所选对象，如图9-74所示。

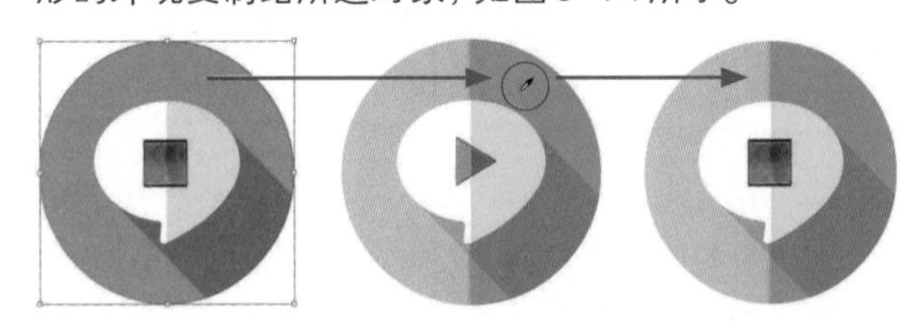

图9-74

9.3.4 修改外观

选择对象，如图9-75所示，单击“外观”面板中的一个外观属性，之后便可对其进行修改，如图9-76和图9-77所示。双击效果名称，如图9-78所示，则可打开相应的效果对话框，对效果参数进行修改。

图9-75

图9-76

图9-77

图9-78

9.3.5　删除外观

为对象添加外观后，如图9-79所示，如果想要删除一种外观，可选取对象，在“外观”面板中将其属性拖曳到按钮上，如图9-80和图9-81所示。

图9-79

图9-80

图9-81

如果只想保留填色和描边，可打开“外观”面板菜单，执行“简化至基本外观”命令，如图9-82和图9-83所示。如果要删除所有外观，将对象设置为无填色、无描边状态，可以单击按钮。

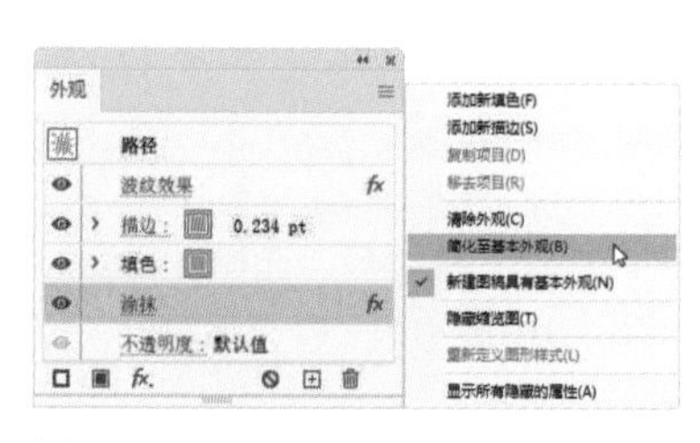

图9-82

图9-83

9.3.6　实例：扩展外观制作宇宙黑洞

添加到对象上的外观，如描边、填色、效果等可通过扩展的方法，使之变为图形。下面通过制作宇宙黑洞学习操作方法。

01 新建一个RGB模式的文档。使用椭圆工具创建圆形。执行“窗口”|“色板库”|“渐变”|“颜色组合”命令，打开“颜色组合”面板，为圆角添加图9-84所示的渐变描边，单击“渐变”面板中的按钮，切换为径向渐变，如图9-85和图9-86所示。

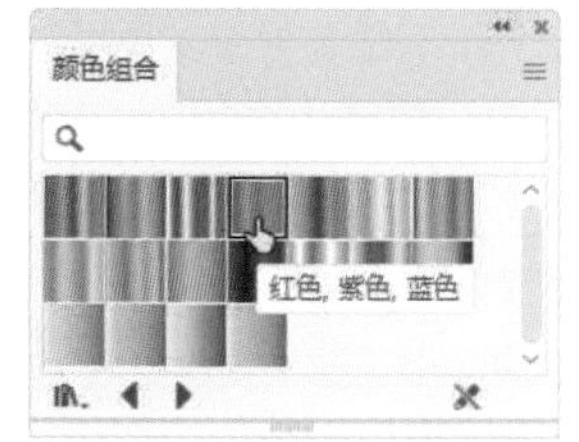

图9-84

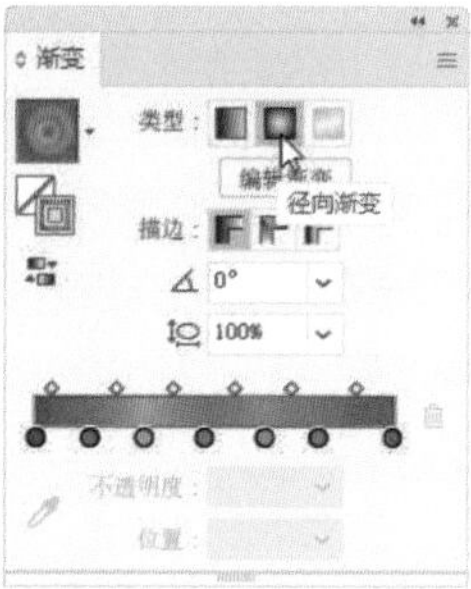

图9-85

图9-86

02 执行“效果”|“扭曲和变换”|“变换”命令，复制出不同大小的圆形，如图9-87和图9-88所示。

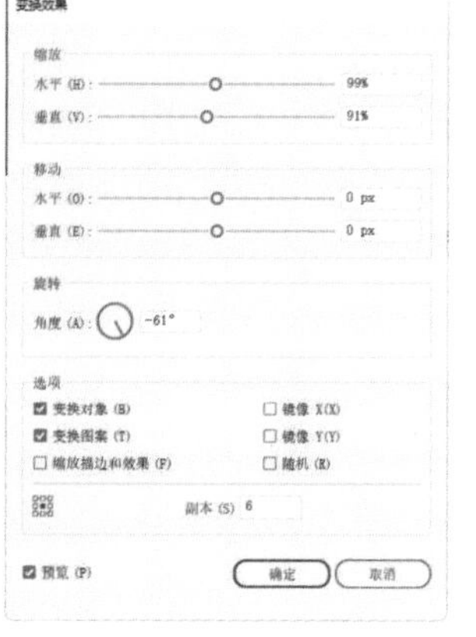

图9-87

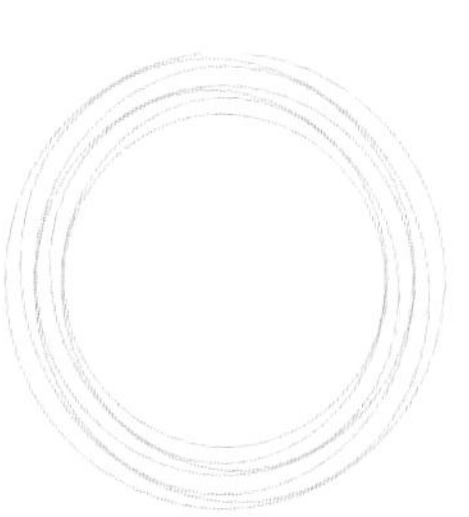

图9-88

03 执行“效果”|“扭曲和变换”|“波纹效果”命令，对圆形进行波纹状扭曲，如图9-89和图9-90所示。

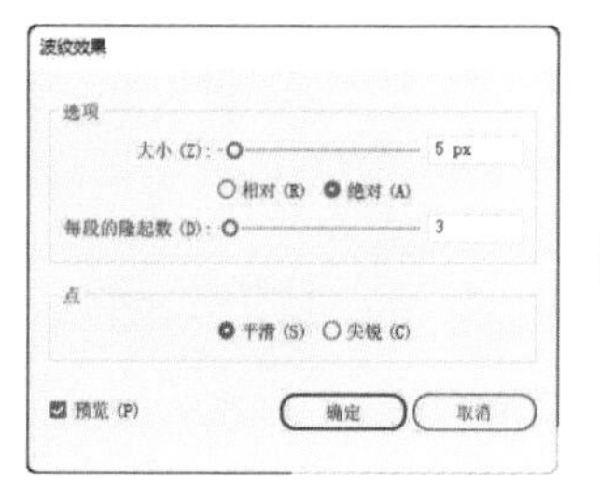

图9-89

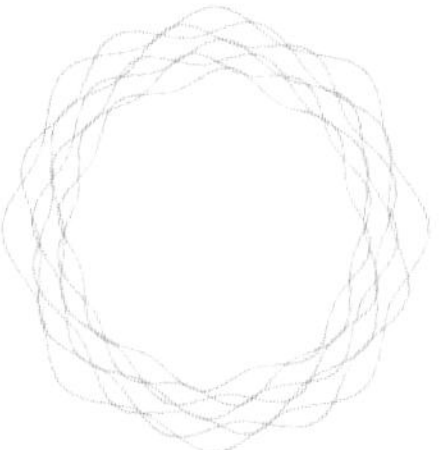

图9-90

04 执行“效果”|“扭曲和变换”|“粗糙化”命令，添加随机扭曲效果，如图9-91和图9-92所示。

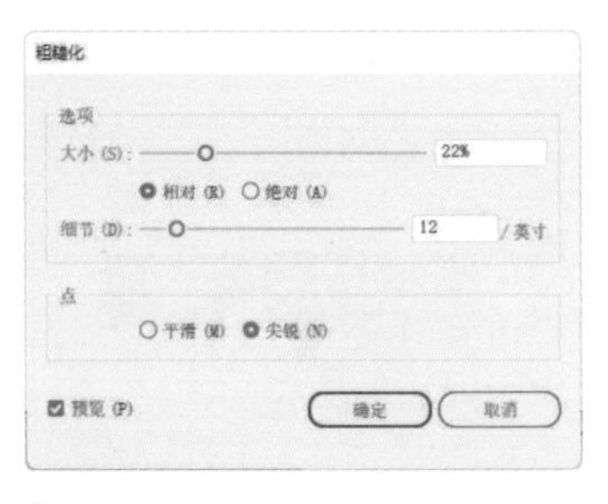

图9-91

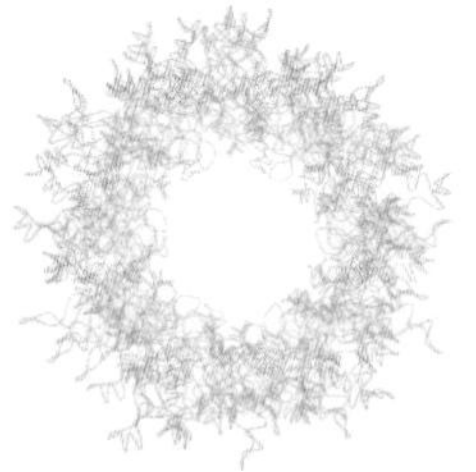

图9-92

05 执行“对象”|“扩展外观”命令，将效果扩展为图形（所得到的图形会自动编组），按Ctrl+C快捷键复制。选择膨胀工具，在空白处按住Alt+Shift快捷键并拖曳光标，调整工具大小，将光标放在图9-93所示处，通过单击的方法对图形进行扭曲，如图9-94所示。

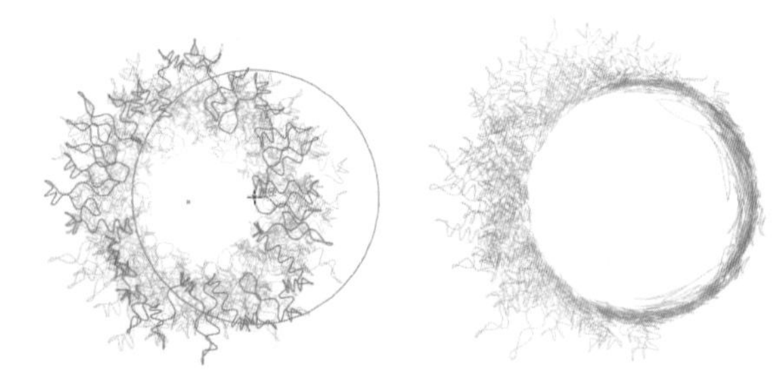

图9-93　　图9-94

06 按Ctrl+V快捷键粘贴，移动到其他位置。选择缩拢工具，在图9-95所示的位置向右拖曳光标，可得到蒲公英状图形，如图9-96所示。图9-97所示为旋转后的效果。

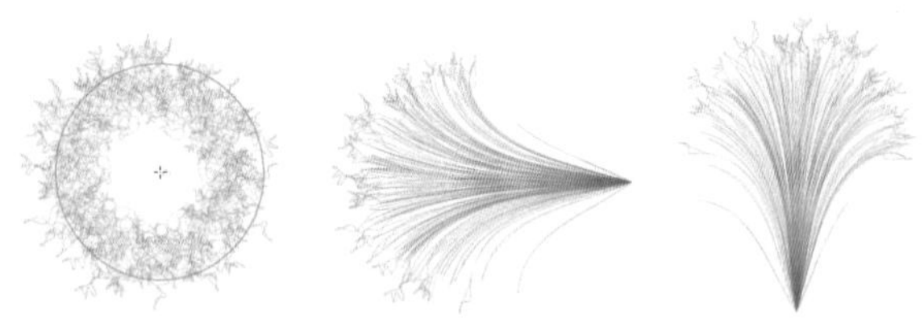

图9-95　　图9-96　　图9-97

07 按Ctrl+V快捷键粘贴图形并移动位置。执行“效果”|“扭曲和变换”|“扭转”命令，制作黑洞效果，如图9-98和图9-99所示。

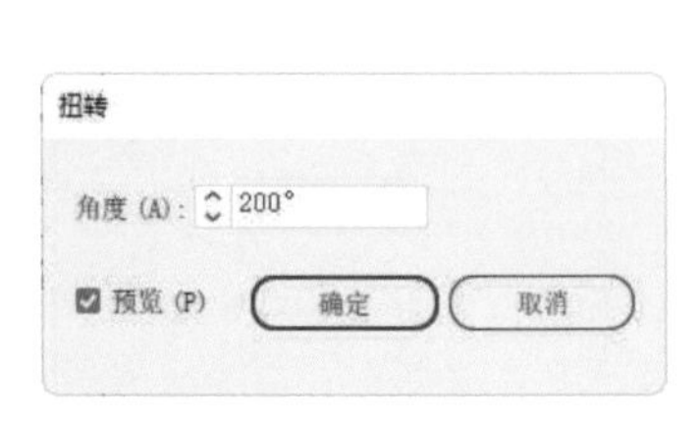

图9-98

图9-99

08 使用矩形工具创建与画板大小相同的矩形，填充黑色，按Shift+Ctrl+[快捷键移至底层，按Ctrl+2快捷键锁定。按Ctrl+A快捷键全选，按Ctrl+C和按Ctrl+V快捷键复制和粘贴图形，提高图形的清晰度，如图9-100所示。

图9-100

9.3.7　实例：积木馆LOGO

本实例制作一组立体字。通过操作可学习多重填色属性设置方法，以及如何修改效果参数。

01 新建一个A4大小的文档。使用矩形工具创建一个与画板大小相同的矩形，如图9-101和图9-102所示。按Ctrl+2快捷键锁定。

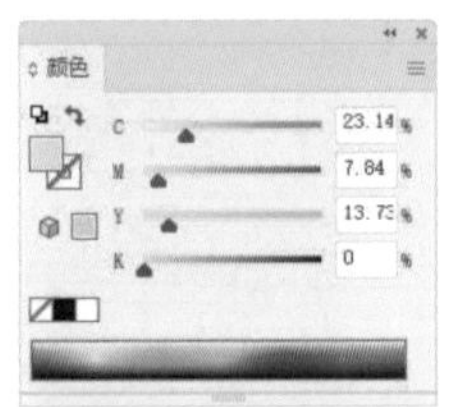

图9-101

图9-102

02 选择文字工具，在画板上单击并输入文字，在“控制”面板中设置字体及文字大小，如图9-103所示。

图9-103

03 单击“外观”面板中的按钮，添加填色属性，之后单击其右侧的按钮，打开下拉面板，选择白色作为填充颜色，如图9-104和图9-105所示。

图9-104

图9-105

04 执行“效果”|“扭曲和变换”|“变换”命令，移动文字的填色位置，如图9-106和图9-107所示。

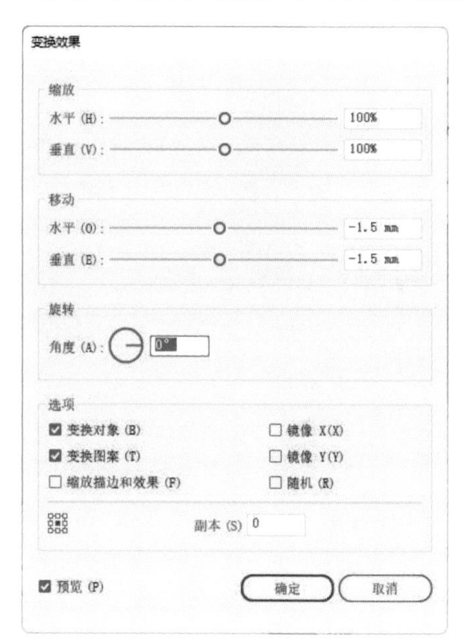

图9-106

图9-107

05 执行“效果”|“模糊”|“高斯模糊”命令，对填色进行模糊处理，如图9-108和图9-109所示。

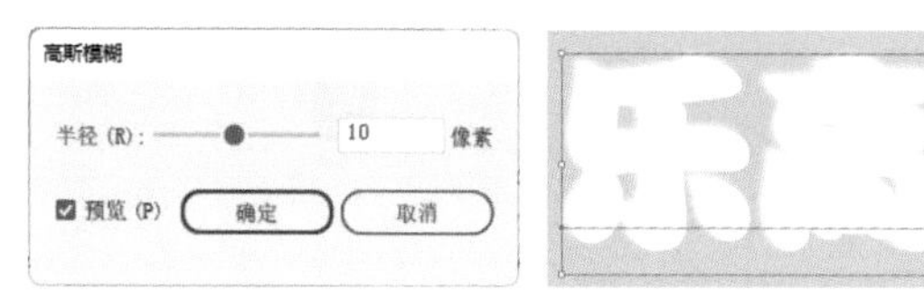

图9-108　　图9-109

06 单击“外观”面板中的按钮复制填色属性，如图9-110所示。修改填充颜色，如图9-111和图9-112所示。

图9-110

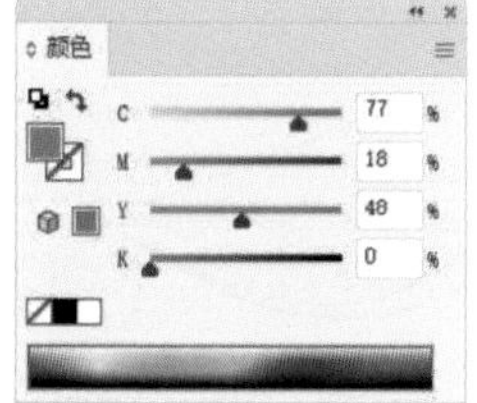

图9-111

图9-112

07 双击“变换”效果，如图9-113所示，弹出“变换效果”对话框，修改参数，如图9-114和图9-115所示。

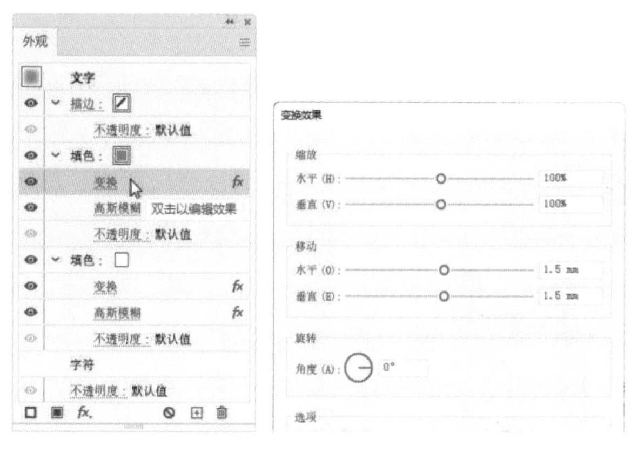

图9-113　　图9-114

图9-115

08 单击“外观”面板中的按钮，添加填色属性，如图9-116所示。使用吸管工具在背景上单击，让文字变为与背景相同的颜色，如图9-117所示。文字整体效果如图9-118所示。

图9-116

图9-117

图9-118

9.4 图形样式

图形样式是各种外观属性（填色、描边、不透明度、效果）的集合，其用途类似于Photoshop中的样式。将图形样式应用于对象时，可在瞬间改变其外观。

9.4.1 “图形样式”面板

“图形样式”面板保存了各种图形样式，也可用于创建、重命名和应用外观属性。例如，选择一个对象，如图9-119所示，单击“新建图形样式”按钮，可将所选对象的外观属性保存到“图形样式”面板，如图9-120所示。

图9-119

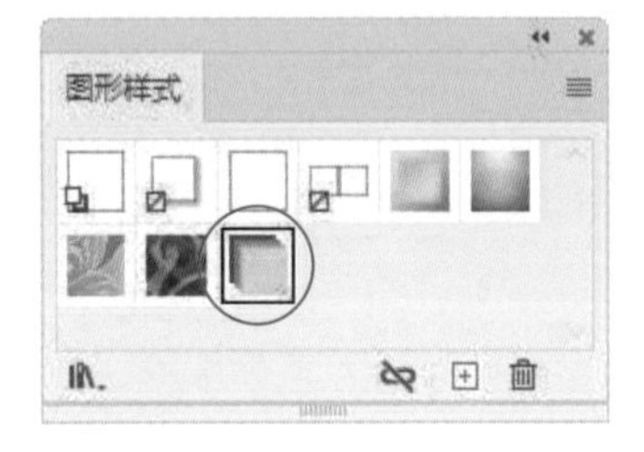

图9-120

- 默认：单击该样式，可以将所选对象设置为默认的基本样式，即黑色描边、白色填色。
- 图形样式库菜单：单击该按钮，可在打开的下拉列表中选择Illustrator中的图形样式库。
- 断开图形样式链接：用来断开当前对象使用的样式与面板中样式的链接。断开链接后，可单独修改应用于对象的样式，而不会影响面板中的样式。
- 删除图形样式：单击面板中的图形样式，之后单击该按钮，可将其删除。

9.4.2 添加图形样式

选择对象，单击“图形样式”面板中的一个样式，即可为其添加样式。未选取对象时，可将样式拖曳到对象上，这样操作有一个优点，就是当对象是由多个图形组成时，如图9-121所示，可为各个图形添加不同的样式，如图9-122所示。

图9-121

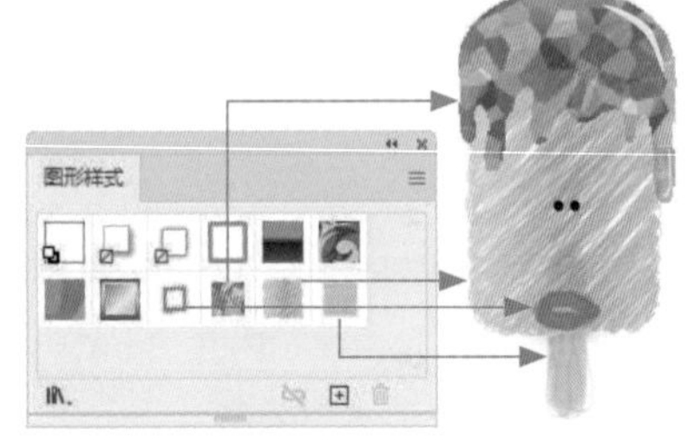

图9-122

提示

图层和组也能添加图形样式，其意义与为图层和组添加外观属性一样。例如，在图层的选择列单击，之后单击一个图形样式，此后凡在该图层中创建的对象或移入此图层的对象，都会自动添加这一图形样式。

重新定义图形样式

为对象添加图形样式后，如果继续添加或修改外观，例如，添加一个效果，打开“外观”面板菜单，选择“重新定义图形样式”选项，可以用修改后的样式替换“图形样式”面板中原有的样式。

9.4.3 实例：加载样式库制作棒球帽

本实例通过制作帆布面料棒球帽，学习怎样加载外部的图形样式库。

01 打开素材，如图9-123所示。单击“图形样式”面板中的按钮打开下拉列表，执行“其他库”命令，在打开的对话框中选择帆布样式素材，如图9-124所示，单击“打开”按钮，将其中的图形样式导入单独的面板。

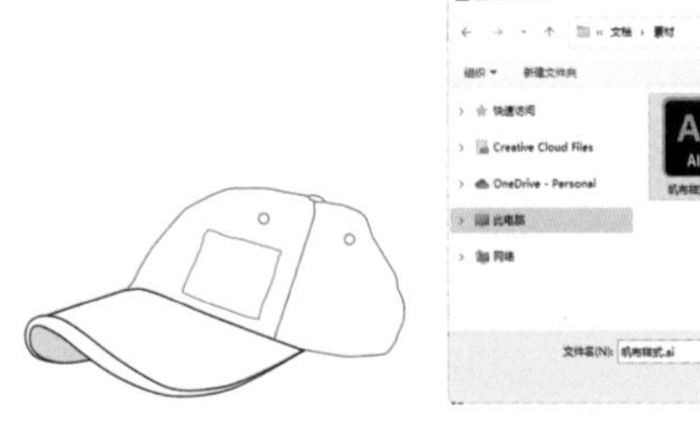

图9-123　图9-124

02 使用选择工具拖曳出一个选框，将除帽檐内部的图形外的其他对象选取，如图9-125所示，单击加载的样式，为图形添加该样式，如图9-126和图9-127所示。

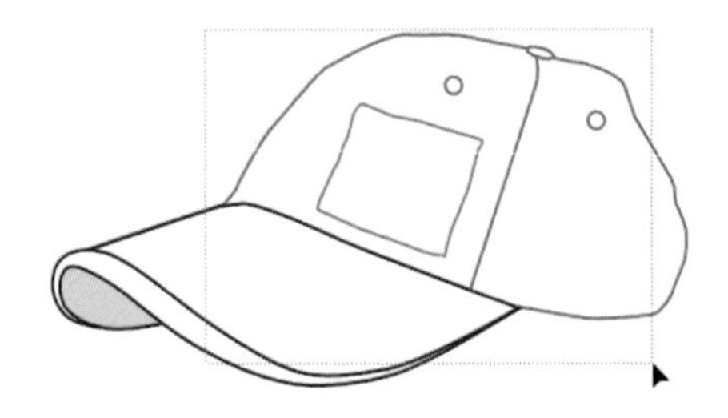

图9-125

图9-126　图9-127　图9-129　图9-130

03 使用选择工具 按住Shift键单击前后两个图形，描边设置为2pt，加粗缝纫线，如图9-128所示。

图9-128

04 单击图9-129所示的图形，在“外观”面板中设置混合模式为“滤色”，如图9-130和图9-131所示。

图9-131

9.5 透视图

在Illustrator中通过透视网格，可以在透视状态下绘制和编辑对象，而且文字和图形等也能加入透视网格中，并呈现透视效果。

9.5.1 透视网格

选择透视网格工具，画板上会显示两点透视网格，如图9-132所示。在“视图”|“透视网格”子菜单中，还可以选择一点透视网格，如图9-133所示，以及三点透视网格，如图9-134所示。画板左上角是一个平面切换构件，如图9-135所示。这个小立方体有3个面，单击其中的一个面(也可按1、2、3快捷键来切换)，之后便可在与其对应的透视平面绘图，或者将对象引入这一平面。透视网格可以进行调整。以两点透视网格为例，选择透视网格工具，将光标移动到透视网格的构件上，单击并拖曳光标，可以移动网格，以及调整消失点、网格平面、水平高度、网格单元格大小和网格范围，如图9-136所示。如果要隐藏透视网格，可以执行“视图”|“透视网格”|“隐藏网格”命令。

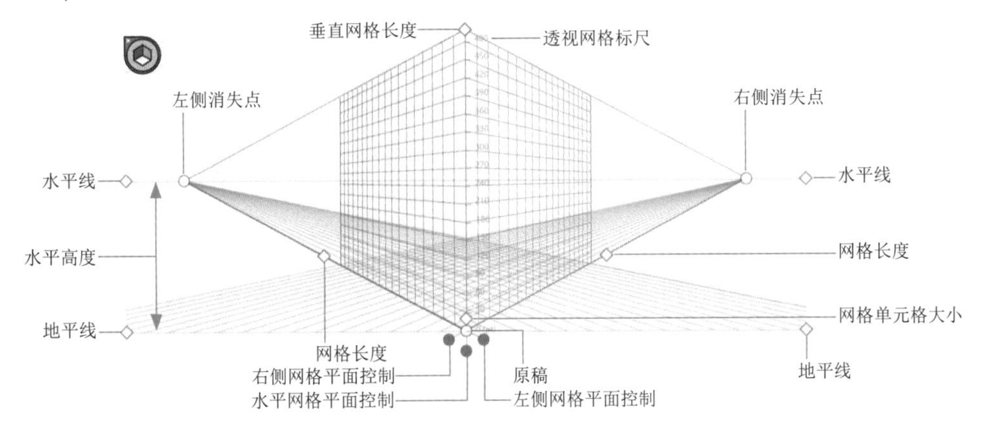

图9-132

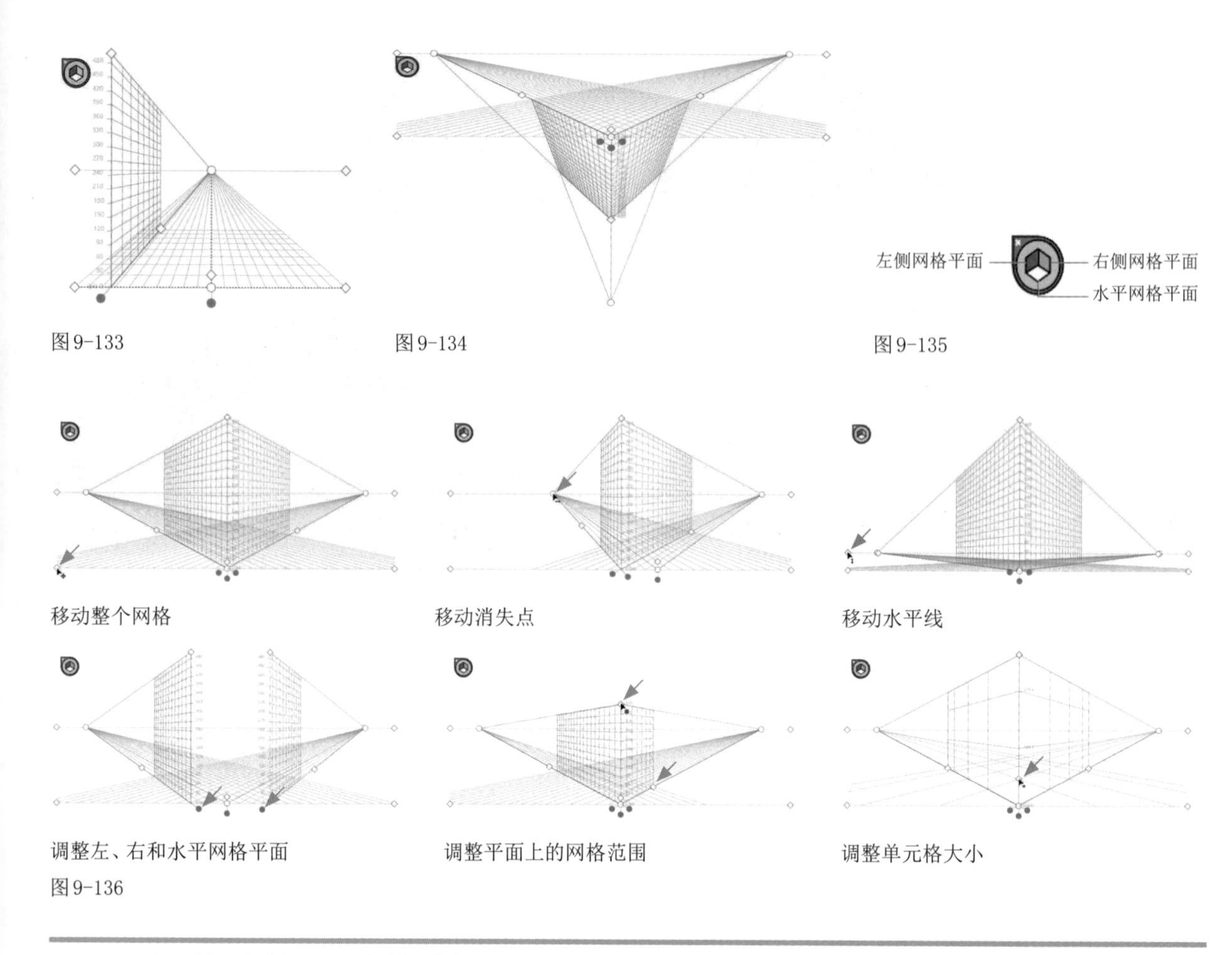

图9-133　图9-134　图9-135

移动整个网格　移动消失点　移动水平线

调整左、右和水平网格平面　调整平面上的网格范围　调整单元格大小

图9-136

9.5.2 在透视中绘图及变换对象

显示透视网格后，可以在各个平面上直接绘图（不支持光晕工具），如图9-137所示；也可使用选择工具将其他文档中的图稿拖入透视网格文档，如图9-138所示，之后使用透视选区工具在平面切换构件上单击，选择一个网格平面，如图9-139所示，将图稿拖曳到透视网格中，如图9-140所示。

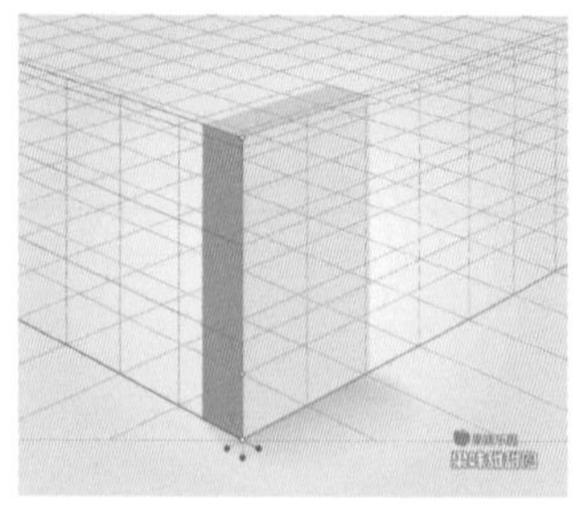

图9-137

图9-138

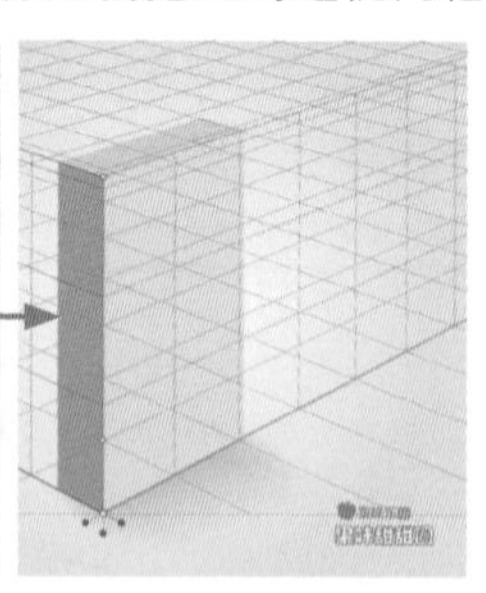

图9-139

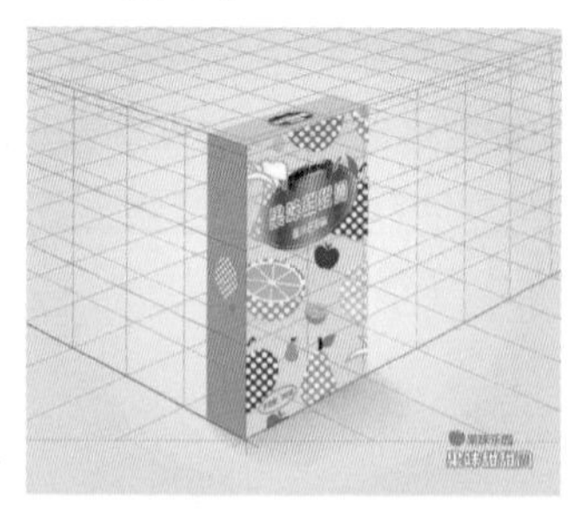

图9-140

对象被选取的状态下，使用透视选区工具拖曳，可在透视中移动对象；按住Alt键拖曳光标，可复制对象；按住Ctrl键，会显示定界框，如图9-141所示，拖曳控制点可进行拉伸（按住Shift键操作可等比缩放），如图9-142所示；也可以使用变换类工具（如旋转工具、倾斜工具）或执行“对象”|“变换”子菜单中的命令进行其他变换。

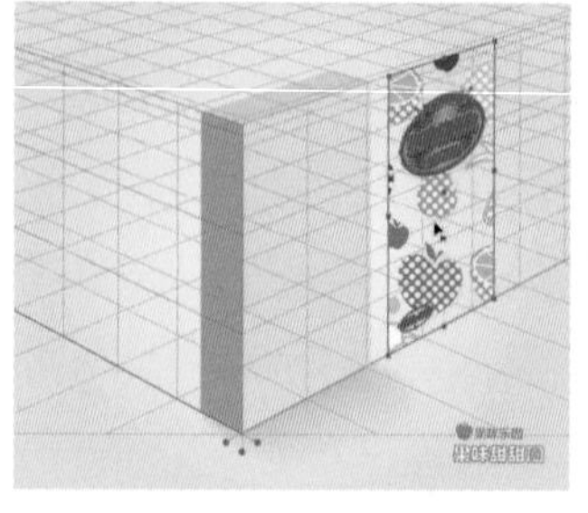

图9-141

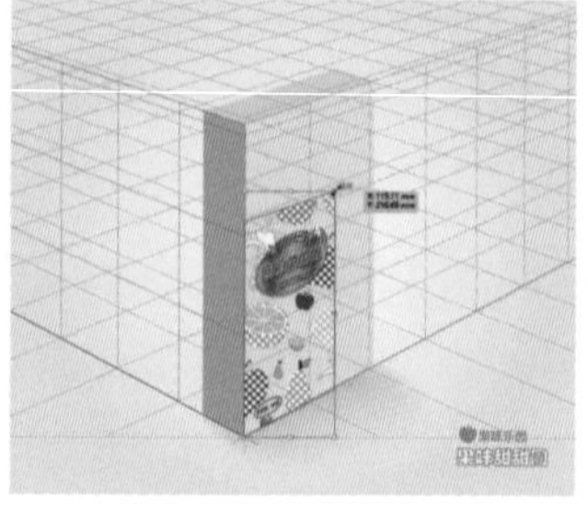

图9-142

实用技巧 在透视中添加符号和文字

如果要在透视中添加符号，可以打开相应的符号面板，将符号拖曳到画板上，再使用透视选区工具在其上方单击，之后拖入透视网格。使用文字工具T在画板上输入文字后，使用透视选区工具可将其拖入透视网格。

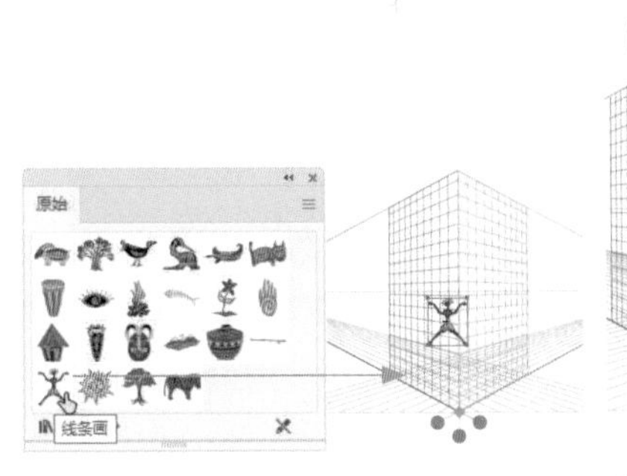

将符号拖曳到画板上

在透视网格中添加此符号

在画板上输入文字　将文字拖入透视网格中

9.6 进阶实例：APP立体展台和文字

01 打开素材，如图9-143所示。使用钢笔工具绘制图形，如图9-144所示。

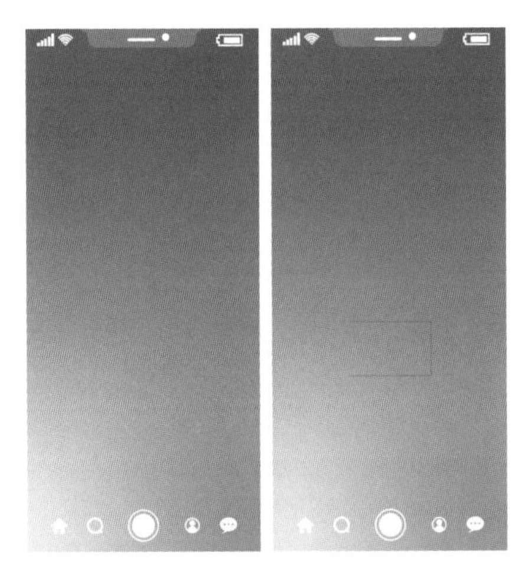

图9-143　图9-144

02 设置描边颜色为渐变，如图9-145和图9-146所示。

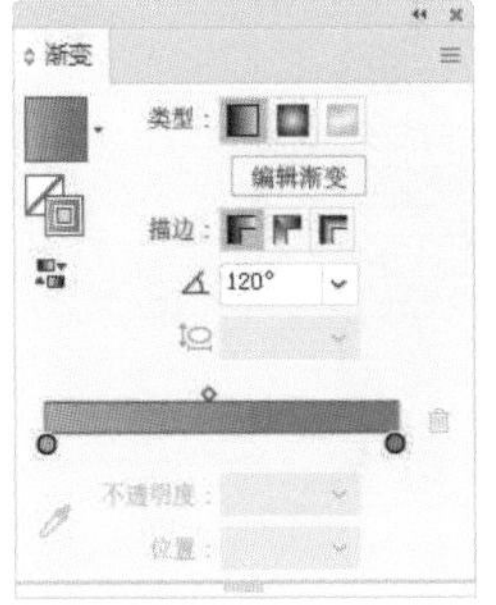

图9-145

图9-146

03 单击“3D和材质”面板中的按钮，创建3D展台，设置参数，如图9-147~图9-149所示。单击“3D和材质”面板中的按钮，进行渲染，效果如图9-150所示。

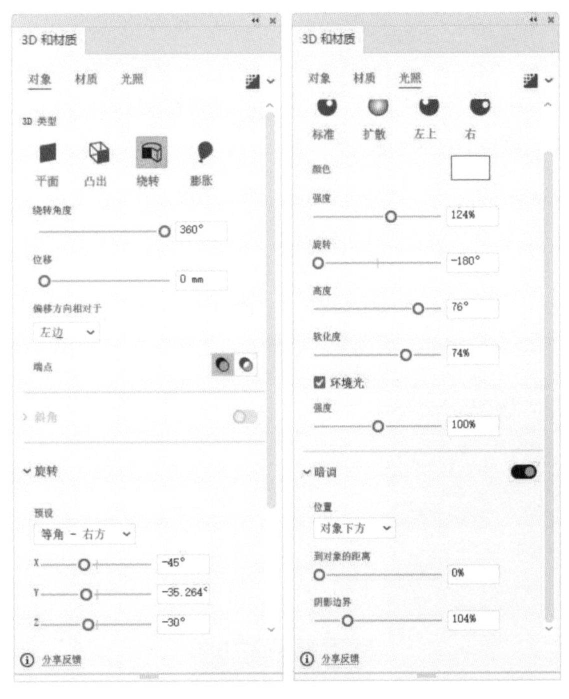

图9-147　图9-148

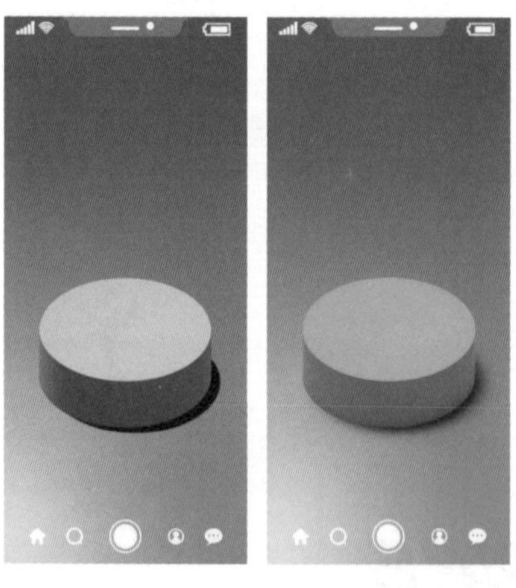

图9-149　　图9-150

04 选择文字工具T，在画板上单击并输入文字（按Enter键换行），如图9-151和图9-152所示。

图9-151

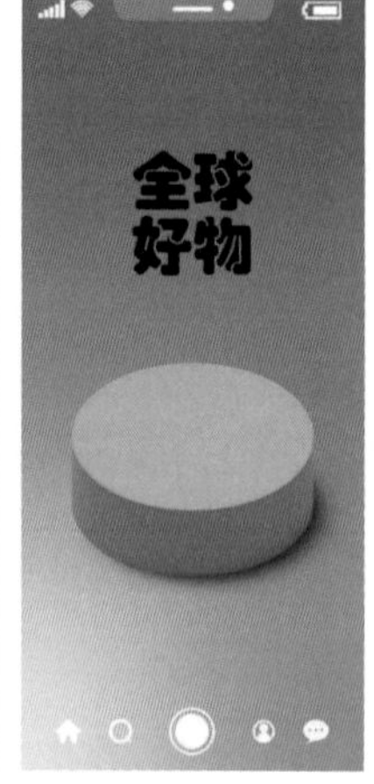

图9-152

05 执行“文字”|“创建轮廓”命令，将文字转换为路径。使用吸管工具在展台上单击，拾取其渐变颜色作为文字的描边，如图9-153所示。单击按钮，将渐变切换为文字的填色，如图9-154所示。

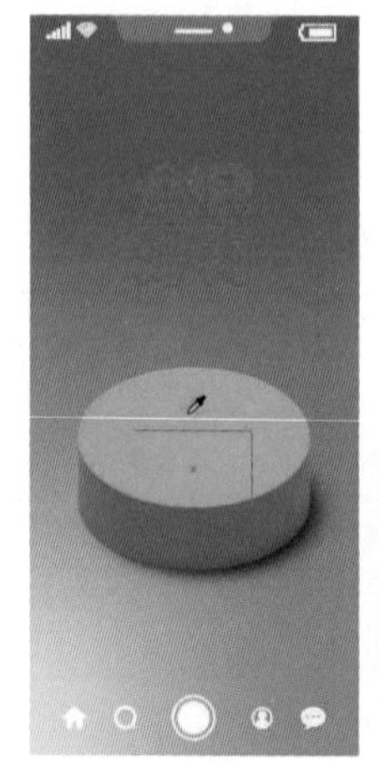

图9-153

图9-154

06 在“渐变”面板中修改渐变角度，如图9-155和图9-156所示。

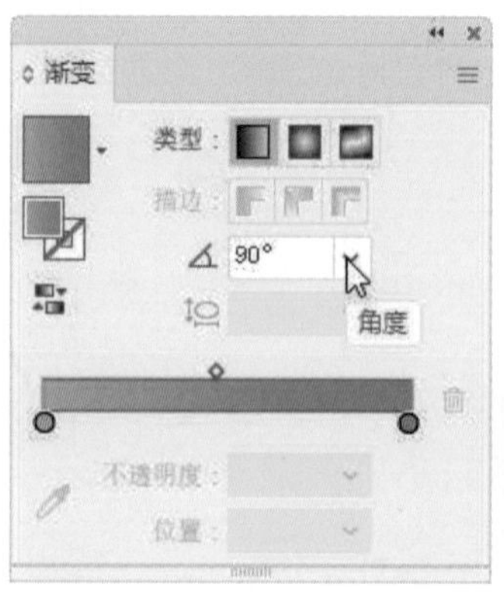

图9-155

图9-156

07 单击“3D和材质”面板中的按钮创建3D字，设置参数，如图9-157～图9-159所示。单击按钮进行渲染。使用选择工具移动到展台上，效果如图9-160所示。

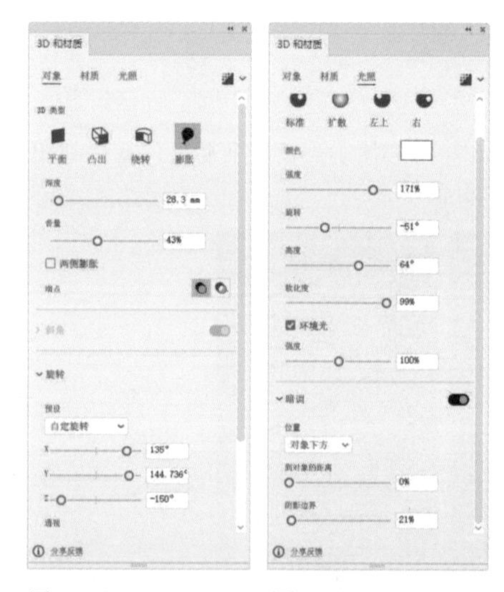

图9-157　　图9-158

图9-159

图9-160

9.7 进阶实例：回线LOGO

9.7.1 在网格上绘制文字

01 按Ctrl+N快捷键，创建一个90mm×50mm大小的文档，如图9-161所示。

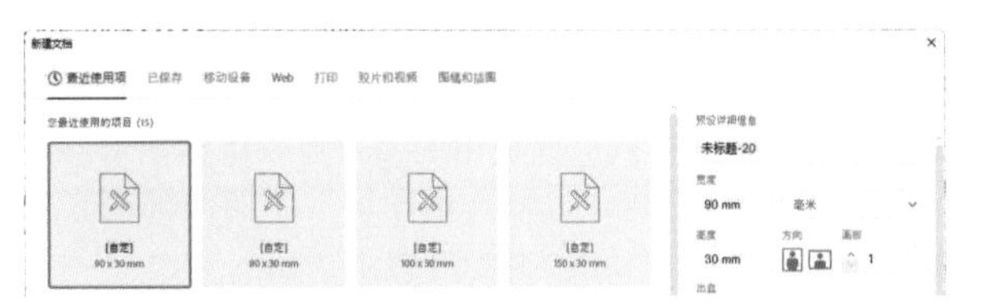

图9-161

02 使用矩形工具创建一个与画板大小相同的矩形，描边颜色为红色，粗细为0.25pt，无填色。保持矩形的被选取状态，执行“对象”|“路径”|“分割网格”命令，打开“分割为网格”对话框，设置网格大小、数量及间距，将矩形分割为网格，如图9-162和图9-163所示。按Ctrl+2快捷键将网格对象锁定。

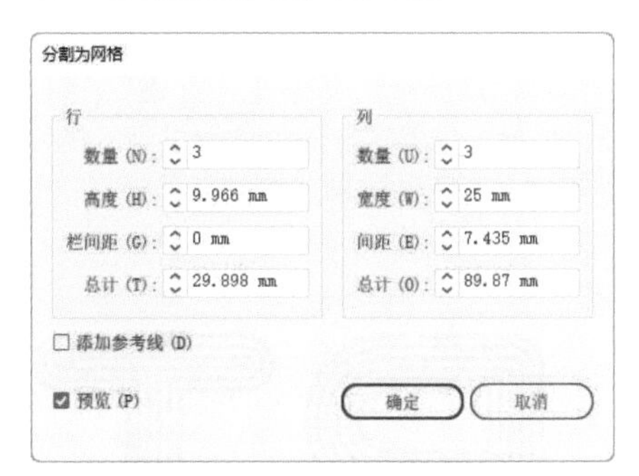

图9-162

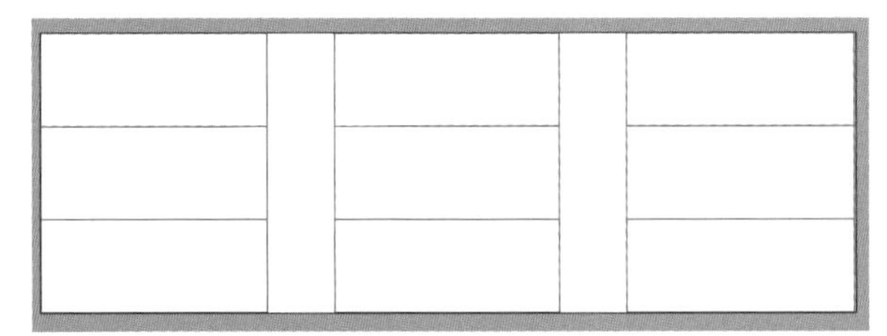

图9-163

03 单击“图层”面板中的按钮，新建一个图层。使用钢笔工具绘制文字，设置描边粗细为2pt，如图9-164所示。

图9-164

04 单击圆头端点按钮和圆角连接按钮，如图9-165和图9-166所示。

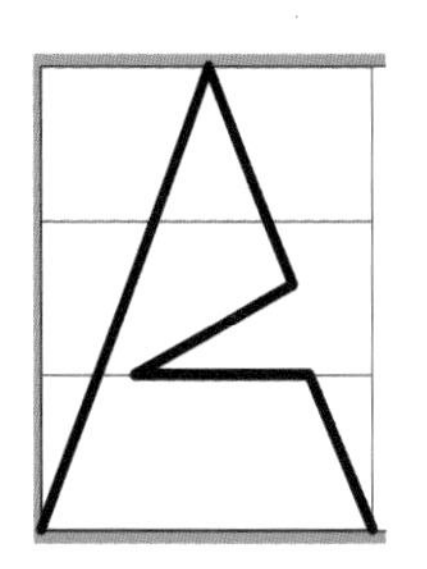

图9-165 图9-166

05 选择直接选择工具，单击图9-167所示的锚点，拖曳到左侧路径上，如图9-168所示。拖曳图9-169所示的锚点，使其与下方锚点重合，如图9-170所示。

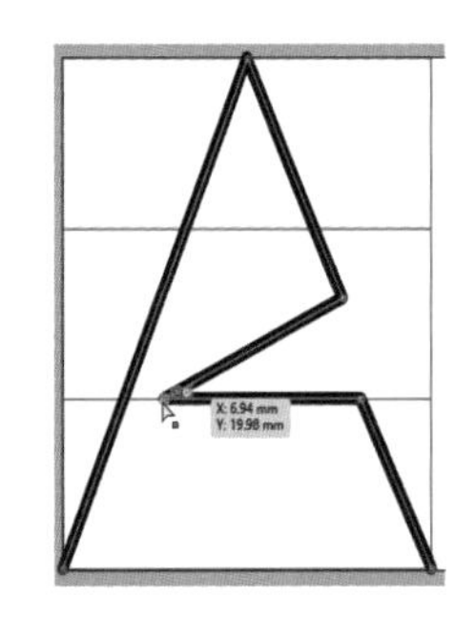

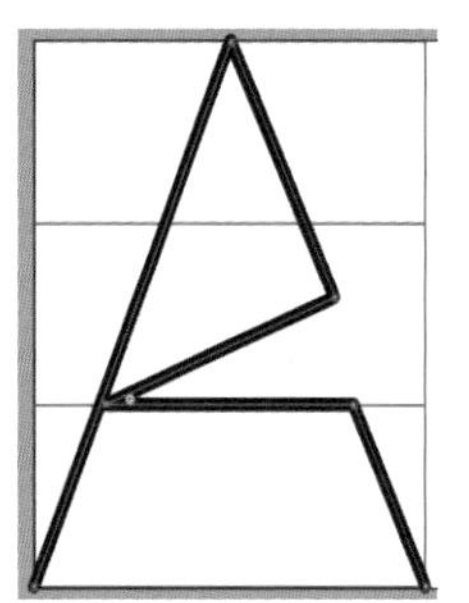

图9-167 图9-168

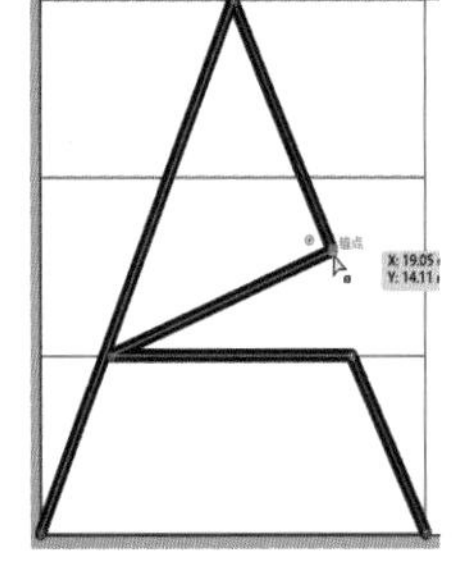

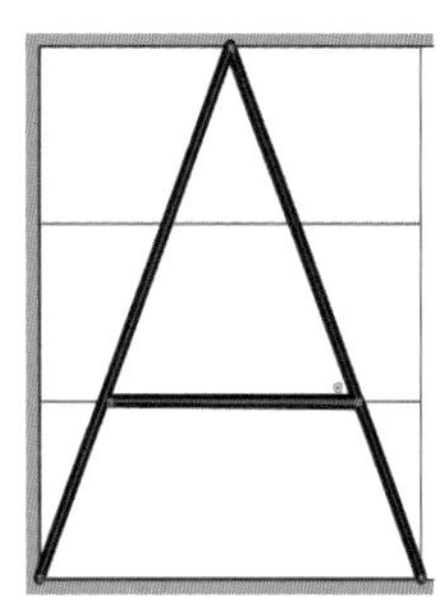

图9-169 图9-170

06 使用钢笔工具绘制文字R，如图9-171所示。使用直接选择工具移动锚点位置，如图9-172所示。

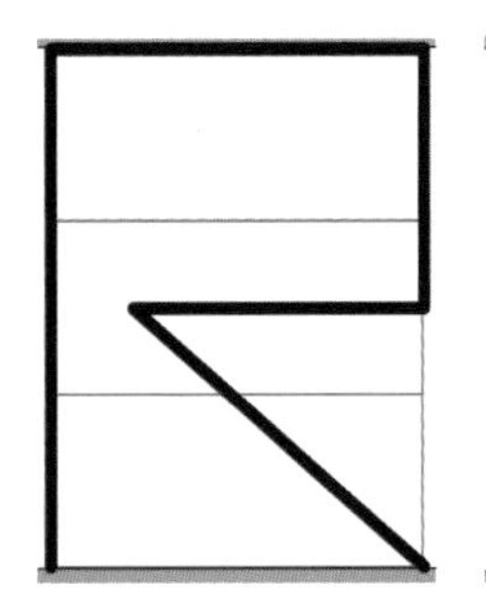

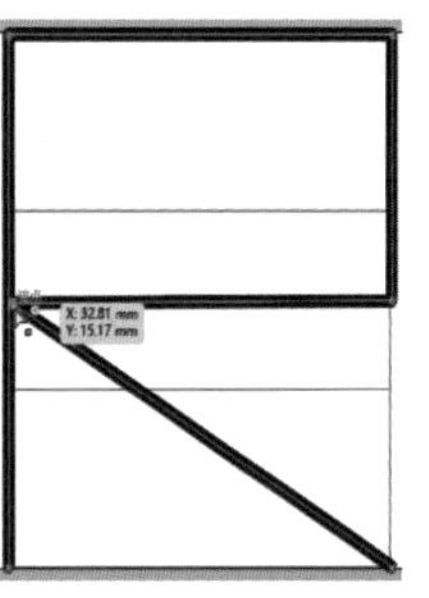

图9-171 图9-172

07 使用直接选择工具▷拖曳出选框，如图9-173所示，显示锚点后，将光标放在实时转角构件上，如图9-174所示，拖曳矩形，将此段路径调成曲线，如图7-175所示。

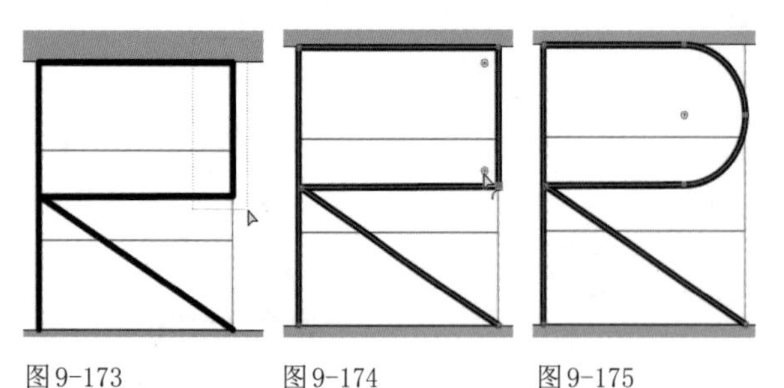

图9-173　图9-174　图9-175

08 使用钢笔工具绘制文字T，如图9-176所示。使用直接选择工具▷移动锚点位置，如图9-177所示。整体文字效果如图9-178所示。在“图层1”的眼睛图标上单击，将该图层隐藏，只显示文字。

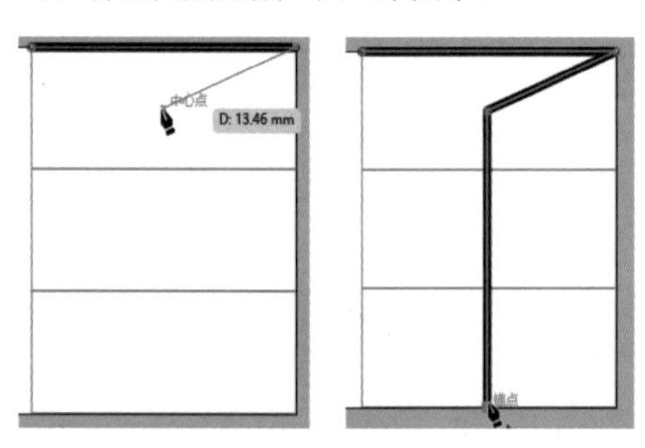

图9-176

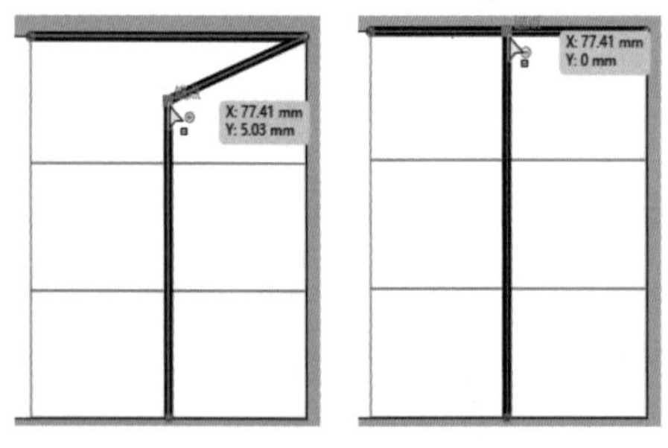

图9-177

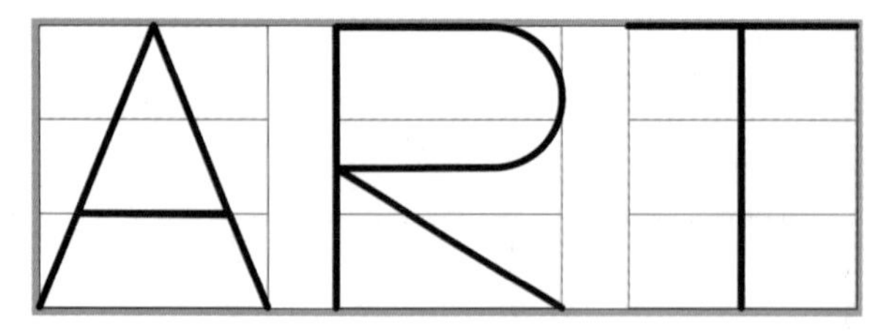

图9-178

9.7.2 定义并添加图形样式

01 绘制一条直线，如图9-179所示。单击“外观”面板中的“添加新描边”按钮，添加描边属性，并修改描边粗细为12pt，如图9-180所示。继续添加描边属性，如图9-181所示。

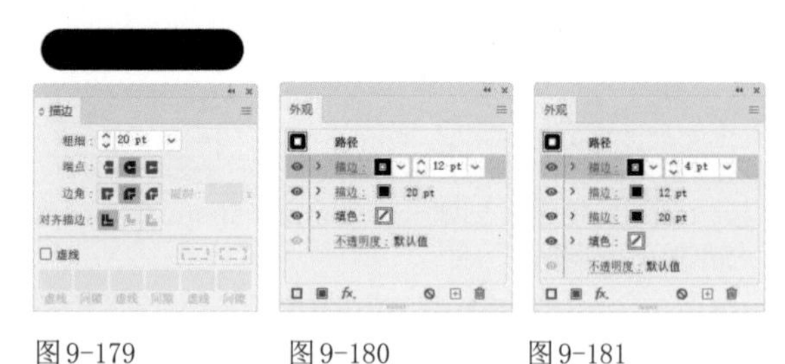

图9-179　图9-180　图9-181

02 单击“图形样式”面板中的按钮，将该图形的外观保存为图形样式。选取文字图形（字的间隔调大一些）单击该样式，如图9-182和图9-183所示。

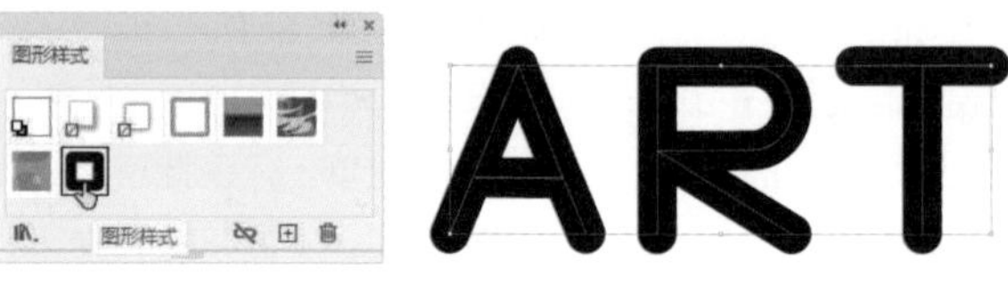

图9-182　图9-183

9.7.3 扩展外观

01 执行“对象”|“扩展外观”命令及“对象”|“扩展”命令，将样式扩展。设置图形的填色为黑色，描边为白色，描边粗细为2pt，如图9-184所示。

图9-184

02 执行“效果”|“风格化”|“投影”命令，添加投影，如图9-185和图9-186所示。

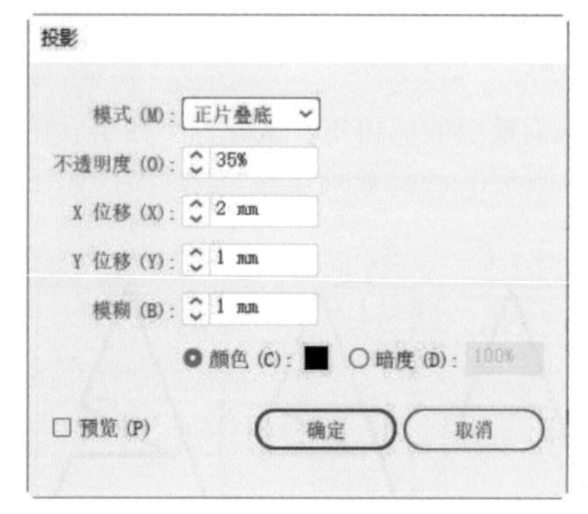

图9-185

图9-186

9.8 课后作业：艺术彩圈

使用椭圆工具 创建圆形，如图9-187和图9-188所示。执行“效果”|“扭曲和变换”|“波纹效果”命令，扭曲图形，如图9-189和图9-190所示，再用“对象”|“扩展外观”命令将效果扩展。双击旋转工具 ，打开“旋转”对话框，设置角度为 - 6° ，单击“复制”按钮，如图9-191所示，旋转并复制出图形，之后连续按Ctrl+D快捷键，即可制作出立体圆环，如图9-192所示。使用Illustrator渐变库中的渐变，可以赋予圆环更丰富的色彩，效果如图9-193所示。具体操作方法可参见视频教学。

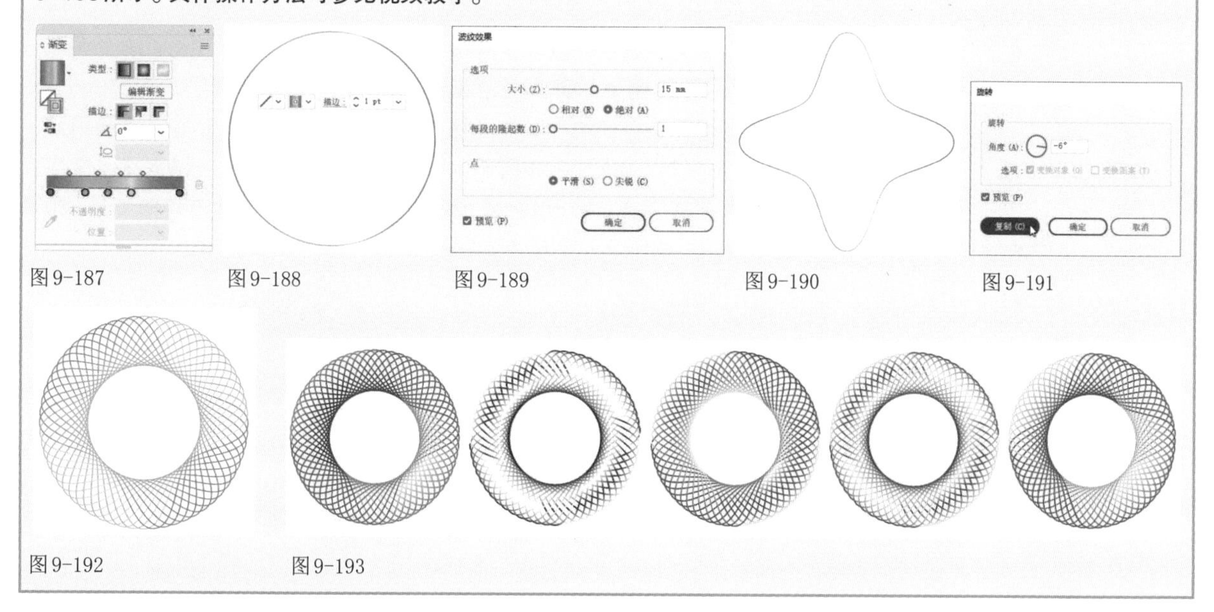

图9-187 图9-188 图9-189 图9-190 图9-191

图9-192 图9-193

9.9 问答题

1. 使用“绕转”效果时，如果原始图形是最终对象的右半部分，应选择从哪边开始绕转？

2. 默认状态下，在Illustrator中创建的图形以白色填色、黑色描边，怎样添加更多的填色和描边属性？

3. 向对象应用效果后，怎样编辑效果，或删除效果以还原对象？

4. 外观属性具体包括哪些？

5. 外观属性（如效果、填充的图案等）及图形样式既可应用于所选对象，也能添加给图层，这两种使用方法有何区别？

第10章 文字：创建和编辑文字

本章简介

本章介绍Illustrator的文字功能。文字是设计作品的重要组成部分，不仅可以传达信息，还能起到美化版面、强化主题的作用。在Illustrator中可以通过3种方法创建文字：以任意一点为起始点创建横向或纵向排列的点文字、创建以矩形框限定文字范围的段落文字，以及创建在路径上排列或者在矢量图形内部排布的路径文字。

Illustrator的文字编辑功能也非常强大，它支持Open Type字体和特殊字型，可以调整字体大小、间距、控制行和列对齐与间距。无论是设计字体，还是进行排版，都能应对自如。

学习重点

10.1 创建文字

Illustrator中有7个文字工具，其中文字工具T和直排文字工具↓T可以创建沿水平或垂直方向排列的点文字和区域文字；区域文字工具和直排区域文字工具可在封闭的图形内部输入文字；路径文字工具和直排路径文字工具可在路径上输入文字；修饰文字工具可以创造性地修饰文字，创建美观而突出的信息。

10.1.1 创建和编辑点文字

点文字适合字数较少的设计文案，如标题、标签和网页上的菜单选项，以及海报上的宣传主题等。

选择文字工具T，在画板上光标会变为状，单击会显示闪烁的“I”形光标，如图10-1所示，此时可输入文字。如果一直输入，文字会一直排布下去，按Enter键可以换行，按Esc键或单击其他工具，则可结束文字的输入，完成点文字的创建，如图10-2所示。

图10-1

图10-2

创建点文字时应避免单击图形，否则会将图形转换为区域文字的文本框或路径文字的路径。如果现有的图形恰好位于要输入文本的地方，则可先将该图形锁定或隐藏。

创建点文字后，使用文字工具T在文本中单击，设置插入点，便可继续输入文字，如图10-3和图10-4所示。当光标在文字上方变为I状时拖曳，可以选取文字，如图10-5所示。选择文字后，可以修改内容，也可在“控制”面板和“字符”面板中修改文字颜色、字体、间距等属性，如图10-6所示。按Delete键可删除所选文字。

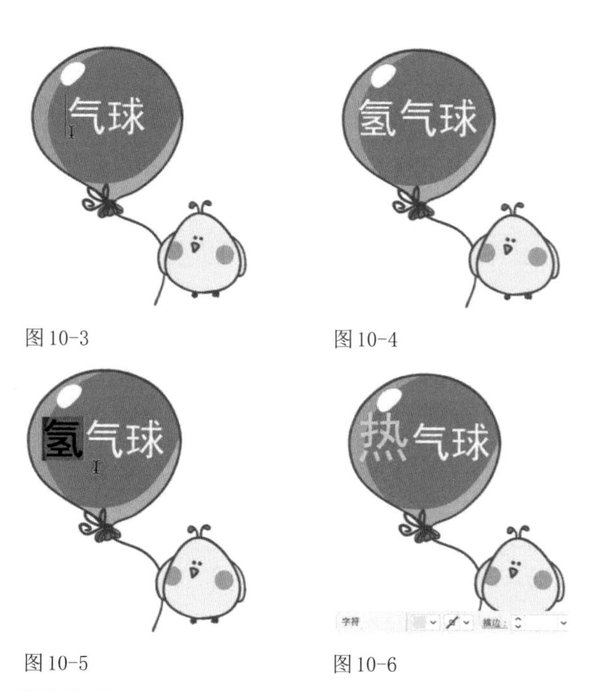

图10-3　图10-4

图10-5　图10-6

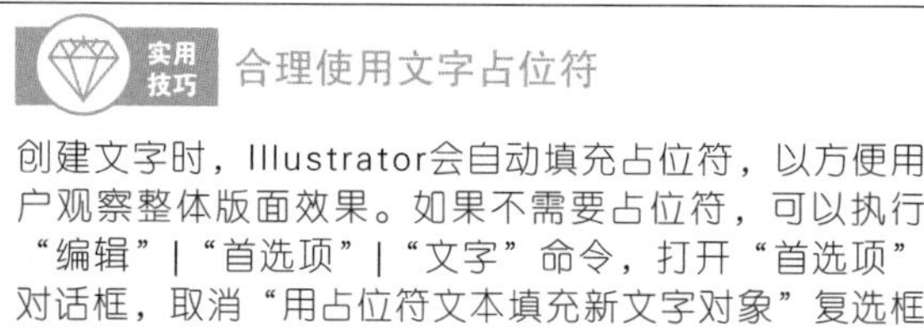

实用技巧　合理使用文字占位符

创建文字时，Illustrator会自动填充占位符，以方便用户观察整体版面效果。如果不需要占位符，可以执行“编辑”|“首选项”|“文字”命令，打开“首选项”对话框，取消“用占位符文本填充新文字对象”复选框的勾选。

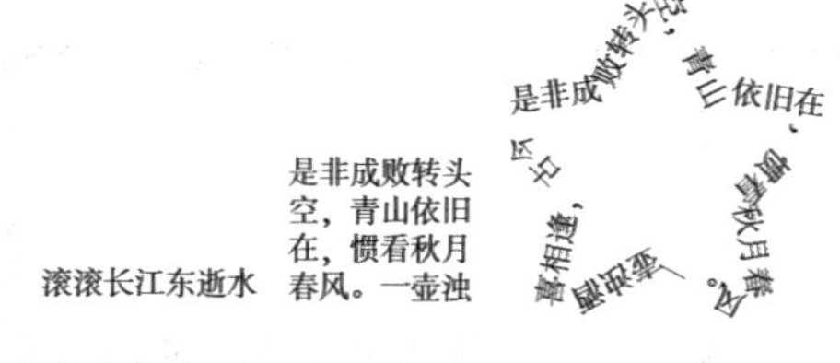

文字占位符（依次为点文本、区域文本、路径文本）

10.1.2　创建和编辑区域文字

区域文字也称段落文字，适合制作宣传单、说明书等文字较多的图稿。它能将文字限定在矢量图形内部，令文本呈现图形化的外观，而且当文本到达图形边界时还会自动换行。

选择文字工具T（也可使用直排文字工具IT），在画板上拖曳出一个矩形文本框，如图10-7所示，释放鼠标左键，之后输入文字，即可在矩形内部创建区域文字，如图10-8所示。按Esc键可结束编辑。

如果想在其他图形内部输入文字，可以选择区域文字工具，将光标移动到该图形边缘，当光标变为状时，如图10-9所示，单击（删除对象的填色和描边），之后便可输入文字，如图10-10所示。

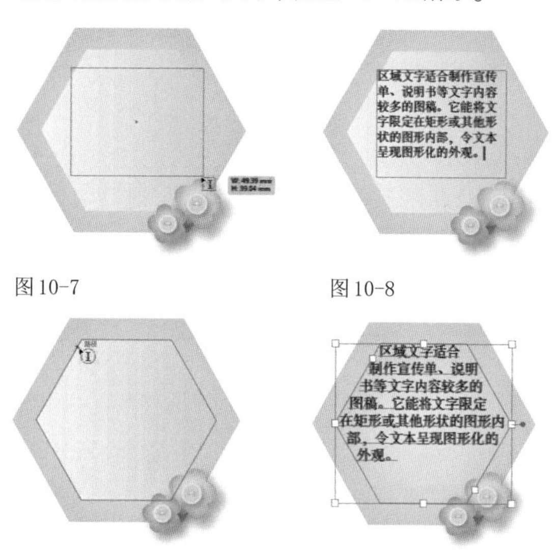

图10-7　图10-8

图10-9　图10-10

使用选择工具拖曳定界框上的控制点，可以调整文本框的大小，如图10-11所示。在文本框外拖曳，则可进行旋转，文字会重新排列，但文字的大小和角度不变，如图10-12所示。如果想要将文字连同文本框一同旋转（或缩放），可以使用旋转工具（或比例缩放工具）操作，如图10-13所示。使用直接选择工具修改图形的形状时，文字还会基于新图形自动调整位置，如图10-14所示。

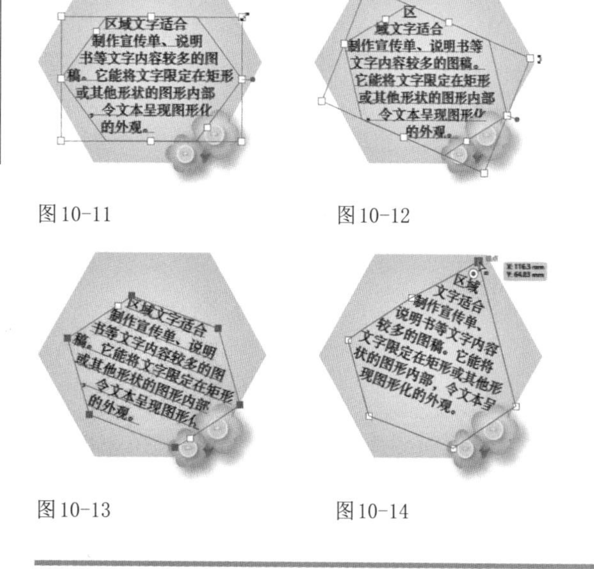

图10-11　图10-12

图10-13　图10-14

10.1.3　创建和编辑路径文字

沿路径排布文字，能让文字随着路径的弯曲而呈现起伏、转折效果，是改变文字布局的重要方法。路径文字工具、直排路径文字工具、文字工具 T 和直排文字工具 IT 都能用于创建路径文字。但需要注意的是，如果路径是封闭的，则必须使用路径文字工具和直排路径文字工具操作。

选择路径文字工具，光标在路径上会变为状，如图 10-15 所示，单击（删除图形的填色和描边并填充文字占位符），如图 10-16 所示，此时输入文字即可创建路径文字，如图 10-17 所示。

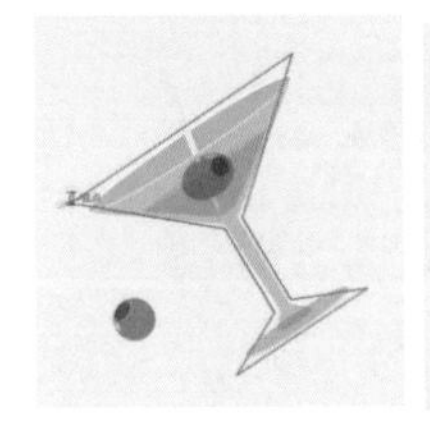

图 10-15

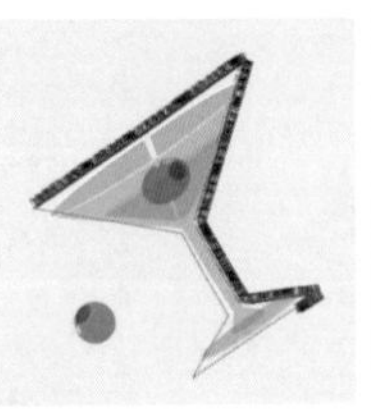

图 10-16

图 10-17

创建路径文字后，可以使用选择工具将其选择，如图 10-18 所示，将光标移动到文字左侧的中点标记上，光标变为状时沿路径拖曳，可移动文字，如图 10-19 和图 10-20 所示。

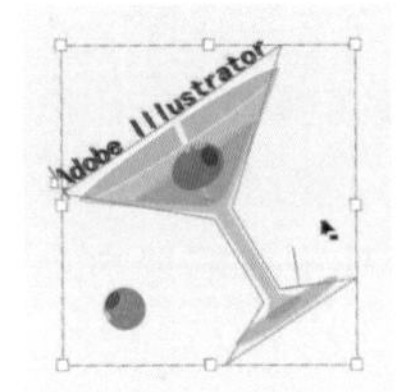

图 10-18

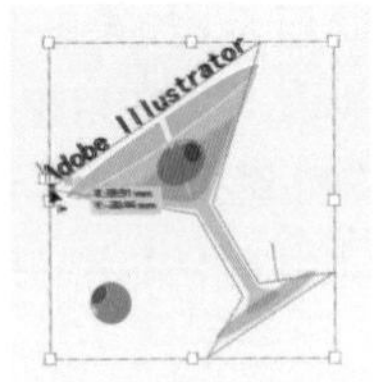

图 10-19

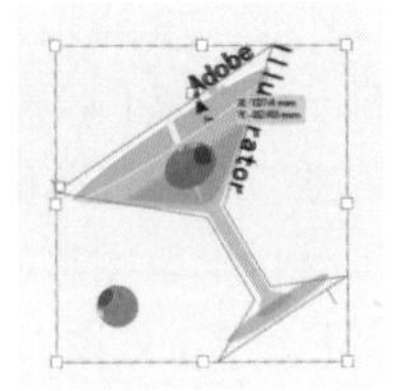

图 10-20

将光标移动另一个中点标记上，光标变为状时向路径内侧拖曳，可以翻转文字，如图 10-21 和图 10-22 所示。此外，使用直接选择工具改变路径形状时，文字也会随之重新排列。

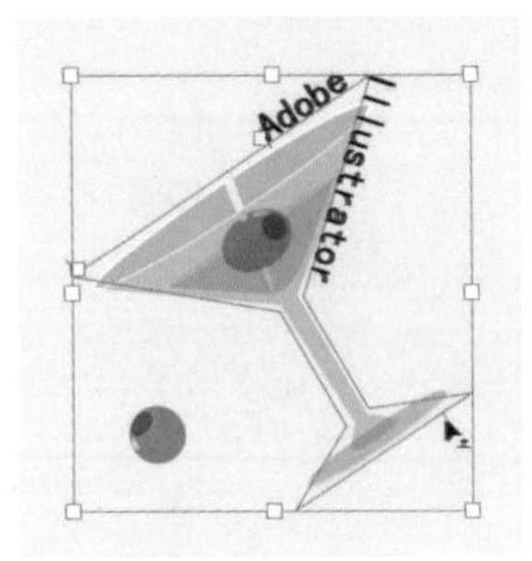

图 10-21

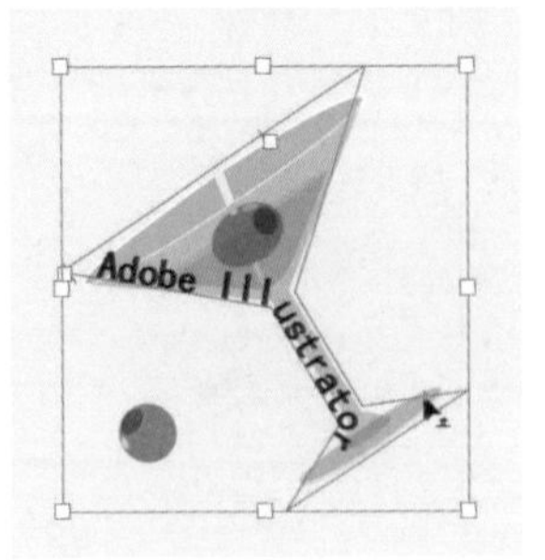

图 10-22

提示

使用文字工具 T 时，将光标放在画板上，光标变为状时可创建点文字；将光标放在封闭的路径上，光标变为状时可创建区域文字；将光标在开放的路径上，光标变为状时可创建路径文字。

实用技巧 为文字添加描边

选择文本后，可使用“颜色”和“色板”面板为文字的填色和描边设置颜色或图案。如果想应用渐变，则需要先执行“文字”|“创建轮廓”命令，将文字转换为轮廓，之后才能填充渐变。

用图案为文字填色和描边

10.1.4 串接文字

创建区域文字和路径文字时，如果文字数量超过文本框和路径的容纳量，则多出来的文字会被隐藏，且文本框右下角或路径边缘会显示⊞状图标。

被隐藏的文字称为溢流文本，可以通过串接的方法将其导出。操作时使用选择工具单击文本，再单击⊞状图标，如图 10-23 所示，此时光标会变为状，在空白处单击，可以将文字导出到一个与原对象形状和大小相同的文本框中，如图 10-24 所示；拖曳光标可将文字导出到此矩形文本框中；单击一个图形，则文字会导入该图形中，如图 10-25 和图 10-26 所示。

图 10-23

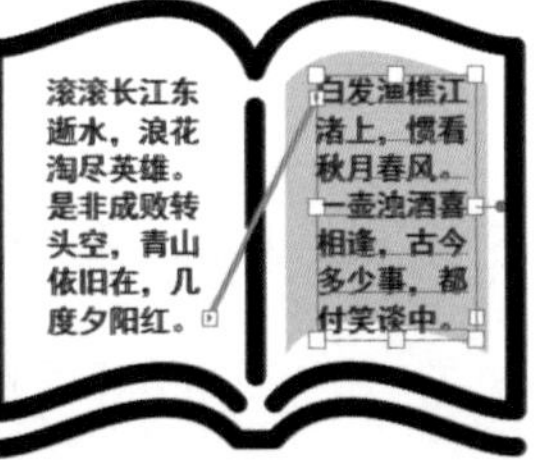

图 10-24

图 10-25

图 10-26

如果要中断串接，可在原⊞状图标处双击，让文字回到之前的对象中。也可以执行“文字”|“串接文本”|“移去串接”命令，让文字保留在原位，此时各个文本框之间不再是链接关系。

> 提示
>
> 选择两个独立的路径文本或者区域文本，执行“文字”|“串接文本”|“创建”命令，可将其串接起来。

10.1.5 修饰文字

创建文本后，使用修饰文字工具单击一个文字，所选文字上会出现定界框，如图10–27所示。在定界框内拖曳光标，可以移动文字；拖曳正上方的控制点，可以旋转文字，如图10–28所示；拖曳左上方或右下方的控制点，可拉伸文字，如图10–29所示；拖曳右上角的控制点，可进行缩放，如图10–30所示。

图10–27

图10–28

图10–29

图10–30

10.1.6 实例：制作文本绕排版面

文本绕排是指让区域文本围绕一个图形、图像或其他文本排列，得到精美的图文混排效果。创建文本绕排效果时，需要区域文本与绕排对象位于相同的图层上，且文字层在绕排对象的正下方。

01 打开素材，如图10-31所示。单击“图层3”，将其设置为当前图层，如图10-32所示。

图10–31

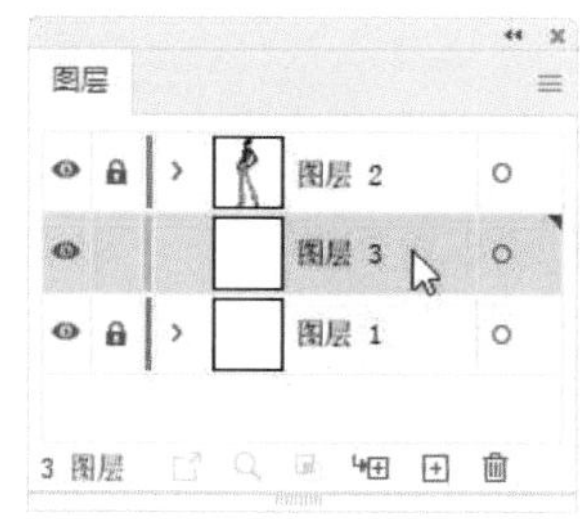

图10–32

02 使用钢笔工具依照人物外形绘制图形，如图10-33所示。选择文字工具T，设置字体、大小和行间距，如图10-34所示。在画板右侧拖曳光标创建文本框，如图10-35所示。

图10–33

图10–34

图10–35

03 释放鼠标左键后，在文本框中输入文字（可以使用文字素材，粘贴到文本框中），按Esc键结束输入，效果如图10-36所示。使用选择工具选取文本，按Ctrl+[快捷键将文本移动到人物轮廓图形后面，按住Shift键并单击人物轮廓图形，将文本与人物轮廓图形同时选取，如图10-37所示。

图10–36

图10–37

04 执行“对象”|“文本绕排”|“建立”命令，创建文本绕排效果，如图10-38所示。在空白区域单击，取消选择。单击文本对象，将其移向人物，文字会重新排列，

如图10-39所示。

图 10-38

图 10-39

提示

如果绕排对象是嵌入的图像，则会在不透明或半透明的像素周围绕排文本，并忽略完全透明的像素。

05 文本框右下角如果出现⊞状图标，可拖曳文本框控制点，将文本框调大，让溢出的文字显示出来。在空白处单击取消选择。选择直排文字工具 IT，在“字符”面板中设置字体、大小及字距，如图10-40所示。输入文字，如图10-41所示。

图 10-40

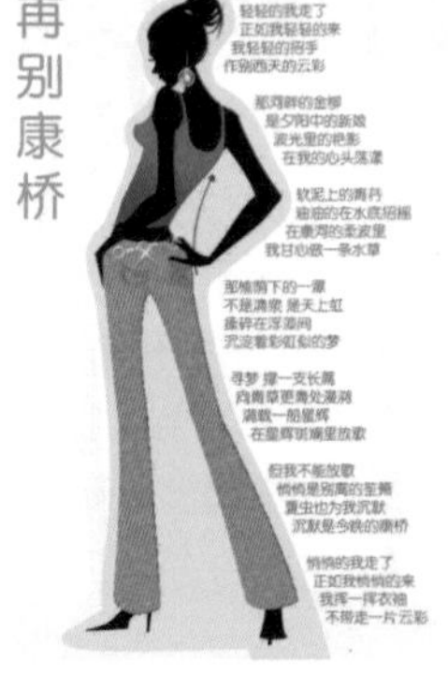

图 10-41

提示

如果要调整文字与绕排对象的距离，可以选取文本绕排对象中的图形，执行“对象”|“文本绕排”|“文本绕排选项”命令进行调整。

10.1.7 实例：黑板报风格海报设计

01 打开黑板素材。使用文字工具 T 输入文字，描边颜色为白色，填充颜色为深灰色，设置字体，设置大小，如图10-42和图10-43所示。

图 10-42

图 10-43

02 执行“效果”|“风格化”|“涂抹”命令，生成手写效果文字，如图10-44和图10-45所示。

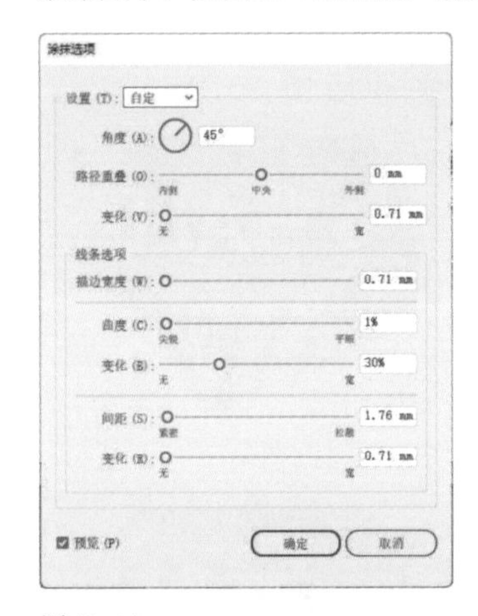

图 10-44

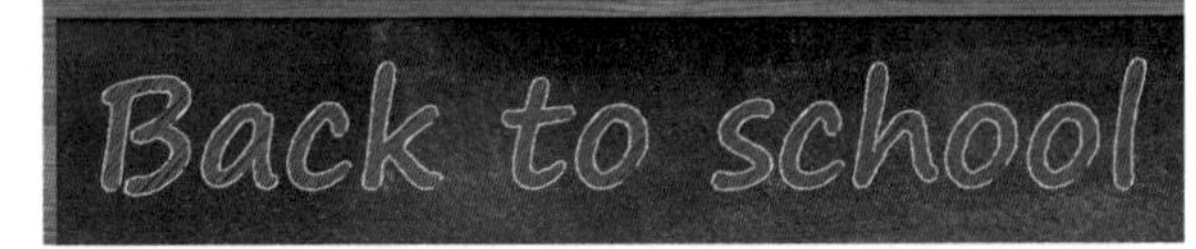

图 10-45

03 选择选择工具 ▶，按住Alt键并向左上方拖曳文字，进行复制。设置填充颜色为白色，描边为黑色，如图10-46所示。

图 10-46

04 使用文字工具 T 在黑白右上角输入文字，如图10-47所示。

图 10-47

05 执行“效果”|“应用涂抹”命令，为文字添加同样的效果，如图10-48所示。使用椭圆工具◎创建一个椭圆形，设置描边颜色为白色，粗细为1pt，无填色。在控制面板中添加画笔描边，使线条呈现粗糙感及手绘效果，如图10-49所示。

图10-48

图10-49

06 创建一行文字，如图10-50所示。

图10-50

07 执行“效果”|“风格化”|“涂抹”命令，打开“涂抹”选项对话框，将“间距”修改为1.5mm，其他参数不变，效果如图10-51所示。

08 使用文字工具T输入余下文字并添加“涂抹”效果，如图10-52所示，制作出独具特色的黑板报效果的宣传单，如图10-53所示。

图10-51

图10-52

图10-53

10.2 设置字符格式

字符格式是指文字的字体、大小、间距、行距等属性。创建文字前，或者创建文字之后，都可通过“字符”面板和“控制”面板中的选项设置字符格式。

10.2.1 字体及字体样式

默认状态下，“字符”面板只显示常用选项，打开面板菜单，执行“显示选项”命令，可以显示所有选项，如图10-54所示。

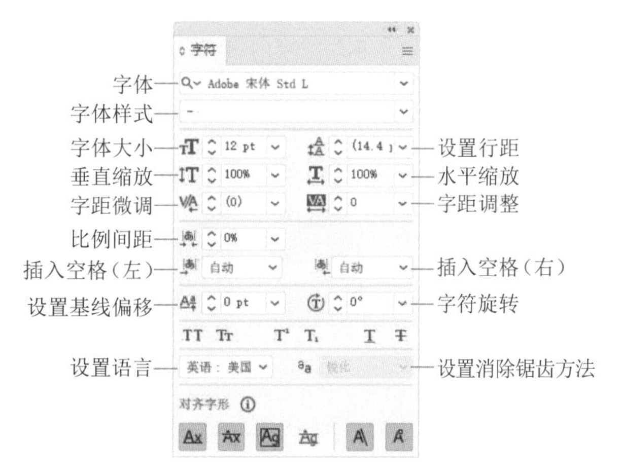

图10-54

选择及收藏字体

在“字体”选项下拉列表中可以选择字体。如果字体较多，在列表中单击并输入字体名称，相应字体就会显示出来，如图10-55所示。此外，单击⌄按钮，打开下拉列表，选择一种字体，之后单击≈按钮，如图10-56所示，可以显示与当前所选字体视觉效果相似的其他字体；单击🕓按钮，可以显示最近添加的字体；单击☁按钮，可以显示从Adobe Fonts网站下载并已激活的字体。如果经常使用某种字体，可在其右侧的☆状图标上单击（图标变为★状），将其收藏，以后单击“筛选”选项右侧的★图标时，列表中就只显示收藏的字体，一目了然。

图10-55

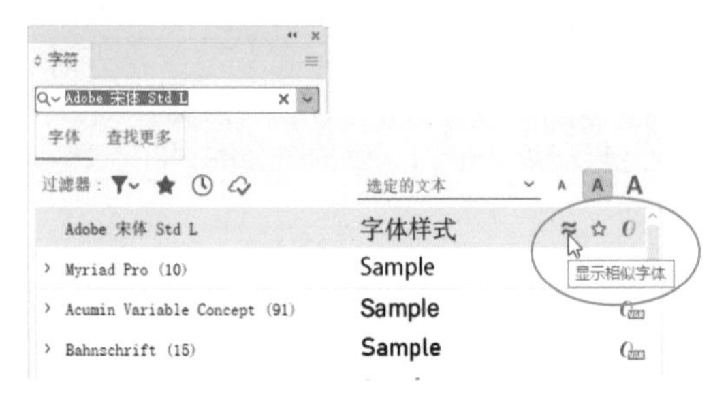

图10-56

带有*O*状图标的是OpenType字体，即Windows和Macintosh操作系统都支持的字体文件，使用该字体后，在这两个操作平台间交换文件时，不会出现字体替换或其他导致文本重新排列的问题。

有些英文字体包含变体（如粗体、斜体），可在“字体样式”选项的下拉列表中选取。

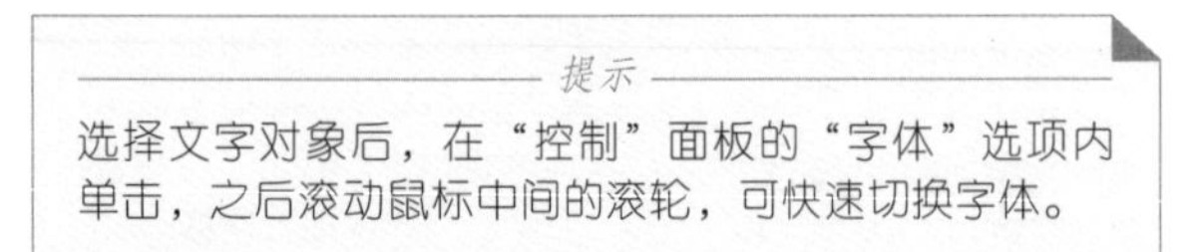

提示

选择文字对象后，在“控制”面板的“字体”选项内单击，之后滚动鼠标中间的滚轮，可快速切换字体。

上标、下标等特殊样式

很多单位刻度、化学式、数学公式，如立方厘米（cm^3）、二氧化碳（CO_2），以及某些特殊符号（™、©、®）会用到上标、下标等特殊字符。在Illustrator中，可以通过下面的方法创建此类字符。首先用文字工具将文字选取，之后单击“字符”面板下面的一排“T”状按钮即可，如图10-57所示。

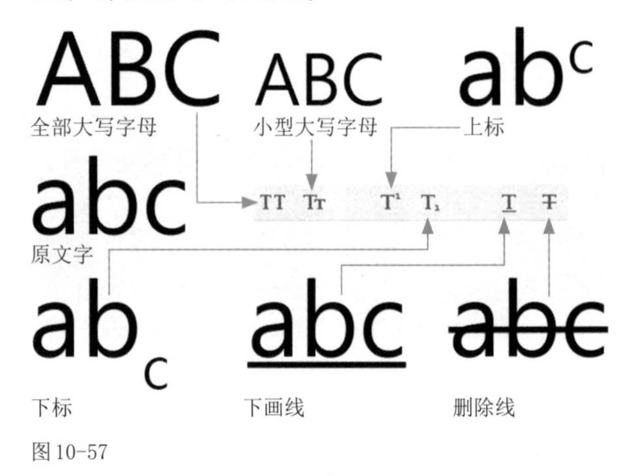

图10-57

10.2.2 文字大小及角度

使用“字符”面板中的选项，可以对文字进行拉伸、等比缩放和旋转。

缩放及拉伸文字

在设置字体大小选项中可以设置文字的大小，如图10-58所示。设置好文字大小后，还可在垂直缩放选项中对文字进行垂直拉伸，如图10-59所示；在水平缩放选项中进行纵向拉伸，如图10-60所示。这两个百分比相同时，可进行等比缩放。

图10-58

图10-59　图10-60

提示

按Shift+Ctrl+>快捷键可以将文字调大；按Shift+Ctrl+<快捷键可将文字调小。

旋转文字

字符旋转选项可以设置所选文字的旋转角度，如图10-61和图10-62所示。如果要旋转整个文本，则应将其选取，之后拖曳控制点，或用旋转工具、“旋转”命令或“变换”面板来操作。

图10-61

图10-62

10.2.3　字间距

如果想调整两个文字的距离，可以使用任意文字工具在它们中间单击，出现闪烁的“|”形光标后，如图10-63所示，在字距微调选项中进行调整即可。该值为正值时，可以加大字距，如图10-64所示；为负值时，减小字距。

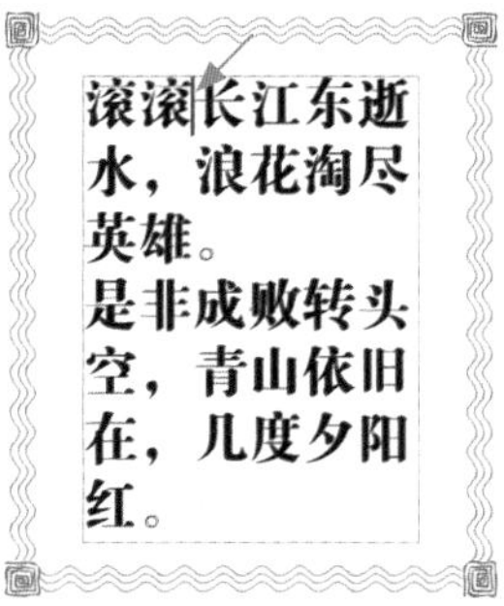

图10-63

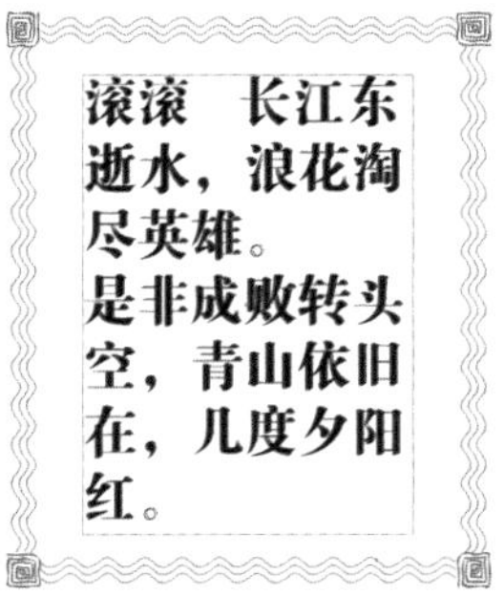

图10-64

如果想对多段文字或所有文字的间距做出调整，可以先将它们选取，之后在字距调整选项中操作。该值为正值时，字距变大，如图10-65所示；为负值时，字距变小，如图10-66所示。

图10-65

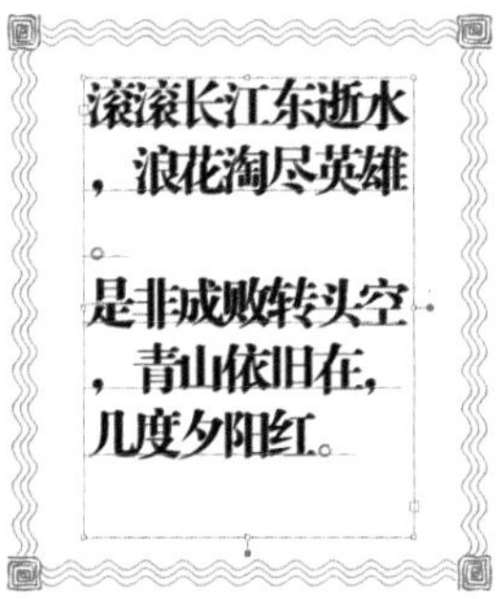

图10-66

此外，也可设置比例间距，按照一定的比例来调整间距。未调整时，比例间距值为0%，此时文字的间距最大；设置为50%时，文字的间距会变为原来的一半，如图10-67所示；设置为100%时，则文字间距变为0，如图10-68所示。由此可见，比例间距只能收缩字符之间的间距，而字距微调和字距调整两个选项既可以收缩间距，也能扩展间距。

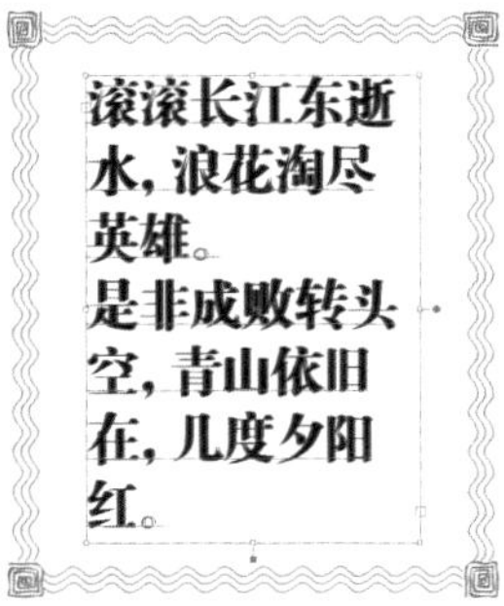

图10-67

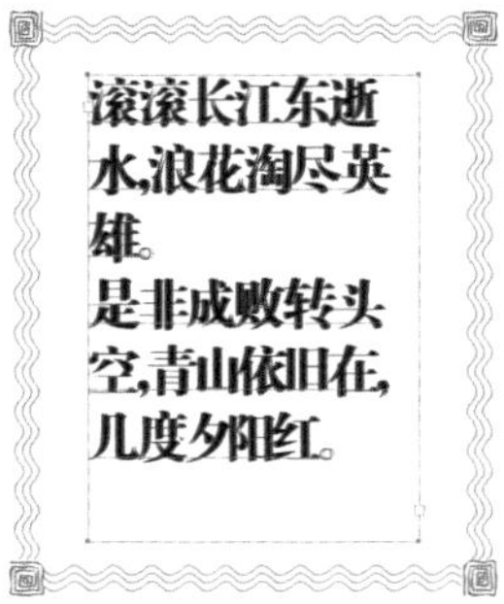

图10-68

10.2.4　行间距

在设置行距选项中可以设置行与行之间的垂直距离。默认为“自动”，表示行距为文字大小的120%，如图10-69所示；该值越大，行距越大，如图10-70所示。

图10-69

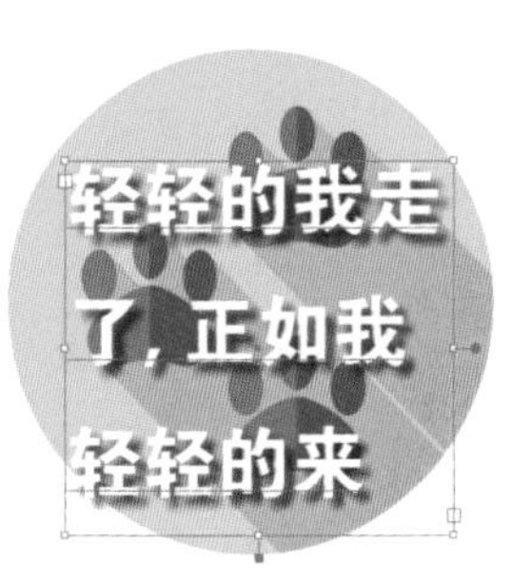

图10-70

快速拾取文字属性

未选择文本时，将吸管工具放在一个文本对象上（光标变为状），单击可拾取该文本的属性（包括字体、颜色、字距和行距等）；将光标移动到另一个文本对象上，按住Alt键（光标变为状）拖曳，光标所到之处的文字都会应用拾取的文字属性。

10.2.5 其他字符属性

“字符”面板中还包含以下选项。

- 插入空格：如果要在文字之前或之后添加空格，可以选取要调整的文字，之后在插入空格（左）或插入空格（右）选项中设置要添加的空格数。
- 设置基线偏移：可调整基线的位置。基线是字符排列于其上的一条不可见的直线，该值为负值时文字下移；为正值时文字上移，如图10-71所示。
- 设置消除锯齿方法：在该选项的下拉列表中可以选择一种方法来消除锯齿。选择“无”选项，表示不对锯齿进行处理，如果文字较小，如创建用于网页的小尺寸文字时，选择该选项，可以避免文字边缘因模糊而看不清楚。选择其他几个选项时，可以使文字边缘更加清晰。
- 设置语言：选择适当的词典，可以为文本指定一种语言，以方便拼写检查和生成连字符。
- 对齐字形：可以让文字与图稿精确对齐。

Y、E、S基线偏移值分别为-12pt、0pt和12pt

图10-71

10.3 设置段落格式

输入文字时，每按一次Enter键，便切换一个段落。“段落”面板可以调整段落的对齐、缩进和间距等，让文字在版面中更加规整。

10.3.1 文字对齐

图10-72所示为“段落”面板。选择文本对象时，可通过该面板设置整个文本的段落格式。如果选取了部分段落，则可设置所选段落的格式。

选取文本对象，或使用文字工具T在要修改的段落中单击，之后单击“段落”面板最上面一排按钮，可以让段落按照一定的规则对齐，如图10-73所示。

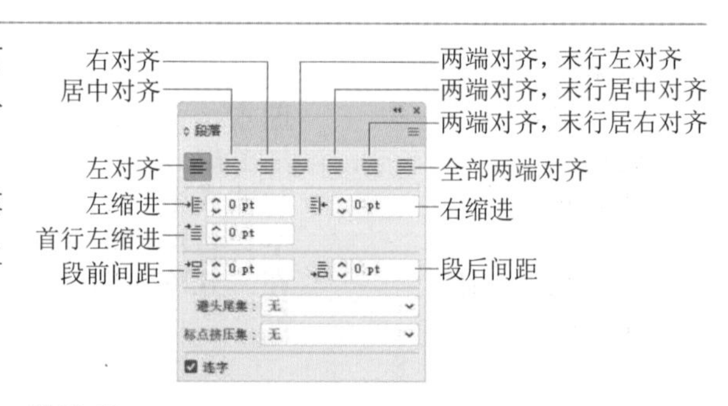

图10-72

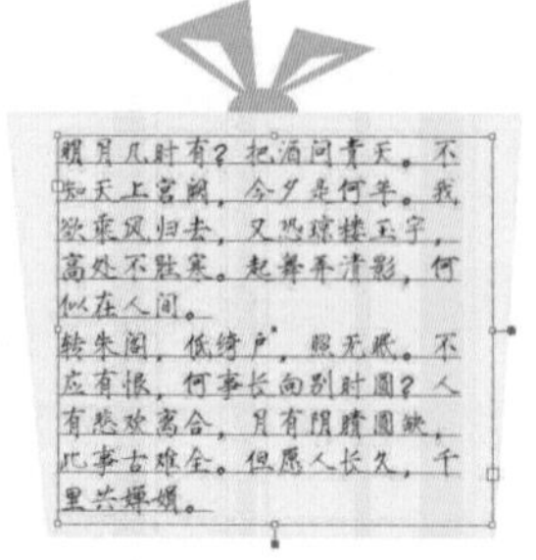
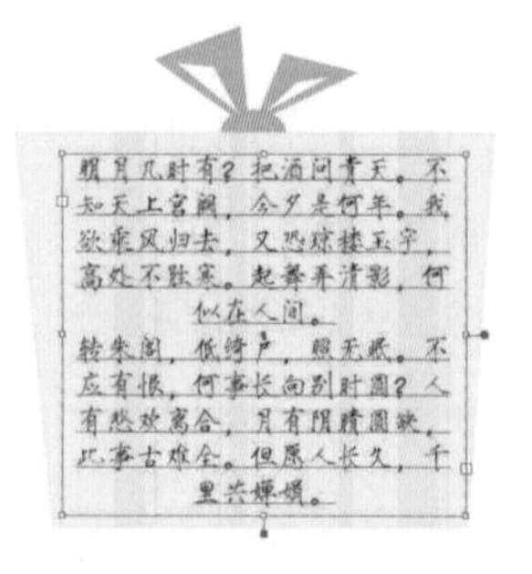
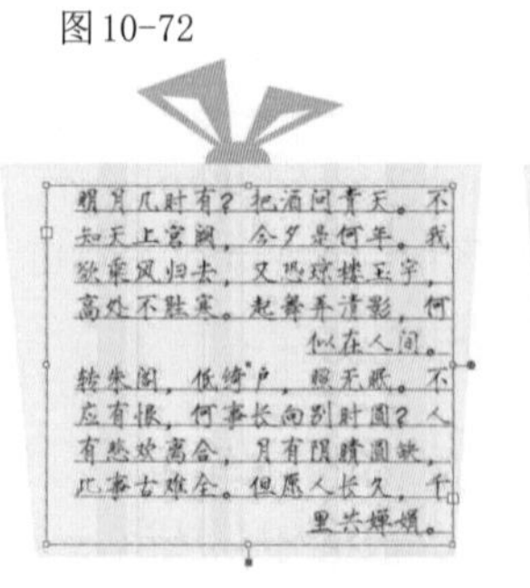
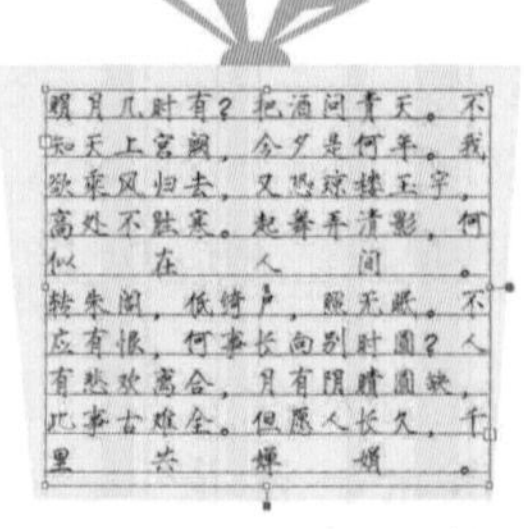

左对齐　居中对齐　右对齐　全部两端对齐

图10-73

10.3.2 文字缩进

缩进是指文本和文字对象边界的间距量，只影响选中的段落，因此，当文本包含多个段落时，可以选取各个段落，设置不同的缩进量。

使用文字工具T单击要缩进的段落，如图10-74所示，在左缩进选项中输入数值，可以使文字向文本框的右侧边界移动，如图10-75所示。在右缩进选项中输入数值，则向左侧边界移动，如图10-76所示。如果要调整首行文字的缩进量，可以在首行左缩进选项中输入数值。

图10-74

图10-75

图10-76

10.3.3　段落间距

选取一段文字，如果要加大与上一段落的间距，如图10-77所示，可在段前间距选项中输入数值。如果要增加与下一段落的间距，如图10-78所示，可在段后间距选项中输入数值。

图10-77

图10-78

10.3.4　其他段落属性

"段落"面板中还包含以下选项。

- 避头尾集：不能位于行首或行尾的文字称为避头尾字符。该选项用于指定中文或日文文本的换行方式。
- 标点挤压集：用于指定亚洲字符和罗马字符等内容之间的间距，确定中文或日文的排版方式。
- 连字：在断开的单词间显示连字标记。

10.4　字符和段落样式

将字符样式和段落样式应用于所选文本，可以让文本立即拥有预设的字符和段落属性，从而节省调整字符和段落属性的时间，并且能够确保文本格式的一致性。

10.4.1　创建字符和段落样式

图10-79所示为创建的文字（已在"字符"面板和"段落"面板中设置好字体、大小、颜色、间距等属性）。

图10-79

单击"字符样式"面板中的按钮，可以将该文本的字符格式保存为字符样式，如图10-80所示。单击"段落样式"面板中的按钮，可以将文本中的字符格式和段落格式保存为段落样式，如图10-81所示。想对其他文本应用时，可选取文本，如图10-82所示，之后单击"字符样式"面板或"段落样式"面板中的样式即可，效果如图10-83所示。

图10-80　　图10-81

图10-82

图10-83

10.4.2 编辑字符和段落样式

创建字符样式和段落样式后，如果需要进行修改，可以在“字符样式”面板菜单中执行“字符样式选项”命令，或从“段落样式”面板菜单中执行“段落样式选项”命令，打开相应的对话框进行操作。修改样式后，使用该样式的所有文本都会发生改变，以便与新样式相匹配。

字符样式和段落样式被文字使用后，如果修改了字符和段落属性，如调整了位置、大小和对齐方式等，则“字符样式”和“段落样式”面板中相应样式旁边会出现“+”，如图10-84所示。这表示该样式具有覆盖样式。

如果要在应用不同样式时清除覆盖样式，可按住Alt键单击样式名称；如果要重新定义样式并保持文本的当前外观，应至少选择文本中的一个字符，执行面板菜单中的“重新定义样式”命令。如果文档中还有其他的文本使用该字符样式，则它们也会更新为新的字符样式。

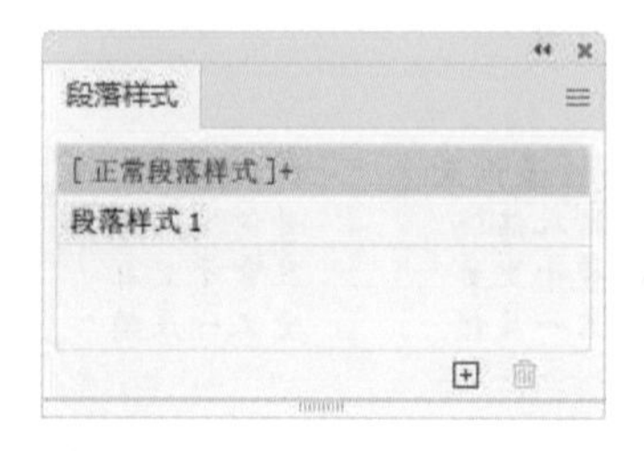

图10-84

10.5 特殊字符及命令

在Illustrator创建文字时，可以使用特殊字符，也可修改文字与图形的对齐方法、替换缺少的字体、查找和替换文字，以及将文字转换为轮廓等。

10.5.1 使用特殊字符

许多字体包含特殊字符，如连字、分数字、花饰字、装饰字、序数字等。要在文本中添加这样的字符，先使用文字工具T在文本中单击，如图10-85所示，执行“窗口”|“文字”|“字形”命令，打开“字形”面板，然后双击一个字符即可，如图10-86和图10-87所示。

图10-85

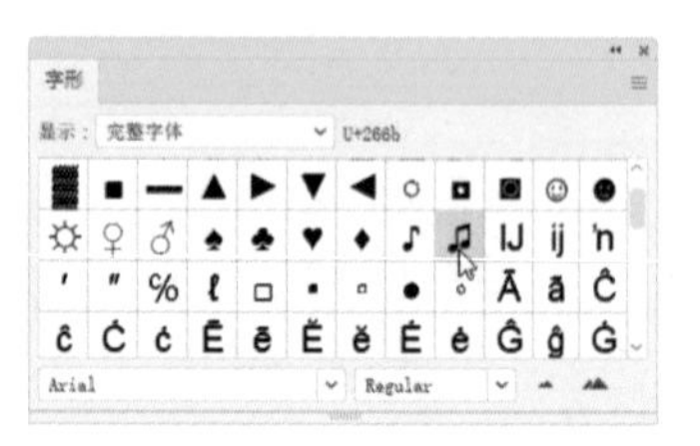

图10-86

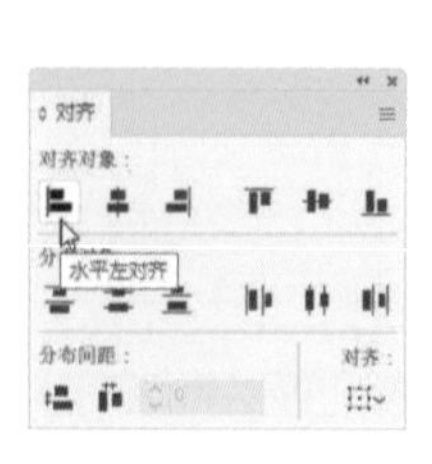

图10-87

如果选择Emoji字体，则“字形”面板中会显示各种图标，双击一个图标，可将其插入文本，如图10-88和图10-89所示。

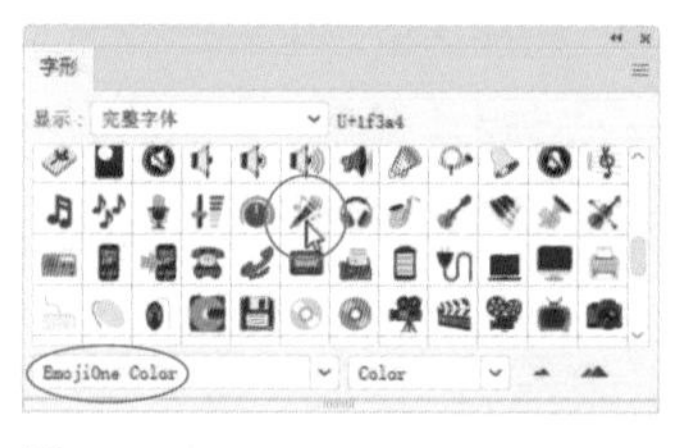

图10-88

图10-89

10.5.2 让文字与对象对齐

默认状态下，使用“对齐”面板对齐文字和图形时，只是文字的基线与图形的左侧边界对齐，实际文字内容并没有对齐，如图10-90和图10-91所示。

图10-90　图10-91

如果要根据实际字形的边界来进行对齐，可以先执行“效果”|“路径”|“轮廓化对象”命令，之后打开

"对齐"面板菜单，执行"使用预览边界"命令，如图10-92所示，再单击相应的按钮来进行对齐，效果如图10-93所示。这样操作后，文字并没有真正轮廓化，因此，字符和段落属性仍可编辑。

图10-92　　图10-93

10.5.3 替换缺失字体

在Illustrator中打开一个文件时，如果其中的文字使用了当前操作系统中没有的字体，则文本会使用默认的字体并以粉红色突出显示，如图10-94所示。同时打开图10-95所示的对话框。

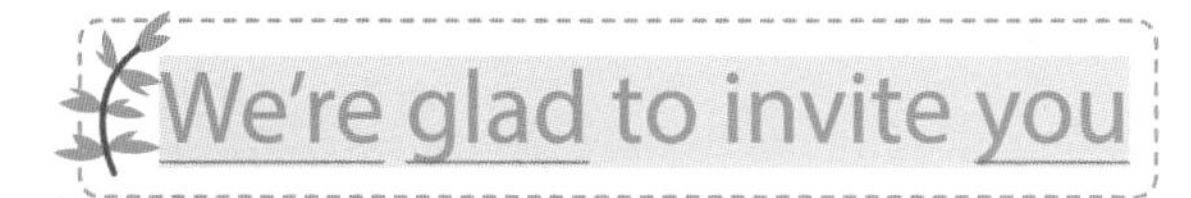

图10-94

图10-95

单击"查找字体"按钮，可以打开"查找/替换字体"对话框，"文档中的字体"列表显示了当前文档中使用的所有字体，选择一种字体，如图10-96所示，单击"更改"按钮，即可进行替换。

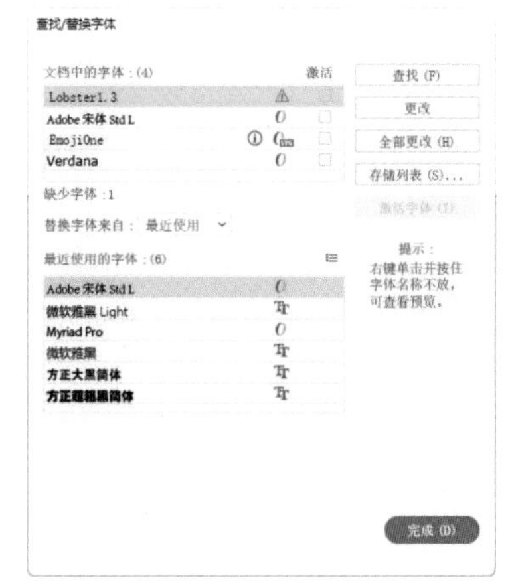

图10-96

10.5.4 查找和替换文本

如果有需要修改的文字（汉字）、标点、单词，可以执行"编辑"菜单中的"查找和替换"命令来进行检查和修改。

图10-97所示为"查找和替换"对话框。在"查找"选项中输入要替换的内容，在"替换为"选项中输入用来替换的内容，之后单击"查找下一个"按钮，Illustrator会搜索并突出显示查找到的内容。如果要进行替换，单击"替换"按钮即可；如果要替换所有符合要求的内容，可以单击"全部替换"按钮。

图10-97

10.5.5 将文字转换为轮廓

文本中的所有文字是一个整体，虽然可以修改其中各个文字的字符和段落属性，但是不能为个别文字添加画笔描边和效果等。另外，文字也不能填充渐变。要突破这些限制，可以选择文字对象，执行"文字"|"创建轮廓"命令，将文字转换为轮廓，之后再进行编辑。图10-98所示为原文字对象，图10-99所示是转换为轮廓后添加变形效果并填充渐变后的效果。需要特别注意的是，转换为轮廓后，文字内容，以及字符和段落属性都无法编辑，因此，操作前最好复制一份文字留存起来。

图10-98

图10-99

10.6 进阶实例：751LOGO设计

01 使用文字工具T输入文字，设置描边粗细为4 pt，颜色为深棕色，如图10-100和图10-101所示。

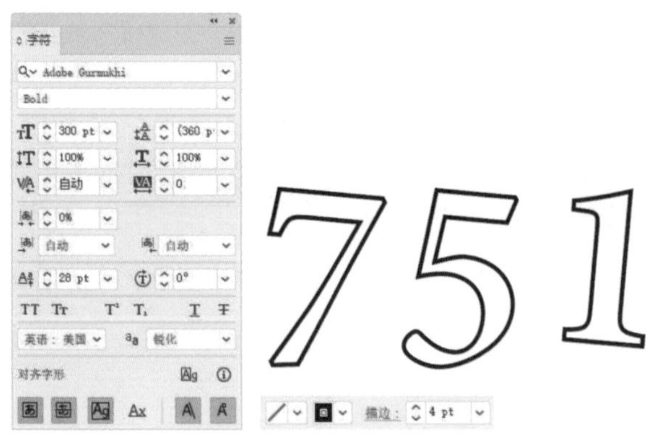

图 10-100　　图 10-101

02 在数字1上方拖曳光标，将其选取，将文字的旋转角度恢复为0°，如图10-102和图10-103所示。

图 10-102　　图 10-103

03 选择修饰文字工具，移动文字，调整位置，如图10-104所示。

图 10-104

04 在“外观”面板的□按钮上单击，添加描边属性，如图10-105所示。修改顶层的描边颜色（C13、M10、Y18、K0）和宽度，如图10-106和图10-107所示。

图 10-105　　图 10-106　　图 10-107

05 单击图10-108所示的描边属性。单击面板底部的fx.按钮，打开菜单，执行“扭曲和变换”|“变换”命令，添加该效果，如图10-109和图10-110所示。

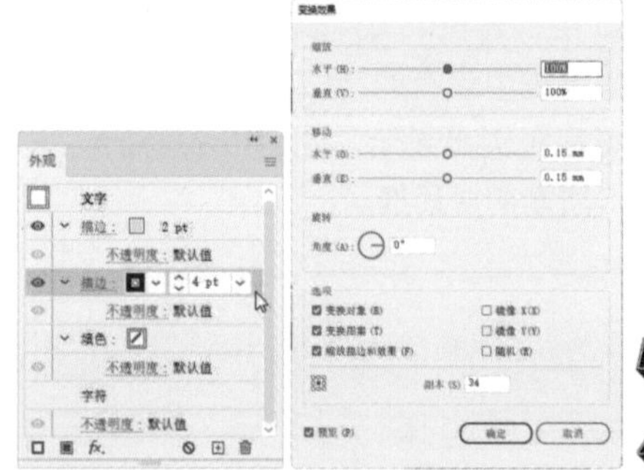

图 10-108　　图 10-109　　图 10-110

06 单击“外观”面板中的按钮复制当前描边属性，如图10-111所示。在“变换”效果上双击，打开“变换”对话框，修改参数，如图10-112和图10-113所示。

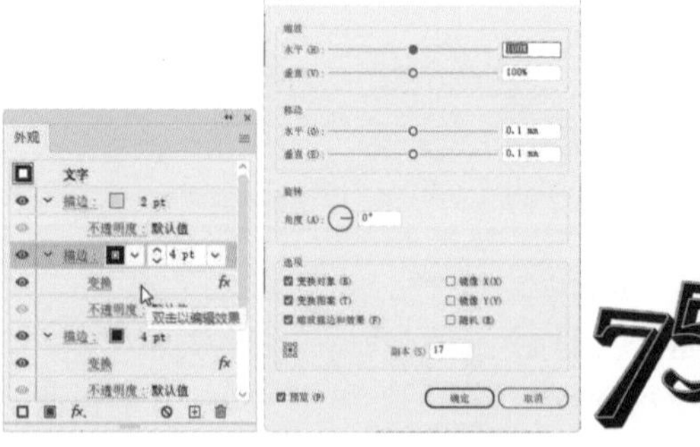

图 10-111　　图 10-112　　图 10-113

07 单击图10-114所示的描边属性，再单击“外观”面板中的按钮，在其上方添加填色属性，如图10-115所示。执行“窗口”|“色板库”|“图案”|“基本图形”|“基本图形_线条”命令，打开“基本图形_线条”面板。单击图10-116所示的图案，为文字填充该图案，如图10-117所示。

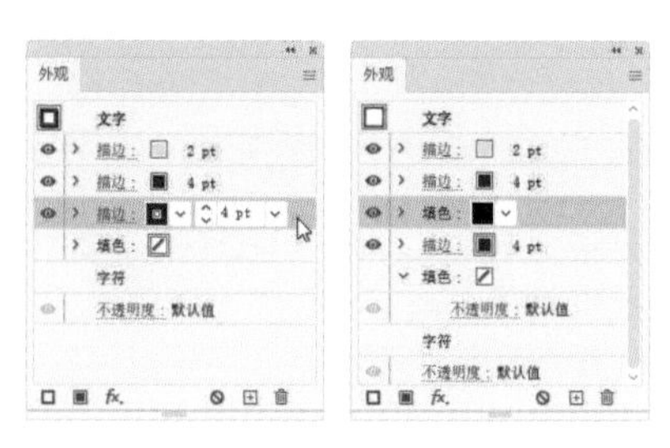

图10-114　　图10-115

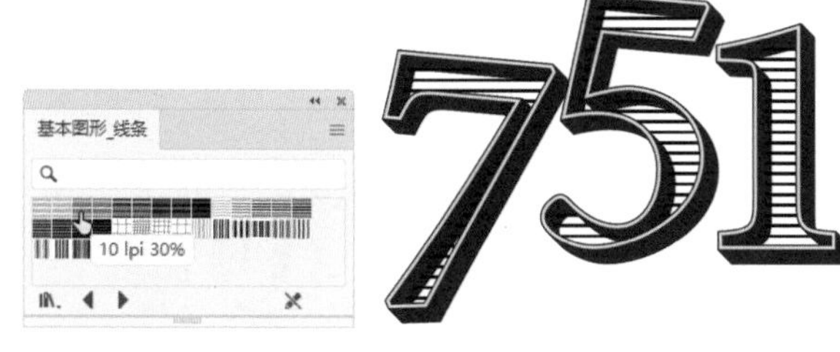

图10-116　　图10-117

08 所用图案会添加到“色板”中，双击该图案，如图10-118所示，切换到图案编辑状态，如图10-119所示。使用矩形工具创建一个矩形，填充与文字描边相同的颜色，如图10-120和图10-121所示。

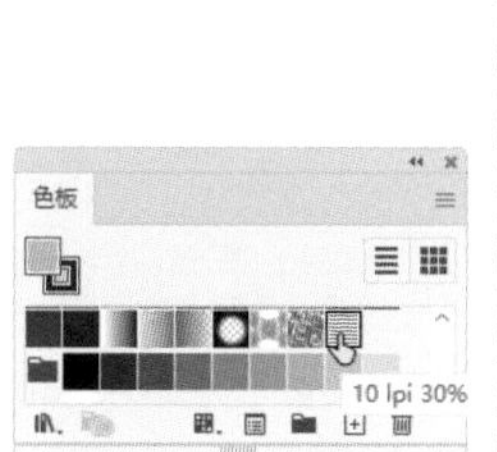

图10-118　　图10-119

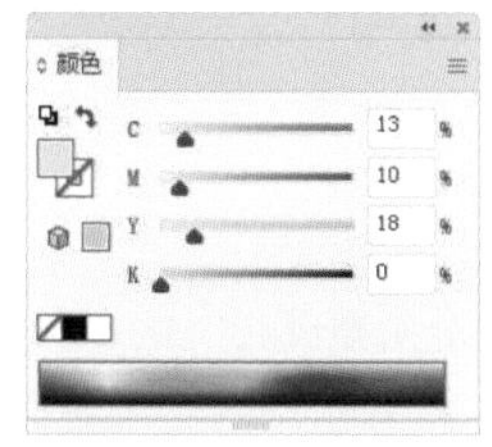

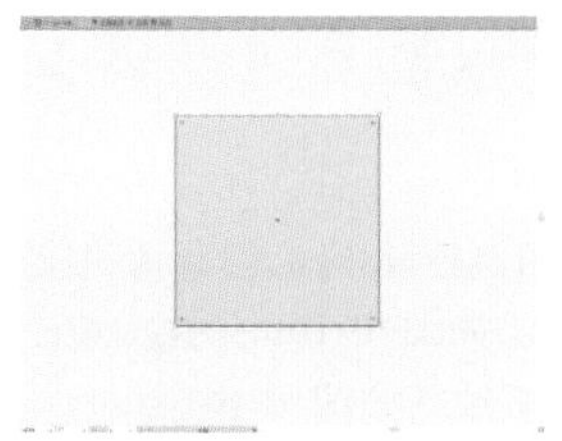

图10-120　　图10-121

09 按Alt+Ctrl+[快捷键移至底层，作为线条的背景，如图10-122所示。单击文档窗口顶部的✔完成按钮，结束图案编辑，文字效果如图10-123所示。

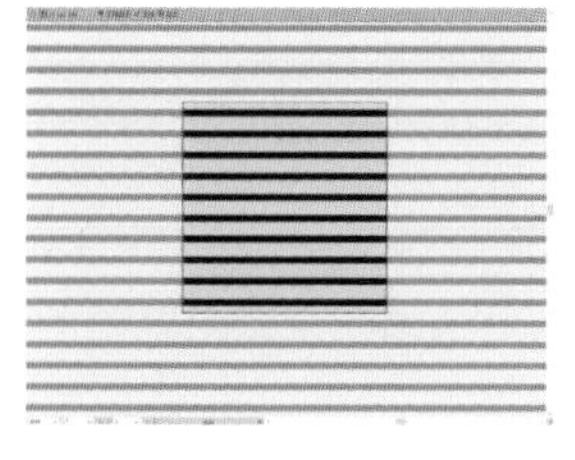

图10-122　　图10-123

10 按Ctrl+A快捷键选取文字。执行“对象”|“变换”|“分别变换”命令，打开“分别变换”对话框。只勾选“变换图案”复选框，并调整参数，如图10-124所示，只对图像进行缩小和旋转，如图10-125所示。

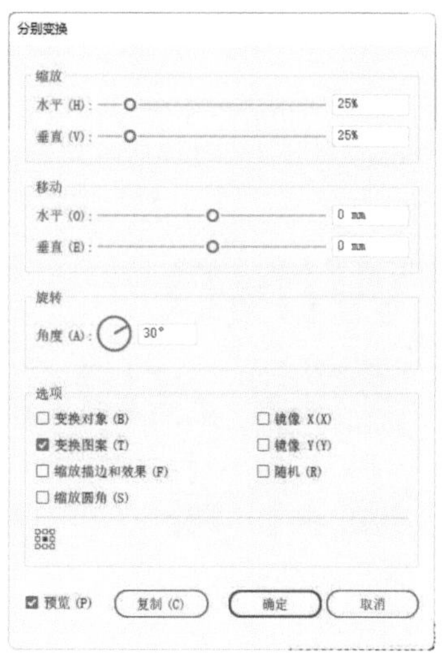

图10-124　　图10-125

11 创建一个矩形，添加“变换”效果，参数与步骤05相同，制作成立方体，如图10-126所示。输入一行文字，放在立方体上方，如图10-127所示。

图10-126

图10-127

10.7 进阶实例：三维空间字

01 按Ctrl+N快捷键打开“新建文档”对话框，使用“Web”选项卡中的预设创建一个960px×560px大小的RGB模式文档。

02 首先制作3D模型的贴图。使用文字工具 T 创建文字，如图10-128和图10-129所示。

图10-128　图10-129

03 在图10-130所示的文字上拖曳光标，选取文字，修改大小和行距，如图10-131和图10-132所示。

图10-130

图10-131　图10-132

04 选取并修改文字，如图10-133和图10-134所示。

图10-133　图10-134

05 单击选择工具结束文字编辑。按Ctrl+C快捷键复制文字，按Ctrl+B快捷键粘贴到后方，执行“效果”|“路径”|“偏移路径”命令，向外扩展文字轮廓范围。修改填充颜色，如图10-135~图10-137所示。

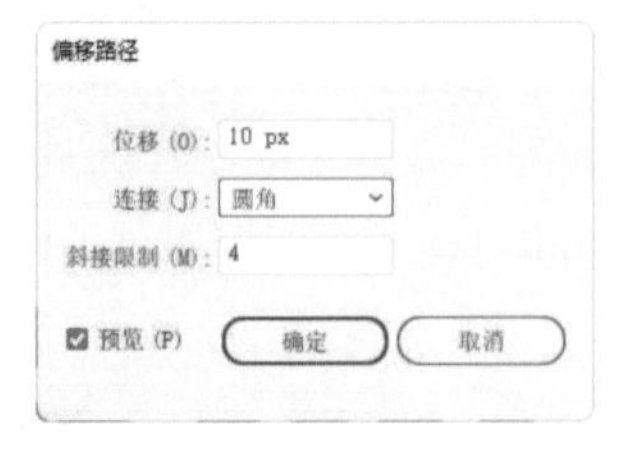

图10-135

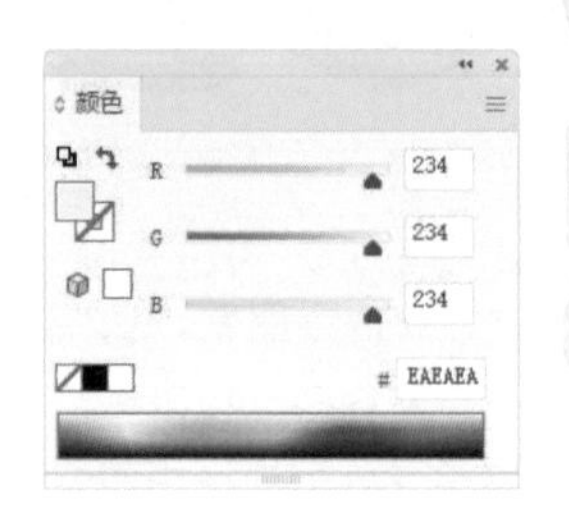

图10-136　图10-137

06 打开“3D和材质”面板。拖曳出图10-138所示的选框，将文字选取，之后拖曳到该面板中创建为贴图，如图10-139所示。

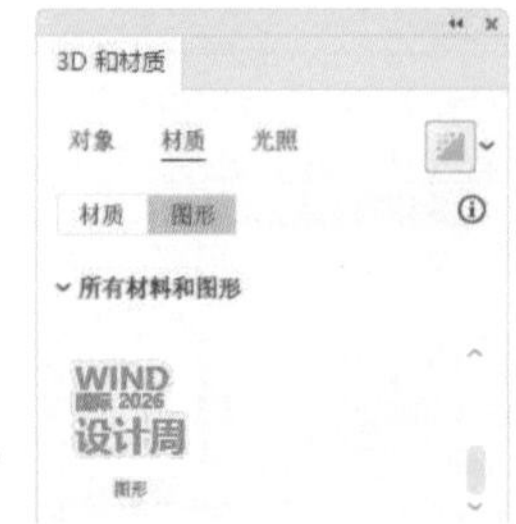

图10-138　图10-139

07 使用文字工具 T 创建两组文字，一组左对齐，一组右对齐，如图10-140所示，将它们分别拖曳到“3D和材质”面板中，如图10-141所示。

图10-140　图10-141

08 选择矩形工具▭，在画板上单击，打开“矩形”对话框，参数设置如图10-142所示，创建矩形，填充白色，无描边。单击“3D和材质”面板中的按钮，创建3D对象并设置参数，如图10-143~图10-145所示。

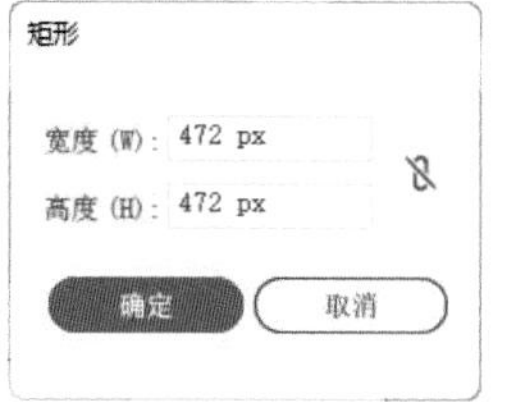

图10-142

图10-143

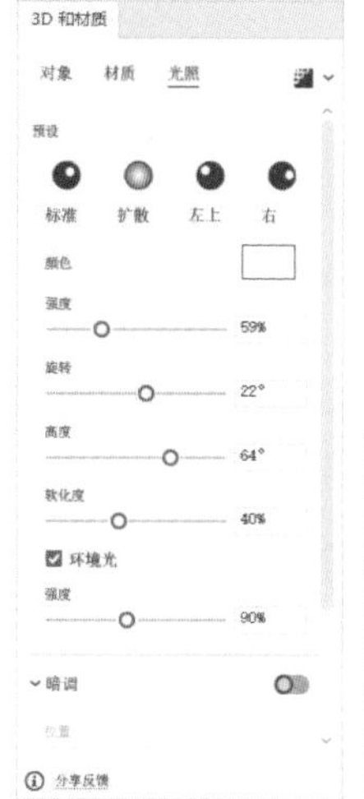

图10-144

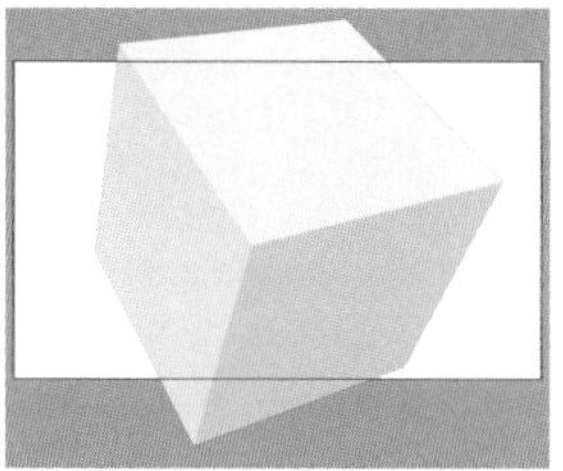

图10-145

09 保持3D对象的被选取状态。单击图10-146所示的贴图，将其贴在3D对象表面，如图10-147所示。

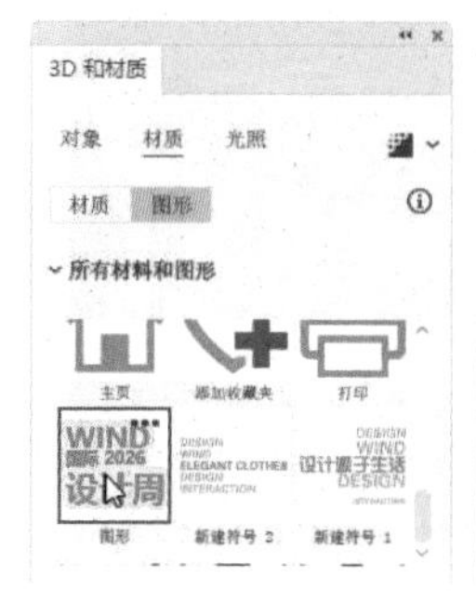

图10-146

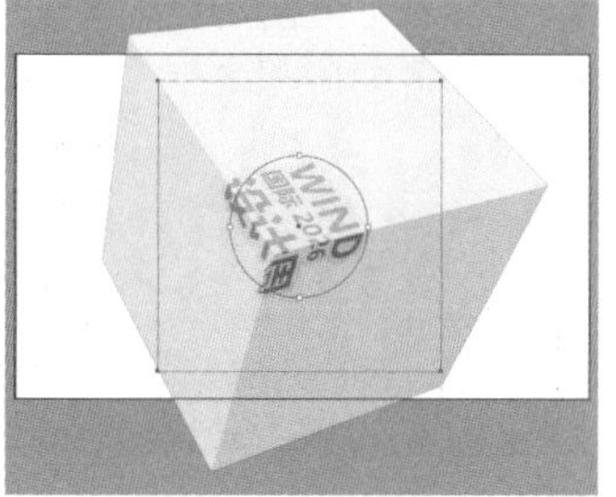

图10-147

10 将光标放在圆形控件内部，进行拖曳，移动贴图，如图10-148所示。在控制点外拖曳光标，旋转贴图，如图10-149所示。在控制点上拖曳光标，对贴图进行缩放，如图10-150所示。

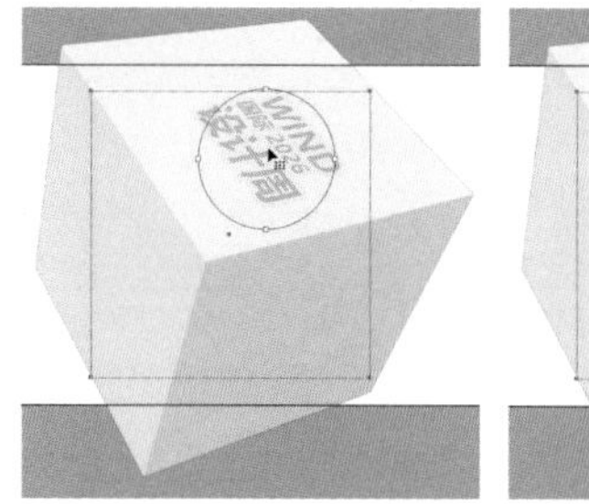

图10-148

图10-149

图10-150

11 单击图10-151所示的贴图，并调整到3D对象的另一侧表面，如图10-152所示。

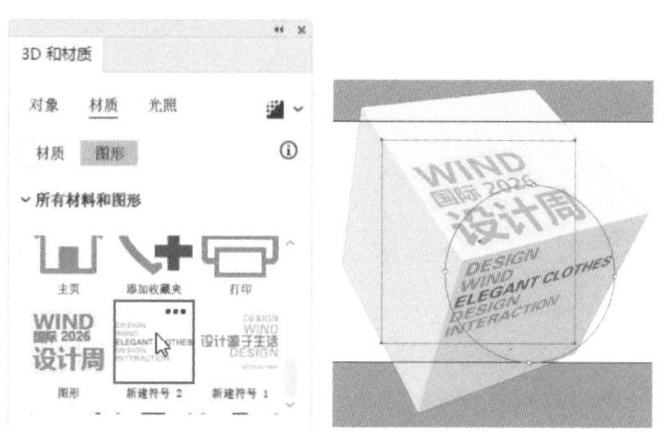

图10-151　　图10-152

12 继续为3D对象添加贴图，如图10-153所示，效果如图10-154所示。

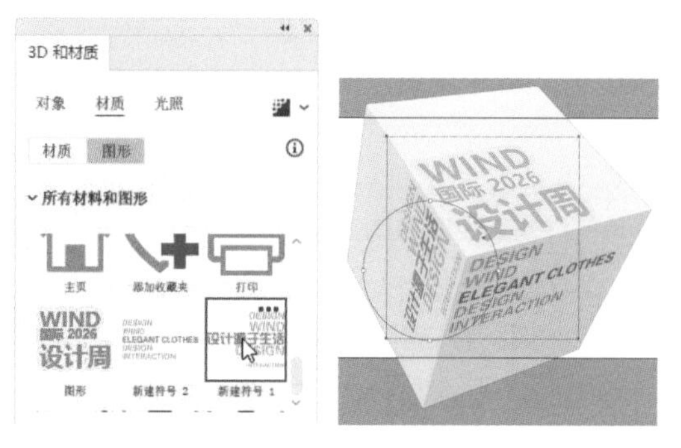

图10-153　　图10-154

⓭ 单击“3D和材质”面板中的按钮，进行渲染，效果如图10-155所示。

⓮ 选择多边形工具，拖曳光标并同时按↓键，创建三角形，填充白色，无描边，如图10-156所示。

图10-155　　图10-156

⓯ 拖曳控制点将其拉高，如图10-157所示。单击“3D和材质”面板中的按钮创建3D对象，并设置参数，如图10-158~图10-160所示。

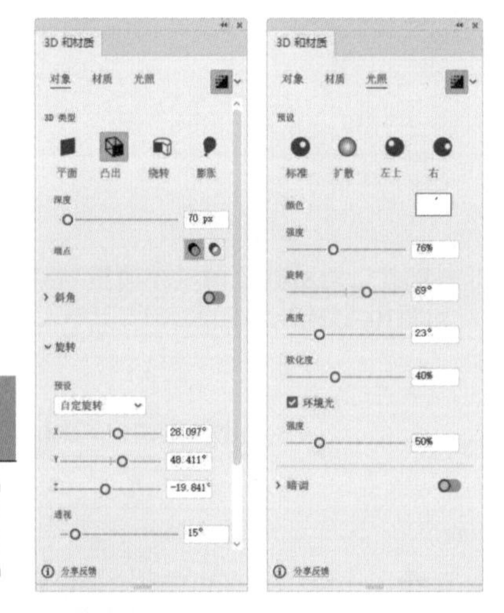

图10-157　图10-158　图10-159

图10-160

⓰ 使用选择工具并按住Alt键拖曳三角形，进行复制，调整角度，效果如图10-161所示。

⓱ 将之前创建的文字调整一下布局，移动到左侧立体对象的下方，如图10-162所示。创建一个矩形，填充图10-163所示的渐变，按Alt+Ctrl+[快捷键移至底层，作为背景，如图10-164所示。

图10-161

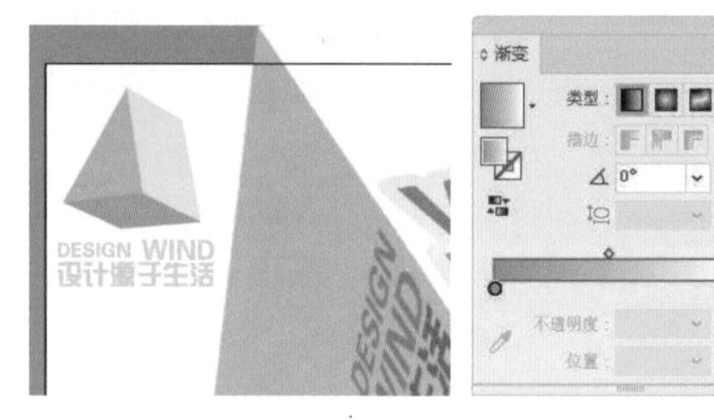

图10-162　　图10-163

图10-164

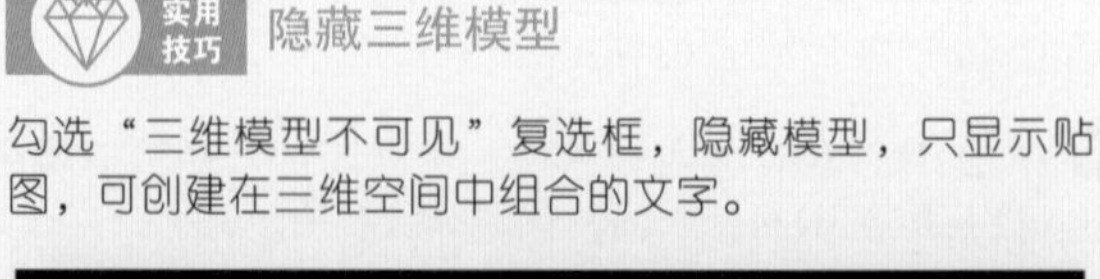

实用技巧　隐藏三维模型

勾选“三维模型不可见”复选框，隐藏模型，只显示贴图，可创建在三维空间中组合的文字。

显示模型（左图）/隐藏模型（右图）

10.8 课后作业：咖啡广告

打开素材，输入文字（文字居中对齐）并调整颜色，如图10-165所示。按照图10-166所示的参数修改文字的大小和行距。执行“效果”|“变形”|“波形”命令，对文字进行扭曲，如图10-167和图10-168所示。单击“3D和材质”面板中的按钮，创建3D文字（“深度”为5pt），如图10-169~图10-172所示。具体操作方法可参见视频教学。

图10-165

大小63/行距51
大小85/行距85
大小64/行距71
大小85/行距85

图10-166

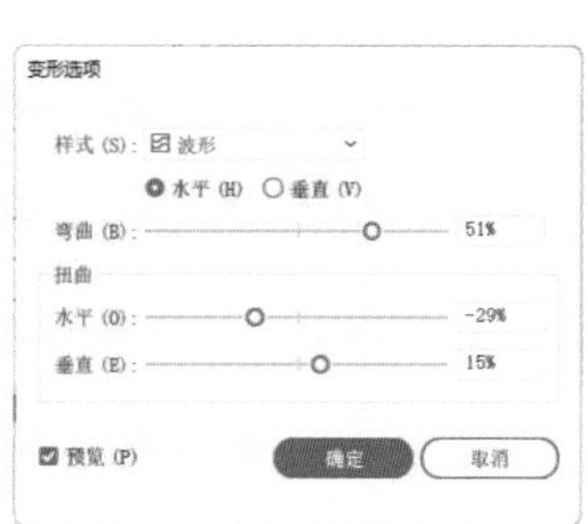

图10-167

图10-168

图10-169

图10-170

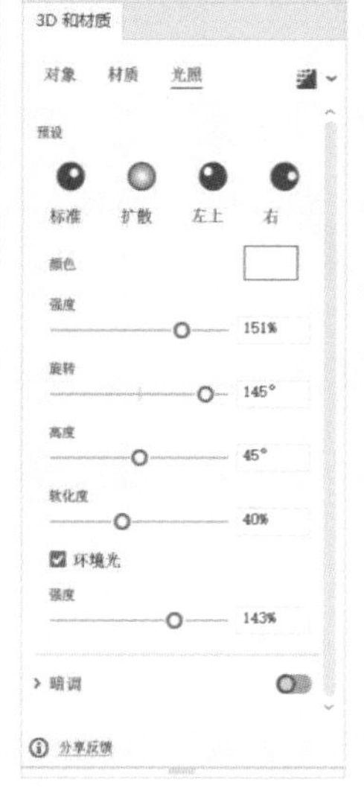

图10-171

图10-172

10.9 问答题

1. 在Illustrator中使用其他程序创建的文本时，怎样操作能保留文本的字符和段落格式？
2. 怎样对文字的填色和描边应用渐变？
3. 在“字符”面板中，可以调整字距的选项有哪些？有何区别？
4. 什么是溢流文本？出现溢流文本时应该怎样处理？
5. 创建文本绕排效果时，对文字和用于绕排的对象有哪些要求？

AI

高级上色：

第11章 渐变网格与上色技巧

本章简介

本章介绍Illustrator中的高级上色功能。其中，渐变网格在表现颜色变化和色彩的细微过渡方面有其独到之处，只要有足够的细心和耐心，就能用它制作出照片级的真实效果。
实时上色可以对路径所形成的"分割"区域分别上色和描边。操作过程有如在涂色簿上填色，或是用水彩为铅笔素描上色。
本章还会介绍专色、全局色，以及全局编辑方法，这些在设计工作中也都非常有用，可以让设计标准化并简化工作流程。

学习重点

11.1 渐变网格

渐变网格是一种网格状图形，可以用多种颜色填充，并可控制颜色的混合位置及渐变范围，适合表现复杂的颜色变化效果。

11.1.1 认识渐变网格

渐变网格对象包含网格点、网格线和网格片面，如图11-1所示。其颜色效果与任意形状渐变有点相似，如图11-2所示。但该功能更加灵活，因为网格上的颜色可以沿不同方向、从一点平滑地过渡到另一点，而且移动和编辑网格点，可修改颜色范围，如图11-3所示。

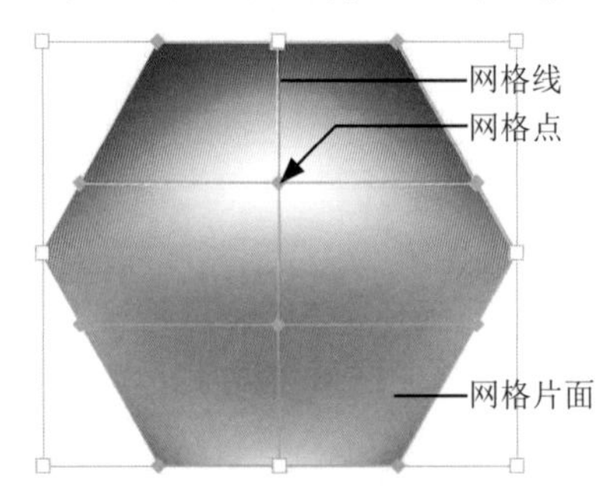

渐变网格
图11-1

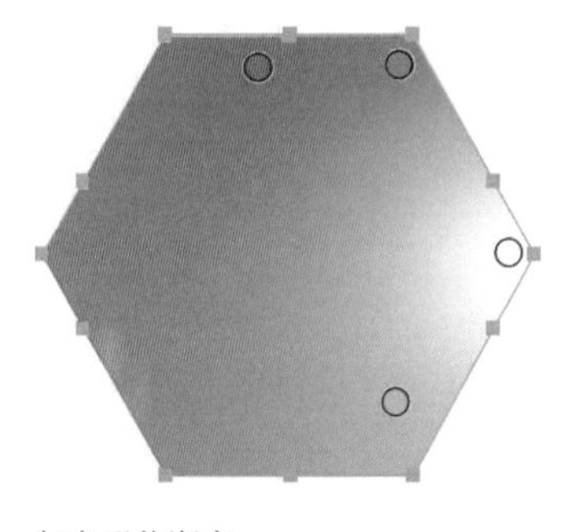
任意形状渐变
图11-2

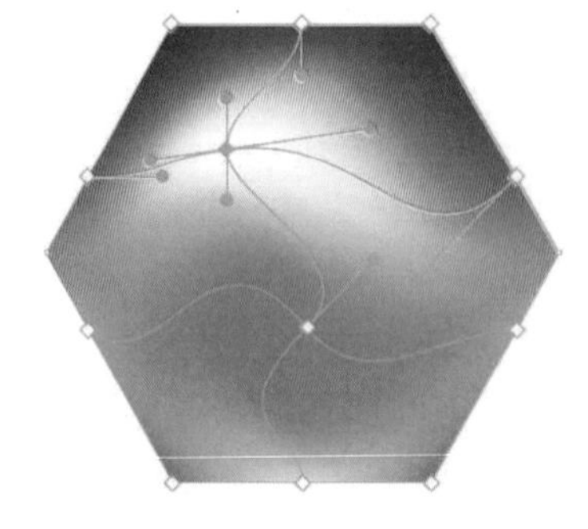
渐变网格
图11-3

在Illustrator中如果想制作照片级的写实效果，渐变网格是不二之选，图11-4所示为机器人的渐变网格结构，图11-5所示为上色效果。

图 11-4

图 11-5

11.1.2 创建渐变网格

渐变网格可以通过两种方法来创建。

用工具创建

选择网格工具，将光标放在图形上，光标变为状时，如图 11-6 所示，单击，可将图形转换为渐变网格对象并在单击处生成网格点，以及网格线和网格片面，如图 11-7 所示。

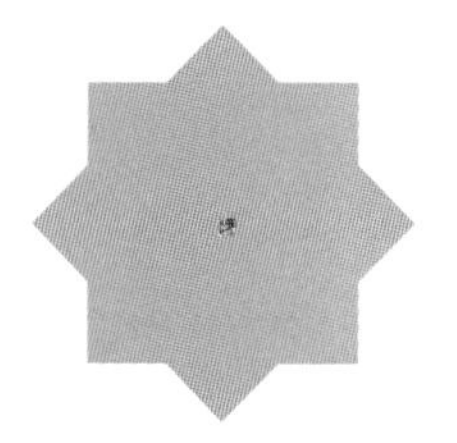

图 11-6

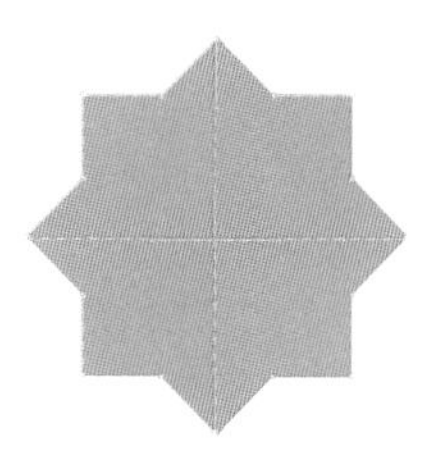

图 11-7

用命令创建

使用网格工具创建渐变网格的优点是可在需要的位置添加网格点，而使用命令创建，可自定义网格线的数量，且在对称位置生成网格线。操作时，选择对象，执行“对象”|“创建渐变网格”命令，打开“创建渐变网格”对话框进行设置，如图 11-8 所示。

- 行数/列数：用来设置水平和垂直网格线的数量。
- 外观：用来设置高光的位置和创建方式。选择“平淡色”选项，不会创建高光，如图 11-9 所示；选择“至中心”选项，可在对象中心创建高光，如图 11-10 所示；选择“至边缘”选项，可在对象边缘创建高光，如图 11-11 所示。

图 11-8

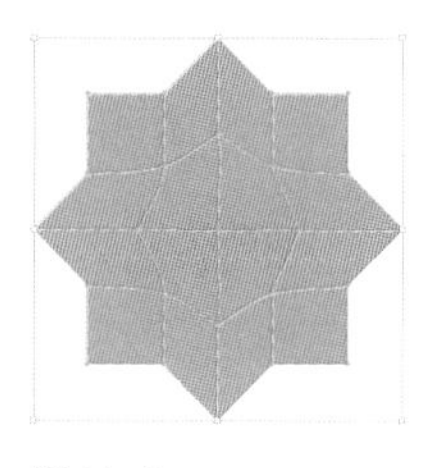

图 11-9

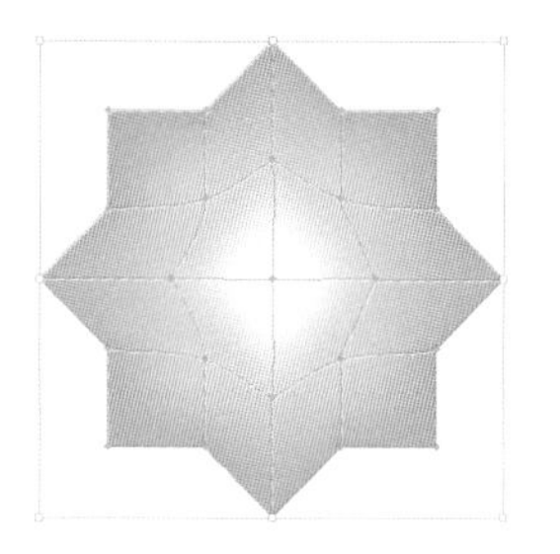

图 11-10

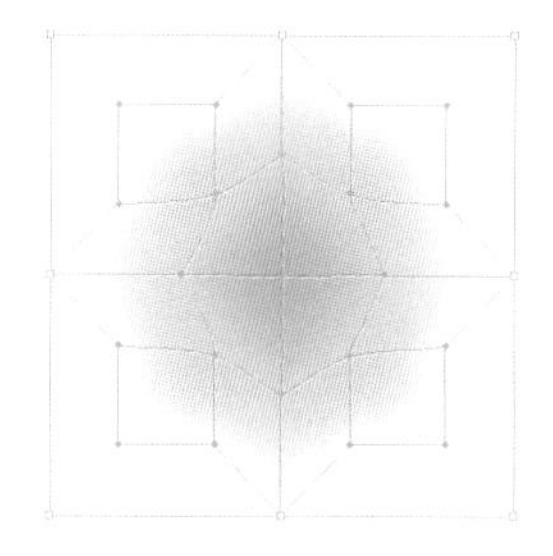

图 11-11

- 高光：用来设置高光的强度。该值为 100% 时，可以将最大强度的白色高光应用于对象；该值为 0% 时，不会应用白色高光。

> 提示
>
> 矢量对象（除复合路径和文本）、嵌入Illustrator文档中的图像（非链接状态）都可用来创建渐变网格。渐变网格中的颜色过多，会使计算机性能降低，制作复杂颜色效果时，最好创建若干小且简单的网格对象，组成复杂的效果。

> **实用技巧** 将渐变转换为渐变网格
>
> 选择填充了渐变的对象，使用网格工具单击，可将其转换为渐变网格对象，但会丢失渐变颜色。如果要保留渐变，可以执行“对象”|“扩展”命令，在打开的对话框中勾选“填充”和“渐变网格”复选框即可。

选择渐变对象

用网格工具单击

11.1.3 实例：为网格点和网格片面着色

为网格点和网格片面着色之前，需要先单击工具栏底部的“填色”按钮，切换到填色编辑状态（也可按X键来切换填色和描边状态），如图 11-12 所示。

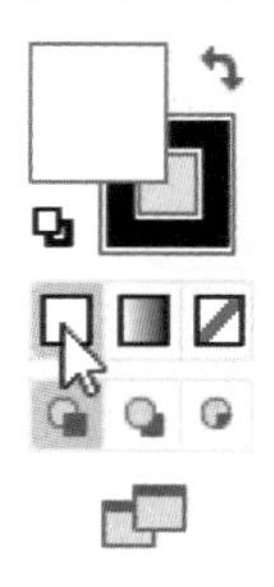

图 11-12

01 打开心形素材（制作方法参见第6章），如图11-13所示。在“颜色”面板或“色板”面板中设置填充颜色，如图11-14所示。

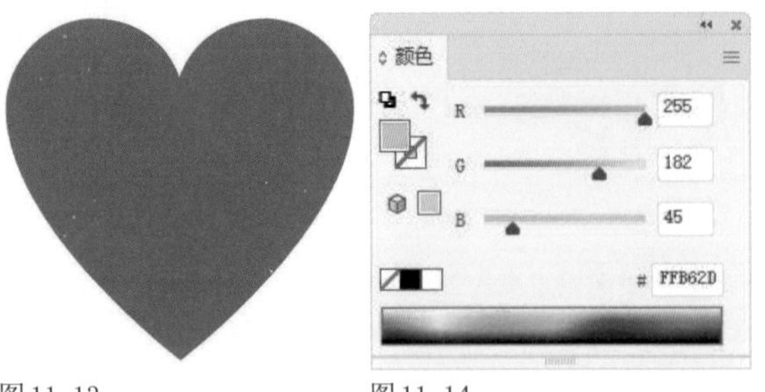

图11-13　　图11-14

02 选择网格工具，将光标放在图形上（光标会变为状），如图11-15所示。单击，将图形转换为网格对象，如图11-16所示。

图11-15　　图11-16

03 再添加一个网格点，如图11-17所示。拖曳“颜色”面板中的滑块调整其颜色，如图11-18和图11-19所示。

图11-17

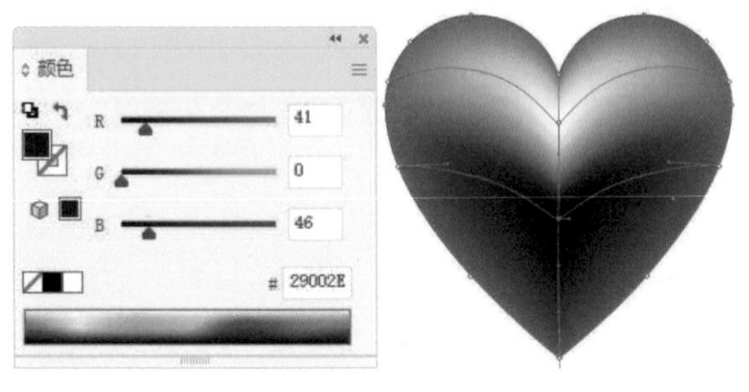

图11-18　　图11-19

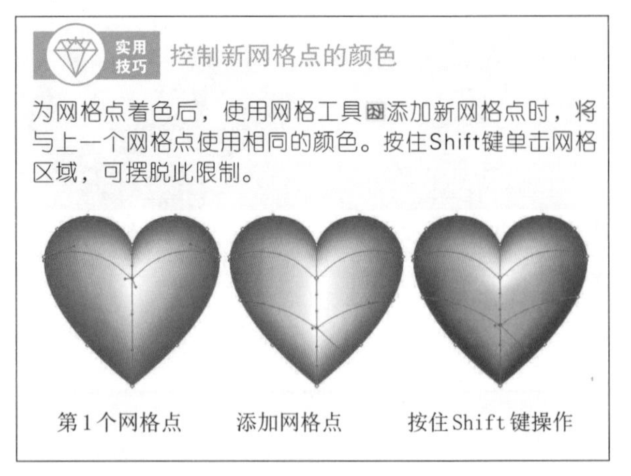

实用技巧　控制新网格点的颜色

为网格点着色后，使用网格工具添加新网格点时，将与上一个网格点使用相同的颜色。按住Shift键单击网格区域，可摆脱此限制。

第1个网格点　　添加网格点　　按住Shift键操作

04 使用直接选择工具在网格片面上单击，进行选择，如图11-20所示，通过“颜色”面板调色，如图11-21和图11-22所示。

图11-20

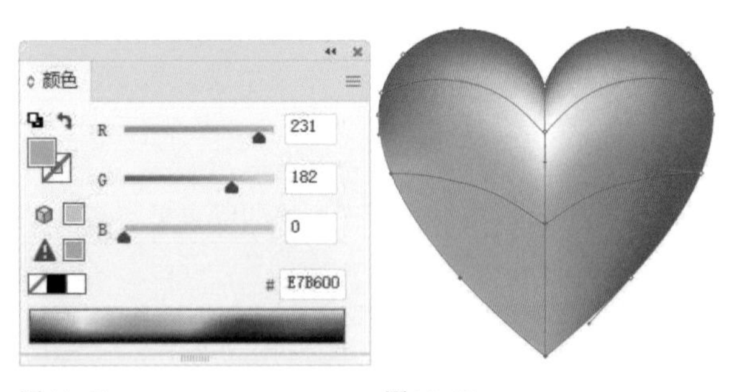

图11-21　　图11-22

05 将“色板”面板中的一个色板拖曳到网格片面（或网格点）上，也可为其着色，如图11-23所示。

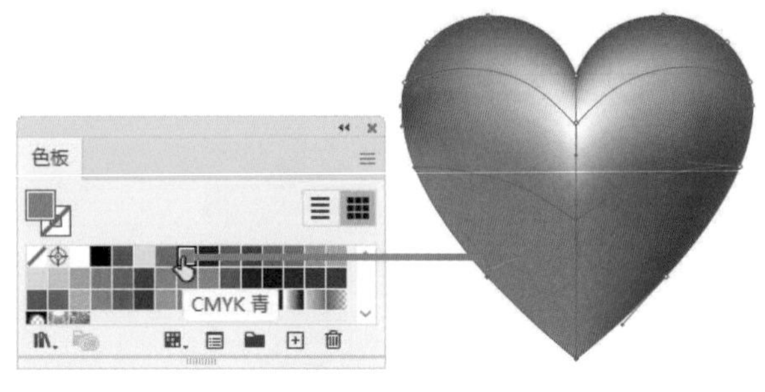

图11-23

实用技巧　为渐变网格拾取颜色

使用直接选择工具 单击网格点或网格片面后，使用吸管工具 在一个单色填充的对象上单击，可拾取颜色。

选择网格点　　用吸管工具拾取颜色

11.1.4　实例：编辑网格点

网格点与锚点类似，但其形状为菱形，可接受颜色，锚点则为方形，不能接受颜色。

01 打开素材。使用网格工具 在网格线或网格片面上单击，添加网格点，如图11-24和图11-25所示。将光标移动到网格点上，按住Alt键（光标会变为 状），如图11-26所示，单击可删除网格点。与此同时，由该点连接的网格线也会被删除，如图11-27所示。

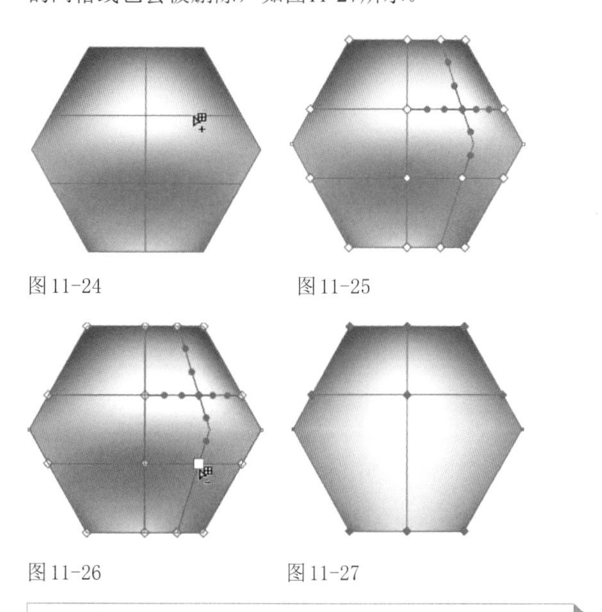

图11-24　图11-25

图11-26　图11-27

> 提示
>
> 使用添加锚点工具 和删除锚点工具 可以在网格线上添加和删除锚点。但锚点仅限于可调整网格线形状，不能着色。

02 选择网格工具 ，将光标放在网格点上，光标变为 状时，如图11-28所示，单击可选择网格点（选中的网格点为实心菱形），如图11-29所示。此外，使用直接选择工具 在网格点上单击，也可以选择网格点。按住Shift键单击网格点，则可将其一同选取，如图11-30和图11-31所示。拖曳出一个矩形选框，可将其范围内的所有网格点都选中，如图11-32所示。如果要选取非矩形区域内的多个网格点，可以使用套索工具 并按住Shift键拖曳出选框进行选取，如图11-33所示。

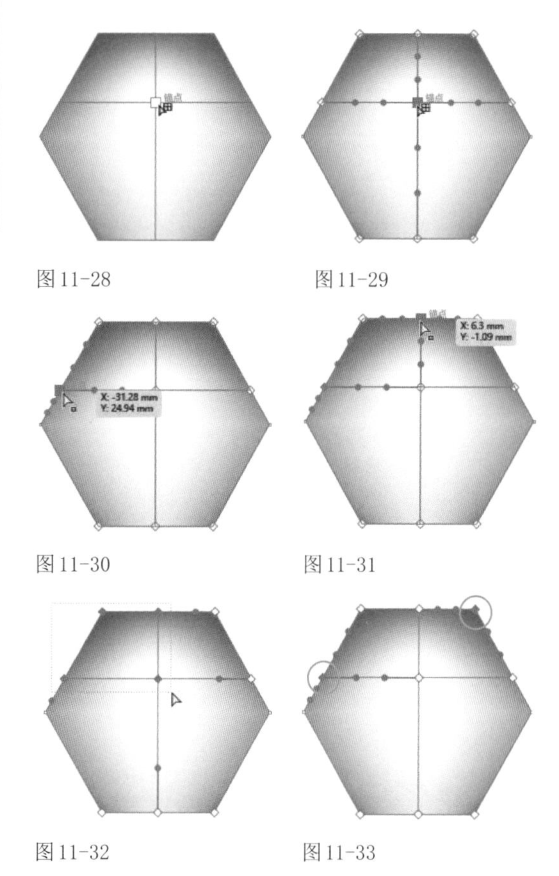

图11-28　图11-29

图11-30　图11-31

图11-32　图11-33

03 如果要移动网格点，可以使用直接选择工具 和网格工具 对其进行拖曳。使用网格工具 时，按住Shift键拖曳，可以将移动范围限制在网格线上，如图11-34和图11-35所示。当需要沿一条弯曲的网格线移动网格点时，采用这种方法操作不会扭曲网格线。如果要移动网格片面，可以使用直接选择工具 拖曳网格片面。

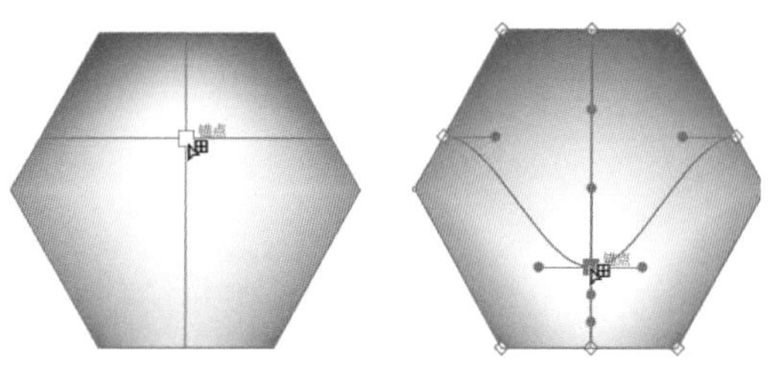

图11-34　图11-35

04 如果想修改网格线的形状，可使用网格工具 或直接选择工具 拖曳方向点，如图11-36所示。使用网格工具 时，按住Shift键拖曳，可同时调整该点上的所有方向线，如图11-37所示。

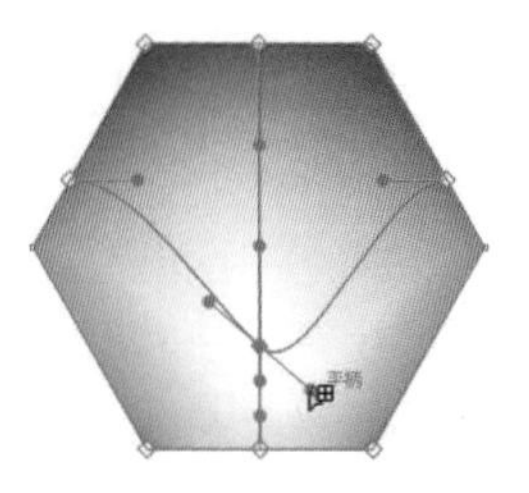

图11-36

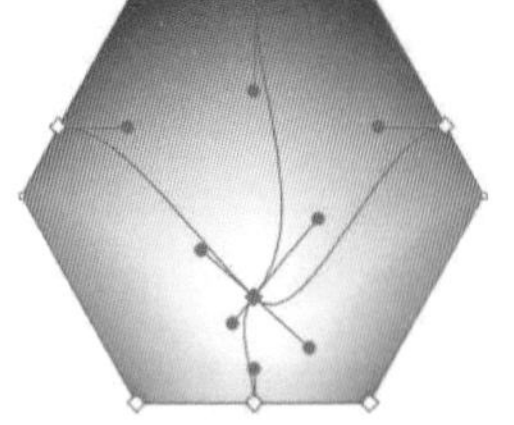

图11-37

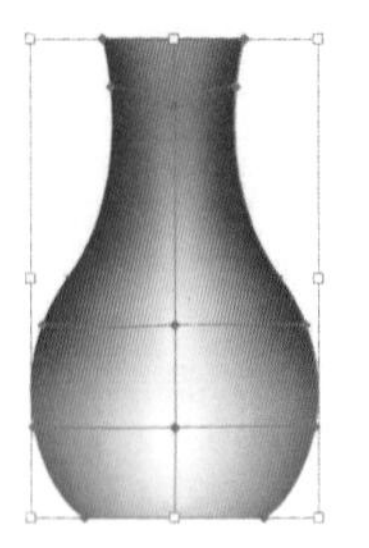

图11-38

11.1.5 提取路径

选择网格对象，如图11-38所示，执行“对象”|“路径”|“偏移路径”命令，打开“偏移路径”对话框，将“位移”值设置为0mm，如图11-39所示，可以得到与网格图形相同的路径。新路径与网格对象重叠，可以使用选择工具▶将其移开，如图11-40所示。

图11-39

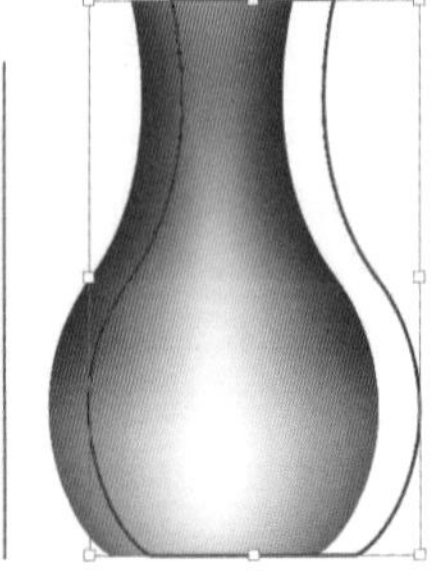

图11-40

11.2 实时上色

实时上色是一种为图形上色和描边的方法，其特点是可以用路径划分出上色区域，并可动态调整，上色过程就像在涂色簿上填色，或是用水彩为铅笔素描上色。

11.2.1 实时上色组

选择多个重叠的对象，如图11-41所示，执行“对象”|“实时上色”|“建立”命令，创建实时上色组，如图11-42所示。图稿会被路径分割成不同的区域、生成表面和边缘。

图11-41

图11-42

> 提示
>
> 有些对象不能直接创建实时上色组，如文字、图像和画笔，需要先转换为路径。如果是文字，可以使用“文字”|“创建轮廓”命令转换为路径；如果是其他对象，则可执行“对象”|“扩展”命令转换。

实时上色的“实时”二字体现在表面可以填色，边缘可以描边，如图11-43所示，并可随时修改颜色。此外，使用直接选择工具▷或锚点工具⊾修改路径的形状时，填色和描边会自动应用到新的区域，如图11-44和图11-45所示。

图11-43

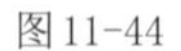

图11-44

图11-45

11.2.2　实时上色方法

进行实时上色时不必选择对象，只要在“色板”面板，或者“颜色”和“渐变”面板中设置填充颜色，如图11–46所示，之后选择实时上色工具，将光标移动到对象上方，当检测到表面时，会突出显示红色的边框，同时，工具上方还会显示当前选取的颜色。如果是从“色板”面板中选取的颜色，会显示3个色板，如图11–47所示。中间是当前选取的颜色，两侧是与其相邻的颜色（可按←键和→键切换颜色），单击，即可填色，如图11–48所示。

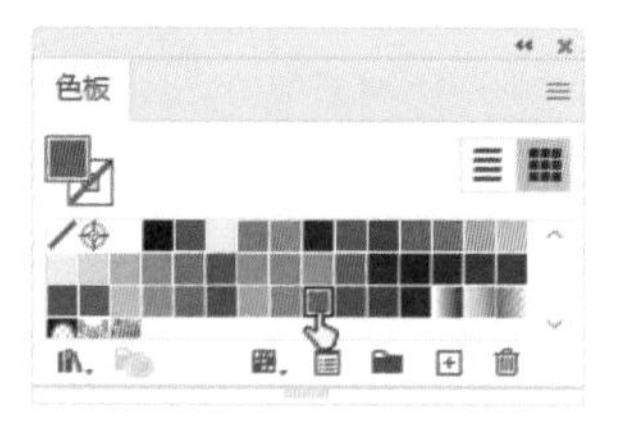

图11–46

图11–47

图11–48

为边缘上色时，也是先设置描边颜色，如图11–49所示，之后按住Shift键（光标会变为状），将光标移动到边缘上方（此时光标变为状），如图11–50所示，单击即可。上色后，还可使用实时上色选择工具或直接选择工具单击边缘，之后修改描边粗细，如图11–51所示。

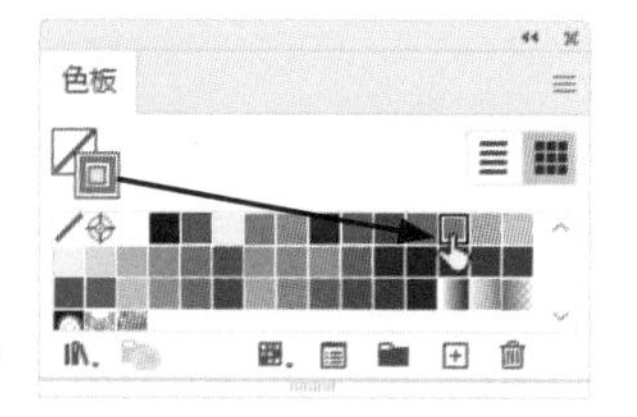

图11–49

图11–50

图11–51

如果要对多个表面上色，则需要使用实时上色选择工具按住Shift键单击这些表面，将其选择，然后再进行上色。如果要为相互连接的表面上色，则跨这些表面拖曳光标即可，不必选择对象。

提示

有3种工具可用于编辑实时上色对象，其中实时上色选择工具可以选择实时上色组中的各个表面和边缘；直接选择工具可以选择实时上色组内的路径；选择工具可以选择整个实时上色组。

11.2.3　实例：花仙子插画

01 打开素材，如图11-52所示。按Ctrl+A快捷键全选，执行“对象”|“实时上色”|“建立”命令，创建实时上色组，如图11-53所示。按住Ctrl键在画板外单击，取消选择，如图11-54所示。

图11-52

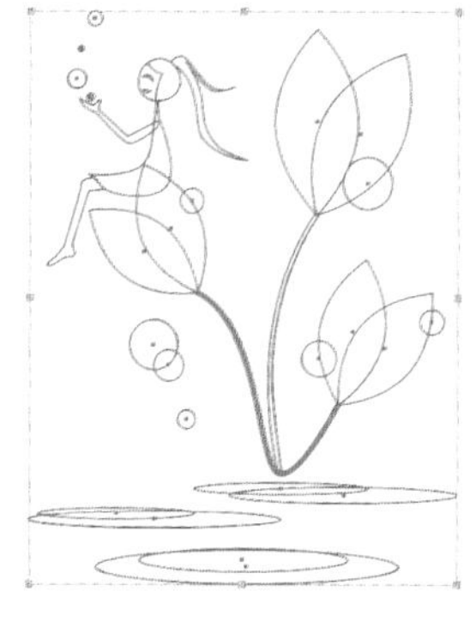
图11-53

图11-54

02 将填色设置为当前状态并设置颜色，如图11-55所示。选择实时上色工具。将光标放在对象上方，当检测到表面时会显示红色的轮廓，如图11-56所示，工具上方会出现当前设定的颜色，单击，填充颜色，如图11-57所示。为其他图形填充相同的颜色，如图11-58所示。

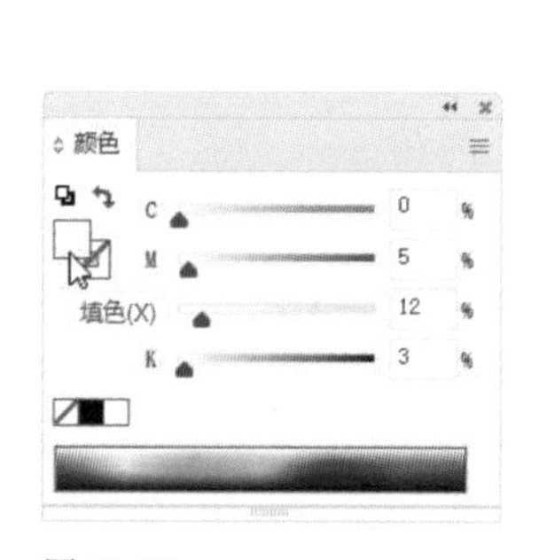

图11-55

图11-56

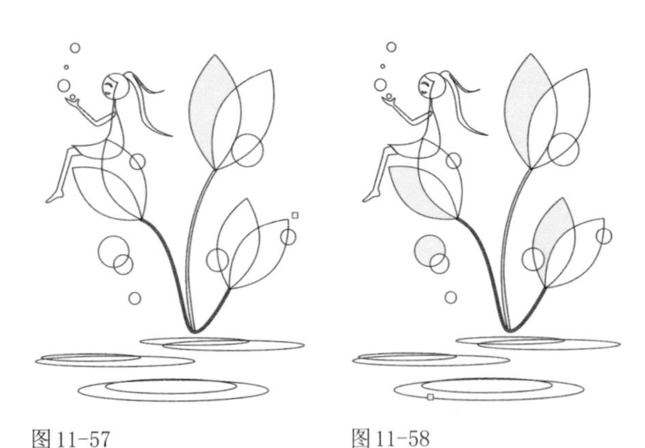

图11-57　　图11-58

03 调整颜色并继续填色，如图11-59~图11-62所示。

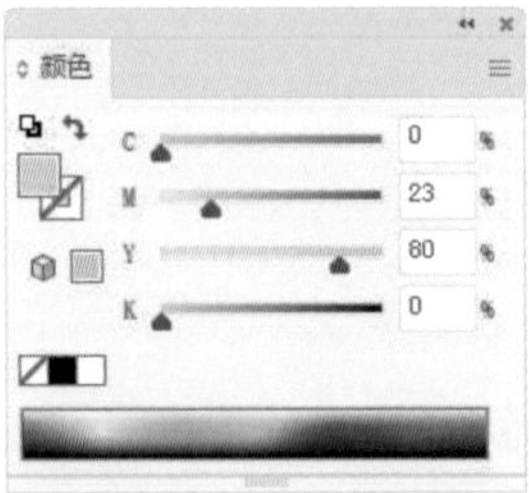

图11-59

图11-60

图11-61

图11-62

04 为花茎上色，如图11-63和图11-64所示。

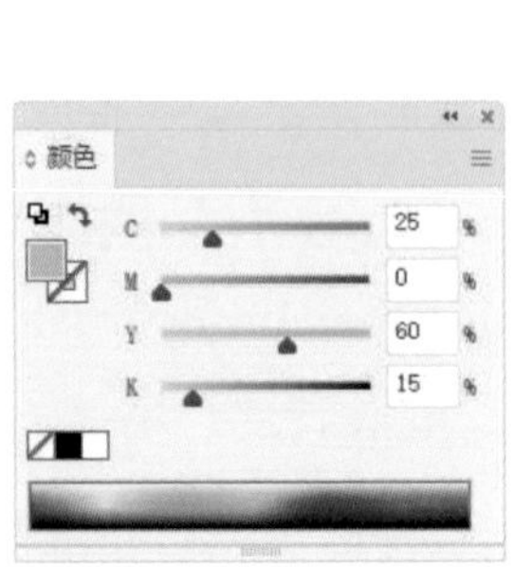

图11-63

图11-64

05 使用选择工具单击实时上色组，如图11-65所示，在“控制”面板中删除描边，如图11-66和图11-67所示。

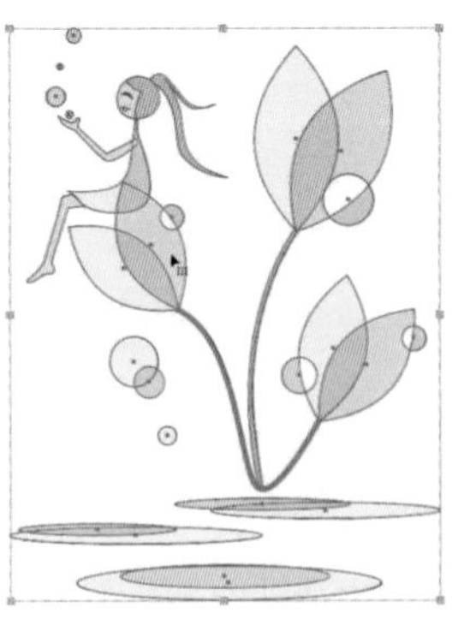

图11-65

图11-66

图11-67

11.2.4　实例：电话标签

创建实时上色组后，向其中添加路径，可以生成新表面和边缘。下面通过这种方法制作电话标签。

01 打开素材，如图11-68所示。按Ctrl+A快捷键全选，执行“对象”|“实时上色”|“建立”命令，建立实时上色组。

02 取消选择。将填色设置为当前状态，设置颜色，如图11-69所示。选择实时上色工具填色，如图11-70~图11-72所示。

图11-68

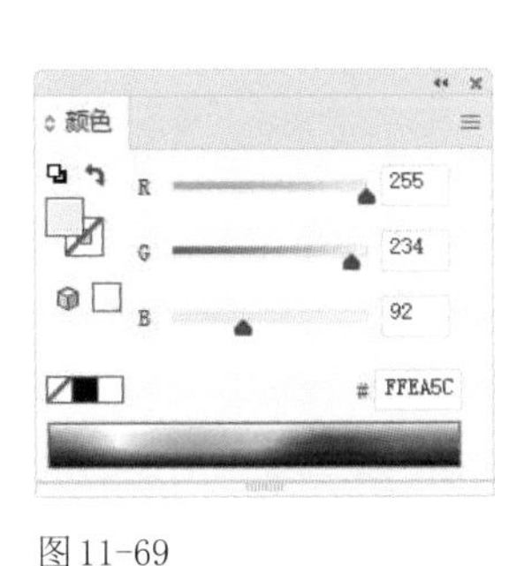

图11-69

图11-70

图11-71

图11-72

03 修改对象的填充颜色，如图11-73所示，继续上色，如图11-74~图11-76所示。

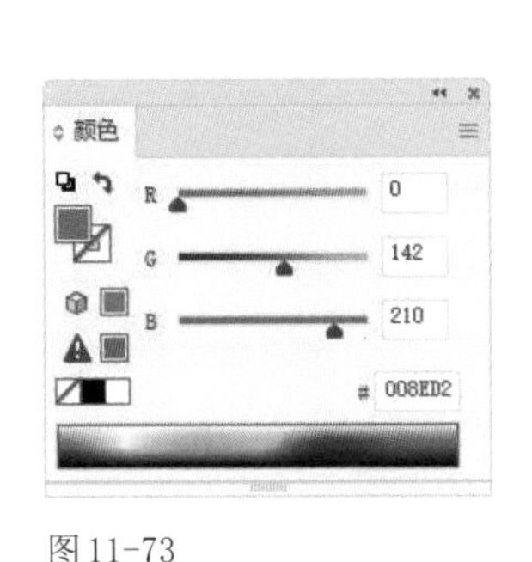

图11-73

图11-74

图11-75

图11-76

04 设置渐变颜色，如图11-77所示，为下方图形填充渐变，如图11-78所示。

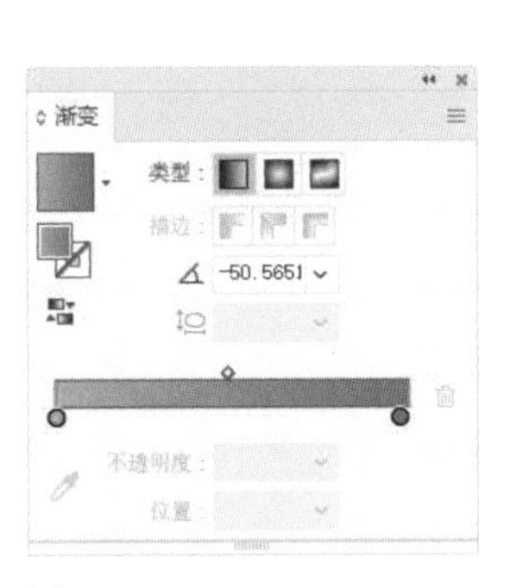

图11-77

图11-78

05 按Ctrl+A快捷键全选，在“控制”面板中删除描边，如图11-79所示。

06 接下来在实时上色组中添加路径。选择直线段工具 ⁄，按住Shift键拖曳光标，绘制一条直线（位于黄色块与下方蓝色渐变交界），如图11-80所示。

图11-79

图11-80

07 按住Ctrl+A快捷键全选，单击“控制”面板中的“合并实时上色”按钮，如图11-81所示，将路径合并到实时上色组中。合并路径后，可以使用实时上色工具 为新生成的表面填色，如图11-82和图11-83所示。

图11-81

图11-82　　图11-83

11.2.5　封闭间隙

进行实时上色时，会出现颜色渗透到相邻的图形中，或不应该上色的表面被填充了颜色等情况。例如，图11-84所示为实时上色组，图11-85所示为填色效果。可以看到，由于顶部有缺口，为左侧矩形填色时，颜色也渗到右侧的矩形中。

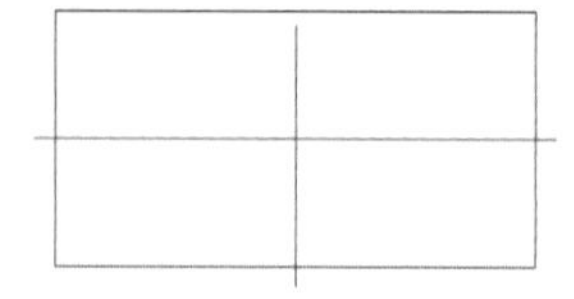

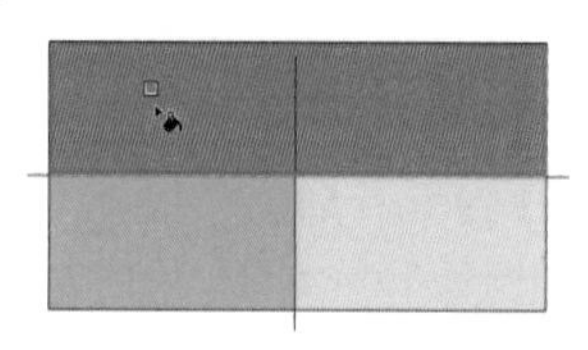

图11-84　　图11-85

出现这种情况，可以选择实时上色对象，执行“对象”|“实时上色”|“间隙选项”命令，打开“间隙选项”对话框，在“上色停止在”下拉列表中选择“大间隙”选项，以封闭路径间的空隙，如图11-86所示。图11-87所示为重新填色的效果，此时空隙虽然存在，但颜色没有出现渗透。

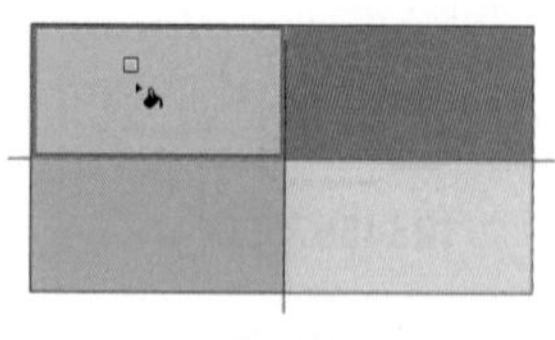

图11-86　　图11-87

11.2.6　释放和扩展实时上色组

选择实时上色组，如图11-88所示，执行“对象”|“实时上色”|“释放”命令，可以将其解散，释放出黑色描边(0.5pt)、无填色的路径，如图11-89所示。

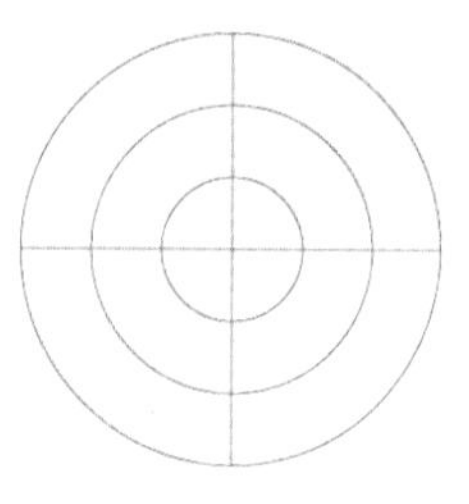

图11-88　　图11-89

执行“对象”|“实时上色”|“扩展”命令，则可将其扩展，即之前由路径分割出来的表面和边缘，成为各自独立的图形，即图稿被真正地分割开了。图11-90所示为删除部分路径后的效果。

图11-90

11.3　颜色参考、专色与全局色

色彩搭配是一门很专业的学问，不同的色彩组合会带给人不同的心理感受，引发联想，也能形成各种感情反应。然而未经专业训练的人在色彩使用上一般都是“跟着感觉走”，效果往往不尽如人意。Illustrator的色彩功能非常强大，可以协助用户做好颜色搭配，并提供了很多专业的色彩工具，下面介绍使用方法。

11.3.1　“颜色参考”面板

在“拾色器”和“颜色”面板中设置好一种颜色之后，如图11-91所示，“颜色参考”面板会基于不同的配色规则生成配色方案，如图11-92所示。

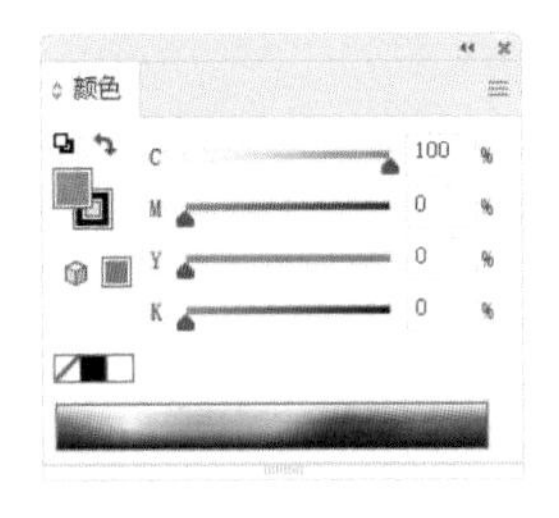

图11-91

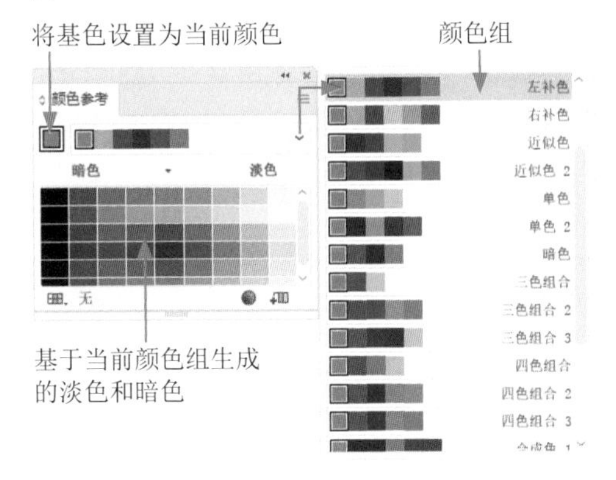

图11-92

"颜色参考"面板按钮及选项

- 颜色组：选取一种颜色后，Illustrator会将其设置为基色，并根据一定的颜色协调规则生成颜色组。
- 将基色设置为当前颜色：单击⌄按钮，打开下拉菜单，可以选择颜色协调规则。例如，选择"单色"选项，可创建包含所有相同色相，但饱和度级别不同的颜色组；选择"高对比色"或"五色组合"选项，可创建一个带有对比颜色、视觉效果更强烈的颜色组。选取其他颜色，如图11-93所示，并单击图11-94所示的"将基色设置为当前颜色"按钮，可以将其指定为基色并重新创建颜色组。

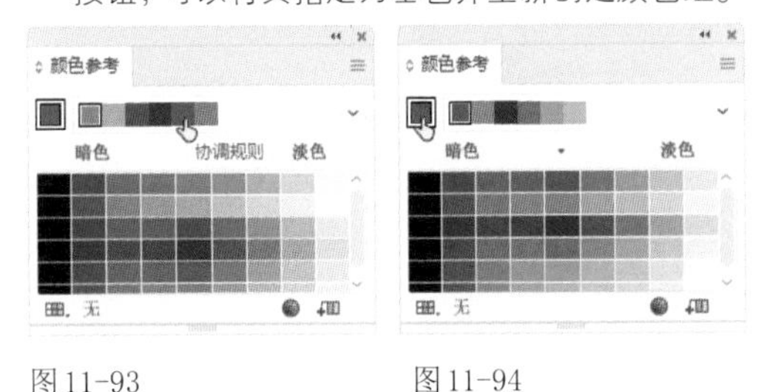

图11-93　图11-94

- 将颜色组限制为某一色板库中的颜色 ：如果要将颜色限定于某一色板库中，可单击 按钮，再从打开的下拉菜单中选择色板库。
- 编辑颜色 ：单击该按钮，可以打开"重新着色图稿"对话框。
- 将颜色保存到"色板"面板 ：单击该按钮，可以将当前的颜色组保存到"色板"面板。
- 基于当前颜色组生成的淡色和暗色：在"颜色参考"面板会为当前颜色组中的每一种颜色创建4种暗色和4种淡色，如图11-95所示。如果想增加或减少颜色数量，可以打开面板菜单，执行"颜色参考选项"命令，在打开的对话框中设置，如图11-96所示。

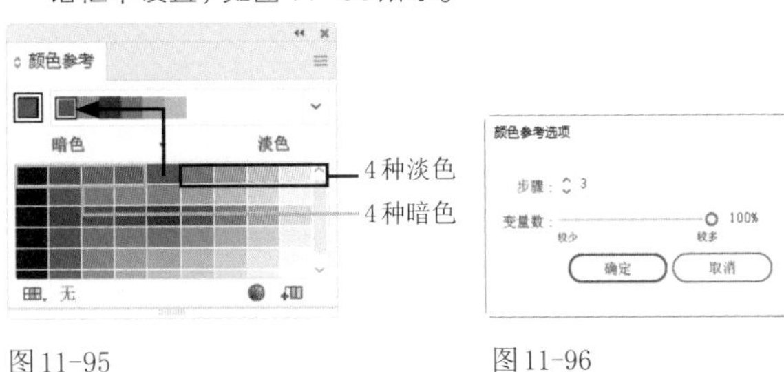

图11-95　图11-96

11.3.2　实例：协调APP界面颜色

01 打开素材。APP界面中的插画图形的颜色对比过强，太过冲撞，与APP界面柔和、温婉的色彩风格不协调，下面借助"颜色参考"面板重新上色。使用选择工具▶拖曳出一个选框，如图11-97所示，将插画图形选取，如图11-98所示。按住Shift键在文字上单击，将其排除，如图11-99所示。

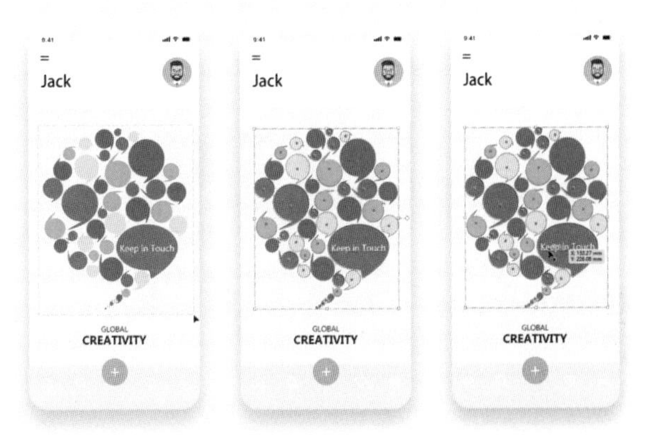

图11-97　图11-98　图11-99

02 执行"对象"|"实时上色"|"建立"命令，建立实时上色组。在画板外单击取消选择。整个界面为暖色，图形的主色改为橙色是比较合适的，其他颜色交由"颜色参考"面板来生成。选择吸管工具，在图11-100所示的位置单击，拾取颜色，如图11-101所示。"颜色参考"面板会立刻生成不同的颜色组。选择"高对比色4"颜色组，如图11-102所示。

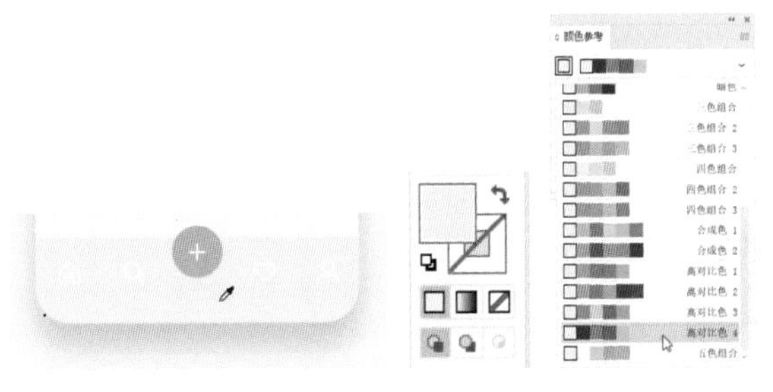

图11-100　图11-101　图11-102

❸ 将填色设置为当前状态，选取颜色并使用实时上色工具 上色，如图11-103~图11-106所示。

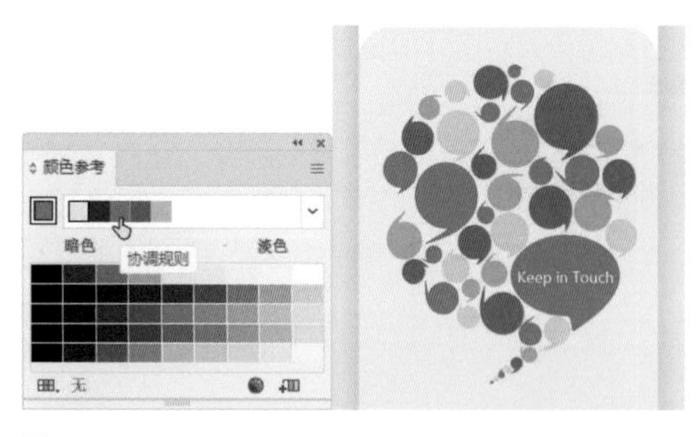

图 11-103

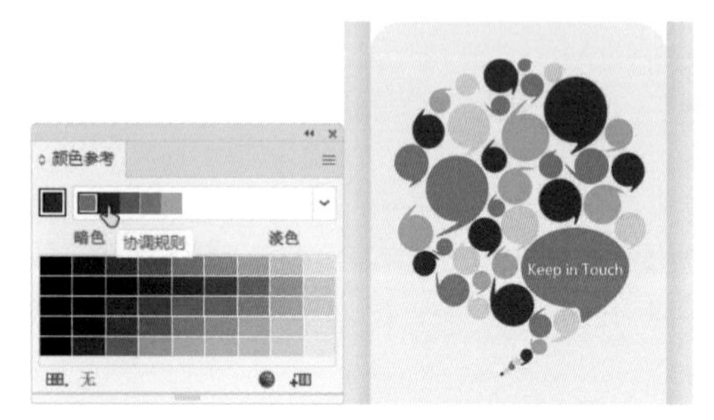

图 11-104

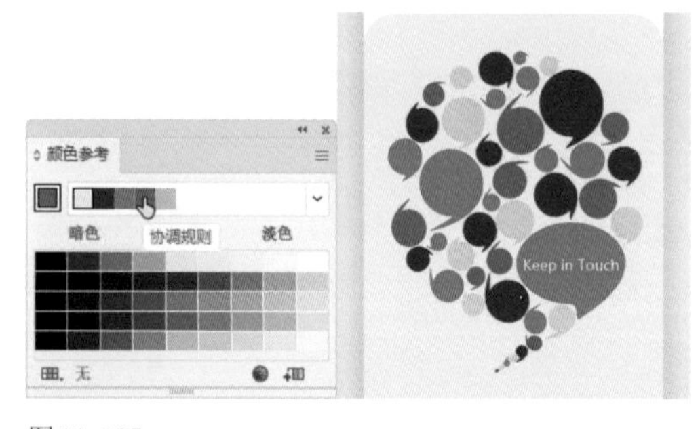

图 11-105

图 11-106

11.3.3 实例：使用PANTONE专色

VI设计、印刷中广泛使用专色。专色是预先混合完成的油墨，就是不是通过CMYK四色油墨混合而成的，可以保证颜色的准确性，降低印刷成本。此外，专色还常用于印制金属色、荧光色、霓虹色等特殊颜色。

国际上普遍采用PANTONE系统作为专色标准。在实际工作中，如果客户提供PANTONE颜色编号，要求作出相应的设计，或者需要使用某种PANTONE专色来打印公司标志，可用本实例介绍的方法找到所需PANTONE专色。

❶ 单击"色板"面板底部的 按钮，打开下拉列表，其中显示了各种类型的色板库，有纯色色板库、渐变库和图案库。打开"色标簿"级联菜单，这里都是用于印刷的各种专色，如图11-107所示。

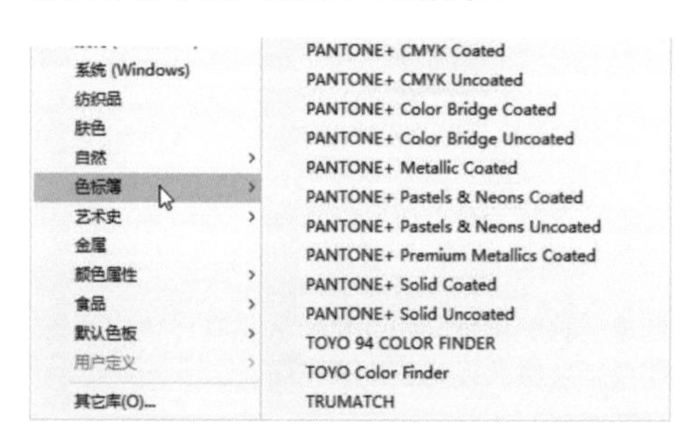

图 11-107

❷ 在菜单中选择PANTONE+Solid Coated色板库，将其打开，如图11-108所示。在 图标右侧单击，输入PANTONE颜色编号，例如"520 C"，便可找到与之对应的颜色，如图11-109所示。

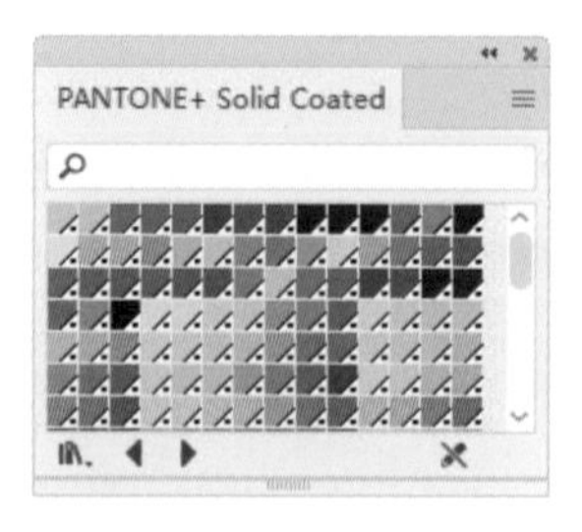

图 11-108

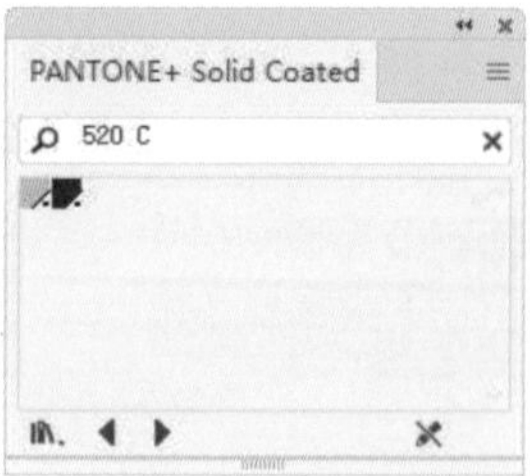

PANTONE+ Solid Coated
520 C

图 11-109

❸ 打开面板菜单，执行"小列表视图"命令，以方便查看专色名称，如图11-110所示。单击所需专色，将其添加到"色板"面板中，如图11-111和图11-112所示，这样就可以用来给图形填色和描边。

❹ 当专色被选取时，拖曳"颜色"面板中的滑块，可调整其明度，如图11-113所示。

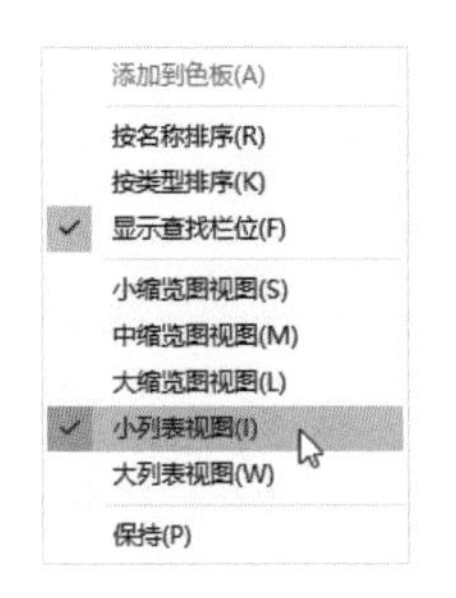
图11-110

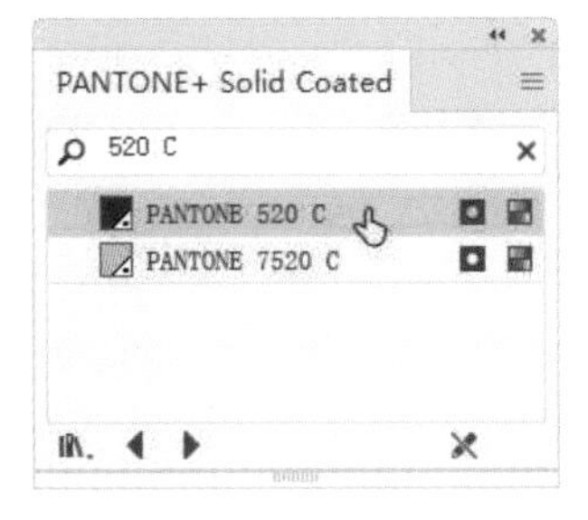
图11-111

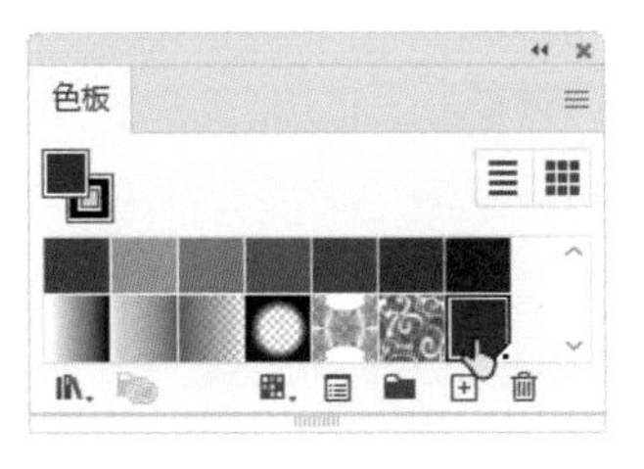
图11-112

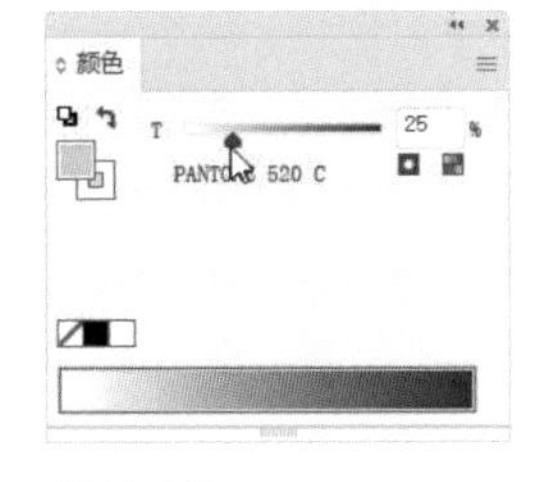
图11-113

11.3.4　实例：定义和使用全局色

“色板”面板保存着图稿使用的所有颜色，将其中的某种颜色定义为全局色之后，不论何时修改此颜色，所有使用了它的对象，不管是否被选取，都会自动更新颜色。

如果图稿没有使用全局色上色，则修改对象颜色之前，先要将其选取，且每一次改色前，都必须这样操作。由于选取对象需要花费一定的时间，所以处理起来比较麻烦。如果对象的颜色需要多次调整才能确定，使用全局色上色是最好的办法。

01 打开素材，如图11-114所示。先将图形的所有填充颜色改为全局色，再统一修改颜色。双击魔棒工具，打开“魔棒”面板，勾选“填充颜色”复选框，“容差”设置为5，如图11-115所示。

图11-114

图11-115

02 在黄色图形上单击，将所有填充了黄色的对象选取，如图11-116所示。单击“色板”面板中的⊞按钮，打开“新建色板”对话框，勾选“全局色”复选框，将黄色定义为全局色，如图11-117所示，单击“确定”按钮关闭对话框。全色色板右下角有一个白色的三角形标记，如图11-118所示。

图11-116

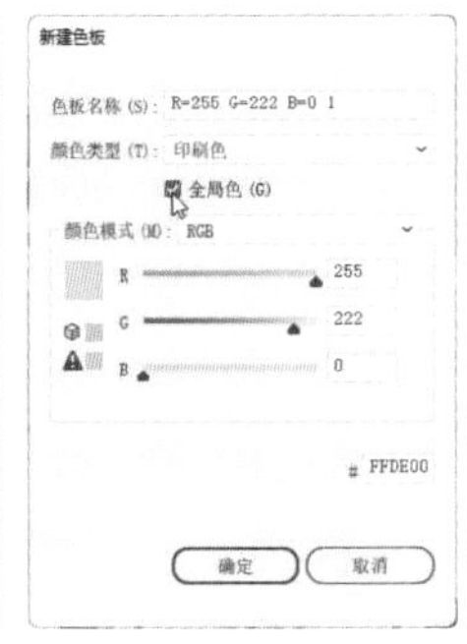
图11-117

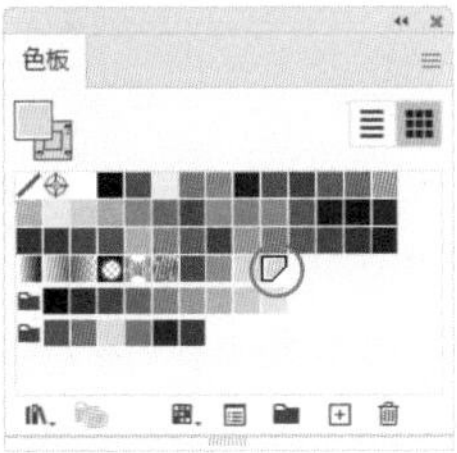

图11-118

03 在普蓝色图形上单击，选取所有类似颜色的对象，如图11-119所示，单击“色板”面板中的⊞按钮，创建全局色。在红色图形上单击，如图11-120所示，之后创建全局色。

图11-119

图11-120

04 取消“填充颜色”复选框的勾选，勾选“描边颜色”复选框，“容差”设置为5，如图11-121所示。在红色虚线上单击，如图11-122所示，用图11-123所示的专色描边。

图11-121

图11-122

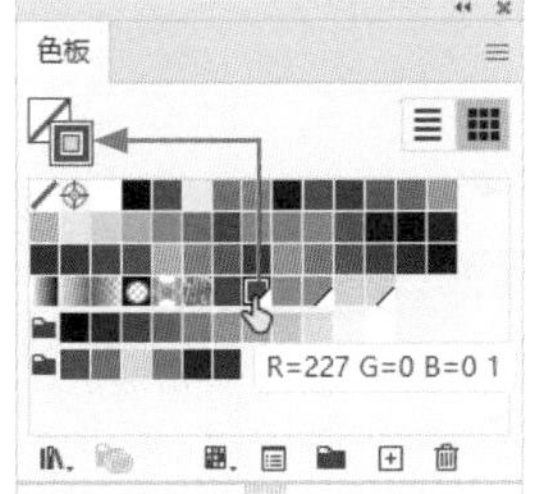

图11-123

05 在黑色描边上单击，如图11-124所示，单击“色板”面板中的⊞按钮，创建全局色，如图11-125所示。按Shift+Ctrl+A快捷键取消选择。

图11-124

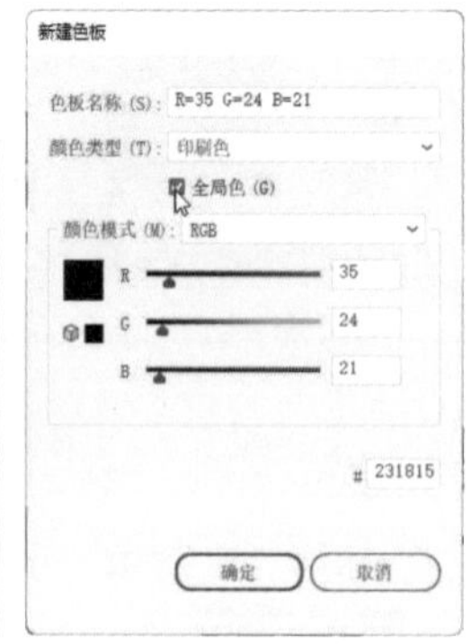

图11-125

06 打开“色板”面板菜单，执行“按类型排序”命令，将全局色调整到一处，如图11-126所示。

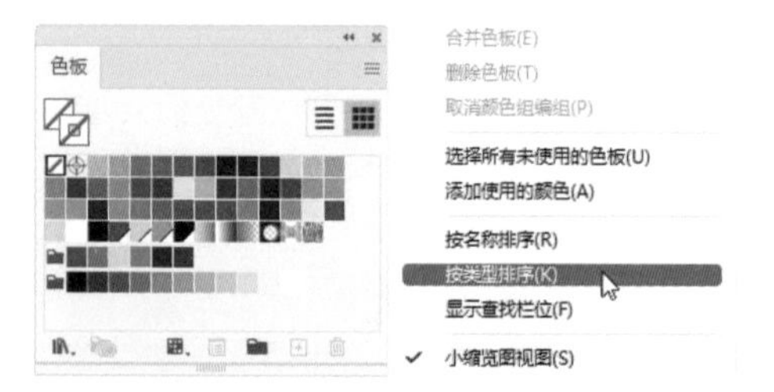

图11-126

07 使用选择工具▶单击背景黄色图形，如图11-127所示，单击“工具”面板中的■按钮，如图11-128所示，填充渐变，如图11-129所示。

图11-127

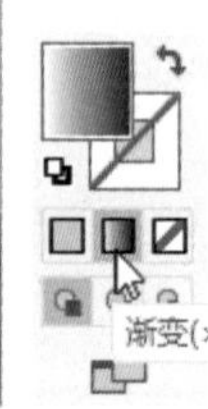

图11-128

图11-129

08 将黄色色板拖曳到黑色渐变滑块上，替换其颜色，如图11-130所示。将渐变角度设置为90°，并移动滑块位置，如图11-131和图11-132所示。

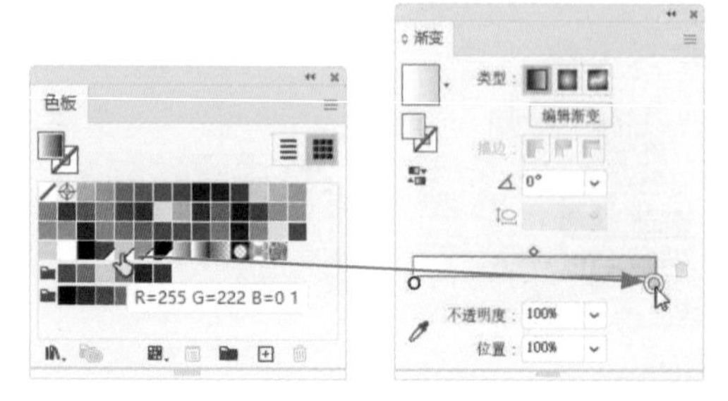

图11-130

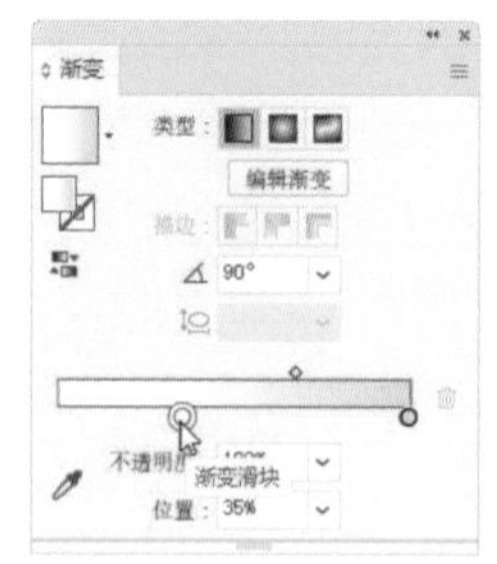

图11-131

图11-132

09 选择下方的图形并填充渐变（使用“色板”面板中的普蓝色全局色），如图11-133和图11-134所示。

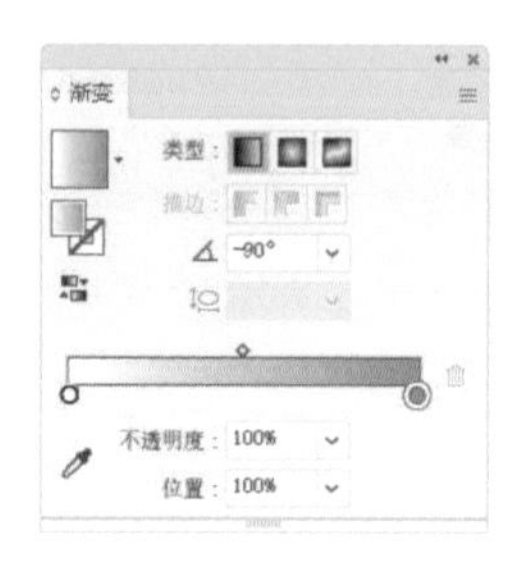

图11-133

图11-134

10 下面修改全局色，看一看对图稿会产生怎样的影响。双击黄色全局色，如图11-135所示，打开“色板选项”对话框，修改颜色，如图11-136所示，单击“确定”按钮关闭对话框。可以看到，所有使用了该颜色的图形都会随之改变颜色，如图11-137所示。

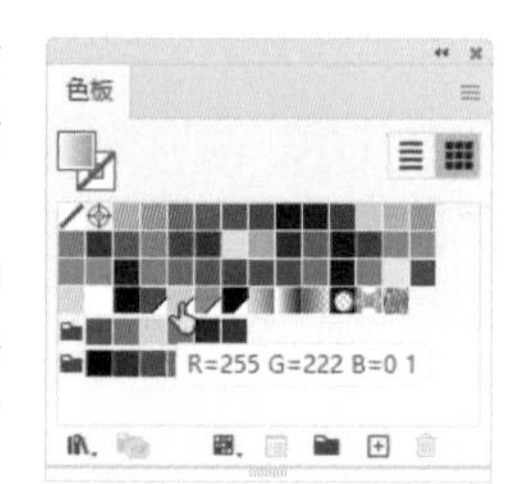

图11-135

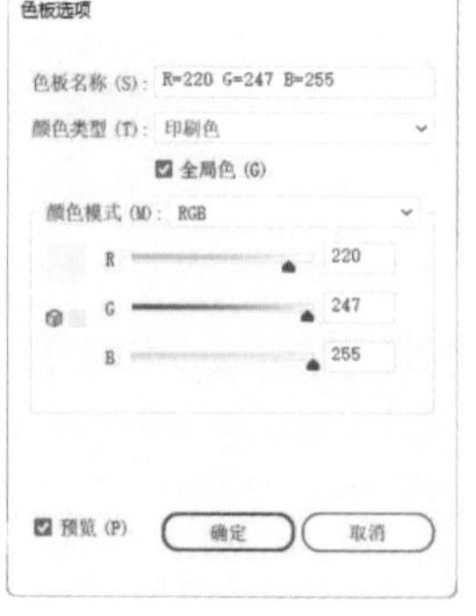

图11-136

图11-137

提示

修改全局色时，先勾选“预览”复选框，再拖曳滑块，可实时观察图稿中颜色的变化情况。

11 双击其他全局色并进行修改，红色改为洋红色（R255，G43，B143），蓝色改为浅粉色（R248，

G174，B208），黑色改为棕色（R155，G0，B0），如图11-138和图11-139所示。

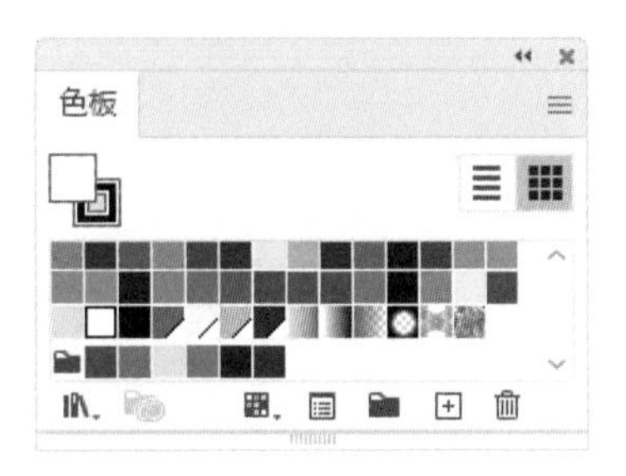

图11-138

图11-139

11.4　调色与重新上色

“编辑”|“编辑颜色”子菜单中包含可以调整矢量图稿颜色的命令。其中“重新着色图稿”命令非常强大，它既可以修改图稿的整体颜色的色相、饱和度，也能单独对某种颜色进行调整。

11.4.1　调整图稿颜色

选择矢量图稿或图像后，可以使用以下命令调整其颜色。

- “使用预设值重新着色”命令：执行该子菜单中的命令可以使用颜色库为所选对象重新着色，同时会打开“重新着色图稿”对话框。
- “前后混合”/“垂直混合”/“水平混合”命令：选择3个或更多的填色对象后，可对最前方和最后方、顶端和底端、最左侧和最右侧的对象的颜色进行混合（不会影响描边），同时创建中间色并应用于中间对象。图11-140所示为原始图稿，图11-141所示为前后混合效果。

图11-140

图11-141

- “反相颜色”命令：执行该命令后，每种颜色都会转换为其互补色（黑色、白色较特殊，互相转换）。再次执行该命令，可将颜色转换回来。图11-142所示为原始图稿，图11-143所示为颜色反相后的效果。

图11-142

图11-143

- “调整色彩平衡”命令：可改变图稿颜色的色彩平衡。
- “调整饱和度”命令：可调整所选对象的颜色或专色的饱和度。
- “转换为灰度”/“转换为CMYK”/“转换为RGB”命令：可将图稿的颜色转换为灰度，或者将灰度图像转换为RGB或CMYK模式。

11.4.2　“重新着色图稿”对话框

打开“重新着色图稿”对话框

如果要修改一个图形的颜色，可以将其选取，然后执行“编辑”|“编辑颜色”|“重新着色图稿”命令，打开“重新着色图稿”对话框进行操作。当所选对象包含两种或更多颜色时，单击“控制”面板中的按钮，便可直接打开该对话框，这样操作更加方便。

如果要编辑的是“颜色参考”面板中的色板，可单击该面板底部的按钮，打开“重新着色图稿”对话框。

如果要编辑的是“色板”面板中的颜色组，可以在颜色组前方的图标上单击，将整个组选取，然后单击面板底部的按钮，打开“重新着色图稿”对话框。

“编辑”选项卡

图11-144所示为“重新着色图稿”对话框中的“编辑”选项卡，它可创建新的颜色组或编辑现有的颜色组，也可以使用颜色协调规则菜单和色轮对颜色进行调整。色轮可以显示颜色在颜色协调规则中是如何关

联的，同时还可以通过颜色条查看和处理各个颜色值。

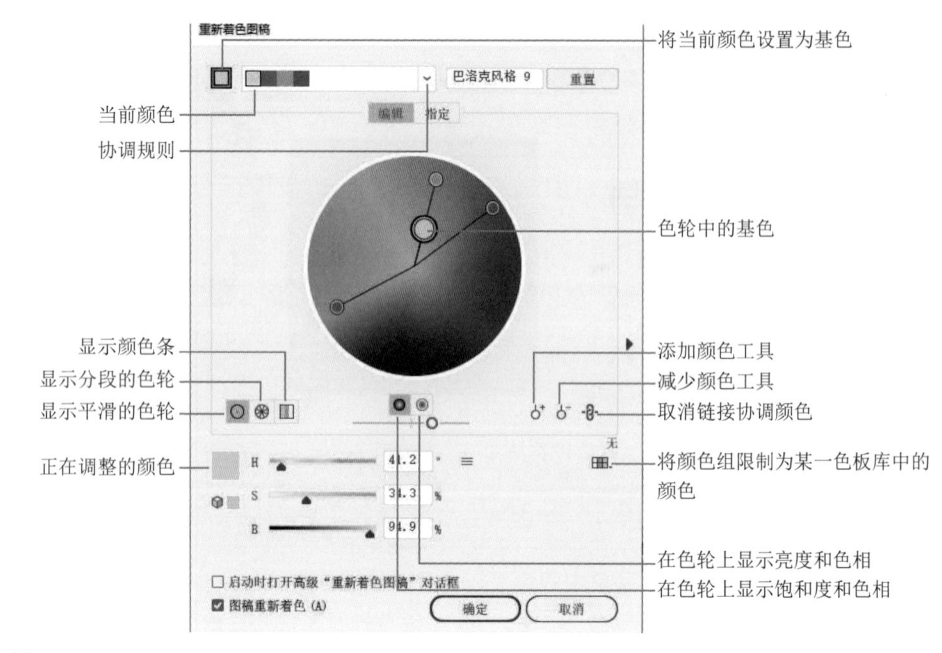

图 11-144

- 协调规则：可以选择一个颜色协调规则并生成配色方案（与"颜色参考"面板相同）。
- 显示平滑的色轮：在平滑的圆形中显示色相、饱和度和亮度。
- 显示分段的色轮：将颜色显示为一组分段的颜色，较适合查看单个的颜色。
- 显示颜色条：仅显示颜色组中的颜色，且让颜色显示为可单独编辑的实色颜色条。
- 添加颜色工具/减少颜色工具：在平滑色轮和分段色轮状态下，先单击按钮，之后在色轮上单击，便可以添加颜色。单击按钮，之后单击一个圆形颜色图标，可将其删除（基色除外）。
- 在色轮上显示饱和度和色相/在色轮上显示亮度和色相：单击按钮，之后再调整饱和度和色相，这样更容易操作。单击按钮，可查看和调整亮度和色相。
- 取消链接协调颜色：默认状态下，色板处于链接状态，即拖曳一个圆形颜色标记时，其他颜色标记会一起移动。单击该按钮可解除链接。
- 将颜色组限制为某一色板库中的颜色：单击按钮，打开菜单，可以选择一个色板库，替换图稿颜色。
- 图稿重新着色：调色时可以在画板中预览颜色的变化情况（该复选框默认为被勾选状态）。

"指定"选项卡

图 11-145 所示为原图稿，在"指定"选项卡中可以设置用哪些颜色替换当前颜色、是否保留专色等，如图 11-146 所示，并可使用颜色组为图稿重新上色，或者减少图稿中的颜色数目。

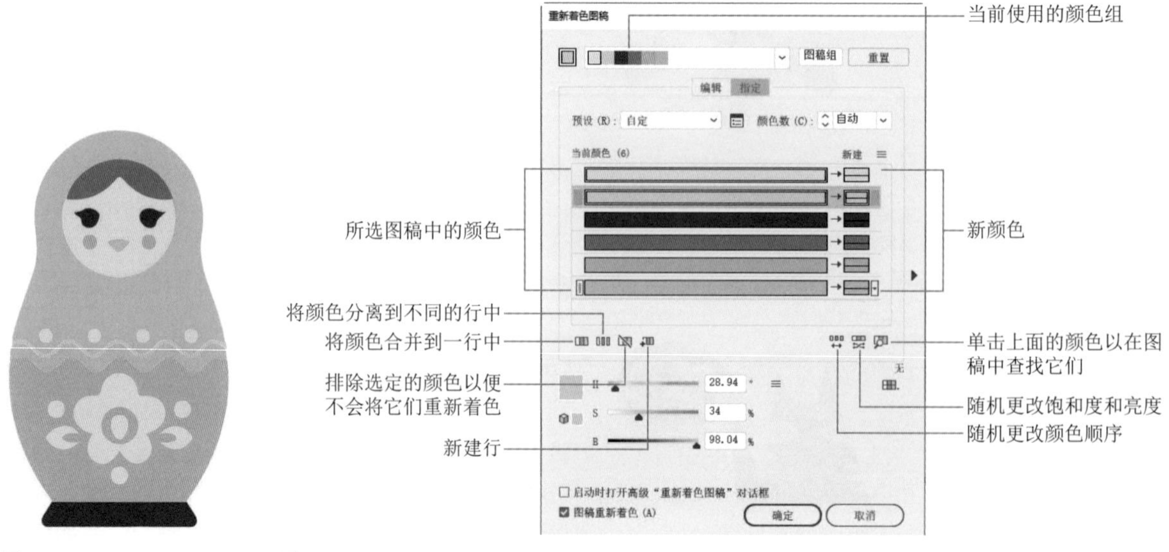

图 11-145　　图 11-146

11.4.3　实例：滑板图案调色

01 打开素材，如图11-147所示。这是一个滑板和一幅插画，下面通过剪贴蒙版将插画放入滑板。

图11-147

02 使用选择工具▶将插画拖曳到图11-148所示的位置，单击“图层”面板中的▣按钮，创建剪切蒙版，如图11-149和图11-150所示。

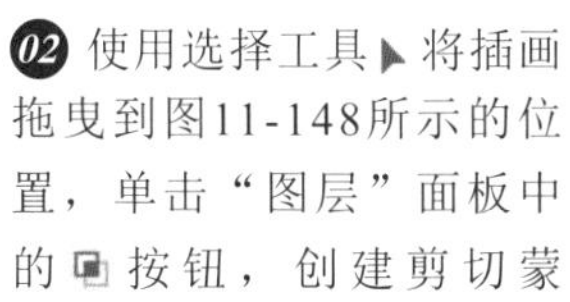

图11-148

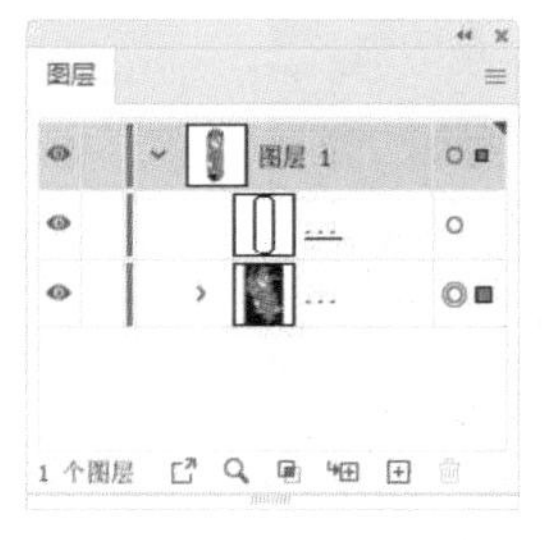

图11-149

图11-150

03 将“图层1”拖曳到“图层”面板中的⊞按钮上进行复制，如图11-151和图11-152所示。

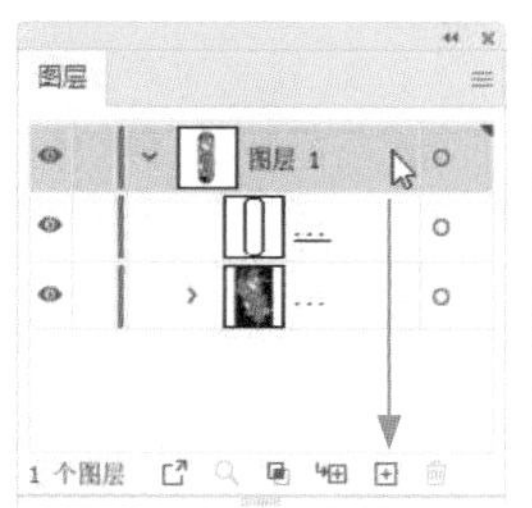

图11-151

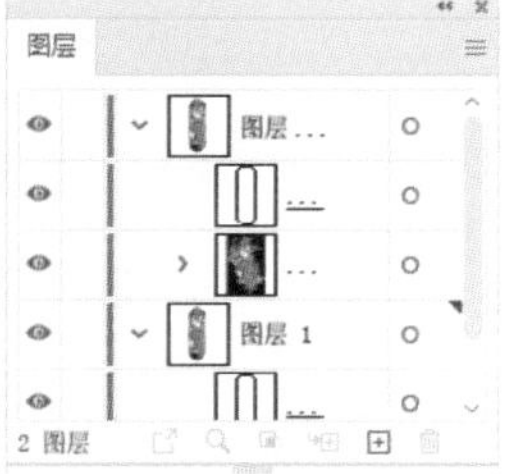

图11-152

提示

基于图层创建的剪切蒙版时，图层中的所有对象都会受到蒙版的遮盖，因此，复制第二个滑板时，不能在同一图层中，否则只显示一个滑板。

04 在图层的选择列单击，如图11-153所示，选取图层中所有对象，向右拖曳，如图11-154所示。

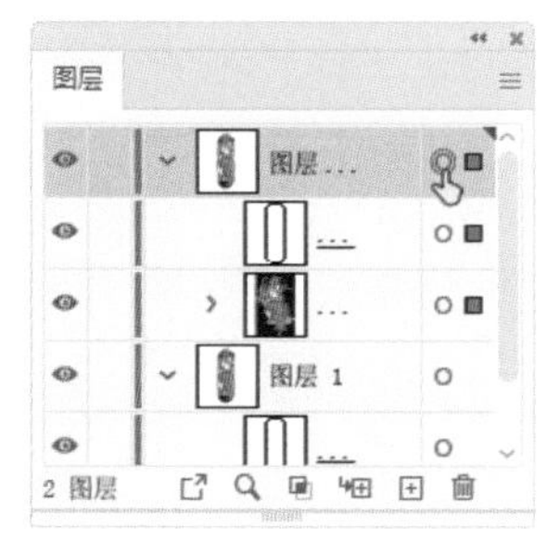

图11-153

图11-154

05 保持滑板的被选取状态，单击“控制”面板中的●按钮，打开简化版的“重新着色图稿”对话框。将光标放在蓝色标记上，如图11-155所示，它控制着蓝色，即章鱼的颜色，将其拖曳到绿色区域，使章鱼变为绿色，其他标记也会一同移动，以保持色彩平衡，如图11-156和图11-157所示。

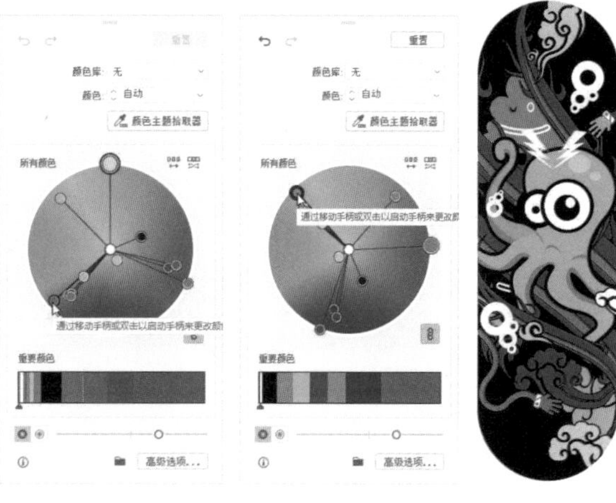

图11-155　图11-156　图11-157

06 在🔗按钮上单击，取消各个颜色的链接，以便单独调整一种颜色，如图11-158所示。拖曳圆形标记，修改颜色，如图11-159~图11-161所示。

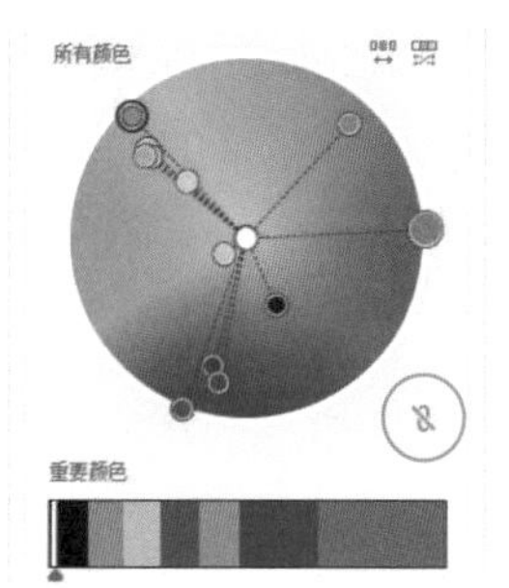

图11-158

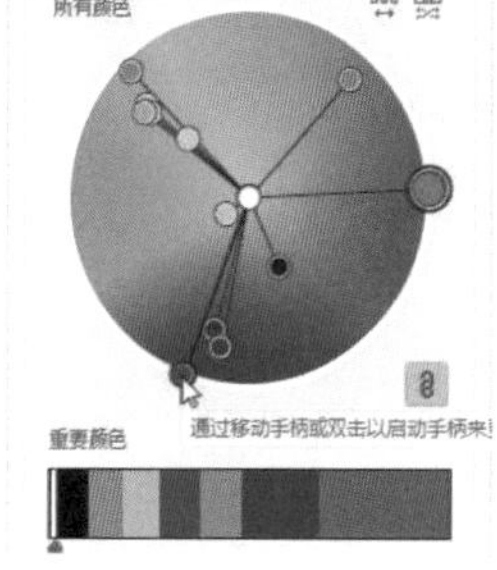

图11-159

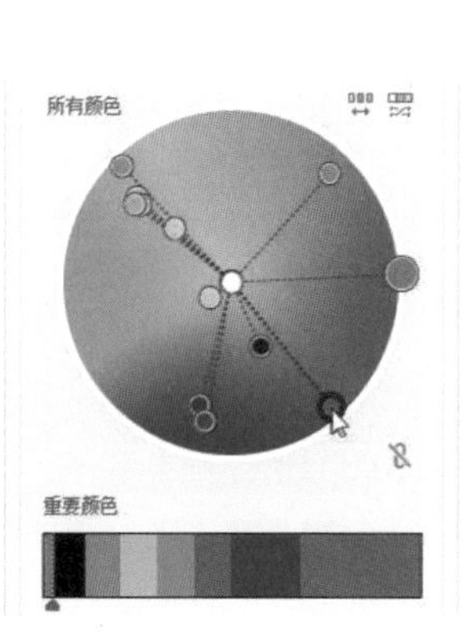

图11-160

图11-161

07 继续修改颜色，如图11-162和图11-163所示。在空白区域单击，结束编辑，效果如图11-164所示。

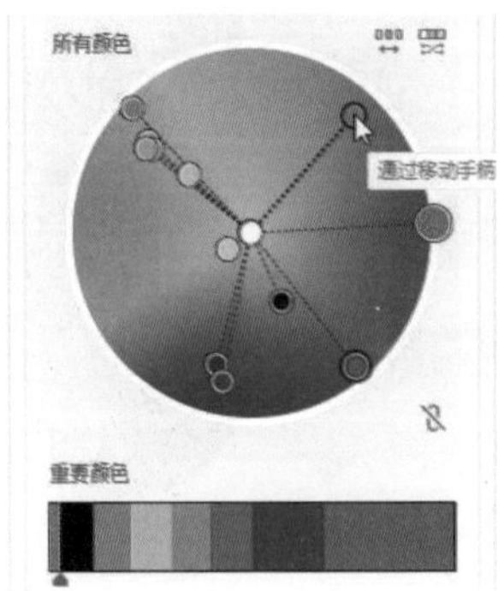

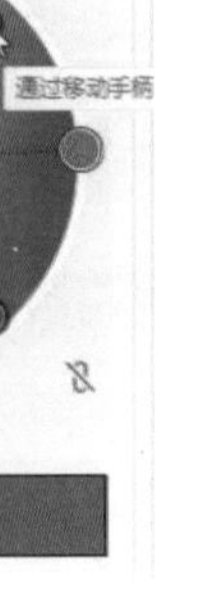

图 11-162

图 11-163

图 11-164

11.5 全局编辑

在设计图稿中，如果某一对象，如LOGO、徽标或形状等包含多个副本，需要对所有此类对象进行编辑，可通过全局编辑的方法进行统一修改，而无须逐个编辑对象。

11.5.1 查找类似对象

进行全局编辑之前，需要先选择对象。通过设置全局编辑选项可以定义选择范围。操作时，单击“属性”面板中的⌄按钮，打开下拉列表进行选择，如图11–165所示。

- 外观：可查找具有相同外观的对象，如填充、描边。
- 大小：可查找相同大小的对象。
- 选择：可指定是在所有画板中还是在具有特定方向的画板中查找类似对象。
- 范围：可指定类似对象所在的画板。
- 包含画布上的对象：可查找画板内部和外部的类似对象。取消勾选此复选框可将搜索仅限制到画板。

图 11-165

11.5.2　实例：统一更新LOGO

01 新建一个CMYK模式的文件。使用钢笔工具绘制小鱼，无描边，如图11-166所示。绘制尾巴，颜色略深一些。按Ctrl+[快捷键将该图形移到后方，如图11-167所示。

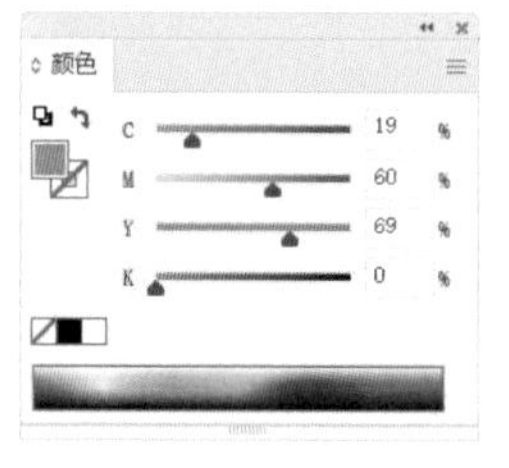

图11-166

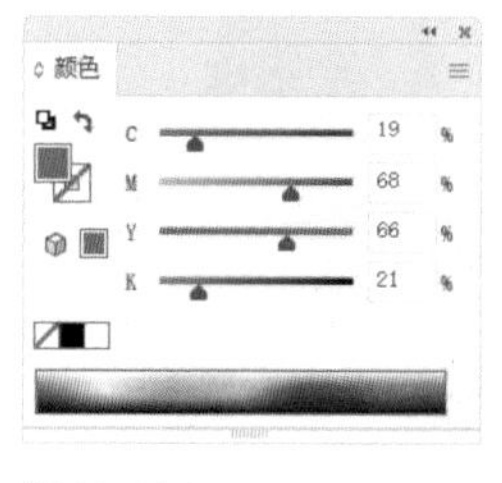

图11-167

02 绘制尾巴图形，像浪花一样翻卷起来，如图11-168和图11-169所示。

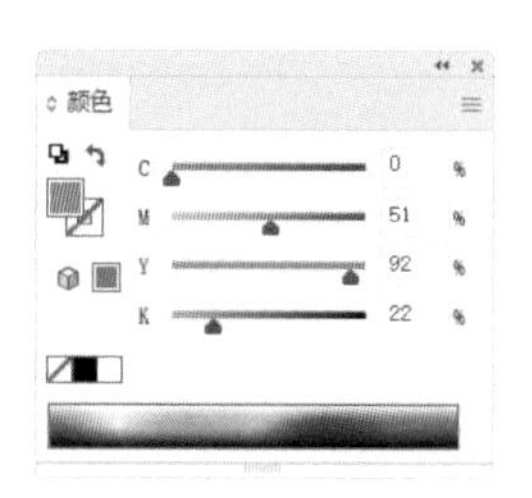

图11-168

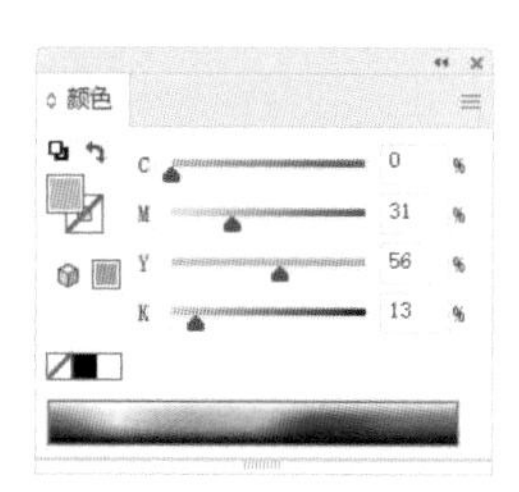

图11-169

03 继续绘制鱼鳍（与鱼尾的两个图形颜色相同），如图11-170所示。绘制嘴巴和眼睛，如图11-171所示。按Ctrl+A快捷键全选，按Ctrl+G快捷键编组，按Ctrl+C快捷键复制。

图11-170

图11-171

04 打开素材，如图11-172所示，按Ctrl+V快捷键粘贴图形。选择选择工具，单击并按住Alt键拖曳图形进行复制，并调整大小，如图11-173所示。

图11-172　　图11-173

05 下面通过全局编辑的方法修改图形及其颜色。使用选择工具选择一个图形（不能选择多个对象，否则不能启用全局编辑），如图11-174所示。单击“属性”面板中的“启动全局编辑”按钮，将其他副本图形一同选取，如图11-175所示。

图11-174　　图11-175

06 在显示定界框的图形上双击，进入隔离模式，如图11-176所示。选择椭圆工具，按住Shift键拖曳光标绘制圆形气泡，如图11-177所示。

图11-176

图11-177

07 单击图11-178所示的图形，修改颜色，如图11-179和图11-180所示。

图11-178

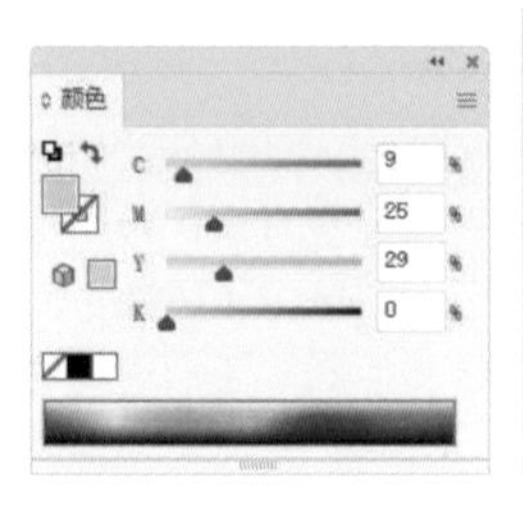

图11-179

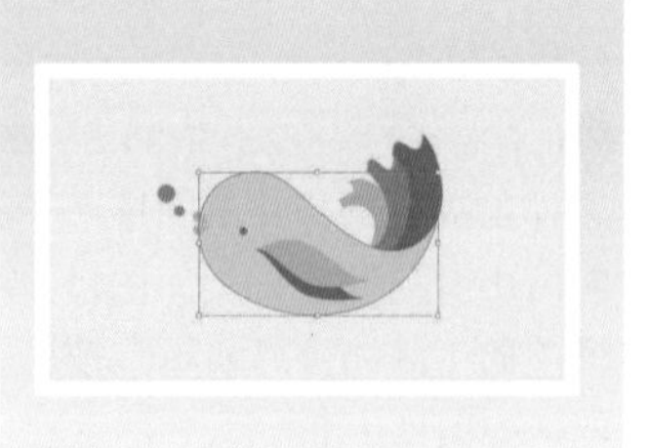

图11-180

08 按Esc键结束全局编辑，此时会自动更新其他图形及颜色，如图11-181所示。

图11-181

> **提示**
>
> 图像、文本对象、剪切蒙版、链接对象和第三方增效工具不支持全局编辑。

11.6 进阶实例：抽象背景

11.6.1 绘制图形

01 按Ctrl+N快捷键打开“新建文档”对话框，使用预设创建一个A4大小的RGB模式文件，如图11-182所示。

图11-182

❷ 使用曲率工具（钢笔工具也可）绘制几个图形，设置填充颜色为白色，如图11-183所示。

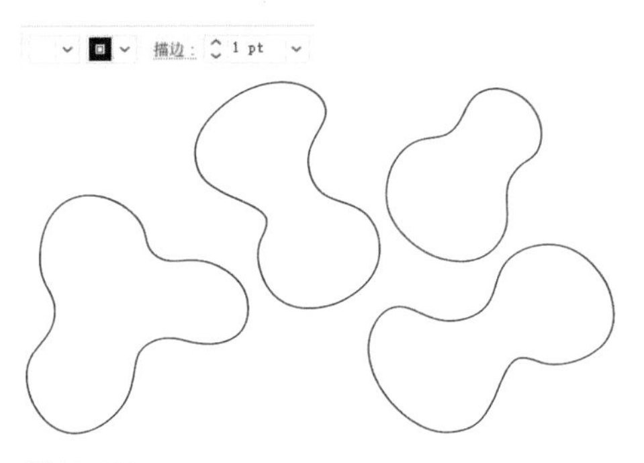

图11-183

11.6.2　创建渐变网格并上色

❶ 选择网格工具，在图11-184所示的图形上单击，添加网格点。在“颜色”面板中将填色设置为当前编辑状态，调整网格点颜色，如图11-185和图11-186所示。

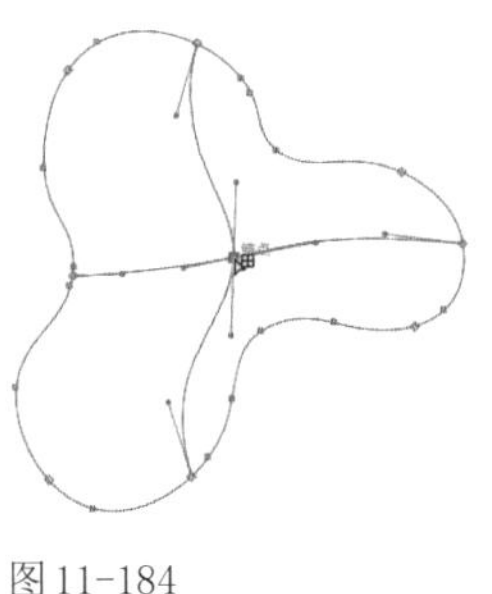

图11-184　　图11-185

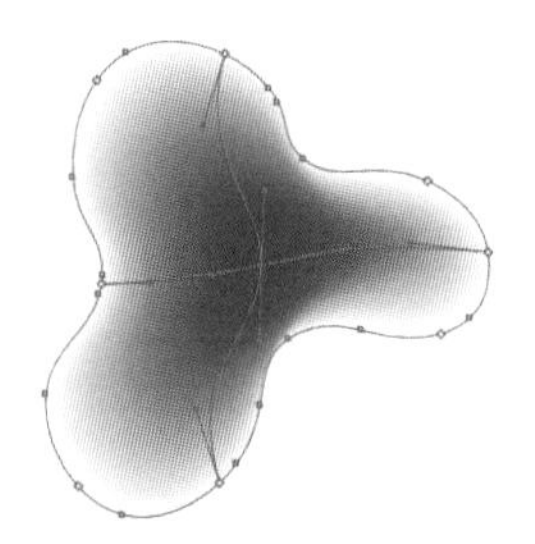

图11-186

❷ 将光标移动到网格线交叉处的网格点上，如图11-187所示，单击，选择网格点，如图11-188所示，修改颜色，如图11-189和图11-190所示。

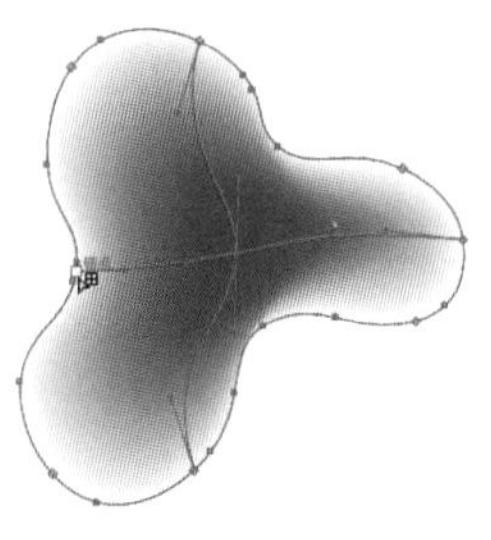

图11-187

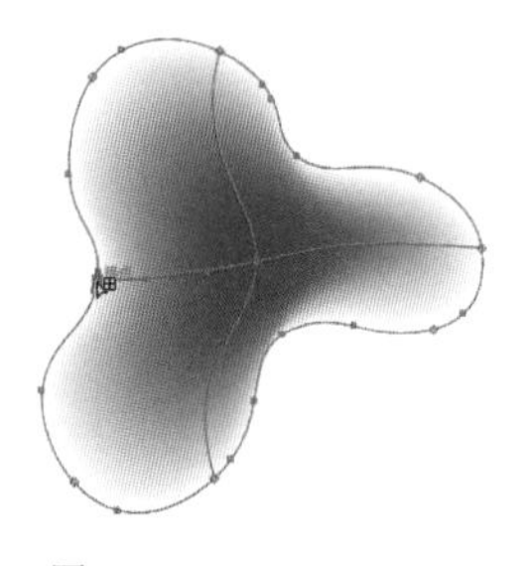

图11-188

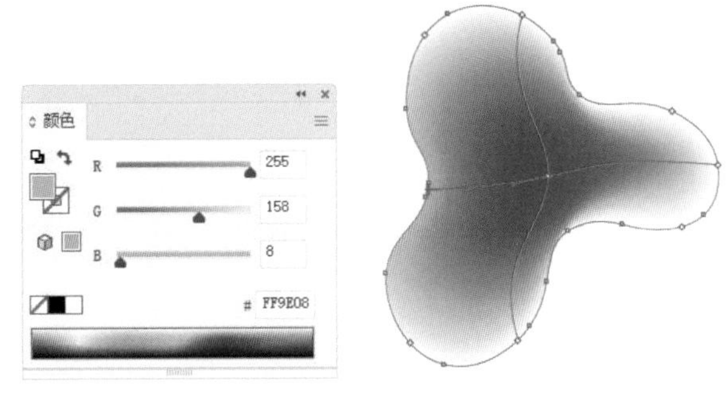

图11-189　　图11-190

❸ 按图11-191所示标注的颜色修改网格点。

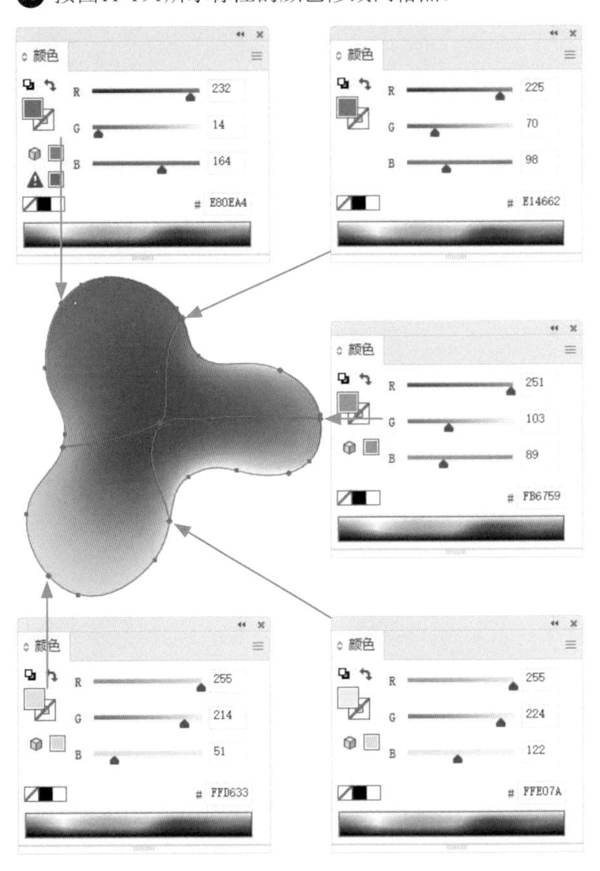

图11-191

❹ 使用网格工具为图11-192所示的图形添加两个网格点，设置网格点颜色，如图11-193所示。

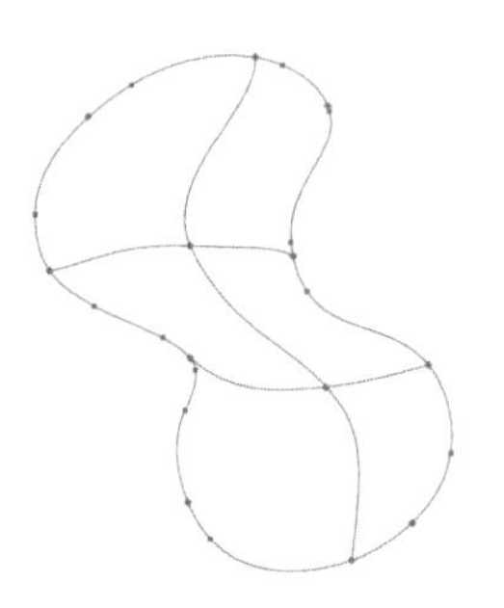

图11-192

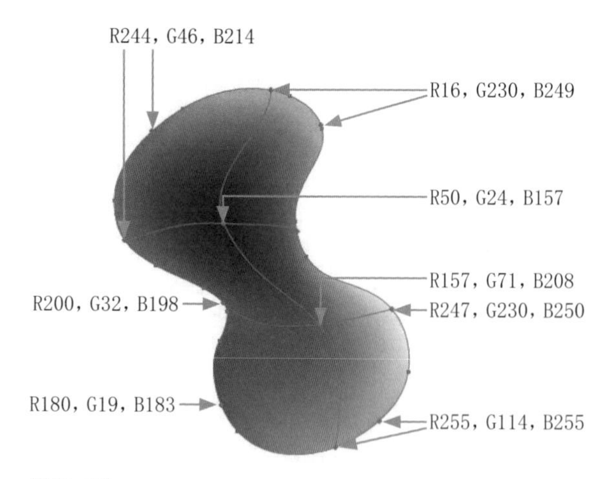

图 11-193

05 为图11-194所示的图形添加格点，并设置网格点颜色，如图11-195所示。

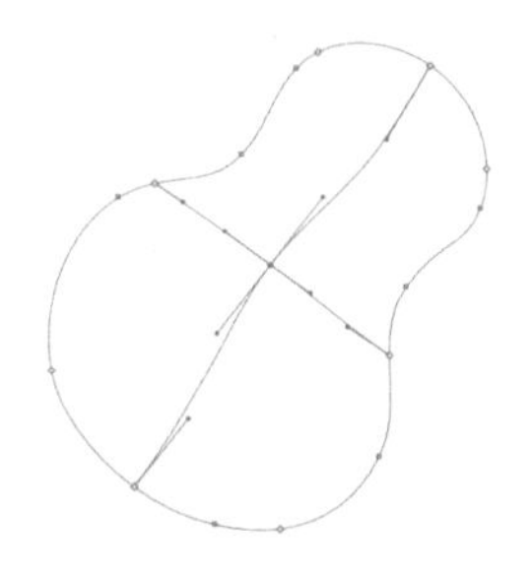

图 11-194

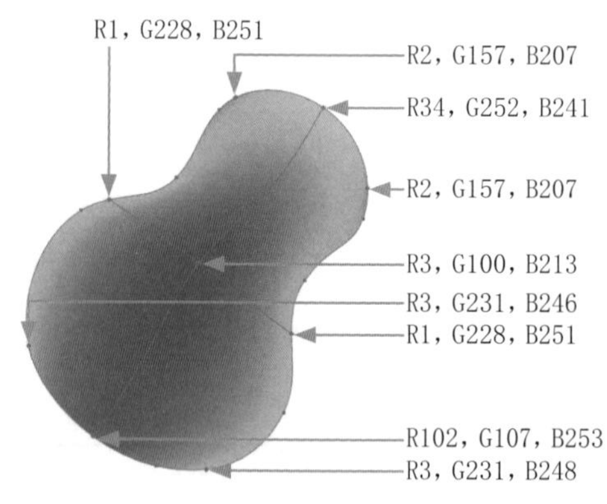

图 11-195

06 为图11-196所示的图形添加格点，设置颜色，如图11-197所示。

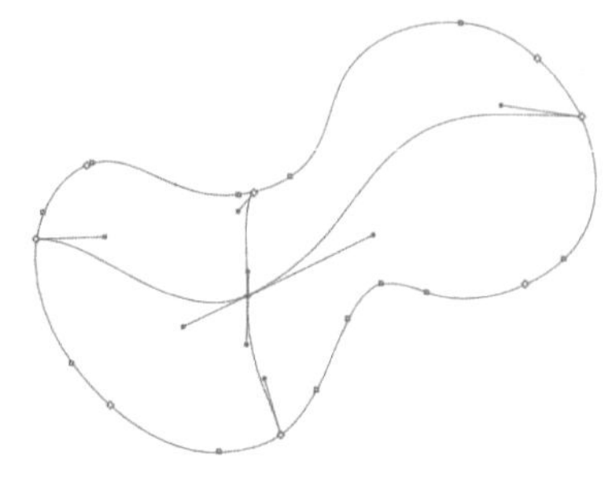

图 11-196

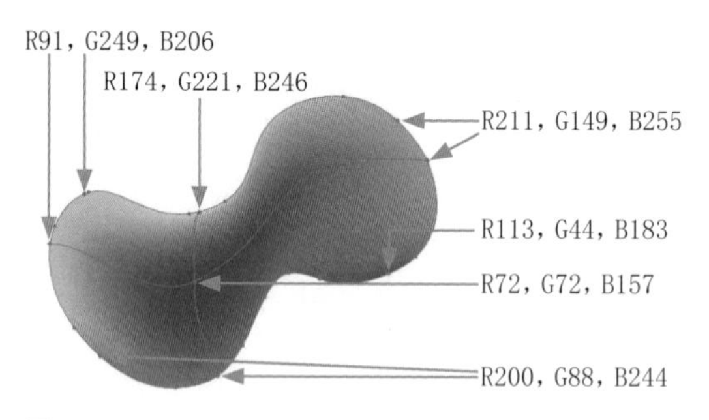

图 11-197

11.6.3 修改颜色

01 这是4个基本图形，使用选择工具 按住Alt键拖曳图形进行复制。选择图形，如图11-198所示，单击“控制”面板中的 按钮，打开“重新着色图稿”对话框，拖曳颜色标记修改颜色，如图11-199~图11-201所示。

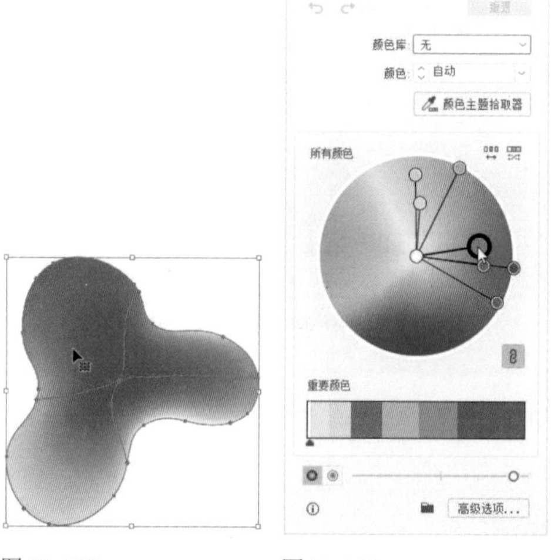

图 11-198　　图 11-199

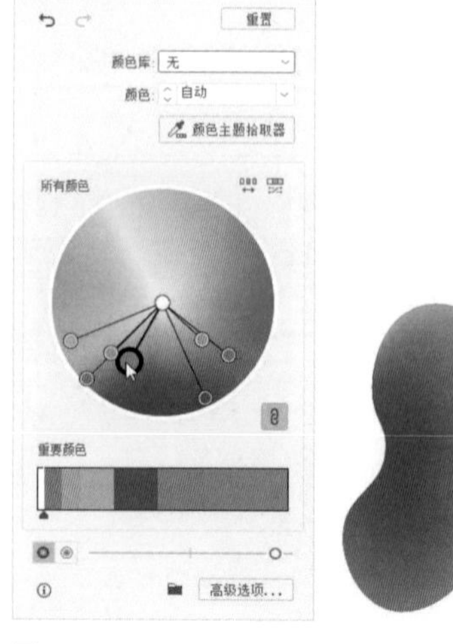

图 11-200　　图 11-201

02 使用选择工具 选择其他图形并修改颜色，制作成

图11-202所示的版面。

图11-202

11.6.4 表现景深效果

01 按住Shift键单击最后方的几个图形，将其选取，如图11-203所示，执行“效果”|“模糊”|“高斯模糊”命令，添加羽化效果，让图形变得模糊一些，以表现空间感，如图11-204和图11-205所示。

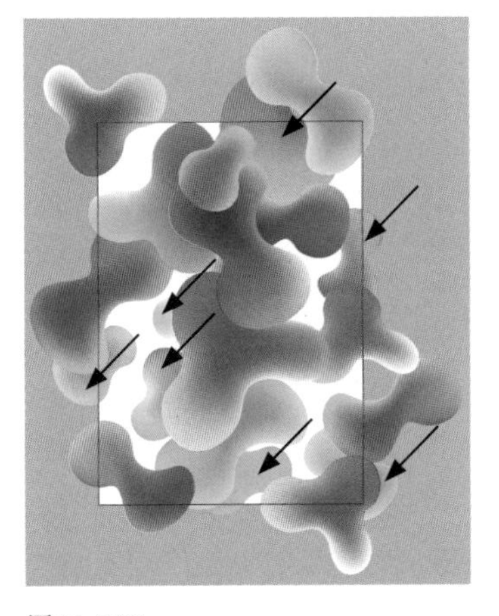

图11-203

图11-204　　图11-205

02 选择位于中间层的图形，添加“高斯模糊”效果，参数可以小一些，让画面呈现近实远虚的景深效果，如图11-206和图11-207所示。

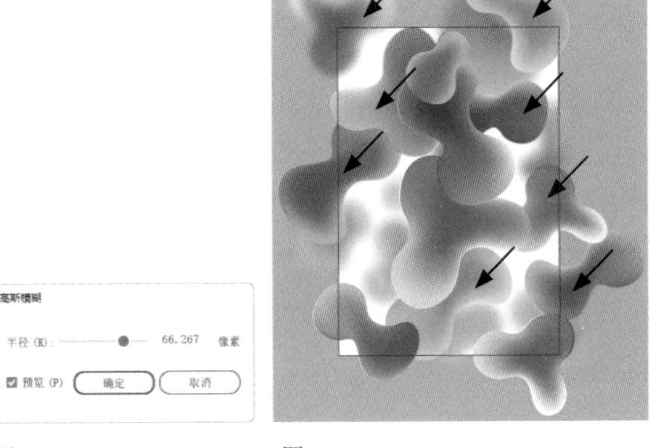

图11-206　　图11-207

03 使用矩形工具创建一个与画板大小相同的矩形，如图11-208所示，单击“图层”面板中的按钮，创建剪切蒙版，如图11-209所示。

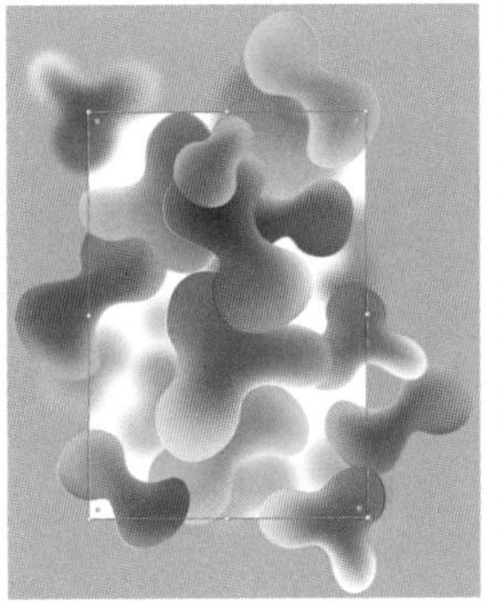

图11-208　　图11-209

04 如果想让版面内容更加丰富、充实，或者要表现某一设计主题，可以再添加一些文字，如图11-210所示。

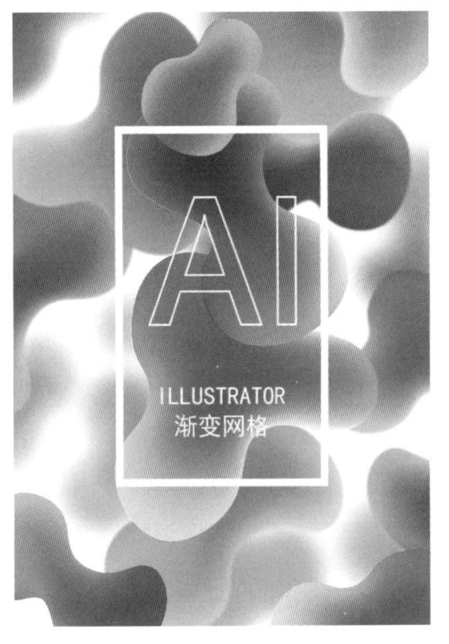

图11-210

11.7 进阶实例：超炫APP壁纸

01 新建一个A4大小的RGB模式文档。打开前一个实例的效果文件，如图11-211所示。使用选择工具▶单击图形，按Ctrl+C快捷键复制，切换到新建的文档中，按Ctrl+V快捷键粘贴图形。

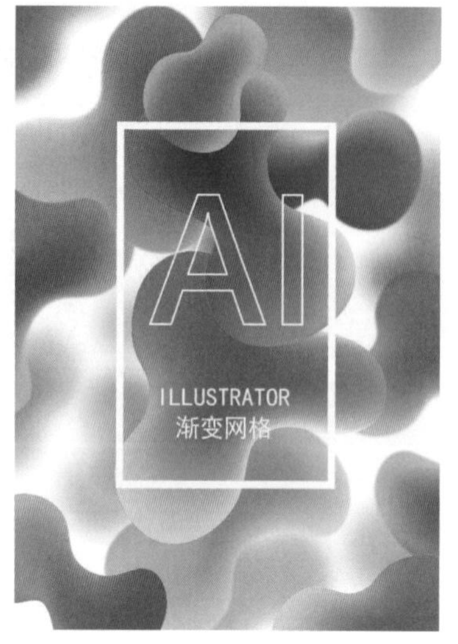

图11-211

02 使用选择工具▶单击图形，按住Alt键拖曳进行复制，让图形布满画面，如图11-212~图11-214所示。可通过Ctrl+]和Ctrl+[快捷键调整图形的前后堆叠顺序。

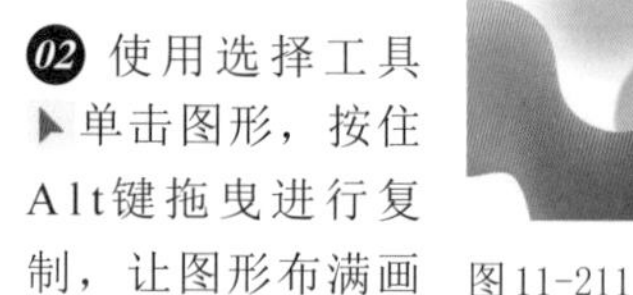

图11-212

图11-213

图11-214

03 按Ctrl+A快捷键全选，在“外观”面板中设置混合模式为“强光”，如图11-215和图11-216所示。

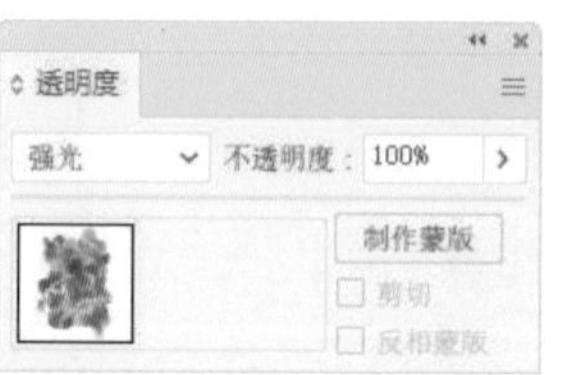

图11-215

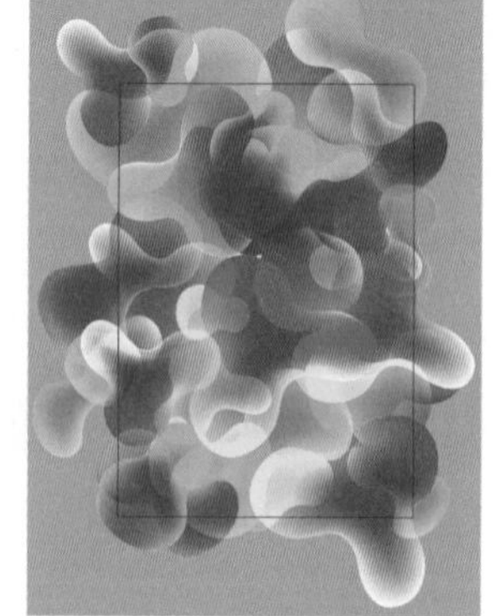

图11-216

04 使用矩形工具▭创建一个与画板大小相同的矩形，如图11-217所示，按Ctrl+C快捷键复制。单击“图层”面板中的▣按钮，创建剪贴蒙版，将画板外的图稿隐藏，如图11-218所示。

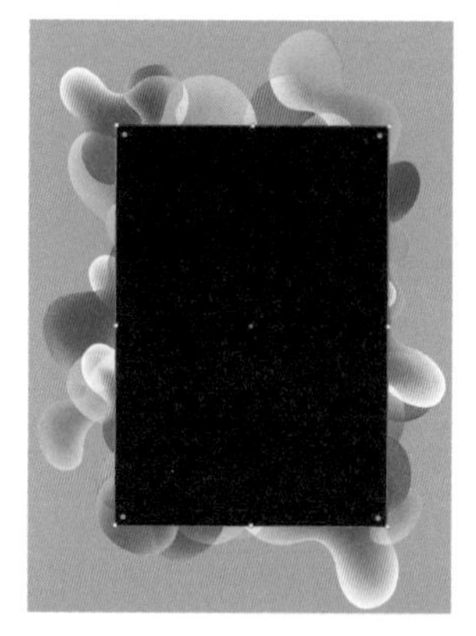

图11-217

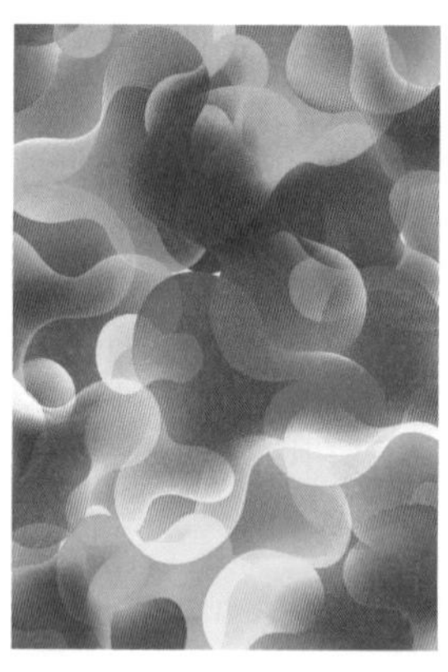

图11-218

05 在图11-219所示的位置单击，关闭图层。单击“图层”面板中的⊞按钮，新建一个图层，将其拖曳到“图层1”下方，如图11-220所示。

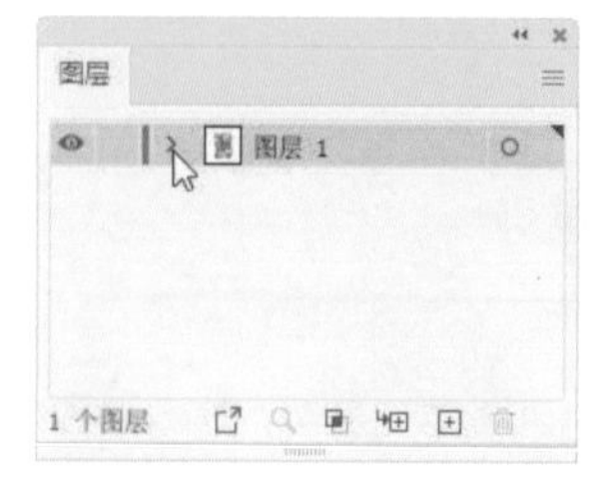

图11-219

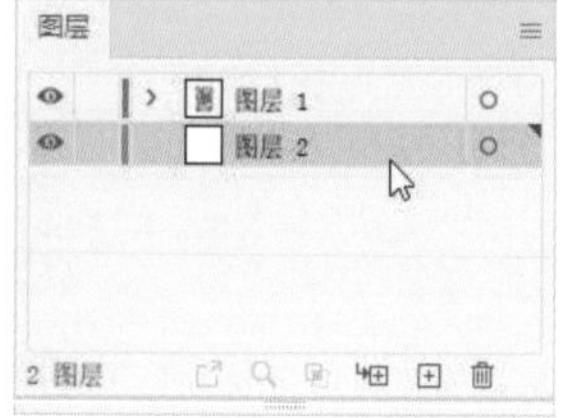

图11-220

06 按Ctrl+V快捷键粘贴矩形，之后移动到图稿下方，在黑色背景的衬托下图形的色彩会变得更加鲜艳，如图11-221所示。图11-222和图11-223所示为此壁纸在APP上的应用。

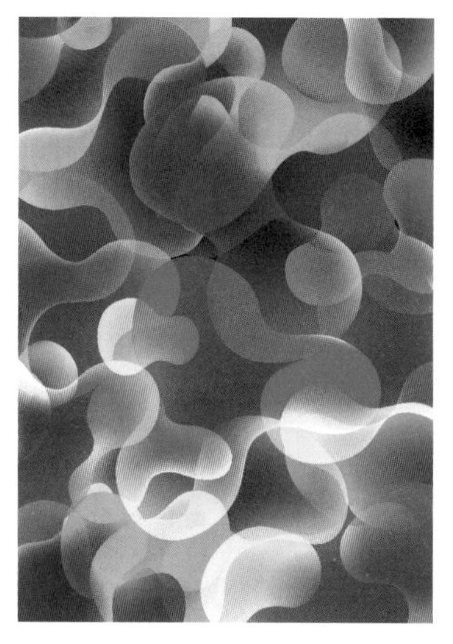

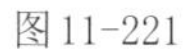
图11-221

图11-222

图11-223

11.8　课后作业：时尚花瓶

打开素材，如图11-214所示。使用网格工具添加网格点，并在“颜色”面板中调整颜色，效果如图11-215所示。创建一个椭圆形，填充渐变，作为花瓶的阴影，如图11-216和图11-217所示。复制花瓶及阴影，加入花朵，如图11-218所示。创建一个矩形，填充渐变，作为背景，如图11-219所示。具体操作方法可参见视频教学。

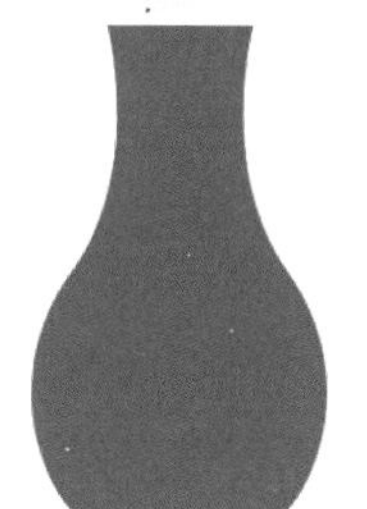

图11-214

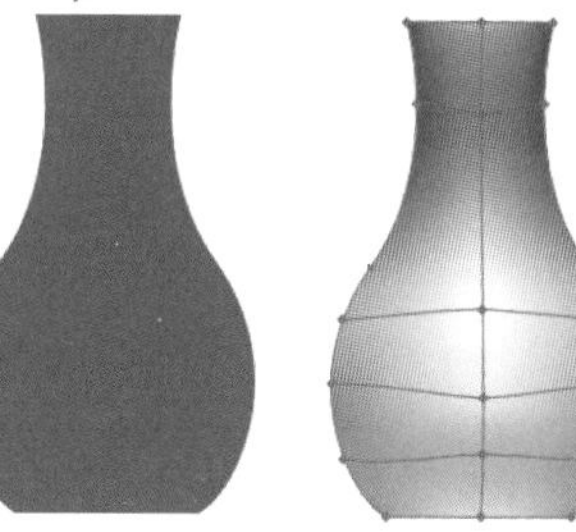

图11-215

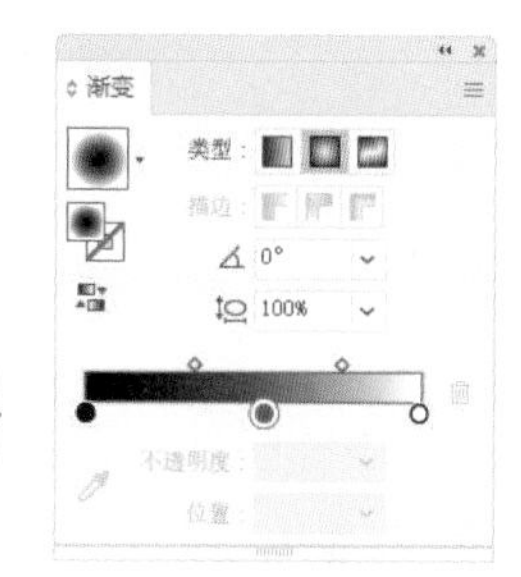

图11-216

图11-217

图11-218

图11-219

11.9　问答题

1. 为网格点或网格片面着色前，需要先进行哪些操作？
2. 网格点比锚点多了哪种属性？
3. 怎样将渐变对象转换为渐变网格对象，同时保留渐变颜色？
4. 如果对象不能直接转换为实时上色组，该怎样操作？
5. 当实时上色组中的表面或边缘不够用时，该怎样处理？
6. 当很多图形都使用了一种或几种颜色，并且经常要修改这些图形的颜色时，有什么简便的方法？

多彩绘画：

画笔、图案与符号

本章简介

在Illustrator中，画笔工具和"画笔"面板是实现绘画效果的重要工具。使用画笔工具可以手动绘制线条（路径），之后通过"画笔"面板为路径添加不同样式的画笔描边，可模拟毛笔、钢笔和油画笔等笔触效果。

图案在服装设计、包装和插画中应用较多。Illustrator的图案功能非常强大，可以制作各种纹样和无缝拼贴图案。

符号适合处理包含大量重复对象的图稿，可以节省绘图时间，显著减少文件占用的存储空间。

本章将对以上功能展开详细讲解。

学习重点

12.1 画笔

使用画笔描边路径，可以为路径添加图案和纹理，也可模拟毛笔、钢笔、油画笔等笔触效果。

12.1.1 画笔的种类

Illustrator中有5种画笔，如图12-1所示。书法画笔可以模拟书法钢笔绘制出扁平的带有一定倾斜角度的描边；散点画笔可以将一个对象（如一只瓢虫或一片树叶）沿着路径分布；毛刷画笔可以模拟鬃毛类画笔，创建具有自然笔触的描边；图案画笔可以沿路径重复拼贴图案，并在路径的不同位置（起点、拐角、终点）应用不同的图案；艺术画笔可以沿路径的长度均匀地拉伸画笔形状，能惟妙惟肖地模拟水彩、毛笔、粉笔、炭笔、铅笔等的绘画效果。

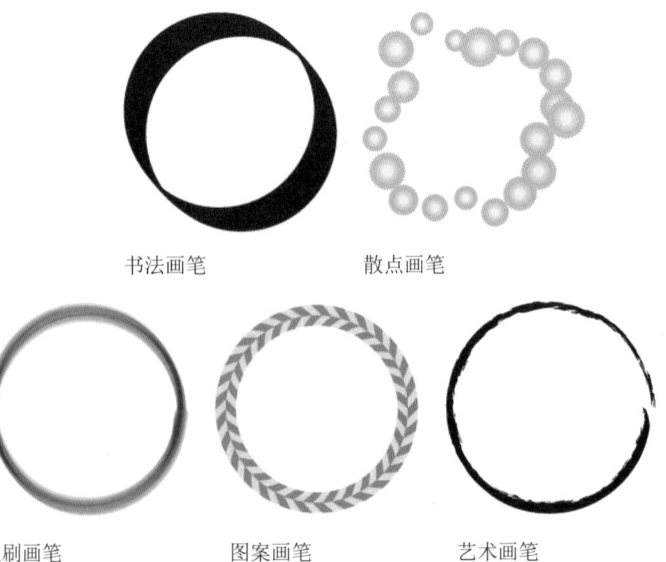

图12-1

当使用同一对象定义图案画笔和散点画笔时，二者的效果较为相似。其主要区别在于，图案画笔会完全依循路径排布画笔图案，而散点画笔则会沿路径散布图案，如图12-2所示。此外，在曲线路径上，图案画笔的箭头会沿曲线弯曲，散点画笔的箭头则始终保持直线方向，如图12-3所示。

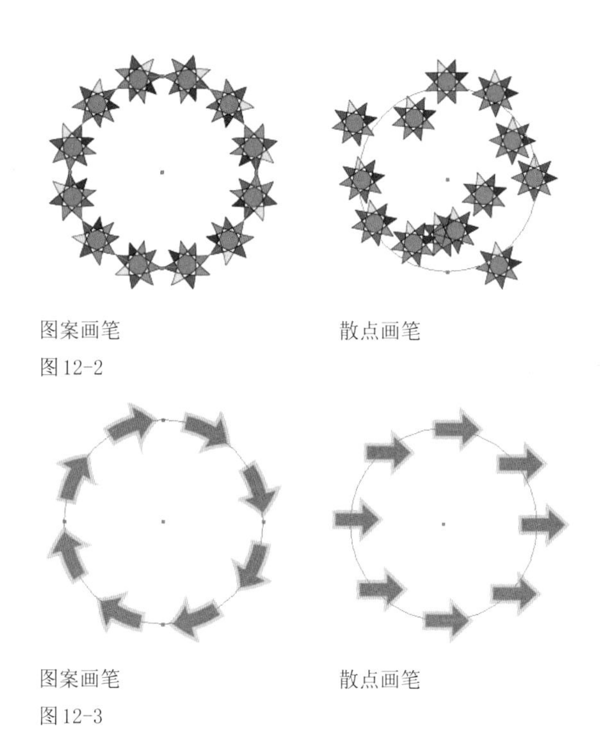

图12-2

图12-3

12.1.2 画笔面板

“画笔”面板用于应用、创建和管理画笔。该面板会保存当前文档中使用的全部画笔，以及Illustrator的预设画笔，如图12-4所示。

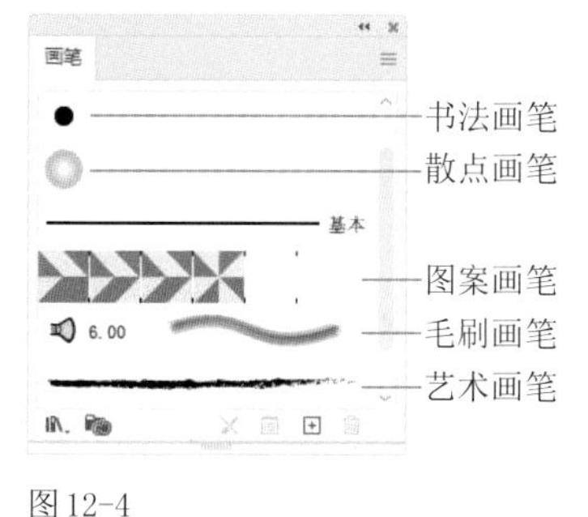

图12-4

当画笔数量较多时，如果只想显示某种类型的画笔，可以打开面板菜单进行设置。例如，只勾选“显示毛刷画笔”选项，面板中就只显示最基本的画笔和毛刷画笔，如图12-5所示。默认情况下，面板中只显示画笔的缩览图，只有将光标放在一个画笔样本上，才能显示其名称。打开面板菜单，执行“列表视图”命令，可同时显示画笔的名称和缩览图，并以图标的形式显示画笔的类型，如图12-6所示。

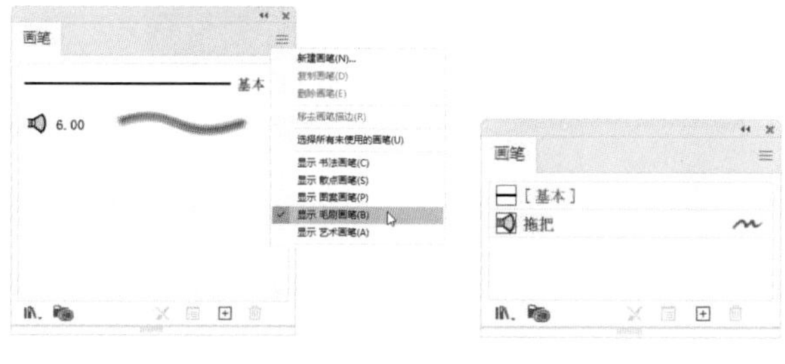

图12-5　　图12-6

“画笔”面板按钮

- 画笔库菜单 IN.：单击该按钮，可在打开的下拉列表中选择预设的画笔库。
- 库面板：单击该按钮，可以打开“库”面板。
- 移去画笔描边 ✕：可删除应用于对象的画笔描边。
- 所选对象的选项：单击该按钮，可以打开“画笔选项”对话框。
- 新建画笔 ⊞：单击该按钮，可以打开“新建画笔”对话框。如果将面板中的一个画笔拖曳到 ⊞ 按钮上，则可复制该画笔。
- 删除画笔：选择面板中的画笔后，单击该按钮可将其删除。

12.1.3 添加和移除画笔描边

选择对象，如图12-7所示，单击“画笔”面板中的一个画笔，即可为其添加画笔描边，如图12-8和图12-9所示。再单击其他画笔，则会替换之前的画笔。如果想移除所添加的画笔，可在选择对象后单击“画笔”面板底部的“移去画笔描边”按钮 ✕。

图12-7

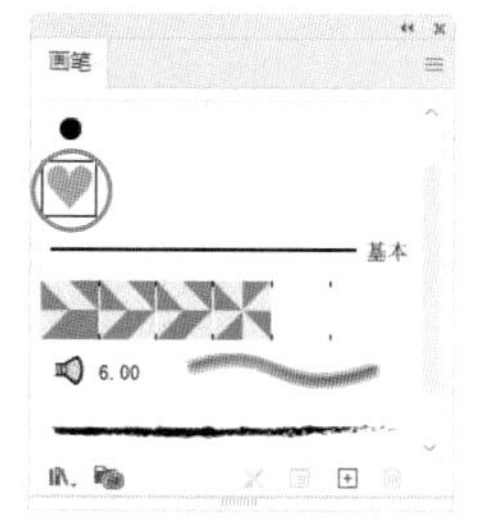

图12-8

图12-9

> 提示
>
> 画笔可应用于由任何绘图工具（如钢笔工具、铅笔工具和基本的形状工具）所创建的路径。

12.1.4 画笔库

单击“画笔”面板中的 IN. 按钮，或打开“窗口”|“画笔库”子菜单，可以选取Illustrator中预设的画笔库，

如图12–10所示，并将其打开。当使用画笔库中的画笔时，其会被自动添加到“画笔”面板中。

图12-10

> **实用技巧　存储自定义的画笔库**
>
> 打开“画笔”面板菜单，执行“存储画笔库”命令（使用Illustrator默认的存储位置），可以将当前文档中的画笔保存为一个画笔库。以后需要使用时，单击“画笔”面板中的 按钮，打开菜单，在“用户定义”子菜单中便可将其找到。
>
> 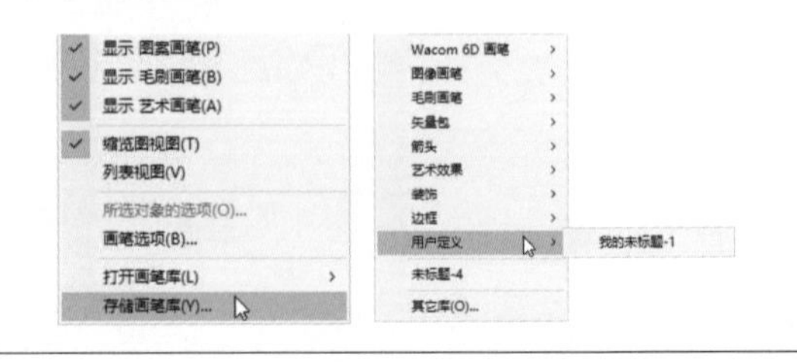
>

> **实用技巧　加载其他文档中的画笔资源**
>
> 由于AI格式的Illustrator文档能存储其所使用的全部画笔，因此，执行“窗口”|“画笔库”|“其他库”命令，在打开的对话框中选择AI格式文件，即可将其画笔加载到当前文档（出现在一个新的面板中）。

12.2　画笔工具

画笔工具 可以绘制路径并同时为其添加画笔描边。使用该工具绘制的路径可以使用锚点编辑工具进行修改，并可在“描边”面板中调整描边粗细及其他属性。

12.2.1　画笔工具使用方法

选择画笔工具 ，在“画笔”面板中选择一种画笔，如图12–11所示，拖曳光标即可进行绘制，如图12–12所示。如果要绘制闭合的路径，可在绘制的过程中按住Alt键（光标会变为 状），再释放鼠标左键。

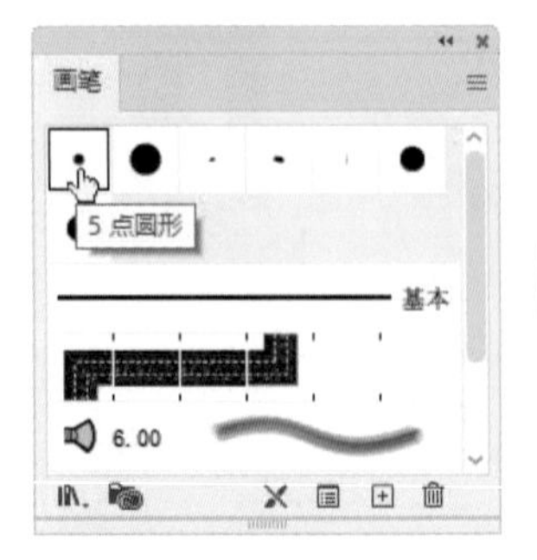

图12-11　图12-12

保持路径的选取状态，将光标放在路径的端点，如图12–13所示，拖曳光标可延长路径，如图12–14所示；在路径段上进行拖曳，可修改路径形状，如图12–15和图12–16所示。

图12-13　图12-14

图12-15　图12-16

使用画笔工具 绘制路径时，锚点的数目取决于路径的长度和复杂度，以及“保真度”参数的设定。如果要对此进行修改，可以双击画笔工具 ，打开“画笔工具选项”对话框进行设置，如图12-17所示。

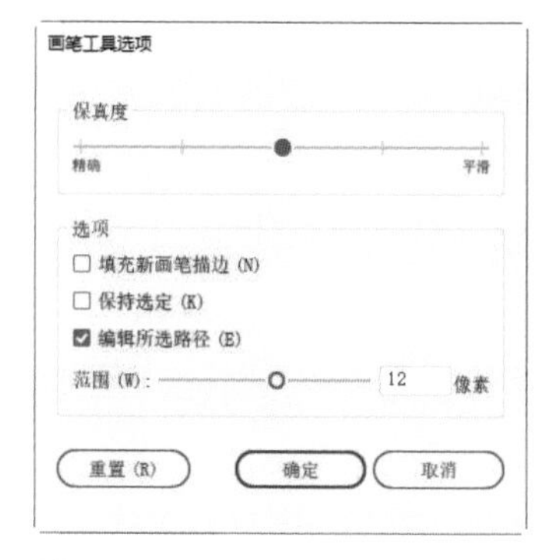

图12-17

- 保真度：用来设置将光标移动多大距离，才会向路径添加锚点。例如，“保真度”为2.5，表示工具移动小于2.5像素，将不生成锚点。
- 填充新画笔描边：勾选该复选框，可在路径围住的区域填充颜色，开放的路径也是如此。取消勾选该复选框时，路径内部无填充颜色。
- 保持选定：绘制出的路径自动处于被选取状态。
- 编辑所选路径：勾选该复选框后，选取路径时，选择画笔工具🖌，沿路径拖曳光标，即可修改路径。
- 范围：用来设置光标与现有路径的距离在多大范围之内，才能使用画笔工具🖌编辑路径。该选项仅在勾选了“编辑所选路径”复选框时才可用。

12.2.2　实例：涂鸦效果文字

01 打开素材。选择画笔工具🖌。执行“窗口”|“画笔库”|“矢量包”|“手绘画笔矢量包”命令，打开“手绘画笔矢量包”面板。使用图12-18所示的画笔绘制路径，如图12-19所示。

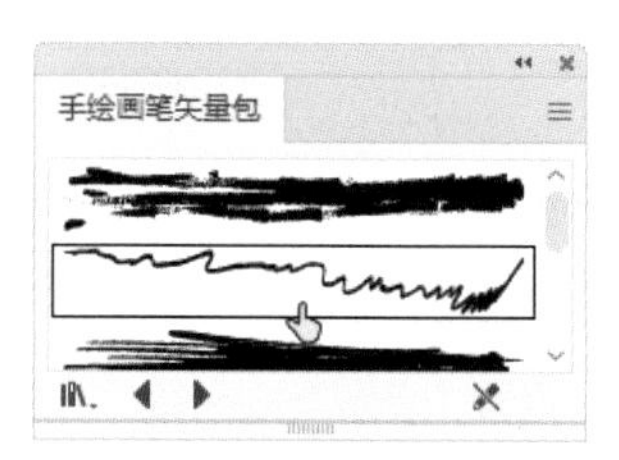

图12-18

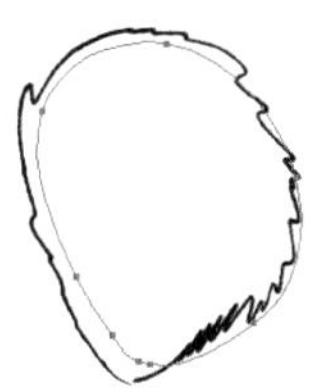

图12-19

02 在“控制”面板中设置描边粗细为0.75pt，如图12-20所示。再绘制一个小一点的路径，组成字母D，如图12-21所示。

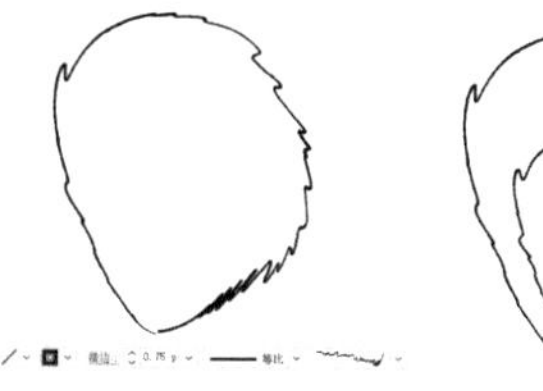

图12-20

图12-21

03 绘制其他几个字母，并在字母上画出缠绕着的线条（设置描边粗细为0.25pt），如图12-22所示。

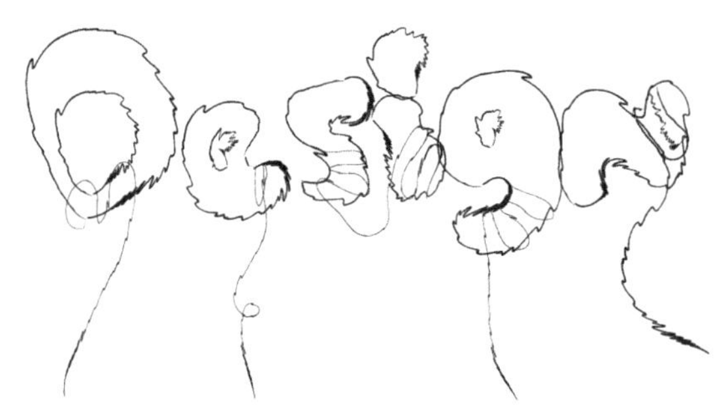

图12-22

04 选择图12-23所示的画笔，在字母上面绘制一条路径，如图12-24所示，该画笔所特有的纹理可以更好地表现粗糙质感，如图12-25所示。

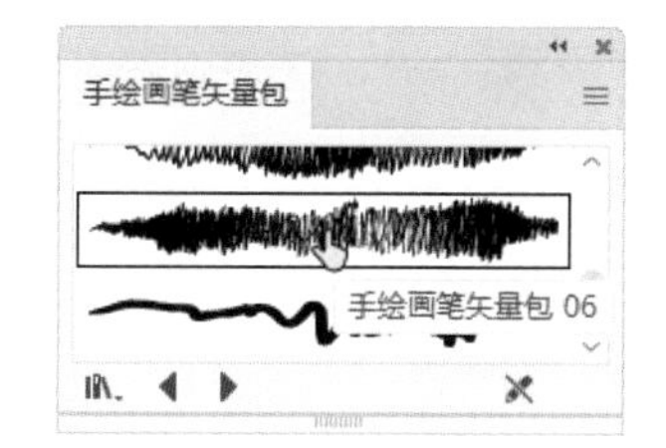

图12-23

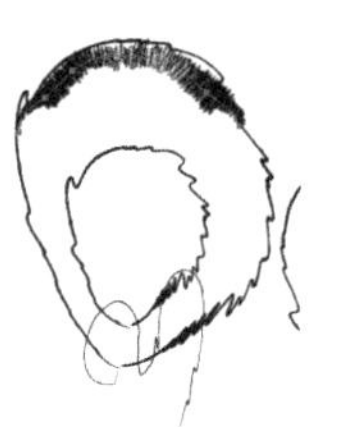

图12-24

图12-25

05 单击“手绘画笔矢量包”面板底部的▶按钮，切换到“颓废画笔矢量包”面板。选择图12-26所示的画笔，将描边颜色设置为浅绿色，绘制比较随意的线条，设置描边粗细为3pt，如图12-27所示。

图12-26　　图12-27

06 绘制图12-28所示的线条。按Shift+Ctrl+[快捷键将线条移至底层，使其位于文字后方。在“图层1”左侧单击，显示该图层，如图12-29和图12-30所示。

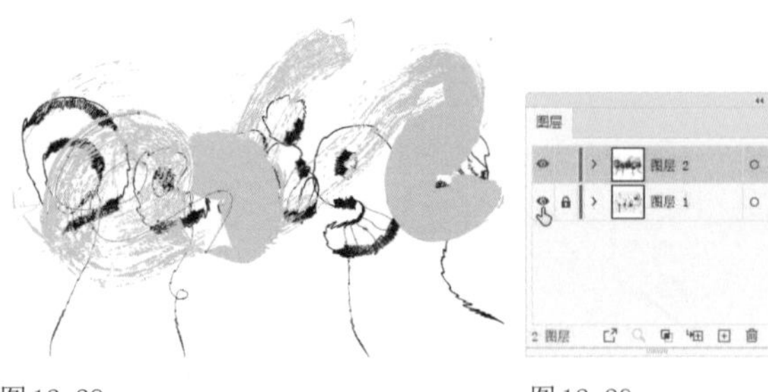

图 12-28

图 12-29

图 12-30

12.2.3 实例：小怪物新年贺卡

01 执行“窗口”|“画笔库”|“艺术效果”|“艺术效果_粉笔炭笔铅笔”命令，打开“艺术效果_粉笔炭笔铅笔”面板，选择“粉笔-涂抹”画笔，如图12-31所示。设置图形的填充颜色为砖红色，描边粗细为0.1pt，使用钢笔工具绘制一个半圆形，如图12-32所示。

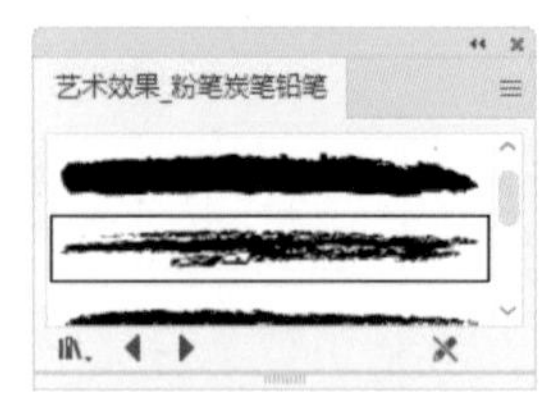

图 12-31

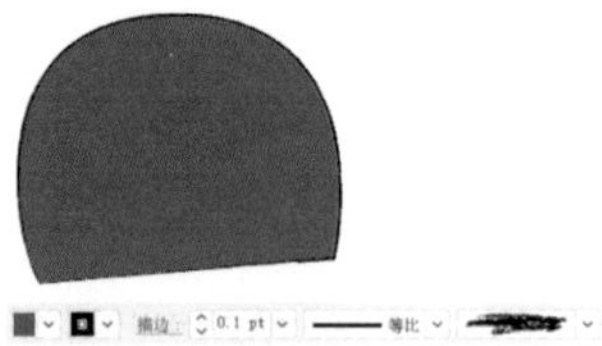

图 12-32

02 在半圆形头部下面绘制两颗牙齿。使用画笔工具绘制小怪物的身体，在半圆形中间绘制一条竖线，如图12-33所示。在头部一左一右绘制两个图形，填充暖灰色，在右面图形上绘制一条斜线，以表现闭着的眼睛。在身上绘制一个口袋图形，如图12-34所示。再绘制出耳朵和四肢，如图12-35所示。

03 绘制一些非常短的路径，无填色，类似缝纫线效果，如图12-36所示。下面为图形添加高光效果。在头顶、鼻子和身体边缘绘制路径，设置描边颜色为浅黄色，宽度为1pt，如图12-37所示，这样做可使色块产生质感，也具有粉笔画的笔触效果。

图 12-33　　图 12-34　　图 12-35

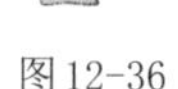

图 12-36　　图 12-37

> 提示
>
> 当需要调整对象的堆叠顺序时，通过快捷键操作更加方便。按Ctrl+]快捷键可上移一层；按Shift+Ctrl+]快捷键可移至顶层；按Ctrl+[快捷键可下移一层；按Shift+Ctrl+[快捷键可移至底层。

04 执行“窗口”|“画笔库”|“艺术效果”|“艺术效果_油墨”命令，在打开的面板中选择“锥形-尖角”画笔，如图12-38所示，像用铅笔写字一样拖曳光标，写出“2023”等文字，如图12-39所示。

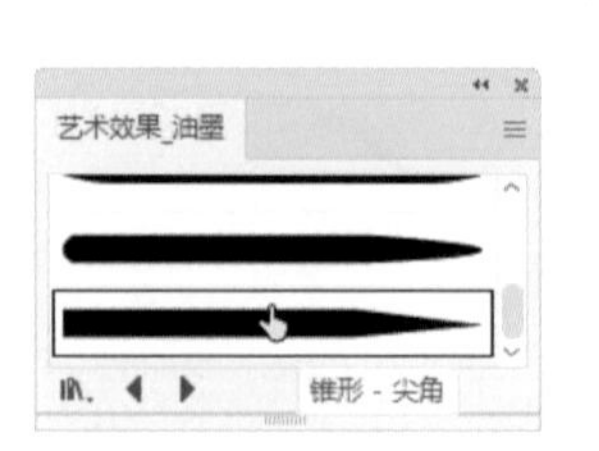

图 12-38

图 12-39

05 使用矩形工具绘制一个矩形，设置描边颜色为绿色，将其置于底层。单击图12-40所示的画笔进行描边，效果如图12-41所示。

06 执行“窗口”|“色板库”|“图案”|“装饰”|“装饰旧版”命令，打开“装饰旧版”面板。单击图12-42所示的图案，填充图形，如图12-43所示。

图12-40　　图12-41

图12-42　　图12-43

07 双击比例缩放工具，打开“比例缩放”对话框，设置缩放比例为150%，勾选“变换图案”复选框，只放大图案，如图12-44和图12-45所示。

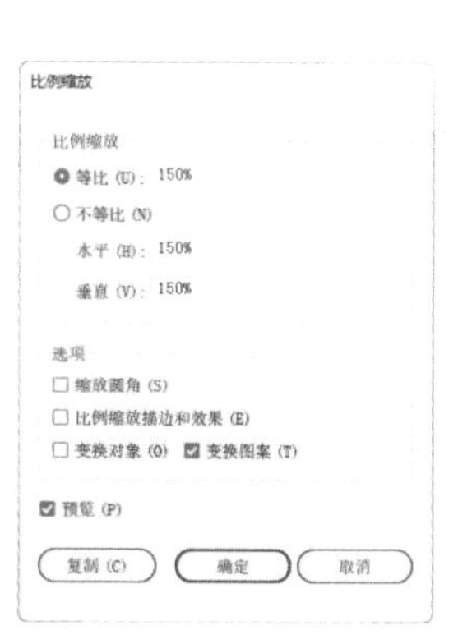

图12-44　　图12-45

08 画一些小花朵作为装饰，输入祝福的话语和其他文字，一张可爱的贺卡就制作好了，如图12-46所示。

图12-46

12.2.4　实例：转变贺卡风格

01 打开前一个实例的效果文件。执行“窗口”|“画笔库”|“装饰”|“典雅的卷曲和花形画笔组”命令，打开“典雅的卷曲和花形画笔组”面板。选取组成外星人的图形，使用“皇家”进行描边（描边宽度为0.25pt），文字下方的图形用“纸牌”描边，如图12-47所示，可得到图12-48所示的效果。

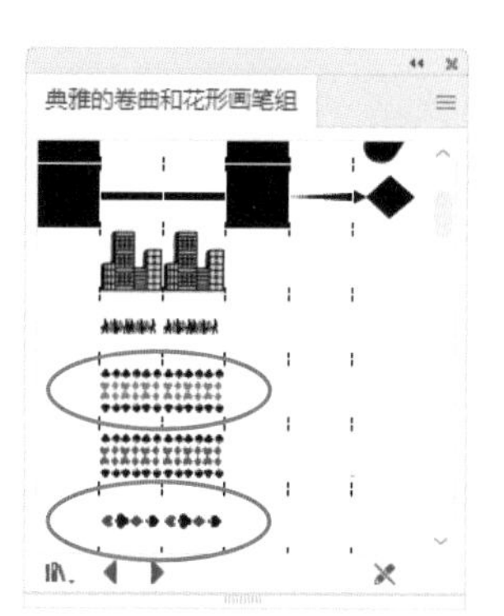

图12-47　　图12-48

02 背景图形用图12-49所示的图案填充，这样贺卡的整体风格就变得更加轻盈、活泼，如图12-50所示。

图12-49　　图12-50

12.3 斑点画笔工具

斑点画笔工具既可以像画笔工具那样绘图，也能用于合并图形。如果想表现更真实和自然的绘画效果，可以将该工具与橡皮擦工具及平滑工具结合使用。

12.3.1 绘制图形

斑点画笔工具使用与书法画笔相同的默认画笔选项，可以直接绘图，但创建的是有填色、无描边的路径，如图 12-51 所示。这与画笔工具正好相反，画笔工具创建的是有描边、无填色的路径，如图 12-52 所示。选择斑点画笔工具后，需要先将填色设置为当前状态，之后在"色板"面板或"控制"面板选择一个色板，绘制该色板填色的图形，如图 12-53 和图 12-54 所示。

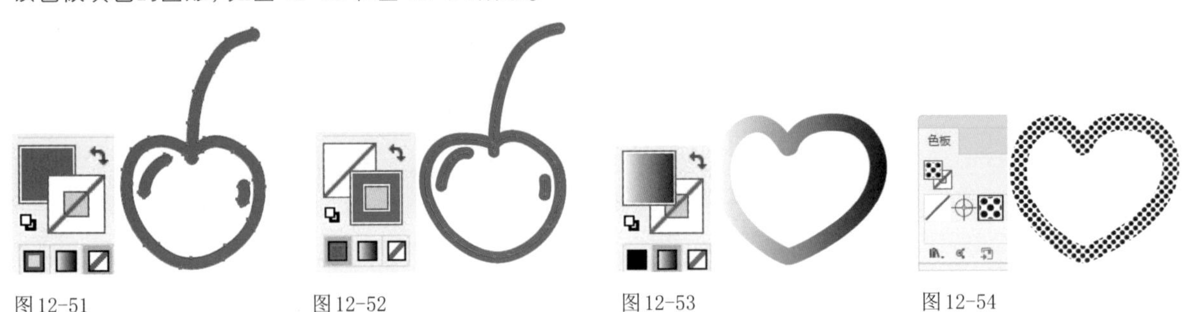

图 12-51　图 12-52　图 12-53　图 12-54

绘图前也可在"外观"面板中设置不透明度和混合模式，如图 12-55 所示，以绘制出带有这些属性的图形，如图 12-56 所示。

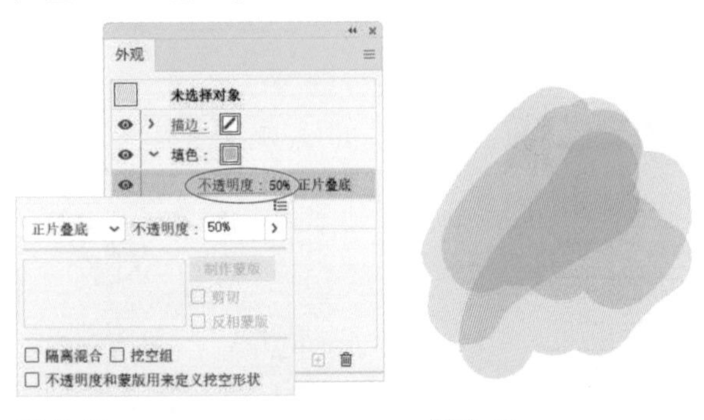

图 12-55　图 12-56

12.3.2 合并图形

斑点画笔工具可以合并由其他工具创建的矢量图形。但图形不能包含描边，否则无法操作。

如果当前的填充颜色与该图形相同，如图 12-57 和图 12-58 所示，不必选择对象，直接使用斑点画笔工具便可合并对象，如图 12-59 所示。如果颜色不同，如图 12-60 所示，可按住 Ctrl 键单击图形，将其选择，如图 12-61 所示，再使用斑点画笔工具进行合并，如图 12-62 所示。

图 12-57

图 12-58

图 12-59

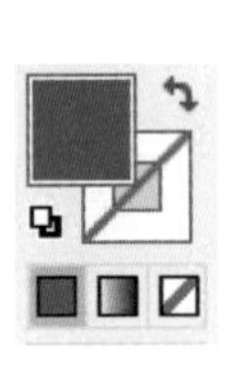

图 12-60

图 12-61

图 12-62

12.4　创建和修改画笔

如果Illustrator提供的画笔不能满足使用要求，用户可以自己创建画笔。创建散点画笔、艺术画笔和图案画笔前，必须先准备好相应的图形，并且其不能包含渐变、混合、画笔描边、网格、链接的位图图像（嵌入的图像可以）、图表、置入文件和蒙版。

12.4.1　创建书法画笔

书法画笔是使用椭圆形创建的，通过调整角度、圆度等可绘制扁平的带有一定倾斜角度的描边。

不论创建书法画笔，还是其他画笔，都应先单击“画笔”面板底部的⊞按钮，打开“新建画笔”对话框后，选取画笔类型，如图12-63所示，之后单击“确定”按钮，这样才能打开相应的画笔选项对话框，如图12-64所示。设置选项后，单击“确定”按钮，可创建画笔并将其保存到“画笔”面板中。

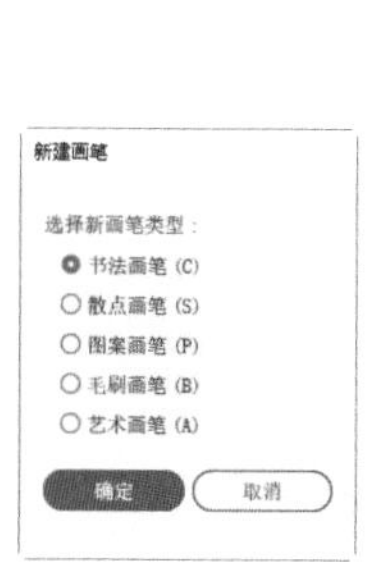

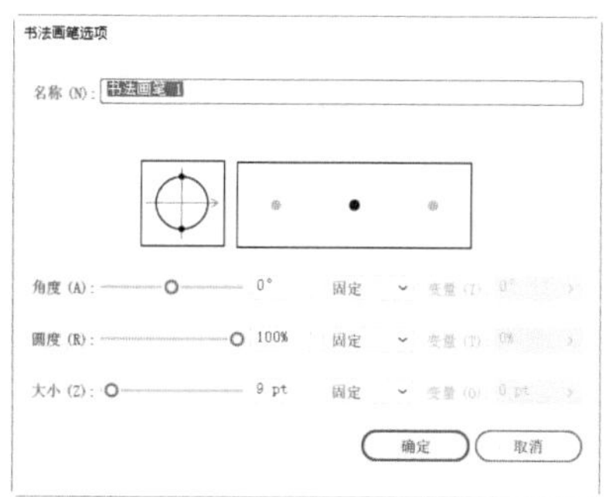

图12-63　　图12-64

在“书法画笔选项”对话框中，“名称”选项可以设置画笔名称。拖曳画笔预览窗口中的箭头，可调整画笔的角度，如图12-65所示。拖曳黑色的圆形控件，可以调整画笔的圆度，如图12-66所示。

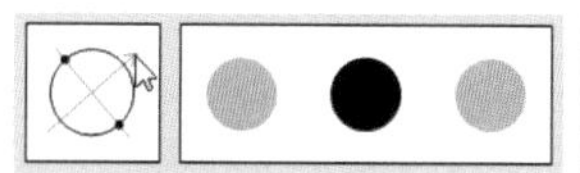

图12-65

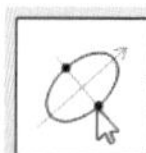
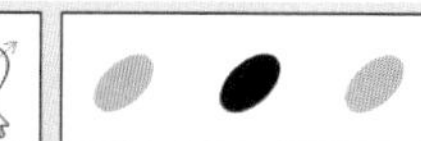

图12-66

“角度”“圆度”和“大小”选项用来设置画笔的旋转角度、圆度和画笔直径。这3个选项右侧都有⌄按钮，单击该按钮，可以打开下拉列表，其中包含“固定”“随机”和“压力”等选项，这些选项决定了画笔的变化方式。如果选择除“固定”以外的其他选项，则“变量”选项可用，它可以确定变化范围的最大值和最小值。

如果将画笔的角度及圆度的变化方式设置为“随机”并修改“变量”值，则可对变化效果进行预览，如图12-67所示。

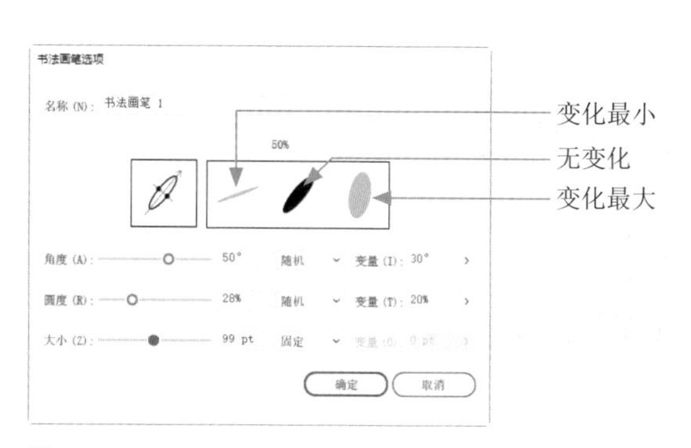

图12-67

数位板是什么工具

如果计算机配置有数位板，则“压力”选项可用。此时Illustrator将根据压感笔的压力而创建不同角度、圆度和直径的画笔。压感笔是专门的计算机绘画工具，用它在数位板上绘画时，随着笔尖着力的轻重、速度以及角度的改变，绘制出的线条能产生粗细和浓淡等变化，与在纸上画画的感觉没有多大差别。

Wacom数位屏和数位板

12.4.2　创建毛刷画笔

毛刷画笔由一些重叠的已填色的透明路径组成。这些路径就像Illustrator中的其他已填色路径一样，会与其他对象（包括其他毛刷画笔路径）中的颜色混合，但描边上的颜色并不会自行混合（即分层的单个毛刷画笔描边之间的颜色会互相混合），因此，色彩会逐渐增强。但是，如果来回描绘单一描边，则不会将自身的颜色混合加深。

毛刷画笔能绘制出带有毛刷痕迹的绘画笔迹，非常适合模拟使用真实画笔和介质（如水彩）的绘画效果，如图12-68所示。图12-69所示为“毛刷画笔选项”对话框。

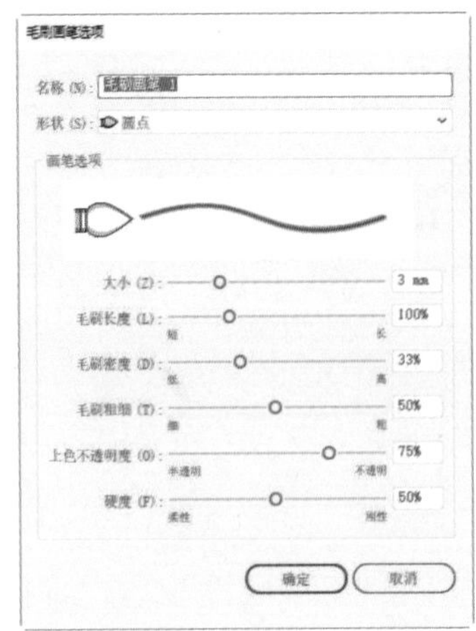

图 12-68　　图 12-69

创建该画笔时，可以在“形状”下拉列表中选择不同的画笔模型，如图 12-70 所示，这些模型可以提供不同的绘画体验和毛刷画笔路径的外观。

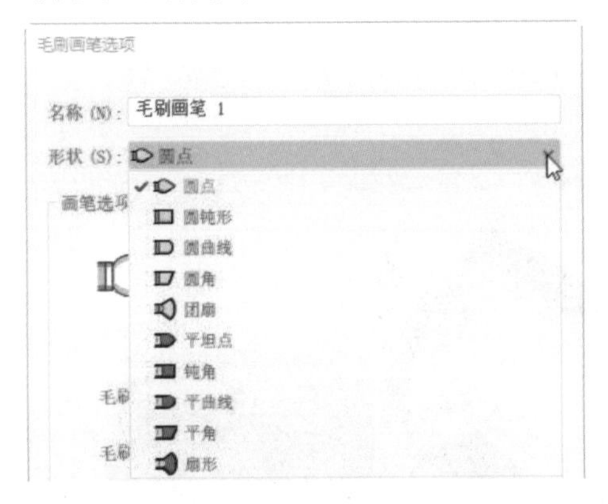

图 12-70

12.4.3 创建图案画笔

创建图案画笔前，需要将图稿分别拖曳到“色板”面板中创建为色板，如图12-71所示，之后单击“画笔”面板底部的⊞按钮，在打开的对话框中选择“图案画笔”选项，单击“确定”按钮，打开“图案画笔选项”对话框。

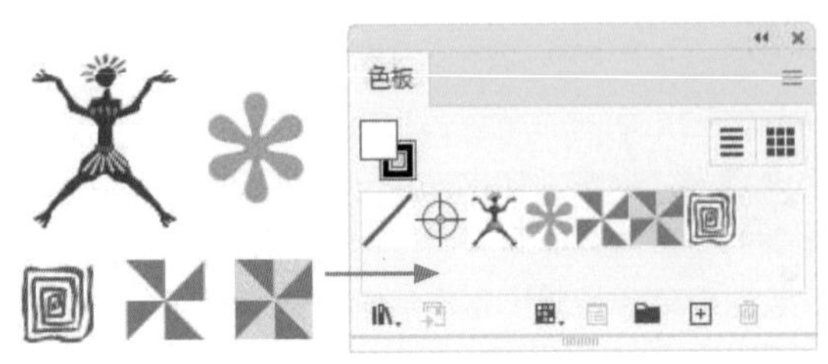

图 12-71

● 拼贴按钮：5个拼贴按钮依次为外角拼贴、边线拼贴、内角拼贴、起点拼贴和终点拼贴。单击其中的 按钮，在打开的下拉列表中选取一个图案，该图案就会出现在对应的路径上，如图 12-72 所示。

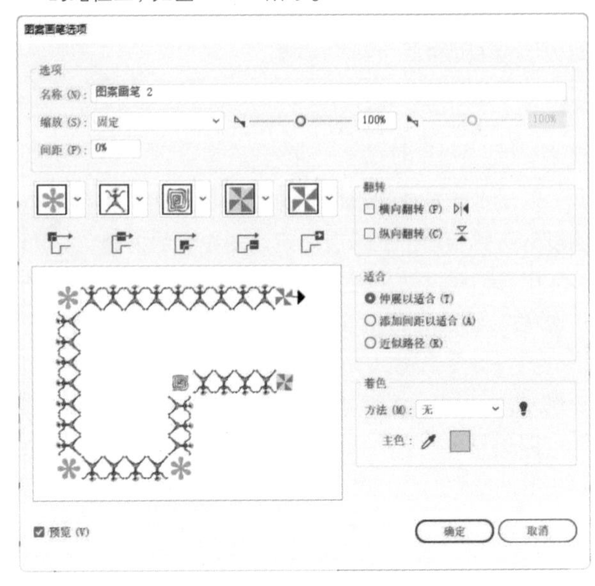

图 12-72

● 缩放：用来设置图案相对于原始图形的缩放比例。

● 间距：用来设置各个图案的间距。

● 横向翻转/纵向翻转：可以改变图案相对于路径的方向。

● 适合选项组：选中“伸展以适合”单选按钮，可自动拉长或缩短图案，以适合路径的长度(容易生成不均匀的拼贴)，如图 12-73 所示；选中“添加间距以适合”单选按钮，会增大图案的间距，使其适合路径的长度，以确保图案不变形，如图 12-74 所示；选中“近似路径”单选按钮，可在不改变图案拼贴的情况下使其适合于最近似的路径，因此，通过该选项所应用的图案会向路径内侧或外侧移动，以保持均匀的拼贴效果，而不是将中心落在路径上，如图 12-75 所示。

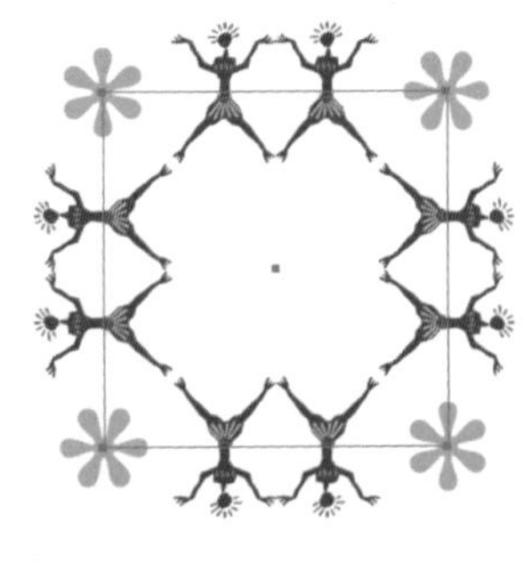

图 12-73

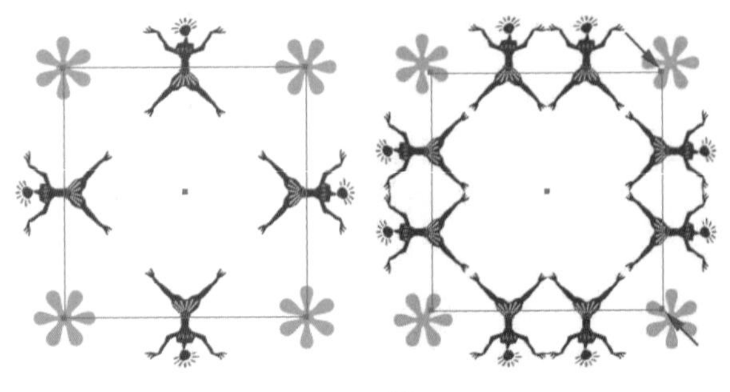

图 12-74　　图 12-75

12.4.4 创建艺术画笔

准备好图稿，如图12-76所示，将其选择，单击“画笔”面板底部的⊞按钮，在打开的对话框中选择“艺术画笔”选项，单击“确定”按钮，打开图12-77所示的对话框。

图12-76

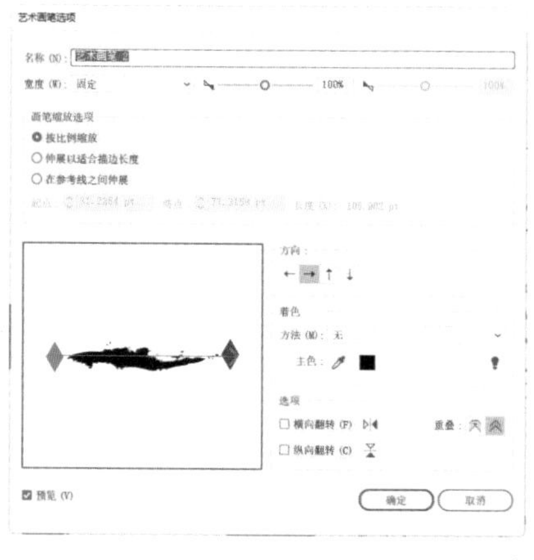

图12-77

- 宽度：可以相对于原宽度调整图稿的宽度。
- 画笔缩放选项：选中“按比例缩放”单选按钮，可等比缩放对象，使其适合路径的长度（比例如图12-76所示）；选中“伸展以适合描边长度”单选按钮，可将对象拉宽或压扁，以适合路径的长度，如图12-78所示；选中“在参考线之间伸展”单选按钮，对话框中会出现两条参考线，在“起点”和“终点”选项中输入数值，可以定义图稿的拉伸范围（参考线外对象的比例不变），如图12-79和图12-80所示（通过这种方法创建的画笔为分段画笔）。

图12-78

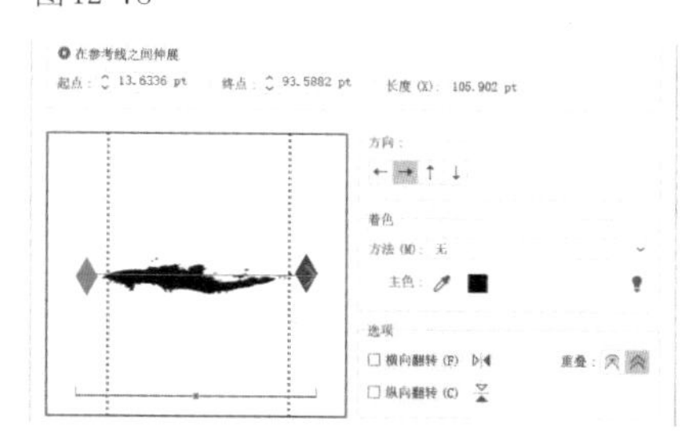

图12-79

图12-80

- 方向：单击该选项中的按钮，可以确定图形相对于线条的方向。单击←按钮，可以将图稿左侧置于描边末端；单击→按钮，可以将图稿右侧置于描边末端；单击↑按钮，可以将图稿顶部置于描边末端；单击↓按钮，可以将图稿底部置于描边末端。
- 横向翻转/纵向翻转：改变图稿相对于线条的方向。
- 重叠：如果对象边缘连接和褶皱处重叠，可单击该选项中的按钮进行改善。

> 提示
>
> 创建图案画笔和艺术画笔的图稿中不能有文字。如果要包含文字，应先将文字转换为轮廓，再使用轮廓图形创建画笔。

12.4.5 创建散点画笔

图12-81所示为用于创建散点画笔的图稿。图12-82所示为“散点画笔选项”对话框。

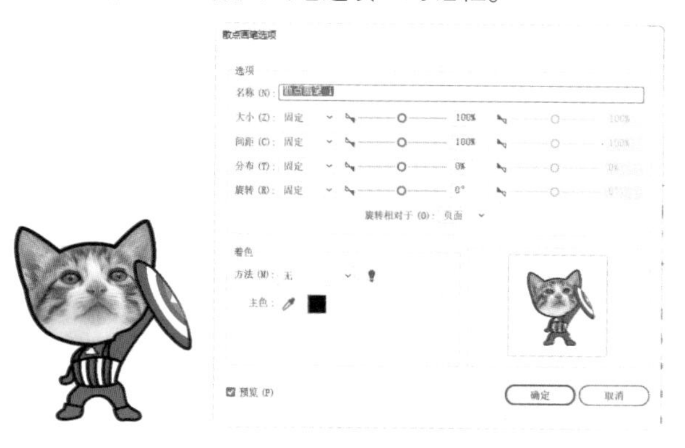

图12-81　图12-82

- 大小/间距：用来设置对象的大小和间隔距离。在该选项及“间距”“分布”和“旋转”选项右侧的列表中可以选择画笔的变化方式。
- 分布：可以控制路径两侧对象与路径之间的接近程度。该值越大，对象离路径越远。
- 旋转/旋转相对于：“旋转”选项用来控制对象的旋转角度，在“旋转相对于”下拉列表中可以选取旋转的基准目标，选择“页面”选项和“路径”选项的效果分别如图12-83和图12-84所示。

选择“页面”选项

图12-83

选择“路径”选项

图12-84

实用技巧　怎样为画笔着色

图案画笔、艺术画笔和散点画笔所绘制的颜色取决于当前的描边颜色和画笔的着色处理方法。描边颜色可以在“颜色”面板中设置。要设置着色处理方法，则需要在创建相应画笔时打开的对话框中操作。

画笔颜色处理方法

选择“无”选项时，显示的是“画笔”面板中画笔的颜色，即画笔与“画笔”面板中的颜色保持一致。

选择“色调”选项时，以浅淡的描边颜色显示画笔描边。图稿的黑色部分会变为描边颜色，不是黑色的部分则变为浅淡的描边颜色，白色依旧为白色。如果使用专色作为描边颜色，则选择该选项，可以生成专色的浅淡颜色。如果画笔是黑白的，或者要用专色为画笔描边上色，应选择“色调”选项。

选择“淡色和暗色”选项时，以描边颜色的淡色和暗色显示画笔描边，保留黑色和白色，黑白之间的所有颜色会变成描边颜色从黑色到白色的混合。

选择“色相转换”选项时，使用画笔图稿中的主色，即“主色”选项右侧颜色块中所示的颜色。画笔图稿中使用主色的每个部分都会变成描边颜色，画笔图稿中的其他颜色则变为与描边色相关的颜色。选取该选项，会保留黑色、白色和灰色。

如果要改变主色，可以单击主色吸管，将光标移至对话框中的预览图上，然后在要作为主色使用的颜色上单击，“主色”选项右侧的颜色块就会变成这种颜色。再次单击吸管可取消选择。单击提示按钮，可以显示每种颜色设置方法的相关信息和示例。

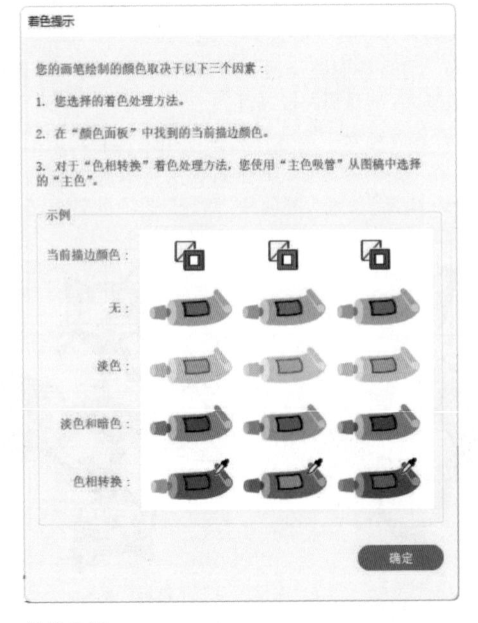

效果示例

12.4.6　实例：修改画笔参数

01 打开素材，如图12-85所示。在“画笔”面板中双击图12-86所示的画笔，打开“图案画笔选项”对话框。

图 12-85

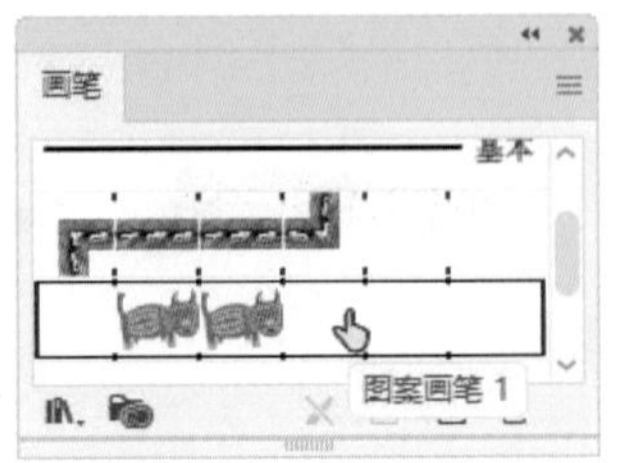

图 12-86

02 修改“间距”参数为30%，如图12-87所示，单击“确定”按钮关闭对话框，弹出提示，如图12-88所示，单击“应用于描边”按钮确认修改，添加到图形上的画笔描边会更新效果，如图12-89所示。

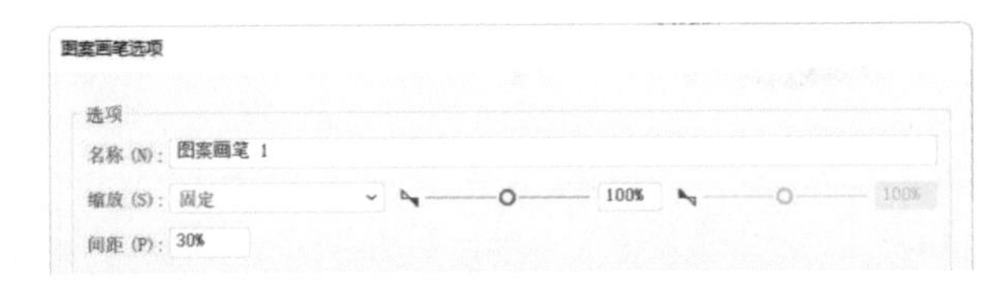

图 12-87

图 12-88　　图 12-89

> **提示**
>
> 单击“保留描边”按钮，只更改参数，不会影响已添加到圆形上的画笔描边，但以后再为图形添加该画笔描边时，会应用修改后的参数设置。

12.4.7　实例：修改并更新画笔图形

散点画笔、艺术画笔和图案画笔是用图形创建的，画笔中的图形可以修改。

01 打开素材。使用椭圆工具创建一个圆形，填充渐变，并添加画笔描边，如图12-90所示。

02 将画笔从“画笔”面板中拖曳到画板上，如图12-91所示。

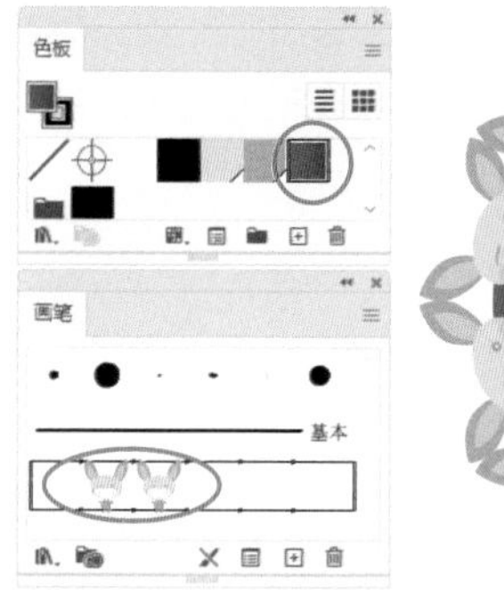

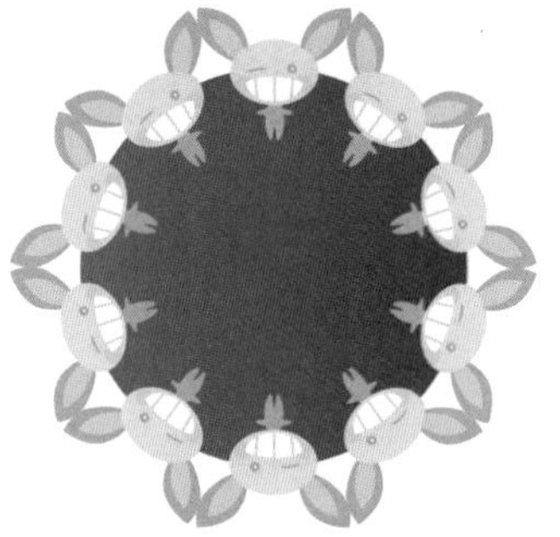

图 12-90

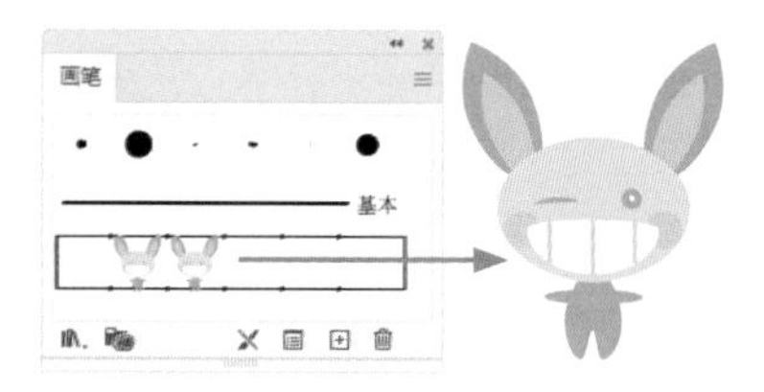

图 12-91

03 单击“控制”面板中的 按钮，或执行“编辑”|“编辑颜色”|“重新着色图稿”命令，打开“重新着色图稿”对话框，打开“颜色库”下拉列表，执行“庆祝”命令，如图12-92所示，修改图稿颜色，如图12-93所示。在空白处单击，关闭该对话框。

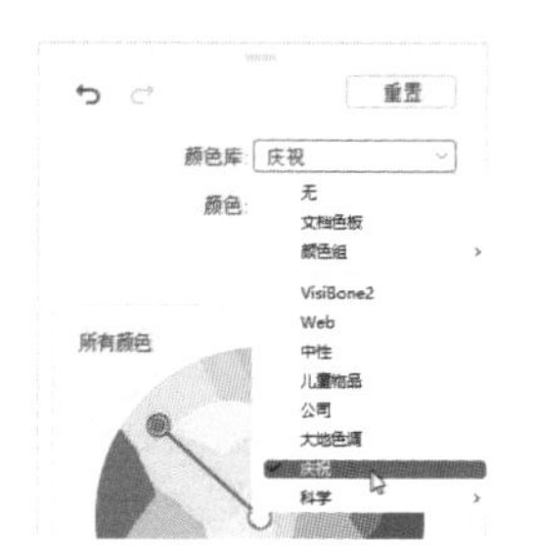

图 12-92　　图 12-93

04 使用选择工具 并按住Alt键将修改后的图形拖曳到原始画笔上，如图12-94所示；释放鼠标左键后，打开“图案画笔选项”对话框，单击“确定”按钮；打开如图12-95所示的对话框，单击“应用于描边”按钮，圆形描边的图形会自动更新，使用选择工具 将该图形拖曳到圆形上方，效果如图12-96所示。

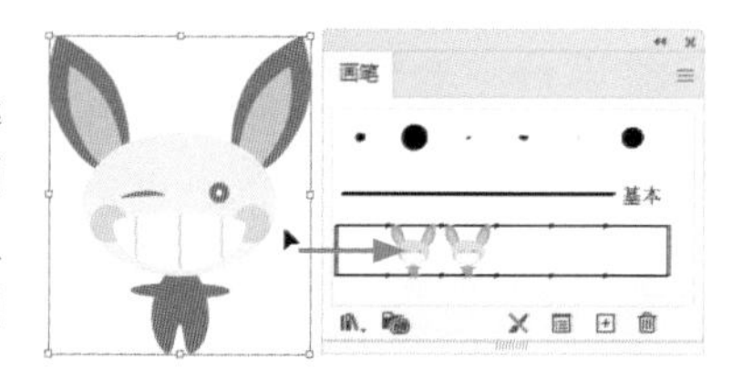

图 12-94

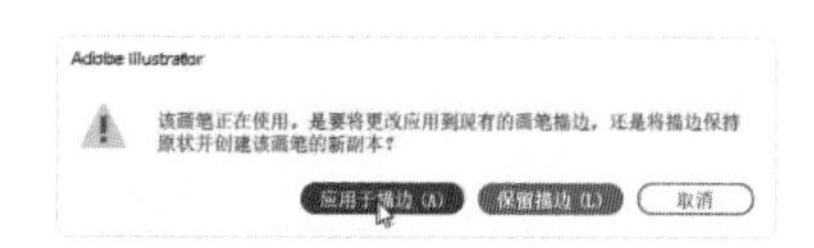

图 12-95

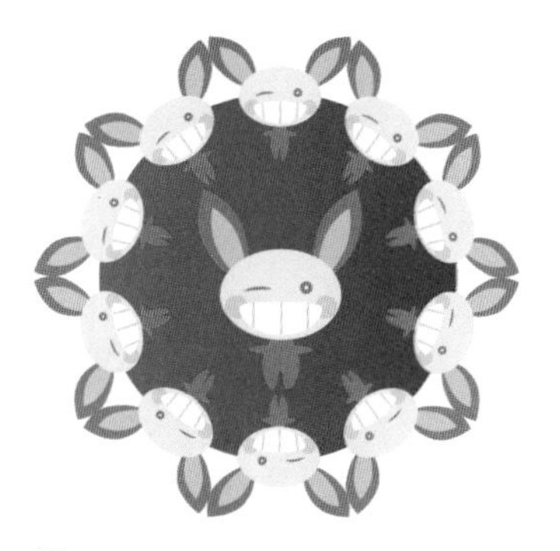

图 12-96

实用技巧　快速反转描边方向

使用钢笔工具 在路径的端点单击，可以反转画笔描边的方向，相当于执行“对象”|“路径”|“反转路径方向”命令。

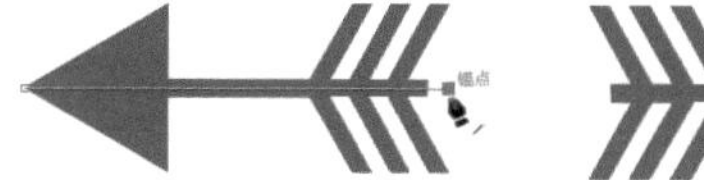

将光标放在路径的端点　　单击可反转描边方向

12.4.8　实例：用3种方法缩放画笔描边

为对象添加画笔描边后，如果画笔中的图形较大或较小，与对象比例不协调，可以通过缩放的方法将图形调整到合适大小。

01 打开素材，如图12-97所示。使用椭圆工具 按住Shift键创建一个圆形，如图12-98所示。

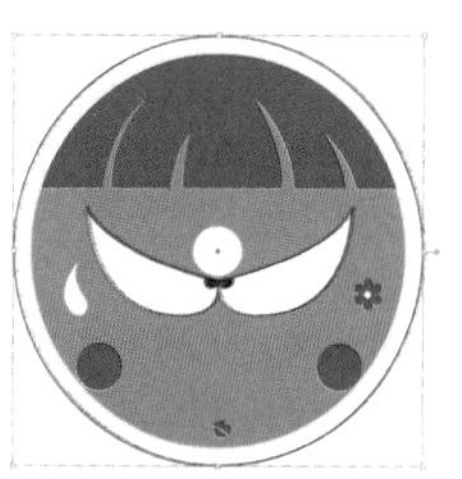

图 12-97　　图 12-98

02 执行“窗口”|“画笔库”|“边框”|“边框_几何图形”命令，打开“边框_几何图形”面板，为圆形添加图12-99所示的画笔描边，效果如图12-100所示。

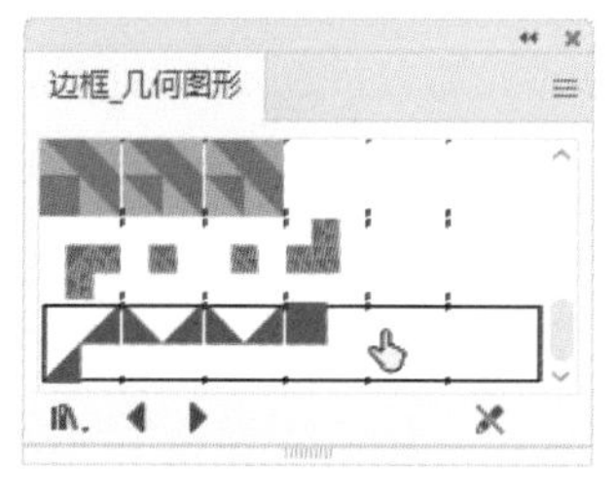

图 12-99　　图 12-100

03 保持圆形的被选取状态。单击“画笔”面板中的▤按钮，打开“描边选项（图案画笔）”对话框，将“缩放”参数设置为450%，放大描边图形，如图12-101和图12-102所示。单击“确定”按钮关闭对话框。

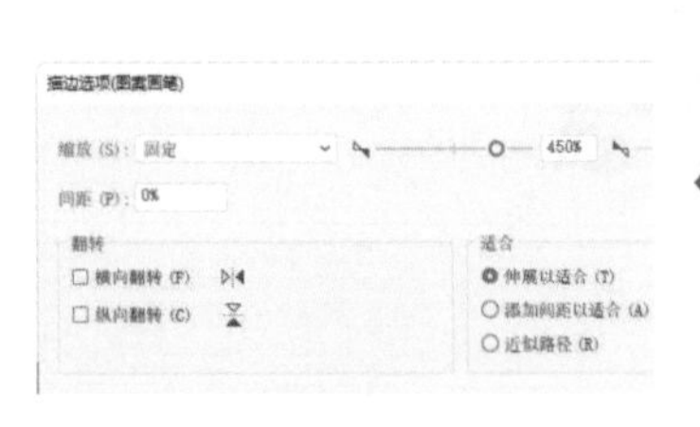

图12-101

图12-102

04 按Ctrl+Z快捷键撤销修改。保持圆形的被选取状态。在“控制”面板中调整描边粗细，通过这种方法来改变描边的比例，如图12-103所示。

描边：7 pt

图12-103

05 按Ctrl+Z快捷键撤销修改。保持圆形的被选取状态。双击比例缩放工具，打开“比例缩放”对话框，将“等比”参数设置为200%，勾选“比例缩放描边和效果”复选框，可同时缩放画笔描边和圆形，如图12-104和图12-105所示。

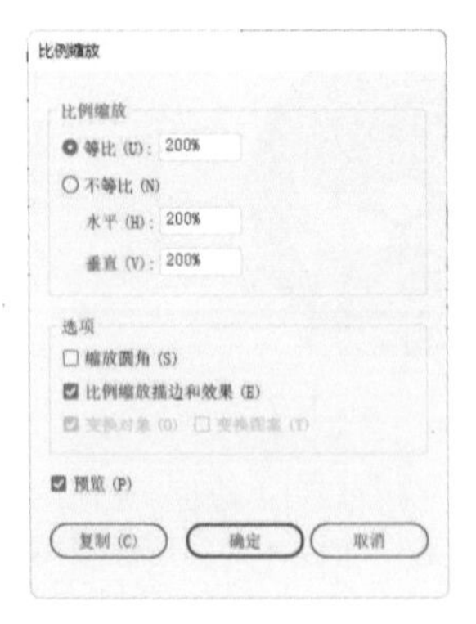

图12-104

图12-105

12.4.9 删除画笔

如果要删除“画笔”面板中的某个画笔，可在其上方单击，如图12-106所示，之后单击“画笔”面板中的🗑按钮即可。如果要删除多个画笔，可以按住Ctrl键分别单击，将它们选取，之后拖曳到🗑按钮上。如果文档中有对象使用了被删除的画笔，则会打开图12-107所示的对话框。

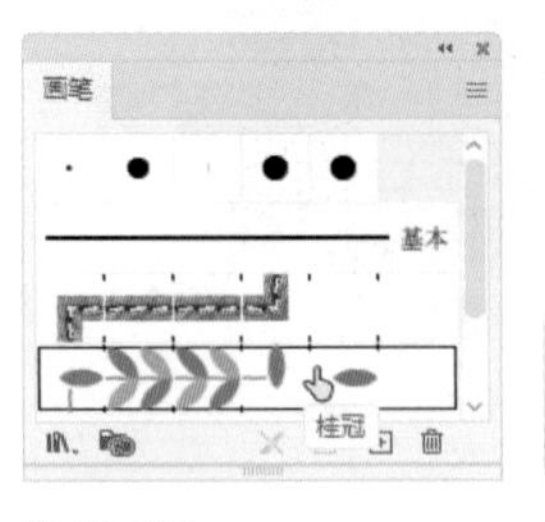

图12-106

图12-107

单击“扩展描边”按钮，可删除画笔并将应用到对象上的画笔扩展为路径，如图12-108所示。单击“删除描边”按钮，可删除画笔并从对象上移除描边，如图12-109所示。

图12-108

图12-109

> 提示
>
> 如果要删除文档中所有未使用的画笔，可以打开“画笔”面板菜单，执行“选择所有未使用的画笔”命令，将这些画笔同时选取，再单击🗑按钮删除。

12.4.10 将画笔扩展为路径

用画笔描边对象后，如图12-110所示，如果需要编辑画笔中的图形，又想保留画笔，可以选择对象，执行“对象”|“扩展外观”命令，将画笔描边扩展为路径，如图12-111所示，之后进行修改。

图12-110

图12-111

使用自定义的画笔绘制睫毛

人物的头发、眼眉和睫毛等一般由大量的单个图形组成，在绘制时非常麻烦。如果从中提炼出几个典型的简单图形，将其定义为画笔，再对路径应用画笔描边，便可一次性生成所有基本图形，大大简化绘画过程。

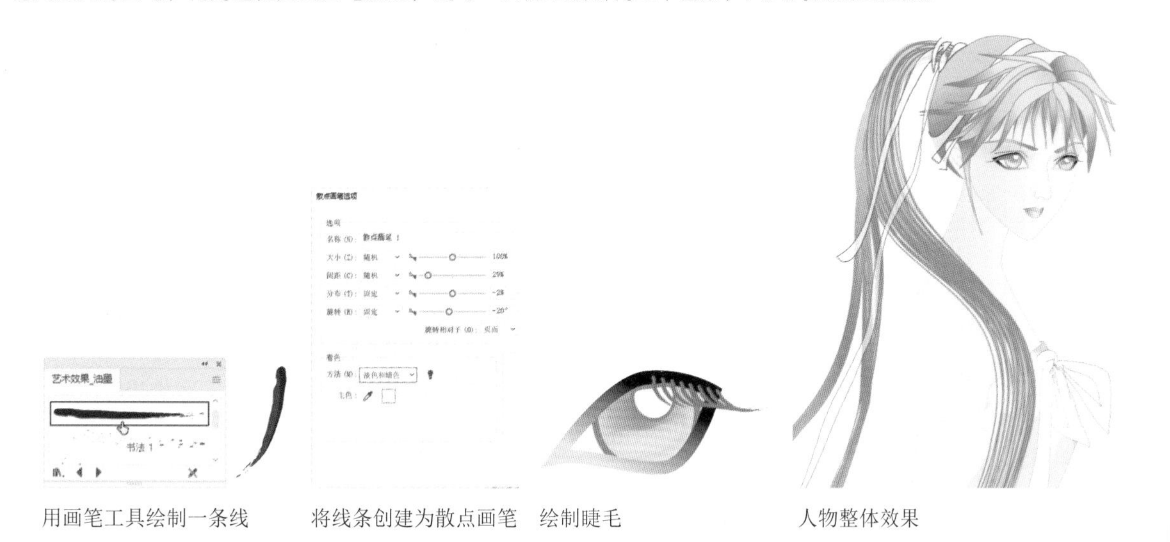

用画笔工具绘制一条线　将线条创建为散点画笔　绘制睫毛　人物整体效果

12.5 创建图案及重复的对象

将对象按照一定的规则重复排列，就可以组成图案。Illustrator中的图案可用于填色和描边。

12.5.1 图案的构成形式

图案在平面设计、广告设计、包装设计、服装设计、室内空间设计等领域有着非常广泛的应用。图12-112所示为服装上的几何图案和抽象图案，图12-113所示为商品包装上的图案。

图12-112　图12-113

图案是由图形组成的，其构成形式分为单独纹样、适合纹样、二方连续纹样、四方连续纹样和综合纹样几种类型，如图12-114和图12-115所示。

二方连续纹样　四方连续纹样

图12-114　图12-115

单独式的纹样不受轮廓限制，外形完整独立，是图案中最基本的单位和组织形式，既可以单独使用，也是构成适合纹样、连续纹样的基础。

对称式纹样采用上下对称或者左右对称、等形等量分配的形式，其特点是结构严谨、庄重大方，如图12-116所示。均衡式是指在不失去重心的情况下，上下、左右纹样可以不对称，但总体看起来是平衡的、稳定的。其特点是生动丰富，穿插灵活，富于动态美，如图12-117所示。

图 12-116

图 12-117

适合纹样区别于单独纹样的特点，在于其必须有一定的外形，即将一个或几个完整的形象装饰在一个预先选定好的外形内（如正方形、圆形），使图案自然、巧妙地适合于形体，如图 12-118 和图 12-119 所示。

边缘适合纹样

图 12-118

角隅适合纹样

图 12-119

12.5.2 用重复模式复制对象

选择对象，如图 12-120 所示，打开“编辑”|“重复”子菜单，如图 12-121 所示，执行其中的“径向”“网格”和“镜像”命令，可以复制对象，并使其径向分布，或者按网格排列及镜像翻转。

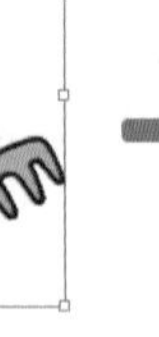

图 12-120

图 12-121

径向重复

径向重复类似轮子的轮辐，如图 12-122 所示。拖曳定界框右侧的圆形控件，可调整图形的密度（增加或减少对象），如图 12-123 所示；拖曳图 12-124 所示的控件，可以让图形扩展、收缩和旋转；拖曳圆圈上的拆分器，可移除对象，如图 12-125 所示。

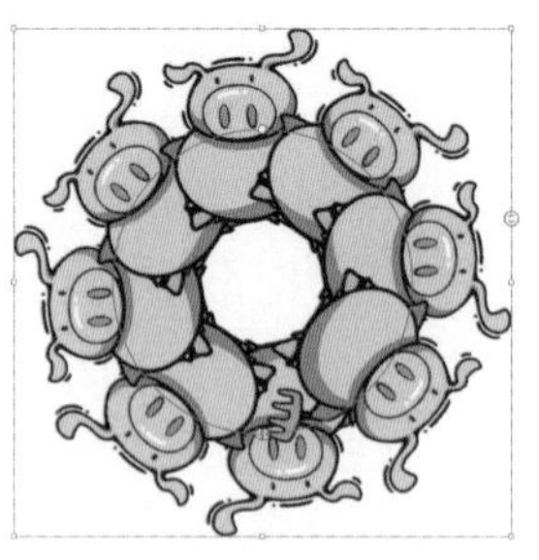

图 12-122

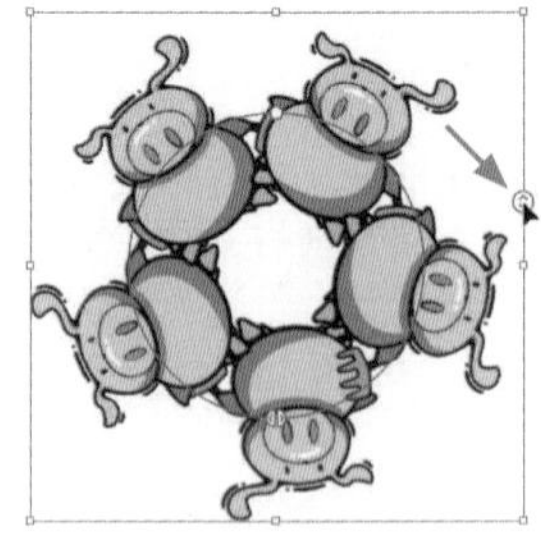

图 12-123

图 12-124

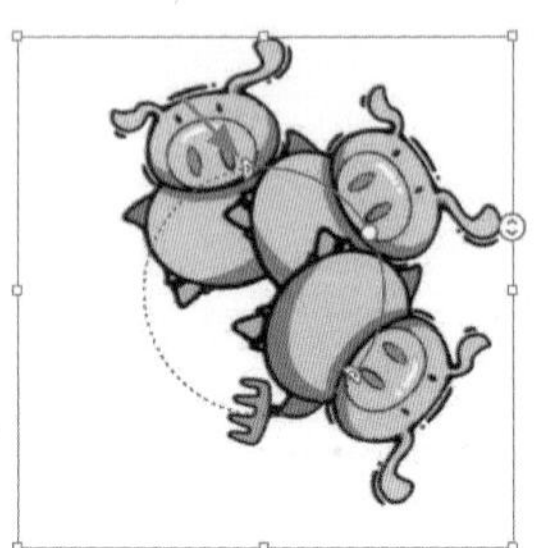

图 12-125

网格重复

网格重复效果如图 12-126 所示。拖曳定界框顶部的圆形控件，可以添加更多的行，拖曳左侧的圆形控件，可以添加更多的列，如图 12-127 所示；拖曳右侧和底部的控件，可以调整图稿的范围，如图 12-128 所示。

图 12-126

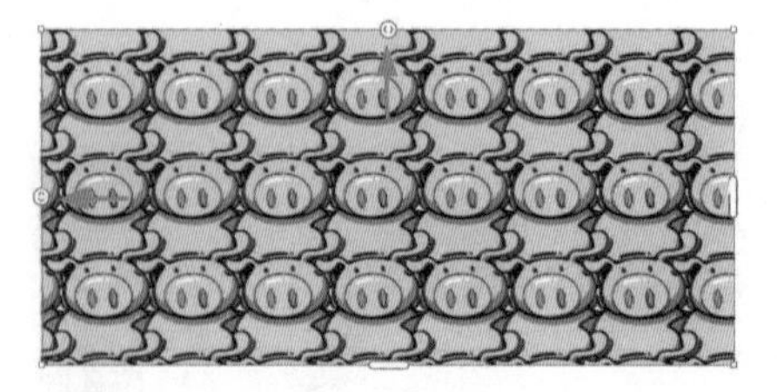

图 12-127

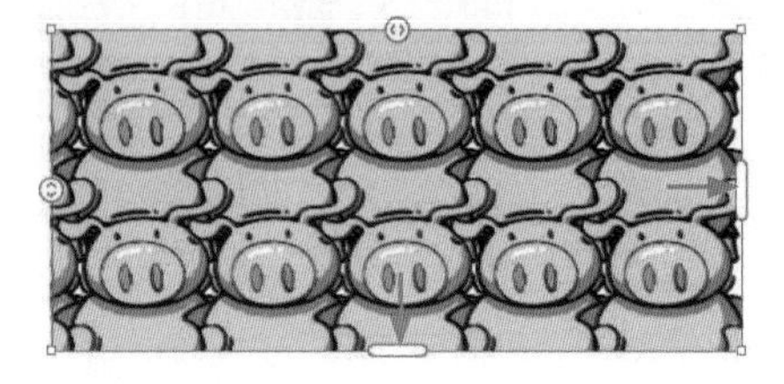

图 12-128

镜像重复

创建镜像重复时，会复制对象并显示图12-129所示的控件。拖曳下方的控件，可以调整对象的间距，如图12-130所示；拖曳上方的控件，可旋转对象，如图12-131所示；拖曳定界框上的控制点，可以旋转和缩放对象，如图12-132所示。

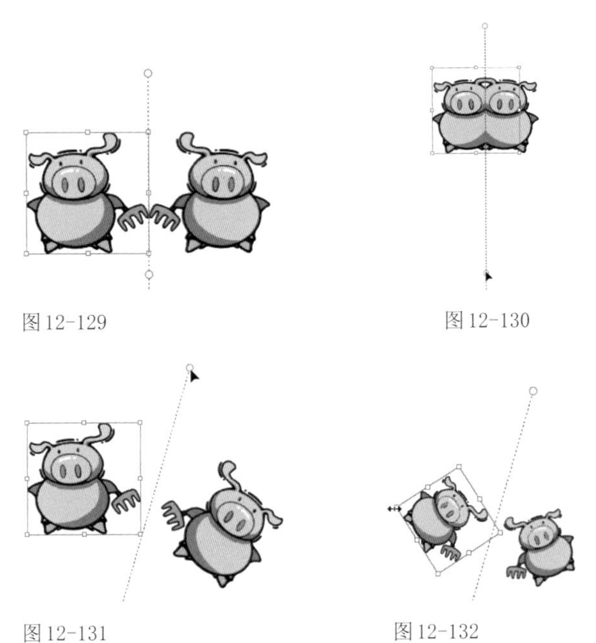

图12-129　图12-130

图12-131　图12-132

> 提示
>
> 完成后，单击并移开鼠标，然后再次单击，则不会看到控件。图稿的两个部分将组合在一起，作为一个对象进行移动。如果想再次编辑重复对象，双击图稿即可。

设置重复选项

创建重复对象后，可以在“属性”和“控制”面板设置相应的选项，如图12-133~图12-135所示。

径向重复选项
图12-133

网格重复选项
图12-134

镜像重复选项
图12-135

- 实例数：可指定重复图稿中的重复实例数，即复制多少对象。
- 半径：指定围绕其创建径向重复图的圆的半径。
- 反向重叠：勾选该复选框，可修改对象的堆叠顺序。
- 网格中的水平间距/网格中的垂直间距：可以指定对象间的水平距离和垂直距离。
- 网格类型：可以指定网格类型，包括网格、砖形（按行）、砖形（按列）。
- 翻转行/翻转列：沿垂直或水平方向翻转行和列。
- 镜像轴的角度：可设置镜像轴的角度。默认角度为90°。

12.5.3 用图案选项面板创建图案

使用“图案选项”面板可以轻松创建各种类型的图案，包括复杂的无缝拼贴图案。操作时，先准备好用于定义图案的对象，如图12-136所示，将其选择，执行“对象”|“图案”|“建立”命令，打开“图案选项”面板，如图12-137所示。设置好参数后，单击文档窗口顶部的✔完成按钮，即可创建图案并保存到“色板”面板中。

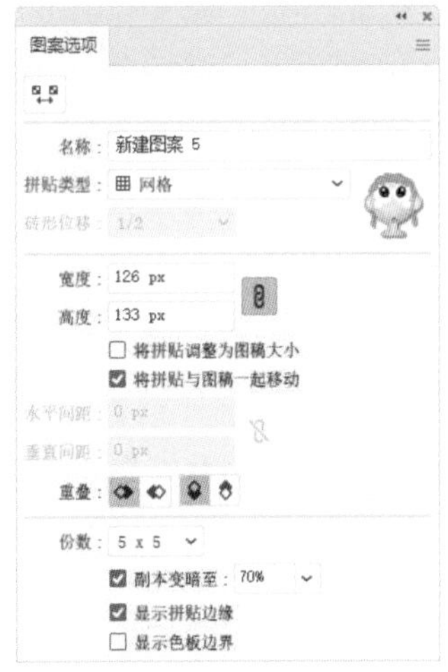

图12-136　图12-137

- 图案拼贴工具：单击该工具，画板中央的基本图案周围会出现定界框，如图12-138所示，拖曳控制点可以调整拼贴间距，如图12-139所示。

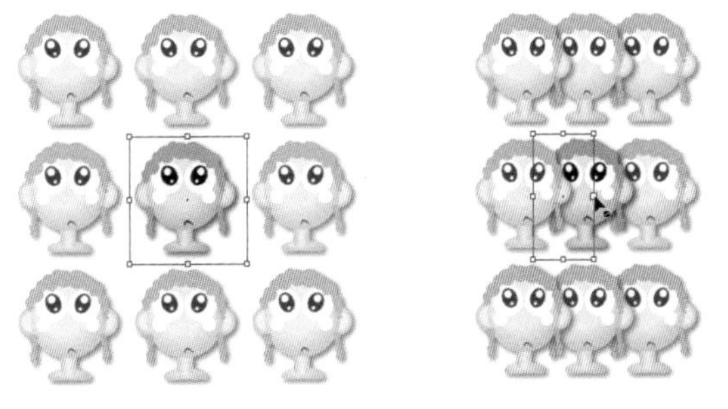

图12-138　图12-139

- 名称：可以为图案设置名称。
- 拼贴类型：在该选项的下拉列表中可以选择图案的拼贴方式。如果选择“砖形(按行)”或“砖形(按列)”，还可以在“砖形位移”选项中设置图形的偏移距离。
- 宽度/高度：可以调整拼贴的整体宽度和高度。如果要进行等比缩放，可单击按钮。
- 将拼贴调整为图稿大小/重叠：勾选“将拼贴调整为图稿大小”复选框，可以将拼贴缩放到与所选图形相同的大小。如果要设置拼贴间距的精确数值，可在“水平间距”和“垂直间距”选项中设置。这两个值为负值，对象会重叠，此时可单击“重叠”选项中的按钮设置重叠方式，包括左侧在前、右侧在前、顶部在前、底部在前，效果如图12-140所示。

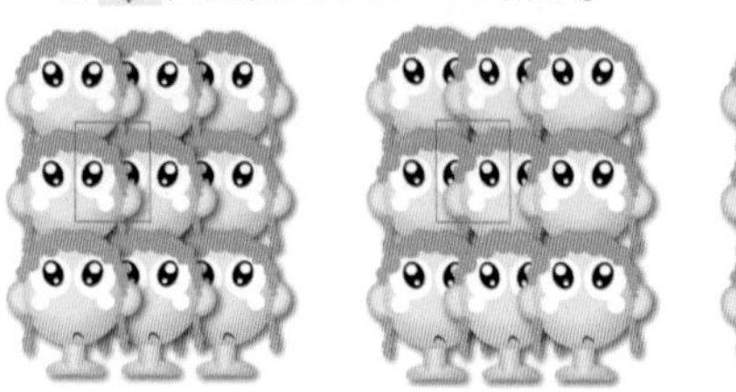

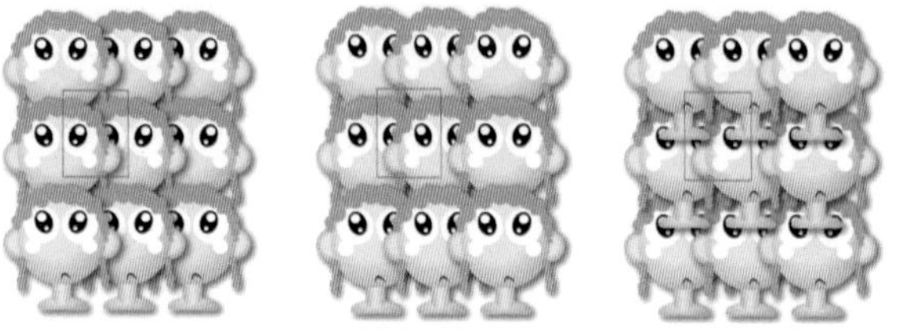

左侧在前　　右侧在前　　顶部在前

图12-140

- 份数：可以设置拼贴数量。
- 副本变暗至：可以设置图案副本的显示程度。
- 显示拼贴边缘：在基本图案周围显示定界框。
- 显示色板边界：勾选该复选框，可以显示图案中的单位区域，单位区域重复出现即构成图案。

12.5.4 实例：将局部对象定义为图案

在Illustrator中创建的任何图形、图像等都可定义为图案。用作图案的基本图形甚至可以使用渐变、混合和蒙版等效果。

将一个对象拖曳到“色板”面板中，可将其创建为图案。如果想将局部对象创建为图案，可以通过下面的方法操作。

01 打开素材，如图12-141所示。使用矩形工具创建一个矩形，无填色，无描边，将图案的范围划定出来，如图12-142所示。

图12-141

图12-142

02 执行“对象”|“排列”|“置于底层”命令，将矩形调整到底层。选择选择工具，按住Shift键单击啄木鸟，将其与矩形一同选取，拖曳到“色板”面板中创建为图案，如图12-143所示。图12-144所示为该图案的填充效果。

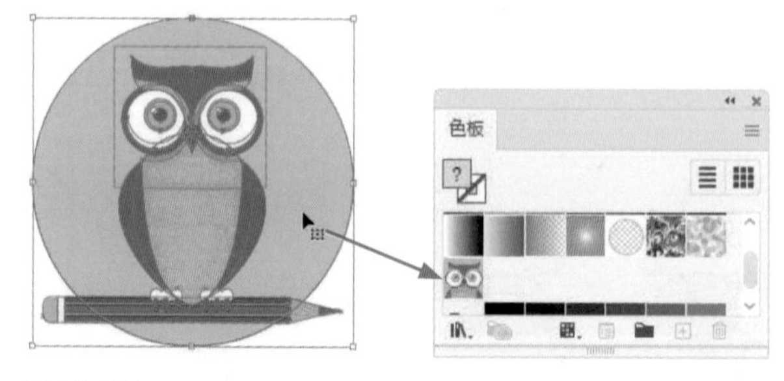

图12-143

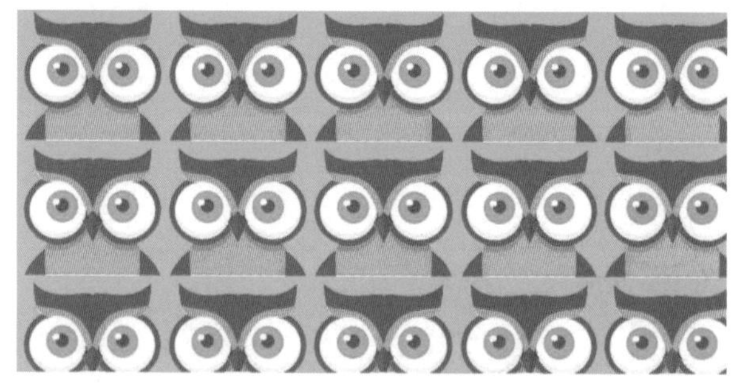

图12-144

> 提示
>
> 创建图案时，如果其基本对象较小，则使用该图案进行填充时，会形成较多的重复图案；反之，如果基本对象较大，重复的图案就会较少。

12.5.5 实例：调整图案位置

图案的原点由标尺的原点定义，因此，可通过调整标尺原点来改变图案位置。

01 打开素材。按Ctrl+R快捷键显示标尺，如图12-145所示。执行“视图”|“标尺”|“更改为全局标尺”命令，启用全局标尺。

02 将光标放在窗口左上角，拖曳出十字线，放到希望作为图案起始点的位置，可调整图案的拼贴位置，如图12-146所示。

图12-145

图12-146

——提示——

如果要将图案恢复为原来的拼贴位置，可以在窗口左上角的标尺上双击。

12.5.6　实例：变换图案

使用选择工具▶、旋转工具↺、比例缩放工具⧉等对填充了图案的对象进行旋转、缩放等变换操作时，图案会随同对象一同变换。如果想要单独变换图案而不影响对象，可以通过下面的方法操作。

01 打开素材。使用选择工具▶单击填充了图案的对象，如图12-147所示。选择旋转工具↺，在对象上方单击，之后按住~键并进行拖曳，即可单独旋转图案，如图12-148所示。使用选择工具▶和比例缩放工具⧉时，也可按此方法操作。

图12-147

图12-148

02 如果想精确变换图案，可在选择对象后，双击一个变换工具，在打开的对话框中设置参数，并只勾选“变换图案”复选框。图12-149和图12-150所示是将图案缩小50%时的效果。

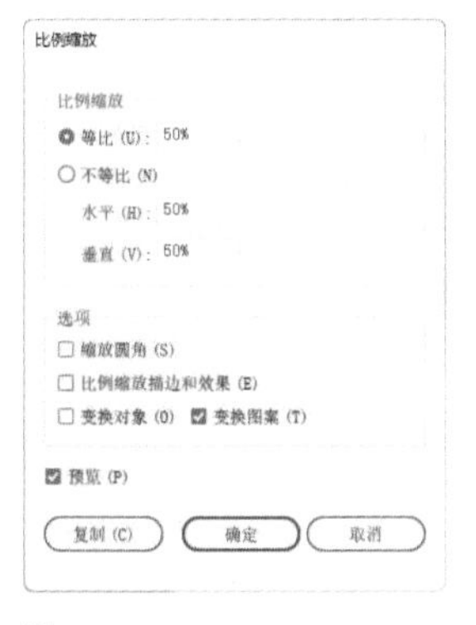

图12-149

图12-150

12.5.7　实例：修改图案

01 打开素材，如图12-151所示，不要选择任何对象。将“色板”面板中的图案拖曳到画板上，如图12-152所示。此时便可对其进行修改。例如，单击“控制”面板中的🎨按钮，拖曳滑块，修改图形颜色，如图12-153所示。

图12-151

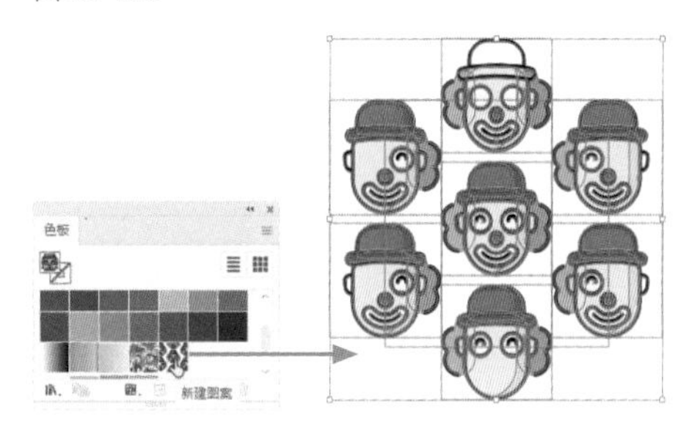

图12-152

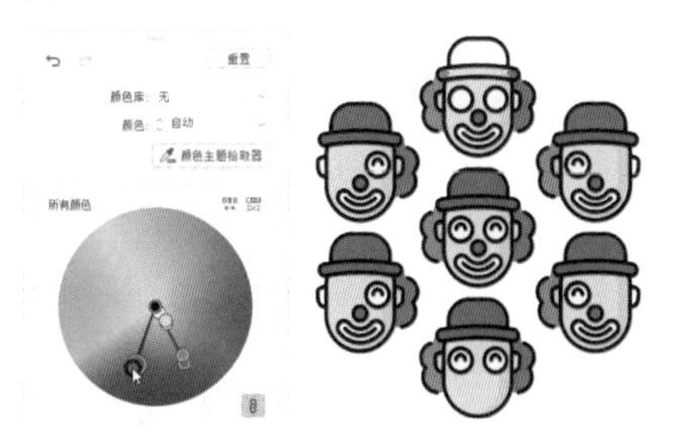

图12-153

02 使用选择工具▶按住Alt键并将修改后的图案拖曳到“色板”面板中，覆盖旧图案，如图12-154所示，释放鼠标左键后，即可更新该图案及其所填充的对象，如图12-155所示。

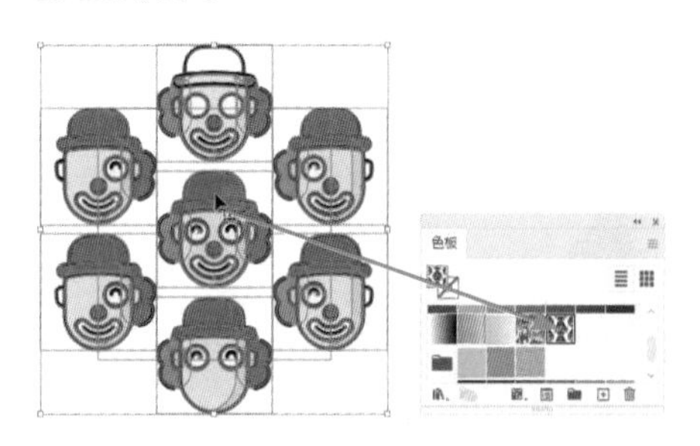

图12-154

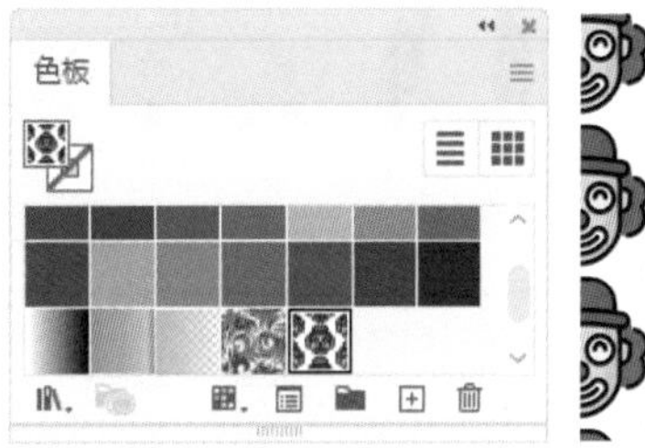

图12-155

12.5.8 实例：使用图案库制作服装图案

01 单击“色板”面板中的按钮，打开菜单，“图案”子菜单中包含了各种图案库，如图12-156所示。在“自然”子菜单中选择“自然_叶子”图案库，在一个单独的面板中将其打开，如图12-157所示。

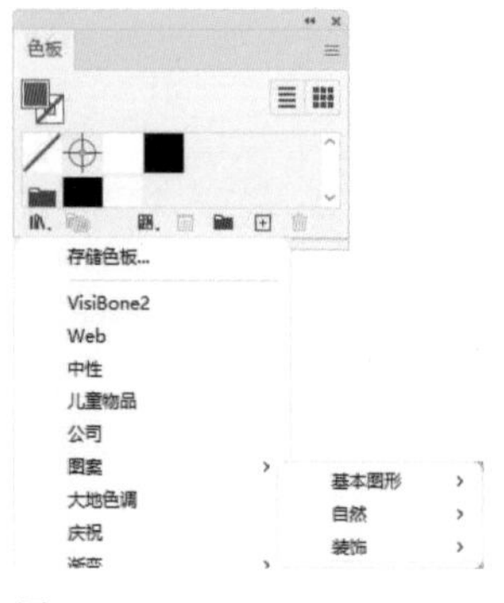

图 12-156

图 12-157

02 打开素材。使用选择工具选择模特的衣服，如图12-158所示，单击“自然_叶子”面板中的图案进行填充，如图12-159和图12-160所示。图12-161所示为使用其他图案的填充效果。

图 12-158

图 12-159

图 12-160

图 12-161

12.5.9 实例：古典海水图案

01 选择椭圆工具，在画板上单击，打开“椭圆”对话框，参数设置如图12-162所示，单击“确定”按钮，创建一个圆形，设置描边粗细为2pt，如图12-163所示。

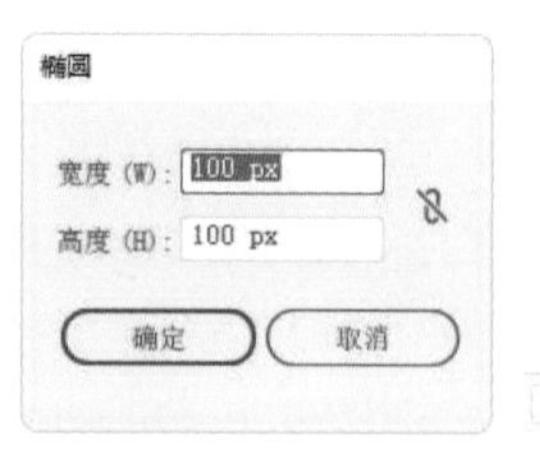

图 12-162

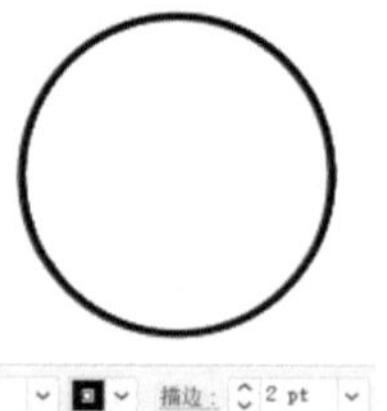

图 12-163

02 双击比例缩放工具，打开对话框，参数设置如图12-164所示，单击“复制”按钮，复制出一个小的圆形，如图12-165所示。

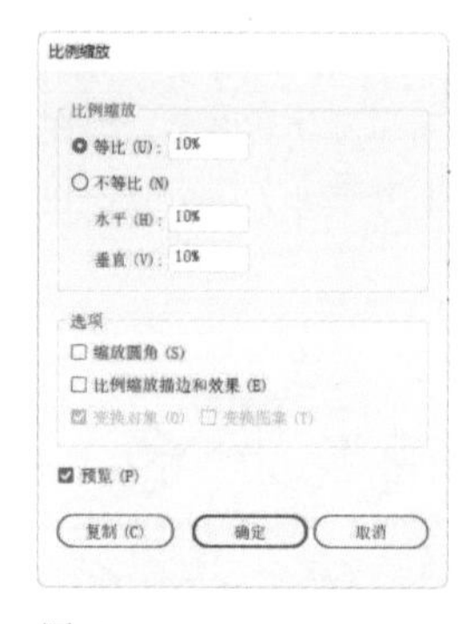

图 12-164

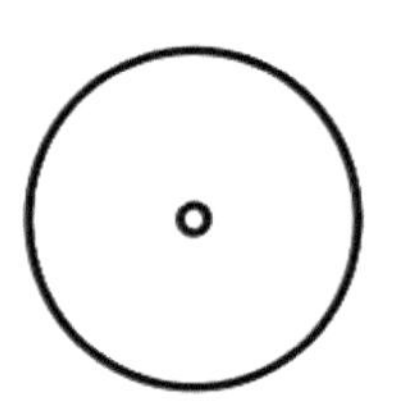
图 12-165

03 按Ctrl+A快捷键全选，按Alt+Ctrl+B快捷键创建混合。双击混合工具，打开“混合选项”对话框，增加圆形数量，如图12-166和图12-167所示。

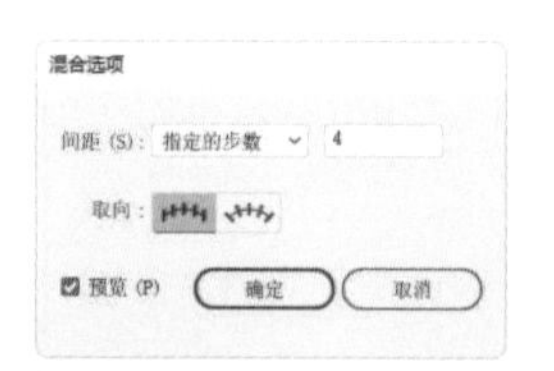

图 12-166

图 12-167

04 执行“对象”|“图案”|“建立”命令，打开“图案选项”面板，“拼贴类型”设置为“砖形（按行）”，并调整参数，如图12-168所示，效果如图12-169所示。

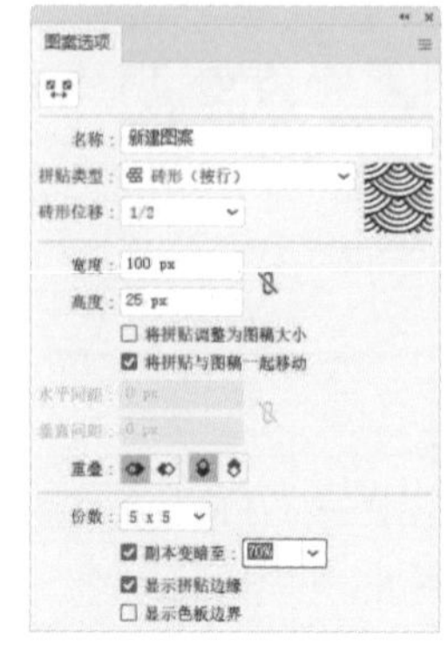

图 12-168

图 12-169

05 单击“底部在前”按钮，改变图案的先后顺序，如图12-170和图12-171所示。

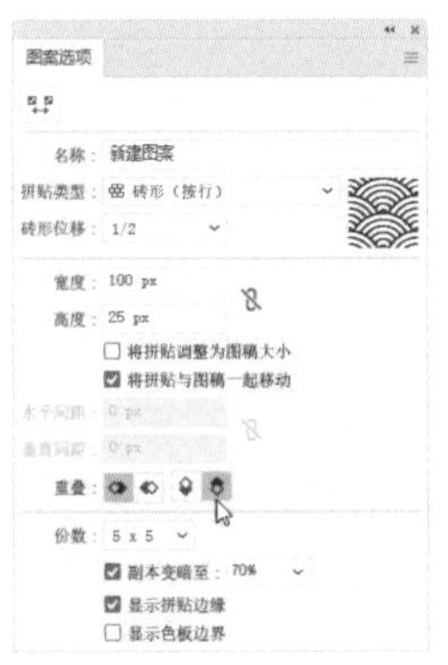

图12-170　　图12-171

06 单击画板左上角的✓按钮，完成图案的创建。新建的图案会保存到“色板”面板中。使用矩形工具创建一个矩形，单击该图案，如图12-172所示，用其填充图形，效果如图12-173所示。

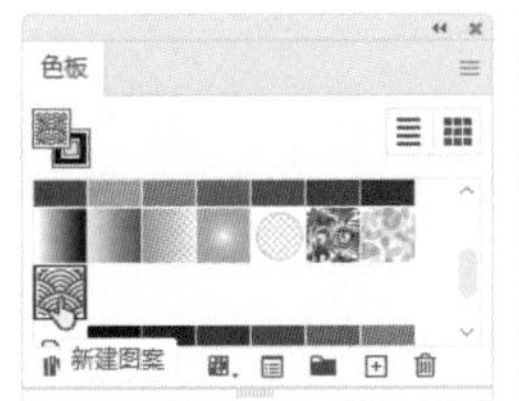

图12-172　　图12-173

12.5.10　实例：带阴影和彩色的水纹

01 用前面实例的混合方法制作出圆环，如图12-174所示。执行“效果”|“风格化”|“投影”命令，添加“投影”效果，如图12-175和图12-176所示。

图12-174　　图12-175　　图12-176

02 执行“对象”|“图案”|“建立”命令，将其定义为图案，可制作出带阴影的水纹，使图案更具层次感和立体感，如图12-177所示。

图12-177

03 为矩形填充图案后，在其上方创建大小相同的矩形并填充渐变颜色，之后在“透明度”面板中设置其混合模式为“正片叠底”，可为图案上色。图12-178所示为不同渐变的上色效果。

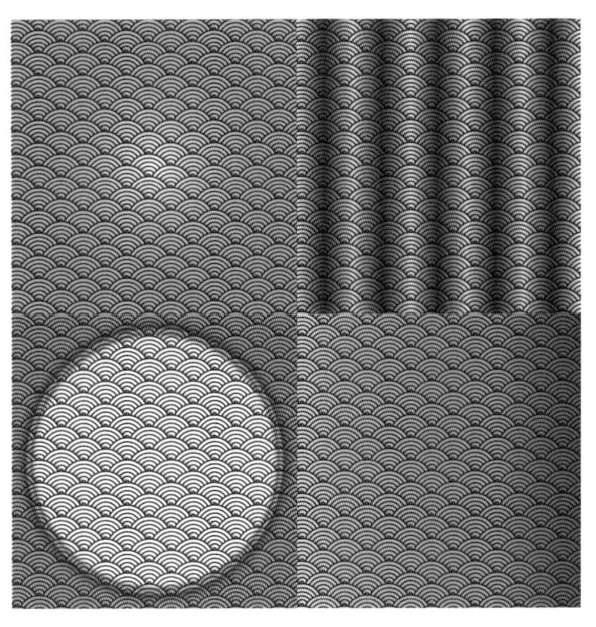

图12-178

12.5.11　实例：用重复命令制作海水图案

使用“重复”菜单中的命令也可以制作12.5.9节实例类似的海水图案，而且操作更简单，图案位置也更易调整。只是网格模式无法修改图形的堆叠顺序。

01 使用前面实例中的圆环（也可使用本实例的素材进行操作）。将其选择，如图12-179所示，执行“对象”|“扩展外观”命令，扩展外观属性。执行“对象”|“扩展”命令，打开“扩展”对话框，如图12-180所示，单击“确定”按钮，将对象扩展为普通图形。

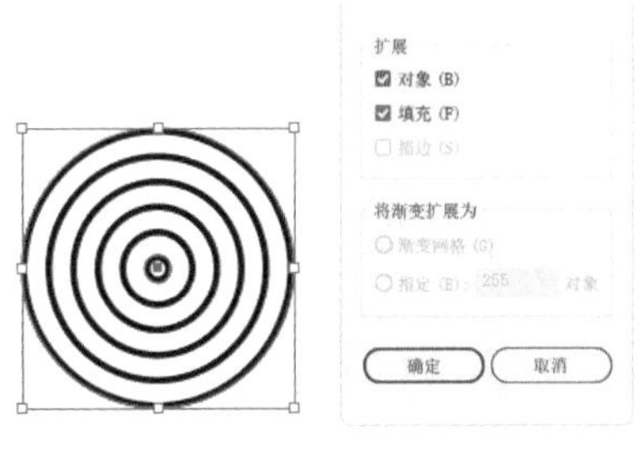

图12-179　　图12-180

02 执行“对象”|“重复”|“网格”命令，切换到重复模式，此时图案效果如图12-181所示。单击“属性”面板中的“砖形排列”按钮，如图12-182所示，图案效果如图12-183所示。

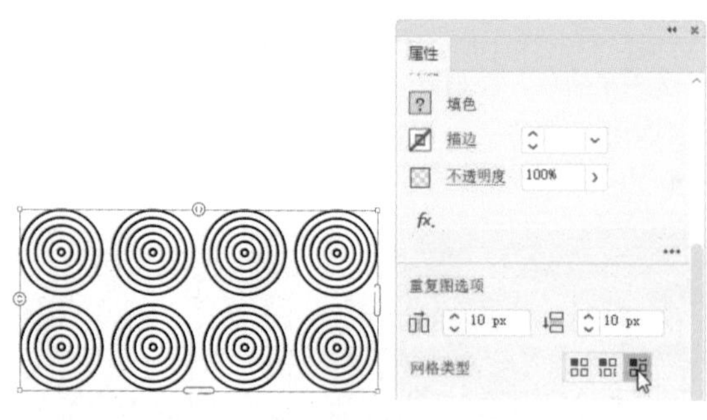

图 12-181　　图 12-182

图 12-183

03 拖曳定界框顶部和左侧的圆形控件，调整图形位置及图案密度，如图12-184和图12-185所示。

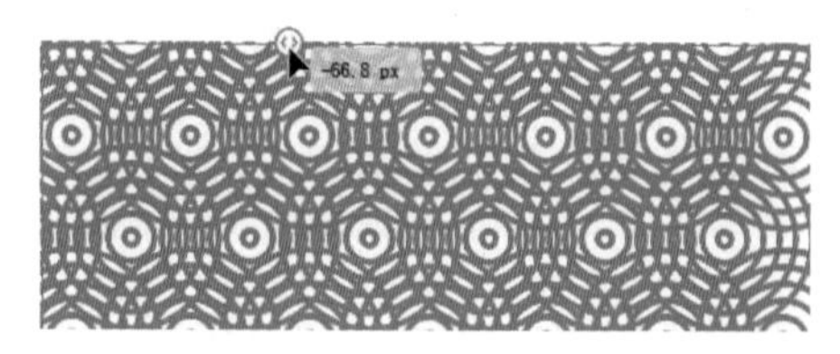

图 12-184

图 12-185

04 拖曳图12-186所示的控件扩展图稿范围，如图12-187所示。图12-188所示为将图案密度调高时生成的效果。

图 12-186

图 12-187

图 12-188

12.5.12　实例：单独纹样

单独纹样是基础图案，通过对单独纹样的复制与排列，可以构成二方连续、四方连续及独幅式综合图案，如图 12-189 和图 12-190 所示。

单独纹样及其构成的二方连续

图 12-189

单独纹样及其构成的四方连续

图 12-190

二方连续是运用一个或几个单位的装饰元素组成单位纹样，进行上下或左右方向有条理地反复排列所形成的带状连续形式，又称带状纹样或花边。四方连续则是将一个或几个装饰元素组成基本单位纹样，进行上下左右4个方向反复排列的、可无限扩展的纹样。本实例使用“径向”命令制作一个单独纹样。

01 打开素材，如图12-191所示。使用选择工具 单击图12-192所示的图形，按Ctrl+C快捷键复制以备用。

图12-191

图12-192

02 执行“对象”|“重复”|“径向”命令，切换到径向模式并生成图案。图12-193所示的圆形控件用于调整径向范围，拖曳该控件，扩展径向范围（相当于缩小图案），如图12-194所示。

图12-193

图12-194

03 拖曳图12-195所示的控件，增加图案数量。单击另一个图形，如图12-196所示，将其选择。执行“对象”|“重复”|“径向”命令，创建图案，如图12-197所示。采用同样的方法拖曳控件，将其调整为图12-198所示的效果。

图12-195

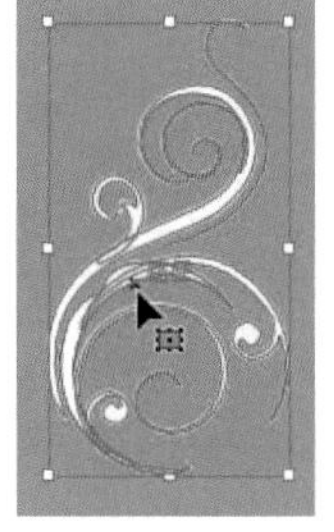
图12-196

图12-197

图12-198

04 按Ctrl+A快捷键全选，单击“控制”面板中的“水平居中对齐”按钮 和“垂直居中对齐”按钮 ，让两个图案对象对齐，如图12-199所示。按Ctrl+V快捷键粘贴图形，将其移动到图案中心，效果如图12-200所示。

图12-199

图12-200

12.6 符号

在设计工作中，如果要绘制大量重复的对象，如花草、纹样和地图上的标记等，并经常修改，可以用符号来完成。符号能简化复杂对象的制作和编辑过程，节省绘图时间，同时显著减小文件占用的存储空间。

12.6.1 符号有何优点

符号具有快速地生成大量的相同对象，以及自动更新实例等特点。例如，将一条鱼创建为符号后，如图12-201所示，使用符号类工具可以快速绘制出一群鱼，如图12-202所示。这比通过复制鱼的方法创建要容易得多。

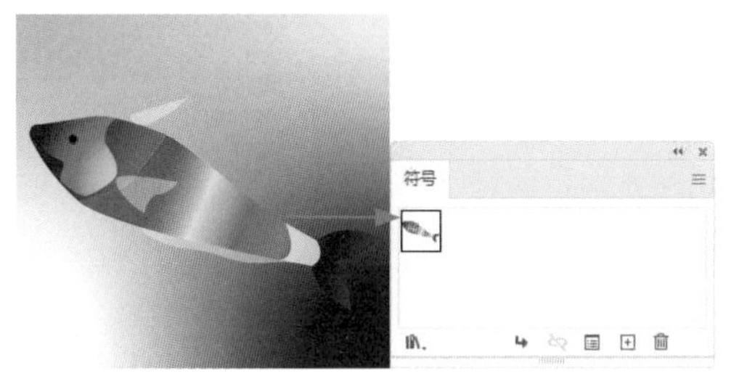

图12-201

图 12-202

从符号中创建的对象称为符号实例。每个符号实例都与“符号”面板中的符号建立链接。一个符号被修改后，如图 12-203 所示，所有与之链接的符号实例会自动更新，如图 12-204 所示。

图 12-203

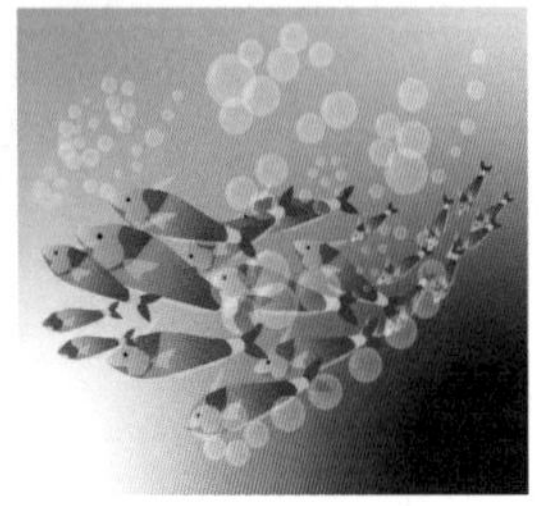

图 12-204

12.6.2　符号库

Illustrator 中有各种类别的符号库，单击“符号”面板中的 IN. 按钮，如图 12-205 所示，或者打开“窗口”|“符号库”子菜单，选择其中的选项，便可打开相应的符号库。

图 12-205

有些常用或比较重要的符号会在很多文档中用到，为了便于使用，可以将它们创建为一个符号库。操作方法是，创建符号（或单击符号库中所需符号，将其添加到“符号”面板中），并删除不用的符号，打开“符号”面板菜单，执行“存储符号库”命令，将其存储到 Illustrator 默认的“符号”文件夹中。此后，不论在任何一个文档中，只要单击“符号”面板底部的 IN. 按钮，在“用户定义”子菜单中便可找到该符号库。

此外，执行“窗口”|“符号库”|“其他库”命令，打开对话框后，选择 AI 格式的文件，如图 12-206 所示，单击“打开”按钮，可以将该文件中的符号导入当前文档，如图 12-207 所示。

图 12-206

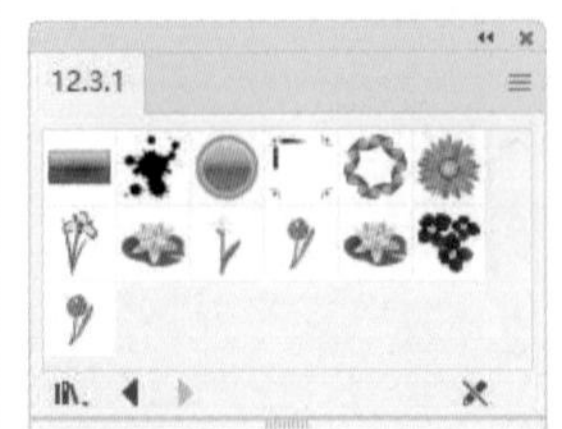

图 12-207

Illustrator符号中的图形非常丰富，只要充分加以利用，便可成为实现创意的好素材，为作品增添色彩。例如，高跟鞋使用“花朵”“自然”和“庆祝”等符号库中的符号图形，只是对符号的密度进行了简单的修改，便制作出独特的高跟鞋。

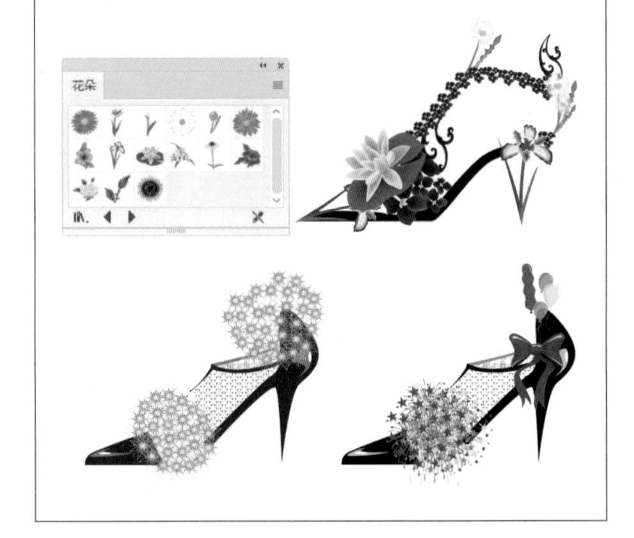

12.6.3　将对象定义为符号

Illustrator 中的图形、复合路径、文本、位图图像、网格对象或是包含以上对象的编组对象都可以定义为符号。

使用选择工具 ▶ 选择对象，如图 12-208 所示，单击“符号”面板中的“新建符号”按钮 ⊞ ，打开“符号选项”对话框，输入名称，单击“确定”按钮，即可将其定义为符号，如图 12-209 所示。此外，将对象拖曳到“符号”面板中，可直接创建为符号。创建符号后，所选对象会变为符号实例。如果不希望它变为实例，可按住 Shift 键并单击 ⊞ 按钮来创建符号。

图12-208

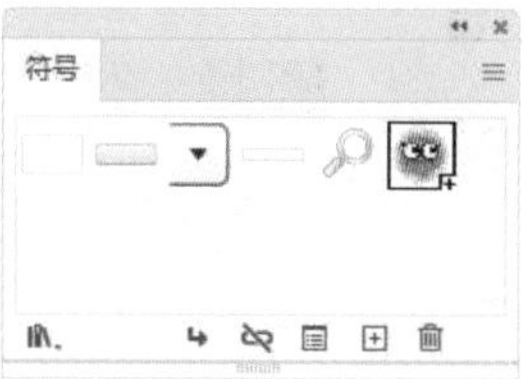

图12-209

可直接修改的动态符号

在“符号”面板中，右下角有“+”号的是动态符号。使用动态符号创建符号实例后，可以用直接选择工具▷选择符号实例并进行编辑。而且，改动态符号后，单击“属性”面板中的“重置”按钮，还可撤销修改。非动态符号不能这样操作。

如果想将非动态符号转换为动态符号，可以单击该符号，单击“符号”面板底部的▤按钮，打开“符号选项”对话框，选中“动态符号”单选按钮，单击“确定”按钮即可。

修改动态符号中的图形颜色

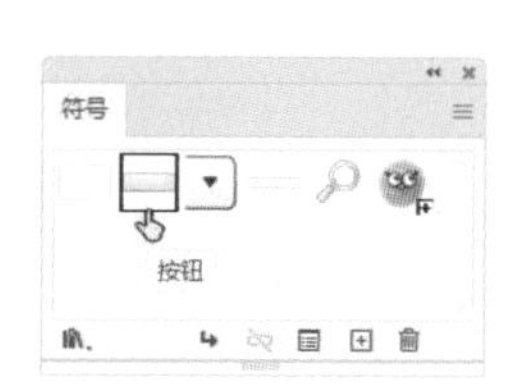

单击静态符号

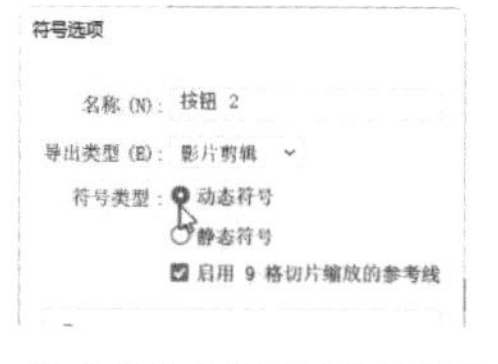

选中“动态符号”单选按钮

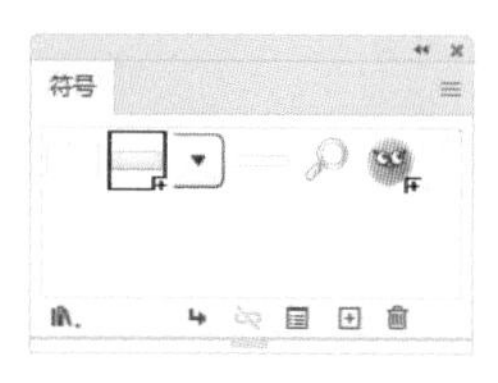

转换为动态符号

12.6.4　创建符号实例及符号组

Illustrator中有8个符号工具，如图12-210所示。其中，符号喷枪工具可创建和删除符号实例，其他工具用于编辑符号实例。这些工具都通过单击或拖曳鼠标的方法使用。例如，在“符号”面板中选择一个符号，如图12-211所示，使用符号喷枪工具在画板中单击，可以创建一个符号实例，如图12-212示；单击并按住鼠标左键不放，或者拖曳光标，可创建一个符号组，如图12-213所示。

图12-210

图12-211

图12-212

图12-213

一个符号组中能包含不同的符号实例。操作时选择该符号组，在“符号”面板中选择另外的符号，如图12-214所示，之后便可使用符号喷枪工具向组中添加新的符号实例，如图12-215所示。

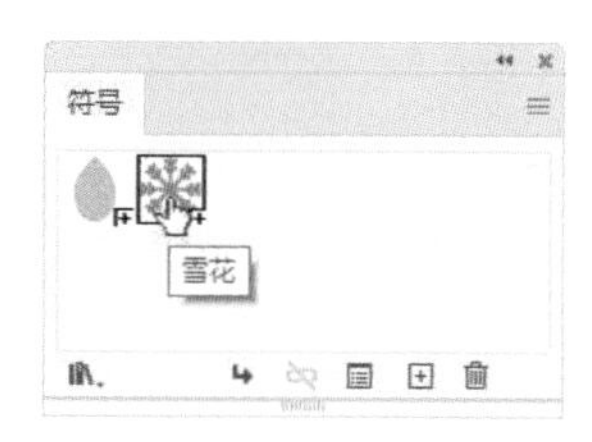

图12-214

图12-215

12.6.5　编辑符号实例

在编辑符号实例前，先要使用选择工具▶单击符号组，将其选择，如图12-216所示，然后在“符号”面板中单击符号实例所对应的符号，如图12-217所示，这样就可以在画板上修改符号实例，如图12-218所示。当符号组中包含多种符号实例时，如果想同时编辑它们，需要先在“符号”面板中按住Ctrl键并单击其所对应的符号，将它们一同选取，之后再进行编辑。

图12-216

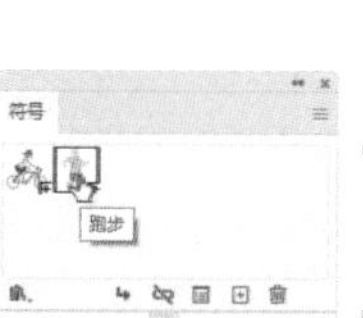

图12-217

图12-218

- 删除符号实例：选择符号喷枪工具，按住Alt键并单击符号实例，可将其删除；按住Alt键并拖曳光标，可删除光标下方的所有符号实例。
- 移动符号实例：符号位移器工具可以对符号实例进行

移动。按住Shift键并单击一个符号实例，可将其调整到其他符号实例的前方，如图12-219和图12-220所示。按Shift+Alt快捷键并单击，可调整到其他符号实例后方。

图12-219

图12-220

● 调整符号实例密度：符号紧缩器工具可以让符号实例聚拢在一起，如图12-221所示；按住Alt键操作，可以使符号实例扩散开，如图12-222所示。

图12-221

图12-222

● 调整符号实例大小：符号缩放器工具可以对符号实例进行放大，如图12-223所示；按住Alt键操作，可缩小符号实例。

● 旋转符号实例：符号旋转器工具可以对符号实例进行旋转，如图12-224所示。

图12-223

图12-224

● 修改符号实例颜色：在“色板”面板或“颜色”面板中选取一种颜色，如图12-225所示，使用符号着色器工具在符号上单击，即可为其着色，如图12-226所示。连续单击，可增加颜色的浓度，直至将其改为上色的颜色，如图12-227所示。如果要还原颜色，可按住Alt键操作。

● 调整符号实例的透明度：符号滤色器工具可以让符号呈现透明效果，如图12-228所示；需要还原透明度时，可按住Alt键操作。

● 给符号实例添加图形样式：选择符号样式器工具，单击一个符号，如图12-229所示，在“图形样式”面板中选择一种样式，如图12-230所示，在符号实例上单击或拖曳光标，即可添加图形样式，如图12-231所示。样式的应用量会随着单击或拖曳次数的增加而增加，如果要减少样式的应用量或清除样式，可按住Alt键操作。

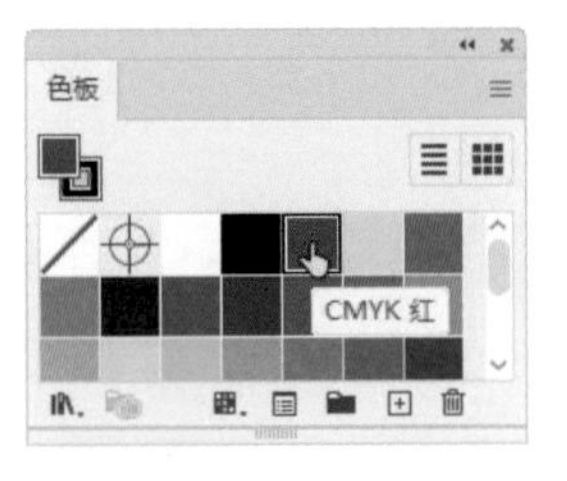

图12-225

图12-226

图12-227

图12-228

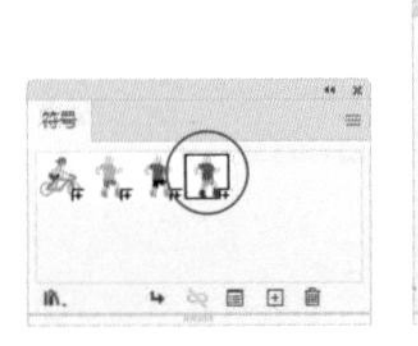

图12-229

图12-230

图12-231

提示

使用任意一个符号工具时，按] 键可增加工具的直径；按 [键则减小工具的直径；按Shift+] 快捷键，可增加符号的创建强度；按Shift+[快捷键，则减小强度。

12.6.6 实例：点亮音符

本实例介绍怎样调整符号喷枪工具的参数，以更好地创建符号组。此外，还要修改符号的位置和角度，并复制和粘贴符号，以制作创意新颖的音符灯泡。

01 打开素材，如图12-232所示。打开“符号”面板，如图12-233所示，面板中有该实例用到的音符符号。

图12-232

图12-233

02 单击“图层”面板中的按钮，新建一个图层，如图12-234所示。双击符号喷枪工具，打开“符号工具选项”对话框，修改参数，如图12-235所示。

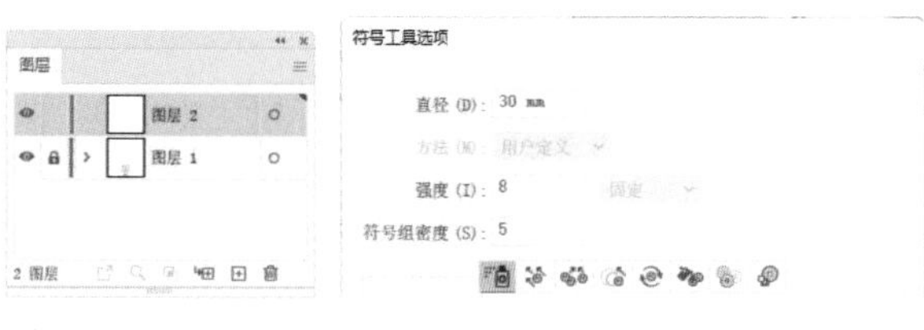

图 12-234　　图 12-235

03 单击“二分音符”符号，如图12-236所示。在灯泡区域内拖曳光标，创建符号组，如图12-237所示。

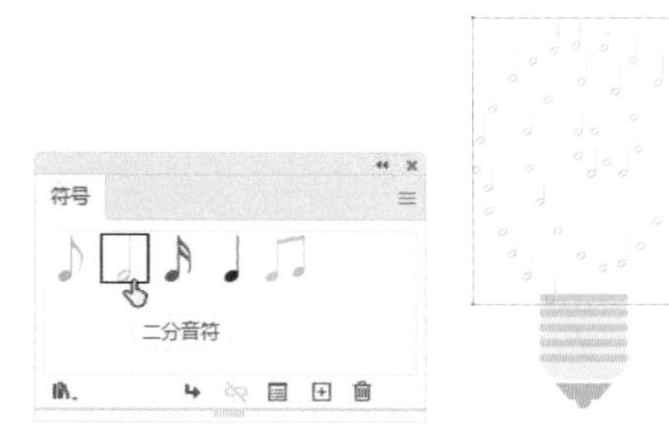

图 12-236　　图 12-237

04 保持符号组的被选取状态。单击“四分音符”符号，如图12-238所示，之后在符号组上拖曳光标，添加符号，如图12-239所示。

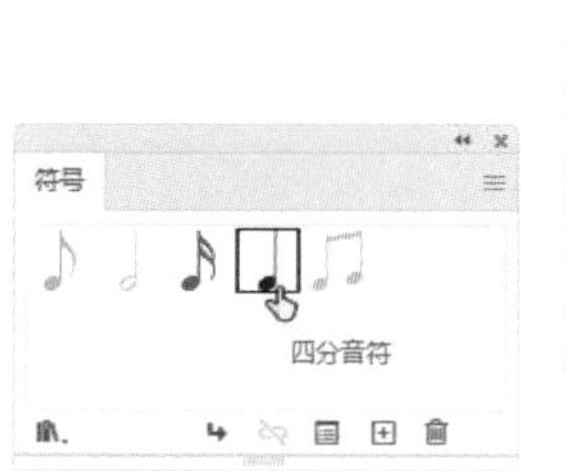

图 12-238　　图 12-239

05 依次选取其他符号并添加到符号组中，如图12-240所示。单击“符号”面板中的第一个符号，再按住Shift键单击最后一个符号，将所有符号一同选取，如图12-241所示。

图 12-240　　图 12-241

06 选择符号紧缩器工具，在符号组上拖曳光标，让符号聚拢起来，如图12-242所示。使用符号位移器工具移动符号，如图12-243所示。使用符号旋转器工具旋转符号，如图12-244所示。使用符号喷枪工具添加更多符号，如图12-245所示。

图 12-242　　图 12-243

图 12-244　　图 12-245

07 按Ctrl+C快捷键复制符号组，按Ctrl+F快捷键粘贴到前面，如图12-246所示。使用符号位移器工具移动符号，使其错落有致，如图12-247所示。

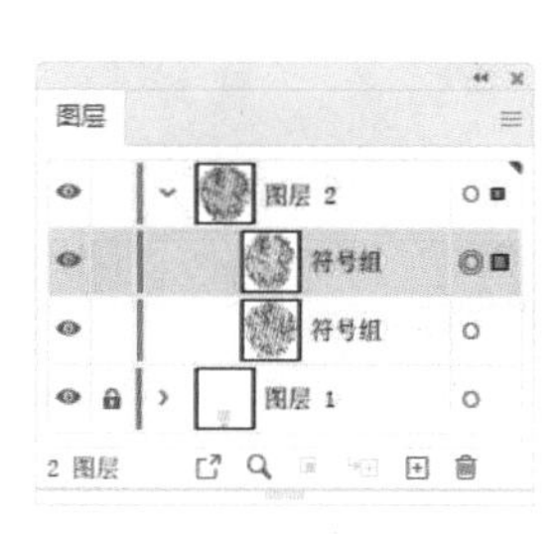

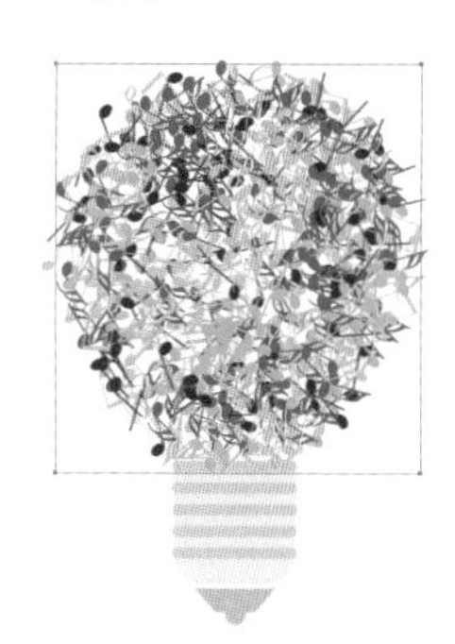

图 12-246　　图 12-247

08 重复两次上述操作，粘贴符号并调整其位置，使符号更加密集，如图12-248和图12-249所示。

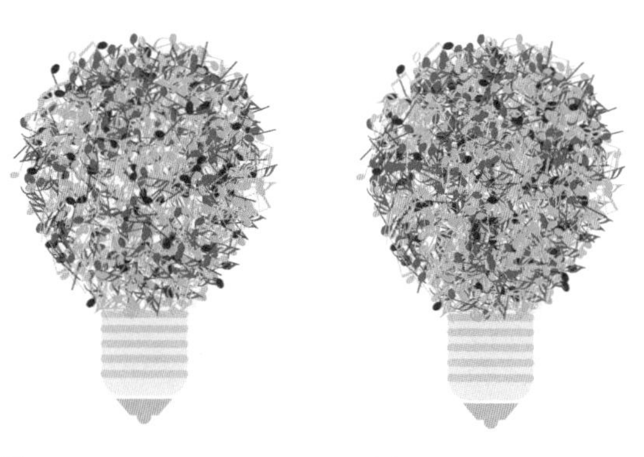

图 12-248　　图 12-249

12.6.7 实例：替换符号实例

01 打开素材，如图12-250所示。使用选择工具 按住Shift键单击花朵符号，全部选取，如图12-251所示。

图 12-250

图 12-251

02 单击图12-252所示的符号，打开“符号”面板菜单，执行“替换符号”命令，即可用该符号替换所选符号，如图12-253所示。

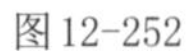

图 12-252

图 12-253

12.6.8 实例：重新定义符号

如果符号组中使用了不同的符号，想要修改其中的一种符号，可通过重新定义符号的方法来操作。

01 打开素材，如图12-254所示。将图12-255所示的符号拖曳到画板上。

图 12-254

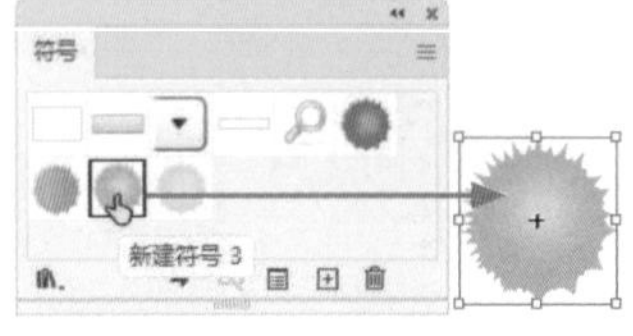

图 12-255

02 单击“符号”面板底部的 按钮，断开符号实例与符号的链接，此时便可对符号实例进行编辑和修改。执行“效果”|“扭曲和变换”|“收缩和膨胀”命令，对图形进行扭曲，如图12-256和图12-257所示。

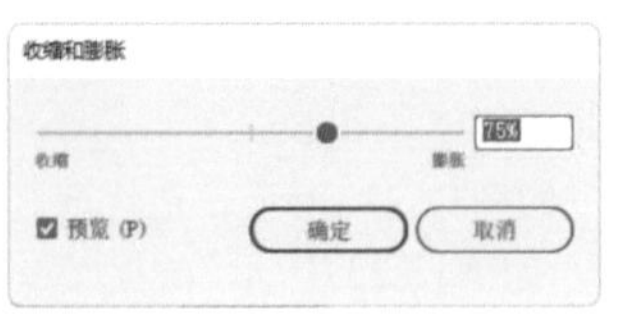

图 12-256

图 12-257

03 修改完成后，打开“符号”面板菜单，执行“重新定义符号”命令，将其重新定义为符号，文档中所有使用其创建的符号实例会自动更新，如图12-258所示。

图 12-258

12.6.9 实例：复制符号实例

对符号实例进行编辑，如旋转、缩放、着色和调整透明度之后，如果想添加与之相同的实例，采用复制的方法操作最为简便。

01 打开素材。使用选择工具 单击符号组，如图12-259所示。在“符号”面板中单击图12-260所示的符号。

图 12-259

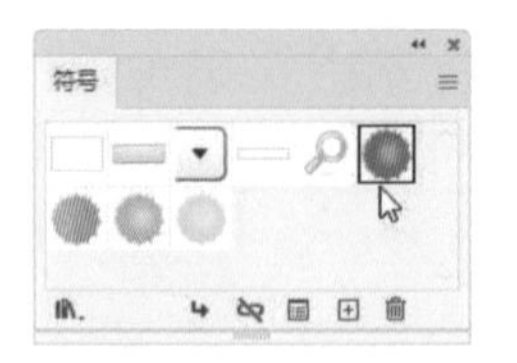

图 12-260

02 单击图12-261所示的色板，使用符号着色器工具 在符号上单击，为其着色，如图12-262所示。

图 12-261

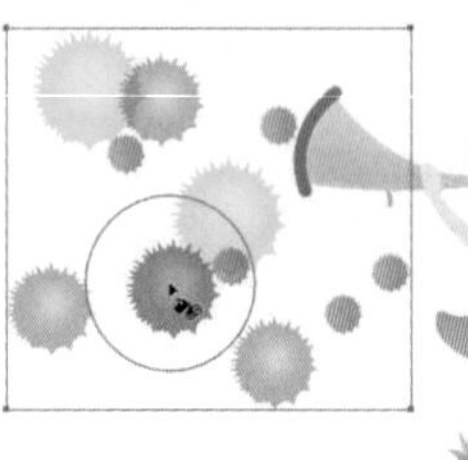

图 12-262

03 选择符号喷枪工具，将光标放在该符号实例上，如图12-263所示，单击，可复制出与之相同的符号实例，如图12-264所示。

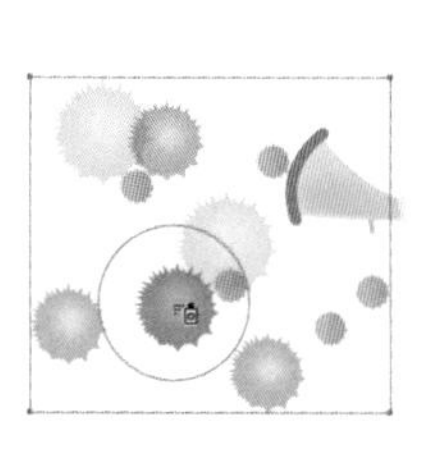

图 12-263

图 12-264

12.6.10 扩展符号

前面介绍了怎样修改“符号”面板中的符号，并影响该创建的所有符号实例。如果只想修改符号实例，而不影响符号，可以选择符号实例，如图12-265所示，单击“符号”面板底部的按钮，或执行“对象”|“扩展”命令，将其扩展，如图12-266所示，之后再进行修改。

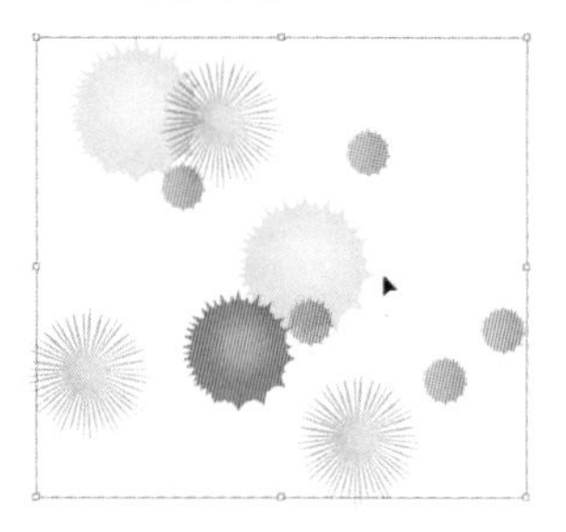

图 12-265

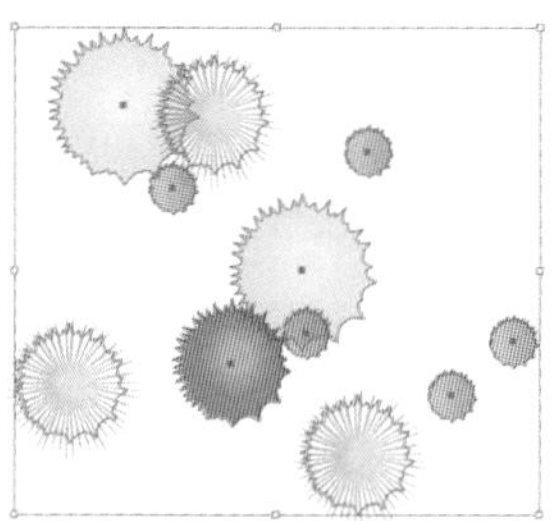

图 12-266

12.7 进阶实例：绘制水粉画

本实例使用画笔工具配合画笔库中的艺术效果类画笔绘制水粉画。艺术效果类画笔非常适合表现随意而自然的绘画效果，例如水彩画、炭笔画、钢笔画等。

01 选择画笔工具。执行“窗口”|“画笔库”|“艺术效果”|“艺术效果_粉笔炭笔铅笔”命令，打开“艺术效果_粉笔炭笔铅笔”面板。使用该面板中的画笔勾勒出船的外形，如图12-267和图12-268所示。

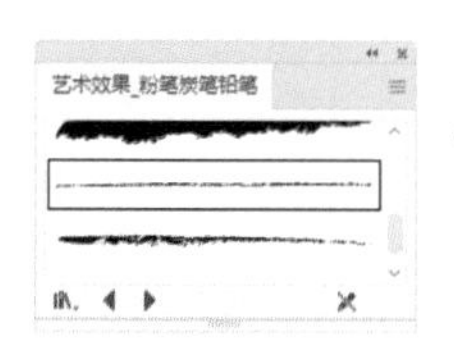

图 12-267

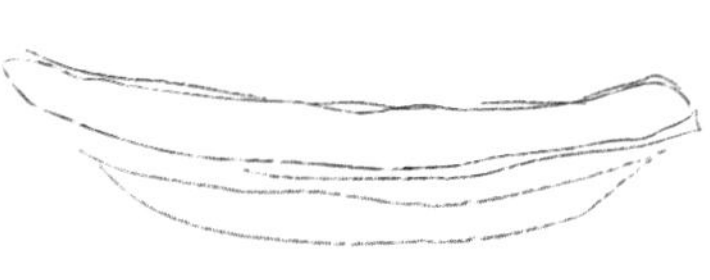

图 12-268

> 提示
>
> 如果画得不准确，可以使用锚点编辑工具修改路径的形状。

02 选择“铅笔-钝头”画笔，绘制船身，并修改描边颜色为浅灰色，如图12-269和图12-270所示。

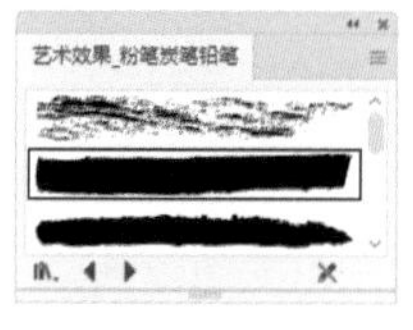

图 12-269

图 12-270

03 使用“粉笔-涂抹”画笔绘制木纹效果，如图12-271和图12-272所示。

图 12-271

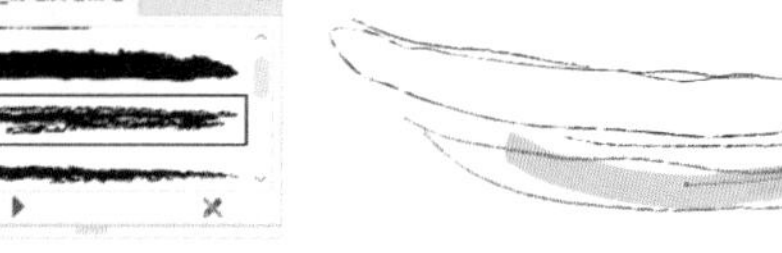

图 12-272

04 使用“粉笔-圆头”画笔继续绘制，增加笔触的变化效果，如图12-273和图12-274所示。

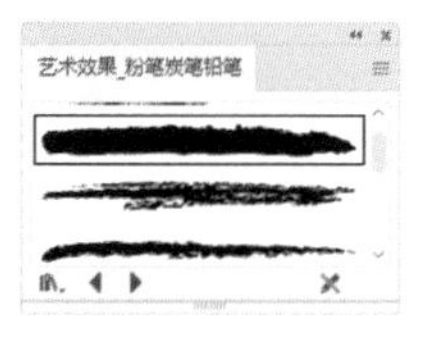

图 12-273

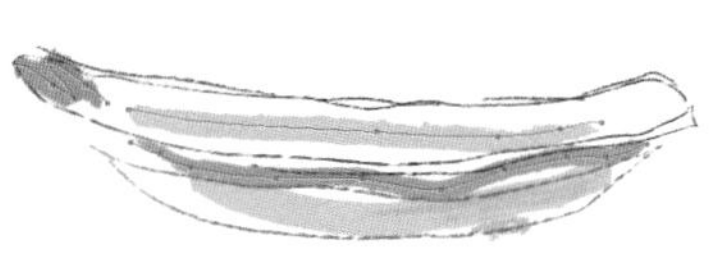

图 12-274

让画笔工具可以编辑路径

使用画笔工具绘制路径时，如果想要同时编辑路径，可以双击画笔工具，在打开的对话框中勾选“保持选定”和“编辑所选路径”两个复选框，这样就能使用画笔工具修改路径。但要注意，如果不想让画笔工具将刚刚绘制的路径一同编辑，就要在绘制时与上一条路径保持一定的距离。

05 使用不同的画笔进行绘制，如图12-275和图12-276所示。即使使用同一种画笔样本绘制线条，描边粗细不同，也会产生不同的笔触，因此，可适当调整描边的宽度，使笔触效果产生更加丰富的变化。

图 12-275

图 12-276

06 绘制船桨和水面，水面颜色较深，如图12-277所示。

图 12-277

07 打开“艺术效果_水彩”面板。使用“水彩描边3”样本绘制远山，该画笔能产生淡淡的透明效果，适合表现烟雨空蒙的意境，如图12-278~图12-280所示。

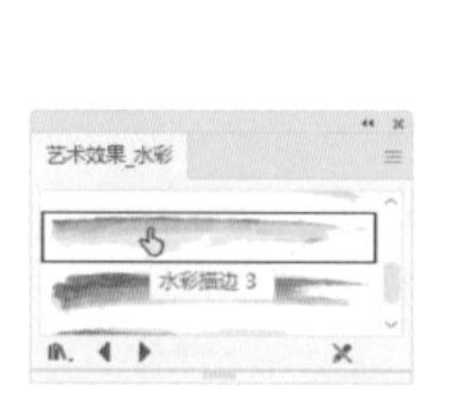

图 12-278

图 12-279

图 12-280

提示

使用画笔工具时，如果路径不够平滑，可以按住Alt键（临时切换为平滑工具）沿路径拖曳光标，执行平滑处理。放开Alt键，可恢复为画笔工具。

12.8 进阶实例：高反射彩条字

01 使用矩形工具创建一个矩形，填充洋红色，无描边，如图12-281所示。按Alt+Shift快捷键并向下拖曳光标进行复制，注意观察智能参考线，即两个图形间出现智能参考线时，如图12-282所示，放开鼠标左键复制图形，这样两个图形就衔接好了，它们之间没有间距。

图 12-281

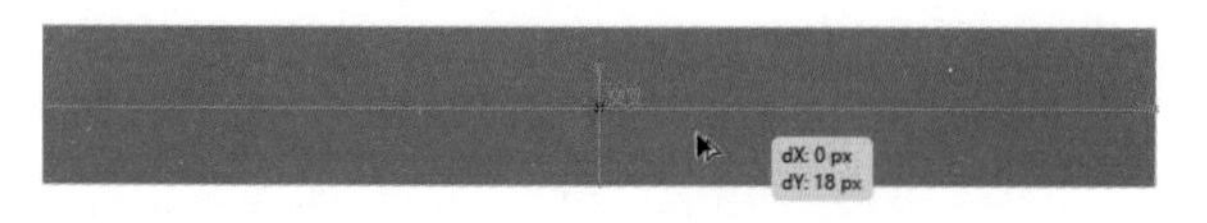

图 12-282

02 按3次Ctrl+D快捷键，继续复制，之后修改图形颜色，如图12-283所示。

图 12-283

03 按Ctrl+A快捷键全选。单击“画笔”面板中的按钮，打开“新建画笔”对话框，选择“图案画笔”选项，单击“确定”按钮，打开“图案画笔选项”对话话框，参数设置如图12-284所示。单击“确定”按钮，创建图案画笔。

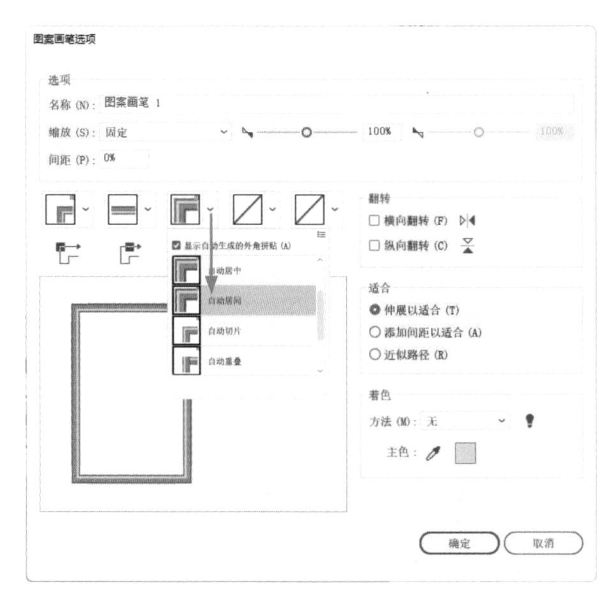

图12-284

04 使用文字工具 T 输入文字，如图12-285所示。

图12-285

05 按Shift+Ctrl+O快捷键将文字转换为轮廓，如图12-286所示。按Shift+Ctrl+G快捷键取消编组。单击工具栏中的 按钮，互换填色和描边（即取消填色，描边切换为黑色），如图12-287所示。

图12-286

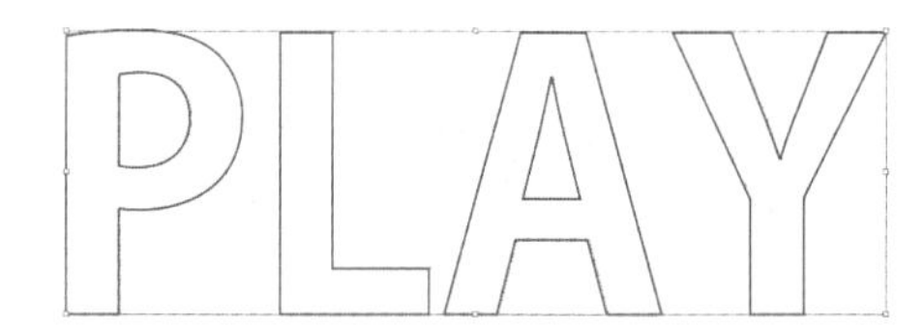

图12-287

06 使用直接选择工具 在图12-288所示的路径段上单击，将其选择，按两次Delete键删除该路径，如图12-289所示。

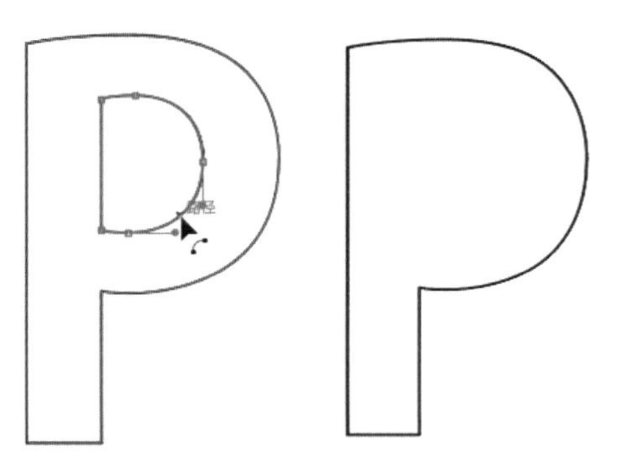

图12-288　　图12-289

07 拖曳出选框，将图12-290所示的两端路径选取，按Delete键删除，得到P字的轮廓图形，如图12-291所示。

图12-290　　图12-291

08 采用同样的方法修改其他文字，如图12-292所示。

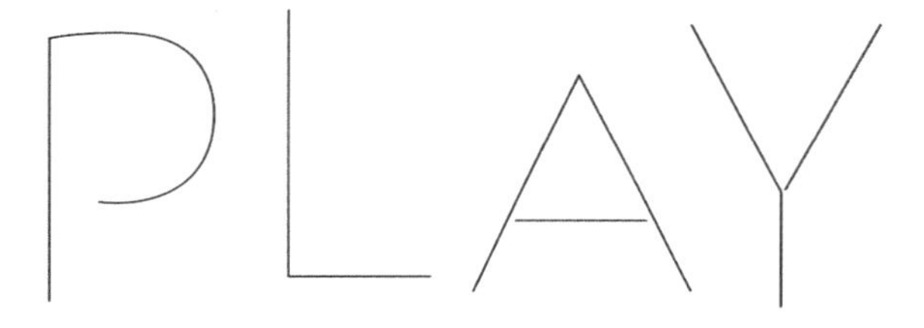

图12-292

09 使用直接选择工具 单击左上角锚点，再拖曳边角构件，将直角改为圆角，如图12-293所示。其他文字的边角也改成圆角，如图12-294所示。

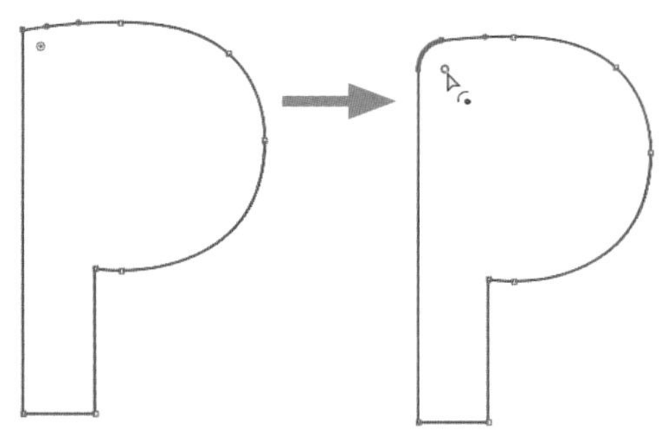

图12-293

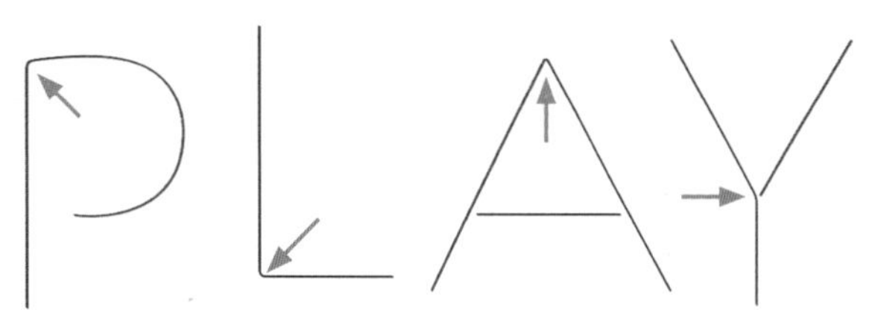

图 12-294

❿ 使用选择工具▶拖曳出一个选框，选择所有文字，单击“画笔”面板中新创建的画笔，添加画笔描边，如图12-295和图12-296所示。将描边粗细设置为0.5pt，如图12-297所示。

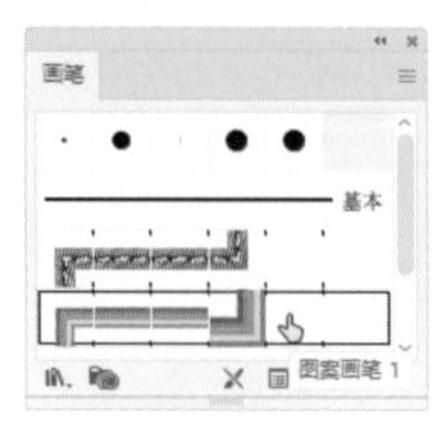

图 12-295

图 12-296

图 12-297

⓫ 保持文字的被选取状态，按Ctrl+C快捷键复制，按Ctrl+F快捷键粘贴到前面。执行“对象”|“扩展外观”命令和“对象”|“扩展”命令，扩展图形。单击“路径查找器”面板中的■按钮，合并图形，如图12-298和图12-299所示。

图 12-298

图 12-299

⓬ 执行“窗口”|“色板库”“渐变库”|“金属”命令，打开“金属”面板。单击“铬”渐变，为图形填充该渐变，如图12-300和图12-301所示。

图 12-300　图 12-301

⓭ 渐变角度设置为90°，如图12-302和图12-303所示。

图 12-302　图 12-303

⓮ 在“透明度”面板中设置混合模式为“叠加”，如图12-304和图12-305所示。

图 12-304

图 12-305

12.9 课后作业：花枝缠绕图案

图12-306所示为图形素材，请使用“对象”|“重复”|“网格”命令将其制作成图12-307所示的花枝缠绕图案。操作时，为表现更好的韵律感，需要增加变化，即在“属性”面板中对图形进行翻转。具体操作方法可参见视频教学。

图 12-306

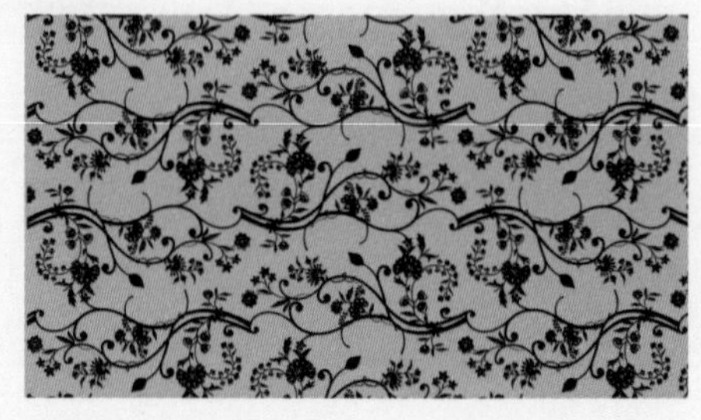

图 12-307

12.10 课后作业：雪花状四方连续

图12-308所示为雪花素材，请使用“对象”|“重复”|“网格”命令将其制作成四方连续图案，效果如图12-309所示。本实例的关键点在于图案单元间无缝衔接，如图12-310所示。衔接不好，图案会错位，如图12-311所示。

图12-308

图12-309

图12-310

图12-311

12.11 课后作业：萌宠商业插画

本作业制作图12-312所示的商业插画。首先打开素材，使用钢笔工具绘制图12-313所示的图形，将其与狗狗图像一同选取，按Ctrl+7快捷键创建剪切蒙版，如图12-314所示。选择极坐标网格工具，在画板上单击，打开“极坐标网格工具选项”对话框，设置网格大小，勾选“填色网格”复选框，如图12-315所示，创建网格图形并修改颜色。复制几个图形，修改颜色后拖曳到“符号”面板中创建为符号，如图12-316所示，然后使用各种符号工具创建符号并调整位置，修改大小。具体操作方法可参见视频教学。

图12-312

图12-313

图12-314

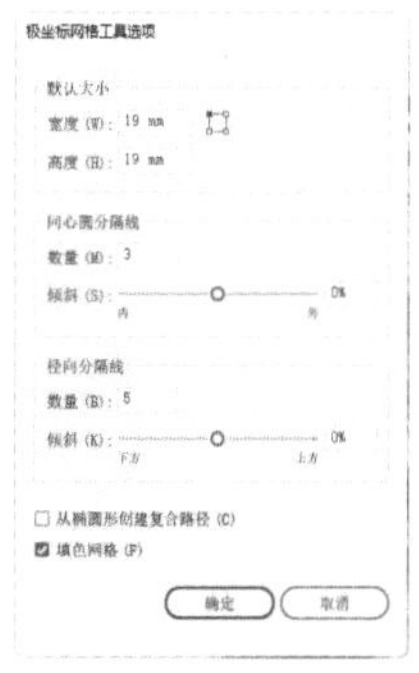

图12-315

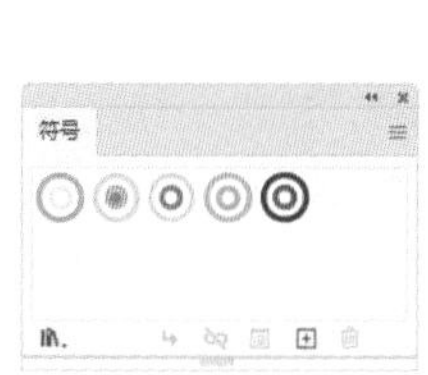

图12-316

12.12 问答题

1. 使用画笔工具将画笔描边应用于路径，与将画笔描边应用到其他绘图工具绘制的路径上有什么区别？
2. 从效果上看，图案画笔与散点画笔有何不同？
3. 哪些对象不能用于创建散点画笔、艺术画笔和图案画笔？
4. 创建自定义图案后，用什么方法可以修改图案？
5. 请说出符号的3个优点。
6. 如果要编辑一个符号组，或在其中添加新的符号，该怎样操作？

第13章 数据可视化：制作图表

本章简介

本章介绍图表功能。图表是一种将统计数据可视化的功能，能直观地反映各种统计数据的比较结果，在各个行业都有着广泛的应用。与使用其他软件创建的图表相比，Illustrator中的图表种类不仅丰富，还可以实现图表的装饰和美化，以满足一些特种行业或者企业的个性化需求。

学习重点

13.1 图表的种类

Illustrator中有9个图表工具，如图13-1所示，可制作9种最常见的图表。各个工具的名称反映了其所能创建的图表类型（如柱形图工具山用于创建柱形图）。由于可以修改图表格式、替换图例，所以图表效果也能丰富多彩。

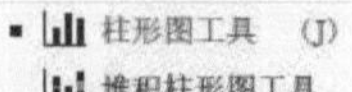

图13-1

- 柱形图：利用柱形的高度反映数据差异，可以非常直观地显示一段时间内的数据变化或各项之间的比较情况，如图13-2所示。
- 堆积柱形图：将数据堆积在一起，不只体现某类数据，还能反映它在总量中所占的比例，如图13-3所示。

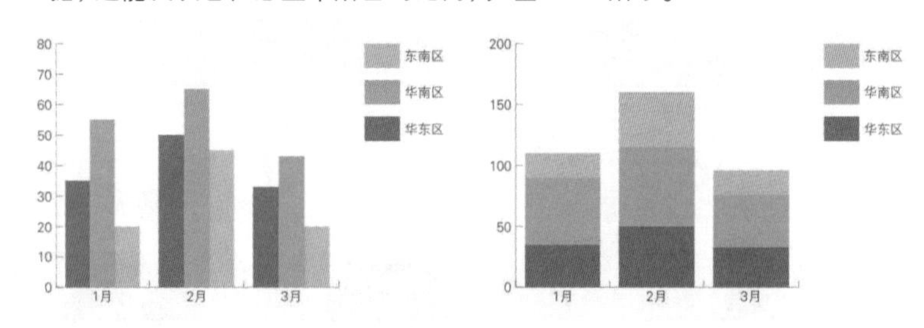

图13-2　　图13-3

- 条形图：与柱形图类似，也能很好地展现项目之间的对比情况，如图13-4所示。
- 堆积条形图：与堆积柱形图类似，但是条形图是水平堆积而不是垂直堆积，如图13-5所示。

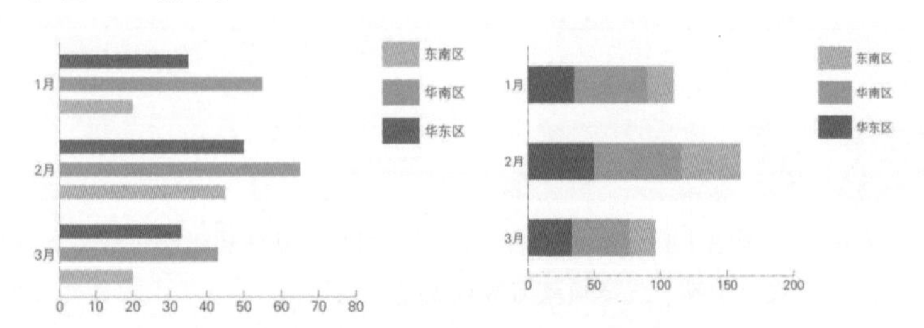

图13-4　　图13-5

- 折线图：以点显示统计数据，再用折线连接，如图13-6所示，适合展示一段时间内一个或多个主题项目的变化趋势，对于确定项目的进程很有用处。
- 面积图：与折线图类似，但会对形成的区域进行填充，如图13-7所示。这种图表适合强调数值的整体和变化情况。

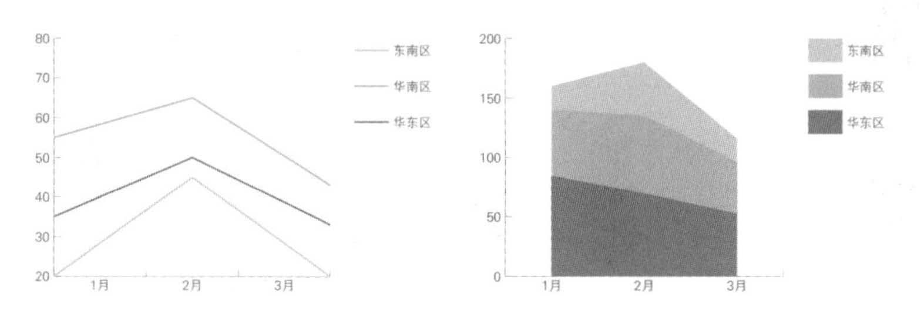

图13-6　　图13-7

- 散点图：沿X轴和Y轴将数据点作为成对的坐标组进行绘制，如图13-8所示。此类图表适合识别数据中的图案或趋势，表示变量是否相互影响。
- 饼图：把数据的总和作为一个圆形，各组统计数据依据其所占的比例将圆形划分，如图13-9所示。适合显示分项大小及在总和中所占的比例。
- 雷达图：也称网状图，能在某一特定时间点或特定类别上比较数值组，如图13-10所示。主要用于专业性较强的自然科学统计。

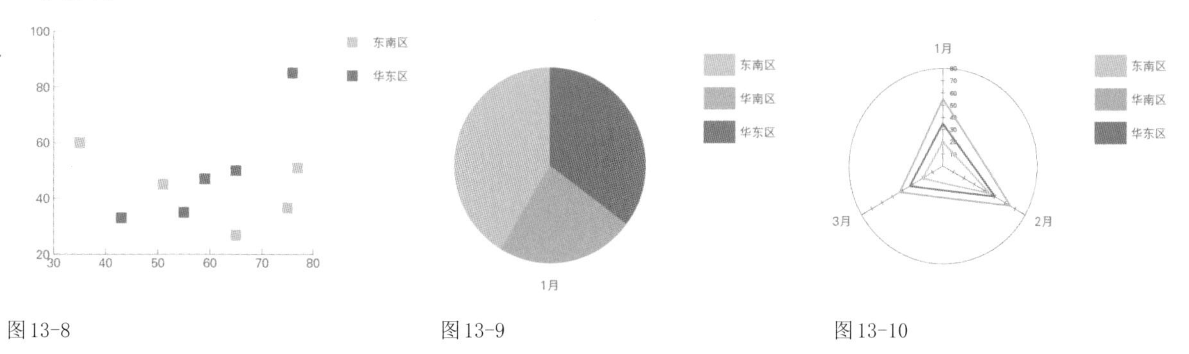

图13-8　　图13-9　　图13-10

13.2　制作图表

Illustrator中的9个图表工具的使用方法完全相同，因此，图表很容易制作。而且Microsoft Excel数据、文字处理程序创建的文本等都可作为图表数据的来源。

13.2.1　图表数据对话框

不论使用哪种工具创建图表，都会打开“图表数据”对话框，其选项和按钮功能如图13-11所示。

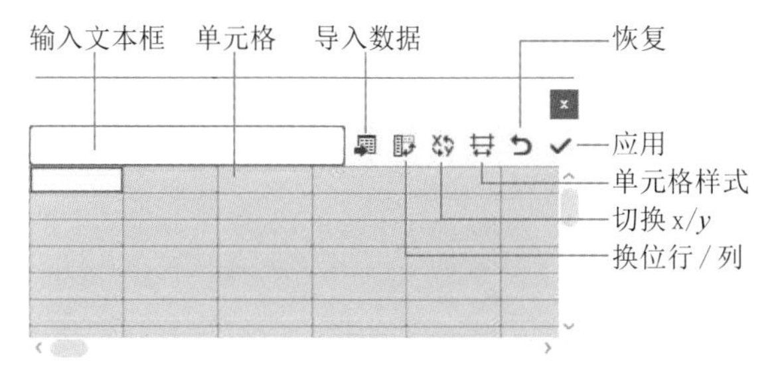

图13-11

- 输入文本框：可以为数据组添加标签并在图例中显示。操作方法是，单击一个单元格，之后便可输入数据，如图13-12和图13-13所示。按↑、↓、←、→键可切换单元格；按Tab键，可以输入数据并选取同一行中的下一单元格；按Enter键可以输入数据并选择同一列中的下一单元格。如果希望Illustrator为图表生成图例，应删除左上角单元格的内容并保持此单元格为空白。

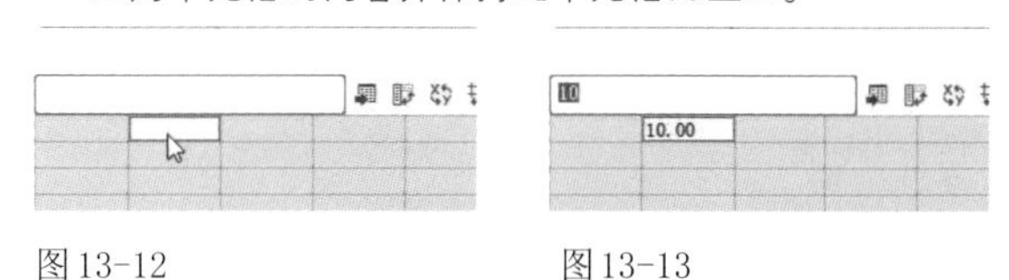

图13-12　　图13-13

- 单元格左列：单元格的左列用于输入类别标签。类别通常为时间单位，如日、月、年。这些标签沿图表的水平轴或垂直轴显示。只有雷达图的图表例外，它的每个标签都产生单独的轴。如果要创建只包含数字的标签，应使用半角双引号将数字引起来。例如，要将年份1996作为标签使用，应输入"1996"，如图13-14所示。如果输入全角引号（“”），则引号也显示在年份中，如图13-15所示。

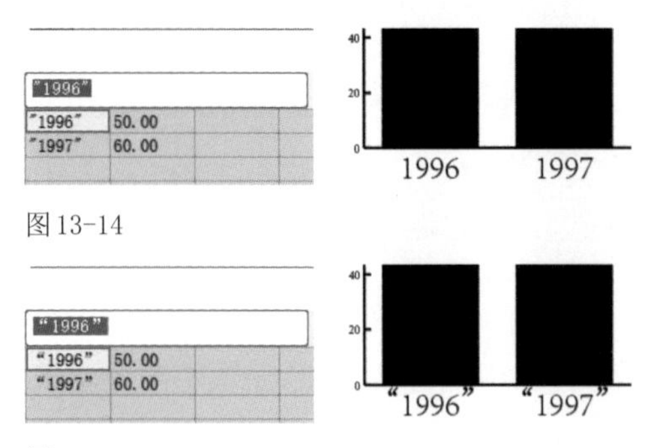

图13-14

图13-15

- 导入数据 ：可以导入其他应用程序创建的数据。
- 换位行/列 ：可以转换行与列中的数据。
- 切换x/y ：创建散点图时，单击该按钮，可以对调X轴和Y轴的位置。
- 单元格样式 ：单击该按钮，可以打开“单元格样式”对话框，其中“小数位数”选项用来定义数据中小数点后面的位数。默认值为 2 位，此时在单元格中输入数字“4”时，在“图表数据”窗口框中显示为 4.00；在单元格中输入数字 “13.55823”，则显示为 13.56。如果要增加小数位数，可增大该选项中的数值。“列宽度”选项用来调整“图表数据”对话框中每一列数据的宽度。调整列宽不会影响图表中列的宽度，只是用来在列中查看更多或更少的数字。
- 恢复 ：单击该按钮，可将数据恢复到初始状态。
- 应用 ：输入数据后，单击该按钮可创建图表。

13.2.2 实例：制作柱形图

01 选择柱形图工具，拖曳出一个矩形定界框，以定义图表的范围。如果想创建正方形图表，可以按住Shift键操作。

02 放开鼠标左键，打开“图表数据”对话框。单击一个单元格，之后在顶部的文本框中输入数据，如图13-16所示。按→、←、↑、↓键可以切换单元格。

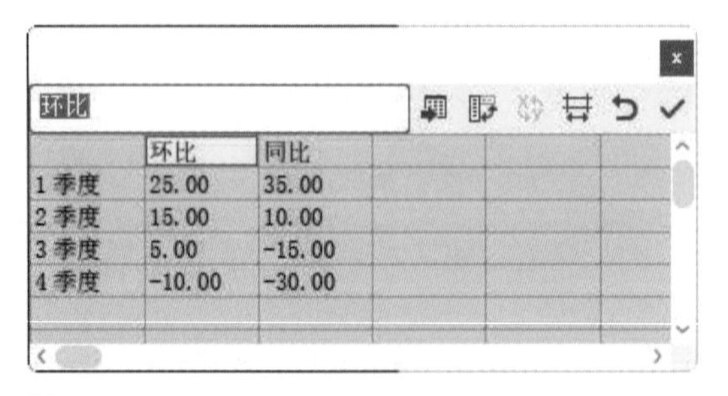

环比

	环比	同比
1 季度	25.00	35.00
2 季度	15.00	10.00
3 季度	5.00	-15.00
4 季度	-10.00	-30.00

图13-16

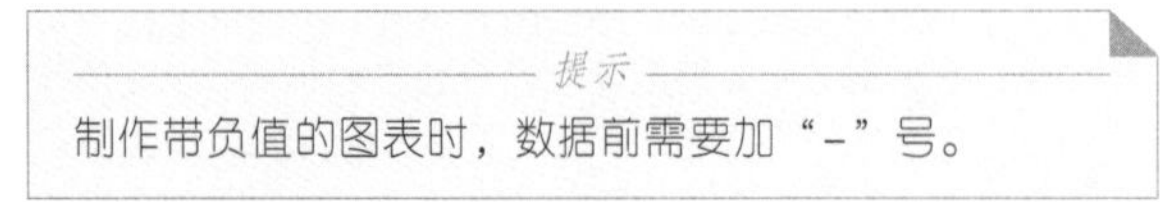

提示

制作带负值的图表时，数据前需要加“-”号。

03 单击对话框右上角的 按钮或按Enter键，关闭对话框，即可创建图表，如图13-17所示。

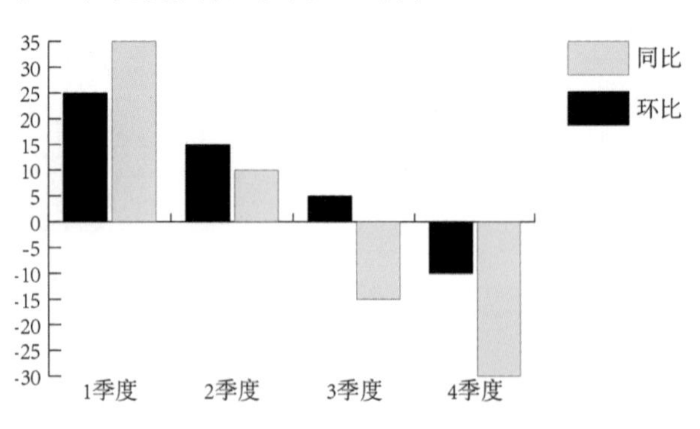

图13-17

13.2.3 实例：制作双轴图

双轴图可以将两种类型的图表合二为一，因而能更好地体现数据的走势。常见的双轴图是柱形图+折线图的组合。在Illustrator中，除散点图外，可以将其他任何类型的图表组合成双轴图。

01 选择柱形图工具，在画板上单击，打开“图表”对话框，输入宽度和高度，如图13-18所示，单击“确定”按钮，可按照该尺寸创建图表。需要注意，该对话框中定义的尺寸是图表主要部分的尺寸，并不包括图表的标签和图例。

图13-18

02 打开“图表数据”对话框后，输入数据，如图13-19所示。在标签中创建换行符，即输入“1季度 | 2023”时，“|”符号按Shift+\快捷键输入。单击 按钮创建图表，如图13-20所示。

1月 |2023

	网店销量	门店销量
1 月 |2023	3200.00	3000.00
2 月 |2023	2600.00	1800.00
3 月 |2023	2000.00	1500.00
4 月 |2023	2200.00	1300.00
5 月 |2023	1800.00	1000.00
6 月 |2023	1500.00	800.00

图13-19

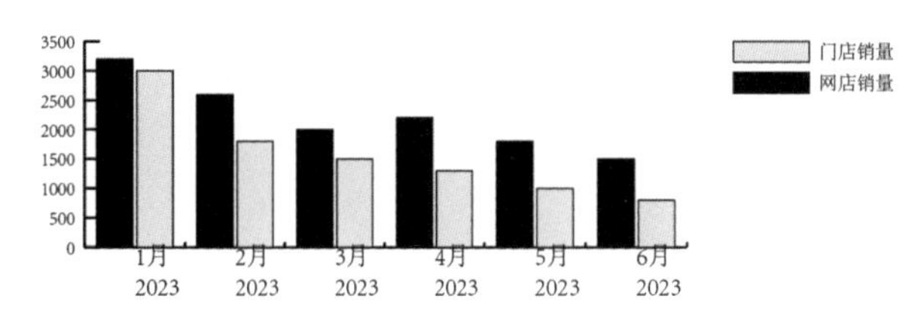

图13-20

03 选择编组选择工具，在黑色数据组上单击3次，选择所有黑色数据组，如图13-21所示。双击任意图表工具，或执行“对象”|“图表”|“类型”命令，打开“图表类型”对话框。单击折线图按钮，如图13-22所示，单击“确定”按钮关闭对话框后，可将所选数据组改为折线图。

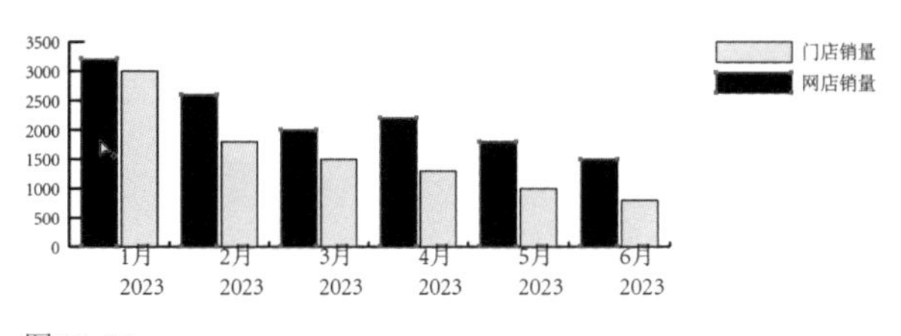

图13-21

图13-22

04 在浅灰色数据组上单击3次，选取数据组，修改填充颜色，无描边，如图13-23所示。

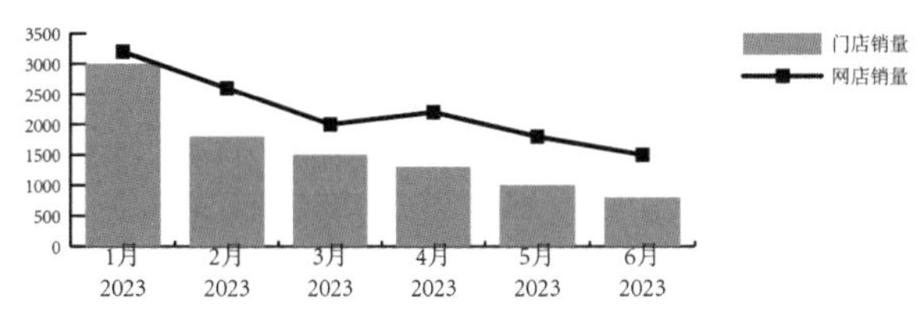

图13-23

05 拖曳出一个选框，选取年份和月份文字，按↓键向下移动。在“控制”面板中将字体改为黑色，文字大小设置为10pt，效果如图13-24所示。

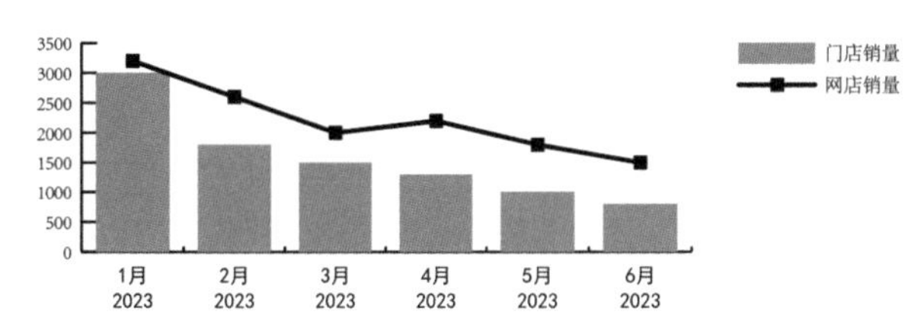

图13-24

实用技巧　怎样正确修改图表

使用直接选择工具和编组选择工具可以选取图表中的图例、图表轴和文字等，选取后便可对其进行修改。但需要注意，由于图表是与其数据相关的对象组，因此不能取消编组，否则图表将变为普通对象，不具备可修改的特性，如不能再转换成其他类型的图表和更改格式等。另外，在图表中，组的关系也比较复杂。如带图例的整个图表是一个大组，所有数据组是图表的次组。每个带图例框的数据组是所有数据组的次组，每个值都是其数据组的次组。注意，不仅不要取消图表中对象的组，也尽量不要将它们重新编组。

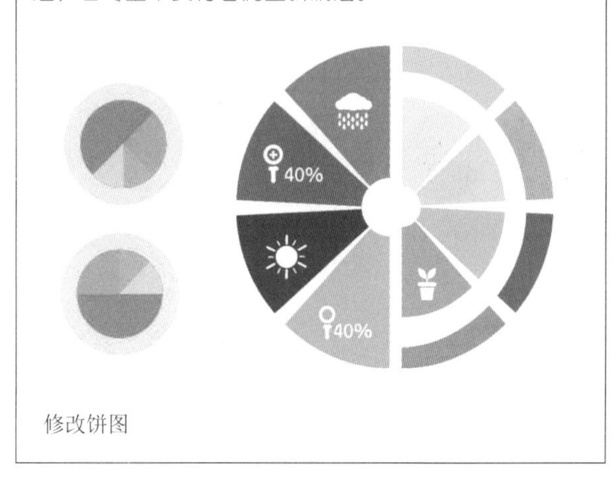

修改饼图

13.2.4　实例：使用Excel数据制作饼图

01 选择饼图工具，在画板上拖曳光标确定图表的大小，放开鼠标左键后，在打开的“图表数据”对话框中输入年份信息（使用半角引号，如“"2022"”），如图13-25所示。

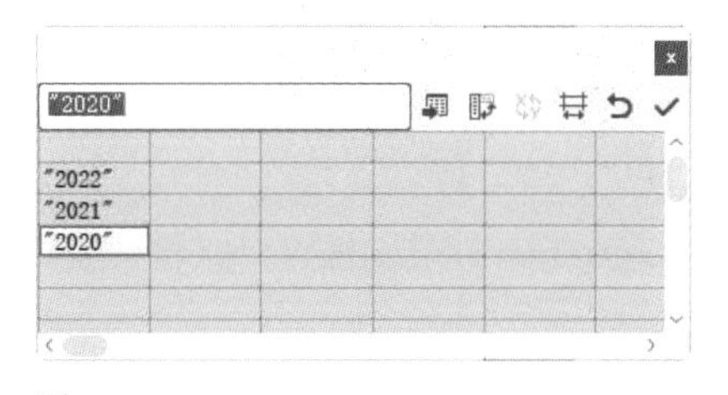

图13-25

02 打开Excel数据素材。将光标移动到“产量”文字上方，向右下方拖曳光标，将文字及数据选取，如图13-26所示；按Ctrl+C快捷键复制。

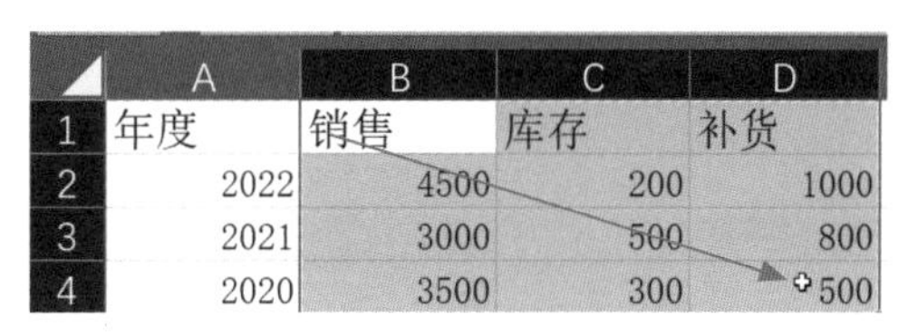

	A	B	C	D
1	年度	销售	库存	补货
2	2022	4500	200	1000
3	2021	3000	500	800
4	2020	3500	300	500

图13-26

03 切换到Illustrator中，在图13-27所示的单元格中单击，按Ctrl+V快捷键粘贴数据，如图13-28所示。单击“应用”按钮✓，创建图表，如图13-29所示。

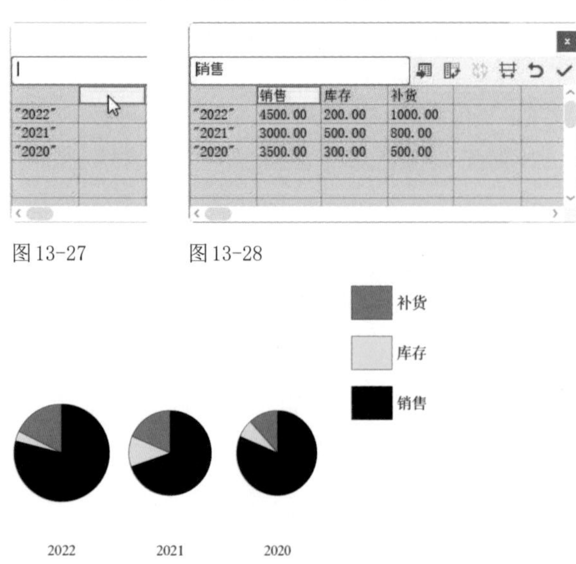

	销售	库存	补货
"2022"	4500.00	200.00	1000.00
"2021"	3000.00	500.00	800.00
"2020"	3500.00	300.00	500.00

图13-27　图13-28

图13-29

04 保持图表的选取状态，双击饼图工具，打开“图表类型”对话框，选取“楔形图例”选项，如图13-30所示，单击“确定”按钮，修改图例位置，如图13-31所示。使用编组选择工具将年份文字向上拖曳。

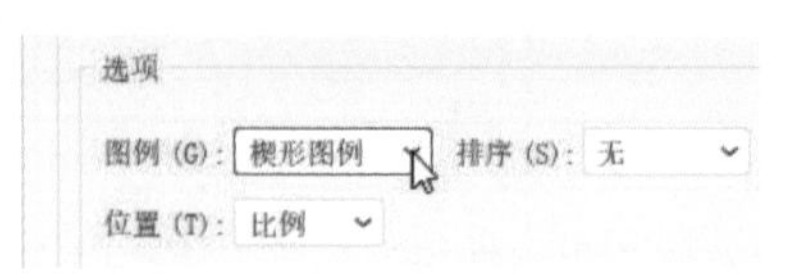

图13-30

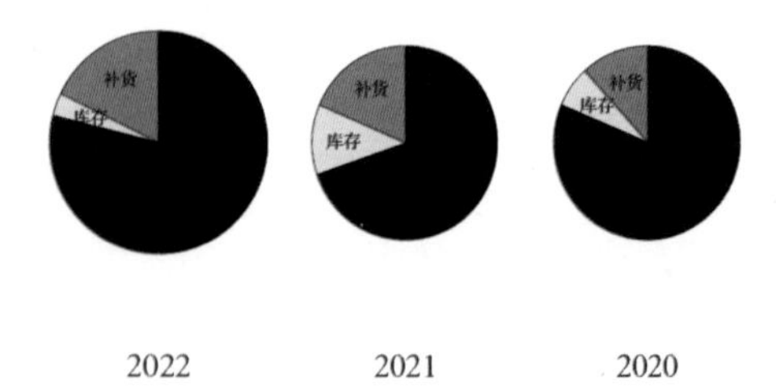

图13-31

05 执行“窗口”|“色板库”|“渐变”|“叶子”命令，打开“叶子”面板，如图13-32所示。使用编组选择工具双击黑色数据组，将其选取，使用“叶子”面板中的渐变进行填充，无描边。采用同样的方法修改其他数据组，效果如图13-33所示。

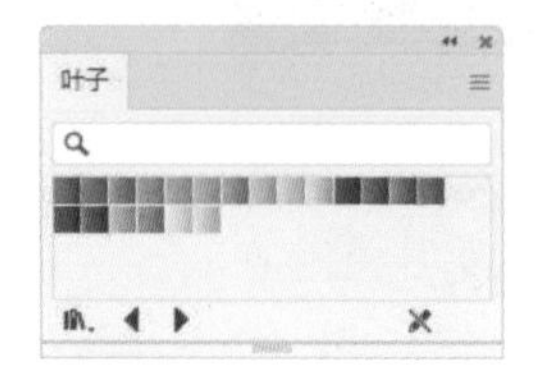

图13-32

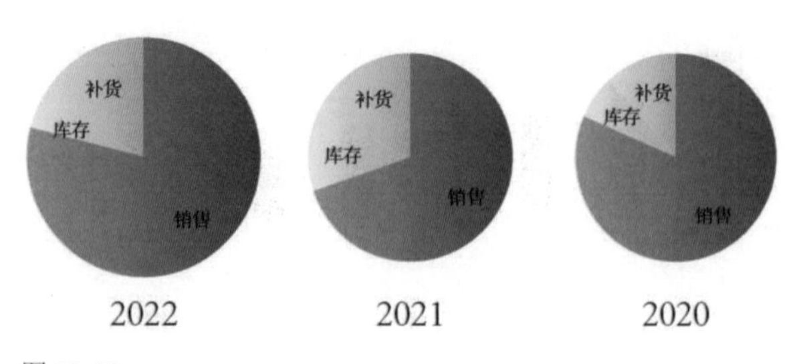

图13-33

实用技巧　怎样修改图表中的数据

图表组在未解散的状态下，可随时修改数据。操作时使用选择工具单击图表，将其选取，执行“对象”|“图表”|“数据”命令，打开“图表数据”对话框，此时便可修改数据。完成后按Enter键关闭对话框，即可更新数据。

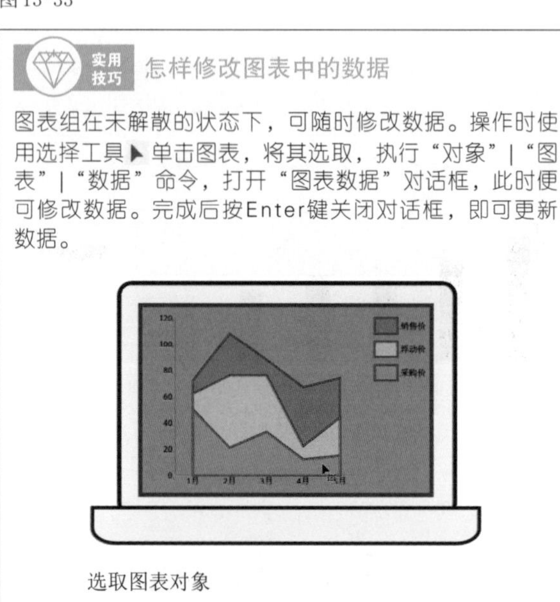

选取图表对象

	采购价	浮动价	销售价
1月	10.00	15.00	25.00
2月	21.00	55.00	32.00
3月	33.00	43.00	12.00
4月	12.00	10.00	45.00
5月	15.00	18.00	50.00

修改数据

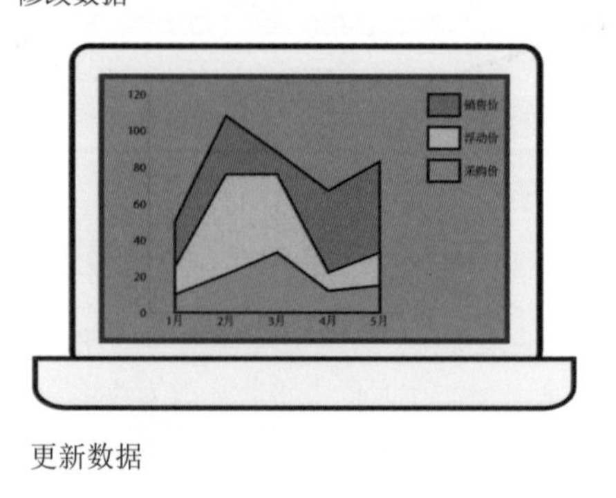

更新数据

13.2.5　实例：使用文本数据制作条形图

文字处理程序创建的文本可以直接导入Illustrator中作为图表数据使用。

需要注意的是，文本文件中的每个单元格的数据应由制表符隔开，每行的数据应由段落回车符隔开。并且数据只能包含小数点或小数点分隔符，否则，无法绘制此数据对应的图表。例如，应输入“732000”，而不是“732,000”。

01 打开素材，如图13-34所示。这是用Windows的记事本生成的纯文本格式的文件。选择条形图工具，在画板上拖曳光标，打开“图表数据”对话框。

图13-34

02 单击“导入数据”按钮，在打开的对话框中选择该文本文件，即可导入其中数据，如图13-35所示。按Enter键创建图表，如图13-36所示。

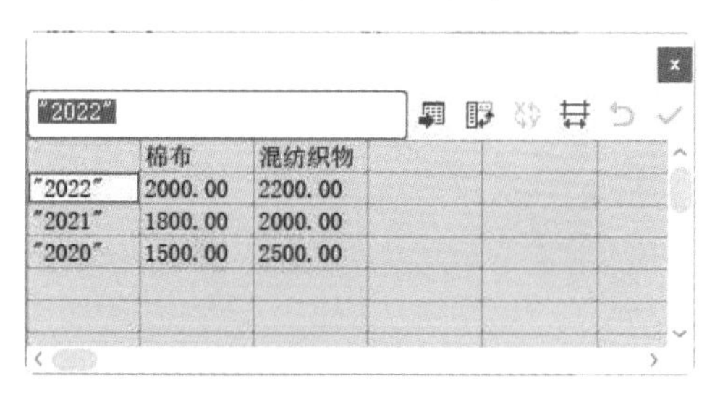

	棉布	混纺织物
"2022"	2000.00	2200.00
"2021"	1800.00	2000.00
"2020"	1500.00	2500.00

图13-35

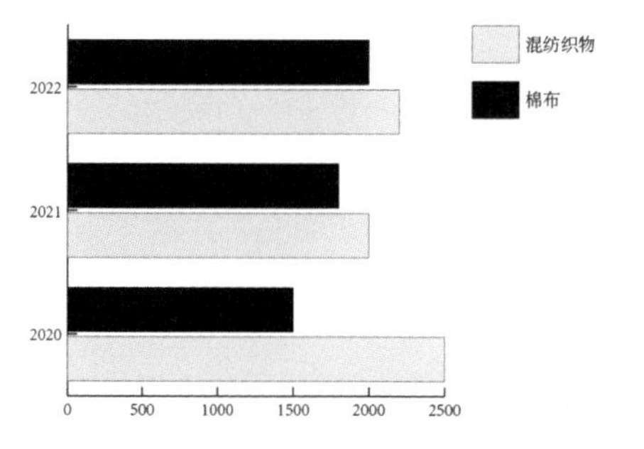

图13-36

03 执行“窗口”|“色板库”|“图案”|“装饰旧版”命令，打开“装饰旧版”面板，选择图13-37所示的两个图案。使用编组选择工具在黑色数据组上单击3次，将其选取，使用“装饰旧版”面板中的图案进行填充，无描边。采用同样的方法修改灰色数据组，效果如图13-38所示。

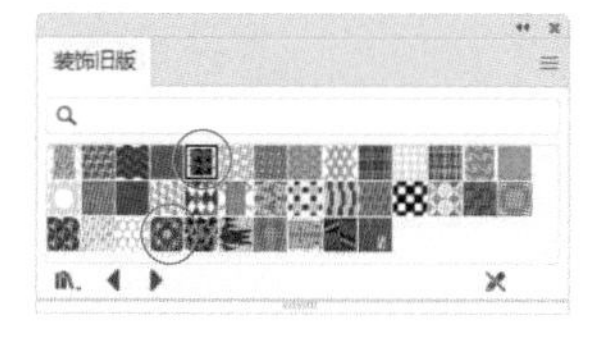

图13-37

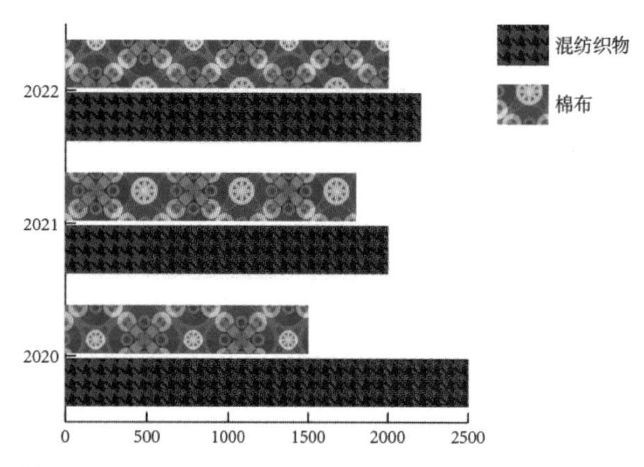

图13-38

13.2.6 修改图表格式

使用选择工具单击图表对象，执行“对象”|“图表”|“类型”命令，或双击任意一个图表工具，可以打开“图表类型”对话框，如图13-39所示。在此对话框中修改图表格式，可以给图表添加图例、阴影、刻度线或改变其他属性，以便更好地展示数据。图13-40所示为将数值轴调整到右侧的图表，图13-41所示是为其添加投影后的效果。

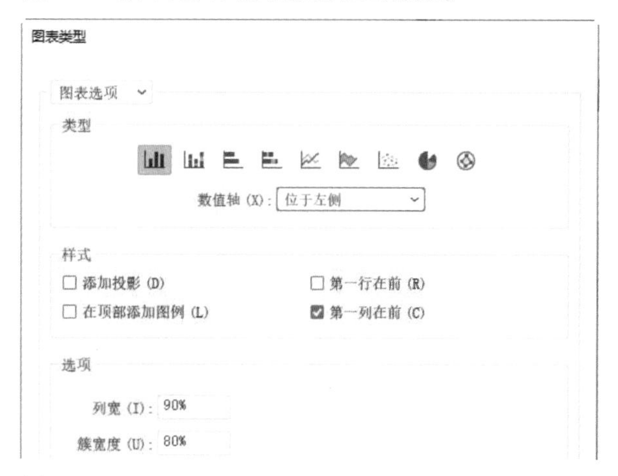

图13-39

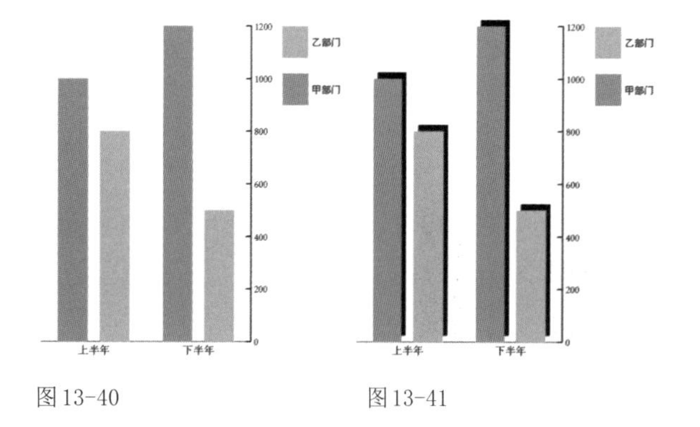

图13-40 图13-41

13.3 制作效果更丰富的图表

图形、徽标、符号及包含图案和参考线的复杂对象都可用于替换图表中的图例，进而创建符合特定行业需要的、更有趣的图表。

13.3.1 实例：替换图例

将图稿定义为设计图案后，可以使用“柱形图”命令将图表中的图形替换掉。

01 打开图表及图形素材。使用选择工具选取橙色机器人，如图13-42所示。

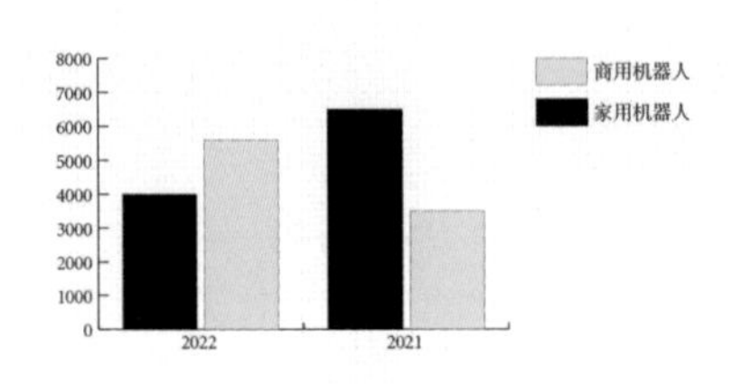

图13-42

02 执行“对象”|“图表”|“设计”命令，在打开的对话框中单击“新建设计”按钮，将所选图形定义为一个设计图案，如图13-43所示。单击“确定”按钮关闭对话框。选取蓝色机器人，如图13-44所示，采用同样的方法将其也定义为一个设计图案。

图13-43　图13-44

03 选择编组选择工具，在黑色数据组上连续单击3次，选取数据组，如图13-45所示。

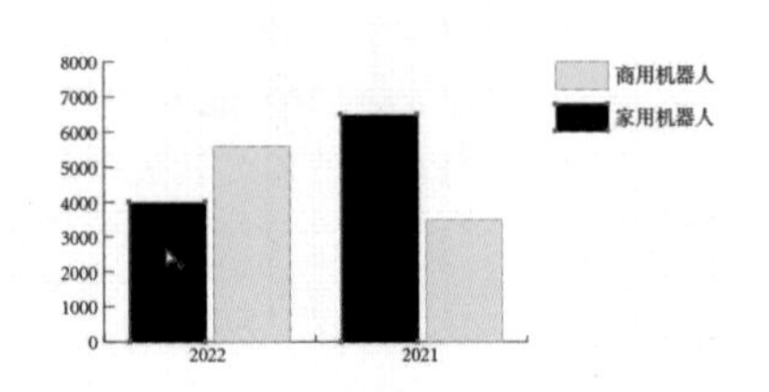

图13-45

04 执行“对象”|“图表”|“柱形图”命令，在打开的对话框中单击图13-46所示的设计图案，在“列类型”选项下拉列表中选择“一致缩放”复选框，取消勾选“旋转图例设计”选项。单击“确定”按钮，用机器人替换图例，如图13-47所示。

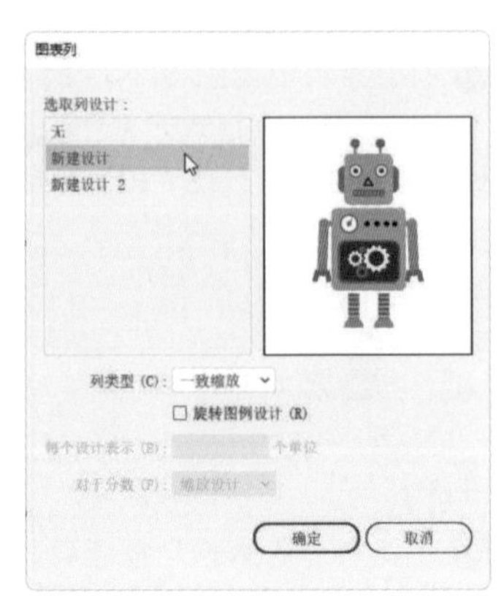

图13-46

图13-47

> **实用技巧　怎样改变设计图案的范围**
>
> 使用图形替换图例时，如果出现图形之间过于拥挤的情况。可以在图形外围创建一个无填色、无描边的矩形，以定义需要预留的区域（矩形与图形间的空隙越大，图表中的图例的间距也越大），之后将其与图形一同选取，再创建为设计图案，这样就可以通过矩形来控制图形的范围。

05 使用编组选择工具在灰色数据组上连续单击3次，选取数据组，如图13-48所示，打开“柱形图”对话框，用它替换所选图例，如图13-49所示。

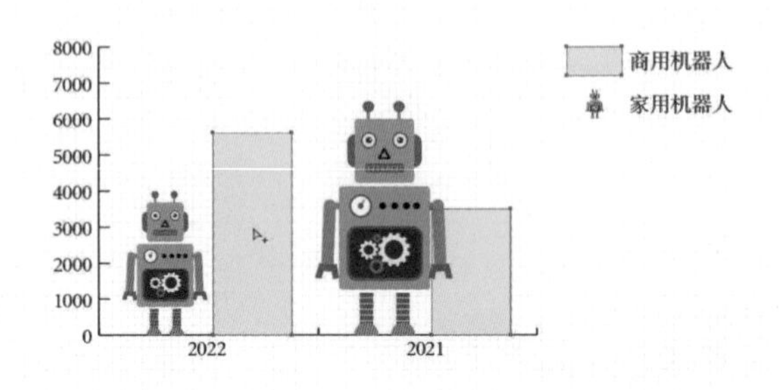

图13-48

图 13-49

设计图案调整技巧

当设计图案与图表的比例不匹配时，可在“柱形图”对话框的“列类型”选项下拉列表中设置如何缩放图案。选择“垂直缩放”选项，可根据数据的大小在垂直方向伸展或压缩图案，图案的宽度保持不变。选择“一致缩放”选项，则根据数据的大小对图案进行等比缩放。选择“局部缩放”选项，可以对局部图案进行缩放。

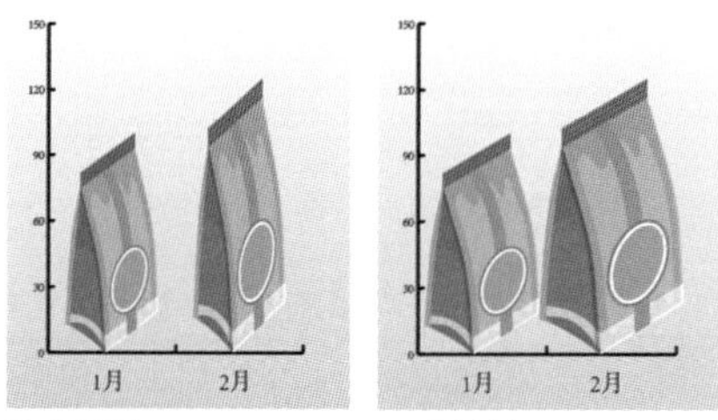

垂直缩放　　一致缩放

如果选择“重复堆叠”选项，则下方的选项将被激活。在“每个设计表示”选项中可以输入每个图案代表几个单位。例如，输入“50”，表示每个图案代表50个单位，Illustrator会以该单位为基准自动计算使用的图案数量。单位设置好之后，还要在“对于分数”选项中设置不足一个图案时如何显示。选择“截断设计”选项，图案将被截断；选择“缩放设计”选项，则压缩图案，以确保其完整。此外，勾选“旋转图例设计”复选框，还可将图案旋转90°。

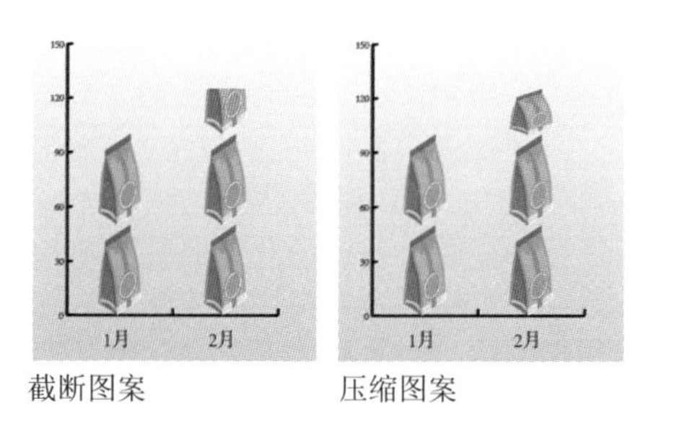

截断图案　　压缩图案

13.3.2　图形的局部缩放方法

在默认状态下，缩放设计图案时，只有等比缩放和拉伸变形两种效果，图13-50所示为等比缩放效果。其实图表中的设计图案可以进行局部缩放，即只缩放部分区域，其他内容保存原样，如图13-51所示。

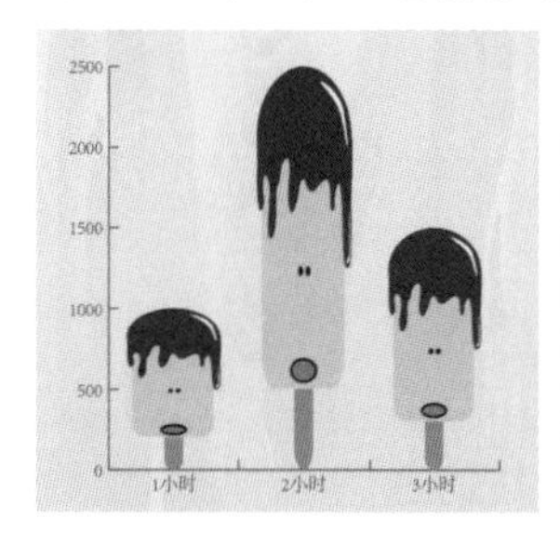

等比缩放图案

图 13-50

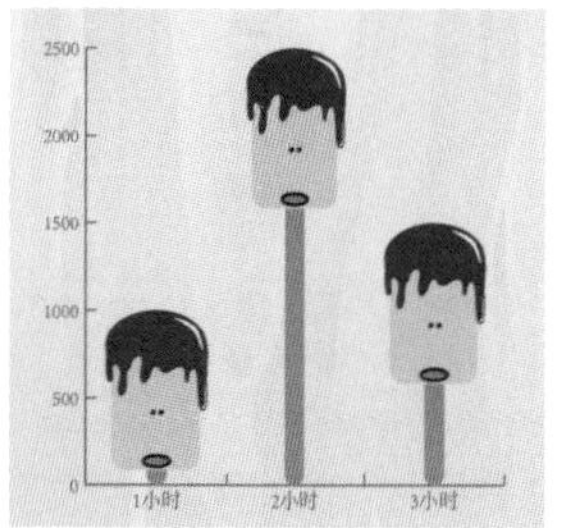

只缩放头像下方的圆角矩形

图 13-51

操作时，先使用直线段工具／按住Shift键拖曳光标，在图形上方创建一条直线（用来定义图形的缩放位置，位于参考线下方的图形被缩放），如图13-52所示；之后执行“视图”|“参考线”|“建立参考线”命令，将直线创建为参考线，如图13-53所示；将参考线与设计图形一同选取，如图13-54所示，执行“对象”|“图表”|“设计”命令，创建为设计图案。以上操作完成之后，便可选择图表对象，执行“对象”|“图表”|“柱形图”命令，打开“图表列”对话框，单击该设计图案，在“列类型”选项下拉列表中选择“局部缩放”选项即可，如图13-55所示。

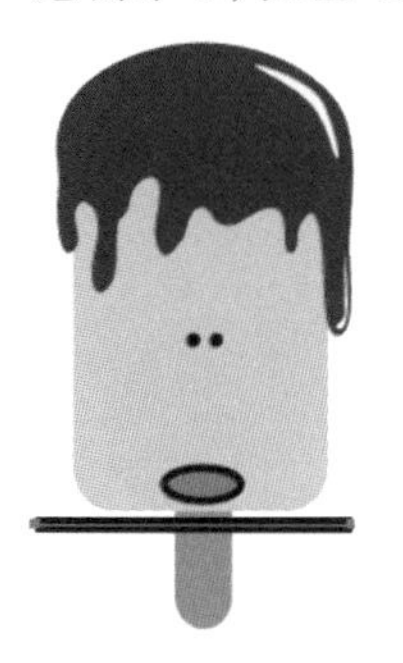

图 13-52

图 13-53

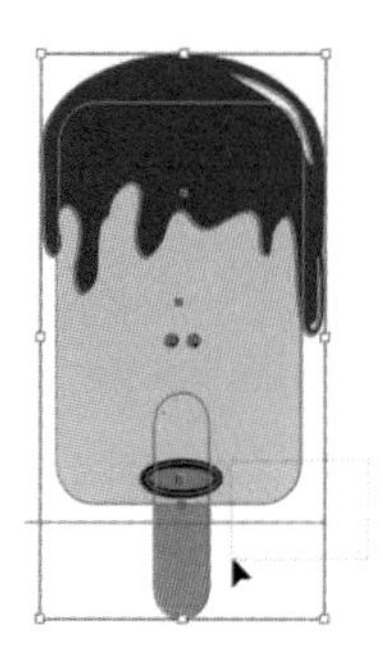
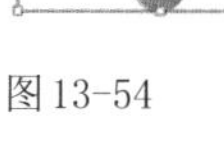

图 13-54

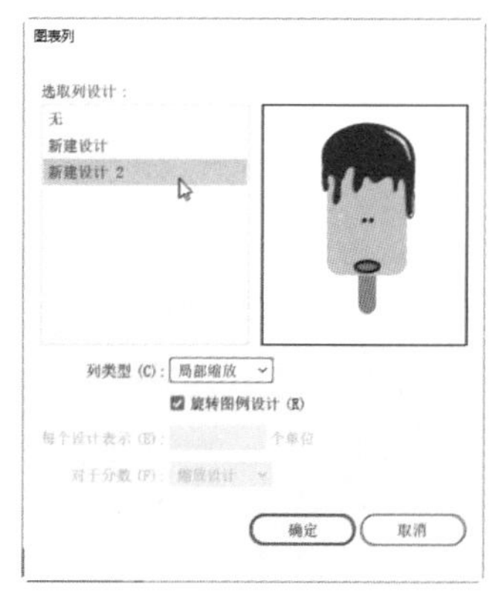

图 13-55

13.4 进阶实例：立体图表

01 选择饼图工具，在画板上单击，打开“图表”对话框，输入宽度和高度，按照该尺寸创建图表并输入数据，如图13-56和图13-57所示。

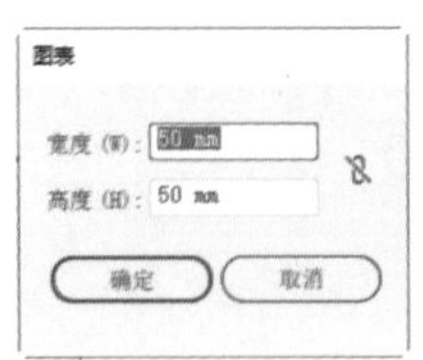

图 13-56

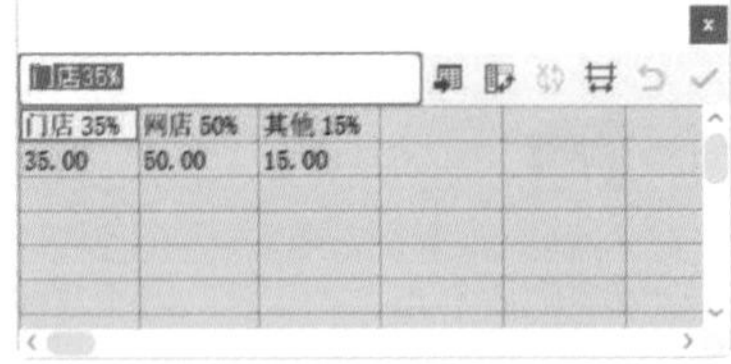

图 13-57

02 按Enter键关闭对话框，创建图表，如图13-58所示。连续按Shift+Ctrl+G快捷键解散组，直至可以用选择工具选取单个图形，如图13-59所示。

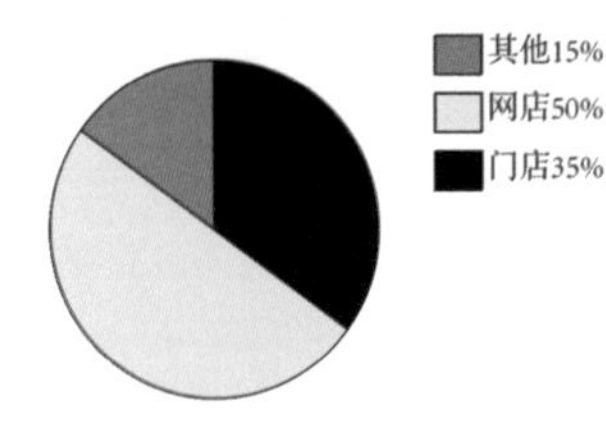

图 13-58

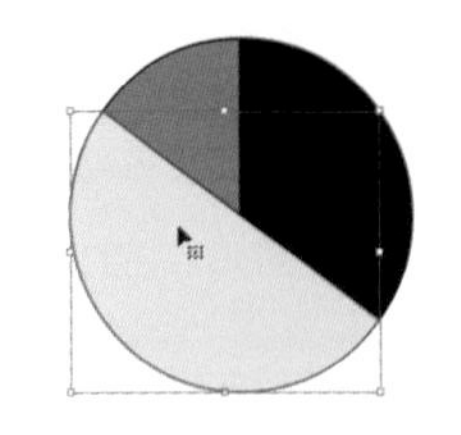

图 13-59

03 使用选择工具分别选取饼状图形，取消描边，并填充不同的颜色。移动这3个图形，让它们错开一些位置（可以调一下大小，以做好图形的衔接），如图13-60所示。将3个图形选取，按Ctrl+G快捷键编组。拖曳定界框顶部的控制点，将图形压扁，如图13-61所示。

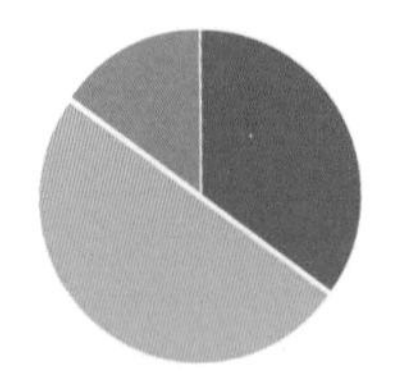

图 13-60

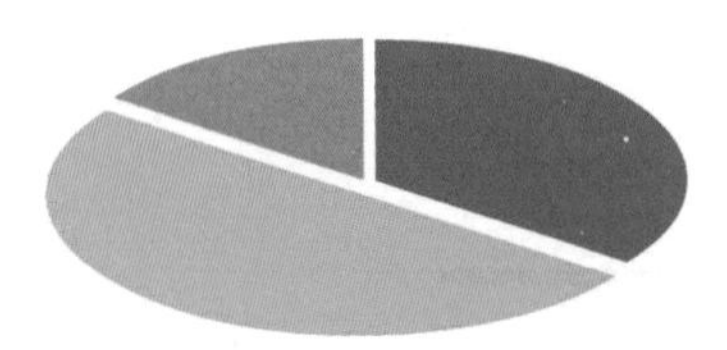

图 13-61

04 按Ctrl+C快捷键复制，后面会用到。按Alt+Shift快捷键向下拖曳图形，进行复制，如图13-62所示。按住Shift键拖曳控制点，将图形等比缩小，如图13-63所示。按Shift+Ctrl+[快捷键调整到底层。设置其填充颜色为白色，无描边，如图13-64所示。

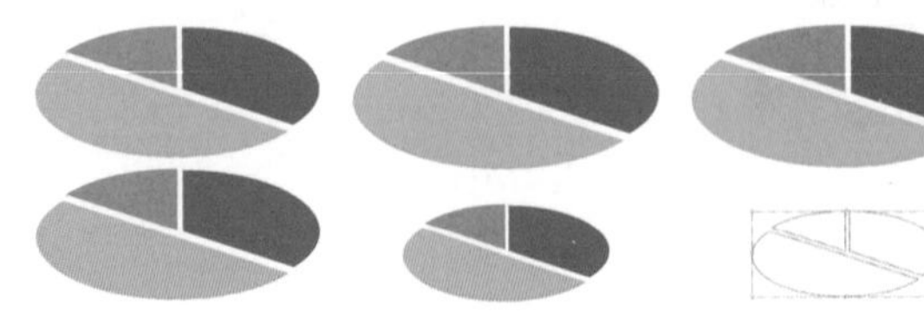

图 13-62　　图 13-63　　图 13-64

05 拖曳出一个选框，选取这两组图形，如图13-65所示。按Alt+Ctrl+B快捷键创建混合，如图13-66所示。

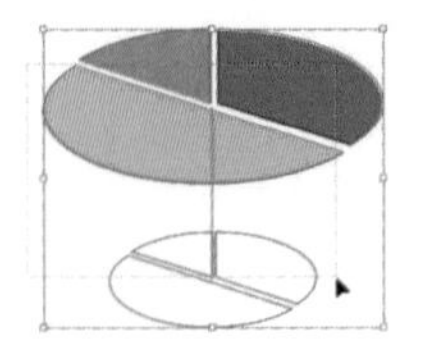

图 13-65

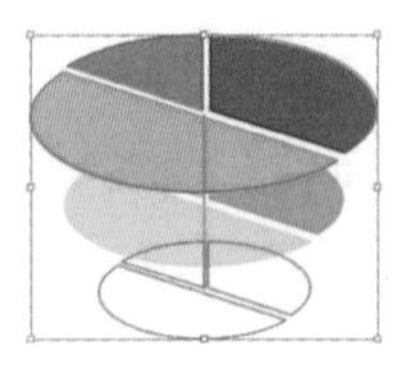

图 13-66

06 双击混合工具，打开“混合选项”对话框，设置参数，如图13-67所示，混合效果如图13-68所示。

图 13-67

图 13-68

07 按Ctrl+F快捷键粘贴图形，如图13-69所示。使用编组选择工具选取各个图形并修改填充颜色，如图13-70所示。

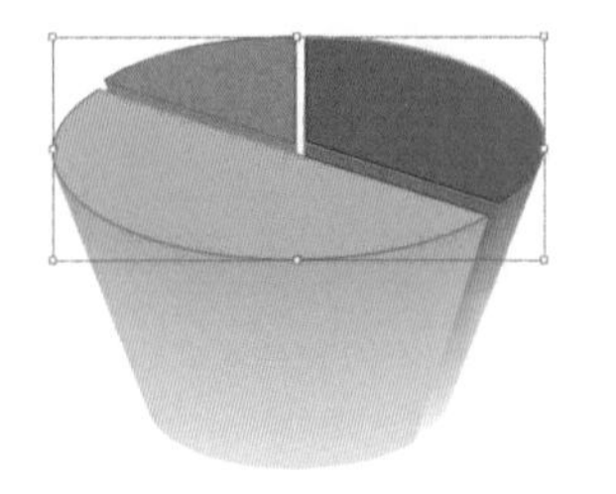

图 13-69

图 13-70

08 按Ctrl+F快捷键粘贴图形，设置填充颜色为棕色，移动到图表图形下方，如图13-71所示。按Shift+Ctrl+[快捷键移至底层，如图13-72所示。

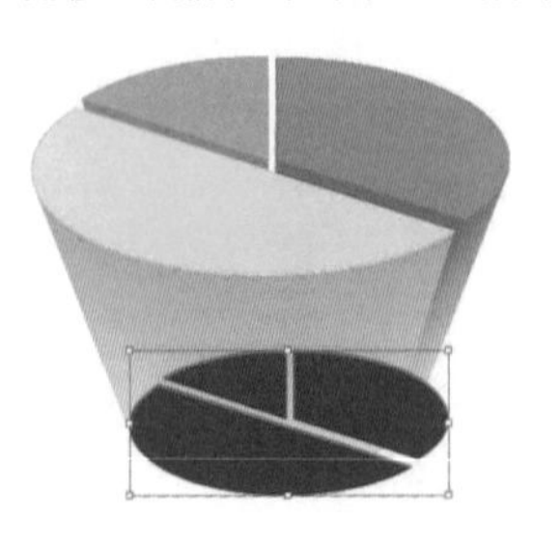

图 13-71

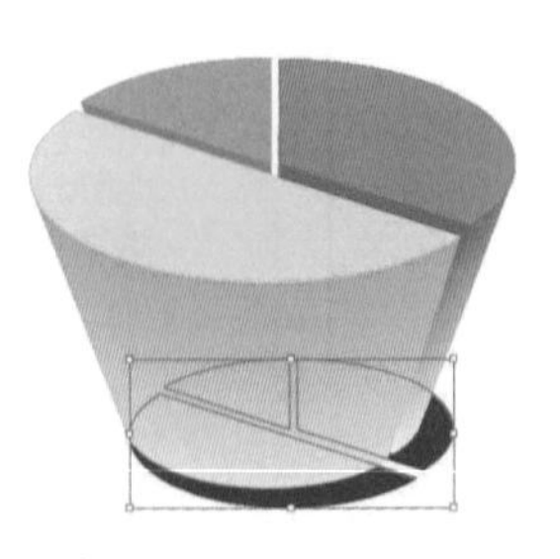

图 13-72

09 执行“效果”|“风格化”|“羽化”命令，通过羽化将其制作为图表的阴影，如图13-73和图13-74所示。使用选择工具将文字拖曳到图形上方，修改颜色、字体（黑体）和大小，如图13-75所示。使用矩形工具和钢

笔工具绘制彩旗，如图13-76所示。

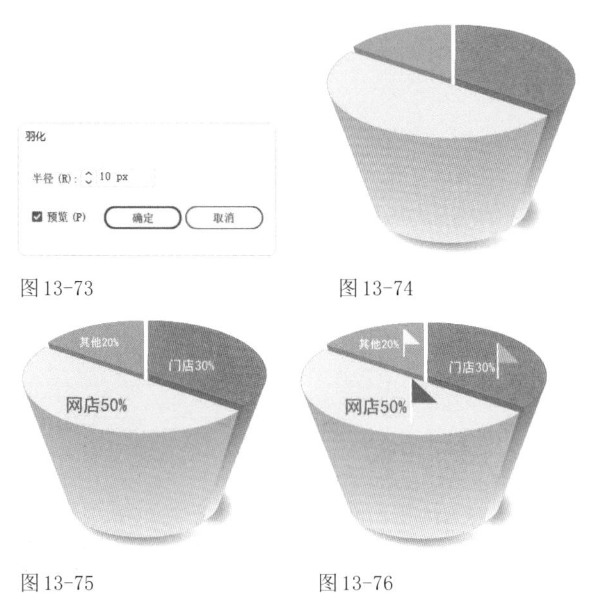

图 13-73　图 13-74

图 13-75　图 13-76

⑩ 创建一个矩形，按Shift+Ctrl+[快捷键移至底层，填充渐变颜色，作为背景，如图13-77和图13-78所示。

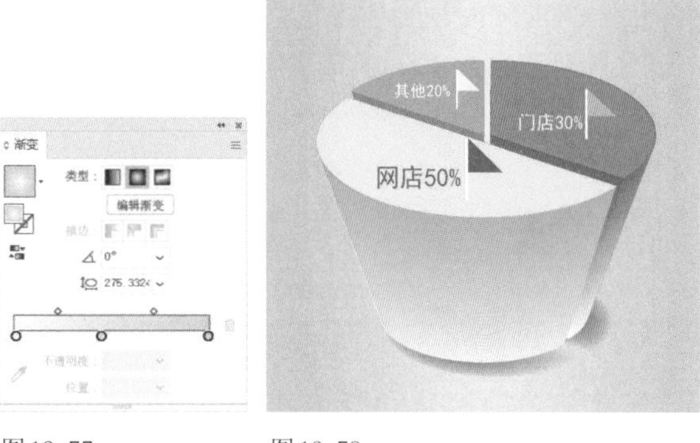

图 13-77　图 13-78

13.5 课后作业：3D效果图表

请使用图13-79所示的素材制作3D图表，效果如图13-80所示。操作时需要打开“图表类型”对话框，在“位置”选项中选择“相等”选项，使所有饼图的直径相同，之后取消描边，并填充不同颜色，再执行“效果”|“3D和材质”|“凸出和斜角”命令，生成立体图表。最后还可以绘制一些底图，输入其他信息。

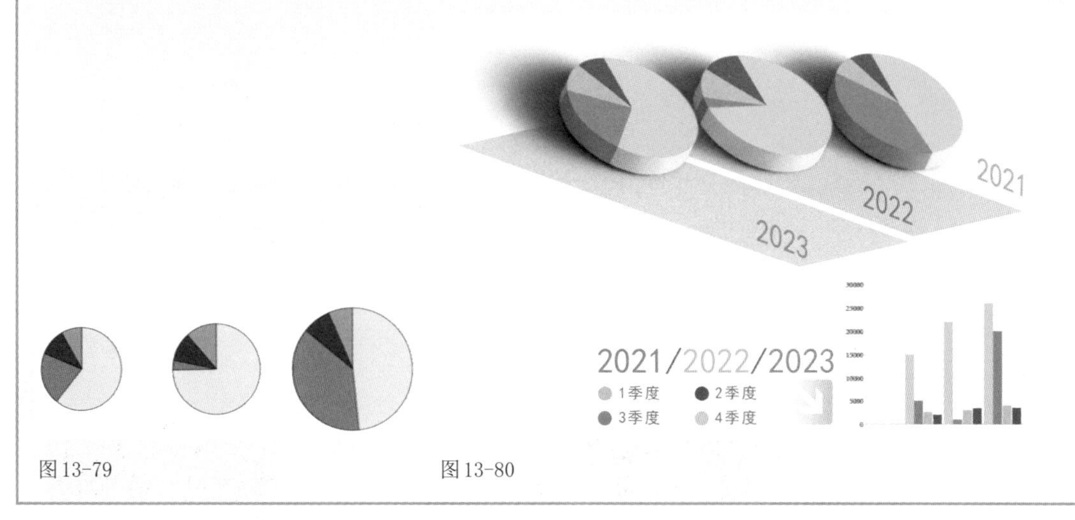

图 13-79　图 13-80

13.6 问答题

1. 在“图表数据”对话框中输入数据时，如果需要生成图例，该怎样操作？
2. 创建图表后，如果想修改图表数据，该怎样操作？
3. 默认状态下，图表中的图例、图表轴和文字等都可以修改，但需要怎样的前提？

第14章 综合实例

本章简介

本章是综合实例，涉及蒙版、文字、效果、绘图、上色、混合模式、混合等功能。实例类型包含插画、丝网印刷、特效和平面广告等。本章的实例侧重于商业应用，可以帮助读者在实践中积累经验，进一步增强Illustrator技能。

学习重点

14.1 花饰镂空人像插画

01 打开素材，如图14-1所示。使用矩形工具■创建一个与画面大小相同的矩形，如图14-2所示，按Ctrl+[快捷键移至底层，按Ctrl+2快捷键将其锁定。

02 打开花纹素材，如图14-3所示。使用选择工具▶单击图形，为其填充径向渐变，如图14-4和图14-5所示。

图14-1

图14-2

图14-3

图14-4

图14-5

03 按Ctrl+C快捷键复制，切换到人物文档中，按Ctrl+V快捷键粘贴，并移动到图14-6所示的位置。按Ctrl+A快捷键全选，单击“透明度”面板中的“制作蒙版”按钮，创建不透明度蒙版，勾选“反相蒙版”复选框，如图14-7所示，效果如图14-8所示。

图14-6

图14-7

图14-8

14.2 丝网印刷字

01 新建一个A4大小的RGB模式文档。使用文字工具T输入文字，如图14-9所示。

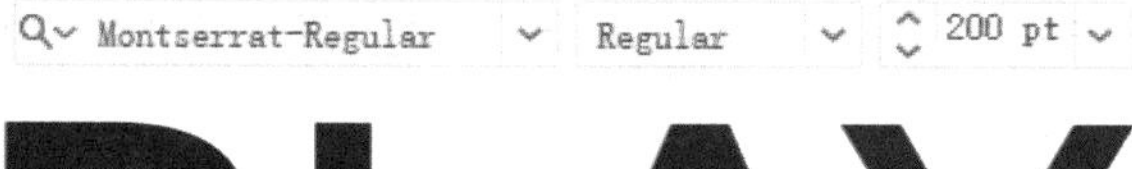

图14-9

02 执行“效果”|“模糊”|“高斯模糊”命令，对文字进行模糊处理，如图14-10和图14-11所示。

图14-10　图14-11

03 执行“对象”|“栅格化”，参数设置如图14-12所示，将文字转换为图像。

图14-12

04 执行“效果”|“像素化”|“彩色半调”命令，参数设置如图14-13所示，文字效果如图14-14所示。

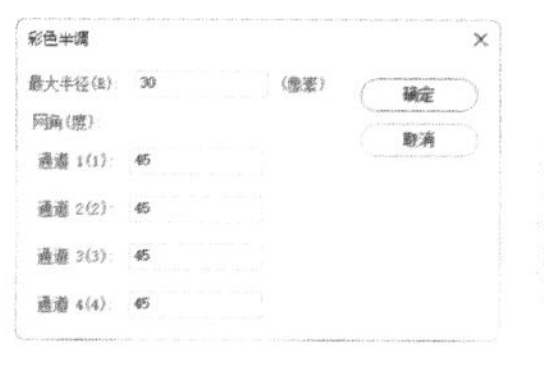

图14-13　图14-14

05 执行“对象”|“图像描摹”|“建立并扩展”命令，将图像转换为矢量图形，如图14-15所示。使用选择工具▶单击白色背景，如图14-16所示，按Delete键删除，只保留文字图形。

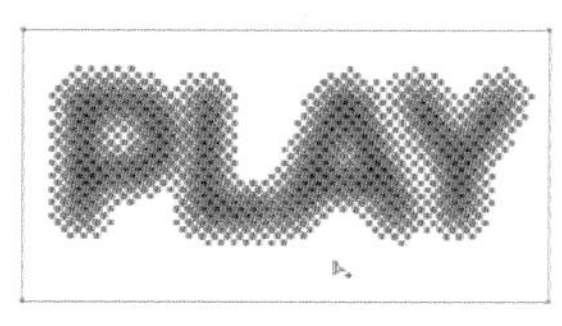

图14-15　图14-16

06 按Ctrl+A快捷键全选，单击工具栏中的■按钮，填充渐变，文字效果如图14-17所示。

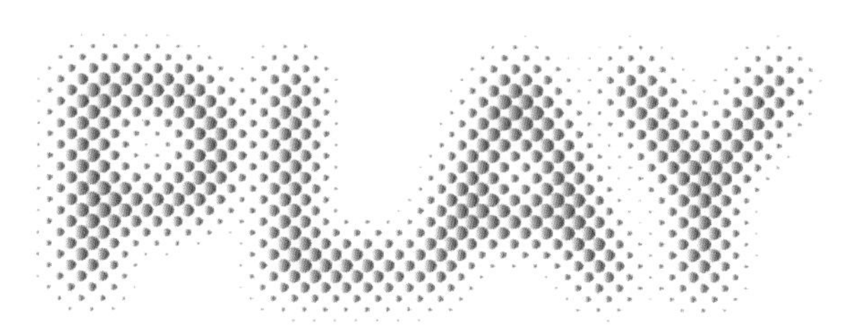

图14-17

07 执行“窗口”|“色板库”|“渐变”|“颜色组合”命令，打开“颜色组合”面板，填充图14-18所示的渐变，文字效果如图14-19所示。

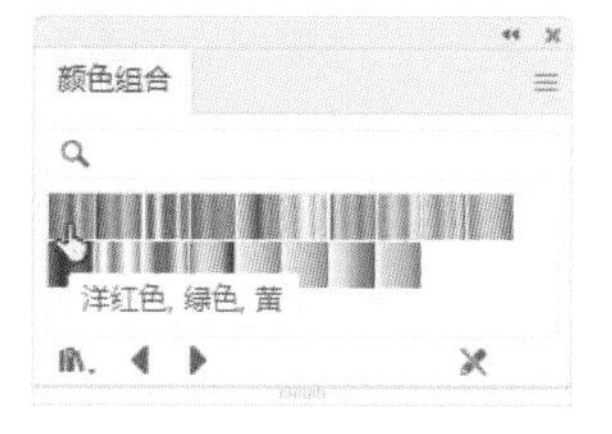

图14-18　图14-19

08 选择渐变工具■，将光标放在文字左侧边界，向右侧边界拖曳光标，将所有原点作为一个整体对象重新填充渐变，如图14-20和图14-21所示。创建一个矩形，填充黑色，按Ctrl+[快捷键移至底层作为背景，如图14-22所示。

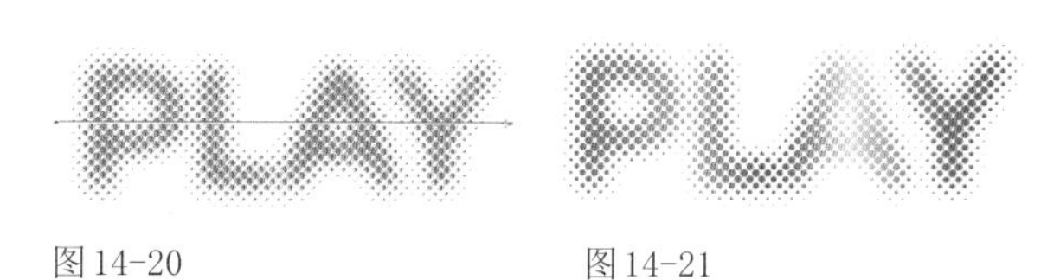

图14-20　图14-21

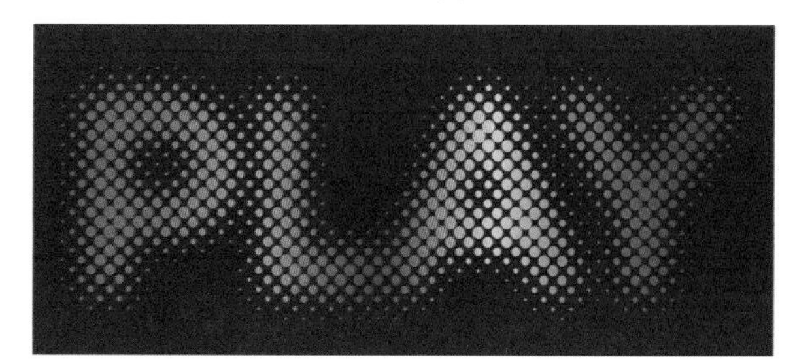

图14-22

14.3 毛绒爱心抱枕

01 创建一个RGB模式的文档。使用钢笔工具绘制心形（也可使用本实例的心形素材），填充径向渐变，如图14-23和图14-24所示。

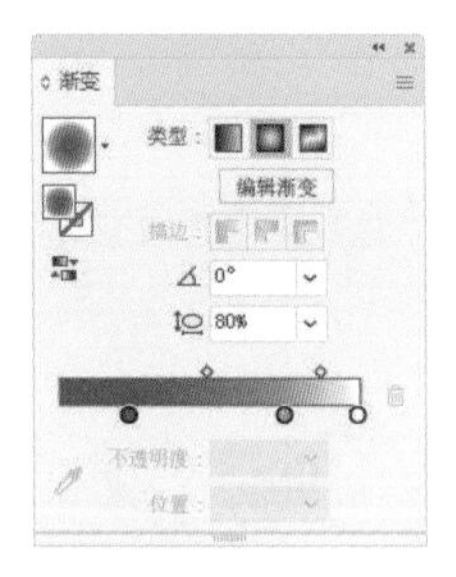

图14-23

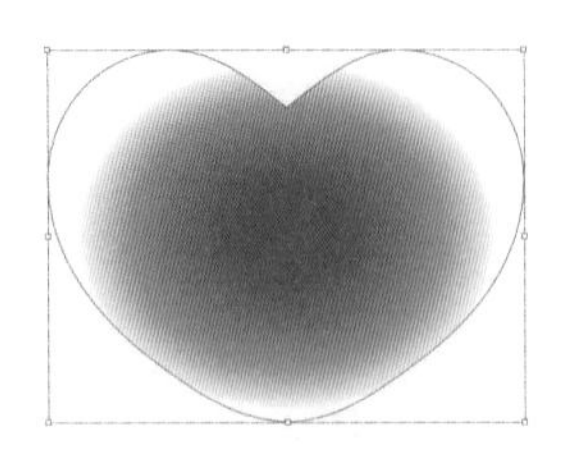

图14-24

02 按Ctrl+C快捷键复制，按Ctrl+V快捷键粘贴，将光标放在图形右上角，按住Shift键拖曳控制点，将图形缩小，如图14-25所示。修改渐变，如图14-26和图14-27所示。

图14-25

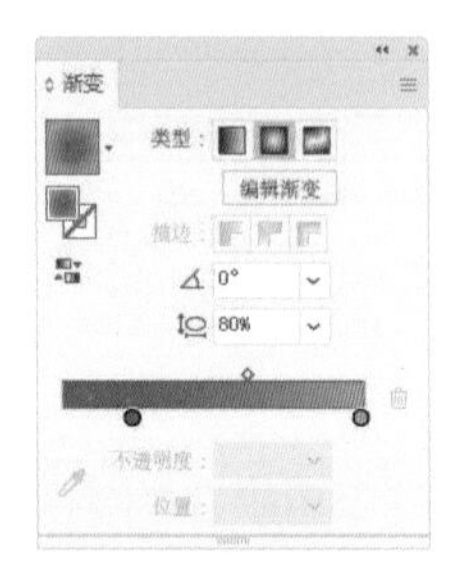

图14-26

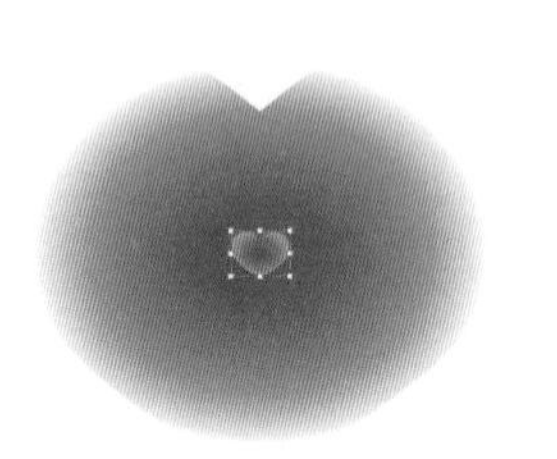

图14-27

03 按Ctrl+A快捷键全选，按Alt+Ctrl+B快捷键创建混合，如图14-28所示。双击混合工具，打开“混合选项”对话框，参数设置如图14-29所示，效果如图14-30所示。

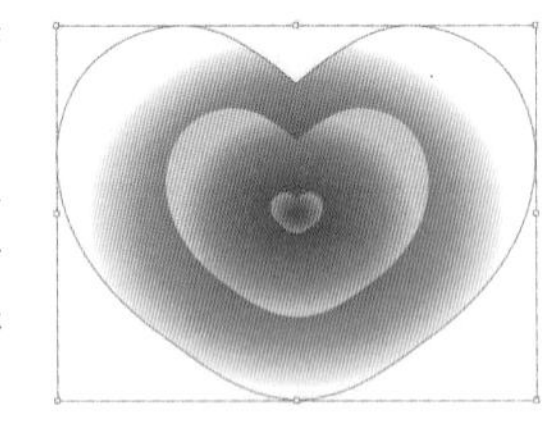

图14-28

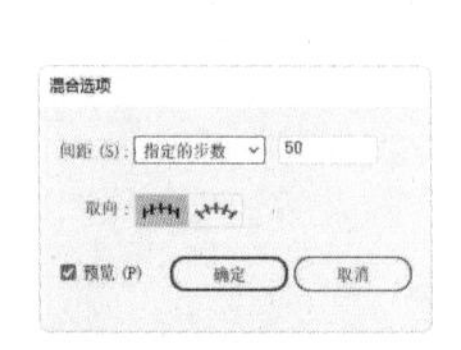

图14-29

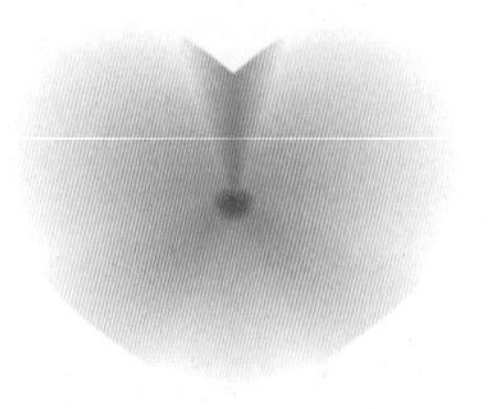

图14-30

04 执行“效果”|“扭曲和变换”|“粗糙化”命令，生成毛发效果，如图14-31和图14-32所示。

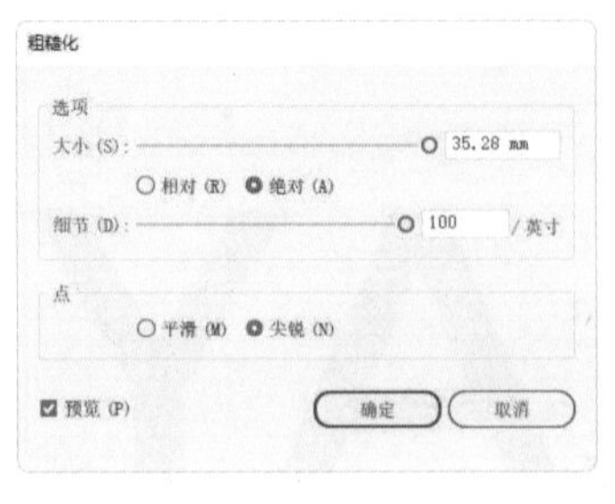

图14-31

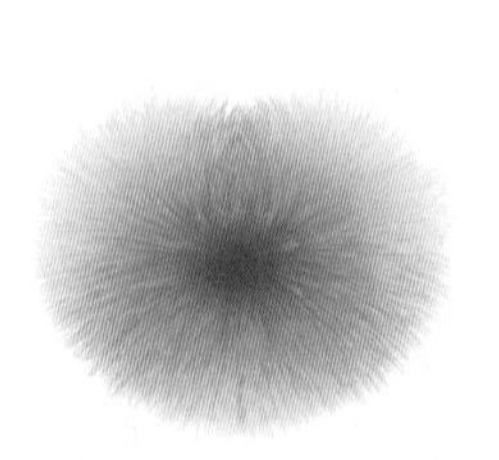

图14-32

05 按Ctrl+C快捷键复制图形，按Ctrl+V快捷键粘贴，按住Shift键拖曳控制点，缩小图形，如图14-33所示。使用编组选择工具单击混合对象中的原始图形，如图14-34所示，修改渐变，如图14-35和图14-36所示。

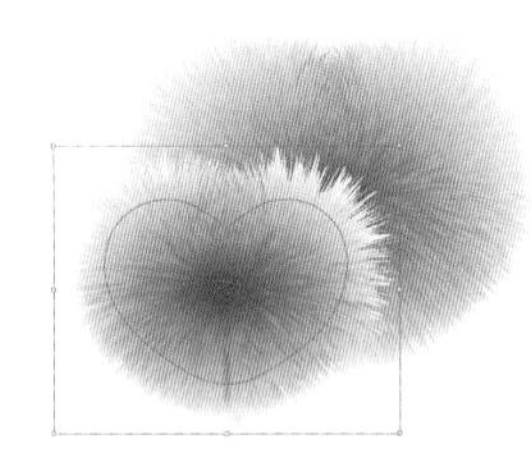

图14-33

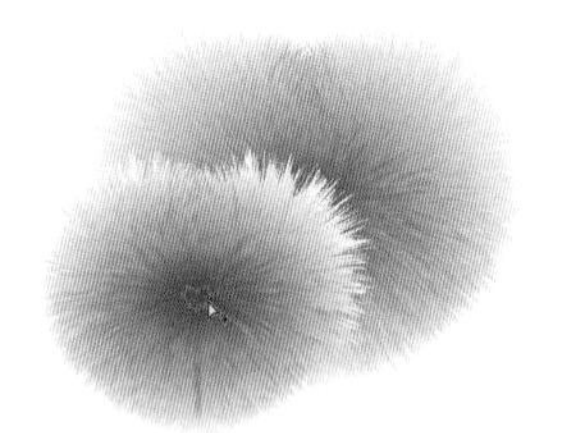

图14-34

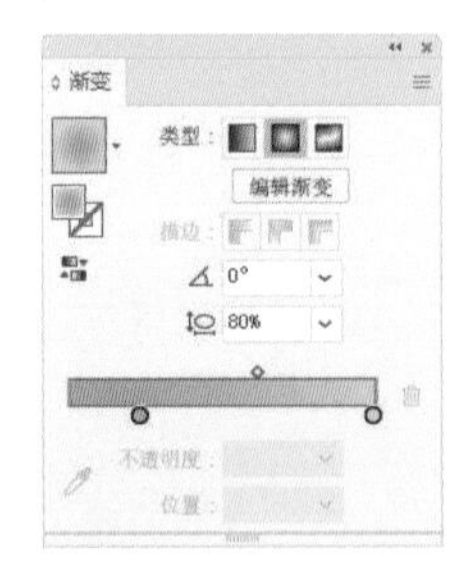

图14-35

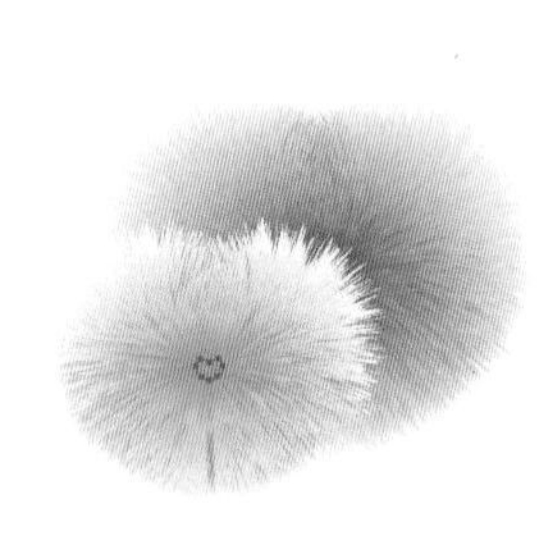

图14-36

06 单击外侧图形，如图14-37所示，选择吸管工具，在中心图形上单击，拾取渐变，如图14-38所示。

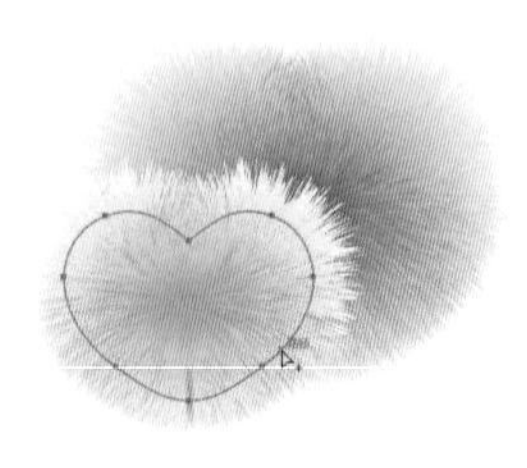

图14-37

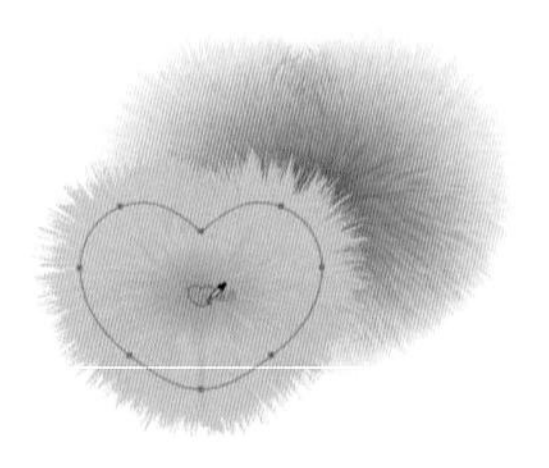

图14-38

07 移动渐变滑块位置，之后在渐变颜色条下方单击，添加一个渐变滑块，设置为白色，如图14-39和图14-40所示。

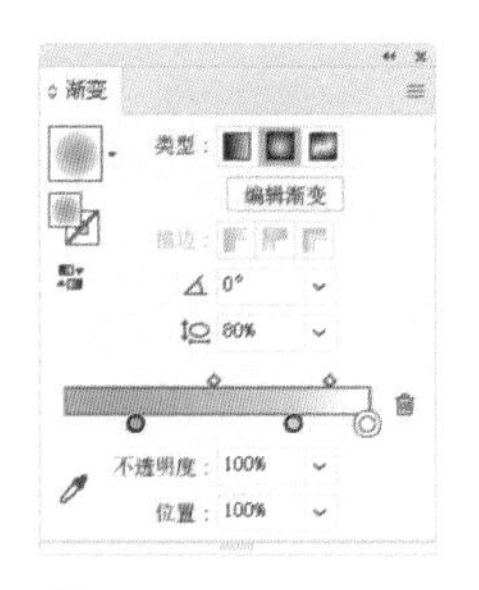

图14-39

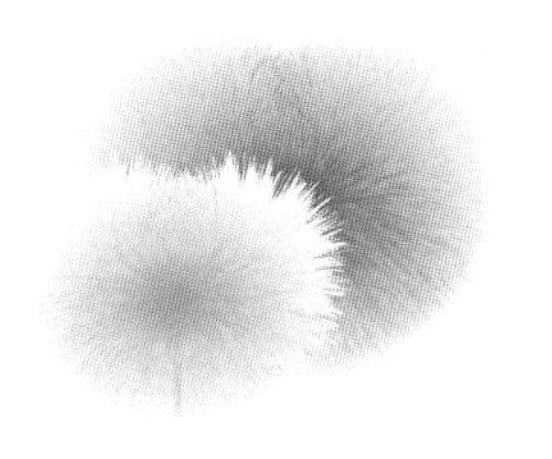

图14-40

08 执行“效果”|“模糊”|“高斯模糊”命令，参数设置如图14-41所示。按Ctrl+[快捷键移至后方，如图14-42所示。

图14-41

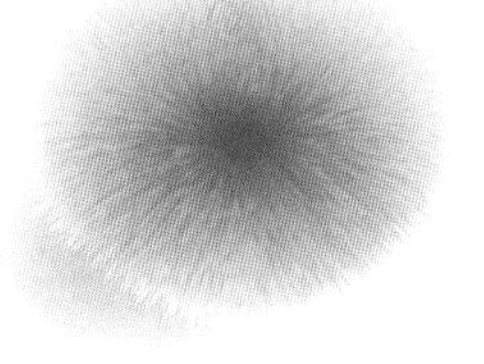

图14-42

09 按Ctrl+C快捷键复制此图形，按Ctrl+V快捷键粘贴，之后修改混合对象中原始图形的渐变颜色，效果如图14-43所示。创建一个矩形，填充渐变作为背景，如图14-44所示。

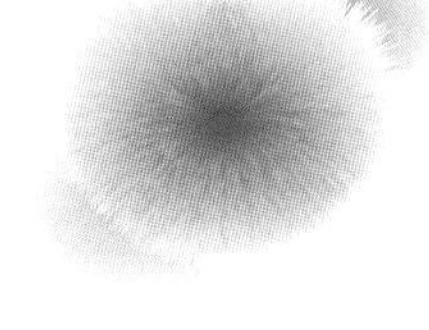

图14-43

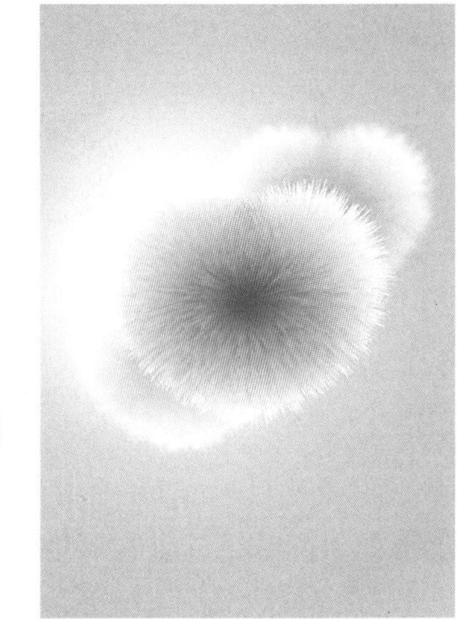

图14-44

14.4 服饰广告

01 打开素材，如图14-45和图14-46所示。这是一个宠物店广告，下面添加文案并进行字体设计。

图14-45

图14-46

02 使用选择工具选取文字。双击膨胀工具，打开“膨胀工具选项”对话框，参数设置如图14-47所示。将光标放在文字边缘，光标中心点应位于文字路径的内部，单击，制作出膨胀效果，使文字变得活泼，与画面的风格保持一致，如图14-48所示。

03 再次双击膨胀工具，打开对话框，设置“强度”为10%，如图14-49所示。在草字头上制作膨胀效果，由于减弱了强度，效果不会太强烈，如图14-50所示。

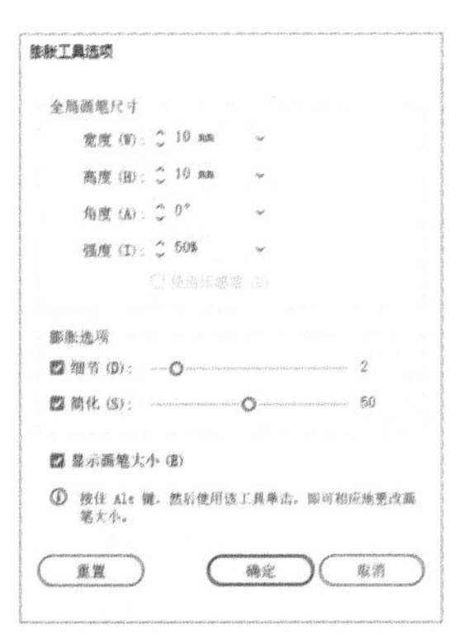

图14-47

图14-48

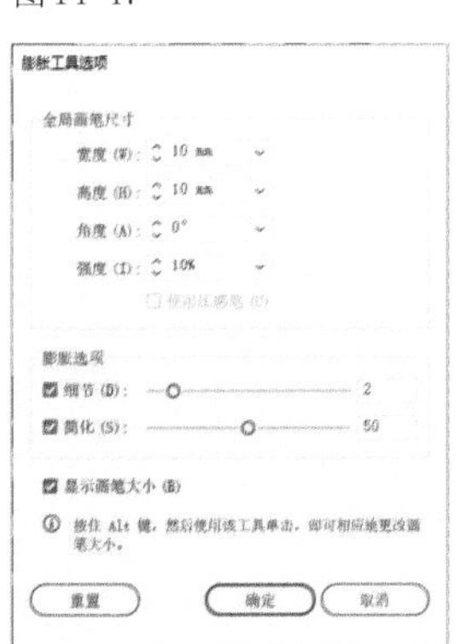

图14-49

图14-50

04 选择矩形工具，创建一个与页面宽度相同的矩形，填充黄色，无描边，如图14-51所示。双击倾斜工具，打开“倾斜”对话框，对图形进行倾斜处理，如图14-52和图14-53所示。

图14-51

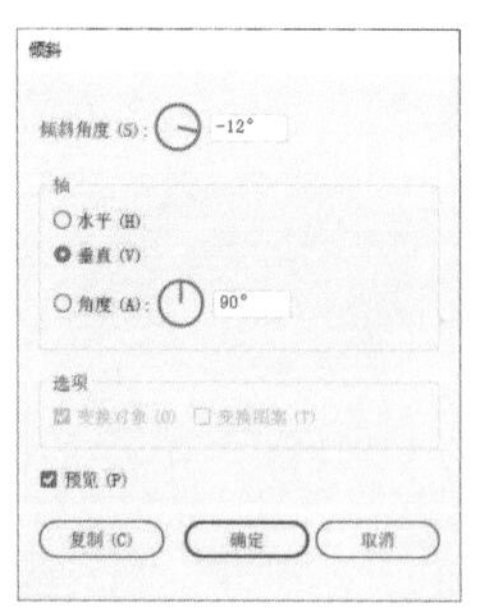

图14-52

图14-53

05 按Ctrl+[快捷键将该图形移至文字下方。选取文字，双击旋转工具，打开“旋转”对话框，设置“角度”为12°，如图14-54和图14-55所示。

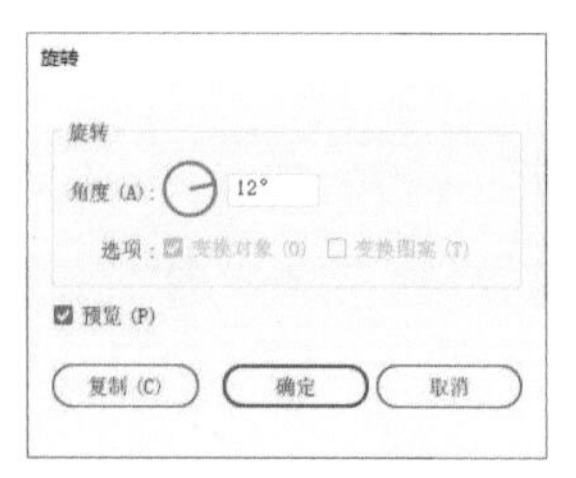

图14-54

图14-55

06 执行“效果”|“扭曲和变换”|“自由扭曲”命令，拖动预览框中的控制点，对文字进行扭曲，如图14-56和图14-57所示。

图14-56

图14-57

07 执行“效果”|“风格化”|“投影”命令，为文字添加投影效果，如图14-58和图14-59所示。执行“效果”|“风格化”|“外发光”命令，为文字添加外发光效果，如图14-60和图14-61所示。

08 选择文字工具，在“字符”面板中设置字体及大小，如图14-62所示，在画面中单击，输入文字，设置文字的颜色为白色，如图14-63所示。

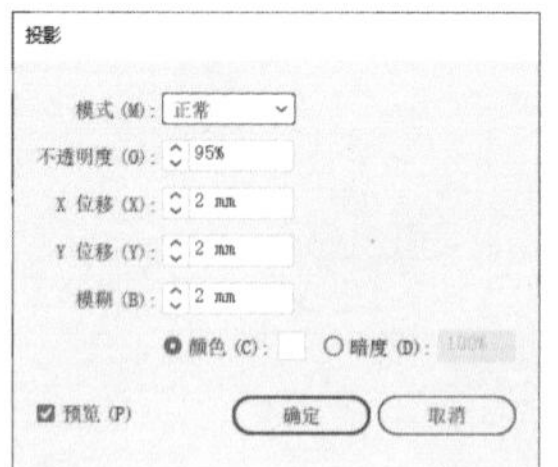

图14-58

图14-59

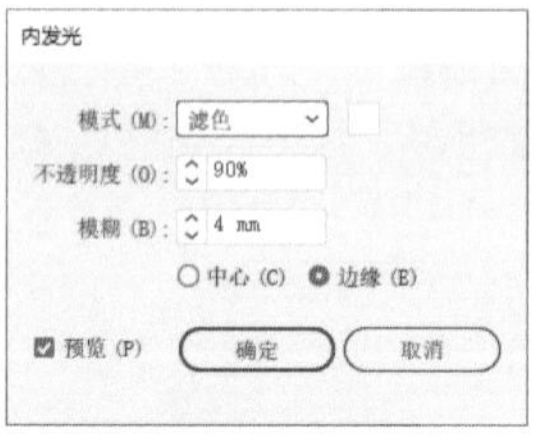

图14-60

图14-61

图14-62

图14-63

09 将文字旋转12°。执行“效果”|“风格化”|“投影”命令，添加投影效果，如图14-64和图14-65所示。输入其他文字，单击“装饰”图层前面的眼睛图标，显示该图层中的图形和文字，如图14-66和图14-67所示。

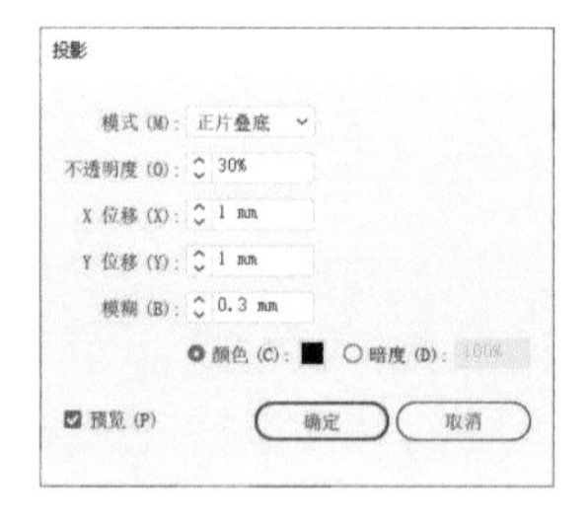

图14-64

图14-65

图14-66

图14-67

14.5　边洛斯三角形

01 按Ctrl+N快捷键打开“新建文档”对话框，使用其中的预设创建A4纸大小的文档。选择直线段工具／，按住Shift键拖曳光标创建直线。设置描边为黑色，无填色。选择选择工具▶，按住Alt键拖曳直线，进行复制，如图14-68所示。按Ctrl+D快捷键继续复制直线，如图14-69所示。

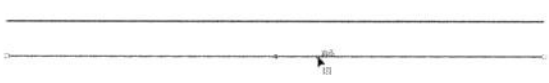

图14-68 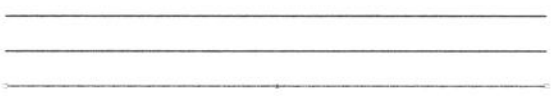　　　　图14-69

02 按住Shift键单击上面两条直线，将这3条直线一同选取。选择旋转工具，将光标放在中心点上，如图14-70所示，按住Alt键单击，打开“旋转”对话框，设置“角度”为120°，单击“复制”按钮，如图14-71所示，旋转并复制图形，如图14-72所示。采用同样的方法，即按住Alt键在中心点上单击，打开“旋转”对话框，设置“角度”为120°，单击“复制”按钮复制图形，如图14-73所示。

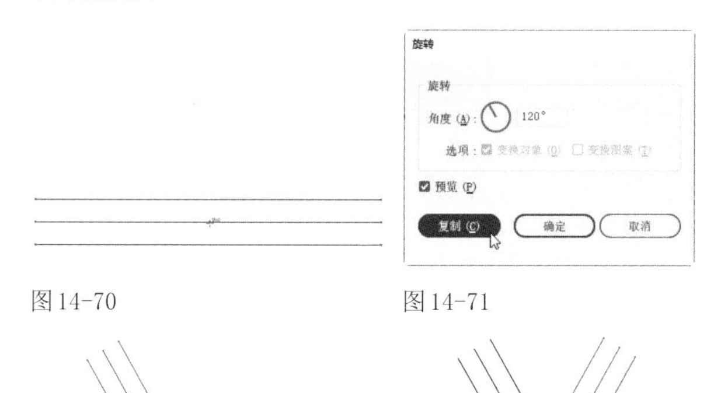

图14-70　　　　图14-71

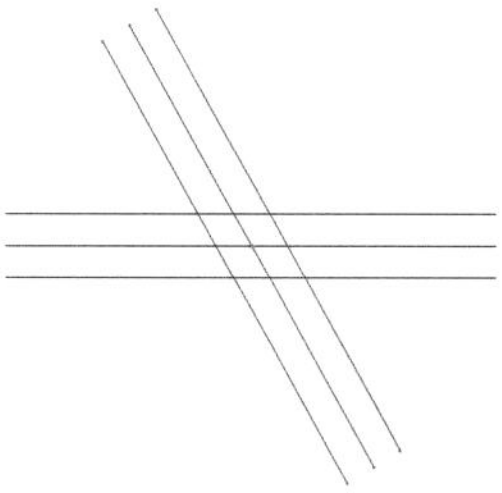

图14-72 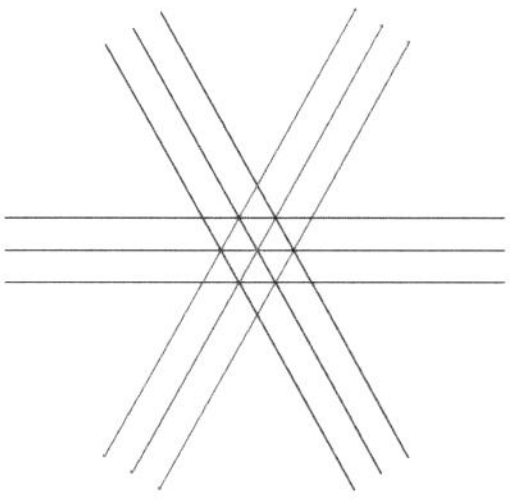　　　　图14-73

03 使用选择工具▶拖出一个选框，将水平直线选取，然后向下拖曳，如图14-74和图14-75所示。

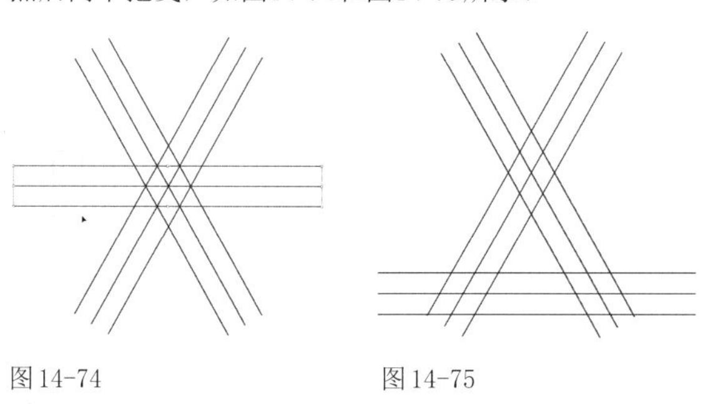

图14-74　　　　图14-75

04 按Ctrl+K快捷键打开“首选项”对话框，切换到“智能参考线”设置面板，将“对齐容差”选项设置为1 pt，如图14-76所示。选择直线段工具／，将光标放在直线的交叉点上，出现提示信息（“交叉”二字）时，如图14-77所示，按住Shift键拖曳光标，创建直线，如图14-78和图14-79所示。采用同样的方法，在图形下方创建两条直线，如图14-80所示。

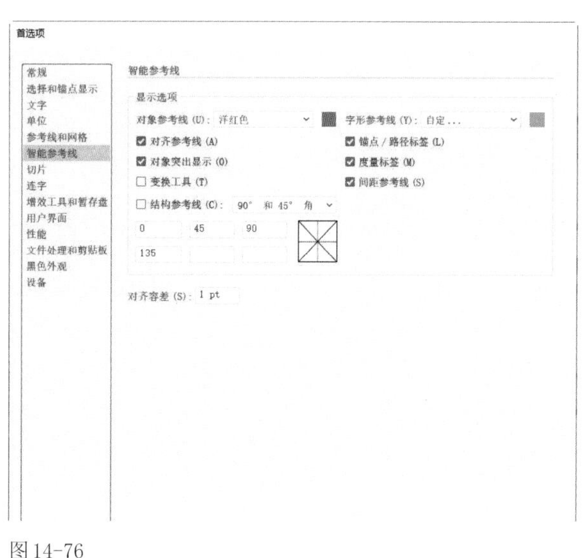

图14-76

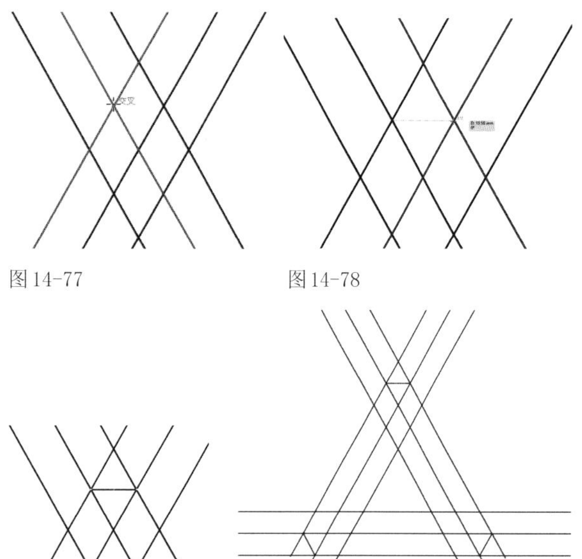

图14-77　　　　图14-78

图14-79　　　　图14-80

05 按Ctrl+A快捷键选取所有图形，单击“路径查找器”面板中的按钮，对图形进行分割，如图14-81所示。按Shift+Ctrl+G快捷键取消编组。选择选择工具▶，单击多余的图形，按Delete键删除，如图14-82所示。

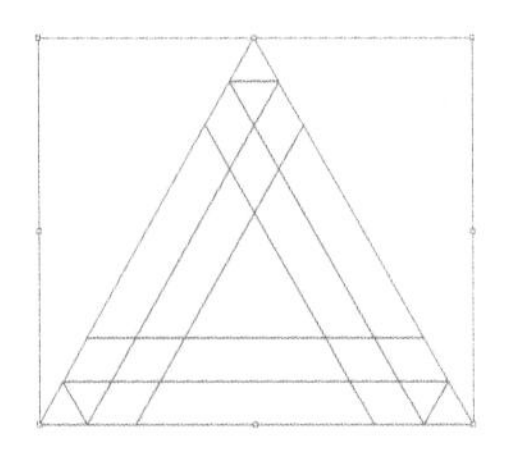

图14-81

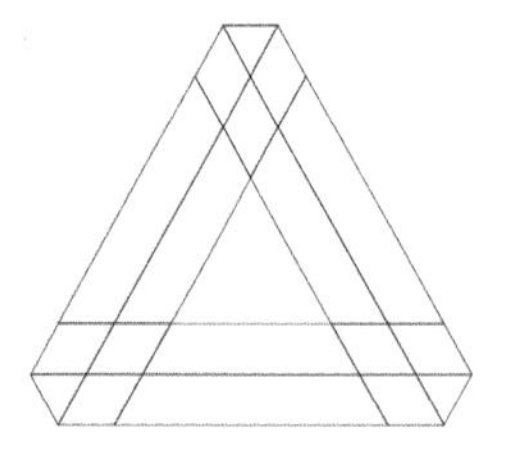

图14-82

06 按Ctrl+A快捷键全选。选择形状生成器工具，将光标移动到图形上，光标变为▶+状时，如图14-83所示，向邻近的图形拖曳，将图形合并，如图14-84所示。合并出另外两个图形，如图14-85和图14-86所示。

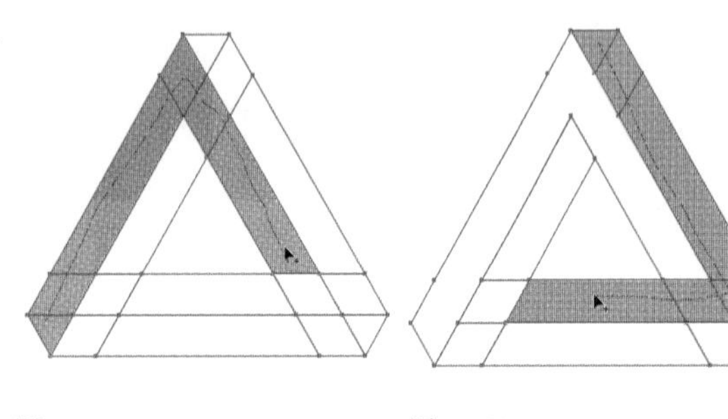

图14-83　　图14-84

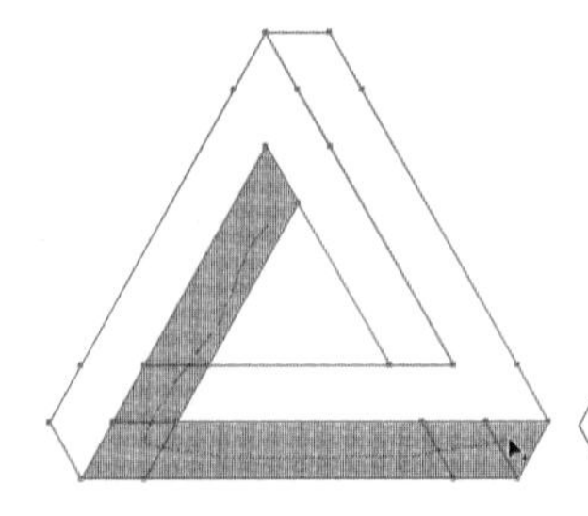

图14-85

图14-86

提示

按住Alt键（光标会变为▶_状）单击边缘，可删除边缘。按住Alt键单击一个图形（也可是多个图形的重叠区域），则可删除图形。

07 分别选取这3个图形，设置颜色为从深红色到浅红色，如图14-87~图14-89所示。

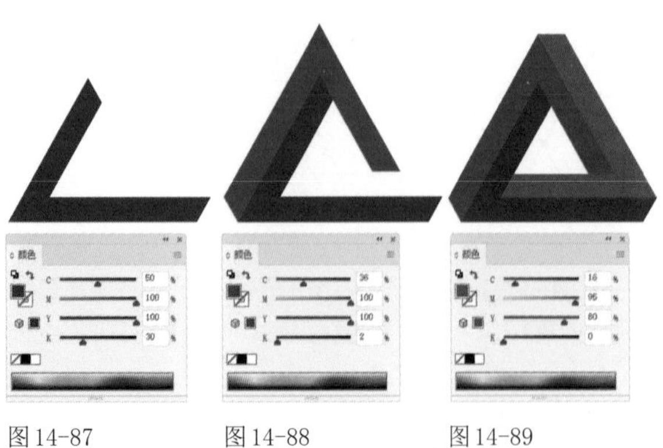

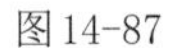

图14-87　　图14-88　　图14-89

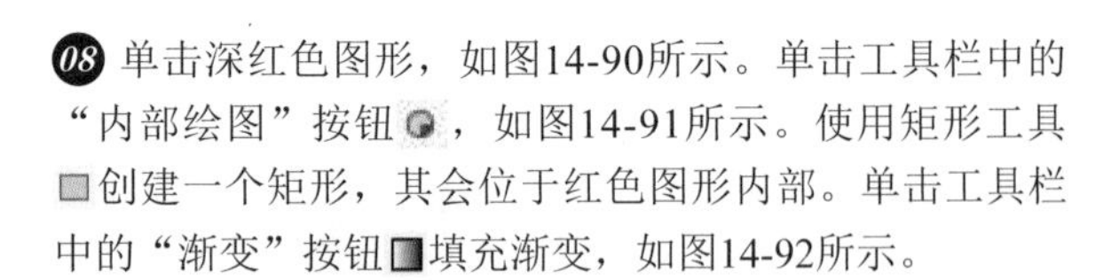

08 单击深红色图形，如图14-90所示。单击工具栏中的“内部绘图”按钮，如图14-91所示。使用矩形工具创建一个矩形，其会位于红色图形内部。单击工具栏中的“渐变”按钮填充渐变，如图14-92所示。

图14-90

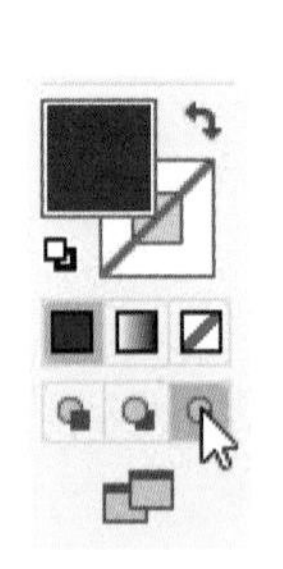

图14-91

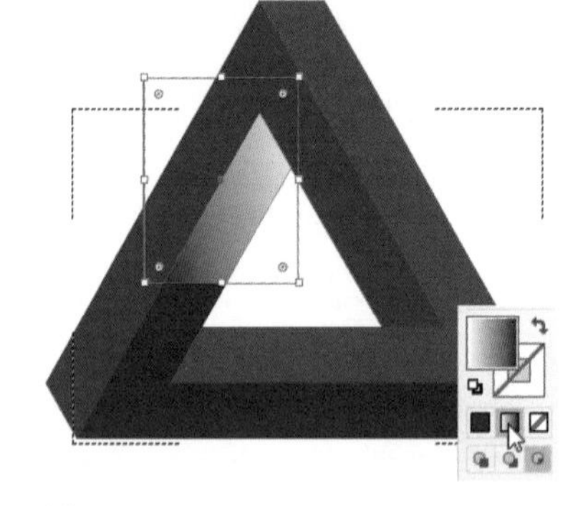

图14-92

09 选择渐变工具，拖曳光标调整渐变方向，如图14-93所示。在“透明度”面板中设置混合模式为“正片叠底”，使其成为图形上的阴影，如图14-94和图14-95所示。单击工具栏中的“正常绘图”按钮，结束编辑。

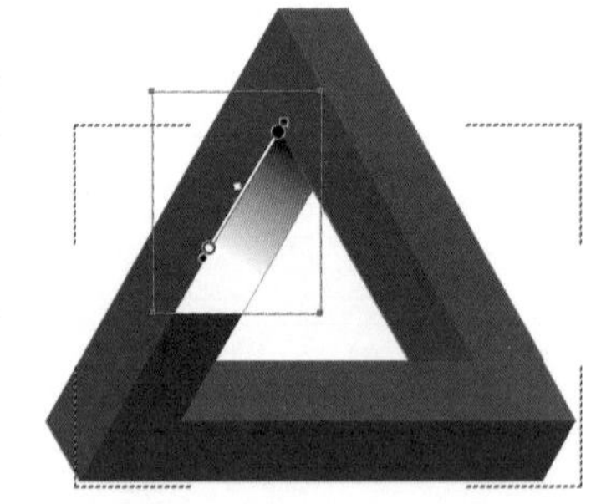

图14-93

图14-94

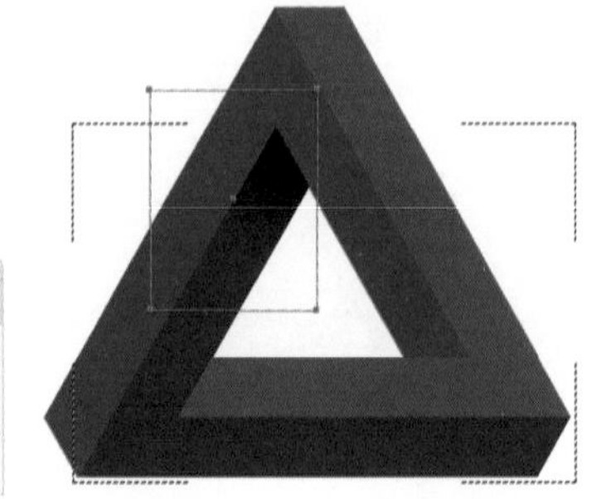

图14-95

10 采用同样的方法，在另外两个图形内部创建矩形，之后填充渐变并调整混合模式，制作阴影效果，如图14-96和图14-97所示。

图14-96

图14-97

11 选择直线段工具 ，绘制一段直线，设置颜色为白色，并调整宽度，如图14-98所示。设置混合模式为“叠加”，在图形边缘创建高光效果，如图14-99和图14-100所示。采用同样的方法，在另外两个侧面上也绘制高光效果，如图14-101所示。

图14-98　　图14-99

图14-100

图14-101

14.6　商业插画

01 打开素材。其中包含文字和火烈鸟，如图14-102和图14-103所示。

图14-102

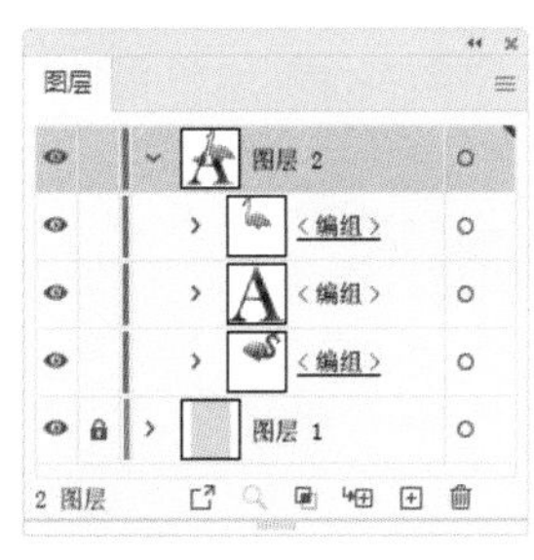

图14-103

02 使用钢笔工具 分别绘制5个外形类似羽毛的图形，由大到小依次叠加排列。在“颜色”面板中调整颜色进行填充，无描边，如图14-104~图14-108所示。如果徒手绘画比较熟练，可以使用铅笔工具 绘制。

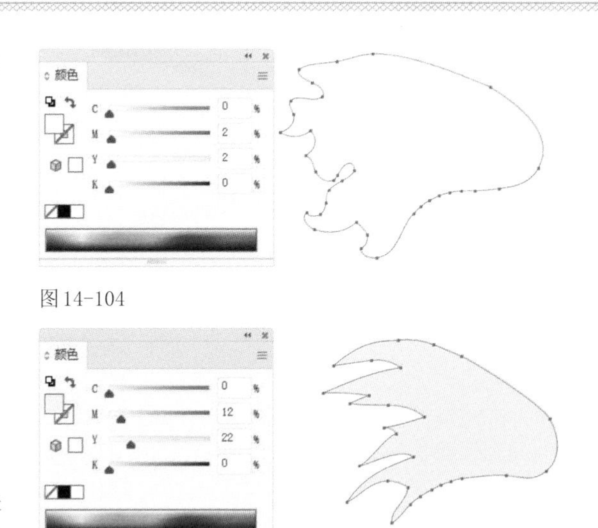

图14-104

图14-105

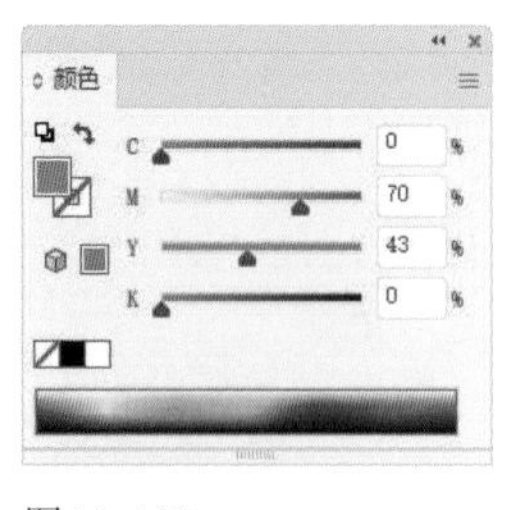

图 14-106

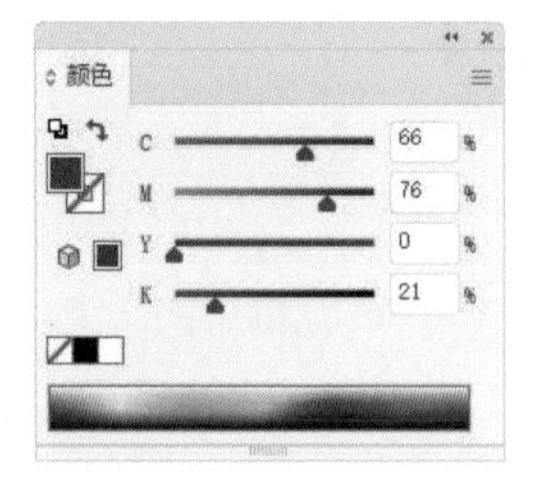

图 14-107

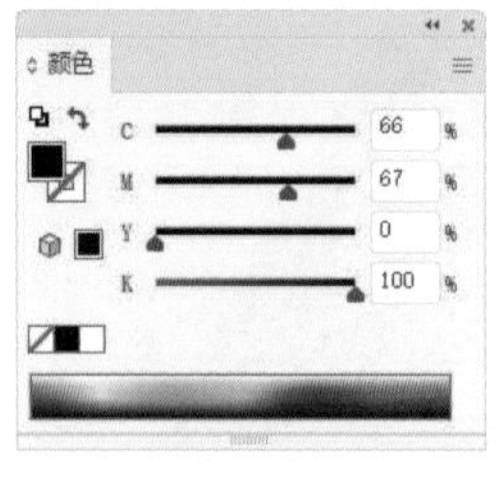

图 14-108

03 使用选择工具拖曳出一个矩形框，选中这5个图形，如图14-109所示。按Alt+Ctrl+B快捷键创建混合效果，如图14-110所示。双击工具箱中的混合工具，打开“混合选项”对话框，设置“指定的步数”为12，如图14-111所示，效果如图14-112所示。

图 14-109　　图 14-110

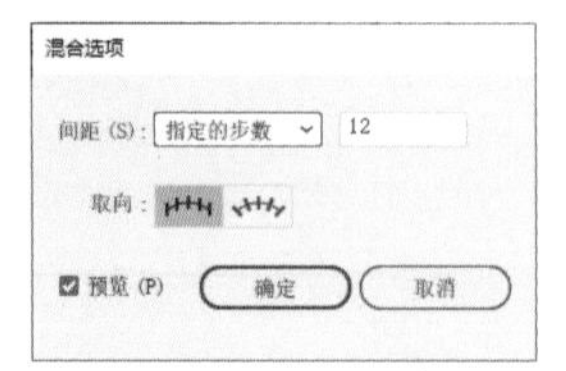

图 14-111　　图 14-112

04 将混合后的图形移动到文字上，如图14-113所示。按住Alt键拖曳图形，进行复制，拖曳定界框对图形的大小和角度进行调整，如图14-114所示。再复制一个图形，将其缩小一点，如图14-115所示。将光标放在定界框的左侧，向右拖曳，将图形镜像，效果如图14-116所示。

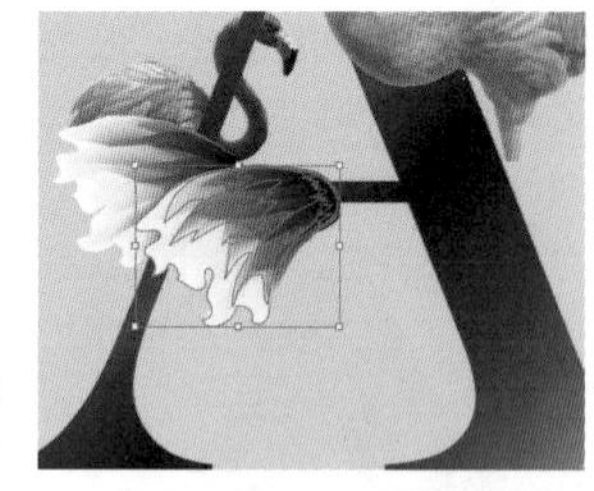

图 14-113　　图 14-114

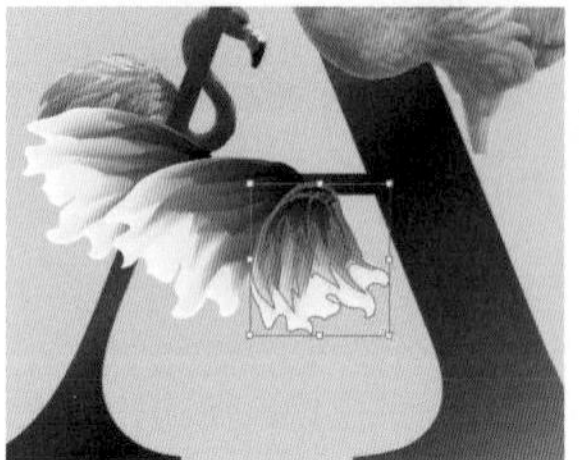

图 14-115　　图 14-116

05 再绘制一组图形，如图14-117所示。将图形进行混合（“指定的步数”为8），如图14-118所示。

图 14-117　　图 14-118

06 将该图形放在文字右侧，按Ctrl+[快捷键下移一层，如图14-119所示。选择矩形工具，在画板中单击，打开“矩形”对话框，参数设置如图14-120所示，单击“确定”按钮，创建一个矩形。

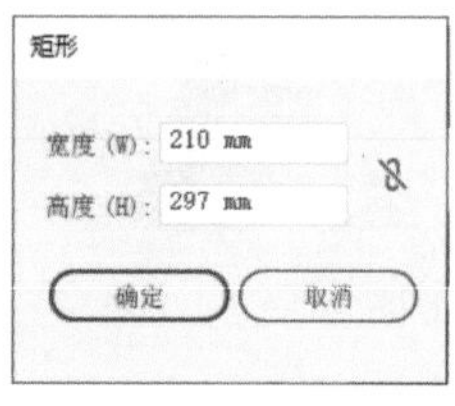

图 14-119　　图 14-120

07 单击“图层”面板中的按钮，创建剪切蒙版，将矩形以外的图形隐藏，如图14-121和图14-122所示。

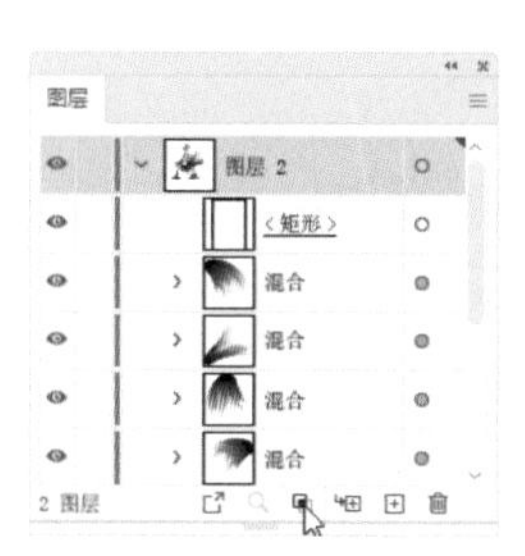

图14-121

图14-122

08 制作图14-123所示的图形，连续按Ctrl+[快捷键将其移至火烈鸟图层下方。复制该图形，缩小并调整角度，装饰在文字右侧略偏下方，如图14-124所示。

图14-123

图14-124

09 在图形与火烈鸟之间制作投影效果。绘制一个图形，如图14-125所示，填充“透明到黑色”线性渐变，即左侧渐变滑块的不透明度为0%，右侧渐变滑块为黑色，如图14-126所示，效果如图14-127所示。

图14-125

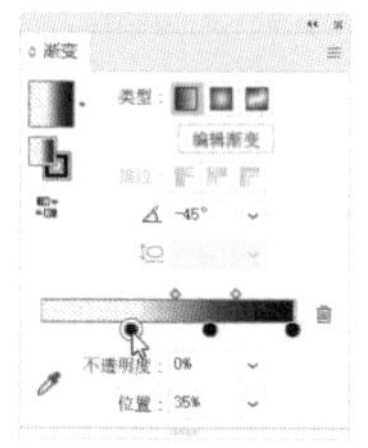

图14-126

图14-127

10 设置混合模式为“正片叠底”，如图14-128所示。连续按Ctrl+[快捷键，将该图形向后移动至火烈鸟上方即可，如图14-129和图14-130所示。

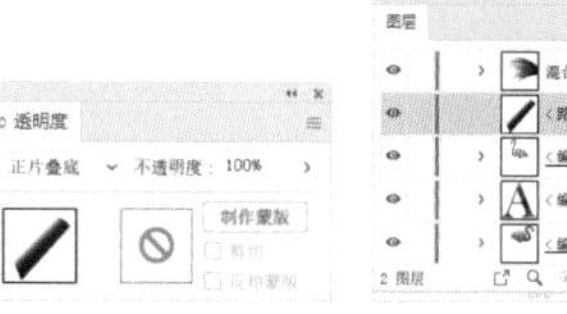

图14-128

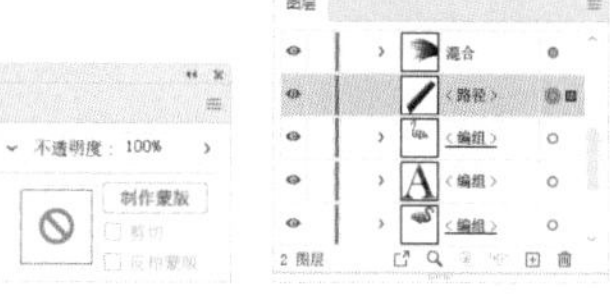

图14-129

图14-130

11 对文字内部进行装饰。为了便于观察，可先选中文字和图形，复制到画面空白处，排列成图14-131所示的效果，文字要位于图形上方，然后选取这3个对象，按Ctrl+7快捷键创建剪切蒙版，制作出图14-132所示的效果。插画最终效果如图14-133所示。

图14-131

图14-132

图14-133

复习题答案

第1章

1. 如果图稿用于打印或商业印刷，可以单击“打印”选项卡并选取其中的预设文件，相应的颜色模式会自动设定为CMYK模式；如果用于网络，可单击“Web”选项卡并选取其中的预设文件，相应的颜色模式会设定为RGB模式；如果用于ipad、iPhone等，可在“移动设备”选项卡中选取预设文件；如果用于视频，可在“胶片和视频”选项卡中选取预设文件。

2. 运行Illustrator，执行“文件”|“在Bridge中浏览”命令，使用Bridge可以浏览矢量文件的缩略图。

3. AI、PDF、EPS和SVG格式是Illustrator本机格式，它们可以保留所有Illustrator数据。

4. Illustrator中的图稿保存为AI格式以后，可以随时编辑、随时修改。与Photoshop交换文件时，可以保存为PSD格式，这样图层、文字、蒙版等都可在Photoshop中编辑。

第2章

1. 使用画板工具单击画板，再单击“控制”面板中的按钮，之后按住Alt键拖曳画板，可复制出相同大小且包含图稿的画板。

2. 选择基本图形绘制工具，在画板上单击，打开相应的对话框，在其中可以设置图形的准确尺寸。

3. 实时形状是指使用各种基本图形绘制工具创建的矩形、圆角矩形、椭圆和圆形、多边形和直线，它们具有可实时修改的特性。

4. 选择对象，执行“对象”|“形状”|“转换为形状”命令即可。

第3章

1. 图层类似于计算机中的文件夹，子图层则相当于文件夹中的文件，即图层对子图层起到管理作用。对图层进行隐藏和锁定操作时，会影响其中包含的所有子图层。删除图层，也同时删除其中的子图层。

2. 要选择被遮挡的对象，可以使用选择工具并按住Ctrl键在对象的重叠区域重复单击操作，这样便可依次选取光标下方的各个对象。此外，也可以在“图层”面板中找到对象，在其选择列单击。

3. 使用编组选择工具单击组中的对象，可以将其选取。

4. 选择对象，在“变换”面板中输入参数，之后按Enter键即可。也可以双击选择工具，在打开的“移动”对话框中设置移动角度和距离。

第4章

1. 在取消选择的状态下，未描边的图形将不可见，也不能打印出来。

2. 如果在非HSB颜色模型下选取颜色，可按住Shift键并拖曳“颜色”面板中的一个滑块，同时移动与之关联的其他滑块，这样便能将当前颜色调深或调浅。

3. “色板”面板用于存储颜色。如果在“颜色”面板中选取颜色，单击“色板”面板中的按钮，便可将颜色保存；如果选取了一个矢量对象，则单击按钮，可将其填色或描边颜色保存到“色板”面板中。

4. 如果要调整路径的整体粗细值，可以在“控制”面板中的“描边”选项中进行设置；如果要让描边出现粗细变化，可以选取一个宽度配置文件；如果要自由调整描边粗细，可以使用宽度工具处理。

5. 选取路径，单击“路径”面板中的按钮，可以让虚线与边角及路径的端点对齐。

第5章

1. 位图由像素组成，其最大优点是可以展现丰富的颜色变化、细微的色调过渡和清晰的图像细节，完整地呈现真实世界中的所有色彩和景物，这也是其成为照片标准格式的原因。位图占用的存储空间一般都比较大，不过文件的兼容性比矢量图好，各种软件几乎都支持位图。位图的缺点是会受到分辨率的制约，导致缩放图像时，清晰度会出现明显的下降。矢量图是由数学对象定义的直线和曲线构成的，因而占用的存储空间较小，且与分辨率无关，所以无论怎样旋转和缩放，图形都会保持清晰，边缘也不会出现锯齿，因此，矢量图常用于制作图标和LOGO等需要经常变换尺寸或以不同分辨率印刷的对象。

2. 执行“编辑”|“首选项”|“选择和锚点显示”命令，在“为以下对象启用橡皮筋”选项中设置。

3. 使用直接选择工具和锚点工具拖曳曲线路径段时，可调整曲线的位置和形状，拖曳角点上的方向点，也只影响与方向线同侧的路径段，这是二者的相同之处。不同之处体现在处理平滑点上，当拖曳平滑点上的方向点时，直接选择工具▷会同时调整该点两侧的路径段，而锚点工具↖只影响单侧路径。

4. 使用直接选择工具▷单击角点将其选择，拖曳实时转角构件进行转换，或者单击控制面板中的按钮；也可以使用锚点工具↖拖曳角点，完成转换。

5. 剪刀工具可以将路径剪为两段，断开处会生成两个重叠的锚点。美工刀工具可以将图形分割开，生成的形状是闭合路径。路径橡皮擦工具可以将路径段擦短或完全擦除。橡皮擦工具可以将路径和图形擦除（擦除范围更大）。

第6章

1. 选择需要对齐和分布的对象，使用选择工具▶单击其中的一个，将其设置为关键对象，之后单击对齐和分布按钮即可。

2. 全局标尺在文档窗口的顶部和左侧，标尺原点位于文档窗口的左上角，调整原点位置时，会影响图案拼贴的位置。画板标尺在当前画板的顶部和左侧，标尺原点位于画板的左上角，并且原点将跟随画板的位置及大小而变化，但不会影响图案。

3. “形状模式”与“路径查找器”提供了不同的图形组合方法，但都会给图形造成永久性的改变，因此，属于破坏性编辑。而按住Alt键单击“形状模式”选项组中的按钮，可创建复合形状，不会修改原始图形，并且任何时候都可将原始图形释放出来，因此，这是一种非破坏性的编辑方法。

4. 复合路径与复合形状都不会真正修改原始图形，并且创建之后，还可将原始图形释放出来，因此，都属于非破坏性功能。但复合路径只能生成“挖孔”效果，复合形状可创建联集、减去顶层、交集和差集4种组合。

5. 图形、路径、编组对象、混合、文本、封套扭曲对象、变形对象、复合路径、其他复合形状等都可用来创建复合形状。

第7章

1. 选择对象后，使用选择工具▶拖曳定界框，可进行水平、垂直拉伸；拖曳边角的控制点可动态拉伸，按住Shift键操作，可进行等比缩放。中心点标识了对象的中心；进行变换操作时，对象以参考点为基准旋转、缩放和扭曲。

2. 需要进行精确变换时，可以选择对象，在“变换”面板中输入变换数值，之后按Enter键即可。也可以使用“对象”|“变换”|“分别变换”命令操作。

3. 自由变换工具可以进行移动、旋转、缩放、拉伸、扭曲和透视扭曲。

4. 图形、文字、路径和混合路径，以及使用渐变和图案填充的对象都可用来创建混合。

5. 封套扭曲可以通过3种方法创建：用变形方法（Illustrator提供的15种封套样式）创建、用变形网格创建，以及用顶层对象扭曲下方对象进行创建。图表、参考线和链接的对象不能创建封套扭曲。

6. 选择对象后，执行“对象”|“封套扭曲”|“封套选项”命令，打开“封套选项”对话框，勾选“扭曲图案填充”复选框，可以让图案与对象一同扭曲。取消“扭曲外观”复选框的勾选，可以取消效果和图形样式的扭曲。

第8章

1. 选择对象，在“外观”面板中单击“填色”或“描边”属性，之后在“透明度”面板中修改不透明度和混合模式。

2. 在控制不透明度方面，“不透明度”选项只能对图稿进行统一调整。而不透明度蒙版可依据蒙版对象中的灰度信息来控制被遮盖的对象如何显示，因此，当灰度变化丰富时（如使用黑白渐变），可以让对象呈现出不同程度的透明效果。

3. 可以通过3种方法创建剪切蒙版。第1种方法是在对象上方创建矢量图形，之后单击“图层”面板中的按钮；第2种方法是选取该矢量图形及下方对象，之后执行“对象”|“剪切蒙版”|“建立”命令；第3种方法是单击工具栏中的“内部绘图”按钮，之后绘制图稿，让所创建的对象只在图形内部显示。

4. 对于不透明度蒙版，任何着色的矢量对象，以及位图图像都可用作蒙版。对于剪切蒙版，则只有路径和复合路径可用作蒙版。

第9章

1. 从左边开始绕转。

2. 选取对象，单击“外观”面板中的“添加新描边”按钮□，可以为对象添加第2种或更多的描边属性。单击“添加新填色”按钮▣，可添加新的填色属性。

3. 在“外观”面板或“属性”面板中双击效果名称，可打开相应的对话框修改效果参数。将一个效果拖曳到“外观”面板的按钮上，可将其删除。

4. 包括填色、描边、透明度和各种效果。

5. 在图层的选择列单击后，可以将外观属性，如“投影”效果等应用于图层，此时该图层中的所有对象都会添加这一效果，将其他对象移入该图层时，会自动添加“投影”效果，移出则取消“投影”效果。为图层添加图形样式时也是如此。而将外观，如“投影”效果应用于单个对象时，不会影响同一图层中的其他对象。图形样式也是如此。

第10章

1. 如果用直接复制其他软件中的文字，再将其粘贴到Illustrator文档中的方法操作，无法保留文本格式。要保留格式，应使用“文件”|“打开”命令或“文件”|“置入”命令完成。

2. 选择文本对象，执行“文字”|“创建轮廓”命令，将文字转换为轮廓，之后使用渐变填色和描边。

3. 在“字符”面板中，字距微调选项用来调整两个文字间的距离；字距调整选项可以对多段文字，或所有文字的间距进行调整；比例间距选项可以按照一定的比例统一调整文字间距。其中，比例间距选项只能收缩字符间距，而字距微调和字距调整两个选项既可以收缩间距，也能扩展间距。

4. 溢流文本是指在区域文本和路径文本中，由于文字数量较多，使得一部分文字超出文本框或路径的容纳量而被隐藏。出现溢流文本时，文本框右下角或路径边缘会显示⊞状图标。使用移动工具选择文本对象，在⊞状图标上单击，之后可以通过3种方法将溢流文本导出，包括在画板空白处单击，将文字导出到一个与原始对象形状和大小相同的文本框中；拖曳出一个矩形框，将文字导出到该文本框中；单击一个图形，将文字导入该图形中。

5. 创建文本绕排时，要将文字与用于绕排的对象放到同一个图层中，且文字位于绕排对象下方。

第11章

1. 单击工具面板底部的填色按钮，切换到填色可编辑状态，再选择网格点或网格片面进行着色。

2. 网格点可以接受颜色，锚点不能。

3. 选择对象，执行“对象”|“扩展”命令，在打开的对话框中勾选“填充”和“渐变网格”两个复选框。

4. 如果是文字，可以使用“文字”|“创建轮廓”命令，将其转换为轮廓，再转换为实时上色组。对于其他对象，可以先执行“对象”|“扩展”命令，再转换为实时上色组。

5. 可以向实时上色组中添加路径，生成新的表面和边缘。

6. 对图形应用全局色以后，当修改全局色时，画板中所有使用了全局色的对象都会自动更新到与之相同的状态。

第12章

1. 在“画笔”面板中选择一种画笔，之后使用画笔工具绘制路径，可在绘制路径的同时添加画笔描边。用其他绘图工具绘制的路径不会自动添加画笔描边。需要添加时，应先选择路径，之后再单击“画笔”面板中的画笔。

2. 图案画笔会完全依循路径排布画笔图案，而散点画笔则会沿路径散布图案。此外，在曲线路径上，图案画笔的箭头会沿曲线弯曲，而散点画笔的箭头始终保持直线方向。

3. 包含渐变、混合、画笔描边、网格、位图图像、图表，以及置入的文件和蒙版对象。

4. 单击“色板”面板中需要修改的图案，执行“对象”|“图案”|“编辑图案”命令，打开“图案选项”面板，在该面板中可以重新编辑图案。

5. 使用符号可以快速创建重复的图稿，节省绘图时间。每个符号实例都与“符号”面板中的符号建立链接，当符号被修改时，符号实例会自动更新效果。使用符号还可以减小文件大小。

6. 选择该符号组，在“符号”面板中单击相应的符号，再进行编辑操作。如果一个符号组中包含多种符号，则应选择不同的符号，再分别对其进行处理。

第13章

1. 如果希望Illustrator为图表生成图例，应删除左上角单元格的内容并保持此单元格为空白。

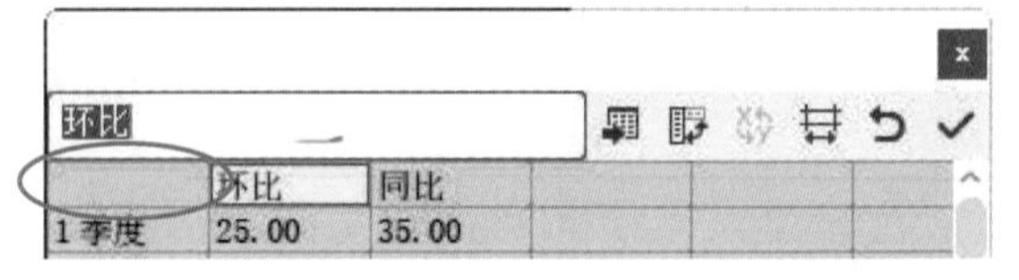

2. 使用选择工具选取图表，执行“对象”|“图表”|“数据”命令，打开“图表数据”对话框，进行修改即可。

3. 不能取消图表的编组，否则它将变为普通对象，不具备可修改的特性。